PHILIPS LEHRBRIEFE

PHILIPS LEHRBRIEFE

Elektrotechnik und Elektronik

Band 1: Einführung und Grundlagen

Band 2: Technik und Anwendung

PHILIPS LEHRBRIEFE

Elektrotechnik und Elektronik

Band 1
Einführung und Grundlagen

9., aktualisierte und ergänzte Auflage

Neufassung
H. Bahr, Hamburg

1979

Philips Fachbücher

PHILIPS GMBH · HAMBURG

Dieses Buch enthält: XI + 398 Seiten und 851 Bilder, davon 201 Schwarzweiß-Fotos,
11 vierfarbige Abbildungen, 27 Tabellen

DK 621.3

ISBN 3-87145-001-4

1. Auflage 1952
2. Auflage 1953
3., überarbeitete Auflage 1957
4. Auflage 1958
5., völlig neubearbeitete Auflage 1961
6. Auflage 1963
7. Auflage 1967
8., völlig neubearbeitete und erweiterte Auflage 1975
9., aktualisierte und ergänzte Auflage 1979

Vorwort

Lieber Leser,

Sinn und Zweck der ersten Original-Lehrbriefe im Jahre 1952 war die interne Unterrichtung und Schulung von Mitarbeitern im Verkaufsbereich. Sie sollten das technische Wissen um die Artikel unseres Vertriebsprogramms in zwar umfassender, aber leicht verständlicher Form vermitteln und wurden deshalb in einzelnen Folgen, in »Lehrbriefen« herausgegeben. Schon bald nach Erscheinen konnten wir feststellen, daß diese außerordentlichen Anklang fanden, und zwar nicht nur in der für sie bestimmten Gruppe, sondern auch bei Technikern und Verkäufern des Fachhandels unserer Branche, in Kreisen der Lehrerschaft und des Ausbildungspersonals an technischen Berufsschulen und nicht zuletzt auch bei all denen, die sich für die faszinierende Welt der Elektrotechnik und Elektronik interessieren.

Deshalb entschlossen wir uns noch 1952, dem vielseits geäußerten Wunsch nach Herausgabe der Lehrbriefe in Buchform nachzukommen und sie damit jedermann zugänglich zu machen. So entstanden die Philips Lehrbriefe Band 1 und Band 2.

In den folgenden Jahren wurden beide Bände mehrmals dem fortgeschrittenen Stand der Rundfunk- und Fernsehtechnik, der Elektroakustik sowie der Licht- und Beleuchtungstechnik angeglichen. Neu hinzugekommene Techniken, wie die Halbleitertechnik einschließlich der integrierten Schaltungen, das Farbfernsehen, die magnetische Bildaufzeichnung sowie die Digital- und Computertechnik, wurden erstmals in den 1975 und 1976 erschienenen, völlig neubearbeiteten und erweiterten Auflagen beider Bände behandelt.

In der jetzt vorliegenden 9., aktualisierten und ergänzten Auflage des 1. Bandes (Einführung und Grundlagen) ist auch die in den letzten vier Jahren recht stürmisch verlaufene Entwicklung auf dem Gebiet der Elektronik berücksichtigt. Besonders zu erwähnen sind hier Fortschritte auf dem Gebiet der integrierten Schaltungen und der Computertechnik bis hin zum Mikroprozessor und Mikrocomputer, Weiterentwicklungen in der Farbfernsehtechnik sowie neue Ton- und Bildaufzeichnungsverfahren, die in den kommenden Jahren wahrscheinlich große Bedeutung erlangen werden. Damit ist der 1. Band der Philips Lehrbriefe wiederum dem heutigen technischen »know how« auf diesen Gebieten weitgehend angepaßt.

Beide Bände der Philips Lehrbriefe sind als »die« einführenden Fachbücher für alle anzusehen, die sich der Elektrotechnik und Elektronik erstmals zuwenden. Darüber hinaus sind sie ein nützliches Nachschlagewerk für diejenigen, die ihre Kenntnisse gerne wieder einmal auffrischen möchten. Die Philips Lehrbriefe sprechen damit einen sehr großen Leserkreis an, dies wird nicht zuletzt durch die bisher verkaufte Gesamtauflage von mehr als 160 000 Exemplaren bestätigt.

Juli 1979 **PHILIPS GMBH**

Inhaltsverzeichnis

1. Erste Bekanntschaft mit der Elektrizität

1.1. Einleitung

Jeder von uns bedient sich heute in irgendeiner Form der Elektrotechnik oder der Elektronik. Der Griff zum Lichtschalter, der Druck auf die Einschalttaste des Fernsehgeräts oder auf den Wellenbereichsknopf des Kofferradios gehört ebenso dazu wie die Bedienung von Staubsauger oder Mixer, Cassettenrecorder oder Stereoanlage, Blitzgerät oder Diaprojektor. Eines jedoch wird immer vorausgesetzt: Elektrizität muß vorhanden sein!

Wir beziehen sie entweder aus der Steckdose des Lichtnetzes oder aus Batterien, die es in vielerlei Arten gibt. Was aber ist »Elektrizität« eigentlich?

Bild 1.1 Unermüdlich laufen die Elektronen-Männchen auf Bahnen um den Atomkern herum. Einige jedoch sind ungebunden und vagabundieren als »freie« Elektronen-Männchen durch die Atomlandschaft

Man kann die Frage durch einen Blick in das Lexikon z. B. so beantworten: »Elektrizität ist ruhende oder bewegte Ladung oder die mit Ladung oder Strömen verbundene elektrische Energie.« Damit ist man aber zunächst kaum klüger als vorher. Wir wollen daher versuchen, diese und weitere Fragen mit vielen Abbildungen und allgemeinverständlichen Erläuterungen zu beantworten. Natürlich ist dabei manches bewußt vereinfacht dargestellt worden, um das Begreifen der elektrotechnischen Grundlagen und das Einarbeiten in diese Technik zu erleichtern.

1.2. Was sind Elektronen?

Die Antwort hierauf ist gleichzeitig schon eine Teilantwort auf die Frage nach der Elektrizität. Wir beginnen mit einer noch sehr »menschlich bezogenen« Darstellung der Elektronen. Diese Art soll die erste Bekanntschaft mit der Elektrizität etwas leichter machen.

Wie das Elektron in seinem »Prolog« so treffend mitteilte, bestehen alle Dinge aus Atomen. Zu ihnen gehören u. a. auch Elektronen, die im Bild 1.1 als kleine Männchen gezeichnet sind. Sie bewegen sich in einem ewigen Kreislauf um den Atomkern herum, der auf sie eine »magische« Anziehungskraft ausübt. Nur wenigen von ihnen gelingt es daher, sich aus dem Kreislauf zu entfernen und auf Wanderschaft zu gehen.

Diese nicht mehr an einen Atomkern gebundenen Elektronen nennt man »freie Elektronen«. Sie bewegen sich normalerweise in beliebigen Richtungen durch die Zwischenräume des atomaren Gefüges. Sie können dies um so leichter, je mehr »Platz« zwischen den Atomen ist. Wird auf sie jedoch ein einseitiger Druck ausgeübt, dann marschieren sie auch willig in eine Richtung. Man bezeichnet diesen Bewegungsablauf sinngemäß als Elektronenstrom (Bild 1.2).

Bild 1.2 Wenn eine bestimmte Kraft von außen auf die Elektronen-Männchen einwirkt, schlagen sie alle gemeinsam eine Richtung ein

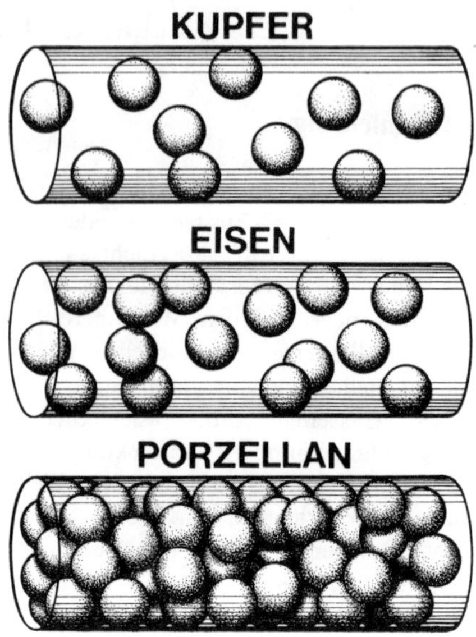

Bild 1.3 Die Atomlandschaft der Materie ist von unterschiedlicher Dichte und Beschaffenheit. Bildlich dargestellt hat Kupfer z. B. viel, Eisen schon weniger und Porzellan überhaupt keinen »freien Raum« zwischen seinen atomaren Bausteinen

Es kommt aber zu heftigem Drängeln der Elektronen und zu schwierigem Vorwärtskommen, wenn der »Platz« zwischen den einzelnen Atomen zusammenschrumpft. Bei Kupfer sind die »Zwischenräume« groß genug, bei Eisen sind sie schon etwas enger, während sie bei Porzellan so gut wie nicht vorhanden sind (Bild 1.3). Im ersten Fall kann ein großer Elektronenstrom entstehen, im dritten Fall kommt er überhaupt nicht zustande.

Ein weiterer Faktor ist hierbei noch zu berücksichtigen: Das Vorhandensein von freien Elektronen ist von der Art des Materials abhängig. Metalle haben verhältnismäßig viele freie Elektronen, während beispielsweise bei Porzellan alle Elektronen an ihre Atomkerne gebunden sind. Sie können also nicht im Material vagabundieren. Auch das Hineindrücken von Elektronen aus einer angeschlossenen Elektronenquelle nützt in diesem Fall nichts. Sie finden keinen Weg durch das undurchdringliche Materialgefüge (Bild 1.4).

Bild 1.4 Elektronen-Männchen finden bei Kupfer einen bequemen Weg durch das Material, bei Eisen ist es für sie schon schwieriger und bei Porzellan ganz unmöglich geworden, hindurchzukommen

1.2.1. Ein bißchen Atomlehre

Doch verlassen wir nun unsere »Elektronenmännchen« und wenden uns den Bausteinen der Natur zu, den Atomen. Sie bestehen aus dem Atomkern und (u. a.) einer mehr oder weniger großen Anzahl von Elektronen, die auf bestimmten Bahnen um den Kern kreisen. Ihre Geschwindigkeit ist derart hoch, daß die Elektronenbahnen wie »Schalen« wirken, die den Kern umgeben (Bild 1.5).

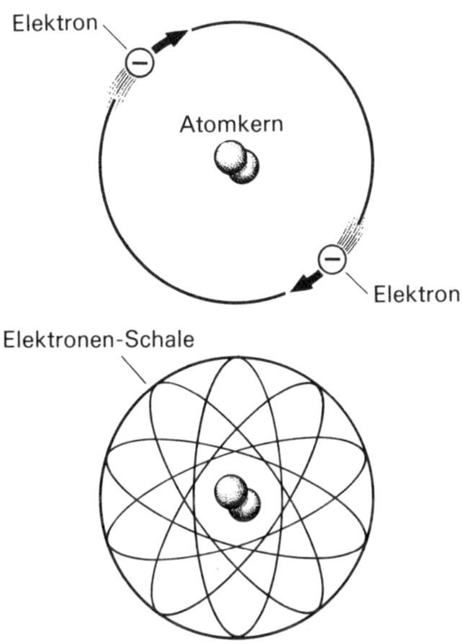

Bild 1.5 Elektronen bewegen sich ohne Energieverlust um den Atomkern auf bestimmten »stationären« Bahnen, deren Ebenen nicht konstant bleiben, so daß sich aus den vielen Bahnebenen eine »Schale« bildet. Im Kern ist fast alle Masse konzentriert (über 99,9 %), der Rest entfällt auf die Elektronen

Alle Beispiele für Atommodelle sind vereinfacht und stimmen nicht maßstabgerecht mit den wirklichen Verhältnissen überein. Atome sind so unvorstellbar klein, daß z. B. 10 Millionen von ihnen aneinandergereiht nur eine Länge von 1 Millimeter ergeben! Trotzdem ist das Atom leer – betrachtet man seinen Aufbau und seine Abmessungen. Denken wir uns den Atomkern auf einen Millimeter vergrößert, dann umjagen die Elektronen den Kern auf Bahnen, die zehn und mehr Meter von ihm entfernt sind!

Elektronen sind allerdings keine festen Körperchen, die man abzählen und nachmessen kann, sondern nehmen einen Zustand ein, den man sowohl mit wellenförmig als auch teilchenförmig grob umschreiben kann. Obwohl sie mit herkömmlichen Betrachtungsweisen konkret nicht zu erfassen sind, kennt man die typischen Verhaltensweisen recht gut und kann sie entsprechend ausnutzen. Wegen der leichten Anschaulichkeit des kugelförmigen Elektrons wollen wir jedoch bei dieser Modellvorstellung bleiben.

Die Bindung der Atome untereinander erfolgt durch die auf der äußersten Bahn befindlichen Elektronen. Sie sind auch verantwortlich für eine Reihe von physikalischen Erscheinungen, zu denen u. a. der bereits vorgestellte Elektronenstrom gehört. Wir wollen uns dies beim Kupferatom näher ansehen. Ein Kupferatom hat (das sei der Vollständigkeit halber erwähnt) insgesamt 29 Elektronen, die sich auf vier Schalenbahnen verteilen (Bild 1.6).

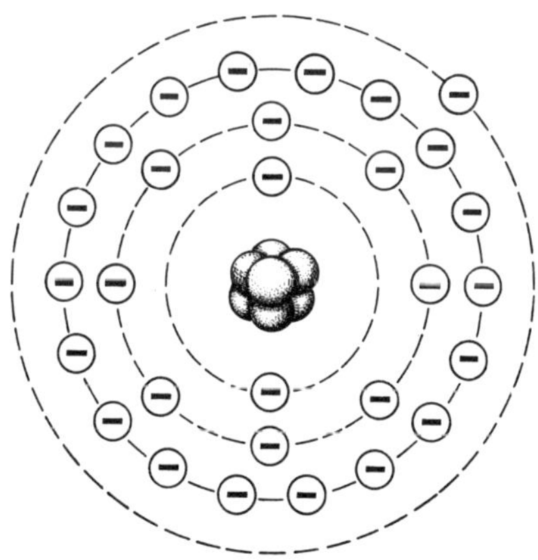

Bild 1.6 Schema des Kupferatoms mit 4 Elektronenbahnen, auf denen 29 Elektronen kreisen. Das Elektron auf der Außenbahn ist relativ ungebunden und als »freies« Elektron anzusehen. Die Bindung der Atome geschieht durch Elektronen auf der dritten Bahn

Im Gegensatz zu anderen Atomen kreist in der äußersten Bahn dieses Atoms nur ein Elektron, das zudem die schon im vorigen Abschnitt erwähnte Eigenschaft aufweist: Es kann nämlich bei bestimmten Voraussetzungen auf Wanderschaft gehen. Es verläßt dann sein Atomsystem und bewegt sich durch die Materie. Diese freien Elektronen nennt man Leitungselektronen. Da ein Kupferdraht aus vielen Milliarden von Atomen besteht, hat er ebensoviele Milliarden von freien Elektronen. Sie können sich verhältnismäßig leicht durch den Kupferdraht bewegen und bilden den Elektronenstrom in elektrischen Leitungen.

1.2.2. Elektrische Ladungen

Jedes Atom hat einen positiv geladenen Kern und negativ geladene Elektronen (Bild 1.7). Weil beide Ladungen gleich groß sind, heben sie sich in ihrer Wirkung gegenseitig auf, und das Atom erscheint nach außen hin als elektrisch neutral. (Der positive Kern setzt sich zusammen aus ungeladenen Neutronen und einer etwa gleichen Anzahl von positiv geladenen Protonen. Sie werden von außerordentlich starken Kräften zusammengehalten.)

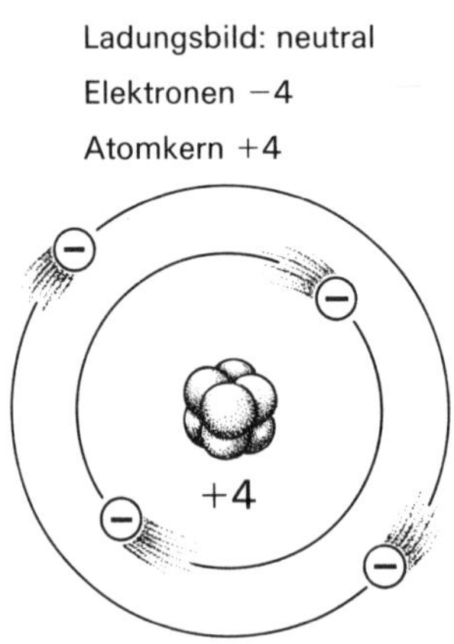

Bild 1.7 Bei einem Atom mit 2 Schalen und 4 Elektronen beträgt die negative Ladung der Elektronen −4, die positive Ladung des Kerns +4, so daß nach außen hin ein Gleichgewicht der Ladungen vorherrscht: das Atom ist elektrisch neutral

Uns interessieren jedoch nur die Elektronen. Sie behalten ihre negative Ladung auch dann bei, wenn sie ihre Atomsysteme verlassen. Elektronen sind also die kleinsten, nicht mehr teilbaren negativen Ladungsträger, die wir kennen. Wenn sie wandern, findet ein Ladungstransport statt, der als elektrischer Strom bezeichnet wird.

Wenn ein Elektron sein Atomsystem verlassen hat, bleibt ein elektrisch nicht mehr neutraler Rest zurück. Dieser hat dann nach außen hin eine positive Ladung, da ja ein negatives Elektron fehlt und nun die positive Ladung des Kerns überwiegt (Bild 1.8). Ein solches Atom ist

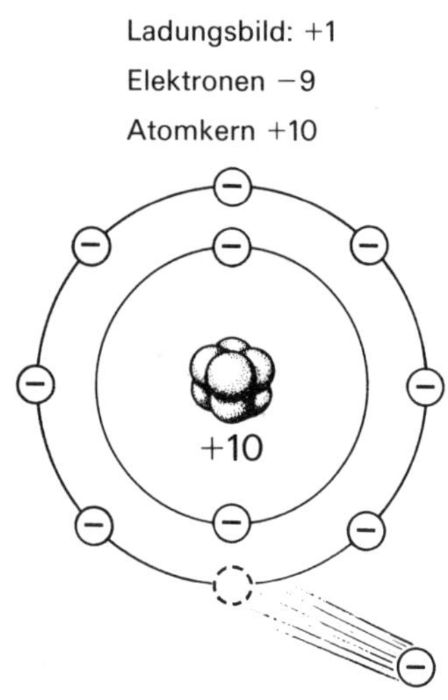

Bild 1.8 Wird aus einem neutralen Atom ein Elektron abgespalten, verändert sich das Ladungsbild: der positive Kern überwiegt

deshalb ein positiver Ladungsträger. Wir lernen seine Wirkungsweise in den Kapiteln 5 und 14 noch eingehend kennen.

Diese ersten Abschnitte über die Elektrizität lassen sich mit der Feststellung abschließen: Elektrizität ist eigentlich überall. Es gibt sie in den Atomen, sie steckt in der Materie, sie ist elektrische Energie. Wir wissen jetzt schon, daß »bewegte oder ruhende Ladung« – wie es im Lexikon-Zitat hieß – in den Elektronen verborgen ist und z. B. durch den Elektronenstrom nutzbar gemacht werden kann.

1.3. Leiter, Halbleiter, Nichtleiter

In den Bildern 1.3 und 1.4 des vorigen Abschnitts wurde angedeutet, daß es vom jeweiligen Material abhängt, ob und wie stark ein Elektronenstrom hindurchfließen kann. Zur Unterscheidung teilt man deshalb sämtliche Stoffe in drei Gruppen ein, und zwar in solche, die

1. viele freie Elektronen enthalten,
2. wenig freie Elektronen enthalten,
3. keine freien Elektronen enthalten.

Die Anzahl der freien Elektronen oder Leitungselektronen ist daher ein Maß für die Fähigkeit eines Stoffs, den Elektronenstrom zu leiten. Demzufolge bezeichnet man die Stoffe der Gruppe 1 als Leiter, die der Gruppe 2 als Halbleiter und die der Gruppe 3 als Nichtleiter oder Isolatoren bzw. Isolierstoffe. Ein Schema zeigt Bild 1.9.

Metalle sind in der Regel gute elektrische Leiter. Zu den besten unter ihnen gehören Silber, Kupfer, Aluminium, Zinn und Eisen. Metallegierungen bestimmter Art verwendet man als Widerstandsbaustoffe für die Herstellung von elektrischen Bauelementen, die den Elektronenstrom gewollt mehr oder weniger gut leiten. Zu diesem Kreis gehört auch Kohle, die wir darüber hinaus als »Kohlebürsten« bei elektrischen Motoren finden.

Zu den Leitern gehören ferner z. B. salz- oder säurehaltiges Wasser und natürlich auch unser Körper. Sie sind aber noch sehr viel schlechtere Leiter als beispielsweise Eisen, das schon ziemlich am Ende der Skala von guten Leitern steht.

Die Halbleiter liegen hinsichtlich ihres elektrischen Leitvermögens zwischen Leitern und Nichtleitern. Sie weisen einige Besonderheiten auf, so zum Beispiel die Eigenschaft, sich bei der Temperatur des absoluten Nullpunkts (–273,15 °C) wie ein hundertprozentiger Isolator zu verhalten, dagegen bei normaler Zimmertemperatur Leitungselektronen freizumachen und schwach leitend zu werden. Diese Erscheinung nennt man Temperaturabhängigkeit.

Interessante Halbleiterstoffe sind zum Beispiel Germanium und Silizium, aus denen Dioden und Transistoren hergestellt werden. Bevor jedoch diese elektronischen Bauelemente gefertigt werden können, muß das Halbleitermaterial in einem recht komplizierten Verfahren dafür aufbereitet werden. Durch geringe Zusätze gewisser anderer Stoffe kann man nämlich ganz bestimmte Eigenschaften züchten, die für das Funk-

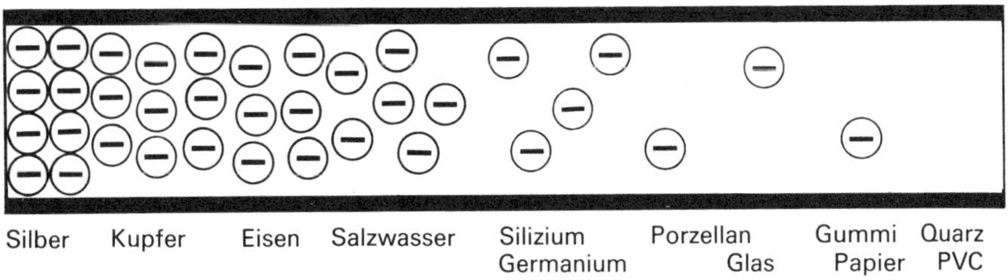

Bild 1.9 Leiter, Halbleiter und Nichtleiter weisen eine unterschiedliche Anzahl freier Elektronen auf und leiten deshalb den Elektronenstrom auch in sehr unterschiedlicher Weise

tionieren von Dioden und Transistoren von großer Bedeutung sind. Wir werden mehr darüber ab Kapitel 5 erfahren.

Wenn in einem Stoff keine oder nur vereinzelte Leitungselektronen vorhanden sind, handelt es sich um einen Nichtleiter oder Isolator. Zu ihnen gehören u. a. Porzellan, Glas, Papier, Harz, Gummi, Keramik, diverse Kunststoffe (wie PVC und Polystyrol), Glimmer und Quarz (Bild 1.10).

Bild 1.10 Stromführende Leitungen sind an nichtleitenden Isolatoren befestigt

Ein natürlicher Isolator ist selbstverständlich auch die uns umgebende Luft. Nur bei ungünstigen Umständen (hohe Luftfeuchtigkeit, kleine Isolationsabstände usw.) ist ihr Isolationsvermögen begrenzt. Auch Öl ist ein guter Isolator. So werden beispielsweise bestimmte Hochspannungs-Bauelemente in ölgefüllten Behältern untergebracht, um gute Isolationswerte zu erhalten. Selbst Wasser, allerdings nur chemisch reines Wasser, ist ein Isolator. Leitungswasser und Regenwasser enthalten dagegen immer geringe Anteile von Salzen und anderen Verunreinigungen, so daß sie zu den (wenn auch schlechten) Leitern gehören.

Zwischen den einzelnen Gruppen gibt es keine scharfen Grenzen. Die Übergänge sind gleitend, was ja auch aus der Darstellung in Bild 1.9 deutlich wird.

1.4. Elektrische Spannung

Wohl jeder hat schon einmal Batterien gekauft. Für die Taschenlampe, das Kofferradio oder den Cassettenrecorder braucht man Batterien, die eine Spannung von 1,5 oder auch 4,5 Volt haben. Ohne Batterien spielen unterwegs das Kofferradio und der Cassettenrecorder nicht, und auch die Taschenlampe ist ohne Batterie völlig wertlos. Batterien sind also eine Energiequelle und liefern die nötige »Betriebsspannung« (Bild 1.11). Sind die Batterien leer, müssen sie ersetzt

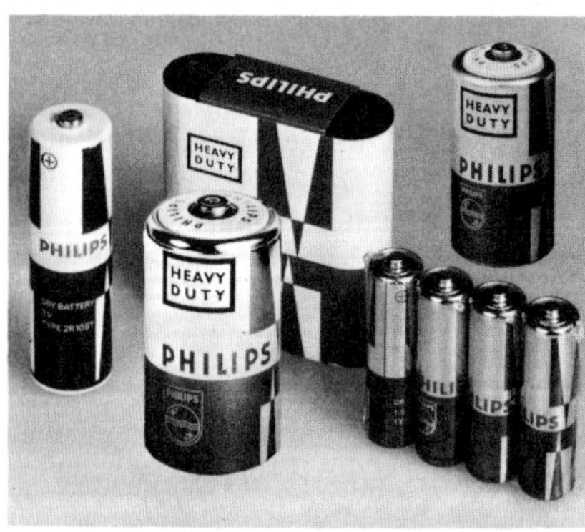

Bild 1.11 Es gibt verschiedene Ausführungen von Trockenbatterien für den Betrieb von Transistorgeräten, Taschenlampen, Uhren usw., z. B. Monozellen (1,5 V) Typ R 20 TR und R 20 DD, Babyzellen (1,5 V) Typ R 14 TR und R 14 DD, Mignonzellen (1,5 V) Typ R 6 TR und R 6 DD, Normalbatterien (4,5 V in flacher Form) Typ 3 R 12 TR, Energieblock (9 V) Typ 6 F 22 TR und die Stabbatterie (3 V) Typ 2 R 10 ST

werden. Sie haben keine Spannung mehr, weil ihre Energie erschöpft ist.

Das führt zu der Frage, wie die in einer Batterie gespeicherte Energie wirksam werden kann. Bevor wir darauf eingehen, soll ein Vergleich mit der Wasserleitung das Verständnis für diese Vorgänge etwas erleichtern.

Wasser kann nur dann durch Leitungen fließen, wenn es mit einer Pumpe oder aufgrund eines natürlichen Gefälles hineingedrückt wird. Es muß also ein Druck vorhanden sein, der das Wasser durch die Leitungen preßt. Verbindet man Anfang und Ende einer solchen Leitung miteinander, so erhält man einen geschlossenen Wasserkreislauf, wie er beispielsweise bei Warmwasserheizungen oder Kühlanlagen zu finden ist. Eine Wasserpumpe treibt das Wasser durch das Rohrnetz (Bild 1.12). Fällt die Wasserpumpe aus, ist der Kreislauf unterbrochen. Wir sehen, daß das Wasser von der Pumpe stets in die gleiche Richtung gedrückt wird. Je größer diese Kraft ist, um so höher ist der Wasserdruck.

Überträgt man diese Verhältnisse auf den elektrischen Bereich, so ergeben sich große Ähnlichkeiten. Wir wissen beispielsweise aus Erfahrung, daß die Taschenlampe bei neuen Batterien besonders hell leuchtet, weil dann deren Spannung hoch ist. Wenn sie absinkt, verringert sich auch die Helligkeit der Lampe. Die Spannung der Batterien muß also eine Art Kraft sein und einen »elektrischen Druck« ausüben.

Wie im vorigen Abschnitt gesagt wurde, können sich die Leitungselektronen, z. B. eines Kupferdrahts, im Prinzip sehr leicht bewegen, weil dessen Atomstruktur dafür gute Voraussetzungen bietet. Um sie aber kräftig und in großen Mengen durch den Draht strömen zu lassen, braucht man einen elektrischen Druck, den die Spannungsquelle liefert. Man kann diese auch als Elektronenquelle oder Elektronenpumpe bezeichnen; in unserem Beispiel wird sie durch die Batterie dargestellt (Bild 1.13). Wir sehen, daß auch der Elektronenfluß einen geschlossenen Kreislauf benötigt.

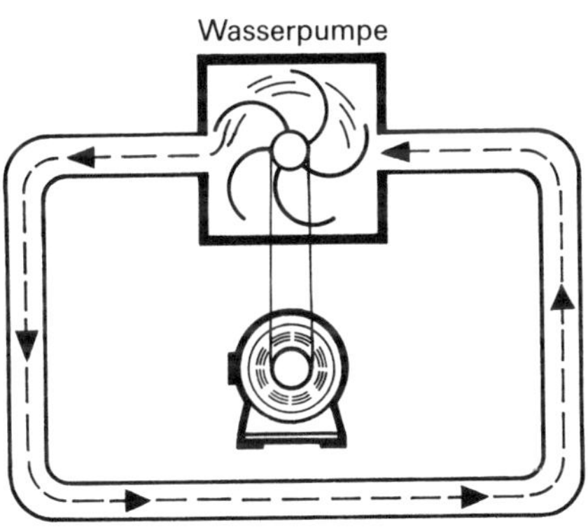

Bild 1.12 Die Wasserpumpe drückt den Wasserstrom in einer vorgegebenen Richtung durch die Rohrleitung

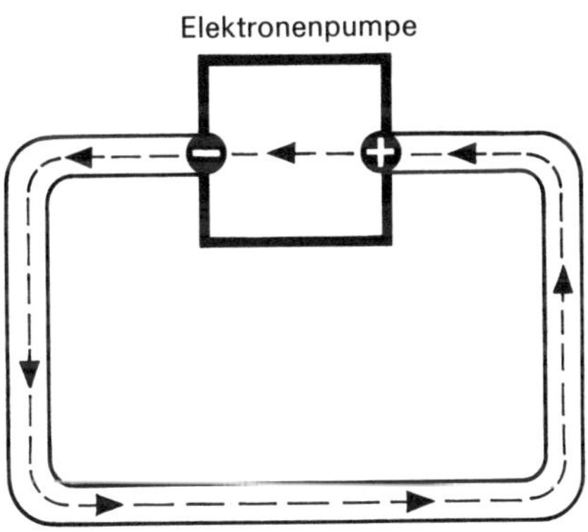

Bild 1.13 Die Elektronenpumpe (Batterie) drückt den Elektronenstrom in einer ebenfalls vorgegebenen Richtung durch die Drahtleitung

So wie die Wasserpumpe das Wasser in nur einer Richtung durch die Leitung drückt, ist auch der elektrische Druck bei einer Batterie, also die Spannung, immer nur in einer Richtung wirksam. Batterien liefern daher eine Gleichspannung. Sie haben zwei Anschlußstellen, die man Pluspol und Minuspol nennt.

Um es ganz deutlich zu machen, sind die Pole meistens noch mit den Zeichen + und – versehen.

Es gibt aber auch Spannungen, die einen »wechselnden elektrischen Druck« hervorrufen und die man deshalb Wechselspannungen nennt. Am bekanntesten ist wohl die 220-V-Wechselspannung des Lichtnetzes (Bild 1.14). Im Kapitel 2 werden wir uns ausführlicher mit der Wechselspannung beschäftigen.

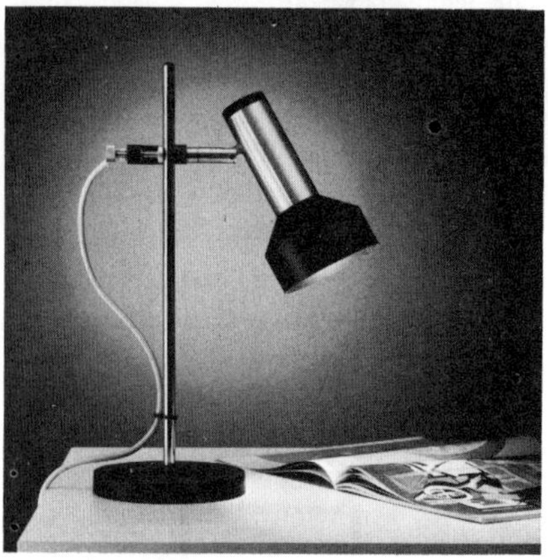

Bild 1.14 Elektronen lassen auch die Tischlampe leuchten

1.4.1. Plus und Minus

Batterien haben die Eigenschaft, Spannung speichern zu können. Zwischen ihren Polen besteht ein Spannungsunterschied, der durch die Zeichen + und – ausgedrückt wird. Wenn aber zwischen zwei Punkten eine Spannungsdifferenz herrscht, so heißt das, daß der eine Punkt stärker mit Elektronen besetzt sein muß als der andere. In der Elektrotechnik ist das stets beim Minuspol der Fall. Dort herrscht also ein Elektronenüberschuß, während am Pluspol ein Elektronenmangel besteht. Um einen Ausgleich zwischen beiden Punkten zu erreichen und ein Gleichgewicht in der Elektronenverteilung herzustellen, fließen die Elektronen in einem geschlossenen Leitungskreis immer vom Minuspol zum Pluspol (Bild 1.15).

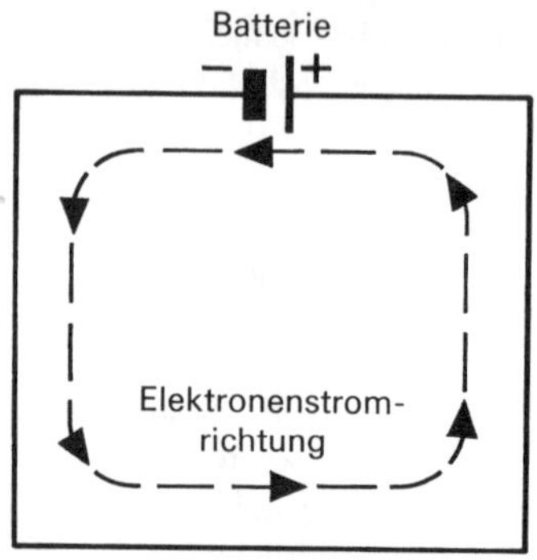

Bild 1.15 Elektronen fließen in einer Leitung immer vom Minus- zum Pluspol einer Batterie

Wir wollen uns daher besonders gut merken: Elektronen sind stets negativ geladen. Ein Elektronenstrom kommt zustande, wenn ein Punkt mit Elektronenüberschuß (–) mit einem anderen Punkt, an dem Elektronenmangel (+) herrscht, verbunden wird. Die Elektronen haben das Bestreben, vom stärker besetzten Pol (–) zum schwächer besetzten (+) abzuwandern.

Entgegen dieser Erkenntnis besteht, vor allem in der Starkstromtechnik, weiter die alte, früher willkürlich festgesetzte Auffassung, nach der der Strom vom Pluspol zum Minuspol fließt. Dies wird vielfach auch als konventionelle oder technische Stromrichtung bezeichnet.

Will man eine Spannung messen, so ist das Meßinstrument (Spannungsmesser) an den zwei Punkten der Schaltung anzuschließen, zwischen denen die Spannungsdifferenz auftritt (Bild 1.16).

Die Maßeinheit für die elektrische Spannung ist das Volt, abgekürzt V geschrieben. Es gibt Spannungen, die viel größer (Bild 1.17), oder viel kleiner als 1 V sind (V wird immer »Volt« ausgesprochen). So arbeitet z. B. die Bildröhre eines Farbfernsehgeräts mit Spannungen von ungefähr 25000 V. Man kann in abgekürzter Form auch 25 kV schreiben, weil der Buchstabe k kilo bedeutet und eine Abkürzung für tausend darstellt (1000 V = 1 Kilovolt).

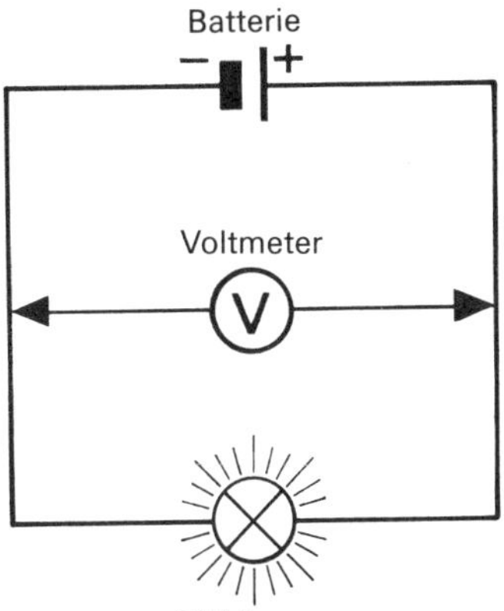

Bild 1.16 Die »Spannung« einer Batterie kann mit einem Voltmeter gemessen werden

Ein Megavolt sind 1000 kV, die Kurzform ist MV. Der tausendste Teil eines Volts heißt Millivolt, abgekürzt mV, und der millionste Teil eines Volts ist ein Mikrovolt; er wird abgekürzt als μV geschrieben. Diese Bezeichnungen gelten für Gleich- und Wechselspannungen. Die vorstehend erwähnten Angaben über die verwendeten Spannungsgrößen sind in der folgenden Tabelle zusammengefaßt. Diese

1 MV =	1000 kV
1 kV =	1000 V
1 V =	1000 mV
1 mV =	1000 μV

Bild 1.17 Überlandleitungen transportieren sehr hohe Spannungen

Übersichtsform finden wir später auch bei anderen elektrischen Einheiten wieder.

Die Bezeichnung »Volt« ist abgeleitet vom Namen des italienischen Physikers Alessandro Volta, 1745–1827.

1.5. Elektrischer Strom

Nachdem wir über Elektronen und Spannung schon einiges erfahren haben, wenden wir uns jetzt dem Strom zu. Dieser steht mit der Spannung in einem festen Zusammenhang, denn es gibt zwar eine Spannung, ohne daß ein Strom fließen muß (z. B. bei einer Batterie), aber es kann niemals Strom ohne Spannung fließen.

Die Spannung treibt (als elektrischer Druck) einen Elektronenstrom durch die Leitungen. Bei einer Batterie ist es ein Gleichstrom und beim Lichtnetz ein Wechselstrom. Entscheidend für die Größe des auftretenden Stroms ist die Höhe der Spannung. Wir finden das in Bild 1.18 sinngemäß an einem Beispiel aus dem Sport dargestellt. So treiben die große und kleine Spannung eines bestimmten Ereignisses unterschiedlich viele Zuschauer zum Ort des Geschehens. Umgesetzt in die elektrische Wirklichkeit sagt der Vergleich: Eine hohe Spannung setzt mehr Elektronen in Bewegung als eine kleine Spannung. Der durch einen Leiter fließende Elektronenstrom ist also abhängig von der Höhe der angeschlossenen Spannung.

Noch einmal wiederholt: Die Fortbewegung der freien Elektronen (Leitungselektronen) ist fließender elektrischer Strom. Elektronen sind die eigentlichen Träger der Elektrizität.

Vergleiche mit Wasserströmen, die durch Rohre fließen, geben weiteren Aufschluß über das Wesen elektrischer Ströme. Sollen große Wassermengen schnell durch Rohre geleitet werden, so ist dazu ein großer Leitungsquerschnitt erforderlich. Dünne Rohre reichen nur für den Transport kleiner Wassermengen aus.

Ähnlich ist es in der Elektrotechnik. Starke elektrische Ströme verlangen große Leitungsquerschnitte, d. h. das Kabel muß dick genug sein (Bild 1.19). Schwache elektrische Ströme kommen dagegen mit

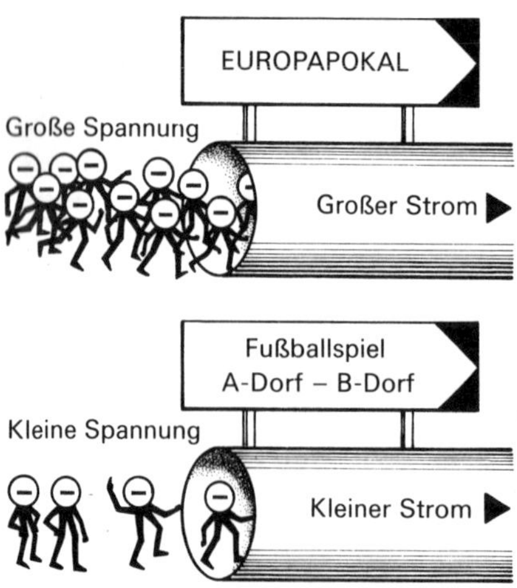

Bild 1.18 Bei großer Spannung drängeln sich die Elektronen-Männchen in großen Strömen zum Ort des Geschehens, bei kleiner Spannung tritt auch nur ein kleiner Strom auf

Bild 1.19 Für große Elektronenmengen und hohe Spannung braucht man entsprechend dicke Kabel

entsprechend dünnen Leitungen aus, ohne daß der Elektronenfluß behindert wird.

1.5.1. Elektronenbewegungen

Es taucht jetzt die Frage auf, wie schnell sich die Elektronen in einer Leitung fortbewegen, wenn man eine Spannungsquelle anschließt. Hierbei sind aber zwei Dinge zu unterscheiden: die Eigenbewegung der Elektronen und die Schnelligkeit der »Stromübermittlung« von Elektron zu Elektron.

Die Bewegungsgeschwindigkeit der Elektronen in einem Kupferdraht ist viel kleiner als man eigentlich annimmt. Sie beträgt durchschnittlich noch nicht einmal einen Millimeter in der Sekunde! Trotzdem leuchtet eine Lampe sofort auf, wenn wir den Schalter betätigen. Das hängt natürlich damit zusammen, daß der »Stromtransport« nicht etwa durch Elektronen erfolgt, die aus der Spannungsquelle in eine »leere« Leitung fließen und nach dem Eintreffen bei der Lampe diese dann aufleuchten lassen, sondern weil die Elektronen aus der Spannungsquelle ihre Bewegung sofort an die Leitungselektronen weitergeben und dadurch unmittelbar den Stromfluß auslösen (Bild 1.20).

Dieses Beeinflussen von Elektron zu Elektron geschieht in unvorstellbar kurzer Zeit. Es können dabei Geschwindigkeiten von fast 300000 Kilometer pro Sekunde auftreten. Allerdings ist das z. B. für moderne Computer gar nicht so furchtbar schnell, wenn sie im Mikro- oder Nanosekundenbereich arbeiten sollen. Da für einen Rechenvorgang zahlreiche Elektronenbewegungen in den Schaltkreisen des Computers notwendig sind, müssen die Elektronenwege extrem kurz sein. Sonst dauert die Übermittlung von Informationen auf den Wegen innerhalb der Anlage länger als der eigentliche Rechenvorgang, weil der Strom beispielsweise in einer Nanosekunde (eine milliardstel Sekunde) »nur« eine Strecke von 30 Zentimetern zurücklegt. Deshalb konnten superschnelle Computer erst mit Hilfe von integrierten Schaltkreisen gebaut werden, bei denen die Elektronenwege nur Bruchteile eines Millimeters betragen und sich in großer Anzahl auf engem Raum anordnen lassen.

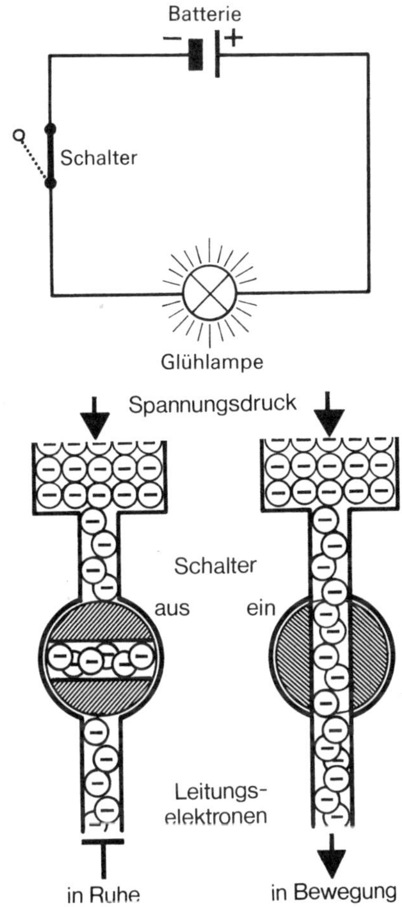

Bild 1.20 Der Elektronenstrom läßt sich mit einem Schalter an- und abstellen, die Elektronen in der Leitung befinden sich dabei einmal in Bewegung und einmal in Ruhe

Interessant ist im Zusammenhang mit den Elektronenbewegungen auch noch die Größe des fließenden Stroms. Wenn man beispielsweise eine starke Glühlampe von etwa 200 Watt einschaltet, dann bewegen sich (gemessen an einem beliebigen Punkt) in jeder Sekunde 6,3 Millionen mal 1 Million mal 1 Million Elektronen (6,3 mal 10^{18}) durch die Leitung. Diese Elektrizitätsmenge heißt 1 Coulomb (C). Mit solchen ungeheuer großen Zahlen (18 Nullen!) kann man natürlich nicht gut rechnen und setzte deshalb für den Stromwert eine andere, geeignetere Maßeinheit fest. Es ist das Ampere, abgekürzt A geschrieben und »Ampeer« gesprochen. In unserem Beispiel fließt durch die Leitung ein Strom von etwa 1 Ampere.

In der Elektronik ist man im allgemeinen mit Elektronen sparsamer als im Stromnetz der Elektrizitätswerke. In den meisten Transistorschaltungen fließen nämlich Ströme von viel weniger als einem Ampere, tausendmal weniger oder sogar millionenmal weniger. Um einfacher über diese schwachen Ströme sprechen zu können, nennt man den tausendsten Teil eines Amperes ein Milliampere, abgekürzt mA, und zum millionsten Teil eines Amperes sagt man Mikroampere, abgekürzt μA. μ ist der griechische Buchstabe My und wird in Verbindung mit Einheiten »Mikro« ausgesprochen. Er kennzeichnet stets den millionsten Teil eines Ganzen.

Will man einen Strom messen, so muß das Meßinstrument (Strommesser) in die Leitung eingeschaltet werden, in der sich die Elektronen bewegen (Bild 1.21).

1 MA	= 1000 kA
1 kA	= 1000 A
1 A	= 1000 mA
1 mA	= 1000 μA

Die Bezeichnung »Ampere« ist abgeleitet vom Namen des französischen Physikers Andrè Marie Ampère, 1775–1836.

1.6. Widerstände im Stromkreis

Im Abschnitt 1.3. tauchte das Wort Widerstand im Zusammenhang mit dem elektrischen Strom auf. Als Widerstand bezeichnet man die Eigenschaft eines Materials, den Elektronenfluß mehr oder weniger zu hemmen.

Kommen wir zum Vergleich wieder auf die Wasserleitung zurück. Auch sie setzt dem Durchfluß des Wassers einen bestimmten Widerstand entgegen, der vom Querschnitt der Leitung und ihrer Länge abhängt. Ein enges Rohr hat für den Wasserstrom einen großen Widerstand, und es fließt nur wenig Wasser hindurch, besonders wenn der Querschnitt noch zusätzlich verkleinert wird (Bild 1.22). Durch

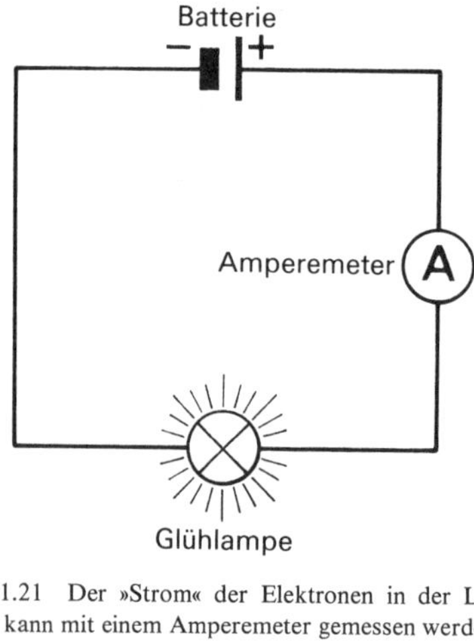

Bild 1.21 Der »Strom« der Elektronen in der Leitung kann mit einem Amperemeter gemessen werden

Bild 1.22 Kleiner Leitungsquerschnitt (großer Widerstand) = kleiner Wasserdruck

ein weites Rohr können dagegen große Wassermengen ohne nennenswerten Widerstand hindurchfließen (Bild 1.23).

Bild 1.23 Großer Leitungsquerschnitt (kleiner Widerstand) = großer Wasserdruck

Bei einem elektrischen Leitungsnetz ist es ähnlich. Je dicker die Kupferleitung, desto geringer ist ihr Widerstand und um so leichter fließt der elektrische Strom hindurch (Bild 1.24). Natürlich spielt neben dem Leitungsquerschnitt auch hier die Leitungslänge eine Rolle: der Widerstand nimmt mit der Länge der Leitung zu (Bild 1.25).

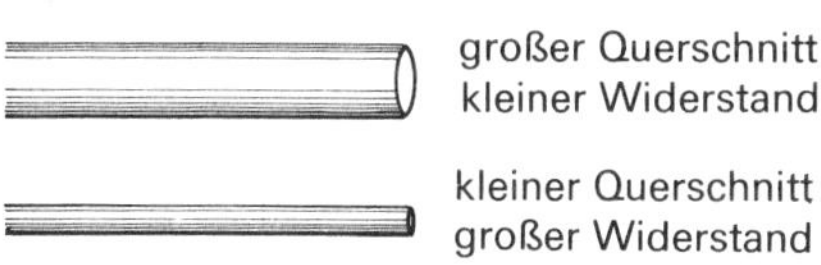

Bild 1.24 Bei unterschiedlichen Drahtstärken ergeben sich unterschiedliche Widerstände für den Elektronenfluß

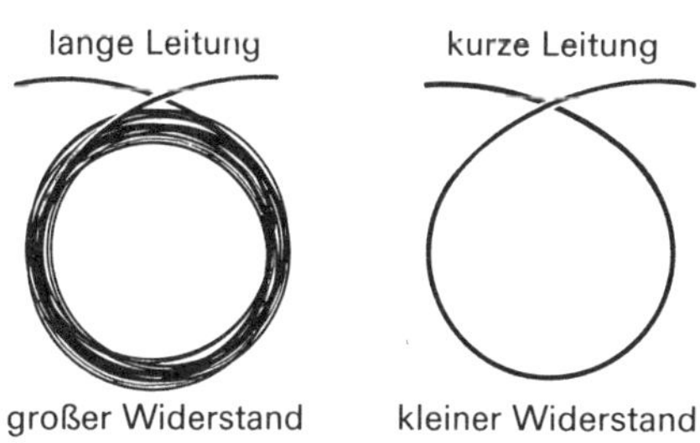

Bild 1.25 Auch die Länge der Drahtleitung hat Einfluß auf den »Leitungswiderstand«

Die Maßeinheit für den Widerstand ist das Ohm, abgekürzt geschrieben mit dem griechischen Buchstaben Ω (Omega), aber Ohm gesprochen. Große Widerstandswerte werden Megohm (Million Ohm, abgekürzt M Ω) oder Kilo-Ohm (Tausend Ohm, abgekürzt k Ω) genannt und dementsprechend geschrieben. Sehr, sehr kleine Werte – sie kommen in normalen elektronischen Schaltungen praktisch nicht vor – bezeichnet man mit der Maßeinheit Milliohm, abgekürzt m Ω, und Mikroohm (μΩ).

$$1\ \mathrm{M}\Omega = 1000\ \mathrm{k}\Omega$$
$$1\ \mathrm{k}\Omega = 1000\ \Omega$$
$$1\ \Omega = 1000\ \mathrm{m}\Omega$$
$$1\ \mathrm{m}\Omega = 1000\ \mu\Omega$$

Die Bezeichnung »Ohm« ist abgeleitet vom Namen des deutschen Physikers Georg Simon Ohm, 1789–1854.

Hier noch ein interessantes Beispiel für den Widerstand eines Leitungsdrahts. Ein Kupferdraht von 57 Metern Länge hat bei einem Querschnitt von 1 mm^2 einen Widerstand von 1 Ohm. Etwas mehr als einmal um den Äquator gelegt, hätte der gleiche Draht einen Widerstand von 1 Megohm. Genauer gesagt: Der Draht müßte rund 57 Millionen Meter lang sein (Bild 1.26).

Neben der Länge und dem Querschnitt gibt es noch einen dritten Faktor, der für den Widerstand einer Leitung maßgebend ist: das Leitungsmaterial. Silber ist z. B. ein sehr guter Leiter, aber viel zu teuer. Kupfer leitet den Strom fast so gut wie Silber und wird deshalb am meisten verwendet. Aluminium leitet den Strom nur halb so gut wie Kupfer. Ein Eisendraht müßte sogar den 6fachen Querschnitt eines Kupferdrahts haben, wenn durch beide bei gleicher Länge und gleicher Spannung gleichviel Strom fließen soll.

Dieser vom Werkstoff abhängige Widerstand wird spezifischer Widerstand genannt und mit dem griechischen Buch-

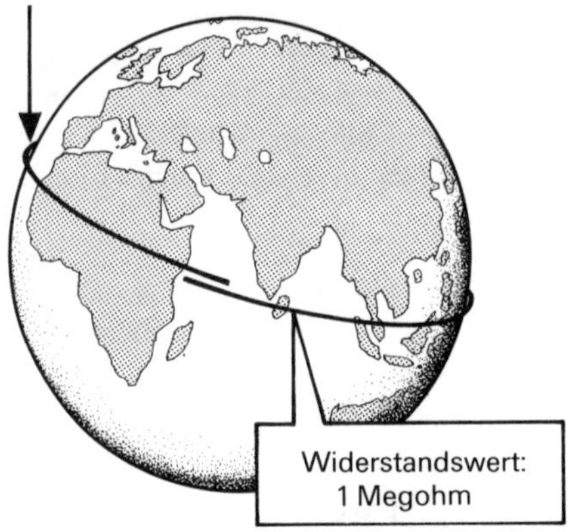

Bild 1.26 Ein ca. 57 000 km langer Kupferdraht von 1 mm² Querschnitt hat einen Widerstandswert von 1 Megohm

staben ϱ (Rho) bezeichnet. Er gibt den Widerstandswert (in Ω) eines Leiters von 1 m Länge und 1 mm² Querschnitt bei 20 °C an. Die folgende Tabelle enthält die wichtigsten Stoffe und ihre spezifischen Widerstandswerte.

Werkstoff	spezifischer Widerstand
Silber	0,016
Kupfer	0,0175
Aluminium	0,028
Eisen, Stahl	0,1–0,2
Zinn	0,13
Blei	0,2
Konstantan (Widerstandsdraht)	0,5

Man kann die Widerstandseigenschaft eines Werkstoffs außerdem durch den elektrischen Leitwert ausdrücken. Das ist nichts anderes als der Kehrwert des elektrischen Widerstands. Der elektrische Leitwert wird mit dem Einheitenzeichen S (Siemens) bezeichnet.

$$1\,\mathrm{S} = \frac{1}{1\,\Omega}$$

Widerstände gibt es nicht nur in den elektrischen Leitungsdrähten, sondern in sehr großem Umfang auch als Bauteile in den Schaltungen aller elektronischen Geräte. Man benutzt sie, um Spannungen und Ströme in den einzelnen Stufen auf bestimmte Werte einzustellen, damit z. B. Röhren, Transistoren oder Dioden richtig arbeiten können. Es gibt sie als Festwiderstände und einstellbare Widerstände, und es gibt sie auch für verschieden starke Ströme, d. h. ihre geometrischen Abmessungen sind unterschiedlich. Näheres darüber lesen wir in Kapitel 3.

1.7. Ohmsches Gesetz

Wir haben bis jetzt die Begriffe Spannung, Strom und Widerstand kennengelernt. Zwischen diesen drei Größen besteht im geschlossenen Stromkreis ein wichtiger Zusammenhang. Es ist das Ohmsche Gesetz.

Nach diesem Gesetz besteht zwischen den genannten drei Größen eine Beziehung, die aussagt, daß

- der Strom ansteigt, wenn die Spannung größer oder der Widerstand kleiner wird und
- der Strom abnimmt, wenn die Spannung kleiner oder der Widerstand größer wird.

In eine Formel gebracht, heißt die Beziehung:

$$\text{Strom} = \frac{\text{Spannung}}{\text{Widerstand}}$$

Da die Formelzeichen für den Strom ein I, für die Spannung ein U und für den Widerstand ein R sind, erhalten wir als Kurzform des Ohmschen Gesetzes die Formel:

$$I = \frac{U}{R}$$

Soll die Spannung errechnet werden, lautet die Formel:

$$U = I \cdot R$$

Und wenn wir den Widerstandswert ermitteln wollen, erfolgt das mit der Formel:

$$R = \frac{U}{I}$$

Wenn diese Formeln verwendet werden, so ist darauf zu achten, daß die Werte für U in Volt, I in Ampere und R in Ohm eingesetzt werden. Man darf nicht wahllos unterschiedliche Größen verwenden, z. B. Widerstände in Ohm, Spannung in Millivolt und Strom in Mikroampere. Eine kleine Rechnung macht das deutlich: Bei einem Bügeleisen fließt z. B. ein Strom von 4,5 A durch die Widerstandsspirale in seiner Sohle, wenn das Gerät an die 220-V-Steckdose angeschlossen ist. Wie hoch ist der Widerstandswert der Heizspirale? Wir rechnen nach der Formel R = U/I und setzen 220 V geteilt durch 4,5 A ein. Das ergibt rund 49 Ohm. Hätte man die Spannung aber in Millivolt eingesetzt, müßte 220000 : 4,5 gerechnet werden, und das falsche Ergebnis würde rund 49000 Ohm heißen! Setzt man dagegen auch den Stromwert in mA ein, so sind beide Größen auf der rechten Seite der Gleichung R = U/I wieder gleichwertig und wir erhalten die richtige Lösung 220000:4500 = 49 Ohm.

Das Ohmsche Gesetz ist praktisch die Basis für viele weitere Erkenntnisse in der Elektrotechnik. Wir sollten es uns daher einprägen, um über die Zusammenhänge zwischen Strom, Spannung und Widerstand gut Bescheid zu wissen.

Hierzu noch eine grafische Darstellung der Beziehung zwischen Spannung, Strom und Widerstand: die gerade (oder linear) verlaufende Widerstandskennlinie. Sie drückt aus, daß der Widerstand in seinem Wert konstant ist (Bild 1.27).

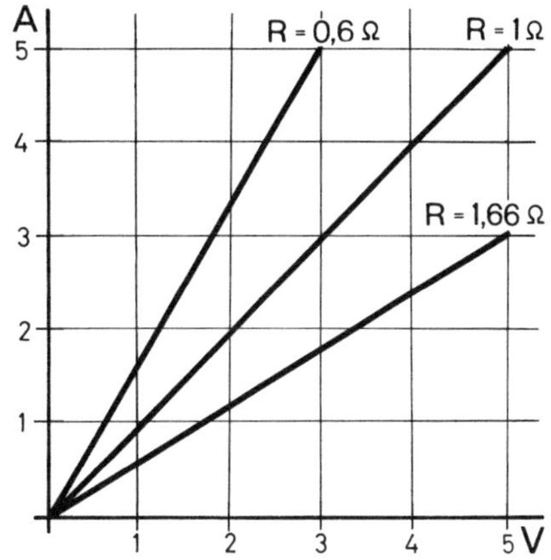

Bild 1.27 Widerstands-Kennlinien

1.8. Elektrische Leistung

Im Bild 1.12 treibt die Wasserpumpe den Wasserstrom durch das Rohrnetz. Wenn sich aber in einem Wassergefälle eine Vorrichtung befindet, die ein mechanisches Getriebe enthält, so kann man damit die **kinetische Energie** des fließenden Wassers in eine mechanische Drehbewegung umwandeln. Das läßt sich im einfachsten Fall mit Hilfe eines Wasserrads machen (Bild 1.28). Eine moderne Version ergibt sich,

Bild 1.28 Aus der Energie fließenden Wassers kann man elektrische Energie gewinnen

wenn man eine Turbine verwendet und sie in ein Wasserkraftwerk unterhalb eines Stausees einbaut (Bild 1.29a und 1.29b).

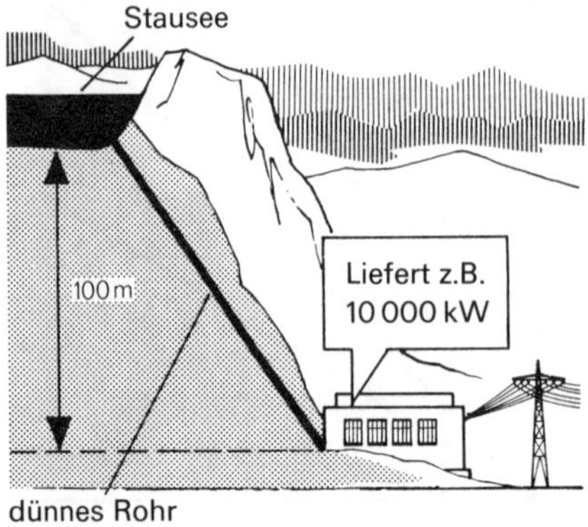

Bild 1.29a Ein kleines Kraftwerk mit geringem Wasserzufluß liefert nur eine begrenzte Menge elektrischer Energie

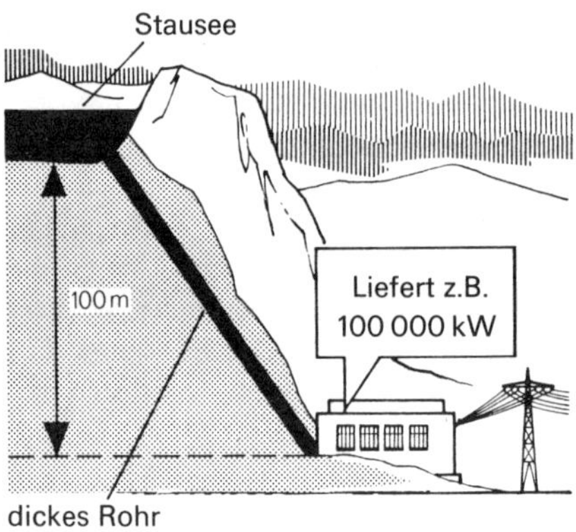

Bild 1.29b Ein großes Kraftwerk mit größeren »Wasserdrücken« kann auch mehr elektrische Energie liefern

Was passiert in diesem Fall? Wir wissen, daß die Turbinenschaufeln – und damit die Welle der Turbine – von dem durch das Rohr herabstürzenden Wasser in rasend schnelle Umdrehungen versetzt werden. Die Turbine liefert also zunächst einmal **mechanische Energie**. Wie leicht einzusehen ist, hängt die Turbinenleistung von der angebotenen Wassermenge und dem Wasserdruck ab. Sie muß daher (wenn zwei gleich große Turbinen vorhanden sind) im Wasserkraftwerk nach Bild 1.29a kleiner sein als im Beispiel 1.29b, weil dort bei gleicher Höhe der Durchmesser des Rohrs größer ist.

Sind mit den Wellen der Turbinen stromerzeugende Generatoren verbunden, so liefern diese eine Leistung in Form von **elektrischer Energie.** Es findet also eine Energieumwandlung statt: aus mechanischer Leistung wird elektrische Leistung. Wir finden derartige Umwandlungs- oder Umformungsvorgänge überall in unserer Umgebung. Ein Beispiel ist der Elektromotor, worin elektrische Leistung wieder in mechanische Leistung umgesetzt wird. Und noch ein Beispiel: In der Glühlampe entsteht aus der aufgenommenen elektrischen Leistung neben Licht gleichzeitig auch Wärme.

Man erkennt daraus, daß die abgegebene Leistung eines Geräts oder einer Maschine immer von der hineingegebenen Leistung abhängt. Wenn wir es mit elektrischen Geräten zu tun haben, handelt es sich also um Spannung und Strom, die dem betreffenden Objekt zugeführt werden. Aus ihren Werten läßt sich die jeweilige Leistung errechnen (Bild 1.30). Sie ergibt sich aus dem Multiplizieren von

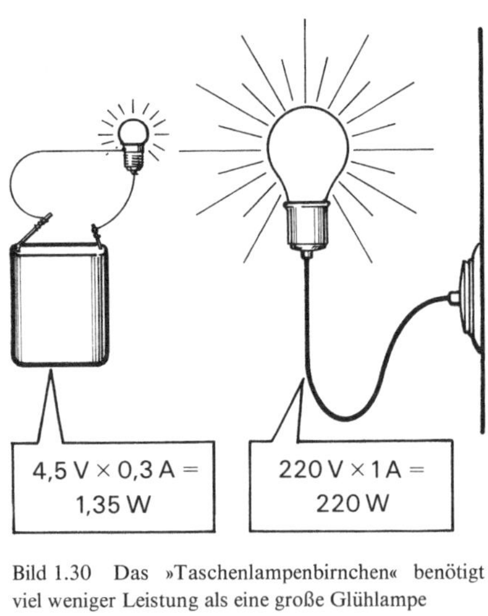

Bild 1.30 Das »Taschenlampenbirnchen« benötigt viel weniger Leistung als eine große Glühlampe

Strom und Spannung und wird in Watt angegeben, abgekürzt als W geschrieben.

Größere Werte werden in Kilowatt oder (bei sehr großen Kraftwerken oder Atomreaktoren) in Megawatt angegeben. Demgegenüber gibt es in der Elektronik häufig sehr kleine Leistungen, die mit den Bezeichnungen Milli- und Mikrowatt klassifiziert werden.

$$\begin{aligned} 1\,\mathrm{MW} &= 1000\,\mathrm{kW} \\ 1\,\mathrm{kW} &= 1000\,\mathrm{W} \\ 1\,\mathrm{W} &= 1000\,\mathrm{mW} \\ 1\,\mathrm{mW} &= 1000\,\mu\mathrm{W} \end{aligned}$$

Die Bezeichnung »Watt« ist abgeleitet vom Namen des englischen Ingenieurs James Watt, 1736–1819.

Das Formelzeichen für die Leistung ist das P, und die Formel selbst heißt nach dem vorher Gesagten:

$$P = U \cdot I$$

Wir können aber auch die Spannung U durch den Ausdruck I · R ersetzen (Ohmsches Gesetz) und erhalten dann die Formel P = I · R · I oder

$$P = I^2 \cdot R$$

Nehmen wir den Strom I aus der ersten Formel heraus und bringen dafür den Ausdruck U : R hinein, erhalten wir als Formel P = U · U : R oder

$$P = \frac{U^2}{R}$$

Auch hier gilt die Forderung: P in Watt, U in Volt, I in Ampere und R in Ohm einsetzen, bzw. gleichwertige Größen verwenden.

Hinweis:

Während die Elektrotechniker elektrische Leistungen in Watt angeben, zogen es die Maschinenbauer bisher vor, die mechanische Leistung in PS anzugeben. Wir alle kennen es von den Automotoren her. Die PS-Angabe war noch bis Ende 1977 zulässig. Seit dem 1. 1. 1978 schreibt das Gesetz über Einheiten im Meßwesen aber auch hier die Leistungsangabe in Watt vor (siehe Kapitel 15.). Watt und PS (Pferdestärke) stehen in einem bestimmten Verhältnis zueinander, und zwar ist 1 PS = 736 W oder umgekehrt 1 W = 0,00136 PS bzw. 1 kW = 1,36 PS.

Wir wollen uns den gesamten Vorgang am Beispiel eines elektrischen Bügeleisens noch einmal klarmachen (Bild 1.31). Die Heizdrähte des Geräts sind ein ohmscher Widerstand und werden an das 220-V-Lichtnetz angeschlossen. Fließt dann ein Strom von 4,5 A, so beträgt die aus dem Lichtnetz »aufgenommene« Leistung 220 · 4,5 = 990 Watt, also rund 1 kW. Die abgestrahlte Wärme stellt die umgewandelte Energie dar. Die auf den Typschildern oder in anderen technischen Hinweisen angegebene Watt-Zahl gibt an, welche Energiemenge (in unserem Fall elektrische Leistung) für den Umwandlungsprozeß aus dem Lichtnetz oder aus Batterien benötigt wird (Bild 1.31).

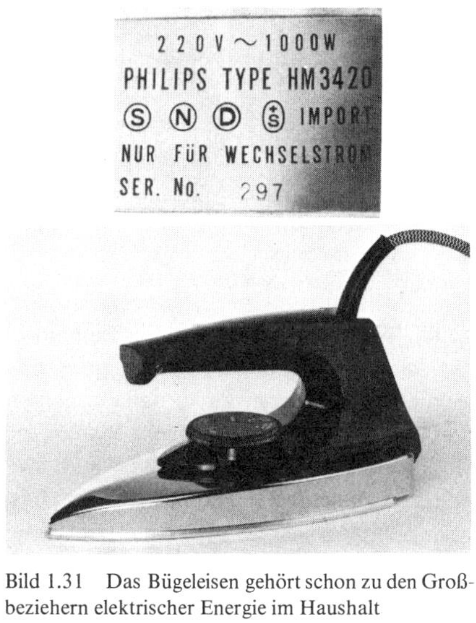

Bild 1.31 Das Bügeleisen gehört schon zu den Großbeziehern elektrischer Energie im Haushalt

1.9. Wirkungsgrad

Im vorigen Abschnitt wurde dargelegt, daß Energie von einem Zustand in einen anderen umgewandelt werden kann. Diese Umformung versucht man natürlich mit größtmöglichem Erfolg durchzuführen und die Verluste klein zu halten. Mit anderen Worten: Der Wirkungsgrad eines Umformungsprozesses soll hoch sein, damit die Ausbeute groß ist.

Dies sei am Beispiel einer Glühlampe gezeigt, die aus dem Lichtnetz eine bestimmte Leistung aufnimmt. Diese Leistung wird in der Lampe umgesetzt in Licht und Wärme. Leider ist der Wirkungsgrad, bezogen auf das gewonnene Licht, recht klein. Er beträgt nur ungefähr fünf Prozent. Der Rest, also 95 Prozent der hineingegebenen Leistung, wird in Wärme umgewandelt (Bild 1.32).

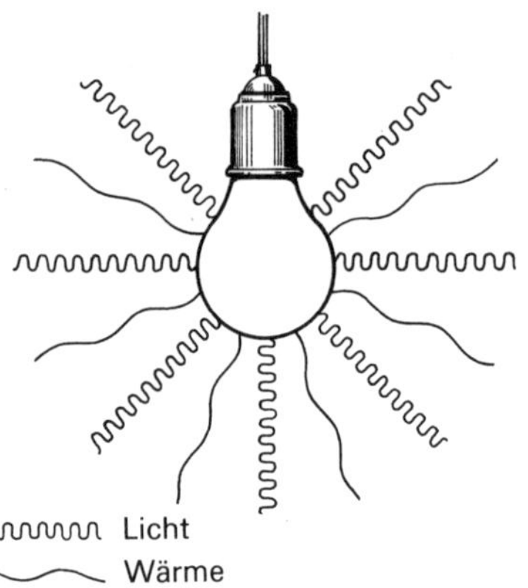

Bild 1.32 Neben sichtbarem Licht gibt eine Glühlampe auch unsichtbare Strahlung in Form von Wärme ab

Der Wirkungsgrad errechnet sich also aus dem Verhältnis von erwünschter abgegebener Leistung zu aufgenommener Leistung. Übrigens kann man weder Energie »erzeugen« noch »verbrauchen«. Energie wird stets dadurch genutzt, daß man sie in andere Formen umwandelt. Bei Elektromotoren z. B. wird die elektrische Energie in mechanische umgesetzt, und ein Tauchsieder wandelt die elektrische Energie in Wärme um.

1.10. Elektrische Arbeit

In der Betrachtung über die elektrische Leistung wurde ein wichtiger Punkt bislang nicht erwähnt. Es ist der Faktor Zeit. Wenn eine Glühlampe oder ein anderes Gerät während einer gewissen Zeit mit einer bestimmten Leistung betrieben wird, so bezieht man dadurch vom Elektrizitätswerk elektrische Arbeit. Diese ist abhängig von der aufgenommenen Leistung und von der Zeit, in der die Leistung aus dem Lichtnetz entnommen wurde.

Somit ergibt sich die Aussage: Arbeit ist Leistung mal Zeit. Das Ergebnis wird normalerweise in Kilowattstunden (kWh) angegeben. Soll eine andere Einheit gebraucht werden, so kann man Wattstunde (Wh) oder Wattsekunde (Ws) verwenden. Nach dem Gesetz über Einheiten im Meßwesen entspricht die Ws der neuen Einheit Joule (sprich djuul), deren Zeichen das J ist. Die Kilowattstunde (kWh) ist demnach 3,6 MJ. Das Elektrizitätswerk berechnet die gelieferte elektrische Arbeit nach Kilowattstunden, sie wird im allgemeinen mit einem Zähler gemessen (Bild 1.33). Beträgt der Strompreis je Kilowatt-

Bild 1.33 Der »Verbrauch« elektrischer Energie wird mit einem Zähler gemessen. In der Umgangssprache ist der Ausdruck »Energieverbrauch« zwar geläufig, aber er ist technisch nicht korrekt

stunde beispielsweise 10 Pfennig, so wissen wir sofort: 1000 Watt (1 Kilowatt) kosten während einer Stunde nicht mehr und nicht weniger als 10 Pfennig. Brennt eine 100-W-Glühlampe 10 Stunden lang, dann sind während dieser Zeit für den Stromverbrauch 10 Pfennig zu bezahlen (Bild 1.34).

Bild 1.34 Die Kosten elektrischer Verbraucher lassen sich anhand des Preises für 1 Kilowattstunde leicht berechnen

Wie hoch der Bedarf an elektrischer Leistung im Haushalt heute sein kann, zeigt eine Aufstellung gebräuchlicher Geräte mit ihren Anschlußwerten:

Stereo-Anlage und Farbfernsehempfänger	300 W
Kühl-/Gefrierschrank	200 W
Geschirrspüler	3000 W
Waschmaschine	3000 W
Wäschetrockner	3000 W
Bügeleisen	1000 W
Toaster	1000 W
Elektroherd	3000 W
Grillgerät	1500 W
Haartrockenhaube	500 W
Heizlüfter	2000 W
Staubsauger	500 W
Kaffeeautomat	300 W
Hobby-Werkzeugmaschinen	200 W
diverse Glühlampen	1000 W
	20500 W
	oder 20,5 kW

Wenn man auch unterstellen kann, daß nicht alle Glühlampen und Geräte gleichzeitig eingeschaltet sind, so zeigt die Aufstellung doch den enorm angestiegenen Bedarf des privaten Haushalts an elektrischer Energie. Es besteht daher zu Recht die Forderung, neue Wohnungen gleich mit mehreren Stromkreisen und entsprechend vielen Steckdosen auszurüsten, um eine problemlose Versorgung aller Geräte sicherzustellen.

1.11. Kirchhoffsche Gesetze

Das Ohmsche Gesetz wurde bereits im Abschnitt 1.7. erläutert. In der Folge wollen wir uns mit einigen darauf aufbauenden elektrotechnischen Gesetzen beschäftigen.

Ausgehend von den Formeln bei der Reihen- und Parallelschaltung von Widerständen (siehe Abschnitt 3.1.)

$$R_{ges} = R_1 + R_2 + R_3 \text{ usw. sowie}$$

$$\frac{1}{R_{ges}} = \frac{1}{R_1} + \frac{1}{R_2} + \frac{1}{R_3} \text{ usw.}$$

werden zunächst die Eigenschaften des »verzweigten« Stromkreises behandelt. Sie sind in der Elektrotechnik als 1. und 2. Kirchhoffsches Gesetz bekannt.

1.11.1. Stromverzweigung und Knotenpunktsatz

In Bild 1.35 ist ein verzweigter Stromkreis gezeichnet, und man sieht, daß hierunter eine Schaltung zu verstehen ist, in der mehrere Widerstände parallelliegende Stromwege bilden, in die sich der Gesamtstrom »verzweigt«. Statt Widerstände kann man natürlich auch elektrische Geräte nehmen, wie es in der Praxis im Haushalt ja auch der Fall ist (Bild 1.36).

gleicher Spannung fließt im größten Widerstand der kleinste Strom und im kleinsten Widerstand der größte Strom. Daraus ergibt sich das 2. Kirchhoffsche Gesetz, nach dem die bei einer Stromverzweigung entstehenden Teilströme im **umgekehrten** Verhältnis zu den Einzelwiderständen stehen:

$$\frac{I_1}{I_2} = \frac{R_2}{R_1}$$

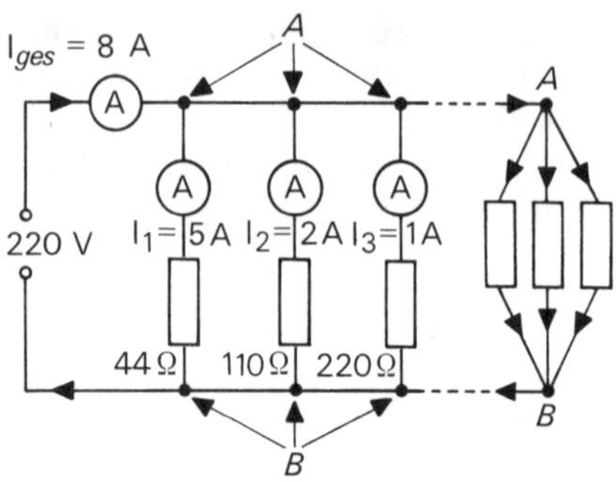

Bild 1.35 Parallelgeschaltete Widerstände in einem Stromkreis (einfache Verzweigungsschaltung)

An den Zuleitungen liegt die vom E-Werk gelieferte Netzspannung von 220 V. Der über den Zähler fließende Gesamtstrom setzt sich aus einzelnen Teilströmen zusammen und steigt mit der Anzahl der eingeschalteten Geräte. Nach Bild 1.35 wird I_{ges} daher größer, wenn man mehr Widerstände parallel schaltet. Aus dieser Überlegung entstand das 1. Kirchhoffsche Gesetz, nach dem bei einer Stromverzweigung der Gesamtstrom gleich der Summe aller Teilströme ist:

$$I_{ges} = I_1 + I_2 + I_3 + I_n$$

Wie aus Bild 1.35 zu ersehen ist, fließt durch jeden Widerstand ein Strom, der sich aus dem Ohmschen Gesetz ergibt, d. h., bei

Wir erweitern jetzt die einfache Verzweigungsschaltung der Parallelwiderstände in Bild 1.35 auf die in Bild 1.37 angegebene Darstellung. Auch hier lassen sich die Kirchhoffschen Gesetze anwenden bzw. zum sogenannten Knotenpunktsatz erweitern. Als Knotenpunkte sind die in

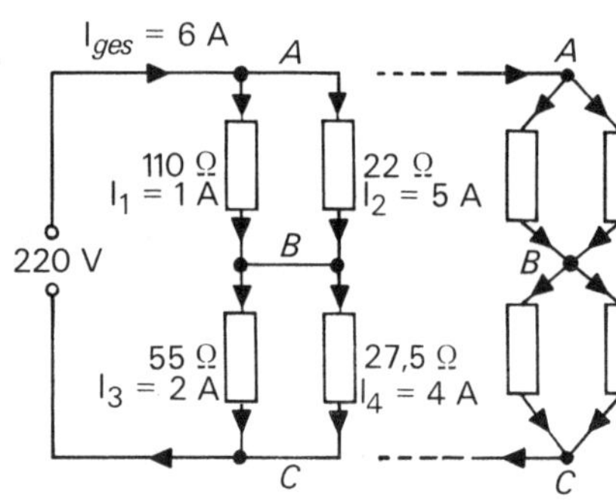

Bild 1.37 Erweiterte Widerstandsschaltung mit den Knotenpunkten *A*, *B* und *C*

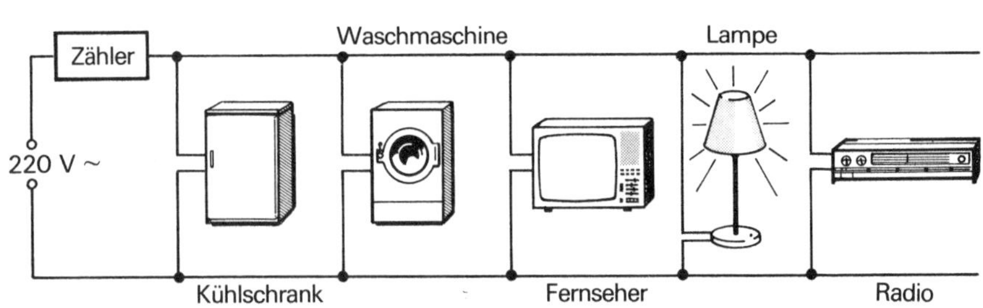

Bild 1.36 Parallelgeschaltete »Verbraucher« im Haushalt

Bild 1.35 und 1.37 mit *A* bis *C* bezeichneten Verbindungen zu verstehen. Nach dem vorher Gesagten ist die Summe aller zufließenden Ströme gleich der Summe aller abfließenden Ströme. Das bedeutet beispielsweise für den Knotenpunkt *A* in Bild 1.35, daß

$$I_{ges} = I_1 + I_2 + I_3$$

ist, und für den Knotenpunkt *B* in Bild 1.37 gilt:

$$I_1 + I_2 = I_3 + I_4$$

Hieraus läßt sich außerdem folgern, daß die Summe aller Ströme **in** einem Knotenpunkt gleich Null ist. Auf den Knotenpunkt *B* in Bild 1.37 bezogen heißt das:

$$(I_1 + I_2) - (I_3 + I_4) = 0$$

und für den Knotenpunkt *C* ergibt sich:

$$(I_3 + I_4) - I_{ges} = 0$$

Dies ist auch anhand der eingetragenen Werte für Widerstände, Ströme und Spannungen zu ersehen.

1.11.2. Spannungsteilung und Maschensatz

Der »unverzweigte« Stromkreis nach Bild 1.38 stellt eine Reihenschaltung von Widerständen dar, bei denen es sich in der Praxis z. B. um kleine Glühlampen handeln kann,

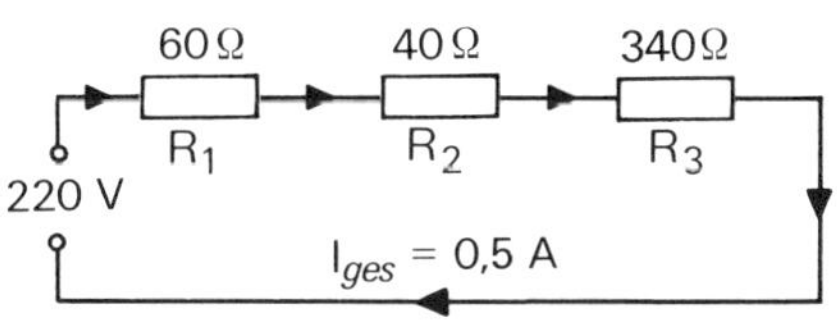

Bild 1.38 In Reihe geschaltete Widerstände in einem Stromkreis

wie sie in Lichterketten verwendet werden (Bild 1.39). Je mehr Widerstände hintereinandergeschaltet werden, desto geringer wird der hindurchfließende Strom. Befindet sich angenommen nur R_1 im Stromkreis, beträgt I = 3,666 A (220 V/60 Ω), liegen dagegen alle drei Widerstände im Stromkreis, sinkt der Strom auf 0,5 A (220 V/440 Ω).

Bild 1.39 Lichterketten bestehen aus einer Reihenschaltung von Glühlampen

Obwohl die Widerstände unterschiedliche Werte haben, ist der fließende Strom überall gleich groß. Demnach ergeben sich an den Einzelwiderständen unterschiedliche Spannungen, die sich aus dem Ohmschen Gesetz leicht errechnen lassen. Sie betragen für R_1, R_2 und R_3 jeweils 30, 20 und 170 V (Bild 1.40). Die Gesamtspannung setzt sich daher aus einzelnen Teilspannungen zusammen. Als Formel heißt das:

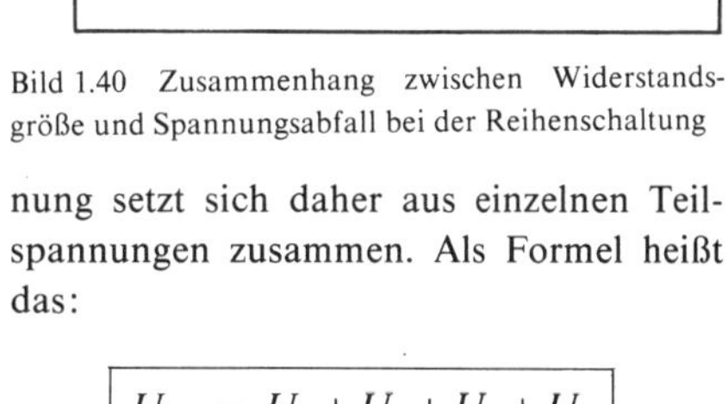

Bild 1.40 Zusammenhang zwischen Widerstandsgröße und Spannungsabfall bei der Reihenschaltung

$$\boxed{U_{ges} = U_1 + U_2 + U_3 + U_n}$$

Da durch alle Einzelwiderstände der gleiche Strom fließt, fällt am größten Widerstand die größte Spannung und am kleinsten Widerstand die kleinste Spannung ab. Hieraus läßt sich folgern, daß die beim Hintereinanderschalten von Widerständen entstehenden Teilspannungen im gleichen Verhältnis zu den Einzelwiderständen stehen:

$$\frac{U_1}{U_2} = \frac{R_1}{R_2}$$

bzw.

$$U_1/U_2/U_3/U_n = R_1/R_2/R_3/R_n$$

Kombinieren wir jetzt die Schaltung in Bild 1.35 mit der in Bild 1.38, so ergibt sich eine Reihen-Parallelschaltung nach Bild 1.41. Man sagt auch, daß eine derartige Schaltung aus »Maschen« besteht, die (wie es sich für richtige Maschen gehört) miteinander verknüpft sind. Für diese »Netzwerke« gilt der Kirchhoffsche Maschensatz, wonach in einer Masche der Betrag aller erzeugten Spannungen gleich dem Betrag aller verbrauchten Spannungen ist.

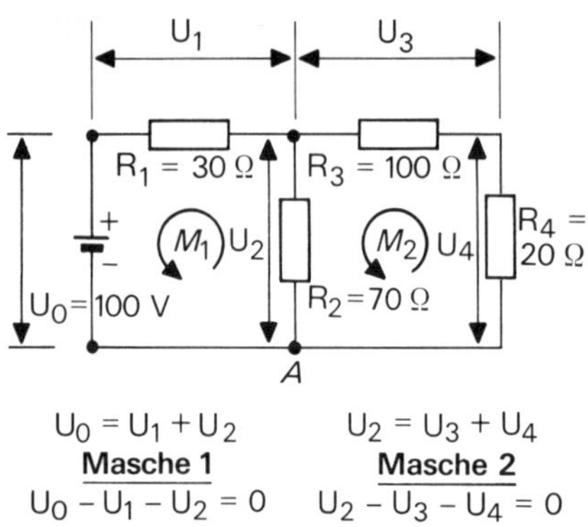

Bild 1.41 Die Kombination einer Reihen- und Parallelschaltung ergibt ein Netzwerk aus »Maschen«

Dies wird anhand von Bild 1.41 deutlich, in dem ein Widerstands-Netzwerk an einer Spannungsquelle liegt, die mit U_0 bezeichnet ist. Für die erste Masche heißt es nach dem vorher Gesagten:

$$U_0 = U_1 + U_2\,,$$

wobei U_0 die erzeugte und U_1 sowie U_2 die verbrauchten Spannungen sind. Für die zweite Masche bildet U_2 die erzeugte Spannung, und U_3 sowie U_4 sind die verbrauchten Spannungen. Daraus ergibt sich:

$$U_2 = U_3 + U_4$$

Dies wird auch klar, wenn man die in Bild 1.42 gezeichnete andere Darstellung derselben Schaltung betrachtet. U_0 setzt sich aus U_1 und U_2 zusammen, U_2 wiederum aus U_3 und U_4.

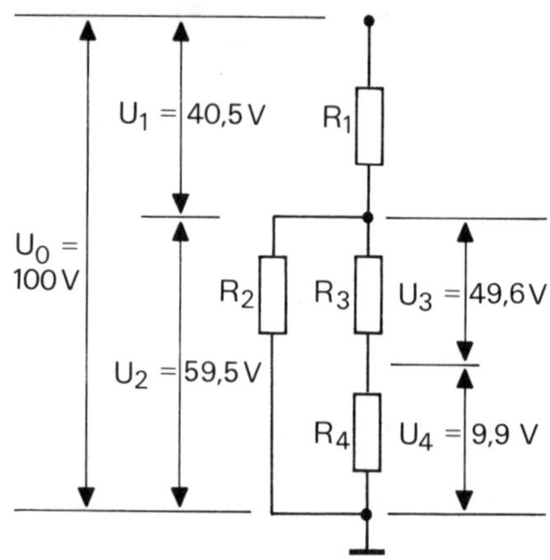

Bild 1.42 Andere Darstellung der in Bild 1.41 gezeigten Schaltung

Da auch im Netzwerk Knotenpunkte vorhanden sind, können wir den Knotenpunktsatz ebenfalls anwenden und erhalten:

$$I_{ges} = I_1 + I_2$$

oder anders ausgedrückt:

$$I_{ges} - I_1 - I_2 = 0 \text{ für den Punkt } A$$

Um die Teilspannungen der ersten Masche zu ermitteln, sind mehrere Rechengänge erforderlich. Der Gesamtwiderstand ergibt sich aus den Formeln für Reihen- und Parallelschaltung von Widerständen und lautet:

$$R_{ges} = R_1 + \frac{R_2 (R_3 + R_4)}{R_2 + R_3 + R_4}$$

entsprechend

$$30 + \frac{70 (100 + 20)}{70 + 100 + 20} = 74{,}21 \approx 74\ \Omega$$

Mit U_0 und R_{ges} läßt sich I_{ges} ausrechnen: 100/74 = 1,35 A und U_2 aus $U_0 - U_1$ ermitteln:

$$U_0 - I_{ges} \cdot R_1 = 100 - 1{,}35 \cdot 30 = 59{,}5\ \text{V}$$

U_1 ergibt sich demnach aus $U_0 - U_2$ = 40,5 V.

Die Teilspannungen U_3 und U_4 der zweiten Masche sind in U_2 enthalten

$$U_{ges} = U_1 + U_2 + U_n$$

und verhalten sich wie die Teilwiderstände, da eine Reihenschaltung vorliegt. U_2 = 59,5 V muß also im Verhältnis 100 : 20 = 5 : 1 aufgeteilt werden, so daß sich für R_3 = 49,6 V und für R_4 = 9,9 V einstellen. Im »Spannungsteiler« nach Bild 1.42 sind die entsprechenden Teilspannungen eingetragen.

Aus den Erläuterungen geht übrigens hervor, daß sich der Maschensatz

$$U_0 = U_1 + U_2 + U_n$$

auch nach der Formel

$$U_0 - U_1 - U_2 - U_n = 0$$

definieren läßt. Im obigen Beispiel bedeutet das:

$$100 - 40{,}5 - 59{,}5 = 0$$

bzw.

$$59{,}5 - 49{,}6 - 9{,}9 = 0$$

1.12. Urspannung und Klemmenspannung

Im letzten Abschnitt wurde die »erzeugte« Spannung mit dem Zeichen U_0 versehen und stillschweigend als Betriebsspannung betrachtet. In Wirklichkeit ist die an den Anschlüssen eines Geräts liegende sogenannte Klemmenspannung keineswegs mit der sogenannten Urspannung einer Spannungsquelle identisch. Weil jede Spannungsquelle im Innern den hindurchfließenden Elektronen einen Widerstand entgegensetzt, der z. B. bei einer Monozelle aus Elektrolyt, Kohlestäbchen, Zinkblechen u. a. besteht, muß dieser beim Schaltungsentwurf auch mit berücksichtigt werden. Man bezeichnet den inneren Widerstand mit dem Formelzeichen R_i.

Da R_i vom Gesamtstrom des Kreises durchflossen wird, entsteht an ihm die Spannung

$$U_i = I \cdot R_i$$

(Bild 1.43). Diese subtrahiert sich von der Urspannung U_0, und es bleibt die eigentlich wirksame Klemmenspannung U_K übrig:

$$U_K = U_0 - U_i$$

$$U_K = U_0 - I \cdot R_i$$

bzw.

$$U_0 = U_K + U_i$$

$$U_0 = U_K + I \cdot R_i$$

Bei dem Stromkreis in Bild 1.43 handelt es sich ebenfalls um eine Masche, denn die erzeugte Urspannung ist auch hier gleich der Summe der verbrauchten Spannungen. Da der Gesamtstrom stets den Widerstand R_i durchfließt, sinkt die Klemmenspannung bei steigender Stromentnahme. Das ist nicht nur bei Batterien der Fall, sondern

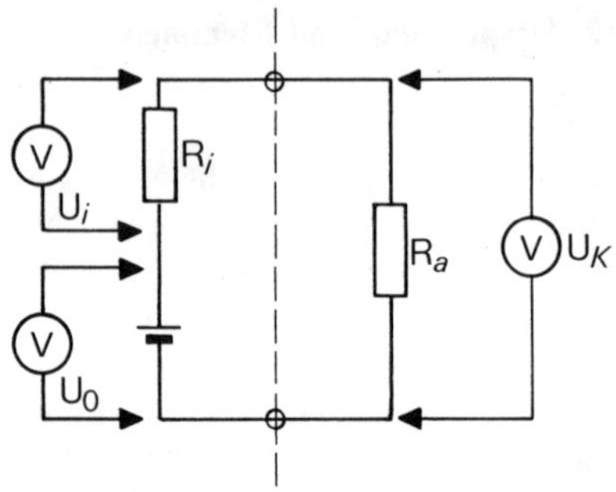

Bild 1.43 Zusammenhang zwischen den inneren und äußeren Größen eines Stromkreises

macht sich auch am Lichtnetz bemerkbar. So sinkt u. U. abends die Helligkeit der Glühlampen für einen Moment etwas ab, wenn man das Farbfernsehgerät einschaltet, da der auftretende Stromstoß in den Leitungen einen zusätzlichen Spannungsabfall U_L hervorruft, der die wirksame Klemmenspannung U_K um einige Volt herabsetzt (Bild 1.44).

Ein anderes Beispiel gibt die 4,5-V-Taschenlampenbatterie, die einen Innenwiderstand von ca. 1,5 Ω hat. Schließt man die Batterie kurz, so fließt beim Außenwiderstand $R_a = 0\,\Omega$ ein Kurzschlußstrom

$$I_{max} = \frac{U_0}{R_i} = \frac{4{,}5}{1{,}5} = 3\text{ A}$$

Es steht dann keine Klemmenspannung U_K zur Verfügung, weil die gesamte Urspannung U_0 am Innenwiderstand R_i abfällt (Bild 1.45). Der umgekehrte Fall ist in Bild 1.46 zu sehen, wo im Leerlauf bei $R_a = \infty$ im Kreis überhaupt kein Strom fließt und demnach auch über R_i kein Spannungsabfall auftreten kann. In beiden Fällen wird übrigens (im äußeren Stromkreis) keine Leistung aufgenommen, da einmal keine Spannung und das andere Mal kein Strom vorhanden ist.

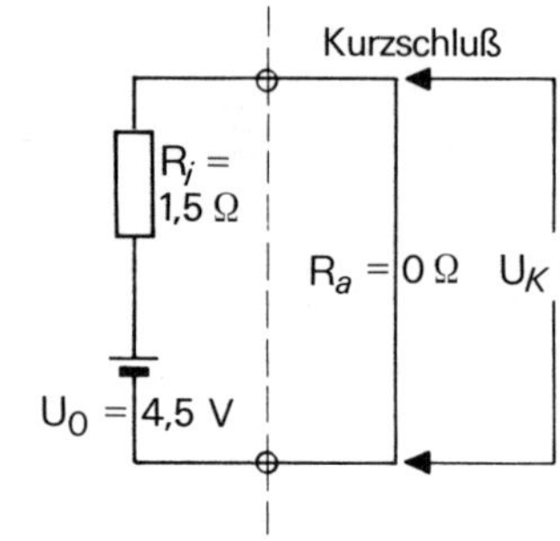

Bild 1.45 Fehlanpassung durch Kurzschluß

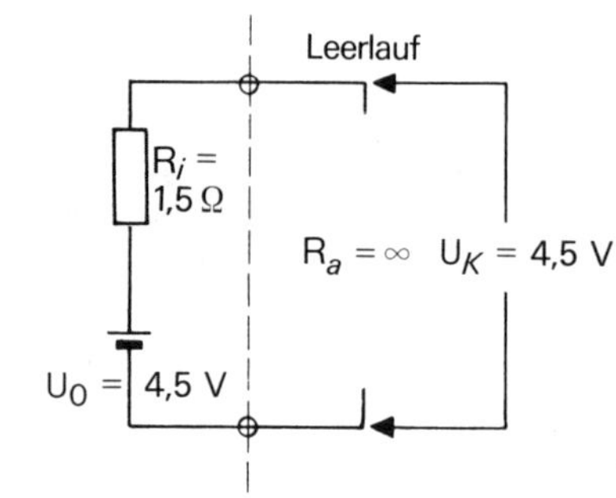

Bild 1.46 Fehlanpassung durch offene Leitung

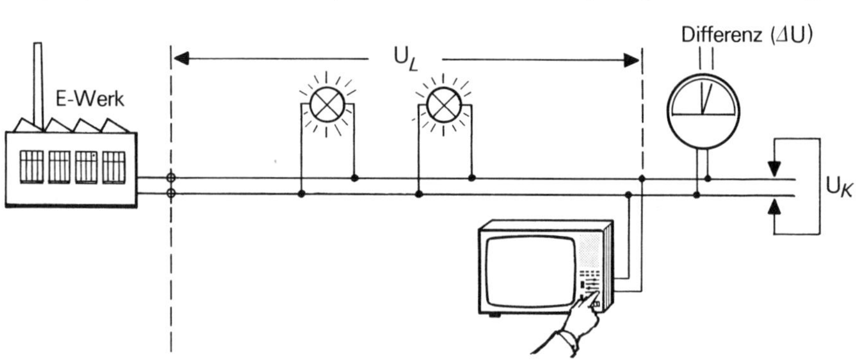

Bild 1.44 An einer elektrischen Leitung treten Spannungsabfälle auf

Maximale Leistung ergibt sich bei richtiger Anpassung des inneren an den äußeren Widerstand ($R_i = R_a$, s. Bild 1.47). Da R_i mit 1,5 Ω festliegt, ist R_a entsprechend zu

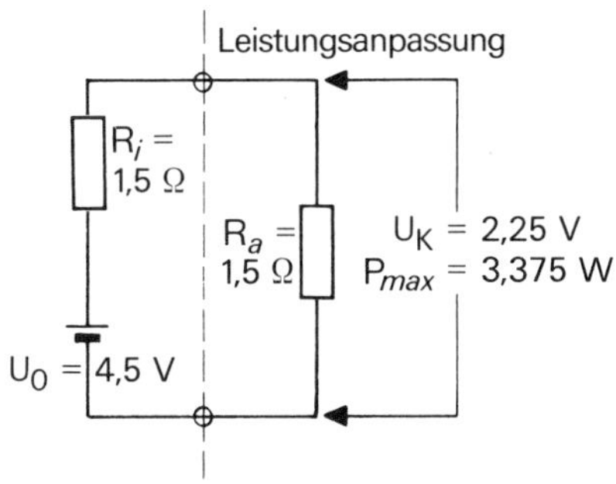

Bild 1.47 Richtige Anpassung durch gleich große innere und äußere Widerstände (Leistungsanpassung)

wählen, und es fließt somit ein Gesamtstrom von

$$I_{ges} = \frac{U_0}{R_i + R_a} = \frac{4{,}5}{1{,}5 + 1{,}5} = 1{,}5 \text{ A}$$

Auf beide Widerstände entfallen jeweils 2,25 V, so daß im äußeren Stromkreis eine maximale Leistung von

$$\frac{U^2}{R} = \frac{2{,}25^2}{1{,}5} = 3{,}375 \text{ W}$$

entnommen werden kann. Diese »Leistungsanpassung« tritt u.a. in Lautsprecher-Endstufen oder in HF-Stufen auf. Bei der Stromversorgung z.B. von Koffergeräten macht man die Belastung wesentlich kleiner und arbeitet damit mehr im Bereich des »Leerlaufs«, um die Batterien wirtschaftlich (lange Betriebszeit) nutzen zu können.

Der Vollständigkeit halber sei erwähnt, daß man einem Akkumulator (Autobatterie) weitaus höhere Ströme als einer Trokkenbatterie entnehmen kann. Der Innenwiderstand eines »Akkus« liegt zwischen 0,01 und 0,001 Ω, so daß (kurzzeitig) Ströme von über 1000 A abgegeben werden können.

1.13. Zählpfeile und Zählrichtungen

Bei den Schaltungsbeispielen und schematischen Prinzipdarstellungen von elektronischen Vorgängen werden in beiden Bänden der Philips Lehrbriefe Spannungs- und Stromwerte angegeben. Hierfür wurde eine Darstellungsart gewählt, die eine möglichst eindeutige Aussage gibt und die auch weitgehend mit den betreffenden Angaben in den Schaltplänen industriell hergestellter Geräte der Unterhaltungselektronik übereinstimmt.

Spannungswerte sind in Schaltbildern bzw. -plänen zumeist so angegeben, wie aus Bild 1.48 ersichtlich ist. Sie werden in der Regel neben die Elektroden des Verstärkerelements geschrieben oder befinden

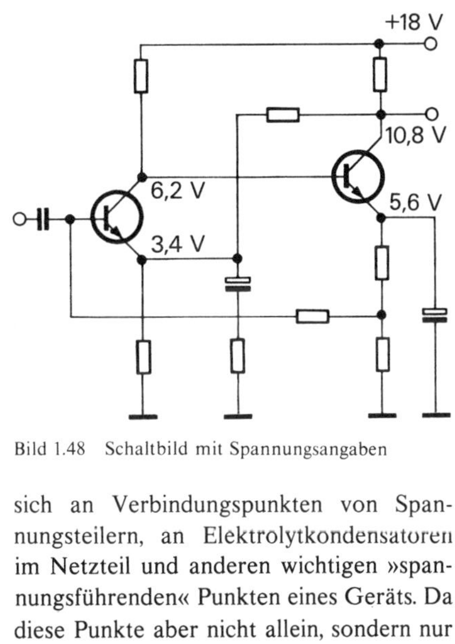

Bild 1.48 Schaltbild mit Spannungsangaben

sich an Verbindungspunkten von Spannungsteilern, an Elektrolytkondensatoren im Netzteil und anderen wichtigen »spannungsführenden« Punkten eines Geräts. Da diese Punkte aber nicht allein, sondern nur in Beziehung zu einem zweiten Punkt etwas über die Spannungshöhe aussagen können, hat man einen entsprechenden Bezugspunkt festgelegt, und zwar allgemein den Minuspol der Schaltung. Er liegt normalerweise am Gerätechassis, d.h. am Metallgestell oder am Metallrahmen, das kurz auch als »Masse« des Geräts bezeichnet wird (Bild 1.49).

Bild 1.49 Bezugspunkt einer Schaltung ist in der Regel der am Metallchassis liegende Minuspol

Wollen wir beispielsweise die Kollektorspannungen im Verstärker nach Bild 1.48 messen, so verbinden wir zunächst die Leitung vom Minuspol des Voltmessers mit der Gerätemasse (im Schaltbild als kräftige waagerechte Striche angegeben). Mit der vom Pluspol des Voltmeters kommenden Leitung tasten wir die Meßpunkte an und messen dabei positive Spannung »gegen« den Massepunkt (Bild 1.50).

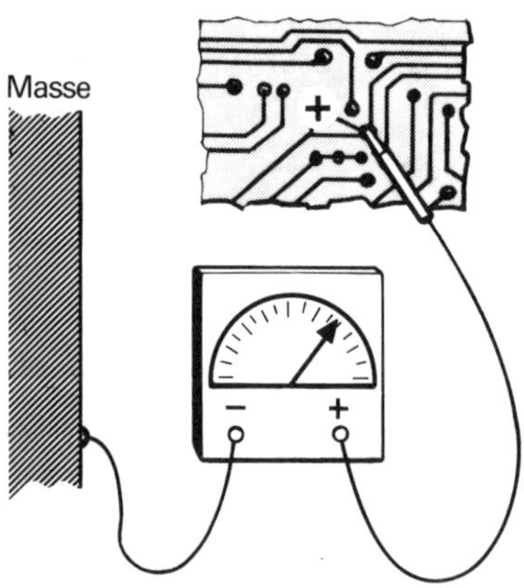

Bild 1.50 Messung einer positiven Spannung

Nun gibt es in vielen Schaltungen auch negative Spannungen, die wir nach der angegebenen Methode ebenfalls »gegen« Masse messen. Dabei müssen natürlich vorher die Anschlüsse am Voltmeter vertauscht werden, damit der Zeiger richtig herum ausschlägt (Bild 1.51). In der Technikersprache bezeichnet man einen Meßpunkt auch als »heißen« und einen Masseanschluß als »kalten« Punkt. Um Meßfehler zu vermeiden, sind in den jeweiligen Schaltbildern zumeist genaue Hinweise auf die Meßvorgänge und die zu verwendenden Meßgeräte angegeben.

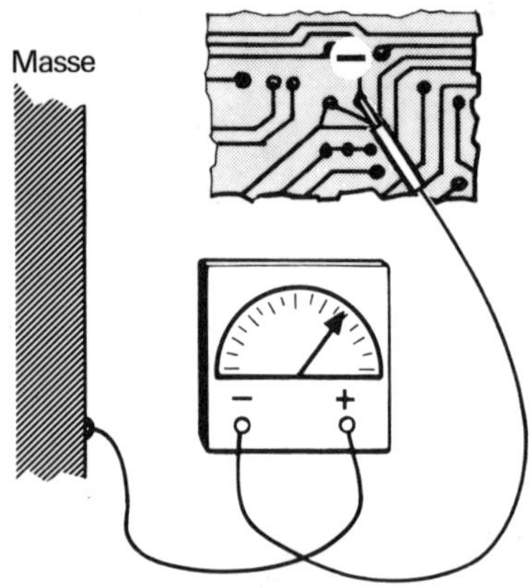

Bild 1.51 Messung einer negativen Spannung

Neben der üblichen, vereinfachten Methode zur Wertangabe von Spannungen und Strömen gibt es noch eine andere Art, die mit Zählpfeilen und Zählrichtungen arbeitet. U. a. wegen des größeren Platzbedarfs findet man diese Darstellungsart kaum in üblichen Schaltbildern, sondern mehr in grundsätzlichen Beispielen zur Erläuterung der Wirkungsweise elektrischer und elektronischer Geräte, so auch in Prinzipdarstellungen von Schaltungsstufen und anderen elektrotechnischen Anlagen. In diesen Fällen wird die Übersichtlichkeit eines Funktionsbilds oder einer Schemadarstellung durch die erläuternden Zählpfeile auch kaum beeinträchtigt, in einem »richtigen« Schaltbild dürfte das dagegen wohl fast immer der Fall sein.

Zählpfeile geben Hinweise auf die Richtung der Spannung, d. h. sie legen fest, von welchem Meßpunkt gegen den Bezugspunkt gemessen wird. Das wird am Beispiel in Bild 1.52 deutlich, in dem die Spannung des Punkts *A* gegen den Punkt *B* festgelegt ist. Wir merken uns als kleine gedankliche Hilfe, daß die Pfeilspitze gleichbedeutend mit dem Ausdruck »gegen« ist. Man kann auch sagen: Zählpfeile für Spannungen zeigen immer von Plus nach Minus. Die Pfeilrichtung bzw. die Zählrichtung in Bild 1.52 heißt also *A* gegen *B*. (*A* ist »heißer«, *B* ist »kalter« Punkt.)

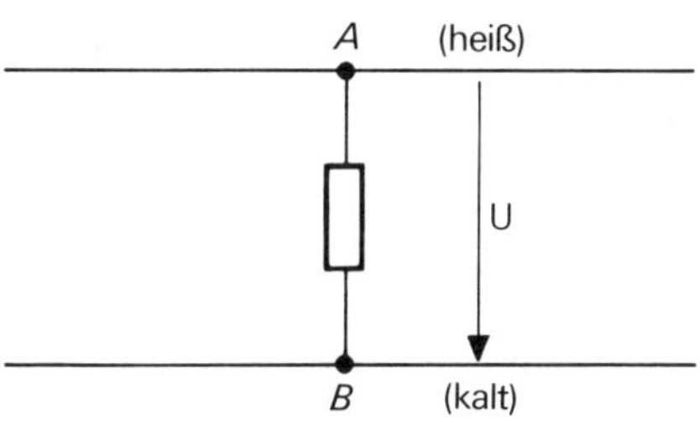

Bild 1.52 Richtung des Zählpfeils für Spannungen (heiß gegen kalt)

Ersetzt man das Formelzeichen U durch eine Spannungsangabe von z. B. 10 V (Bild 1.53), so sagt die Zählpfeilrichtung aus:

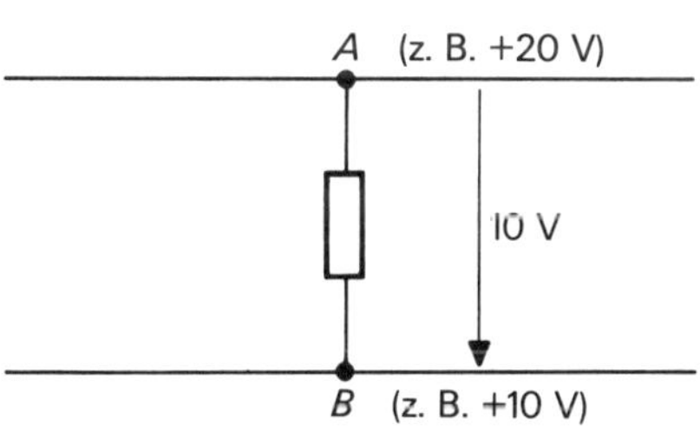

Bild 1.53 Zählpfeil gibt an: *A* ist positiver als *B*

Punkt *A* ist gegen Punkt *B* um 10 V positiver. Hat der Zählpfeil umgekehrte Richtung (Bild 1.54), heißt es dagegen: Punkt *B* ist um 10 V positiver gegen Punkt *A*. Man kann auf diese Weise natürlich auch negative Spannungen angeben, denn meßtechnisch ist z. B. Punkt *B* in Bild 1.53 um 10 V

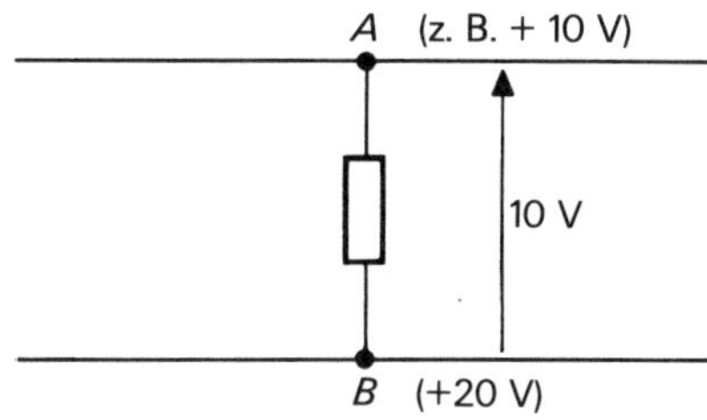

Bild 1.54 Zählpfeil gibt an: *B* ist positiver als *A*

negativer gegen Punkt *A*. Da aber Zählpfeile stets die Richtung von Meßpunkt zum Bezugspunkt angeben, andererseits aber auch von Plus nach Minus weisen sollen, muß man den Zählpfeil umdrehen und −10 V danebenschreiben, wenn man für negative Spannungen diese Darstellungsart wählt (Bild 1.55).

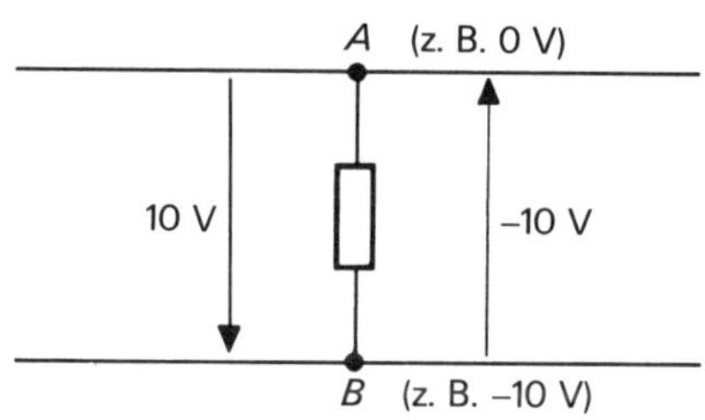

Bild 1.55 Zählpfeil gibt an: *A* ist positiver als *B* (nur bei eingezeichneten negativen Spannungen ändert sich die Pfeilrichtung)

Aus diesen Hinweisen ist zu entnehmen, daß die Zählrichtung eigentlich beliebig gewählt werden kann. In der Praxis hat man sich selbstverständlich innerhalb eines Schaltbilds auf eine Richtung festgelegt, so daß die Bedeutung klar ist und man z. B. in Netzwerken (s. Maschensatz) eindeutige Angaben machen kann. Es sollte noch gesagt werden, daß (im Gegensatz zur vereinfachten Spannungsangabe und der Meßmethode gegen Masse) Zählpfeile durchaus nicht immer Spannungen gegen den Massebezugspunkt angeben, sondern daß die Bezugspunkte auch auf einem anderen Potential liegen können. Als Beispiel dient das schon erwähnte Verstärkerschaltbild, in das entsprechende Zählpfeile zur Erläuterung eingezeichnet wurden (Bild 1.56).

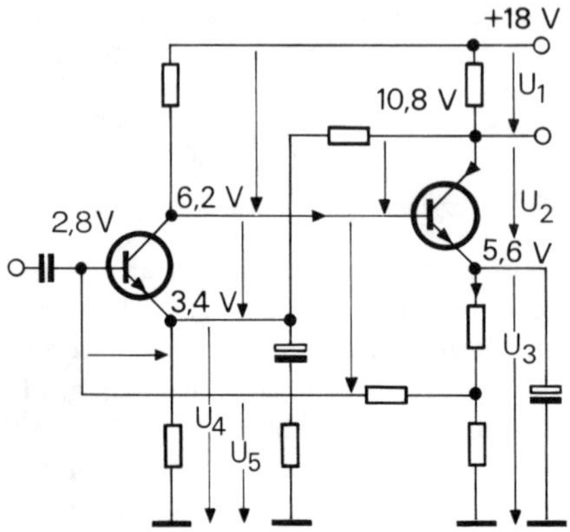

Bild 1.56 Schaltbild mit Spannungsangaben und Zählpfeilen

Sollen auch Ströme mit Richtungspfeilen gekennzeichnet werden, so ordnet man den Pfeil in dem betreffenden Leitungszweig an, wie es am Beispiel des Endtransistors in Bild 1.56 zu sehen ist. Stromzählpfeile deuten allgemein in die sogenannte technische oder herkömmliche bzw. konventionelle Stromrichtung (von Plus nach Minus) und entsprechen damit der für Spannungen geltenden Regel.

1.14. Elektrochemische Wirkung des Stroms

Die Wirkungsweise von Batterien beruht auf elektrochemischen Vorgängen, bei denen Elektronen freigesetzt werden, wenn ein »Verbraucher« an die Batterie angeschlossen wird. Ein einfacher Versuch aus dem Chemieunterricht führt in das Prinzip ein.

Nach Bild 1.57 füllen wir ein kleines Glas mit Wasser, geben einen halben Teelöffel Kochsalz hinzu und rühren diese Lösung gut um. Damit wurde aus dem schlechtleitenden Leitungswasser eine gut leitende Salzlösung gemacht. Dann verbinden wir zwei Eisenelektroden mit einer Batterie und tauchen die Elektroden in die Salzlösung.

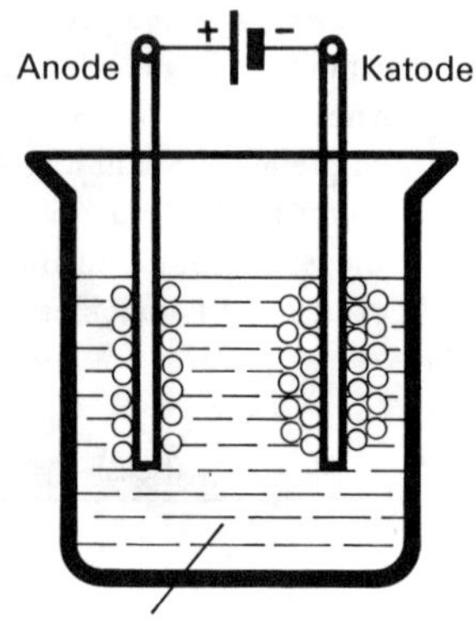

Bild 1.57 Elektronen fließen auch durch »leitfähige« Flüssigkeiten, an den beiden Elektroden der Spannungsquelle steigen dann Gasblasen empor, und zwar am Minuspol (Katode) mehr als am Pluspol (Anode). Elektrochemische Vorgänge nutzt man auch zum Galvanisieren von Metallen aus

Nach wenigen Augenblicken steigen an der einen Elektrode zahlreiche Gasblasen auf, an der anderen aber bedeutend weniger. Wenn wir die Leitungen verfolgen, stellen wir fest, daß die Elektrode mit starker Gasbildung am Minuspol der Batterie liegt. Hier herrscht also Elektronenüberschuß, und von hier fließt ein Strom durch das Wasser zur anderen Elektrode.

Funktionieren tut dies deshalb, weil das Kochsalz (Natriumchlorid) oder andere Salze, Säuren und Laugen dem Wasser für den Stromtransport zusätzliche Ladungsträger liefert. Das Kochsalz zerfällt hierbei in seine beiden Bestandteile, die aus besonderen Natrium- und Chlor-Atomen bestehen: sie sind nämlich nicht elektrisch neutral, sondern haben durch überzählige oder fehlende Elektronen eine negative oder positive Ladung. Diese Atome haben einen speziellen Namen und heißen Ionen. Wir lernen sie in späteren Kapiteln noch kennen. Neben der Aufspaltung des Kochsalzes findet zugleich eine Wasserzersetzung statt, bei der Wasserstoff und Sauerstoff entstehen.

Die elektrisch leitende Flüssigkeit nennt man Elektrolyt. Sie steckt auch in den runden Batterien der 1,5-V-Mono-, Baby- und Mignon-Ausführungen sowie in den Flachbatterien mit 4,5 V Spannung. Aus anwendungsbedingten Gründen ist sie jedoch stark eingedickt (daher der Name Trockenbatterie). Der Aufbau einer 1,5-V-Batterie ist in Bild 1.58 zu sehen. Die zwei Elektroden werden durch den äußeren Zinkbecher und den inneren Kohlestab gebildet. Der Kohlestab ist von einem Braunsteinmantel umgeben, um mit dessen Sauerstoff den bei der Stromabgabe von der Kohleelektrode abgeschiedenen Wasserstoff wieder zu Wasser zu binden. Der Zinkbecher schützt vor dem Auslaufen des Wassers und der Elektrolytflüssigkeit. Leak-proof-Batterien haben noch einen zweiten Mantel als Umhüllung.

Die Stromabgabe einer Batterie erfolgt bei Anschluß eines Stromverbrau-

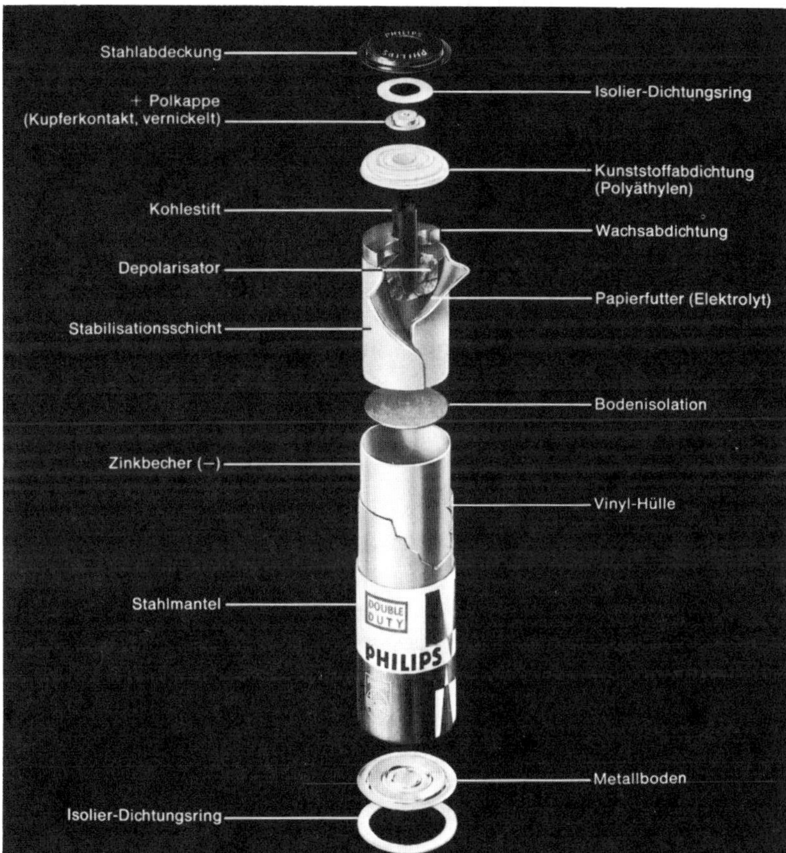

Bild 1.58 Aufbau einer Philips Monozelle. Der im Text erwähnte Braunsteinmantel ist hier als Depolarisator bezeichnet

chers. Beim Entladevorgang spaltet sich das Salz des Elektrolyten in positive und negative Ionen auf. Die negativen Ionen gehen mit den Zinkatomen eine neue Verbindung ein (Zinkchlorid) und bilden den negativen Pol der Batterie, während die Kohleelektrode zum positiven Pol wird. Die Reaktion erfolgt so lange, bis das Element erschöpft und die Zinkelektrode praktisch zersetzt ist.

Die bei dem chemischen Vorgang (Elektrolyse) freiwerdende Kraft wird »elektromotorische Kraft« genannt. Batterien dieses Typs heißen Primärelemente. Bei einem Akkumulator (z. B. Bleisammler als Autobatterie) ist es anders, da er erst (primär) geladen werden muß, ehe er (sekundär) Strom liefern kann. Dieser Batterietyp wird deshalb auch als Sekundärelement bezeichnet.

Abschließend noch ein kurzer Hinweis auf die industrielle Anwendung der hier beschriebenen elektrochemischen Vorgänge. Die Elektrolyse spielt eine große Rolle beim Galvanisieren, d. h. beim Vernickeln, Verkupfern, Verchromen usw. Je nach Zusammensetzung des Elektrolyten (Silberbad, Kupferlösung u. ä.) transportieren die bei der Elektrolyse freiwerdenden Ionen die Bestandteile der Lösung zu den zu galvanisierenden Metallteilen. Dort schlagen sie sich nieder und verbinden sich mit den Molekülen und Atomen des Metalls.

1.15. Wichtiges kurz gesagt

1. Elektronen sind in allen Stoffen vorhanden. Sie kreisen normalerweise um den Atomkern, können aber auch als sogenannte freie Elektronen ohne feste Bindung an ein Atom auftreten.
2. Metalle haben viele freie Elektronen, während in Isolierstoffen fast keine frei beweglichen Elektronen vorhanden sind.
3. Freie Elektronen werden auch als Leitungselektronen bezeichnet. Ihre Bewegung wird elektrischer Strom genannt.
4. Metalle sind gute elektrische Leiter, Isolierstoffe sind dagegen Nichtleiter. Zwischen beiden stehen die Halbleiter, deren elektrisches Leitvermögen beispielsweise von der Umgebungstemperatur und der Materialzusammensetzung abhängig ist.
5. Elektronen haben immer eine negative elektrische Ladung.
6. Elektrische Größen werden in zugehörigen Maßeinheiten angegeben und erhalten außerdem ein Formelzeichen in schräger Schrift.
7. Elektrische Spannung drückt Elektronen durch einen Leiter.
8. Elektrische Spannung entspricht einer Druckdifferenz zwischen zwei Polen. Am negativen Pol herrscht Elektronenüberschuß, am positiven Pol Elektronenmangel.
9. Der negative Spannungspol drückt die Elektronen weg, der positive Spannungspol saugt sie an. Es fließt deshalb ein Elektronenstrom von Minus nach Plus.
10. Die Maßeinheit für die elektrische Spannung ist das Volt (V), das Formelzeichen ist ein U.
11. Elektrischer Strom kann nur fließen, wenn eine Spannung vorhanden und der Leitungskreis geschlossen ist.
12. Der Strom ist um so größer, je mehr Elektronen in einer bestimmten Zeiteinheit (1 s) durch den Leiter fließen. Maßgebend ist hierfür die an den Leiter angeschlossene Spannung. Die Elektrizitätsmenge wird in der Einheit Coulomb (C) ausgedrückt.
13. Die Eigenbewegung der Elektronen im Leiter ist relativ gering, die Informationsübermittlung durch Elektronen kann dagegen fast mit Lichtgeschwindigkeit erfolgen (300 000 km/s).
14. Die Maßeinheit für den elektrischen Strom ist das Ampere (A), das Formelzeichen ist ein I.

15. Der Widerstand eines elektrischen Leiters ist abhängig vom Durchmesser, der Länge und dem Material.
16. Die Maßeinheit für den Widerstand ist das Ohm (Ω), das Formelzeichen ist ein R.
17. Im Ohmschen Gesetz ist der Zusammenhang zwischen Spannung, Strom und Widerstand in einem geschlossenen elektrischen Kreis angegeben.
18. Elektrische Energie wird durch Umwandlung einer anderen Energieform erhalten.
19. Elektrische Leistung ergibt sich aus dem Produkt der einem elektrischen Gerät oder einer Anlage zugeführten Spannungs- und Stromwerte.
20. Die Maßeinheit für die elektrische Leistung ist das Watt (W), das Formelzeichen ist ein P.
21. Der Wirkungsgrad definiert das Verhältnis von abgegebener zu aufgenommener Leistung. Er muß immer kleiner als 100 Prozent sein, weil bei einem Umwandlungsvorgang stets Verluste auftreten.
22. Wenn eine elektrische Leistung während einer gewissen Zeitspanne erbracht wird, so bedeutet das elektrische Arbeit einer bestimmten Größenordnung.
23. Die Maßeinheit für die elektrische Arbeit ist das Joule (J). Ein Joule entspricht einer Wattsekunde (Ws). Die allgemein gebräuchliche Kilowattstunde (kWh) ist gleich 3,6 MJ.
24. Das 1. Kirchhoffsche Gesetz besagt, daß bei einer Stromverzweigung der Gesamtstrom gleich der Summe aller Teilströme ist, während das 2. Kirchhoffsche Gesetz aussagt, daß die entstehenden Teilströme im umgekehrten Verhältnis zu den Einzelwiderständen stehen.
25. Werden Parallel- und Reihenschaltung miteinander verknüpft, so ergibt sich eine Schaltung, für die der Kirchhoffsche Maschensatz gilt, wonach in einer Masche der Betrag aller erzeugten Spannungen gleich dem Betrag aller verbrauchten Spannungen ist.
26. Es ist zwischen der Urspannung einer Spannungsquelle und der an einem Verbraucher liegenden Klemmenspannung zu unterscheiden, da stets der Innenwiderstand mit zu berücksichtigen ist.
27. Wenn der Innenwiderstand (z. B. eines Verstärkers) und der Außenwiderstand (z. B. ein Lautsprecher) in ihren Werten übereinstimmen, wird die maximale Leistung übertragen, und man erhält die günstigste »Anpassung«.
28. Zählpfeile werden in Schaltbildern zur Darstellung der Spannungsrichtung benutzt, d. h. sie geben an, von welchem Bezugspunkt gegen den Meßpunkt gemessen wird.
29. Von einer Trockenbatterie wird Strom abgegeben, wenn ein »Verbraucher« angeschlossen ist. Die Stromerzeugung beruht auf elektrochemischen Vorgängen, die man Elektrolyse nennt.
30. Eine Lösung aus Salzen, Säuren oder Laugen bildet den Elektrolyten, in den zwei Elektroden eintauchen. Bei der chemischen Reaktion entstehen Ionen als negative und positive Ladungsträger, die die beiden Elektroden der Batterie zu negativen und positiven Polen ausbilden.
31. Trockenbatterien sind Primärelemente, Akkumulatoren dagegen Sekundärelemente.
32. Den Vorgang der Elektrolyse nutzt man zum Galvanisieren von Metallen aus.

Im Eindhovener »Evoluon« werden Technik und Naturwissenschaft auf einmalige Weise dargebracht. Form, Farbe, Beleuchtung und Präsentation der Ausstellungsobjekte schaffen ein Fluidum, das es dem Besucher leichtmacht, Neugier und Wissensdurst zu stillen. Das Bild zeigt eine der im »Evoluon« verwendeten Methoden zur Sichtbarmachung von Elektronenbahnen. Auf Knopfdruck können mehrere Atommodelle mit den sich auf elliptischen Bahnen bewegenden Elektronen dargestellt werden

2. Etwas über Wechselspannung und Wechselstrom

2.1. Elektronen fließen hin und her

Im vorigen Kapitel wurde bei der Erläuterung der Spannung schon darauf hingewiesen, daß es neben Gleichspannung auch Wechselspannung gibt. Mit ihren Eigenschaften wollen wir uns jetzt beschäftigen.

Es wurde bereits gesagt, daß die Wechselspannung einem »wechselnden elektrischen Druck« entspricht und deshalb einen hin- und herfließenden Elektronenstrom durch eine angeschlossene Leitung treibt. Ein Vergleich mit hin- und herfließendem Wasser macht den Vorgang gut verständlich.

Wenn in ein geschlossenes Wasserrohrsystem ein Zylinder mit einer Kolbenpumpe eingebaut ist, so wird der Wasserkreislauf durch die Bewegungen des Kolbens bestimmt. Bild 2.1 gibt hierüber Aufschluß. Wenn man den Kolben nach oben bewegt, fließt der Wasserstrom in Richtung A, bewegt man ihn nach unten, fließt der Wasserstrom entgegengesetzt in Richtung B. Durch die wechselnde Bewegungsrichtung des Kolbens entsteht also ein Wasserwechselstrom.

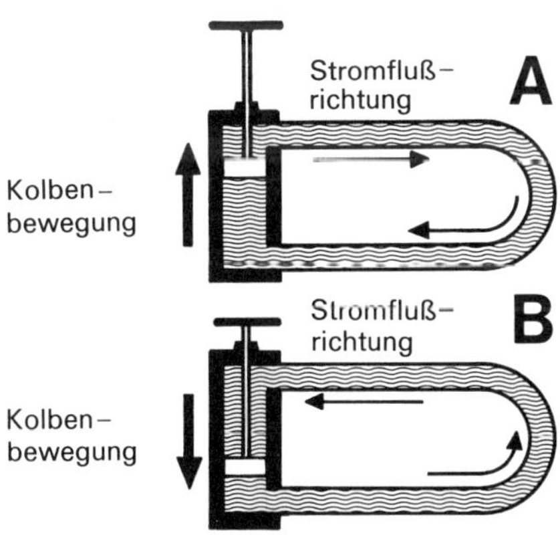

Bild 2.1 Durch gegenläufige Kolbenbewegungen entsteht ein Wasserstrom mit wechselnden Flußrichtungen (A und B), den man als »Wasser-Wechselstrom« bezeichnen könnte

Doch zurück zu Spannungen, Strömen und Elektronen. Die Gleichspannung verläuft entweder nur im positiven oder nur im negativen Bereich, und sie behält – da sie ihre Richtung nicht ändert – ihren Spannungswert stets bei. Bildlich dargestellt ergibt dies eine gerade Linie, die z. B. angibt, daß eine konstante Spannung von 100 Volt vorhanden ist (Bild 2.2).

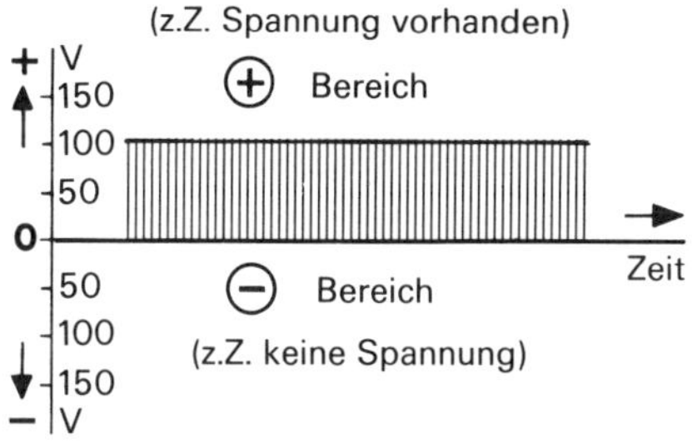

Bild 2.2 Eine Gleichspannung gibt es nur im positiven **oder** negativen Bereich, d. h. sie ist stets mit einem positiven oder negativen Vorzeichen gekennzeichnet

Von Wechselspannung spricht man dann, wenn sie in bestimmten Zeitabständen ihre Richtung ändert. Die Wechselspannungskurve verläuft einmal im positiven, das andere Mal im negativen Bereich: sie pendelt zwischen Plus und Minus hin und her (Bild 2.3). Diese Feststellung gilt sinngemäß auch für den Wechselstrom.

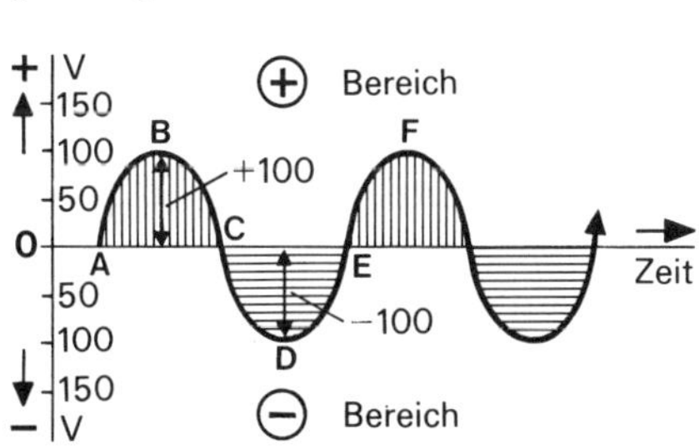

Bild 2.3 Eine Wechselspannung pendelt um die Null-Linie und verläuft im positiven **und** im negativen Bereich; sie kann daher nicht mit einem Minus- oder Pluszeichen kenntlich gemacht werden

Bezogen auf die Elektronen in einem Leiter heißt das, daß beim Gleichstrom ein ständiger Elektronenfluß in einer Richtung stattfindet, während die Elektronen beim Wechselstrom in der Leitung nur hin- und herpendeln, je nachdem, von welcher Seite die elektrische Spannung sie beeinflußt. Nun könnte man annehmen, daß dann die Elektronen (weil sie sich ja immer um einen Punkt in der Leitung hin und her bewegen) gar nicht als richtiger Strom durch die Leitung fließen. Natürlich ist diese Meinung falsch, ein Vergleich soll es verständlich machen.

In Bild 2.4 liegen einige Kugeln eng hintereinander in einer geraden Reihe. Wenn die rechte Kugel in Bewegung gesetzt wird und gegen die anderen prallt, kommt sie sofort zum Stillstand. Die linke Kugel aber löst sich im gleichen Augenblick von der Reihe und bewegt sich allein weiter. Wenn sie umkehrt und nun ihrerseits auf die Kugelreihe prallt, spielt sich

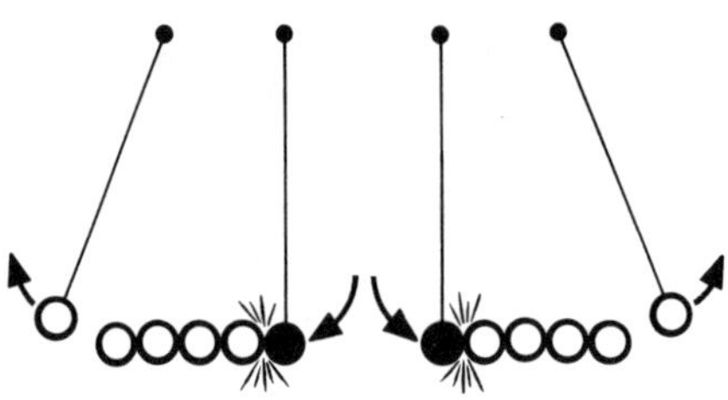

Bild 2.4 Die Elektronenbewegung bei Wechselspannung kann mechanisch durch eine »pendelnde« Stoßfortpflanzung verdeutlicht werden

der gleiche Vorgang in der anderen Richtung ab, und die rechte Kugel entfernt sich allein von der Reihe. Damit ist eine Information von rechts nach links und von links nach rechts übertragen worden, obwohl die Kugeln in der Reihe sich praktisch nicht bewegt haben. Trotzdem haben sie die Energie der beiden aufprallenden Kugeln weitergegeben. In ähnlicher Form können wir uns das Hin- und Herpendeln der (angestoßenen) Elektronen in einer Leitung vorstellen, die an eine Wechselspannungsquelle angeschlossen ist (Bild 2.5).

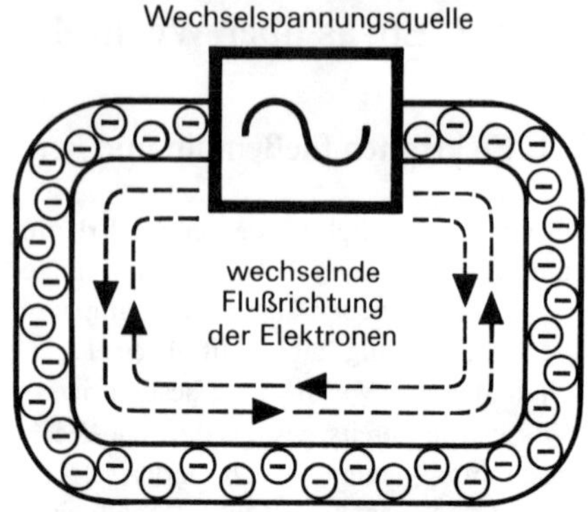

Bild 2.5 Bei Anschluß einer Wechselspannungsquelle fließen die Elektronen in der Leitung hin und her, weil sie einem »wechselnden Druck« aus der Spannungsquelle ausgesetzt sind

Während das Kurzzeichen für Gleichspannung und Gleichstrom aus zwei parallelen Strichen besteht (=), sieht das Zeichen für Wechselstrom und Wechselspannung sinngemäß wie eine Welle aus ($\sim$).

2.2. Periode und Amplitude

Wechselspannung und Wechselstrom ändern ständig ihre Richtung. Es ist nun wichtig zu wissen, mit welcher Geschwindigkeit dieses Hin- und Herfließen passiert und welchen Weg dabei der Strom und die Spannung zurücklegen. Man kann das gut in einer Zeichnung darstellen, die in Bild 2.6 zu sehen ist. Von links nach rechts ist auf der Nullinie die Zeit eingetragen, während man das Hin- und Herfließen des Stroms oder der Spannung nach oben und unten in einer Kurve aufgezeichnet hat.

Danach nimmt die Kurve von Null ausgehend zunächst zu, erreicht ihren Höchstwert, nimmt wieder ab bis auf den Wert Null und beginnt dann in der entgegengesetzten Richtung den Höchstwert zu erreichen, um dann wieder abzunehmen bis zum Wert Null. Diesen sich ständig wiederholenden Vorgang nennt man Periode.

Den in Bild 2.6 dargestellten Kurvenzug

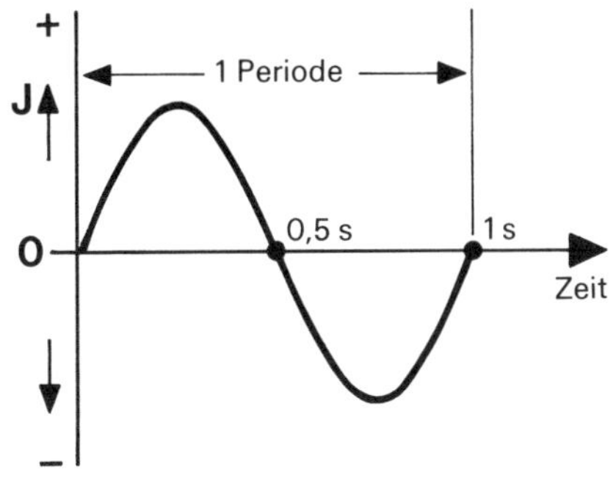

Bild 2.6 Sinus-Wechselspannungskurve mit der Frequenz von 1 Hz d. h. in einem Zeitraum von 1 Sekunde durchläuft die Sinuskurve einmal ihren positiven und negativen Bereich

bezeichnet man als Sinuskurve. Wir können eine derartige Kurve mit Hilfe eines Kreises konstruieren, wie aus Bild 2.7 zu ersehen ist. Hierfür denken wir uns den Radius r als Zeiger, der sich um den Mittelpunkt M dreht. »Sinus« ist eine Winkelfunktion im rechtwinkligen Dreieck und gibt das Längenverhältnis der dem Winkel gegenüberliegenden Kathete zur Hypotenuse an. In Bild 2.7 sind die beiden Strecken mit a und r bezeichnet. Das vom jeweiligen Zeigerpunkt (1–12) gefällte Lot ergibt den jeweiligen Augenblickswert a. Die Augenblickswerte übertragen wir als Senkrechte in ihrer Reihenfolge 1–12 auf eine gleichmäßig unterteilte waagerechte Linie W. Verbinden wir jetzt die Punkte miteinander, so ergibt sich eine Sinuskurve. Der Verlauf der Kurve ist um so genauer, je mehr Punkte man auf dem Kreisumfang anbringt und überträgt.

Aus einer Drehbewegung des Zeigers r entstand hier eine Sinuskurve. Statt der Zeigerumdrehung kann man jedoch auch die Geschwindigkeit des sich drehenden Winkels angeben. Die Winkelgeschwindigkeit ω (Omega) ist gleich Weg durch Zeit; der Weg (Kreisumfang) ist definiert durch $2\pi \cdot r$ (Radius = 1); die Zeit (Periodendauer) durch T. Somit ergibt sich die Formel $(2\pi \cdot r)/T$. Setzen wir für T die Frequenz f ein (1/T), so erhalten wir für die Winkelgeschwindigkeit Omega, auch Kreisfrequenz genannt, die Formel

$$\omega = 2\pi \cdot f = 2 \cdot 3{,}14 \cdot f = 6{,}28 \cdot f$$

Diese Frequenzbezeichnung gilt nur für sinusförmige Spannungen und Ströme.

Man bezeichnet die obere Hälfte der Kurve in Bild 2.7 als positiven und die

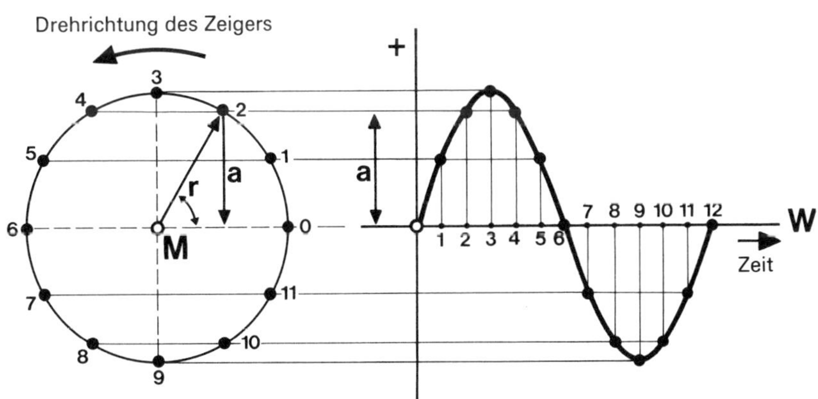

Bild 2.7 Beispiel für die Konstruktion einer Sinuskurve. Dreht sich der Zeiger in der Sekunde einmal, so ergibt sich eine Frequenz von 1 Hz. Hieraus ist zu schließen, daß die Winkelgeschwindigkeit ω abhängig ist von der Frequenz, d. h. von der Häufigkeit, mit der sich der Winkel bzw. der Zeiger innerhalb einer Sekunde dreht

untere Hälfte als negativen Teil. Wechselspannung und Wechselstrom haben also zwei Bewegungsrichtungen; sie pendeln zwischen positiven und negativen Scheitelwerten (Höchstwerten) hin und her. Die Plus- und Minuszeichen in Bild 2.7 weisen darauf hin. Dies trifft nicht nur für Sinusschwingungen zu, sondern für praktisch alle beliebigen Schwingungen, die ihre Richtung periodisch ändern. Bild 2.8 zeigt zum Beispiel eine symmetrische Rechteckschwingung.

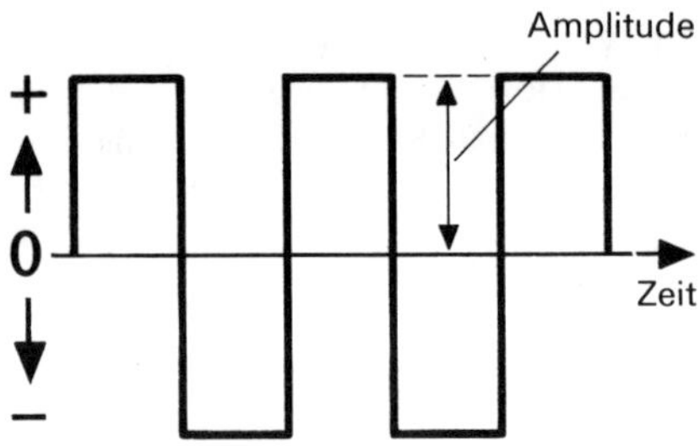

Bild 2.8 Beispiel einer Rechteck-Wechselspannungskurve, die Amplitude wird jeweils von der Nullinie bis zur positiven oder negativen Spitze gemessen

Die Höhe einer halben Schwingung bzw. die Weite ihres positiven oder negativen Ausschlags wird als Amplitude bezeichnet. In der Fernsehtechnik hat man sehr viel mit impulsartigen Spannungsformen nach Bild 2.8 zu tun und mißt diese mit einem Sichtgerät, dem sogenannten Oszilloskop oder auch Oszillografen (ältere Bezeichnung). Es wird dabei die gesamte Schwingung, also der Wert von »Spitze zu Spitze« gemessen (U_{ss}). Bei Sinusschwingungen gebraucht man normalerweise die Begriffe »Effektivwert« und »Scheitel- oder Maximalwert«. Sie werden immer von der Nulllinie aus nach positiven oder negativen Höchstwerten gemessen (Bild 2.9).

Wie schon in Abschnitt 2.1. erwähnt, pendeln die Elektronen beim Wechselstrom in der Leitung hin und her. Würde man ein Gleichstrommeßinstrument in die Leitung schalten, schlüge der Zeiger nicht aus, da sich aufgrund der Instrumententrägheit die sehr schnellen gegenläufigen Elektronenbewegungen nicht bemerkbar machen. Wie kann man den Wechselstrom aber trotzdem messen? Man greift hierfür beispielsweise auf eine der Wirkungen des Stroms beim Durchfließen eines Leiters zurück, und zwar auf die Wärmewirkung. Elektronen erzeugen bekanntlich Wärme durch Reibung im Material, und diese Wärme ist bei gleich großem Gleich- und Wechselstrom auch gleich groß. Ein Gleichstrom von 1 A hat also eine Wärmewirkung wie ein effektiver Wechselstrom von 1 A.

Der wirksame Wert des Wechselstroms wird Effektivwert genannt. Alle normalen Meßinstrumente für Wechselströme und natürlich auch für Wechselspannungen zeigen Effektivwerte an. Der Maximalwert (Amplitude) ergibt sich, wenn man den gemessenen Wert mit $\sqrt{2} = 1{,}414$ malnimmt. Andererseits ergibt sich der Effektivwert, wenn man den Maximalwert mit 0,707 multipliziert. Das gilt gleichermaßen für sinusförmige Spannungen wie für sinusförmige Ströme (Bild 2.9).

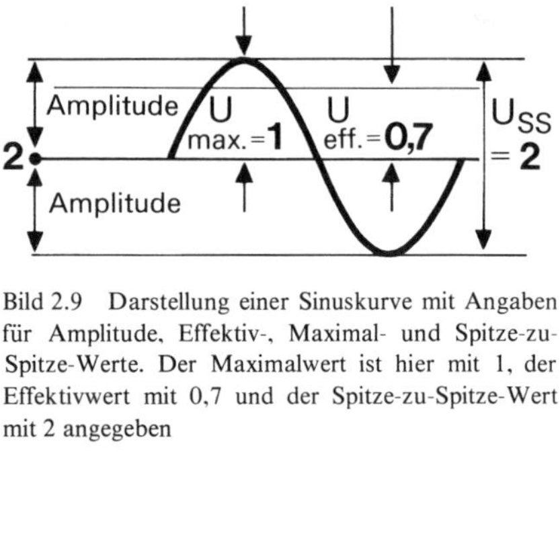

Bild 2.9 Darstellung einer Sinuskurve mit Angaben für Amplitude, Effektiv-, Maximal- und Spitze-zu-Spitze-Werte. Der Maximalwert ist hier mit 1, der Effektivwert mit 0,7 und der Spitze-zu-Spitze-Wert mit 2 angegeben

2.3. Frequenz und Hertz

Die Anzahl der Perioden oder Schwingungen in einer Sekunde nennt man Frequenz (Kurzform f). Das Beispiel in Bild 2.6 ist eine sehr niedrige Frequenz, denn nur einmal in der Sekunde beschreibt die Wechselspannung eine Periode. Um unterschiedliche Frequenzen zu kennzeichnen, verwendet man als Maßeinheit das Hertz (Kurzform Hz). Es gibt an, wievielmal in einer Sekunde eine Periode bzw. eine Schwingung ausgeführt wird. Der Kurvenzug in Bild 2.6 hat demnach eine Frequenz von 1 Hz.

Bei der Bundesbahn hat der zum Betrieb elektrischer Lokomotiven benutzte Wechselstrom eine Frequenz von $16\,^2/_3$ Hz, während der Wechselstrom des Lichtnetzes 50 Hz aufweist. Man nennt diese Frequenzen auch »technischen Wechselstrom«. In der Radiotechnik werden jedoch viel höhere Frequenzen verwendet. Mittelwellensender arbeiten mit Frequenzen von etwa 570000 bis 1602000 Hz = 570 kHz bis 1602 kHz (Kilohertz) oder 0,57 MHz bis 1,602 MHz (Megahertz). UKW-Stationen senden noch höhere Frequenzen, und zwar von 87,5 bis 104 MHz, während die Fernsehsender des 1. Programms mit ihren Kanälen 5–12 in einem Bereich liegen, der von 174 bis 230 MHz reicht. In einem noch darüberliegenden Frequenzgebiet finden wir die UHF-Fernsehsender der 2. und 3. Programme, die zwischen 470 und 790 MHz arbeiten (Bild 2.10). Die erwähnten Frequenzen sind sogenannte Trägerwellen, auf denen Sprache, Musik und Bilder als elektronische Signale von den Sendern zu den Empfängern transportiert werden.

Was wir als Sprache, Musik und Geräusche mit unseren Ohren hören, nimmt ebenfalls einen bestimmten Frequenzumfang ein. Der tiefste noch hörbare Ton liegt bei etwa 16 Hz (also 16 Schwingungen in der Sekunde), und die obere Grenze des menschlichen Gehörs liegt frequenzmäßig zwischen 16000 und 20000 Hz. So gut hört man übrigens nur in jungen Jahren; mit zunehmendem Alter kann man vor allem hohe Töne immer schlechter wahrnehmen.

Um den Ausflug in die Frequenzen abzurunden, werfen wir noch einen Blick auf den Fernsehschirm. Alles, was man dort

Bild 2.10 Sender für Fernsehprogramme auf dem Heinrich-Hertz-Fernsehturm in Hamburg, Höhe einschließlich Antennen 271 Meter

sieht, wird ebenfalls von elektrischen Schwingungen hervorgerufen. Die hellen, grauen und dunklen Bildstellen beim Schwarzweißfernsehen und die bunten Bilder des Farbfernsehens werden elektronisch von Frequenzen gesteuert, die vom Gleichstrom (also Null Hertz) bis zu 5 MHz hinaufreichen. Je feiner eine Bildeinzelheit ist, um so höher ist die zu ihr gehörende Frequenz.

Folgende Maßeinheiten werden verwendet (GHz = Gigahertz):

1 GHz	= 1000 MHz
1 MHz	= 1000 kHz
1 kHz	= 1000 Hz

Die Bezeichnung »Hertz« ist abgeleitet vom Namen des deutschen Physikers Heinrich Hertz, 1857–1894.

2.4. Phase und Zeiger

Im Abschnitt 2.2. wurde die Konstruktion einer Sinuskurve beschrieben und bildlich durch die Darstellung in Bild 2.7 ergänzt. Man benutzte dabei einen umlaufenden Zeiger, der je nach Stellung unterschiedliche Augenblickswerte angab, die zur Erstellung der Sinuskurve verwendet wurden. Daraus können wir den Schluß ziehen, daß auch die jeweilige Position des Zeigers allein eine ausreichende Information über die Kurve vermitteln kann. Das ist richtig, und deshalb wird in der Elektrotechnik sehr häufig auf die Darstellung von Wechselspannungen bzw. -strömen durch Zeigerbilder zurückgegriffen, weil sie relativ einfach sind und klare Aussagen ergeben.

Ein Beispiel soll dies erläutern. In Bild 2.11 sind auf einer Sinuskurve mehrere Punkte markiert, und die entsprechenden Zeigerbilder für diese Augenblickswerte wurden ebenfalls eingetragen. Da ein Kreis 360° hat, kann man aus den sich ergebenden Winkeln der Zeigerstellungen leicht auf den jeweiligen Kurvenpunkt schließen. Es ist aber darauf zu achten, daß die Drehrichtung des Zeigers entgegengesetzt dem Uhrzeigersinn ist. Die Richtung des Zeigers – also sein »Zeitpunkt« auf der Sinuskurve – legt die sogenannte Phase fest.

Wenn in einem elektronischen Gerät zwei Sinusspannungen an einem Punkt der Schaltung zusammen auftreten, so kann dies z. B. zeitlich nacheinander geschehen.

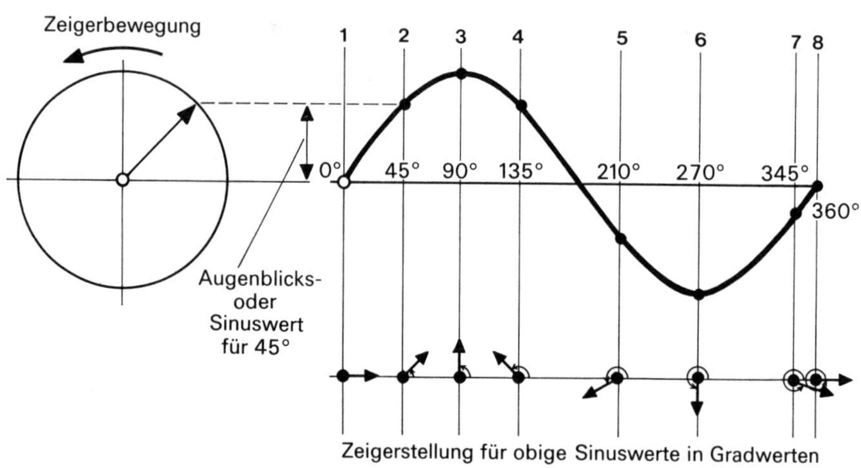

Bild 2.11 Zusammenhang zwischen den Sinus- oder Augenblickswerten eines Kurvenzuges und einer Zeigerdarstellung

Ein solcher Fall ist in Bild 2.12 angegeben. Wir sehen, daß die zweite Kurve dann beginnt, wenn die erste schon eine achtel Periode zurückgelegt hat. Es tritt also ein Unterschied auf, der in der Technik als Phasenverschiebung bezeichnet wird. Man gibt diese in Winkelgraden an, was im erwähnten Beispiel 45 ° wären. Der jeweilige Winkel wird durch den griechischen Buchstaben φ (Phi) gekennzeichnet.

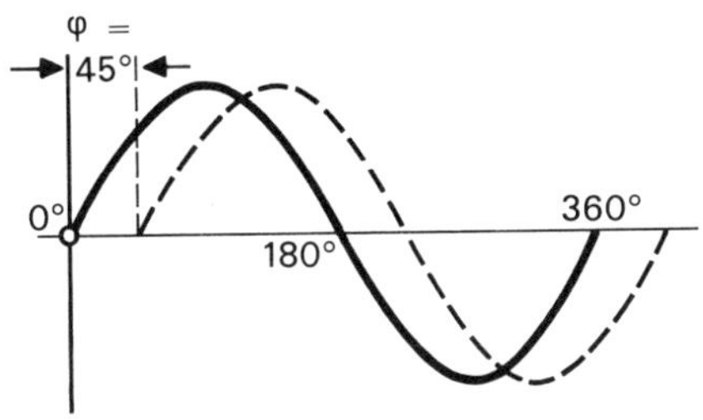

Bild 2.12 45 °-Phasenverschiebung im Kurvenbild

Stellen wir diese 45 °-Phasenverschiebung in einem Zeigerbild dar, so ergibt sich Bild 2.13. Die Einfachheit des Zeigerdiagramms kommt deutlich zum Ausdruck. Befinden sich die beiden angenommenen Sinusspannungen dagegen in zeitlicher Übereinstimmung, so sind Kurvenbild und Zeigerbild wie in Bild 2.14 angegeben. Man spricht in diesem Fall von einer Gleichphasigkeit der Spannungen, die zu einer Addition der beiden Amplituden führt ($U_1 + U_2 = U_3$).

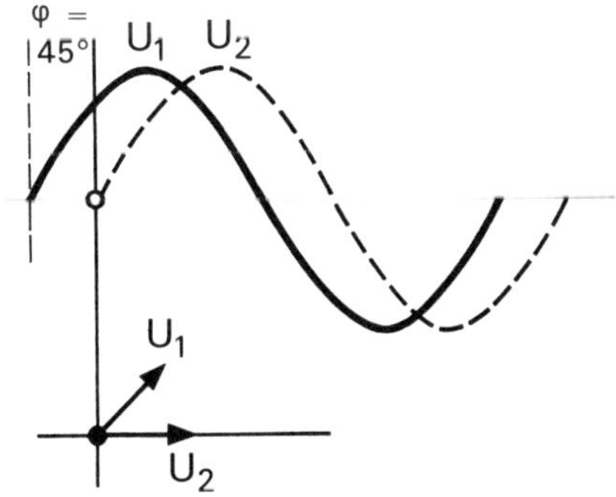

Bild 2.13 45 °-Phasenverschiebung, zusätzlich auch als Zeigerbild dargestellt

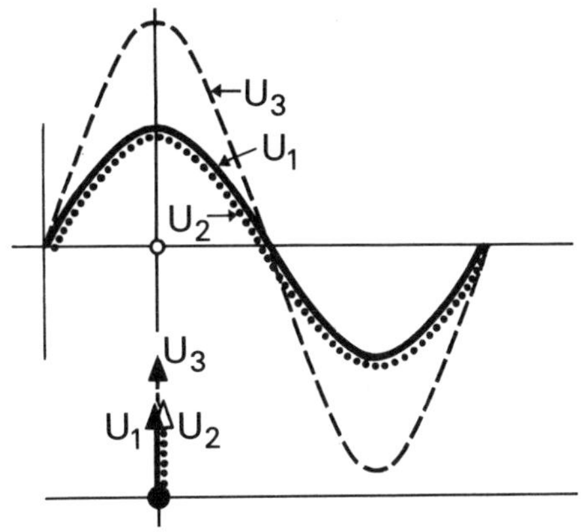

Bild 2.14 Zwei Spannungen mit 0 °-Phasenunterschied addieren sich

Genau entgegengesetzt ist es in Bild 2.15, wo beide Sinusspannungen eine Phasenverschiebung von 180 ° haben. Ihre positiven und negativen Halbwellen liegen einander genau gegenüber und heben sich – falls ihre Amplituden gleich groß sind – gegenseitig auf. Die resultierende Spannung ist dann gleich Null, dies geht auch aus dem Zeigerbild eindeutig hervor ($U_1 - U_2 = 0$).

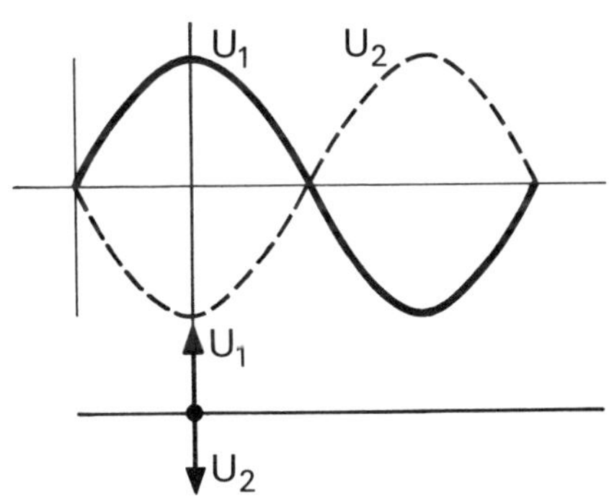

Bild 2.15 Zwei gleich große Spannungen mit 180 °-Phasenunterschied heben sich auf

Wenn die in den Beispielen wegen der einfacheren Darstellung frequenzgleichen Sinusspannungen jedoch eine beliebige andere Phasenverschiebung aufweisen, stellt sich eine resultierende Spannung ein, die sich durch Addition der Augenblickswerte beider Sinuskurven ergibt. Bild 2.16 macht das deutlich. Hier beträgt die Phasenverschiebung 90°, was im Zeigerbild besonders gut zu sehen ist. Die resultierende Spannung erhält man durch die geometrische Addition der beiden phasenverschobenen Zeiger. Ihre Längen sind ein Maß für die Größen der Spannungswerte. Die Zeigerdarstellung wird häufig auch als Vektordarstellung bezeichnet. (Ein Vektor ist eine mathematische Größe, die als Strecke von bestimmter Länge und Richtung definiert ist.)

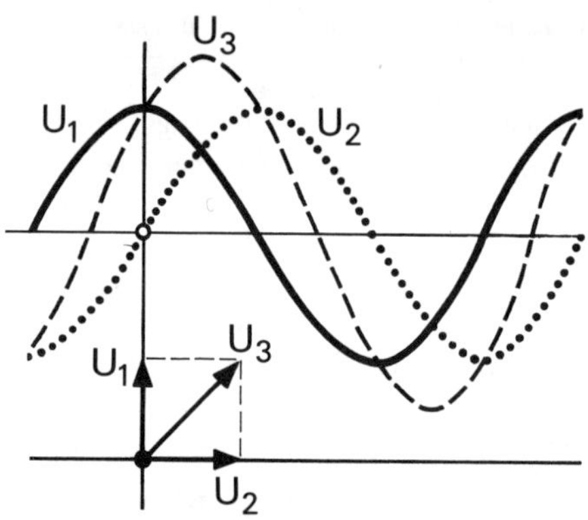

Bild 2.16 Zwei Spannungen mit unterschiedlicher Phase addieren sich ebenfalls und ergeben einen neuen Kurvenzug U_3

2.5. Wichtiges kurz gesagt

1. Die Wechselspannung treibt einen hin- und herfließenden Elektronenstrom durch den Leiter, man nennt ihn Wechselstrom.
2. Wechselspannung und Wechselstrom ändern in bestimmten Zeitabständen ihre Richtung; sie pendeln zwischen positiven und negativen Höchstwerten.
3. Eine Periode ist dann abgeschlossen, wenn der einmalige Verlauf einer Wechselspannungskurve im positiven und negativen Bereich beendet ist.
4. Die Anzahl der Perioden in einer Sekunde bezeichnet man als Frequenz, das Formelzeichen ist ein f. Die Maßeinheit der Frequenz ist das Hertz (Hz).
5. Technischer Wechselstrom und Wechselspannung haben eine Sinusform. Sie läßt sich durch die mathematische Ableitung der Sinusfunktion beim rechtwinkligen Dreieck grafisch darstellen.
6. Die halbe Höhe einer Schwingung heißt Amplitude, sie wird von der Nullinie zur Spitze gemessen. Der Effektivwert einer Sinusform beträgt ca. 70 % des Maximalwerts, den man von der Nullinie aus zur Spitze mißt.
7. Der momentane Zeitpunkt einer Schwingung wird durch den Begriff der Phase festgelegt.
8. Man kann Sinuskurven auch durch Zeigerdiagramme darstellen. Die Zeiger können geometrisch addiert werden und ergeben eine resultierende Kurve.

3. Einfache elektrische Bauelemente

3.1. Widerstände

Unter dem Begriff »Widerstand« versteht man in der Elektrotechnik nicht nur die Eigenschaft eines jeden Stromwegs, sich dem Elektronenfluß zu widersetzen, sondern auch jene Bauelemente, die in den Geräteschaltungen auf den Strom einwirken. Es gibt sie in allen Ohmwerten für jeden elektrischen Verwendungszweck. Widerstände bestehen vielfach aus einer Kohleschicht, die auf einen Keramikträger aufgebrannt wird. Ein farbiger Lacküberzug schützt die Kohleschicht gegen äußere Einflüsse (Bild 3.1).

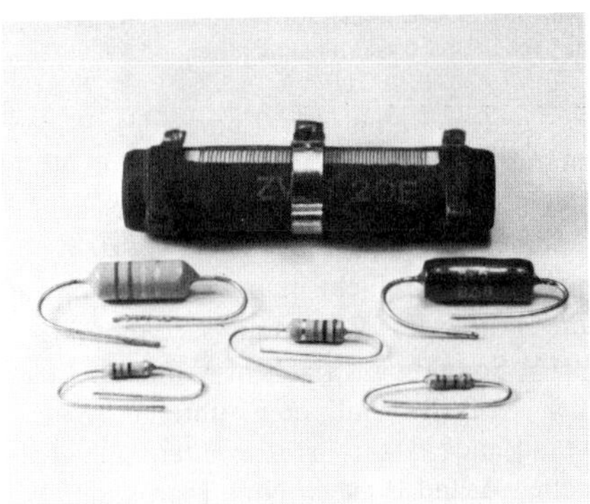

Bild 3.1 Widerstände geringer bis großer Belastbarkeit, vorn Schichtausführungen, hinten ein Drahtwiderstand

Das allgemeine Schaltzeichen für einen Widerstand ist in Bild 3.2 angegeben. Es wird für den ohmschen Widerstand verwendet, in dem beim Durchfluß eines Stroms aufgrund der Elektronenreibung mehr oder weniger Wärme erzeugt wird. Wegen dieser Wärmewirkung bezeichnet man den ohmschen Widerstand auch als **Wirkwiderstand**.

Bild 3.2 Widerstands-Schaltzeichen

Bild 3.3 Reihenschaltung von Widerständen

Sind mehrere Widerstände hintereinander (in Reihe) geschaltet (Bild 3.3), so addieren sich ihre Werte. Der Gesamtwiderstand errechnet sich nach der Formel:

$$R_{ges} = R_1 + R_2 + R_3 \ldots$$

Sind sie nach Bild 3.4 dagegen nebeneinander (parallel) geschaltet, ergibt sich

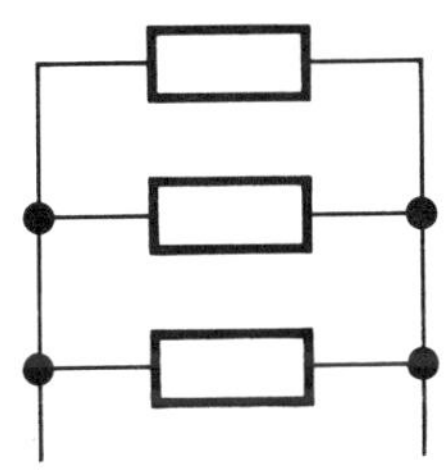

Bild 3.4 Parallelschaltung von Widerständen

der wirksame Gesamtwiderstand folgendermaßen:

$$\frac{1}{R_{ges}} = \frac{1}{R_1} + \frac{1}{R_2} + \frac{1}{R_3} \ldots$$

Multiplizieren wir die Formel aus, nachdem zuvor die auf einen Hauptnenner gebrachten Einzelwerte zusammengezählt wurden, ergibt sich ein Gesamtwiderstand, der stets kleiner ist als der kleinste Einzelwiderstand.

Bei nur zwei parallelgeschalteten Widerständen vereinfacht sich die Errechnung des Gesamtwiderstands, wenn nach folgender Formel verfahren wird:

$$R_{ges} = \frac{R_1 \cdot R_2}{R_1 + R_2}$$

Bei einer Reihenschaltung von Widerständen laut Bild 3.5 fließt durch die Widerstände ein Strom, dessen Wert an jedem Punkt des Stromkreises gleich groß ist. Anders ist es mit der Spannung, die über den beiden Widerständen gemessen werden kann. Wir errechnen nach dem Ohmschen Gesetz einen Stromwert von 0,1 A und eine Spannung über R_1 von 10 V sowie über R_2 von 2 V ($U = I \cdot R$).

Daraus ist zu entnehmen, daß sich die Teilspannungen über den Widerständen der Reihenschaltung im Verhältnis der Widerstandswerte aufteilen. Eine solche Schaltung hat deshalb auch den treffenden Namen »Spannungsteiler«. An mehreren Widerständen können dort entsprechend abgestufte Spannungen abgegriffen werden. Da über einem Widerstand eine Spannungsdifferenz zu messen ist, spricht man auch von einem Spannungsabfall, der an diesem Widerstand auftritt.

Einen einstellbaren Spannungsteiler nennt man Potentiometer. Das ist ein Widerstand, über den ein Schleifkontakt gleitend verstellt werden kann (Bild 3.6). Es gibt sie in verschiedenen Ausführungen von großen, mit Widerstandsdraht bewickelten Potentiometern über Ausführungen mit Kohlebahnen als Lautstärke- oder Klangeinsteller bis zu Miniatur-Trimmpotentiometern.

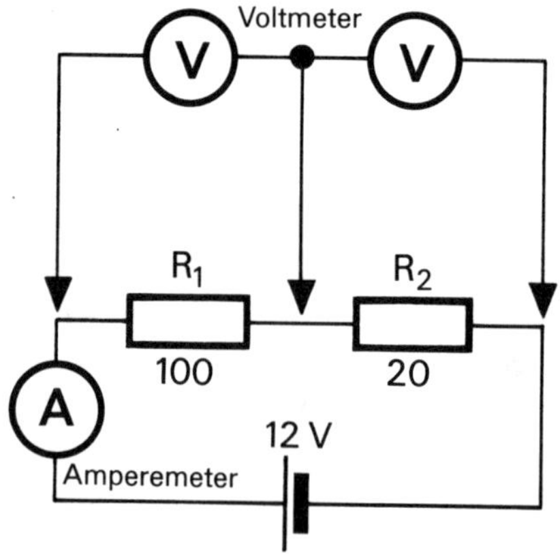

Bild 3.5 Fester Spannungsteiler (Reihenschaltung) mit Meßanordnung

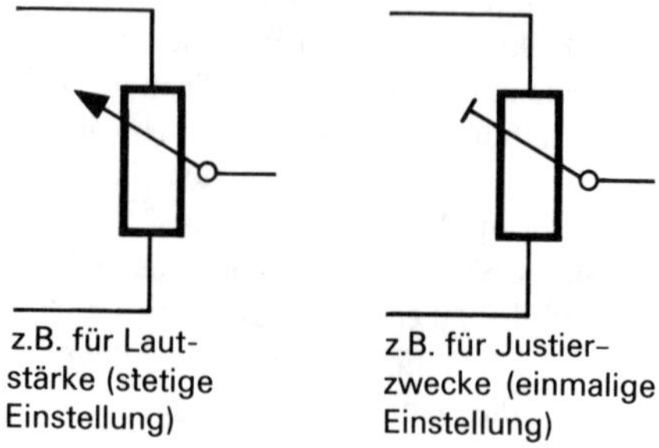

Bild 3.6 Schaltzeichen für einstellbare Widerstände (Spannungsteiler oder Potentiometer)

Liegt z. B. an den Enden des Widerstands in Bild 3.7 eine Spannung von 20 V, dann kann man zwischen dem Schleifer und der unteren Leitung ebenfalls 20 V abnehmen. Verschiebt man den Schleifer auf die Mitte des Widerstands, dann liegen 10 V Spannung zwischen A und B. Liegt der Schleifer auf dem unteren Widerstandsende, dann ist die Spannung zwischen A und B gleich Null. Man kann also mit Hilfe des Potentiometers gleitend alle

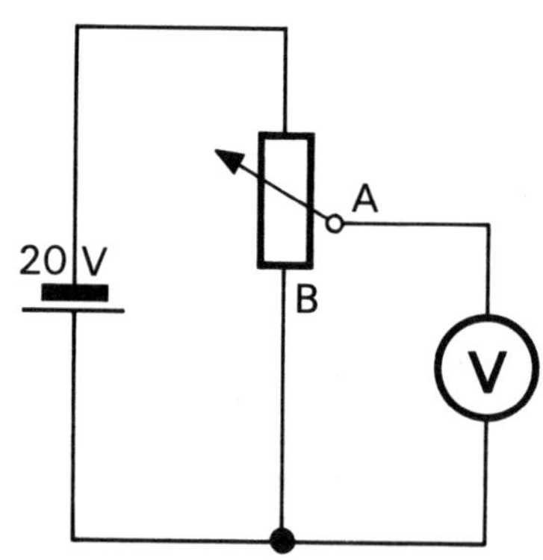

Bild 3.7 Stetig verstellbarer Spannungsteiler mit Meßanordnung

Spannungswerte zwischen dem Maximum und dem Minimum (Null) abnehmen. Bild 3.8 zeigt einige dieser Einstellwiderstände.

Bild 3.8 Diverse Potentiometer, d. h. einstellbare Widerstände. Mitte hinten eine drahtgewickelte Ausführung

Bei einer Parallelschaltung von Widerständen nach Bild 3.9 fließt durch beide Widerstände ebenfalls ein Strom, aber jetzt (im Gegensatz zu Bild 3.5) von unterschiedlicher Größe. Anders verhält sich die Spannung, sie ist über beiden parallelgeschalteten Widerständen gleich hoch. Wir errechnen nach dem Ohmschen Gesetz einen Strom durch R_1 von 0,12 A und durch R_2 von 0,6 A (I = U : R).

Daraus wird deutlich, daß sich die einzelnen Teilströme bei der Parallelschaltung im umgekehrten Verhältnis der Widerstandswerte aufteilen. Durch den kleinsten Widerstand fließt demnach der größte Strom. Der Gesamtstrom ergibt sich aus der Addition der einzelnen Teilströme.

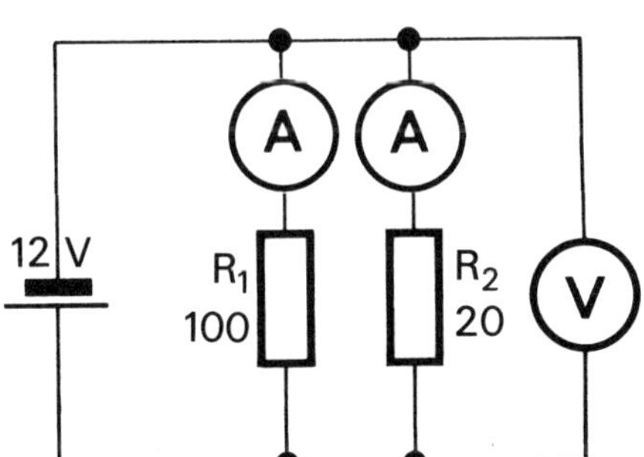

Bild 3.9 Parallelschaltung mit Meßanordnung

Den Gesamtwiderstand einer Parallelschaltung kann man auch ermitteln, wenn man die Spannung durch den Gesamtstrom teilt. Für unser Beispiel erhalten wir einen Widerstandswert von 16,66 Ω (R = U : I).

Von den in Rundfunk- und Fernsehempfängern sowie anderen elektronischen Geräten verwendeten Widerständen müssen vier spezielle Arten besonders erwähnt werden.

Da sind zuerst die **NTC**-Widerstände, die auch häufig Heißleiter genannt werden (NTC = Negative Temperature Coefficient = Widerstand mit negativem Temperaturbeiwert). Ihre Besonderheit ist, daß ihr Widerstandswert mit steigender Temperatur stark abnimmt. Eine entgegengesetzte Eigenschaft haben die **PTC**-Widerstände (PTC = Positive Temperature Coefficient = Widerstand mit positivem Temperaturbeiwert), deren Widerstandswert mit steigender Temperatur zunimmt. Man kann beide Arten gut zur Stromstabilisierung verwenden.

Eine ganz andere Eigenschaft haben dagegen die **VDR**-Widerstände (VDR = Voltage Dependent Resistor = spannungsabhängiger Widerstand). Ihr Widerstandswert nimmt stark ab, wenn die angelegte Spannung größer wird. Man benutzt sie vorwiegend zur Spannungsstabilisierung und Funkenlöschung.

Als vierten Spezialwiderstand merken wir uns den sogenannten **LDR**-Widerstand (LDR = Light Dependent Resistor = lichtabhängiger Widerstand). Bei ihm nimmt der Widerstandswert zu, wenn die Helligkeit des ihn treffenden Lichts abnimmt. LDR-Widerstände werden beispielsweise in Lichtschranken oder Zählschaltungen als Sensor verwendet. Die Schaltzeichen der vier Widerstandsarten sind in Bild 3.10 angegeben.

Abschließend noch einiges zur Belastbarkeit von ohmschen Widerständen und zu ihren Werten. Weil in einem Widerstand elektrische Leistung in Wärme umgewan-

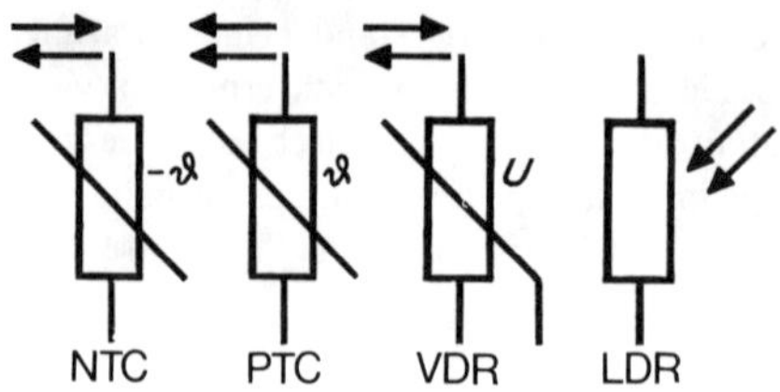

Bild 3.10 Schaltzeichen für NTC-, PTC-, VDR- und LDR-Widerstände

delt wird, muß der Widerstand in der Lage sein, dies ohne Zerstörung aushalten zu können. Seine geometrischen Abmessungen sind deshalb ein ungefähres Maß für seine Belastbarkeit, die in Watt angegeben wird. Bild 3.11a zeigt Widerstände mit den entsprechenden Zeichen.

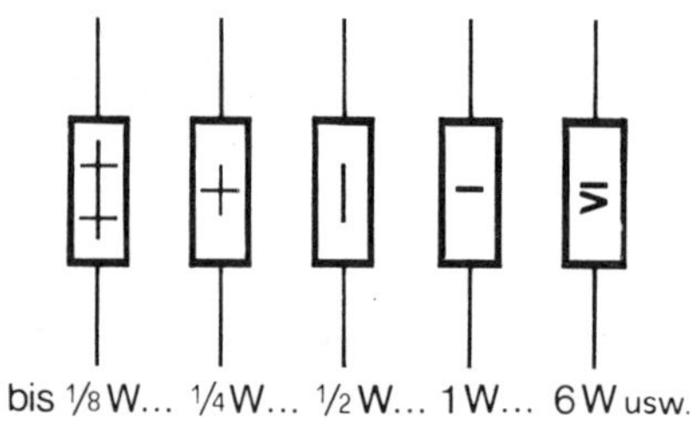

Bild 3.11a Widerstands-Schaltzeichen mit Belastungsangaben

Die handelsüblichen Widerstandswerte in Ohm wurden nach einem international gültigen Schlüssel festgelegt. Bei einer Toleranz von 10 Prozent ergibt sich, beginnend bei 1, folgende Reihe:
1 — 1,2 — 1,5 — 1,8 — 2,2 — 2,7 — 3,3 — 3,9 — 4,7 — 5,6 — 6,8 — 8,2 — 10 — usw. Diese Beispiele gelten für die sogenannte E12-Reihe. Die E6-Reihe mit 20 Prozent Toleranz hat die Abstufungen 1 — 1,5 — 2,2 — 3,3 — 4,7 — 6,8 — 10. Darüber hinaus gibt es noch die E24-Reihe mit 5 Prozent Toleranz. Die einzelnen Stufenschritte ergeben sich aus der 6., 12. oder 24. Wurzel aus 10.

Es gibt also z. B. Widerstände von 12, 15 und 18 k Ω, 120, 150 und 180 k Ω, 1,2, 1,5 und 1,8 M Ω bzw. vom »1,5-Wert« Widerstände von 1,5 Ω, 15 Ω, 150 Ω, 1,5 k Ω, 15 k Ω oder auch 150 k Ω, 1,5 M Ω, 15 M Ω bzw. 150 M Ω.

Bei den normal gebräuchlichen Widerständen ist die Wertangabe kaum noch in Zahlen üblich; allgemein benutzt man heute einen Farbcode. Dieser besteht aus drei Farbringen auf dem Widerstandskörper, ein vierter Ring kennzeichnet die Toleranz (braun = 1%, rot = 2%, gold = 5%, silber = 10%, kein vierter Farbring = 20%). Beim Ablesen des Farbcods muß sich der Toleranzring rechts befinden bzw. beginnt man an der Seite, wo die drei Farbringe am nächsten zum Ende des Widerstands liegen.

Farbe	1. Ring	2. Ring	3. Ring
schwarz	0	0	—
braun	1	1	0
rot	2	2	00
orange	3	3	000
gelb	4	4	0 000
grün	5	5	00 000
blau	6	6	000 000
violett	7	7	—
grau	8	8	—
weiß	9	9	—

Ein Beispiel soll uns mit dem Ablesen vertraut machen. Farben von links nach rechts: gelb, violett, grün, silber. Gelb = 4, violett = 7, grün = 00 000, Ergebnis = 4 700 000 Ω oder 4,7 M Ω mit einer Toleranz von 10 Prozent (Bild 3.11b).

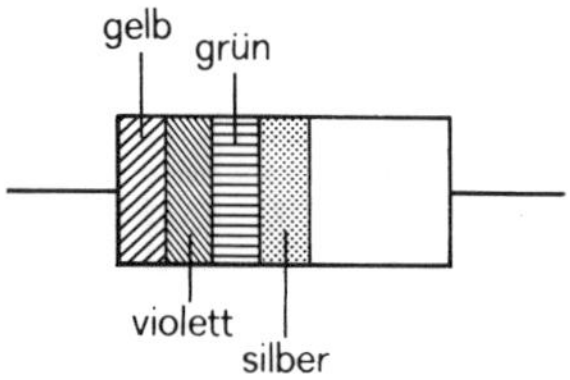

Bild 3.11b Beispiel für die Widerstandswertangabe mit Farbringen

3.2. Kondensatoren allgemein

Kondensatoren bestehen im Prinzip aus zwei Metallplatten oder -folien, die sich in einem bestimmten Abstand gegenüberstehen. Diese sogenannten Beläge berühren sich nicht und sind durch einen Isolator voneinander getrennt. Im einfachsten Fall ist dies Luft, es lassen sich auch Glimmer, Glas oder verschiedene Kunststoffe und keramische Materialien verwenden. Die Elektronen in den Metallplatten können also nicht durch den Isolator von einer Platte zur anderen gelangen.

In einem Beispiel soll dies näher erklärt werden. Um es besonders deutlich zu machen, wurden die in den Bildern 3.12–3.15 angedeuteten Kondensatorplatten nicht parallel zueinander, sondern voneinander wegweisend angeordnet, damit ein möglichst großer Isolationsabstand vorhanden ist. An der Verbindungsstelle der beiden Platten sind eine Spannungsquelle, ein Strommesser und ein Schalter eingebaut.

Wie wir wissen, können sich in einem offenen Stromkreis normalerweise keine Elektronen bewegen, d. h. es fließt kein Strom. Dieser Zustand ist in Bild 3.12 zu sehen, worin außerdem noch der Schalter geöffnet ist. Die schematisch angedeuteten Elektronen sind auf beiden Platten gleichmäßig verteilt. Das Instrument (mit Nullpunkt in der Mitte) zeigt keinen Stromfluß an.

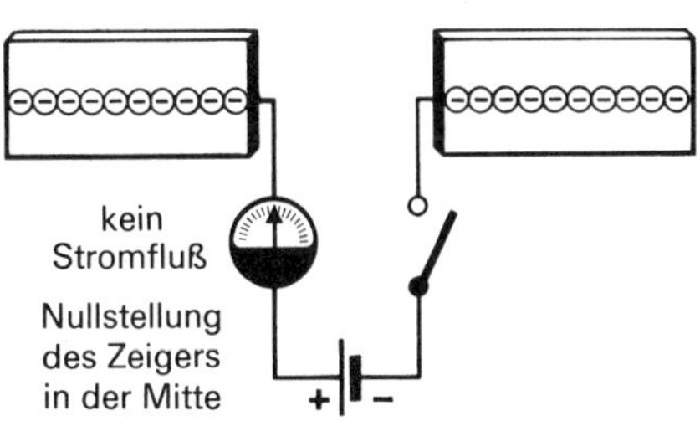

Bild 3.12 Schema einer im Ruhezustand gleichmäßigen Belegung der Kondensatorplatten mit Elektronen (Batterie nicht angeschlossen). Das Anzeigeinstrument hat einen Zeiger mit Nullstellung in der Mitte

Dies ändert sich jedoch beim Schließen des Schalters. Ein empfindliches Instrument würde im Augenblick des Einschaltens der Spannung einen kurzen, schwachen Stromstoß anzeigen. In Bild 3.13 ist dieser Moment angedeutet; der Zeiger

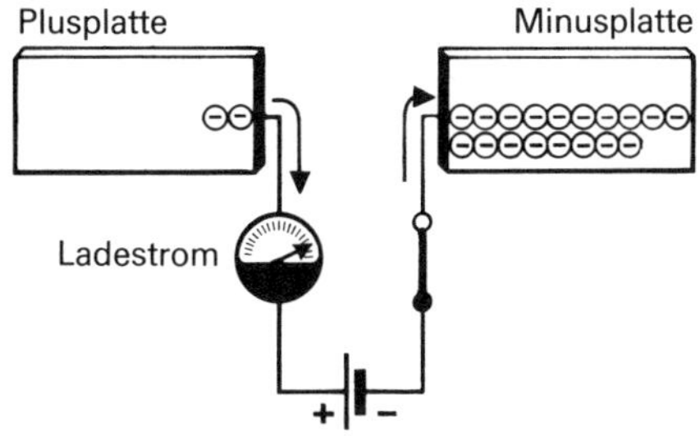

Bild 3.13 Schema einer zusätzlichen Elektronenbelegung der »Minusplatte« und Verdrängung der Elektronen auf der »Plusplatte« bei Anschluß einer Batterie. In der Leitung fließt ein »Ladestrom«

schlägt nach rechts aus. Es muß also eine Elektronenbewegung in dem offenen Stromkreis stattgefunden haben! In welche Richtung sich die Elektronen bewegten, geht ebenfalls aus Bild 3.13 hervor; wir sehen eine Ansammlung auf der Platte, die mit dem negativen Spannungspol verbunden ist, während die positive Platte kaum noch Elektronen aufweist. Sie sind in Richtung der Pfeile zur rechten Seite abgewandert. Wie ist das zu erklären?

Die Antwort ist relativ einfach und ergibt sich aus den folgenden, uns schon bekannten Verhaltensweisen der Elektronen: sie sind stets negativ geladen und fließen immer von Minus nach Plus, sie stoßen einander ab (üben also eine Kraft aus) und sind am Minuspol einer Spannungsquelle immer im Überfluß vorhanden, während am Pluspol ein Elektronenmangel herrscht. Sehen wir uns unter diesen Gesichtspunkten noch einmal Bild 3.13 an.

Nach dem Einschalten der Spannung schieben sich zunächst die Elektronen aus dem Minuspol auf die angeschlossene rechte Platte. Dort müssen sie haltmachen, da sie nicht in den freien Raum hinauskönnen.

Sie sammeln sich in großen Mengen an. Außerdem saugt der Pluspol der Spannungsquelle negativ geladene Elektronen von der angeschlossenen linken Platte ab. Diese wandern durch die »Elektronenpumpe« und werden von ihrem Minuspol ebenfalls auf die rechte Platte gedrückt.

Auf der mit dem Pluspol verbundenen Platte entsteht Elektronenmangel und folglich ein Überschuß an positiver Ladung. Auf der mit dem Minuspol verbundenen Platte dagegen stauen sich die Elektronen unter Einwirkung der Spannungsquelle und erzeugen somit einen Überschuß an negativer Ladung. Zwischen den Platten unseres Prinzipkondensators ist durch diesen Vorgang ein Spannungsunterschied entstanden. Man kann auch sagen: der Kondensator ist auf eine bestimmte Spannung geladen worden.

Die elektrische Ladung bleibt auch dann auf den Platten bestehen, wenn die Spannungsquelle bei offenem Schalter abgeklemmt wird (Bild 3.14). Es fließt kein

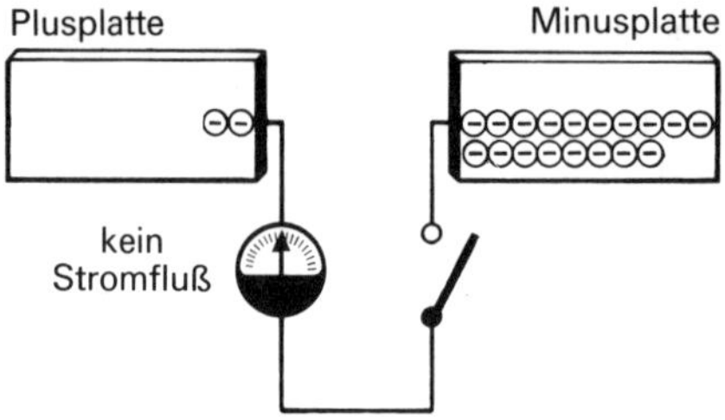

Bild 3.14 Bei geöffnetem Schalter (die Batterie ist gegen eine Drahtverbindung ausgetauscht worden) bleibt die Elektronenbelegung, d. h. die Ladung auf den »Plus«- und »Minus«-Platten, erhalten

Strom, und der Zeiger des Instruments bleibt auf Null stehen. Schließen wir aber den Schalter, so schlägt der Zeiger zur entgegengesetzten Seite aus (Bild 3.15). Die Elektronen fließen jetzt von Minus (Überschuß) nach Plus, wobei ein Ausgleich stattfindet und der ursprüngliche Zustand wiederhergestellt wird.

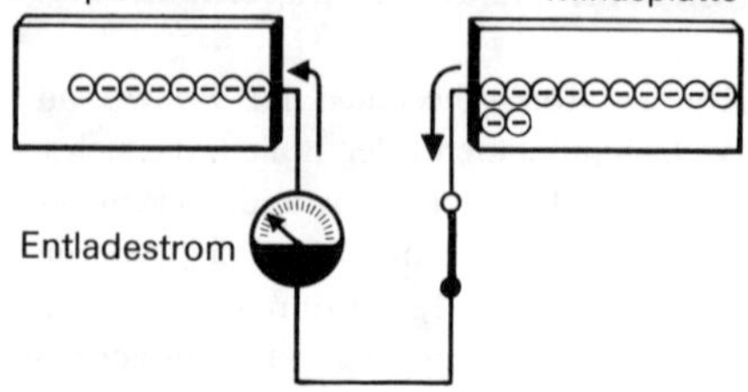

Bild 3.15 Bei geschlossenem Schalter gleicht sich die unterschiedliche Elektronenbelegung beider Platten wieder aus, der Kondensator entlädt sich, und es fließt ein »Entladestrom«, den das Instrument anzeigt

3.3. Elektrisches Feld

Was wir in unserer Betrachtung über den Kondensator bisher nicht erwähnt haben, ist eine Erscheinung, die man »elektrisches Feld« nennt. Es tritt überall dort auf, wo eine Spannung wirksam wird, und ist unsichtbar. Nur an gewissen Anzeichen entdeckt man das Vorhandensein eines elektrischen Felds. Es zieht beispielsweise Staubteilchen an und macht sich besonders bemerkbar, wenn eine hohe Spannung vorhanden ist. Wir können dies an der Bildröhre eines Fernsehempfängers gut feststellen, weil sich an dem Frontglas der Röhre immer wieder Staub ansammelt. Kein Wunder, denn die Bildröhre arbeitet ja mit einer Hochspannung bis zu rund 20000 Volt!

In Bild 3.16 ist das elektrische Feld zwischen den Platten durch Kraft- oder Feldlinien angedeutet. Die elektrischen Feldlinien treten auf der an Plus liegenden Platte in den freien Raum aus und werden von der an Minus liegenden Platte aufgenommen. Leider können wir die Feldlinien nicht in einem einfachen Versuch sichtbar machen und müssen uns mit der zeichnerischen Darstellung zufriedengeben.

Wenn man die in Bild 3.12–3.15 angedeuteten Platten einander mit geringem Zwischenraum gegenüberstellt, erhält man das einfachste Beispiel für einen Kondensator. Es deckt sich dann mit Bild 3.16

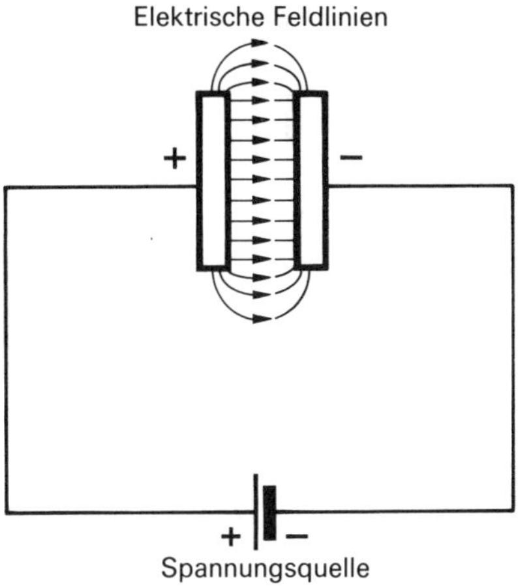

Bild 3.16 Schema des elektrischen Felds. Die Feldlinien »zeigen« stets zu der am stärksten mit Elektronen besetzten Platte des Kondensators. Man kann auch sagen: Die Feldlinienpfeile geben die Richtung an, in die positive Ladungen gezogen werden. Felder von gleichnamigen elektrischen Ladungen stoßen einander ab, sie »verdrängen« sich gegenseitig

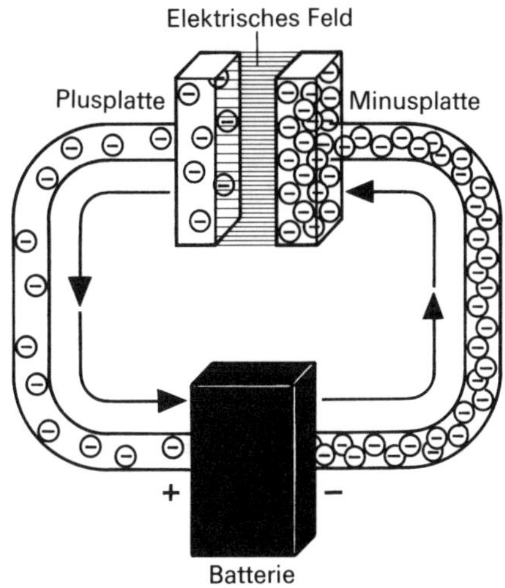

Bild 3.17 Aus der Batterie fließen Elektronen auf die »Minusplatte« und Elektronen von der »Plusplatte« in die Batterie, dadurch ergibt sich ein kurzzeitiger Stromfluß in den Leitungen. Ist der Kondensator geladen, wirkt ein elektrisches Feld zwischen beiden Platten

und wurde im Bild 3.17 in einer vereinfachten Form dargestellt, um die Elektronenbewegung noch einmal zu verdeutlichen. Wir stellen wiederum fest, daß die Elektronen vom Pluspol angezogen und vom Minuspol auf die negative Plattenseite gedrückt werden. Sie wirken so als elektrisches Feld auf die gegenüberliegende Platte ein (gestrichelt dargestellt). Zusätzlich zur Wirkung des Pluspols werden dadurch die Elektronen von der positiven Plattenseite fortgeschoben. Je höher die angelegte Spannung und je kleiner der Plattenabstand ist, um so kräftiger wirkt sich diese »Elektronenverschiebung« aus.

Der dabei auftretende kurzzeitige, einmalige Stromfluß zu und von den Platten wird als Ladestrom des Kondensators bezeichnet (s. auch Bild 3.13). Wenn wir beide Platten mit einem Widerstand oder einem Draht verbinden, wird sich der bestehende Spannungsunterschied ausgleichen. Die Elektronen fließen dabei vom Überschuß- in das Mangelgebiet (s. auch Bild 3.15). Den entstehenden Stromfluß nennt man Entladestrom. Nach dem Ausgleich des Elektronenunterschieds ist natürlich keine Spannung mehr im Kondensator vorhanden, und das elektrische Feld ist ebenfalls verschwunden. Es baut sich erst dann wieder auf, wenn erneut eine Spannung an die Kondensatorplatten angeschlossen wird.

Ein Kondensator kann also mit einer Gleichspannung geladen werden und somit Elektronen bzw. Elektrizität speichern. Sein Fassungsvermögen hängt von der Größe der Platten oder Metallfolien ab und wird Kapazität genannt (Bild 3.18). Der

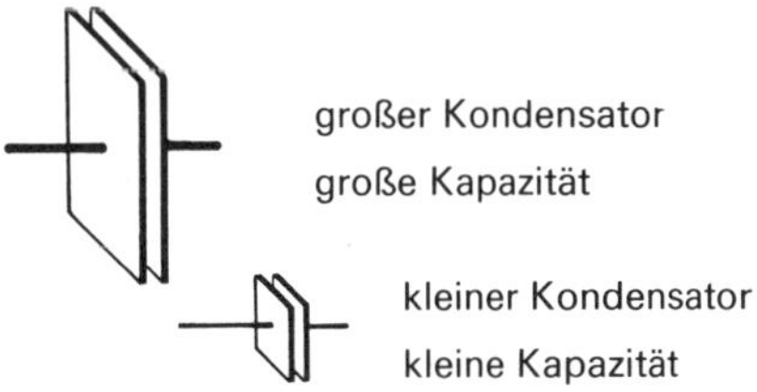

Bild 3.18 Große und kleine Kondensatoren haben ein unterschiedliches Fassungsvermögen, das man als Kapazität bezeichnet

Kapazitätswert ist ferner vom Plattenabstand abhängig: großer Abstand – kleine Kapazität (Bild 3.19). Eine Rolle spielt auch die Isolation zwischen den Platten; ihre Wirkung ist z. B. bei Luft anders als bei Glas, Papier oder Porzellan. Die isolierende Zwischenschicht nennt der Techniker »Dielektrikum« (sprich: Di-elektrikum).

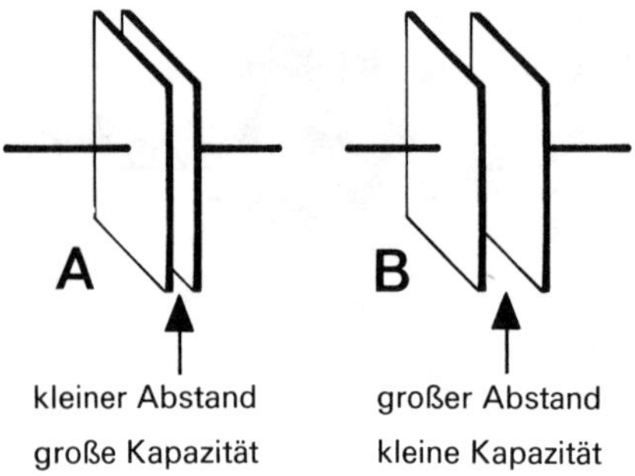

Bild 3.19 Der Plattenabstand beeinflußt die Kapazität

Der Kapazitätswert ist bei gleicher Plattengröße und gleichem Plattenabstand ein anderer, wenn einmal Luft die isolierende Zwischenschicht ist und ein andermal Papier, Pertinax oder ein keramischer Werkstoff. Keramische Werkstoffe eignen sich sehr gut als Dielektrikum, u. a. weil sie vortrefflich isolieren und den Kondensator relativ unabhängig von äußeren Einflüssen (z. B. Feuchtigkeit) machen. Die Isolation verhindert ein Durchschlagen der Spannung vom einen Belag des Kondensators auf den anderen. Das hat natürlich gewisse Grenzen, und für höhere Spannungen muß man daher die Isolation verstärken. So kommt es, daß ein äußerlich großer Kondensator den gleichen Kapazitätswert haben kann wie ein viel kleinerer (Bild 3.20).

Das allgemeine Schaltzeichen für den Kondensator ist in Bild 3.21 angegeben. Als Maßeinheit für die Kapazität (Formelzeichen C) verwendet man das Farad, sein Kurzzeichen ist F. Weil es eine sehr

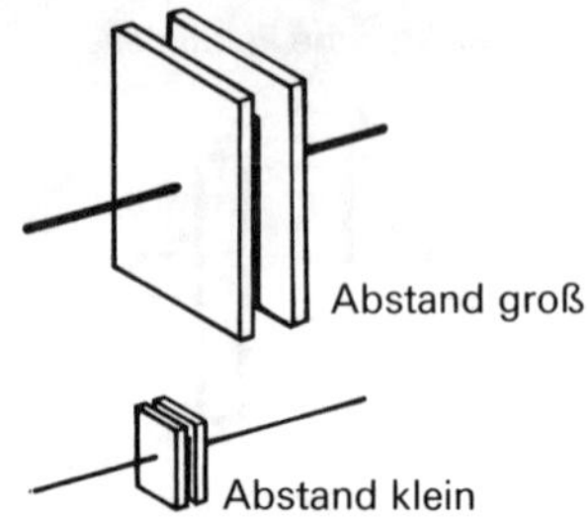

Bild 3.20 Größenmäßig unterschiedliche Kondensatoren können gleiche Kapazitäten haben, wenn ihre Platten (oder Beläge) entsprechenden Abstand aufweisen

Bild 3.21 Kondensator-Schaltzeichen

große Einheit ist, hat man wieder eine Unterteilung vorgenommen. Gängige Werte sind das Mikrofarad (μF) als millionster Teil, das Nanofarad (nF) als milliardster Teil und das Pikofarad (pF) als billionster Teil eines Farads. Es werden jedoch auch Kondensatoren verwendet, die einige tausend Mikrofarad Kapazität haben. Um hier gleichfalls mit kleinen Wertangaben arbeiten zu können, benutzt man die Einheit Millifarad (mF).

1 F	=	1000 mF
1 mF	=	1000 μF
1 μF	=	1000 nF
1 nF	=	1000 pF

Die Bezeichnung Farad ist abgeleitet vom Namen des englischen Physikers Michael Faraday, 1791–1867.

Wenn Kondensatoren zusammengeschaltet werden sollen, so kann das entweder in Parallel- oder in Reihenschaltung geschehen (Bild 3.22). Die Gesamt-Kapazität wird in beiden Fällen nach ähnlichen Formeln wie bei Widerständen ermittelt.

Bei der Parallelschaltung vergrößert sich der Kapazitätswert, weil eine Summierung der Einzelwerte erfolgt. Die Flächen der

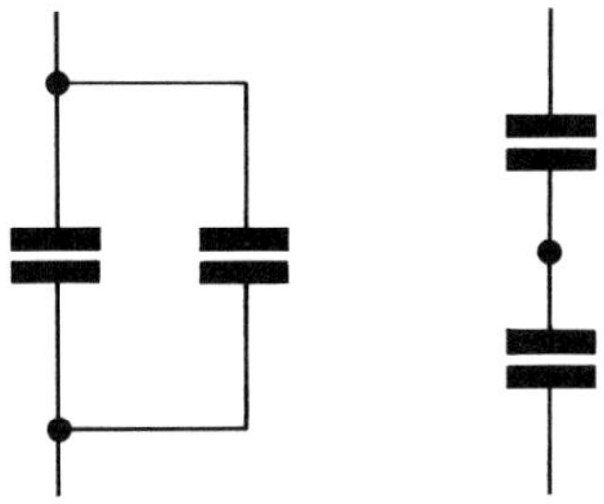

Bild 3.22 Parallel- und Reihenschaltung von Kondensatoren

Kondensatorbeläge werden addiert (Bild 3.23a). Größere Fläche = größere Kapazität. Die Formel lautet:

$$C_{ges} = C_1 + C_2 + C_3 \ldots$$

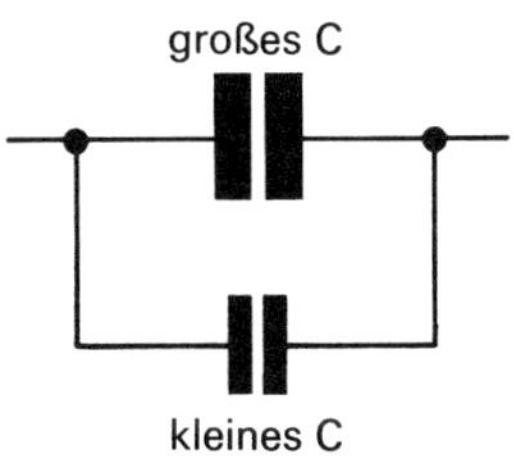

Bild 3.23a Die hier schematisch angedeuteten großen und kleinen Kondensatorflächen (Kapazitäten) werden addiert

Bild 3.23b Großer und kleiner Kondensator parallel geschaltet

Bei der Reihenschaltung ist der Gesamtwert immer geringer als der kleinste Kapazitätswert. Dies ergibt sich beispielsweise aus Bild 3.24a, worin der großen Kondensatorfläche von z. B. 4 µF die kleine von z. B. 2 µF gegenübersteht. Der kleinere Kondensator bestimmt die Gesamtkapazität. Durch den größeren Abstand der Platten verringert sich die wirksame Kapazität nochmals. Sind wie in Bild 3.24a zwei Kondensatoren in Reihe geschaltet, rechnen wir nach der Formel:

$$C_{ges} = \frac{C_1 \cdot C_2}{C_1 + C_2}$$

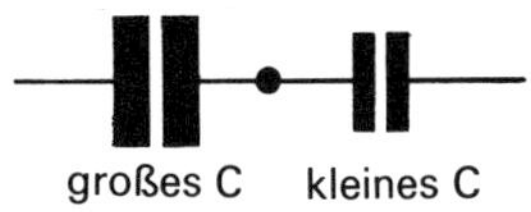

Bild 3.24a Die kleinere Kapazität bestimmt die Gesamtkapazität

Bild 3.24b Großer und kleiner Kondensator in Reihe geschaltet

Sind es mehr als zwei Kondensatoren, kann man die Gesamtkapazität nach folgender Formel bestimmen:

$$\frac{1}{C_{ges}} = \frac{1}{C_1} + \frac{1}{C_2} + \frac{1}{C_3} \ldots$$

3.4. Zeitkonstante

Es wurde bereits vom Lade- und Entladestrom eines Kondensators gesprochen, den man an eine Gleichspannung schaltet. Der Verlauf beider Ströme kann in einem Kurvenbild dargestellt werden, das in Bild 3.25 zu sehen ist. Wenn der Kondensator bei geschlossenem Schalter über einen Widerstand geladen wird, so hängt die Ladezeit

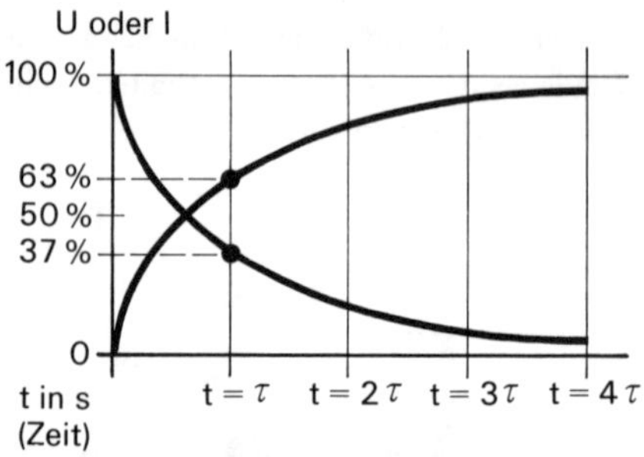

Bild 3.25 Verlauf von Kondensatorspannung U_C und Ladestrom I_C als Funktion der Zeit

vom Wert des Widerstands und des Kondensators ab, nicht aber von der angelegten Spannung. Die Ladeschaltung nach Bild 3.26 enthält die Spannungsquelle U_B, den Ladewiderstand R, den Kondensator C und einen Schalter, mit dem der Stromkreis geschlossen wird.

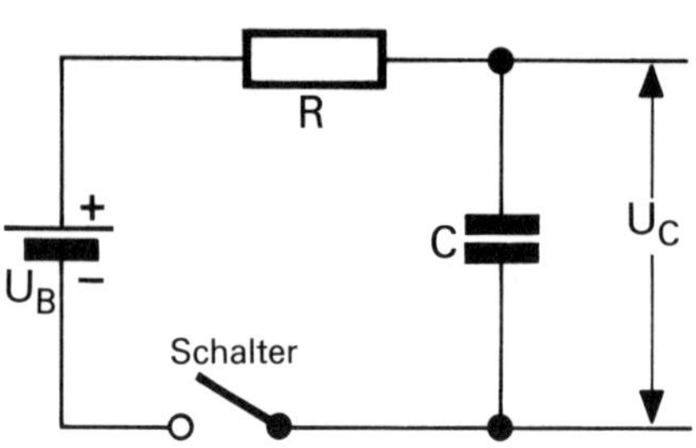

Bild 3.26 Meßanordnung für das Aufladen eines Kondensators

Wird die Spannungsquelle U_B angeschlossen, so steigt die Spannung U_C nach der in Bild 3.25 angegebenen Kurve an, die man Exponentialkurve nennt. Der Spannungsanstieg erfolgt zunächst recht schnell und nimmt dann einen flacheren Verlauf. Anders sieht es mit dem Ladestrom I_C aus. Wie Bild 3.25 zeigt, springt er mit dem Einschalten auf 100 % seines Werts (der Ladestrom wird vom Widerstand begrenzt), um dann in einer der Spannung entgegengesetzten Kurvenform abzufallen. An einem Kondensator ist also der Strom stets vor der Spannung wirksam.

Für die Ladezeit gibt es eine Formel, aus der man ersehen kann, wann bzw. wieweit der Kondensator geladen ist. Dies wird in sogenannten Zeitkonstanten angegeben. Der griechische Buchstabe in der Formel wird »tau« ausgesprochen.

$$\tau = R \cdot C$$

Einzusetzende Werte sind normalerweise Ohm und Farad, man kann aber zumeist mit Megohm und Mikrofarad praktischer rechnen. Die Zeitkonstante τ wird in Sekunden angegeben. Sie sagt aus, daß der Kondensator bei Anschalten einer Gleichspannung nach dem Ablauf einer Zeitkonstante auf 63 % der angelegten Spannung aufgeladen ist. Nach einer weiteren Zeitkonstante hat sich der Kondensator um weitere 63 % der verbliebenen Restladespannung (37 %) aufgeladen, so daß die Kondensatorspannung dann 63 + 23,3 = 86,3 % der Ladespannung beträgt. Nach fünf Zeitkonstanten ist der Kondensator praktisch ganz geladen, denn seine Spannung ist jetzt auf 99,3 % der Ladespannung angestiegen.

Der Ladestrom sinkt im gleichen Verhältnis ab, d. h. nach einer Zeitkonstante beträgt sein Wert z. B. nur noch 37 %. Wir können dies aus Bild 3.25 gut entnehmen. Wenn sich der Kondensator über einen Widerstand entlädt, sinkt die Spannung ebenfalls nach der Exponentialkurve ab; das gleiche gilt für den Entladestrom.

3.5. Wechselspannung am Kondensator

Wir haben es bei den bisherigen Erläuterungen immer nur mit Gleichspannungen zu tun gehabt. Ein sehr wichtiges Kapitel ist jedoch auch das Verhalten des Kondensators bei Wechselspannungen und Wechselströmen. Zum besseren Verständnis soll zunächst wieder ein Vergleich mit dem Wasserstrom an die Verhältnisse heranführen.

Kondensatoren lassen Gleichstrom nicht hindurch. Ein in einem Gleichstromkreis befindlicher Kondensator unterbindet den Stromfluß, mag sein Kapazitätswert auch noch so groß sein. Schematisch ist dies in Bild 3.27 dargestellt. Befindet sich in einem Wasserstromkreis ein Gefäß mit einer Trennwand aus Gummi, etwa in der Form wie es das Bild zeigt, erhält man damit ein kondensatorähnliches Gebilde. Kommt der Wasserstrom aus einer Richtung (Gleichstrom), dann biegt sich die Gummiwand im ersten Augenblick wohl durch, aber damit hört jeder Bewegungsvorgang auf: das Wasser kann in den Leitungen nicht weiterfließen.

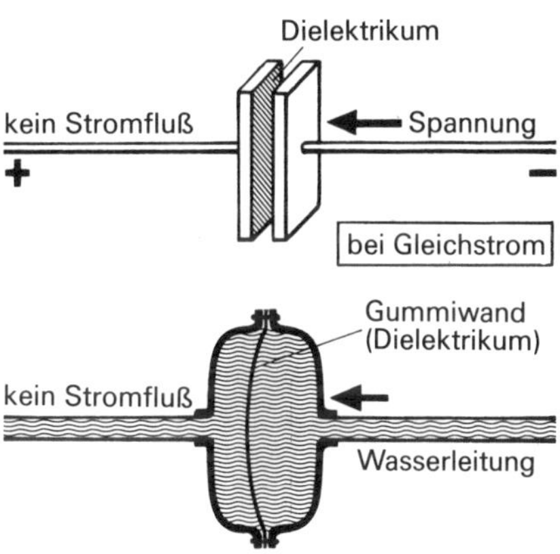

Bild 3.27 Vergleich der Strom- und Spannungsverhältnisse eines Plattenkondensators bei Gleichspannung mit einer Membran in einer Wasserleitung

Anders ist es, wenn ein Wasserwechselstrom durch die Leitung geschickt wird. Seine ständige Wechselbewegung bleibt trotz der trennenden Gummiwand erhalten. Sie biegt sich nämlich im Rhythmus der Richtungswechsel des Wasserstroms sowohl nach links als auch nach rechts durch. In der angeschlossenen Leitung bleibt deshalb der Wechselstromfluß erhalten, so als sei kein Hindernis eingebaut (Bild 3.28).

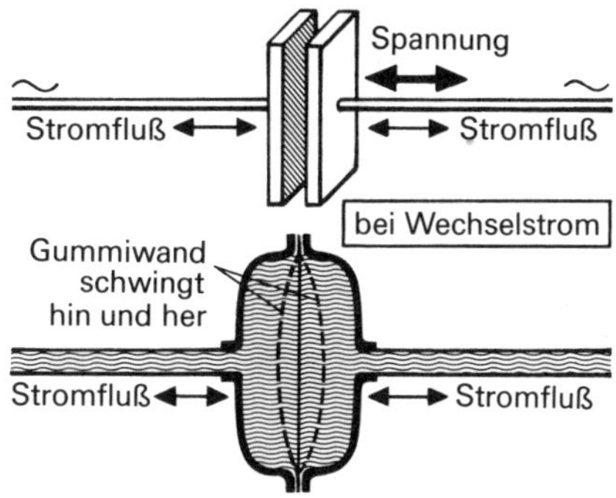

Bild 3.28 Vergleich der Strom- und Spannungsverhältnisse eines Plattenkondensators bei Wechselspannung mit einer Membran in einer Wasserleitung

Wir finden jetzt leichter eine Antwort auf die Frage, was geschieht, wenn statt der Gleichspannung eine Wechselspannung an den Kondensator gelegt wird. Der Unterschied besteht doch darin, daß bei der Wechselspannung eine fortwährende Polaritätsänderung der an den Kondensatorplatten liegenden Spannung stattfindet, während dies bei der Gleichspannung nicht der Fall ist. Werden aber die Spannungspole dauernd umgekehrt, so muß auch der Strom dauernd hin- und herfließen. Die Wechselspannung läßt deshalb den Elektronenüberschuß abwechselnd auf der linken oder rechten Kondensatorplatte entstehen und polt auch die Richtung des elektrischen Felds entsprechend um. In Bild 3.29 ist dies angedeutet.

Da auch die Ladeströme wegen der Umladungen des Kondensators ihre Richtung immer wechseln und dabei die Elektronen in beiden Anschlußleitungen des Kondensators hin- und herfließen, läßt sich aus diesen Erscheinungen folgender Schluß ziehen: Wechselspannungen und -ströme werden von einem Kondensator (scheinbar) hindurchgelassen, obwohl keine Elektronen durch das Dielektrikum direkt von Platte zu Platte fließen! Der auftretende Wechselstrom in den Leitun-

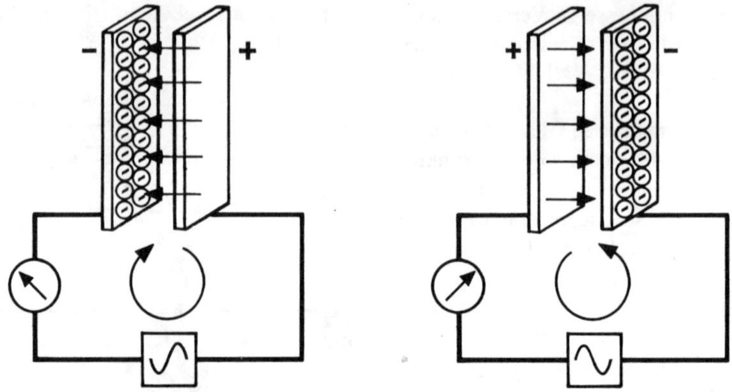

Bild 3.29 Schematische Darstellung des Elektronenflusses bei Anschluß eines Kondensators an eine Wechselspannungsquelle. Entsprechend der Polung entsteht ein fortwährender Wechsel der Plattenbelegung mit Elektronen

gen von und zur Stromquelle beruht auf der Wirkung des wechselnden elektrischen Felds und der dadurch hervorgerufenen wechselnden Elektronenverschiebung auf den Platten des Kondensators. In Bild 3.30 ist dieser Vorgang schematisch dargestellt, man erkennt die wechselseitige Ladung des Kondensators in Abhängigkeit von der Polarität der Wechselspannung.

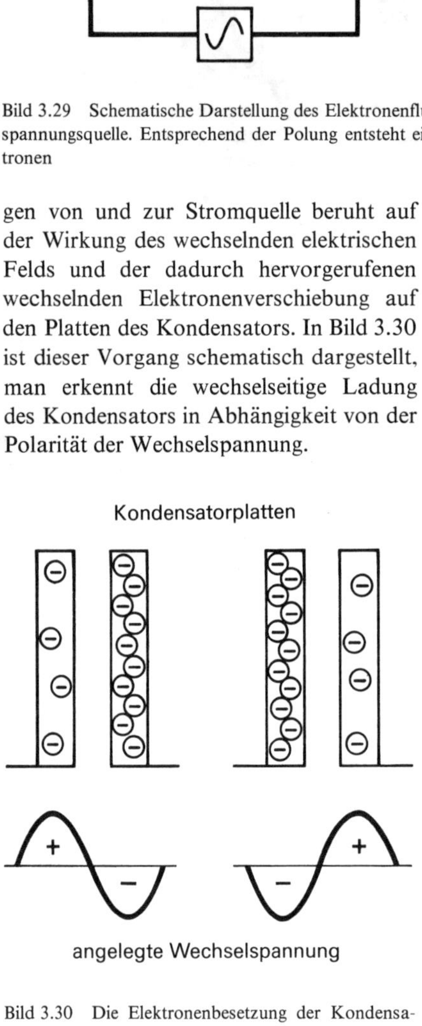

Bild 3.30 Die Elektronenbesetzung der Kondensatorplatten ist abhängig von der Polarität der angelegten Wechselspannung

3.6. Kapazitiver Widerstand

Für die Praxis bedeuten die geschilderten Vorgänge, daß ein Kondensator Wechselspannungen »hindurchläßt«. Es treten dabei Lade- und Entladeströme auf, wie sie zuvor schon bei der Gleichspannung am Kondensator beschrieben wurden. Sie werden bei gleichbleibender Spannung mit steigender Kondensatorkapazität und höher werdender Frequenz größer. Mit anderen Worten: Je größer der Kapazitätswert des Kondensators ist, um so besser wird die Wechselspannung (und der Wechselstrom) übertragen. Auch die Frequenz spielt dabei eine Rolle, denn wie in Bild 3.31 gezeigt, ist bei niedriger Frequenz die Übertragung schlechter als bei hoher Frequenz.

Wenn aber eine Spannung vorhanden ist und ein Strom fließen kann, muß logischerweise auch beim Kondensator ein Widerstand vorhanden sein. Man nennt ihn »kapazitiven Widerstand« oder Wechselstrom- bzw. Blindwiderstand. Er wird mit den Buchstaben X_C bezeichnet und in Ohm angegeben. Seine Größe ist natürlich frequenzabhängig: der kapazitive Widerstand nimmt zu, wenn die Frequenz niedriger bzw. die Kapazität des Kondensa-

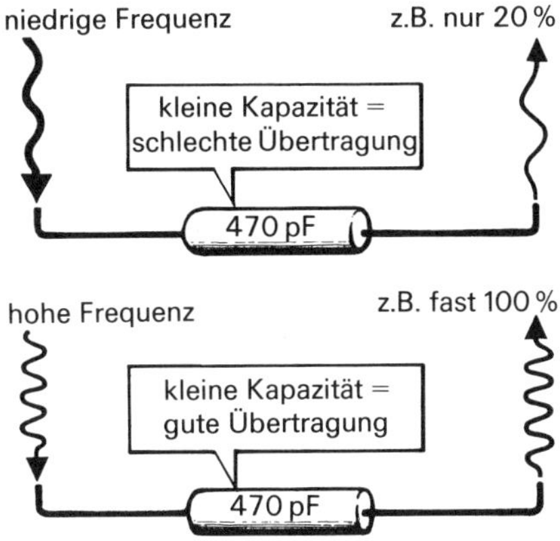

Bild 3.31 Kondensatoren übertragen Wechselspannungen mit verschiedenen Frequenzen unterschiedlich gut, sie sind frequenzabhängig und haben einen »kapazitiven« Widerstand

tors kleiner wird. Die Formel für den kapazitiven Widerstand lautet:

$$X_C = \frac{1}{\omega \cdot C} = \frac{1}{2\,\pi \cdot f \cdot C}$$

Hierin ist ω (Omega) die sogenannte Kreisfrequenz (2 · π · f = 6,28 mal Frequenz). Sie begegnete uns auch auf S. 26 bei der Konstruktion einer Sinuswelle. C ist in Farad einzusetzen, damit das Resultat in Ohm angegeben werden kann. Will man die Kondensatorkapazität in µF angeben, muß der Zähler des Bruchs mit 1 000 000 multipliziert werden; die Formel heißt dann:

$$X_C = \frac{1\,000\,000}{6{,}28 \cdot f \cdot C\,[\mu F]}$$

Wir wollen gleich eine Probe machen und den kapazitiven Widerstand eines 10-µF-Kondensators ausrechnen, der in einem Wechselstromkreis mit der Frequenz von 50 Hz liegt. Es stellt sich folgende Rechnung:

$$\frac{1\,000\,000}{6{,}28 \cdot 50 \cdot 10} = \frac{1\,000\,000}{3\,140} \approx 320\ \Omega.$$

Der kapazitive Widerstand des Kondensators beträgt bei 50 Hz also rund 320 Ω.

Von der Tatsache, daß Wechselstrom durch den Kondensator hindurch übertragen werden kann und der Gleichstromfluß gestoppt wird, macht man in der elektronischen Technik ebenso häufig Gebrauch wie von der Möglichkeit, mit Kondensatoren hoch- und niederfrequente Spannungen zu trennen (sogenannte Filterwirkung).

Ein einfaches Beispiel für diese Anwendung zeigt Bild 3.32. Am Eingang der kleinen Schaltung liegen zusammen mit einer Gleichspannung zwei Frequenzen, die getrennt werden sollen. Der Kondensator

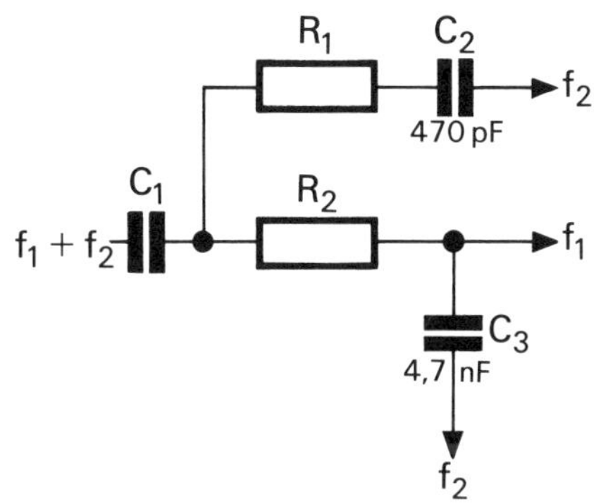

Bild 3.32 Schaltungsbeispiel einer »Frequenzweiche« mit Kondensatoren

C_1 riegelt die Gleichspannung ab und läßt beide Frequenzen durch, weil für sie der kapazitive Widerstand von C_1 vernachlässigbar klein ist. Man teilt dann den Weg durch die Trennwiderstände R_1 und R_2 auf und fügt danach die Kondensatoren C_2 und C_3 ein. Ihre Kapazitätswerte stellen für die zu trennenden Frequenzen unterschiedliche kapazitive Widerstände dar. C_2 läßt deshalb die hohe Frequenz ungehindert durch (kleiner Widerstand) und sperrt die tiefe (hoher Widerstand). C_3 hat durch die Anordnung in der Schaltung eine andere Wirkung. Sein kleiner Widerstand für die hohe Frequenz bedeutet für diese jetzt praktisch einen Kurzschluß gegen Masse: sie wird herausgefiltert und unwirksam gemacht. Für die tiefe Frequenz hat C_3 einen hohen Widerstand, so daß diese ungeschwächt weiterfließen kann.

3.7. Phasenverschiebung im Kondensator

Im Abschnitt 2.4. wurde schon grundsätzlich über die Phasenverschiebung zweier Schwingungszüge gesprochen. Beim Kondensator begegnet uns dieser Begriff wieder. Wir lernten beim Ladevorgang kennen, daß beim Kondensator der Strom zuerst in maximaler Stärke fließt, während die Spannung zum gleichen Zeitpunkt am kleinsten ist. Im Zuge einer Exponentialkurve nimmt dann die Spannung zu und der Strom ab. Dies gilt im Prinzip auch für Wechselspannungen; nur mit dem Unterschied, daß die Lade- und Entladevorgänge ständig im Rhythmus der wechselnden Polaritäten an den Kondensatorplatten ablaufen.

Der Strom im Kondensator eilt also auch bei Wechselspannung der angelegten Spannung voraus, und zwar um 90°. Es stellt sich demnach eine Phasenverschiebung von einer viertel Periode ein, die in Bild 3.33 gezeichnet ist. Strom und Spannung erreichen am Kondensator daher nicht zum gleichen Zeitpunkt ihre Maximalwerte. Dies ist nur beim Widerstand der Fall (Bild 3.34). Schaltet man einen Kondensator mit einem Widerstand in

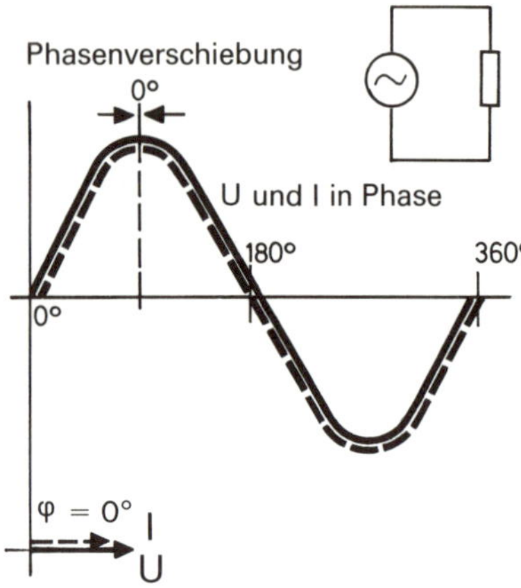

Bild 3.34 Beim Widerstand sind Strom und angelegte Spannung in Phase

Reihe, dann ergibt sich eine Phasenverschiebung von kleiner als 90°. In Bild 3.35 ist ein Beispiel gegeben. Wird der Widerstand veränderbar gemacht, erhält man einen sogenannten Phasenschieber, der in elektronischen Schaltungen häufig benutzt wird.

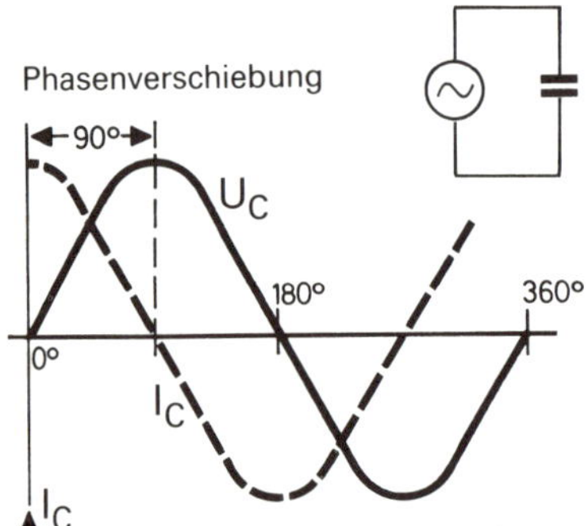

Bild 3.33 Im Kondensator eilt der Strom der angelegten Spannung um 90° voraus

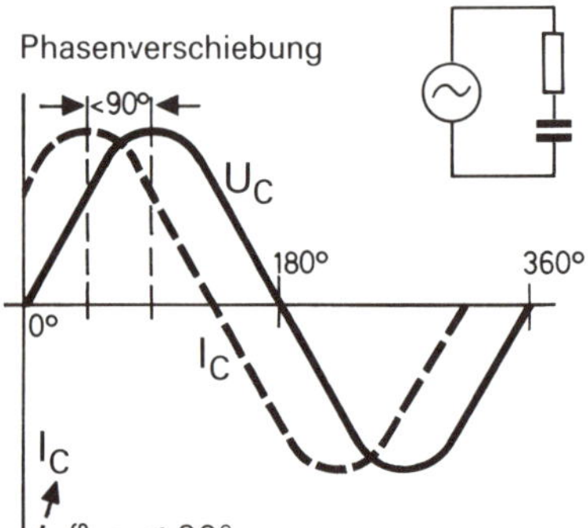

Bild 3.35 In einer Reihenschaltung von Widerstand und Kondensator ist der Phasenunterschied zwischen Strom und angelegter Spannung stets kleiner als 90°

3.8. Kondensatoren als Bauelemente

Der Verwendungsbereich von Kondensatoren ist groß. Man findet sie als Elektrizitätsspeicher, zur Glättung von Spannungen und Strömen und zum Abriegeln von Gleichspannungen bei gleichzeitiger Übertragung von Wechselspannungen. Sie spielen zusammen mit Spulen in den Schwingkreisen eine bedeutende Rolle, und sie werden zum Trennen von unterschiedlichen Frequenzen benutzt, zum Ändern des Klangbilds bei Niederfrequenzstufen, zur Entstörung elektrischer Anlagen usw.

Grundsätzlich unterscheidet man zwischen Kondensatoren mit festem Kapazitätswert (Festkondensatoren) und solchen, deren Kapazität verändert werden kann. Hierzu gehören Trimmer und Drehkondensatoren, über die später mehr gesagt wird. Zunächst wollen wir uns mit dem Aufbau der festen Kondensatoren befassen. Wie schon an Bild 3.18 und 3.19 gezeigt, ist die Kapazität eines Kondensators u. a. abhängig von der Größe der sich gegenüberstehenden metallischen Flächen und von ihrem Abstand. Kondensatoren mit hohen Kapazitätswerten würden daher nach dieser Bauweise viel Raum beanspruchen. In der Praxis muß man die Kondensatoren also anders aufbauen.

Da gibt es z. B. die **Wickelkondensatoren,** bei denen zwischen zwei langen Streifen dünner Aluminiumfolie (Beläge) ein isolierender Streifen paraffinierten Papiers oder Kunststoffolie liegt. Ein weiterer Isolationsstreifen kommt unter das Ganze, dann rollt man die Lagen fest zu einem Wickel zusammen. Bild 3.36 zeigt

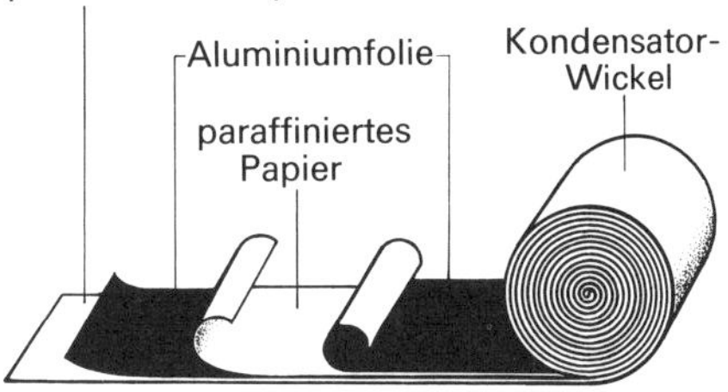

Bild 3.36 Prinzip des Wickelkondensators

dies schematisch. Anschließend umpreßt man den Wickel mit Vergußmasse oder umgibt ihn mit einer Kunstharzschicht. Es gibt solche Kondensatoren mit Werten von etwa 100 pF bis 1 μF. Sie werden u. a. für zahlreiche Aufgaben in Rundfunkempfängern und Fernsehgeräten benötigt. Einige Ausführungen sind in Bild 3.37 gezeigt; sie

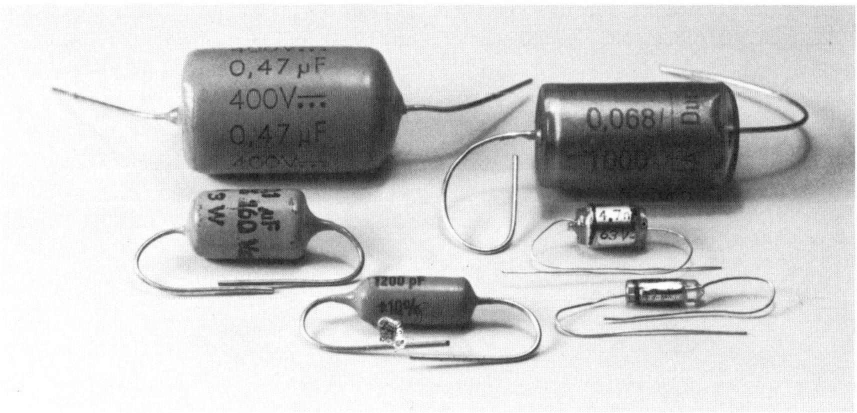

Bild 3.37 Diverse Wickelkondensatoren in Polyesterausführung (linke Seite), Papierausführung (oben rechts) und darunter in Polystyrolausführung

haben z. B. Betriebsspannungen von rund 25–1000 V.

Gewickelte Kondensatoren haben für Hochfrequenzanwendungen einige Nachteile, die in ihrer Bauweise begründet liegen. Statt ihrer nimmt man deshalb in diesen Fällen Rohrkondensatoren. Das sind röhrchenförmige **keramische Kondensatoren** mit einem Außen- und einem Innenbelag, die zumeist aus aufgebranntem Silber bestehen. Die Kapazitätswerte dieser Kondensatoren sind daher sehr konstant und liegen zwischen 1 und ca. 50000 pF. Sie sind mit Lötfahnen oder mit Drahtanschlüssen versehen (Bild 3.38). Es gibt noch eine Reihe anderer Formen, z. B. Scheiben- und Hütchenkondensatoren.

Die gedruckte Schaltungstechnik und insbesondere die ausschließliche Verwendung von Transistoren ließen die Abmessungen der Chassis in modernen Geräten stark schrumpfen. Dem mußten die Bauelemente angepaßt werden. Neben den gezeigten Ausführungen gibt es deshalb heute Kondensatoren, die speziell für Schaltungen mit niedrigen Betriebsspannungen entwickelt wurden. Sie haben sehr kleine Abmessungen, die u. a. durch neue Werkstoffe für die Beläge und das isolierende Dielektrikum sowie verbesserte Fertigungsmethoden möglich wurden.

Um eine Vorstellung von den Größenordnungen zu geben, sind einige neuere Kondensatoren auf Polyester- und Keramikbasis abgebildet. In Bild 3.39 sehen wir oben links einen Standkondensator für gedruckte Schaltungen, der nur 12 mm breit ist und der bei einer Betriebsspannung von 250 V eine Kapazität bis zu 10 nF aufweisen kann. Nicht viel größer sind Scheibenkondensatoren mit Kapazitäten von 47 nF und einer Betriebsspannung von 400 V. Und bei noch kleineren Spannungen liegen die Abmessungen moderner Kondensatoren mit keramischem Dielektrikum bei nur einigen Millimetern.

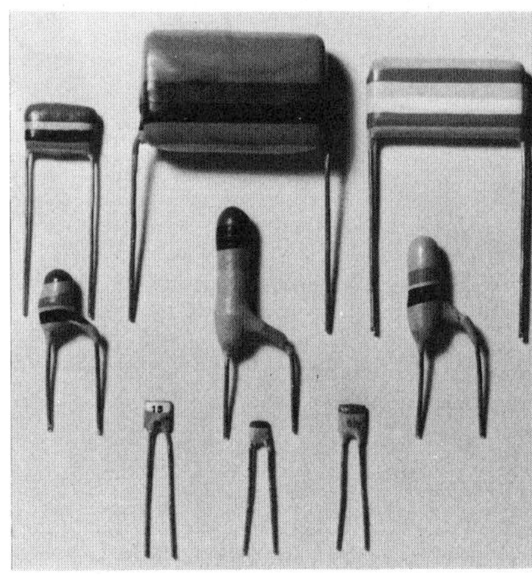

Bild 3.39 Diverse Standkondensatoren, der kleinste hat 2 mm Durchmesser und 40 V Betriebsspannung

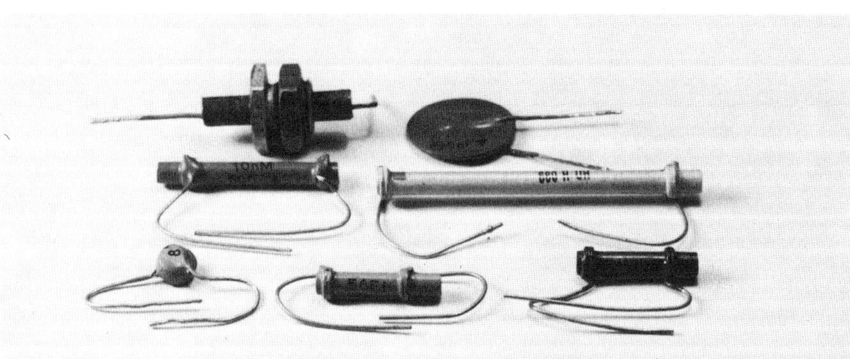

Bild 3.38 Rohrkondensatoren unterschiedlicher Ausführung

Eine Klasse für sich bilden die **Elektrolytkondensatoren.** Mit ihnen lassen sich hohe Kapazitätswerte bis zu 10000 µF und mehr in einem Becher erreichen. Ihre Abmessungen sind relativ klein. Ein Anschluß kann das Gehäuse sein, ein anderer ragt isoliert heraus. In Bild 3.40 sind die Größenverhältnisse zwischen Hochvolt-Elektrolytkondensatoren und anderen Schaltelementen wiedergegeben.

Bild 3.40 Hochvolt-Elektrolytkondensatoren in Becherform

Die Kapazität eines Kondensators ist um so größer, je näher die Beläge einander liegen. Beim Aufbau eines Elektrolytkondensators geht man zur Erreichung dieses Ziels ganz raffiniert vor. Bild 3.41 zeigt das in vereinfachter Form. Man stellt einfach eine Aluminumblechspirale (als einen der beiden Beläge) in einen Aluminiumzylinder und bringt eine stromleitende, salzhaltige Lösung (Elektrolyt) in das Gefäß. Der Elektrolyt kann in flüssiger, halbflüssiger oder trockener Form eingebracht werden.

Das Aluminium überzieht sich mit einer hauchdünnen, nichtleitenden Oxidschicht, die so das Dielektrikum bildet (Bild 3.42). Der Abstand der Beläge voneinander ist mithin auf ein äußerstes Mindestmaß re-

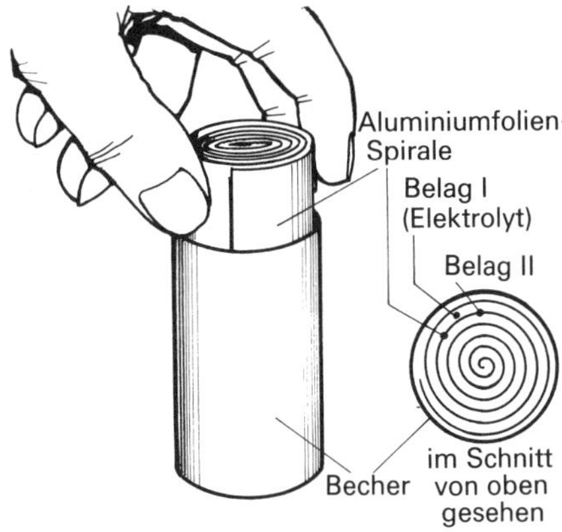

Bild 3.41 Prinzip eines Elektrolytkondensators

duziert. Aber mehr noch: Um die Oberfläche der sich beeinflussenden Beläge möglichst groß zu machen, rauht man das Aluminiumblech auf. Auf diese Weise ergeben sich die erwähnten hohen Kapazitätswerte auf kleinem Raum. Ein Anschluß (Pluspol) ist mit dem Aluminiumblech verbunden, der zweite wird vom Gehäuse (Minuspol) gebildet, das mit dem Elektrolyten in Kontakt ist.

Auch ein Elektrolytkondensator kann als Wickel hergestellt werden, wenn der Elektrolyt z. B. in halbtrockener Form zwischen die Aluminiumfolie gebracht wird. Eine Prinzipdarstellung zeigt Bild

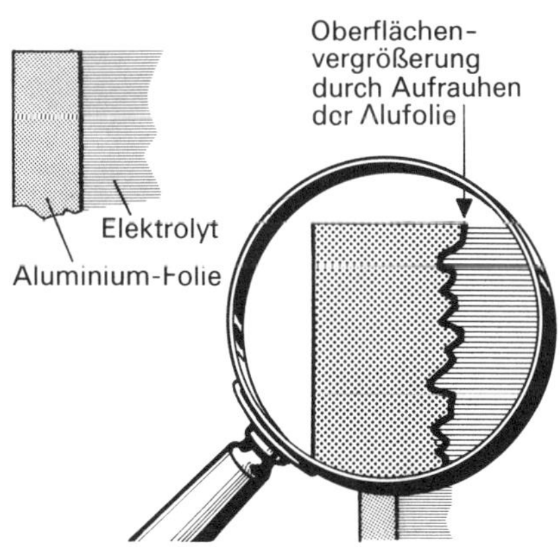

Bild 3.42 Vergrößerter Schnitt durch die Aluminiumfolien-Spirale

3.43, wobei Papier als Elektrolytträger dient. Das Ganze ist von einem schützen-

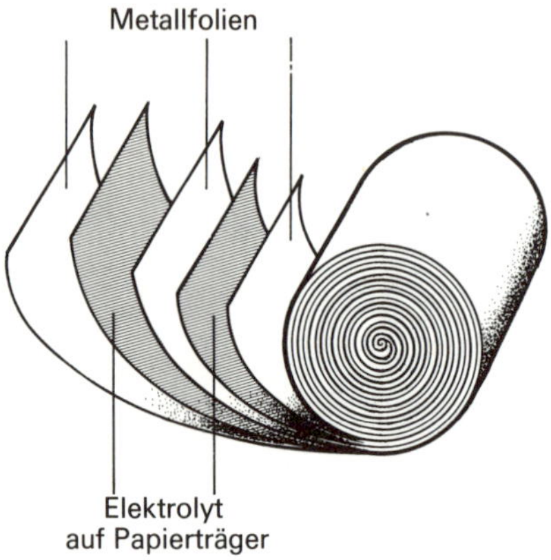

Bild 3.43 Prinzip des Mehrlagenwickels

den Gehäuse umgeben, aus dem die Anschlußenden herausragen (Bild 3.44). Elektrolytkondensatoren dürfen nur an Gleichspannung und nur in der richtigen Polung angeschlossen werden; Plusspannung an den +Pol und Minus an den −Pol des Elektrolytkondensators. Der auf dem Gehäuse aufgedruckte Spannungswert darf nicht überschritten werden.

Zu den neueren Entwicklungen auf dem Gebiet der Elektrolytkondensatoren gehören die Tantal-Kondensatoren. Dieses Material wird anstelle des Aluminiumwickels verwendet, und zwar kann es als Folie, aber auch in gesinterter Form benutzt werden. Das führt zu sehr kleinen Abmessungen. Auch hier ist der Elektrolyt in flüssiger oder trockener Art verwendbar. Tantal-Kondensatoren haben gute elektrische Eigenschaften und werden – auch wegen ihrer minimalen Größe – vor allem in gedruckten Schaltungen bei niedrigen Betriebsspannungen verwendet. Es gibt sie bereits in Gehäusen mit nur 2–3 mm Durchmesser und mit Kapazitätswerten bis 10 μF und mehr; die niedrigste Betriebsspannung ist ca. 1,5 V.

Elektrolytkondensatoren teilt man in Niedervolt- und Hochvoltausführungen ein. Der Niedervoltbereich reicht bis etwa 100 V, darüber spricht man von Hochvolt-Kondensatoren. Letztere gibt es nicht nur in Einfach-, sondern auch in Mehrfachform, wobei sich bis zu vier Kondensatoren in einem Gehäuse befinden (z. B. 200+ 200+ 75+ 75 μF). Bei Niedervolt-Elektrolytkondensatoren liegt die obere

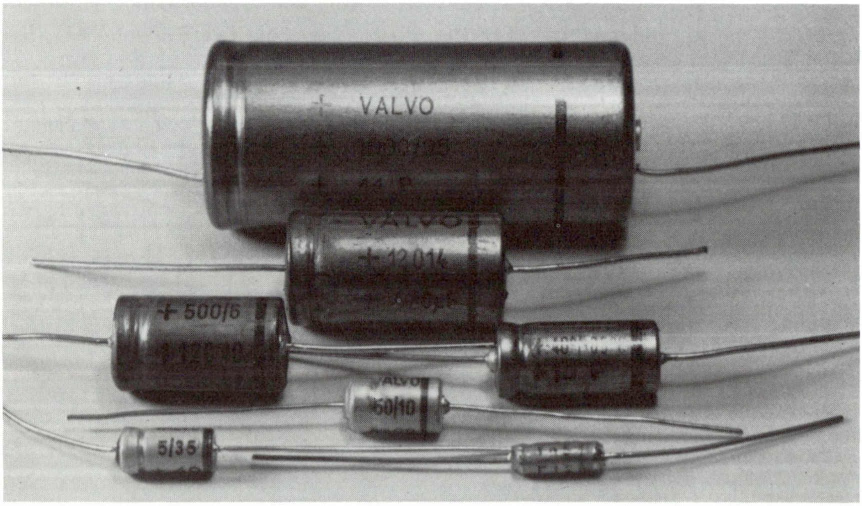

Bild 3.44 Elektrolytkondensatoren in Wickelform

Kapazitätsgrenze bei etwa 100000 bis 150000 μF = 100 bis 150 mF.

Die Anschlüsse »Plus« und »Minus« dürfen bei den meisten Elektrolytkondensatoren nicht miteinander vertauscht werden. Eine Ausnahme machen nur bipolare Elektrolytkondensatoren, die beliebig angeschlossen werden können. In den Schaltbildern sind die beiden Arten auf untenstehende Weise gekennzeichnet (Bild 3.45).

Bild 3.45 Schaltzeichen für gepolte (links) und ungepolte Elektrolytkondensatoren

Beim **Drehkondensator** wird der Kapazitätswert dadurch verändert, daß man ein Plattenpaket (Rotor genannt), das von einem zweiten (dem Stator) isoliert ist, aus diesem heraus- oder in dasselbe hineindreht, so daß einmal größere, einmal kleinere Kapazitätswerte auftreten. Stellen wir uns einen Drehkondensator vor, der nach Bild 3.46 nur aus zwei gegeneinander verdrehbaren Platten besteht (die Platten haben z. B. aus Linearitätsgründen eine besondere Form), so wird sofort deutlich, daß beim Verdrehen eine Änderung der Kapazitätsverhältnisse eintritt. Beim Herausdrehen der beweglichen Platte wird der Kapazitätswert geringer.

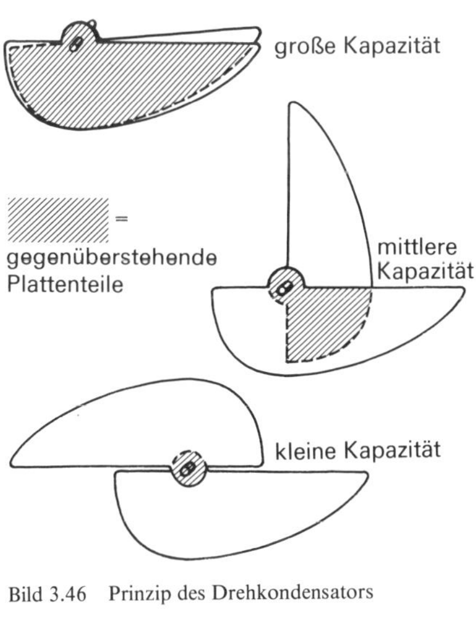

Bild 3.46 Prinzip des Drehkondensators

Hochwertige Drehkondensatoren haben ein Luftdielektrikum. Die äußeren Platten des Rotors sind geschlitzt, damit man durch leichtes Verbiegen der Sektoren ganz gleichartige Kapazitätsverhältnisse über den gesamten Einstellbereich bei mehreren Kondensatoren mit gemeinsamer Achse schaffen kann (Bild 3.47). Abstimm-Drehkondensatoren in Rundfunkgeräten haben maximale Kapazitätswerte von etwa 500 pF (bei hineingedrehtem Plattenpaket) und eine Minimalkapazität von 40–50 pF (bei ganz herausgedrehten Platten). Man spricht in diesem Zusammenhang von End- und Anfangskapazität.

Bild 3.47 Doppel- oder Zweifachdrehkondensator mit Luftdielektrikum für KML-Empfang

Drehkondensatoren mit anderen Dielektrika als Luft (Glimmer, Hartpapier, Kunststoffolie usw.) beanspruchen zwar wesentlich weniger Raum, bringen aber auch Hochfrequenzverluste mit sich. Sie werden deshalb nur dort verwendet, wo ihre kleinen Abmessungen für die Gesamtkonstruktion ausschlaggebend sind, also z. B. in Transistor-Rundfunkgeräten (Bild 3.48).

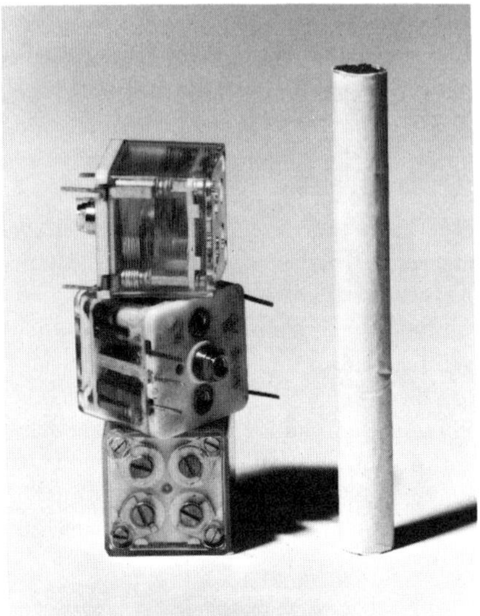

Bild 3.48 Miniatur-Drehkondensatoren mit Folie als Dielektrikum, z. B. für Kofferradios

Es gibt noch eine andere Art veränderbarer Kondensatoren, die sogenannten Trimmer. Sie haben kleine Kapazitätswerte und dienen zum »Abgleichen« elektrischer Schwingungskreise, wozu ihr zusätzlicher Kapazitätswert nach dem Abgleichen fest eingestellt bleibt. Trimmer bestehen nach Bild 3.49 z. B. aus runden Keramikscheibchen mit einseitig aufgebrannten Schichten, deren Oberteil drehbar ist.

Philips stellt mit dem in Bild 3.50 gezeigten Lufttrimmer eine sehr verlustarme Ausführung her. Die beiden Kondensatorenflächen werden durch mehrere konzentrisch angeordnete Rohre gebildet, die sich ohne gegenseitiges Berühren ineinanderschieben. Die Kapazität hängt von der Eintauchtiefe ab. Sie wird durch Hineindrehen des Oberteils mittels einer Gewindespindel eingestellt.

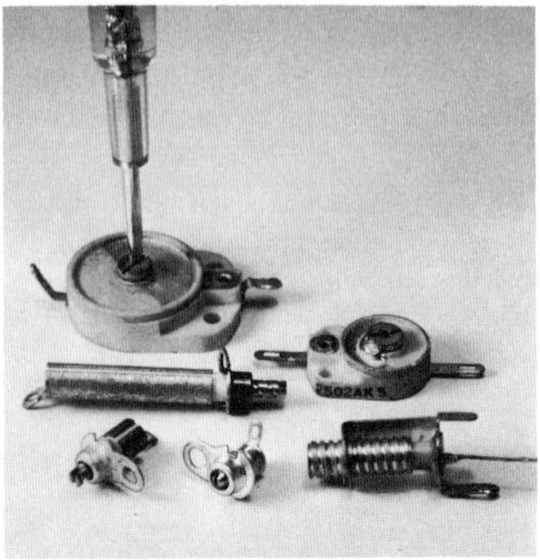

Bild 3.49 Diverse »Trimmer« für Einstellzwecke

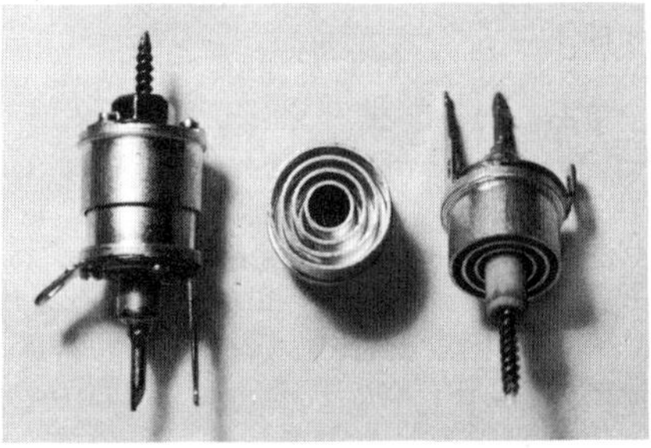

Bild 3.50 Philips Lufttrimmer geschlossen und geöffnet

Dann gibt es u. a. noch Drahttrimmer. Sie gleichen den Rohrkondensatoren. Ihr Außenbelag besteht jedoch aus einer gelöteten Drahtwicklung (Bild 3.51). Durch

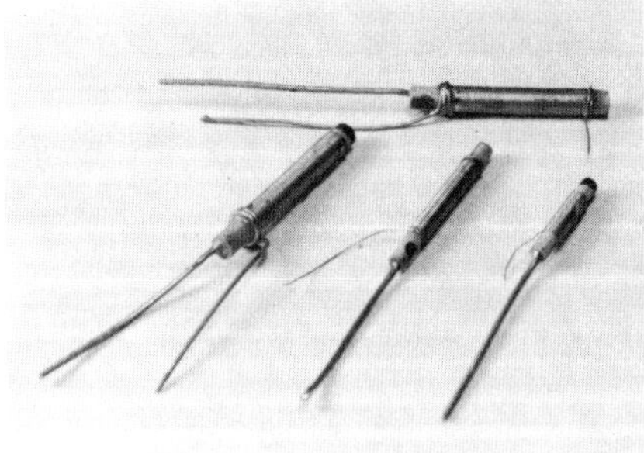

Bild 3.51 Drahttrimmer

teilweises Abwickeln der Windungen lassen sich die gewünschten Kapazitätswerte einstellen, und zwar naturgemäß nur in Richtung auf kleinere Werte.

Stetig verstellbare Drehkondensatoren werden durch einen Pfeil gekennzeichnet. Die nur zum gelegentlichen Einstellen (Abgleichen) bestimmten Trimmer werden so dargestellt wie im rechten Teil von Bild 3.52.

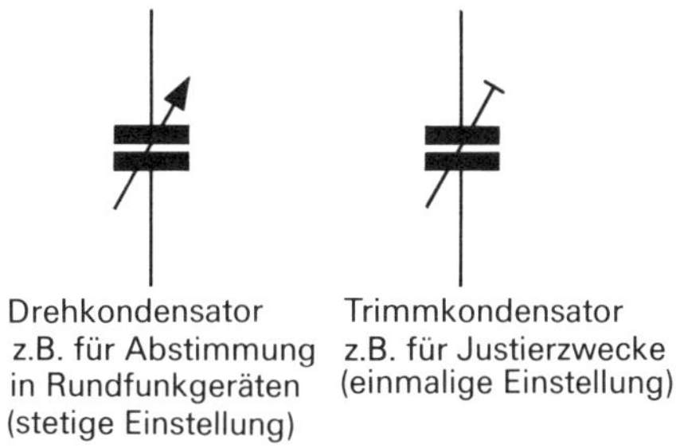

Bild 3.52 Schaltzeichen für einstellbare Kondensatoren

Bei den Wickel- und Elektrolytkondensatoren sind die Kapazitätswerte und die Betriebsspannung in Zahlen aufgedruckt. Bei sehr vielen Kondensatoren werden wie bei den Widerständen sehr häufig Farbringe benutzt. Es gilt dann die gleiche Tabelle wie in Abschnitt 3.1. angegeben. Die Kapazitätstoleranz spielt im allgemeinen nur bei frequenzbestimmenden Kondensatoren (z. B. in Schwingkreisen) eine Rolle. Die üblichen Toleranzen betragen bei normalen Kondensatoren 10 bzw. 20%.

3.9. Spulen allgemein

Zu den interessantesten elektrotechnischen Bauelementen gehören die Spulen. Während bei den Widerständen nur ein Spannungsabfall auftritt und – wenn der durch den Widerstand fließende Strom sehr stark ist – eine Erwärmung stattfindet, können wir bei den Spulen außerdem noch eine ganz andere Eigenschaft feststellen. Bei ihnen gibt es nämlich eine magnetische Wirkung, die von enormer Wichtigkeit in der Elektrotechnik ist.

Spulen gibt es in sehr vielen Ausführungen und in praktisch allen Bereichen der Elektrotechnik und der Elektronik. Die Bauformen umfassen Luftspulen – das sind Windungen bzw. Wicklungen ohne Eisenkern nach Bild 3.53 – sowie Spulen

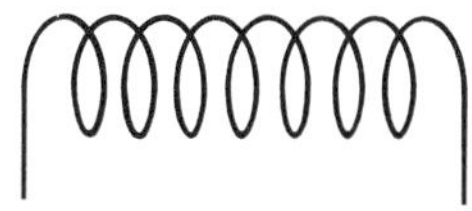

Bild 3.53 Symbol einer einfachen Spule aus Drahtwindungen

mit einem Kern. Zwei dieser Möglichkeiten sind in Bild 3.54 zu sehen. Spulen bestehen zumeist aus mehreren Lagen von Windungen, die allgemein als Wicklung bezeichnet werden. Je nach Anwendungsgebiet benutzt man unterschiedliche Werkstoffe für die Kerne der Spulen. Eisenkerne aus Vollmaterial gibt es praktisch nur bei Gleichstromanwendungen. Netztransformatoren haben normalerweise stets einen Kern aus dünnen Blechen, die voneinander durch eine nichtleitende Schicht aus Papier oder Kunststoff isoliert sind. Hochfrequenzspulen sind mit sog. Ferritkernen versehen, die in der Regel aus pulverförmigen ferromagnetischen Oxiden gepreßt und anschließend gesintert werden.

Es gehört zu den Eigenschaften der Spulen, daß die erwähnten magnetischen Wir-

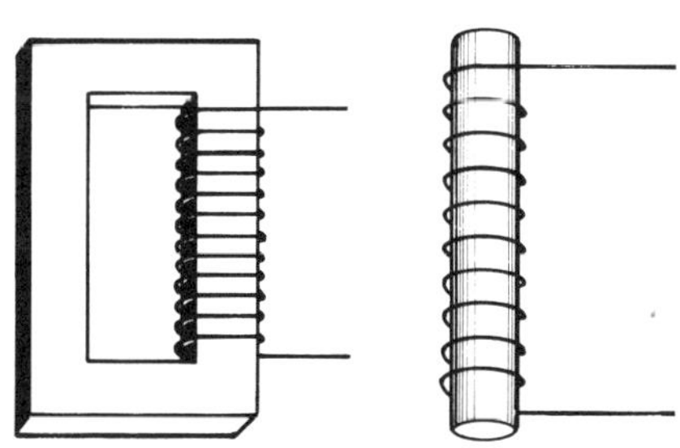

Bild 3.54 Schematische Darstellung von Spulen mit Eisenkern

kungen generell bei allen Ausführungsformen und sowohl bei Gleichstrom- als auch bei Wechselstromanschluß auftreten. Zwar ist die Funktion eines Klingeltransformators, der aus der Netzwechselspannung eine ungefährliche Wechselspannung von wenigen Volt macht, leichter zu übersehen als beispielsweise die Arbeitsweise eines Zwischenfrequenzübertragers in einem Rundfunkempfänger oder die eines magnetischen Tonabnehmers. Gleichwohl arbeiten alle nach demselben Prinzip, das auf den Wirkungen des magnetischen Felds beruht.

Die magnetische Wirkung läßt sich bereits an einem einzelnen Draht nachweisen, durch den ein Strom fließt. Leider sind wir nicht in der Lage, den Magnetismus mit unseren Sinnesorganen zu erfassen, sondern müssen dazu andere Hilfsmittel benutzen. Das können Meßinstrumente sein, aber auch Kompaßnadeln oder feine Eisenspänchen.

3.10. Magnetisches Feld

Magnetische Wirkungen kennen wir alle von Stab- oder Hufeisenmagneten her. Eisenteile werden von ihnen angezogen, und man kann diese auch magnetisieren, so daß sie selber wie ein Magnet wirken. Der Wirkungsbereich eines Magneten mit seinem Nord- und Südpol wird durch ein magnetisches Feld dargestellt. Weil es normalerweise unsichtbar ist, kann man nur seine Auswirkung erkennen, wie ein Versuch beweisen wird.

Dazu beschaffen wir uns Eisenspänchen, ein Stück Papier und einen Stabmagneten. Das Papier legen wir auf den Magneten und streuen die Eisenspänchen darauf. Sie werden sich ziemlich unregelmäßig an beiden Magnetpolen anhäufen. Wenn wir aber vorsichtig an das Papier klopfen, ordnen sich die Eisenspänchen nach einem ganz bestimmten Muster. Es zeigt den Verlauf des magnetischen Felds, das in Bild. 3.55 durch die sogenannten Feld- oder Kraftlinien angedeutet ist. Ein anderes Beispiel ist in Bild 3.56 zu sehen, wo die Kraftlinien des Stabmagneten durch win-

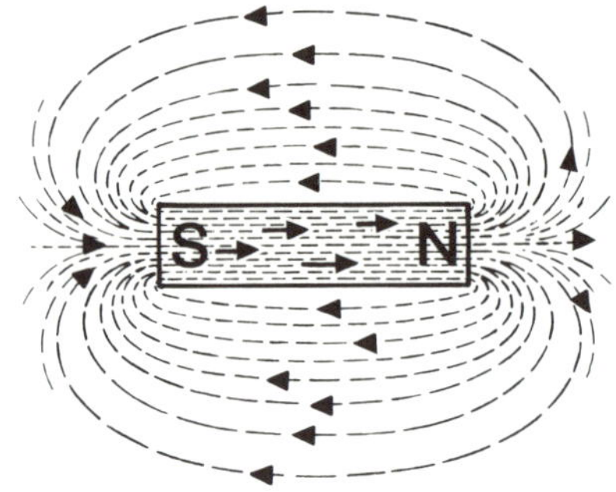

Bild 3.55 Kraftlinienfeld eines Stabmagneten

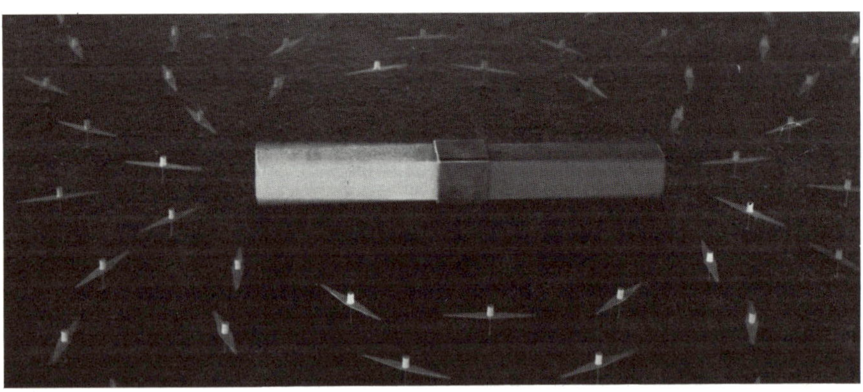

Bild 3.56 Modell eines Magnetfelds, das mit kleinen Magnetnadeln und einem Stabmagneten gebildet wird

zige Magnetnadeln nachgebildet werden. Die Kraftlinien verlaufen innerhalb des Magneten vom Süd- zum Nordpol, treten am Nordpol in den freien Raum aus und am Südpol wieder in den Magneten ein.

Wenn Strom durch einen Draht fließt, entsteht rings um ihn ebenfalls ein magnetisches Feld. Es umgibt den Draht mantelartig und wird nach außen hin immer schwächer. Bild 3.57 deutet mehrere Ebenen des Magnetfelds an.

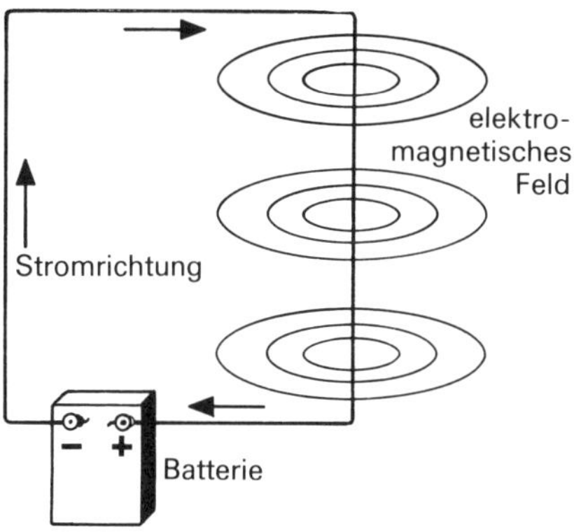

Bild 3.57 Schema des elektromagnetischen Felds

Man kann das Magnetfeld mit einem Wärmefeld vergleichen, das das heiße Rohr einer Zentralheizungsanlage umgibt (Bild 3.58). Für die Wirkungen des Wärmefelds haben wir den Gefühlssinn. Die Ausstrahlungen des Magnetfelds lassen sich mit unseren Sinnen dagegen nicht aufnehmen.

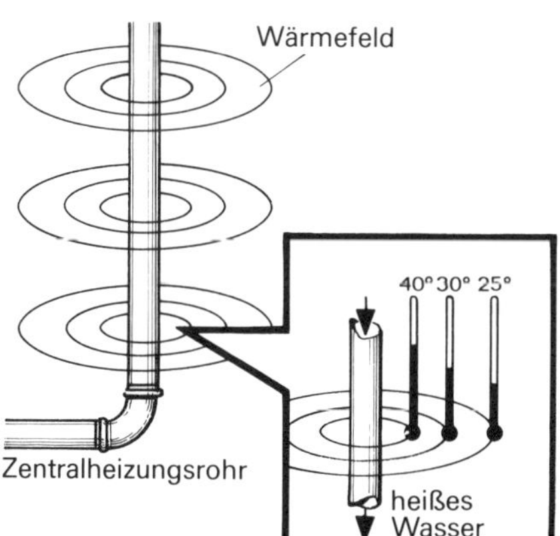

Bild 3.58 Vergleichende Darstellung eines Wärmefelds

Um die magnetischen Kraftlinien bei einem stromdurchflossenen Draht nachzuweisen, müßte man beispielsweise eine Anordnung nach Bild 3.59 haben. Kleine Kompaßnadeln sind auf dem Papier verteilt, durch dessen Mitte der Draht führt. Solange kein Strom durch den Draht fließt, weisen alle Nordpole nach Norden.

Schickt man einen Gleichstrom durch den Draht, dann verändern die Nadeln wie durch einen Zauber ihre Stellung; sie ordnen sich in Kreisform an. Wird die Spannungsquelle umgepolt, drehen sich die Kompaßnadeln ebenfalls, und zwar um 180°. Eine unsichtbare, vom stromdurchflossenen Leitungsdraht ausgehende Kraft hat sie beeinflußt. Es muß eine magnetische Kraft sein, da sie auf die Magnetnadeln einwirkt. Hervorgerufen wurde sie durch das Fließen des elektrischen Stroms.

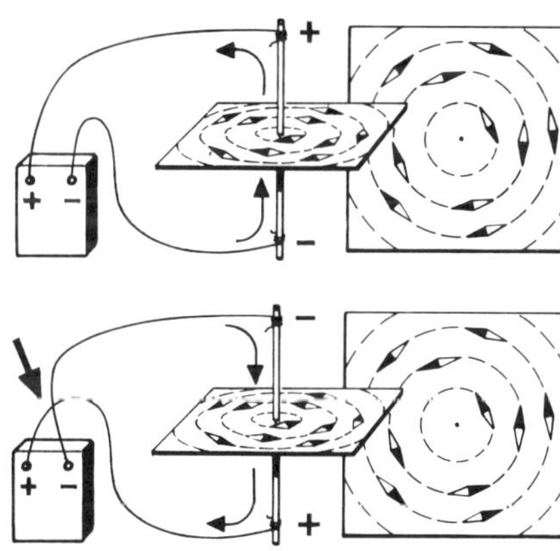

Bild 3.59 Die Polung der Batterie ist für die Richtung des Kraftlinienfelds maßgebend

Zusammengefaßt: Wenn ein elektrischer Strom durch einen Draht fließt, baut sich um den Draht ein Magnetfeld auf, dessen Kraftlinien oder Feldlinien kreisförmig verlaufen.

Wenn man den Draht zu einer Spule formt und durch diese einen Strom schickt, bilden sich um die einzelnen Windungen ebenfalls magnetische Kraftlinien aus. Wenn die Drahtwindungen verhältnismäßig eng nebeneinander liegen, summieren sich die einzelnen Kraftlinienfelder, und im Inneren der Spule entsteht ein starkes magnetisches Feld. Es hat an den Enden der Spule einen Nordpol und einen Südpol. In Bild 3.60 ist dies dargestellt.

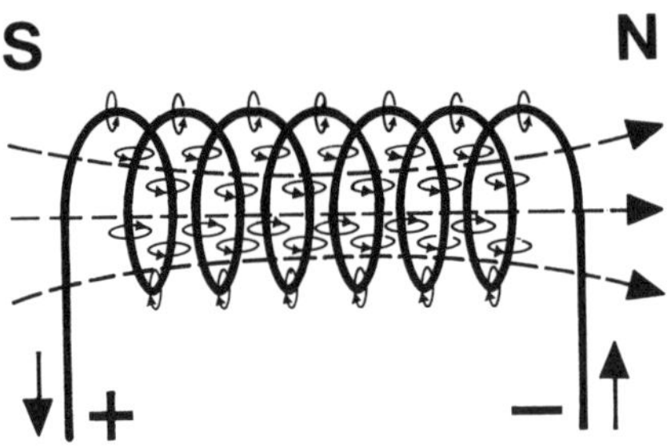

Bild 3.60 Stromdurchflossene Spule mit Magnetfeld

Das so entstandene magnetische Feld gleicht dem eines Stabmagneten (Bild 3.61). Die Kraftlinien verlaufen stets in einem geschlossenen Kreis innerhalb der Spule vom Süd- zum Nordpol und außerhalb der Spule vom Nord- zum Südpol. Während das Kraftlinienfeld des Stabmagneten unveränderlich ist, läßt sich das magnetische Feld der Spule verändern. Es wird kräftiger, wenn ein größerer Strom durch den Draht fließt oder wenn man mehr Windungen auf die Spule wickelt. Verringert man die Windungszahl oder läßt man einen kleineren Strom fließen, so wird das Magnetfeld schwächer.

Das Magnetfeld der stromdurchflossenen Spule kann weiter verstärkt werden, wenn man den Kraftlinien den Weg innerhalb der Spule erleichtert. Die Luft stellt nämlich für sie einen erheblichen Widerstand dar. Dagegen ist Eisen ein vorzüglicher magnetischer Leiter. Allerdings läßt sich bei der Spule mit Eisenkern, im Gegensatz zur Luftspule, das Magnetfeld durch Vergrößern des Stroms und der Windungszahl nicht beliebig verstärken. Es erreicht allmählich einen Grenzwert, bei dem das Eisen mit Kraftlinien gesättigt ist. Eine weitere Erhöhung bringt dann keine Zunahme der Kraftlinien mehr mit sich.

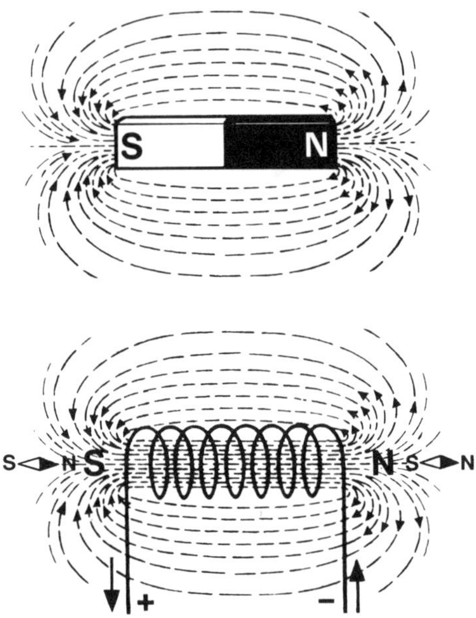

Bild 3.61 Vergleich zwischen Stab und Spulenmagnetfeld

3.11. Induktion und Selbstinduktion

Bei den bisherigen Darstellungen war die Spule stets mit einer Gleichspannungsquelle verbunden. Sie lieferte den erforderlichen Strom, der die magnetischen Wirkungen hervorrief. Wir können uns nun fragen, ob sich dieses Verfahren nicht auch umkehren läßt. Wenn man also einen magnetischen Einfluß auf die Spule ausübt, müßte an den Enden der Spule eigentlich eine Spannung auftreten. Mit einer Anordnung nach Bild 3.62 läßt sich diese Frage prüfen. Das Meßinstrument an den Enden der Spule dient zur Anzeige.

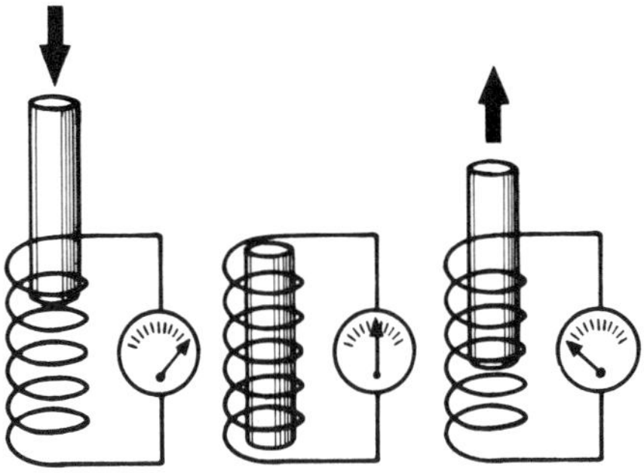

Bild 3.62 Zusammenhang zwischen Magnetfeld und Spule: 1) Magnet bewegt sich in die Spule hinein, es wird eine Spannung induziert, der Instrumentenzeiger schlägt aus. 2) Magnet ruht in der Spule, keine Spannung, das Instrument zeigt nichts an. 3) Magnet bewegt sich aus der Spule heraus, es wird eine Spannung induziert, der Instrumentenzeiger schlägt zur anderen Seite aus

Befindet sich der Stabmagnet außerhalb der Spule in Ruhe, ist seine Wirkung auf die Spule gleich Null, und das Instrument zeigt keinen Ausschlag an. Bewegt man den Magneten in die Spule hinein, erfolgt ein Zeigerausschlag z. B. nach rechts, während beim Herausziehen ein Zeigerausschlag nach links auftritt. Kommt der Magnet innerhalb der Spule zum Stillstand, geht der Zeiger sogleich in seine Nullstellung zurück.

Was sagt uns dieser Vorgang? Bei der Bewegung des Magneten durchdringen natürlich auch seine Kraftlinien die Spule. Sie liegt also in einem magnetischen Feld, dessen Kraftlinienanzahl sich dem Bewegungsvorgang entsprechend ständig ändert. Das aber ist die Voraussetzung zum Erzeugen einer elektrischen Spannung in der Spule. Diese Spannung heißt »Induktionsspannung«.

Genau wie in der Spule durch das Eintauchen eines Magneten eine Spannung induziert werden kann, ist dies auch möglich, wenn die Spule bewegt wird und dadurch die Magnetfeldkraftlinien schneidet. Es kommt in beiden Fällen nur darauf an, daß eine sich ändernde magnetische Feldstärke auf die Windungen der Spule einwirkt. Dieser Vorgang wird als Induktion bezeichnet. Die Generatoren in den Kraftwerken, aber auch die kleinen Dynamos an den Fahrrädern erzeugen nach diesem Prinzip elektrischen Strom.

Induktion ist aber auch ohne einen Bewegungsvorgang möglich, wenn man die Voraussetzung dafür, nämlich die Änderung der Kraftlinienzahl, auf eine andere Art vornehmen kann. In Bild 3.63 ist dies dargestellt. Spule 1 ist mit einer Batterie und einem Schalter verbunden, Spule 2 liegt an einem Anzeigeinstrument. Beide

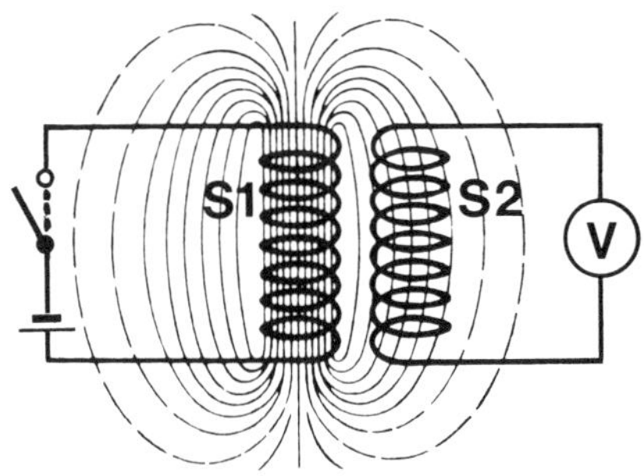

Bild 3.63 Die Kraftlinien des Magnetfelds können auch in einer benachbarten Spule eine Spannung induzieren

Spulen sind so angeordnet, daß das erzeugte Magnetfeld auch die Windungen der Spule 2 durchdringt. Anhand von Bild 3.64 bis 3.67 lassen sich diese Vorgänge gut verfolgen.

Wird die Taste in Bild 3.64 gedrückt,

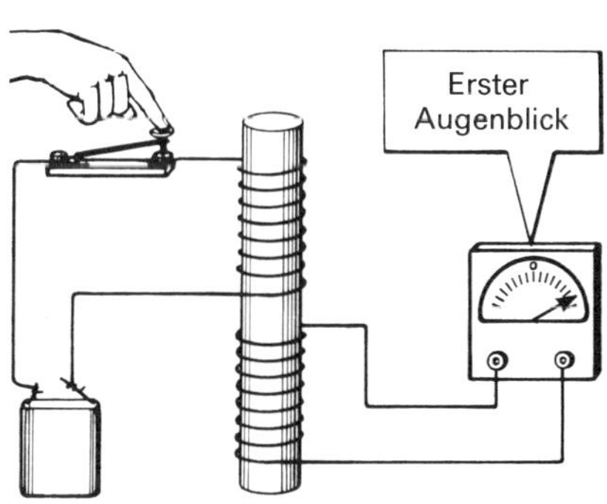

Bild 3.64 Kurzer Stromstoß nach dem Einschalten

fließt ein Gleichstrom durch die Spule 1. Das Instrument zeigt für einen Augenblick die in Spule 2 induzierte Spannung an und geht, wenn sich das Magnetfeld aufgebaut hat (und keine Kraftlinienänderung mehr erfolgt), in seine Ruhelage auf Null zurück (Bild 3.65). Läßt man die Taste los, wird der Strom unterbrochen und das Magnetfeld abgebaut. Der Zeiger des Instruments würde dabei zur anderen Seite ausschlagen (nicht im Bild gezeigt).

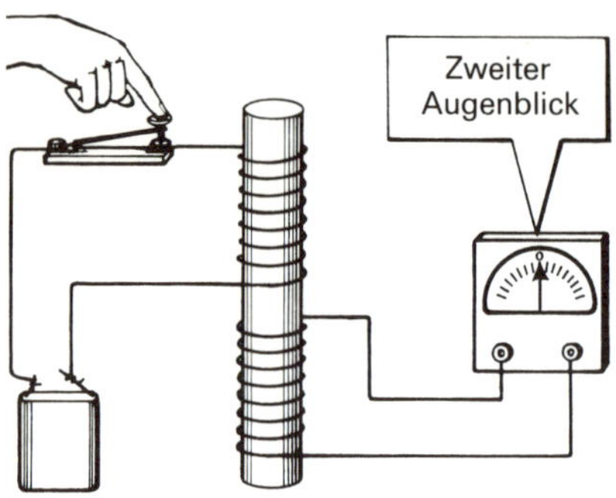

Bild 3.65 Danach kein Stromfluß bei Gleichstromspeisung

Werden die Drahtanschlüsse an der Batterie umgepolt, so fließt der Gleichstrom in umgekehrter Richtung durch die Spule 1. Das Instrument schlägt daher nach Bild 3.66 beim Tastendruck zur anderen Seite aus. Aber auch nur für einen Augenblick: der Zeiger geht wie beim ersten Versuch sofort wieder in die Nullstellung zurück

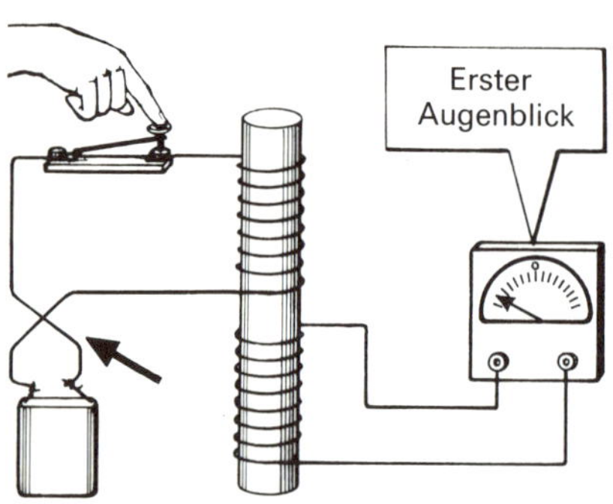

Bild 3.66 Nach dem Umpolen der Batterie erfolgt wieder ein kurzer Stromstoß

(Bild 3.67). Wird der Stromfluß unterbrochen (hier nicht gezeigt), schlägt der Zeiger zur entgegengesetzten Seite aus.

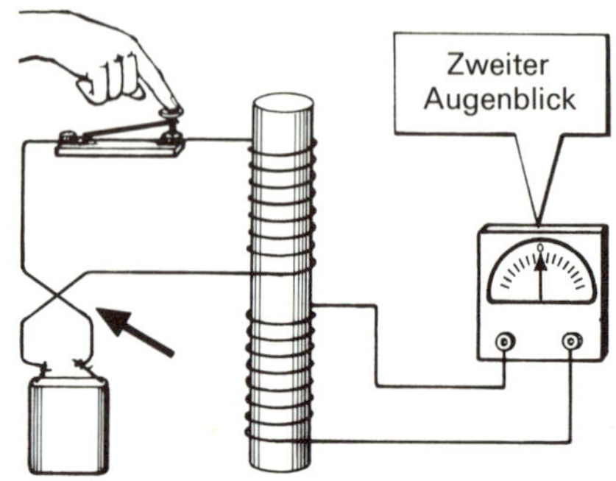

Bild 3.67 Danach ebenfalls kein Stromfluß mehr

Man kann den Zeiger des Instruments in ständiger Hin- und Herbewegung halten (Bild 3.68), wenn die Anschlüsse an der Batterie dauernd miteinander vertauscht würden. Dadurch ergäbe sich ein ständig seine Richtung wechselnder Stromfluß in Spule 1, die man Primärspule nennt, und eine ebenfalls wechselnde Spannung in Spule 2, die Sekundärspule genannt wird.

Nach dem Prinzip des an- und abgeschalteten Gleichstroms arbeitet beispielsweise die Zündanlage in den Autos mit Benzinmotoren, wobei in der Zündspule (Sekundärspule) beim Abschalten ein sehr hoher Spannungsstoß entsteht, der den Zündkerzen über den Zündverteiler zugeleitet wird.

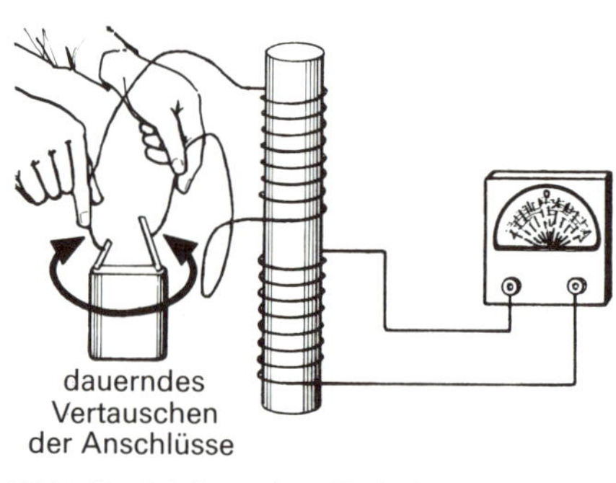

Bild 3.68 Bei dauerndem Wechsel der Anschlüsse ergeben sich entsprechende Stromstöße, die vom Instrument angezeigt werden

Doch zurück zu unseren Beispielen. Ein wesentlich eleganterer Weg ist der in Bild 3.69 gezeigte, nämlich den Strom für die Primärspule aus einer Wechselspannungsquelle zu beziehen. Dadurch ändert ja bereits der fließende Strom periodisch seine Richtung, und das von ihm erzeugte Magnetfeld mit seinen Kraftlinien wird ebenfalls im gleichen Rhythmus umgepolt. Der Wechselstrom in der ersten Spule induziert jetzt in der zweiten Spule ständig eine Wechselspannung. Beide Spulen sind magnetisch miteinander gekoppelt.

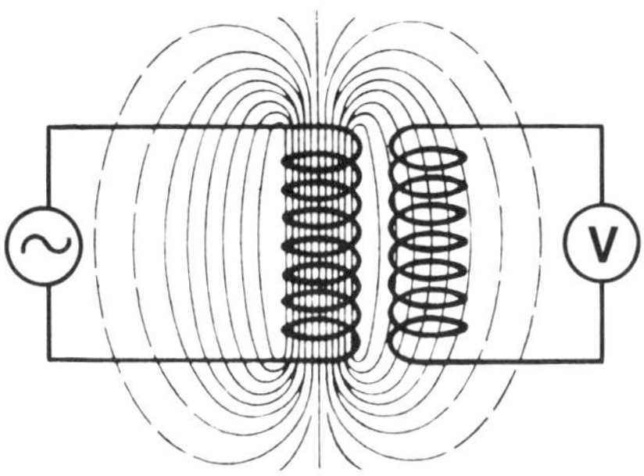

Bild 3.69 Das Wechselstrommagnetfeld induziert in der benachbarten Spule eine Wechselspannung

Wie das in den einzelnen Phasen abläuft, ist in Bild 3.70 dargestellt. Betrachten wir zunächst einmal die Verhältnisse, die sich bei einer einzelnen, von Wechselstrom durchflossenen Spule ergeben. Im Zeitpunkt 1 ist die Spule stromlos, da der Wechselstrom gerade den Wert Null hat. Im Zeitpunkt 2 hat der Wechselstrom dagegen seinen positiven Maximalwert. Ein kräftiger Strom durchfließt die Spule und erzeugt ein starkes Magnetfeld, das in der Zeichnung angedeutet ist. An den Spulenenden entstehen Nordpol und Südpol.

Im Zeitpunkt 3 fließt kein Strom durch die Spule; das Magnetfeld ist in sich zusammengefallen. Im darauffolgenden Augenblick (Zeitpunkt 4) hat die Wechselstromkurve ihr negatives Maximum erreicht. Ein neues Magnetfeld hat sich aufgebaut, das infolge des in entgegengesetzter Richtung fließenden Spulenstroms in

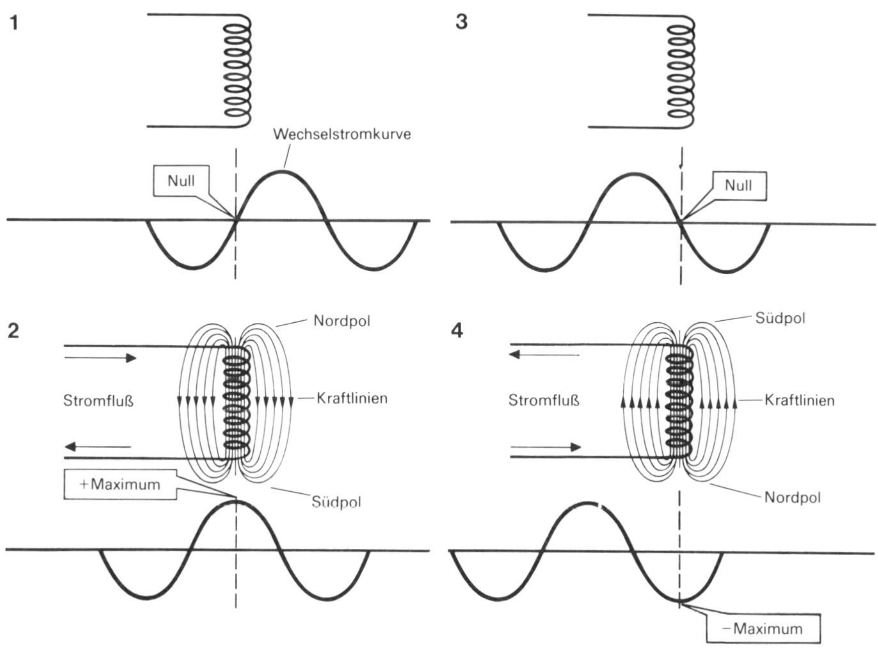

Bild 3.70 Schematische Darstellung des sich ausbildenden Kraftlinienfelds bei Wechselstrom

anderer Richtung verläuft. Nord- und Südpol haben deshalb gegenüber dem Zeitpunkt 2 ihre Lage miteinander vertauscht.

Eine angekoppelte zweite Spule (Bild 3.71) wird von den ihre Stärke und Richtung ändernden Kraftlinien der ersten Spule mehr oder weniger durchdrungen. Je näher nun die Spulen aneinandergerückt werden, um so größer ist ihr Kopplungsgrad. Bei enger oder fester Kopplung durchdringen viele der von der Primärspule ausgehenden Kraftlinien die Sekundärspule. Bei loser Kopplung kann nur ein Teil der Kraftlinien die zweite Spule beeinflussen, und die in ihr induzierte Spannung ist geringer als im ersten Fall.

Wir stellen also fest: Durch Induktion entsteht in der Sekundärspule zweier magnetisch gekoppelter Spulen eine Spannung, wenn in der Primärspule eine Stromänderung (= Kraftlinienänderung) auftritt. Eine Anordnung der Spulen nach Bild 3.71 stellt einen Übertrager dar, den man auch Transformator nennt.

Bisher wurde nur von der »Induktion« gesprochen, durch die in einer anderen Spule eine Spannung hervorgerufen wird. Es findet aber nicht nur dort eine Änderung der Kraftlinien statt, sondern dies spielt sich auch in der Primärspule ab. Die Kraftlinien jeder einzelnen Windung schneiden nämlich auch die benachbarten Windungen und induzieren in ihnen eine Spannung, die man »Selbstinduktionsspannung« nennt, weil sie nicht in einer anderen, sondern in derselben Spule erzeugt wird.

Die Selbstinduktionsspannung ist der Betriebsspannung an der Spule entgegengesetzt und verlangsamt deshalb den Aufbau des Primärmagnetfelds durch ihr eigenes gegenläufiges Magnetfeld. Beim Abbau des Primärmagnetfelds versucht sie dagegen, dieses zu erhalten. Die Selbstinduktionsspannung will den Strom also in der alten Richtung weiterfließen lassen. Wird das Magnetfeld einer gleichstromgespeisten Spule beispielsweise durch das Öffnen eines Kontakts unterbrochen (Bild 3.72), so tritt – besonders bei Spulen mit vielen Windungen – eine wesentliche Spannungs-

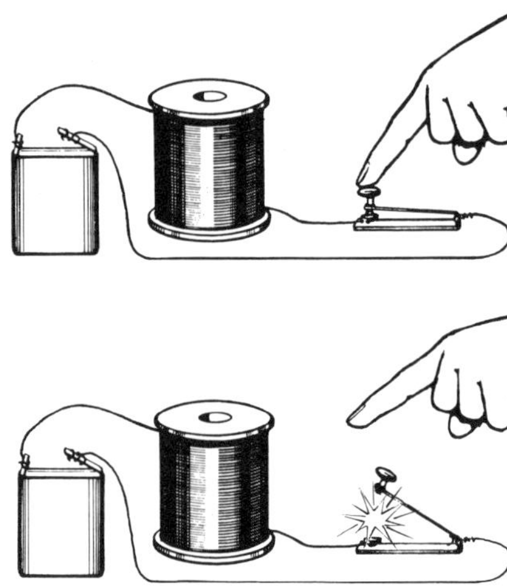

Bild 3.72 Darstellung der Selbstinduktionsspannung

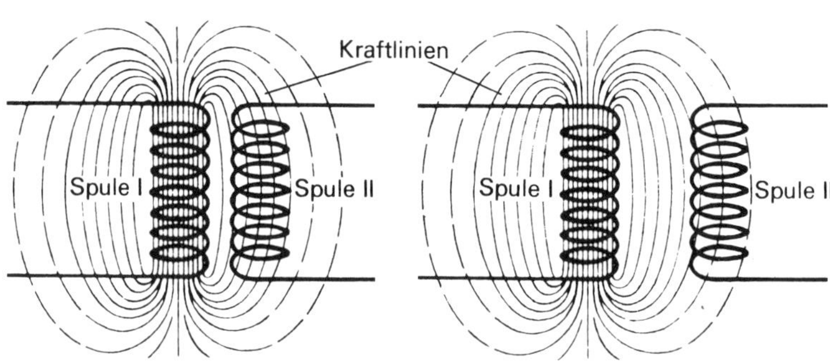

Bild 3.71 Der Spulenabstand hat Einfluß auf die Größe der induzierten Spannung

erhöhung auf, die sich durch einen starken Öffnungsfunken bemerkbar macht.

Der durch die Selbstinduktion hervorgerufene Strom fließt immer gegen den Strom der Spannungsquelle an. Daher kommt es, daß sich der durch eine Spule fließende Wechselstrom nicht mehr nach dem einfachen Ohmschen Gesetz (I = U : R) errechnen läßt. Der in der Spulenzuleitung gemessene Wechselstrom wird nämlich um so kleiner, je höher die Frequenz ist und je mehr Windungen die Spule hat. Der Strom wird noch kleiner, wenn die Spule einen Eisenkern hat. Dabei rufen die im Eisen verlaufenden Kraftlinien sogar im Kern selbst eine Spannung hervor, die u. U. starke Ströme fließen läßt. Man nennt sie Wirbelströme. Sie sind unerwünscht, weil sie den Eisenkern erwärmen und Verluste hervorrufen.

Spulen werden auch als »Induktivitäten« bezeichnet, das Formelzeichen ist ein L. Bestimmend für die Größe einer Induktivität sind Windungszahl, Spulenform und Kernmaterial. Als Maßeinheit benutzt man das Henry, abgekürzt H. Ein Henry ist eine recht große Einheit, deshalb werden Unterteilungen in Millihenry (mH) und Mikrohenry (μH) benutzt.

1 H = 1000 mH
1 mH = 1000 μH

Die Bezeichnung »Henry« ist abgeleitet vom Namen des amerikanischen Physikers Joseph Henry, 1797–1878.

Da die Induktivität einer Spule um so größer ist, je mehr Windungen sie hat, entspricht der Gesamtinduktivitätswert zweier hintereinandergeschalteter Spulen (Bild 3.73a) der Summe der Einzelinduktivitäten. Dies gilt strenggenommen nur für nicht miteinander gekoppelte Spulen. Haben beide Spulen ein gemeinsames Magnetfeld und gleichen Wicklungssinn, so wird die Gesamtinduktivität größer, haben sie entgegengesetzten Wicklungssinn, so wird die Gesamtinduktivität kleiner.

Bild 3.73a Reihenschaltung von Spulen

Parallelgeschaltete Spulen (Bild 3.73b) haben einen Gesamtinduktivitätswert, der kleiner ist als der kleinste Induktivitäts-

Bild 3.73b Parallelschaltung von Spulen

wert der einzelnen Spulen. Es gibt also genau wie bei den Widerständen die Formeln:

$$\frac{1}{L_{ges}} = \frac{1}{L_1} + \frac{1}{L_2} + \frac{1}{L_3}$$

oder

$$L = \frac{L_1 \cdot L_2}{L_1 + L_2}$$

Als Schaltzeichen für Spulen sind mehrere Symbole gebräuchlich. In Bild 3.74 sind die gebräuchlichsten zusammengefaßt.

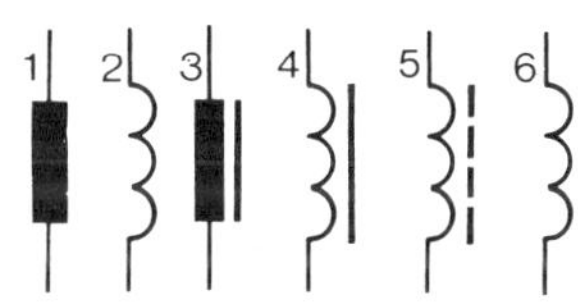

Bild 3.74 Spulen ohne Kern (1, 2), Spulen mit Eisenkern (3, 4), Spulen mit Massekern (5, 6). Die Symbole 1 und 3 sind speziell im Niederfrequenzgebiet üblich

3.12. Induktiver Widerstand

Wenn ein Gleichstrom durch eine Spule fließt, so ist als Widerstand nur der reine ohmsche Widerstand des Drahts wirksam. Da dieser im allgemeinen vernachlässigbar klein ist, sind Spulen für den Gleichstrom keine Hindernisse; Bild 3.75 deutet dies an.

Bei Wechselstrom sieht die Sache dagegen anders aus. Er muß nicht nur den

Bild 3.75 Spulen setzen einem Gleichstrom nur den geringen ohmschen Widerstand des Drahts entgegen

(kleinen) ohmschen Widerstand des Drahts überwinden, sondern auch den durch die Selbstinduktion hervorgerufenen »induktiven« Widerstand der Spule. Der Wechselstrom wird am Erreichen seines Höchstwertes gehindert, weil ja die Selbstinduktion generell der Stromänderung entgegenwirkt. Je schneller die Wechselstromänderungen erfolgen, desto weniger Zeit bleibt dem Strom, auf seinen Maximalwert zu kommen. Mit anderen Worten: Wechselstrom wird um so schlechter von einer Spule durchgelassen, je höher seine Frequenz und je größer die Induktivität der Spule ist (Bild 3.76).

Der induktive Widerstand X_L ist demnach frequenzabhängig wie der kapazitive Widerstand X_C. Er wird daher auch Wechselstrom- oder Blindwiderstand genannt, weil er ja fraglos nur scheinbar vorhanden ist. Es entsteht in ihm also keine Wärme wie beim rein ohmschen Widerstand. Die trotzdem bei Spulen zuweilen wahrnehmbare Erwärmung beruht einzig auf dem ohmschen Widerstand des Drahtes, mit dem der induktive Widerstand zwangsläufig »behaftet« ist. Der induktive Widerstand X_L wird in Ohm angegeben. Die Formel lautet:

Bild 3.76 Bei einem Wechselstrom dagegen wird zusätzlich der frequenzabhängige »induktive« Widerstand wirksam

$$X_L = \omega \cdot L = 2\,\pi \cdot f \cdot L$$

wobei f in Hertz und L in Henry eingesetzt werden.

Den frequenzabhängigen Widerstand X_L einer Spule nutzt man beispielsweise aus, um zwei Frequenzen zu trennen. In Bild 3.77 sehen wir einen Schaltungsausschnitt mit einer Drossel (so wird die Spule für diesen Zweck genannt), deren induktiver Widerstand für die tiefe Frequenz praktisch keine Rolle spielt, so daß sie hindurchgelassen wird (kleiner Widerstand). Für die hohe Frequenz wirkt die Drossel jedoch als Sperre (großer Widerstand). Die Frequenz wird praktisch nicht durchgelassen, und man kann sie über den Kondensator einer anderen Stufe des Geräts zuführen.

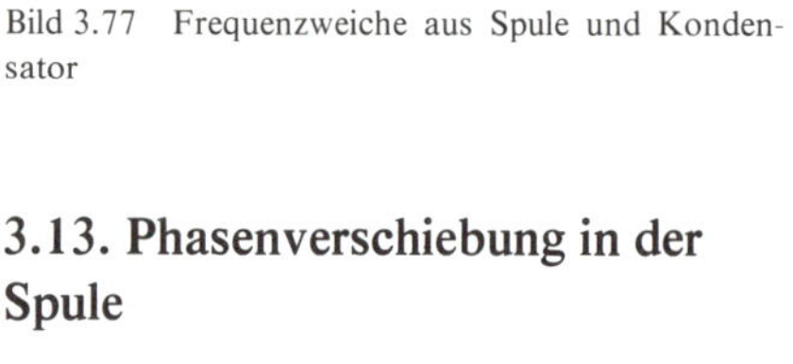

Bild 3.77 Frequenzweiche aus Spule und Kondensator

3.13. Phasenverschiebung in der Spule

Die Phasenverschiebung zwischen Strom und Spannung wurde bereits beim Kondensator behandelt. Dort stellten wir eine Voreilung des Stroms um 90 ° fest. Bei der Spule gibt es ebenfalls eine Phasenverschiebung, und zwar eilt der Strom hier der Spannung nach. Das wird verständlich, wenn wir uns an die Vorgänge bei Aufbau eines Magnetfelds erinnern. Nach dem Anlegen der Spannung vergeht erst eine bestimmte Zeit, bevor der Strom sein Maximum erreicht, da die in der Spule entstehende Gegenspannung (Selbstinduktion) ihm entgegenwirkt.

Man kann die Phasenverschiebung wieder in einem Diagramm darstellen, das in Bild 3.78 zu sehen ist. Sie beträgt 90 ° bei einer verlustfreien Spule. Da aber in

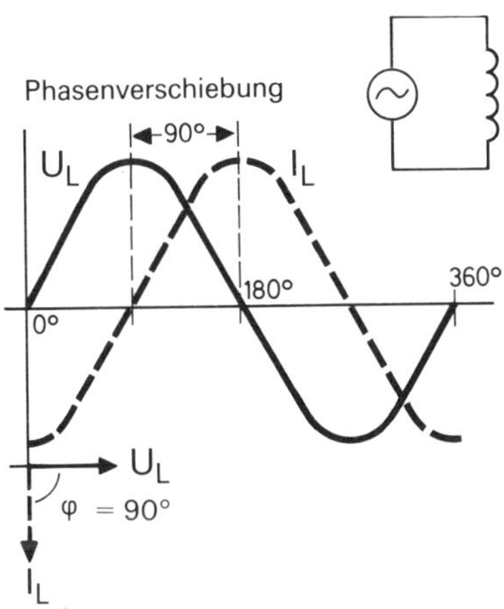

Bild 3.78 In der Spule eilt der Strom der angelegten Spannung um 90 ° nach

der Praxis immer ein ohmscher Widerstand vorhanden ist, ist die normale Phasenverschiebung zwischen Strom und Spannung stets kleiner als 90 °. Das ist im Bild 3.79 angegeben.

Bei der Zeigerdarstellung der Phasenverschiebung bei einer Spule wird der Strom nach unten (Nacheilung) und die Spannung nach rechts aufgetragen. Beim Kondensator trägt man den Strom nach oben ein (Voreilung). Abschließend ein leicht zu behaltender Merksatz für die Phasenverschiebung: Beim Kondensator eilt der Strom vor. (Die drei o stellen eine bequeme Eselsbrücke dar.) Bei der Spule eilt der Strom natürlich nach.

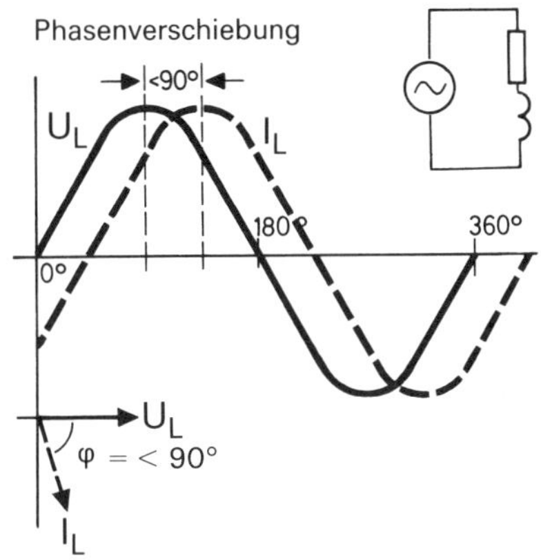

Bild 3.79 In einer Reihenschaltung von Spule und Widerstand ist der Phasenunterschied zwischen Strom und angelegter Spannung stets kleiner als 90 °

3.14. Transformatoren

Grundsätzliches über den Transformator haben wir bereits im Abschnitt 3.11. erfahren. Wir kennen auch schon die Wirkung des Wechselstroms in einer Spule und wollen uns jetzt mit der praktischen Anwendung vertraut machen. Wechselspannung hat gegenüber Gleichspannung den Vorteil, daß man sie leicht von einer niedrigen Spannung auf eine höhere bringen kann oder umgekehrt. (Mit Gleichspannung ist das nur auf umständlichen Wegen möglich.) Das Umsetzen von einem Spannungswert auf den anderen wird mit einem Transformator vorgenommen. Zum besseren Verständnis seiner Wirkungsweise, dem Zusammenhang zwischen Spannung und Spulenwindungszahl, soll ein Modell nach Bild 3.80 dienen. Für das Messen von Wechselströmen oder Wechselspannungen benutzt man ein Instrument, das Ströme oder Spannungen durch einen ruhigen Ausschlag und unbeeinflußt durch die schnellen Stromwechsel anzeigt. In diesem Fall ist es ein Voltmeter, das die Spannung der zweiten Wicklung angibt.

Der Elektrotechniker bezeichnet die Wicklung, in die der Strom hineinge-

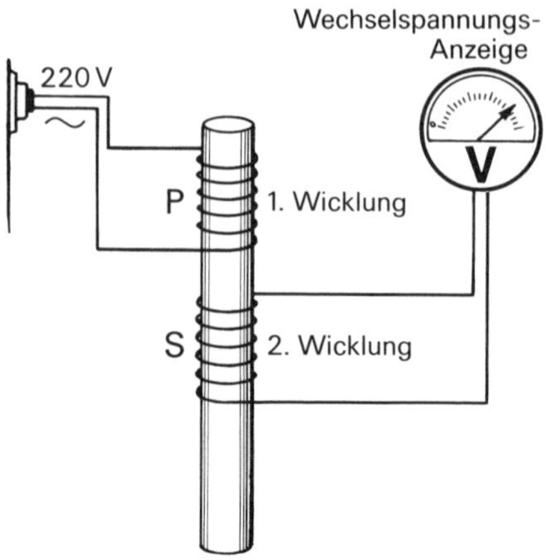

Bild 3.80 Transformation von Wechselspannungen

schickt wird, mit Primärwicklung (P) und die andere mit Sekundärwicklung (S) bzw. spricht von der Primärseite und Sekundärseite des Transformators, Umspanners oder Übertragers. Statt Primär und Sekundär sind auch die Bezeichnungen Eingang und Ausgang gebräuchlich.

Besteht die Primärwicklung z. B. aus 200 Windungen und die Sekundärwicklung aus 400 Windungen (Bild 3.81), dann zeigt das Voltmeter 440 V an, obwohl die Primärseite nur an 220 V angeschlossen ist. Man sieht also, daß sich die Spannung auf der Sekundärseite auf das Doppelte erhöht,

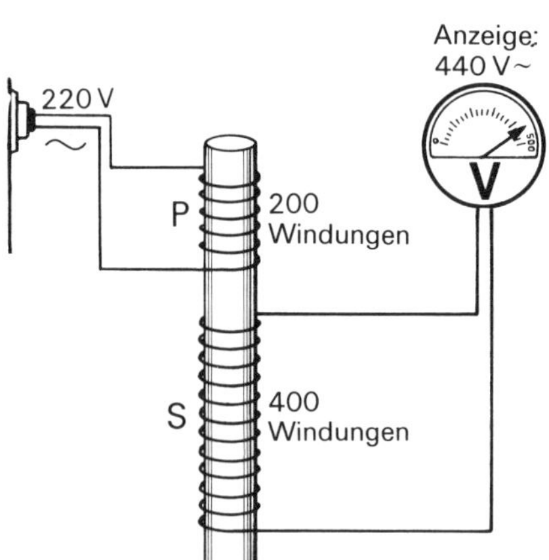

Bild 3.81 Aufwärtstransformation

wenn die Sekundärwicklung doppelt soviel Windungen aufweist wie die Primärwicklung.

Machen wir theoretisch einen weiteren Versuch (Bild 3.82) und wickeln auf den Eisenkern primär 200 Windungen und sekundär 100 Windungen. Wird dann die Primärwicklung mit dem 220-V-Wechselspannungsnetz verbunden, zeigt der Spannungsmesser an den Enden der Sekundärwicklung 110 V an. Das ist nur eine halb so hohe Spannung wie jene, die primärseitig an den Transformator gelegt wurde.

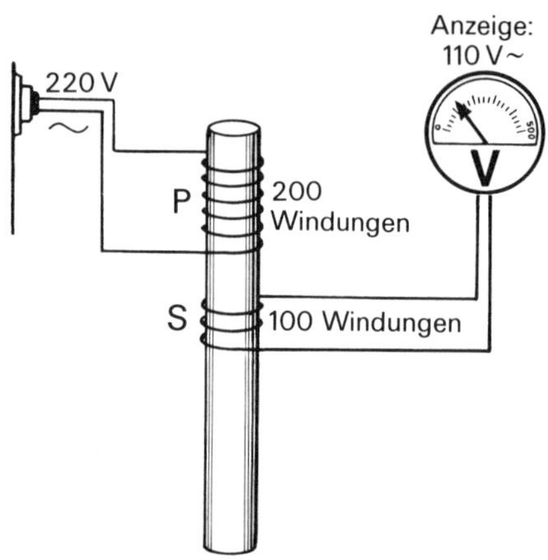

Bild 3.82 Abwärtstransformation

In Bild 3.83 ergeben 200 Windungen primär und 200 Windungen sekundär eine Spannung, die auf der Sekundärseite von gleicher Höhe ist wie auf der Primärseite. Das Windungs- oder Übersetzungsverhältnis, wie der Techniker es nennt, ist in diesem Fall 1 : 1. Bei den Versuchen vorher war es 1 : 2 und 2 : 1 gewesen (200 : 400 bzw. 200 : 100 Windungen).

Sprachen wir bislang nur von Spannungen, so dürfen wir doch die Ströme nicht vergessen (Bild 3.84). Sie verhalten sich bei der Transformation umgekehrt wie die Spannungen. Fließen z. B. in der Sekundärwicklung eines Transformators 5 A bei 220 V, so mißt man an der für 110 Volt ausgelegten Primärwicklung einen Strom

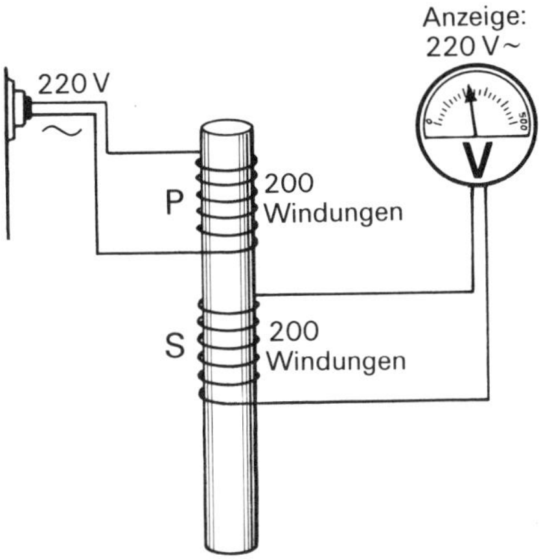

Bild 3.83 Übersetzungsverhältnis 1:1

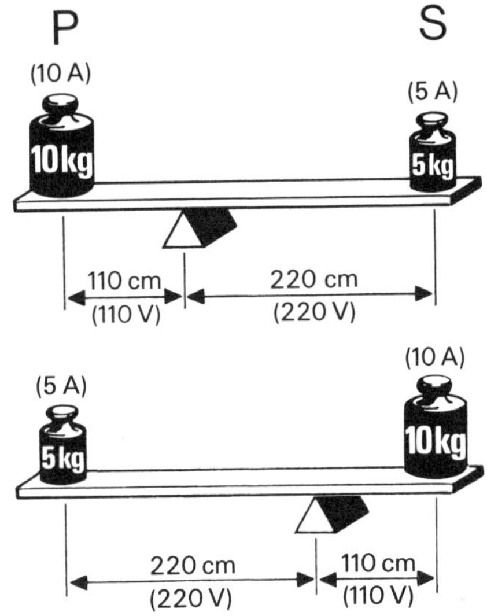

Bild 3.85 Vergleichende Darstellung der Übertragung

von 10 A. Nach der bekannten Leistungsformel P = U · I, entsprechend 220 V · 5 A bzw. 110 V · 10 A, ist das eine Leistung von 1100 W, die von der Primärseite geliefert, d. h. übertragen werden muß. Sehen wir uns die Ströme an, so verhalten sie sich umgekehrt wie die Spannungen bzw. die Windungszahlen: Großer Strom – kleine Spannung, kleiner Strom – große Spannung.

Diese Verhältnisse sind in Bild 3.85 anhand eines mechanischen Vergleichs noch einmal verdeutlicht. Ist der eine Hebelarm doppelt so lang wie der andere, dann ist Gleichgewicht vorhanden, wenn bei P das doppelte Gewicht wirkt wie bei S (obere Zeichnung). Ist bei P nur das halbe Gewicht wirksam, muß dort der Hebelarm doppelt so lang sein wie bei S (untere Zeichnung).

Einem Transformator kann man sekundärseitig mehrere Spannungen ent-

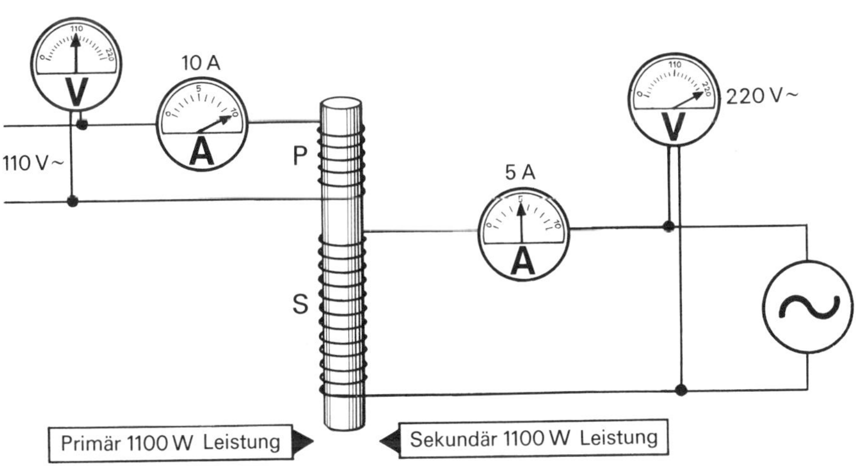

Bild 3.84 Die übertragene Leistung bleibt gleich

nehmen, wenn man z. B. entsprechende Sekundärwicklungen (S_1, S_2 und S_3) auf den Eisenkern bringt. Wieder verhalten sich die Sekundärspannungen zur Primärspannung wie die Windungszahlen zueinander (Bild 3.86).

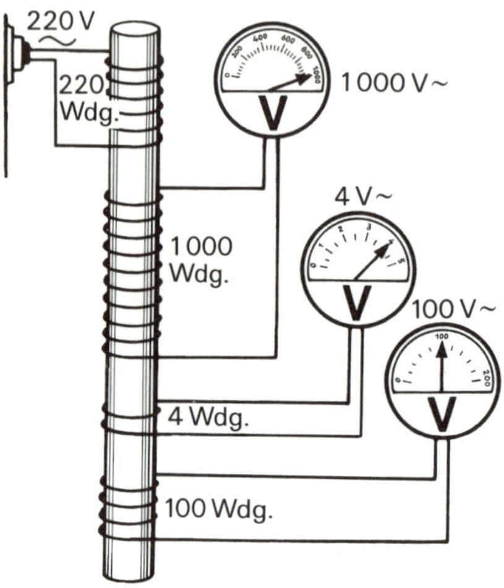

Bild 3.86 Übertragene Spannungen sind abhängig von der Windungszahl. Der Anschaulichkeit halber wurden hier die Windungszahlen gleich den Spannungswerten gesetzt. In der Praxis ergeben sich je nach Transformatortyp natürlich andere Zahlenwerte

Elektrisch bessere Verhältnisse als sie bei den primitiven Versuchstransformatoren vorliegen, werden mit einem geschlossenen Eisenkern erzielt. Beim offenen Eisenkern der Versuchstransformatoren verlieren sich nämlich die magnetischen Kraftlinien, auf die es sehr ankommt, größtenteils nutzlos im Raum. Man schließt den magnetischen Fluß deshalb in der Weise, daß dem Eisenkern z. B. eine Form gegeben wird, wie sie Bild 3.87 erkennen läßt.

Wegen der besseren räumlichen Ausnutzung verwendet man in der Praxis Transformator- oder (abgekürzt gesagt) Trafo-Kerne, deren Prinzip im Bild 3.88a und 3.88b gezeigt ist. Primär- und Sekundärwicklungen können übereinander oder auch nebeneinander und schließlich auch

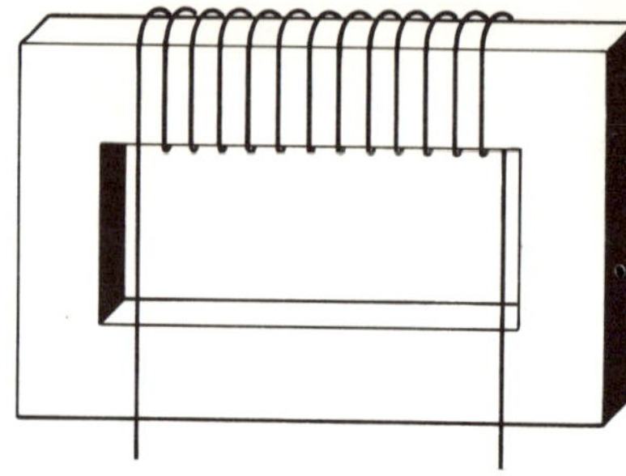

Bild 3.87 Spule auf geschlossenem Eisenkern

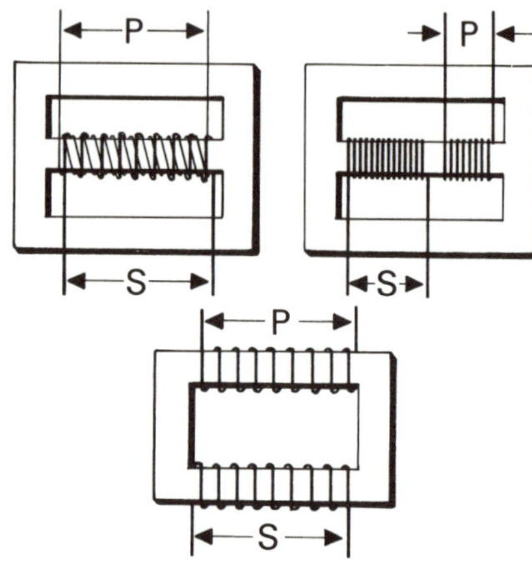

Bild 3.88a Mögliche Spulenanordnungen auf dem Eisenkern

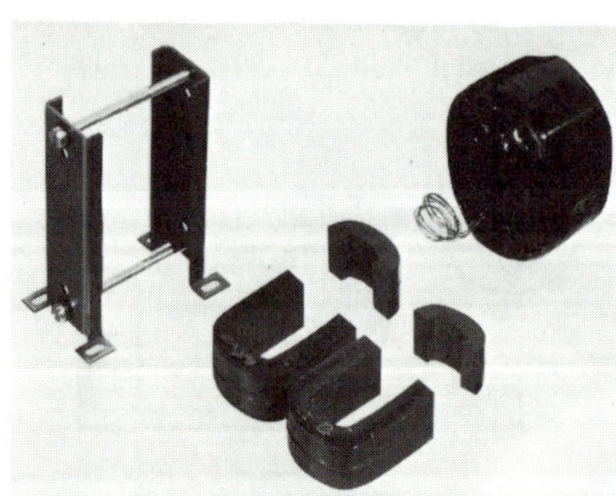

Bild 3.88b Aufbau eines Schnittbandkern-Transformators

getrennt auf zwei Schenkel gewickelt werden. In der praktischen Ausführung sieht das dann so aus, wie hier am Beispiel einiger Netztransformatoren für Rundfunkgeräte gezeigt ist (Bild 3.89). Der Eisenkern besteht aus gegeneinander durch eine Lack- oder Papierschicht isolierten Blechen. Dadurch werden die Wirbelstromverluste im Kern kleingehalten.

In Schaltbildern stellt man den Transformator (Bild 3.90) durch breite Linien und einen Strich zwischen den Primär- und Sekundärwicklungen dar. Der Strich soll den Eisenkern andeuten, die breiten Linien sind die Wicklungen.

Transformatoren werden für alle möglichen Zwecke hergestellt. Kleinere Ausfüh-

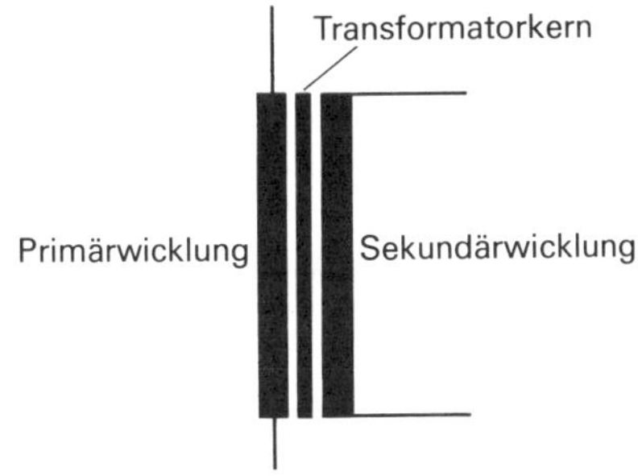

Bild 3.90 Schaltzeichen eines NF-Transformators mit Eisenkern

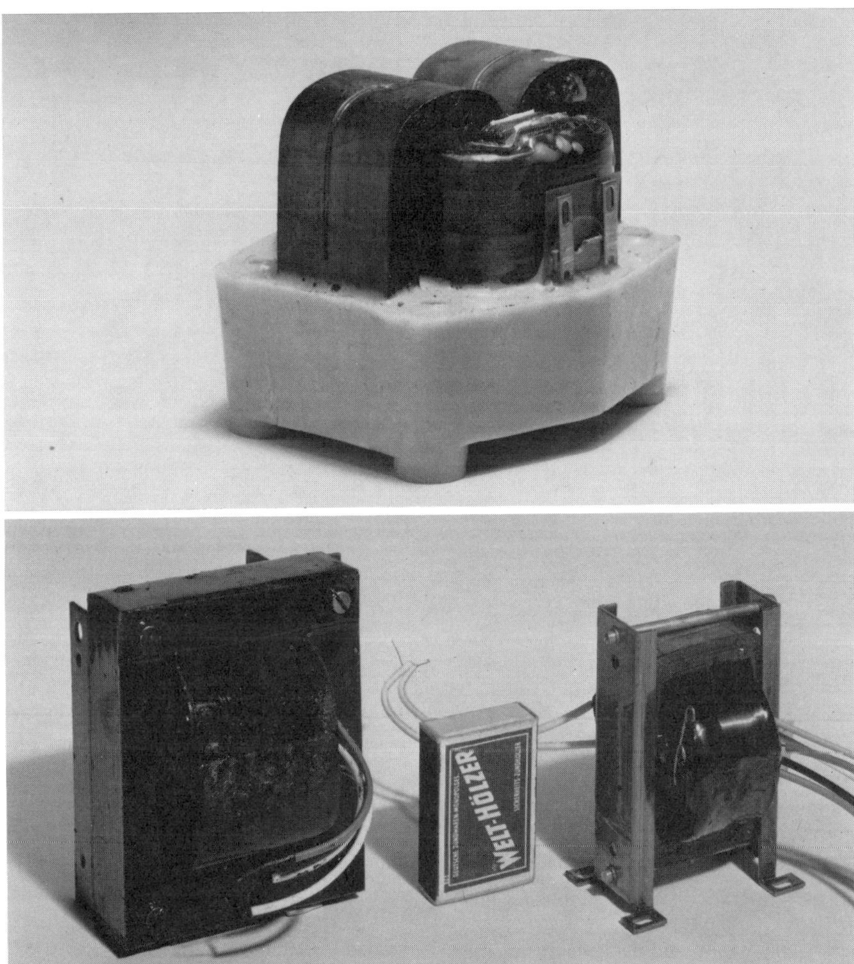

Bild 3.89 Verschiedene Transformatorausführungen für Rundfunk-, Fernseh- und Phonogeräte

rungen finden zahlreich Anwendung in der Rundfunk- und Fernsehtechnik. Wir werden später sehen, wo und wann. In vielen Haushalten wird ein Klingeltransformator benutzt (Bild 3.91), der die hohe Netzspannung von 220 V auf die ungefährliche Spannung von 4 oder 6 V herabsetzt. In der Elektrotechnik finden u. a. Riesentransformatoren Verwendung (Bild 3.92), die zum Hinauf- oder Herabsetzen großer Spannungen dienen, z. B. von 3000 V auf 30 000 V oder umgekehrt.

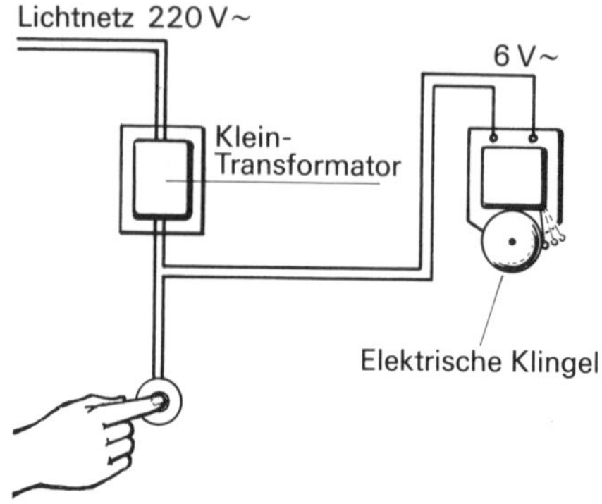

Bild 3.91 Kleintransformator in einer Klingelanlage

Bild 3.92 Großtransformator (links im Bild) einer Umspannstation zur Umsetzung von 110 kV auf 25 kV

3.15. Wichtiges kurz gesagt

1. Ohmsche Widerstände dienen als elektrische Bauelemente zur Beeinflussung von fließendem Strom. Ohmsche Widerstände sind reine Wirkwiderstände, da sie elektrische Leistung in Wärme umsetzen. Ihre elektrische Größe wird in Ohm angegeben.
2. Spannungsteiler sind hintereinandergeschaltete Widerstände, an denen entsprechend abgestufte Spannungen abgegriffen werden können.
3. Einstellbare Spannungsteiler nennt man Potentiometer, sie haben einen verstellbaren Schleifer, mit dem man die gewünschte Spannung zwischen den beiden Anschlüssen wählen kann.
4. Es gibt verschiedene Spezialwiderstände: NTC-Widerstände verändern ihren Widerstandswert bei steigender Temperatur nach kleineren Werten hin, wogegen PTC-Widerstände bei steigender Temperatur einen ebenfalls steigenden Widerstandswert aufweisen. VDR-Widerstände ändern ihren Widerstandswert je nach Größe der angelegten Spannung, und LDR-Widerstände haben eine lichtabhängige Widerstands-Charakteristik.
5. Kondensatoren bestehen im einfachsten Fall aus zwei voneinander isolierten Plat-

ten. Sie sperren Gleichstrom. Für Wechselstrom bilden sie dagegen einen frequenzabhängigen kapazitiven Widerstand.

6. Kondensatoren haben ein elektrisches Feld, das sich zwischen den Platten aufbaut, wenn an diesen eine Spannung liegt.

7. Das elektrische Feld wird durch Kraft- oder Feldlinien gekennzeichnet. Sie treten an der positiven Platte in den freien Raum aus und werden von der negativen Platte aufgenommen.

8. Kondensatoren können mit Gleichspannung geladen werden und Elektrizität speichern. Ihr Fassungsvermögen heißt Kapazität, die Maßeinheit ist das Farad.

9. Wird ein Kondensator über einen Widerstand geladen, geschieht das innerhalb einer bestimmten Zeit, die von den Werten der beiden Bauelemente abhängt. Die Ladezeit bis zu 63 % der angelegten Spannung bezeichnet man als Zeitkonstante. Sie gilt auch für die Restspannung (37 %), so daß z. B. nach fünf Zeitkonstanten der Kondensator mit etwa 99 % der angelegten Spannung geladen ist.

10. Für die Entladung eines Kondensators gelten die gleichen Überlegungen, d. h. nach einer Zeitkonstante beträgt seine Ladung noch 37 %.

11. Im Kondensator eilt der Strom der angelegten Spannung um 90 ° voraus, was als Phasenverschiebung bezeichnet wird.

12. Kondensatoren als elektrische Bauelemente gibt es in zahlreichen Ausführungen, z. B. als Wickelkondensatoren, als keramische Kondensatoren oder Elektrolytkondensatoren sowie als Drehkondensatoren für Einstell- und Abstimmzwecke.

13. Neben der Kapazitätsangabe spielt die Betriebsspannungsangabe eine wichtige Rolle. Man unterscheidet zwischen Hochvolt- und Niedervoltausführungen.

14. Spulen setzen Gleichstrom den ohmschen Widerstand ihres Drahts entgegen. Für Wechselstrom bilden sie dagegen einen frequenzabhängigen Widerstand, den man als »induktiv« bezeichnet.

15. Spulen erzeugen bei Gleich- und Wechselstromanschluß ein magnetisches Feld, das dem eines Magneten vergleichbar ist.

16. Das magnetische Feld wird durch Kraft- oder Feldlinien gekennzeichnet. Es baut sich um den stromdurchflossenen Draht auf und verläuft kreisförmig.

17. Formt man den Draht zu einer Spule, summieren sich die einzelnen Kraftlinienfelder. Dabei entsteht im Innern der Spule ein starkes Magnetfeld mit Nord- und Südpol. Die Kraftlinien treten am Nordpol in den freien Raum aus und werden vom Südpol wieder aufgenommen.

18. Beeinflußt man eine Spule mit einem Magneten, d. h. taucht diesen in die Spule hinein, so »induziert« man in der Spule eine Spannung. Zum gleichen Ergebnis kommt man, wenn die bewegte Spule die Kraftlinien eines Magneten schneidet.

19. Wird die Spule an eine Wechselspannung angeschlossen, so findet das Schneiden der Kraftlinien periodisch statt. Da jede Windung die andere beeinflußt, ergibt sich durch die »Selbstinduktion« eine Gegenspannung zur angelegten Spannung.

20. Eine magnetisch gekoppelte zweite Spule wird von der ersten Spule ebenfalls beeinflußt. Hier findet eine »Induktion« statt, und man kann an den Enden der zweiten Spule eine Spannung abnehmen. Das ist das Prinzip des Transformators.

21. Spulen werden auch als Induktivitäten bezeichnet, die Maßeinheit ist das Henry.

22. Auch in der Spule gibt es eine Phasenverschiebung, und zwar eilt der Strom hier der angelegten Spannung um 90 ° nach.

23. Spulen werden als elektrische Bauelemente in vielen Ausführungen hergestellt, z. B. als Hochfrequenzübertrager, Zwischenfrequenzfilter, Drosseln, Netztransformatoren, Ablenkeinheiten usw.

4. Elektronenröhren und ihre Arbeitsweise

4.1. Allgemeines

Die Anwendung von Elektronenröhren brachte dem Rundfunk in den zwanziger Jahren den großen Aufschwung. Mit ihnen konnten leistungsfähige Geräte gebaut werden, die dadurch in der Bedienung einfacher wurden und sich in der Empfangs- und Wiedergabequalität wesentlich besser erwiesen als ihre Vorgänger mit Kristalldetektoren. Elektronenröhren waren bis zum Erscheinen der Transistoren das einzige Verstärkerelement in der elektronischen Technik und können auf manchen Gebieten auch heute noch nicht ersetzt werden. Vereinfachend spricht man allgemein kurz von »Röhren«.

Röhren bestehen im Prinzip aus luftleergepumpten Gefäßen (zumeist aus Glas, weshalb man auch von Glaskolben spricht), in deren Vakuum sich mehrere voneinander isolierte Elektroden befinden. Es gibt darüber hinaus auch einige Ausführungen mit Stahlkolben sowie diverse gasgefüllte Spezialröhren. Je nach Anzahl der Elektroden oder Pole bezeichnet man Röhren als Dioden (Zweipolröhren), Trioden (Dreipolröhren), Pentoden (Fünfpolröhren) usw.

Ein bedeutendes Merkmal und zugleich die wichtigste Voraussetzung für die Funktion einer Röhre ist das Vakuum innerhalb ihres Kolbens. Nach dem Pumpvorgang werden durch das Verdampfen einer sogenannten Getterpille restliche Gasmoleküle gebunden. Die Getterpille wird von außen erhitzt und schlägt sich als blanker Metallspiegel an der Innenseite des Röhrenkolbens nieder.

Ein anderes Kennzeichen der Röhre ist ihre Heizung. Sie besteht aus einem Heizdraht, der von einem Röhrchen aus Bariumoxid umgeben ist, das erhitzt wird. Diese den Heizdraht eng umschließende Elektrode heißt Katode. Sie wird heute praktisch nur noch in der hier beschriebenen »indirekten« Weise geheizt. Früher gab es auch direkt geheizte Röhren, bei denen der Heizfaden durch Bedeckung mit Katodenmaterial gleichzeitig Katode war. Abgesehen von einigen Spezialröhren hat dieser Typ aber heute keinerlei Bedeutung mehr.

4.2. Prinzip der Röhre

In Kapitel 1 wurde das Fließen des elektrischen Stroms in metallischen Leitern behandelt. Wir erfuhren später außerdem, daß die freien Elektronen auch bei Widerständen, Spulen und Kondensatoren als Träger der Elektrizität einen Stromfluß ermöglichen. In allen Fällen handelt es sich um feste Körper bzw. Materialien.

Ganz andere Verhältnisse liegen dagegen bei der Röhre vor. Hier soll der elektrische Strom durch einen luftleergepumpten Raum fließen, in dem sich naturgemäß keine Elektronen befinden. Wir machen dazu ein gedankliches Experiment und stellen uns einen luftleeren Glaskörper vor, in dem ein Glühfaden als Katode und eine Metallfläche als Anode untergebracht sind.

4.2.1. Elektronenstrom im Vakuum

Wenn der Glühfaden in der erwähnten Glasröhre erhitzt wird, treten an seiner Oberfläche Elektronen aus. Sie werden emittiert, wie der Fachausdruck heißt, und schwirren in Mengen um den Glühfaden herum. An der Katode unserer »Versuchsröhre« herrscht daher ein Elektronenüberschuß (Bild 4.1).

An der mit dem Pluspol einer Batterie verbundenen Anode oben im Kolben der Röhre befindet sich ein Anziehungspunkt für die negativ geladenen Elektronen. Hier herrscht Elektronenmangel, und die von der Katode emittierten Elektronen versuchen ihn auszugleichen.

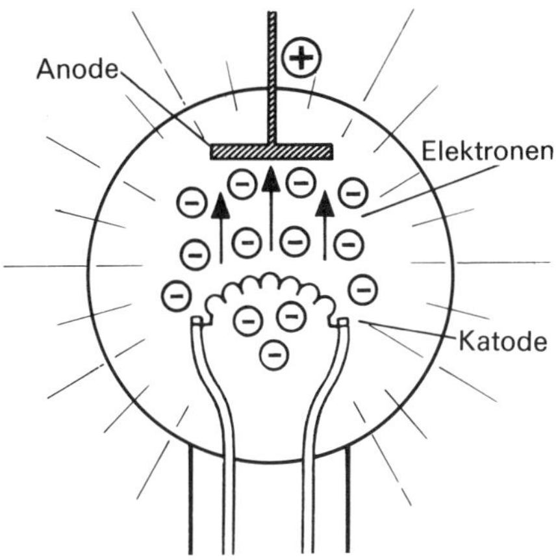

Bild 4.1 Die Elektronen werden vom heißen Glühfaden emittiert und von der positiven Anode angezogen

So kommt es, daß die Elektronen auf das positiv geladene Anodenblech zustreben und hierin verschwinden (Bild 4.1). Neue Elektronen stoßen nach. Der Stromkreis ist geschlossen. Wie Bild 4.2 zeigt, fließen die Elektronen vom Glühfaden durch das Vakuum der Röhre (1) über das Anodenblech (2) und die angeschlossene Leitung zur Batterie (3) und von dieser wieder zum Glühfaden (4). In diesem Fall wirkt die Spannungsquelle 3 wie eine elektrische Pumpe, die den Elektronenkreislauf aufrechterhält. Das in den Stromkreis gelegte Amperemeter zeigt an, wieviel Anodenstrom fließt.

Wenn wir die Batterie umgekehrt anschließen, so daß ihr Minuspol (über das Meßinstrument) mit der Anode verbunden ist, wird kein Strom im Anodenkreis fließen und das Instrument nicht ausschlagen (Bild 4.3). Und der Grund dafür? Am Minuspol (jetzt an der Anode) gibt es Elektronenüberschuß, so daß die vom Glühfaden kommenden Elektronen kräftig zurückgestoßen werden, denn gleichnamige Ladungen stoßen einander ab! Die aus der Katode austretenden negativen Elektronen können deshalb nicht zu einer negativen Anode fliegen.

Mit anderen Worten: Von der Anode aus wirkt jetzt ein elektrisches Feld auf die Elektronen ein, dessen Richtung entgegengesetzt zur angestrebten Elektronenrichtung ist.

Also gehört der Pluspol der Spannungsquelle an die Anode und der Minuspol an

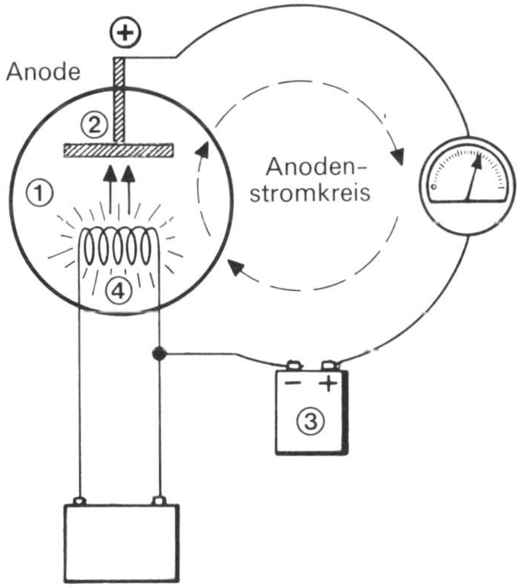

Bild 4.2 Geschlossener Anoden-Stromkreis: 1) Glühlampe, 2) Anoden-Anschluß, 3) Batterie, 4) Glühfaden

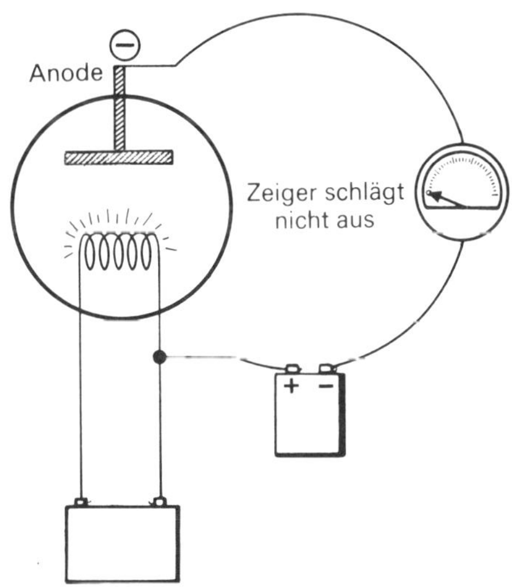

Bild 4.3 Bei Minuspol am Anoden-Anschluß fließt kein Elektronenstrom

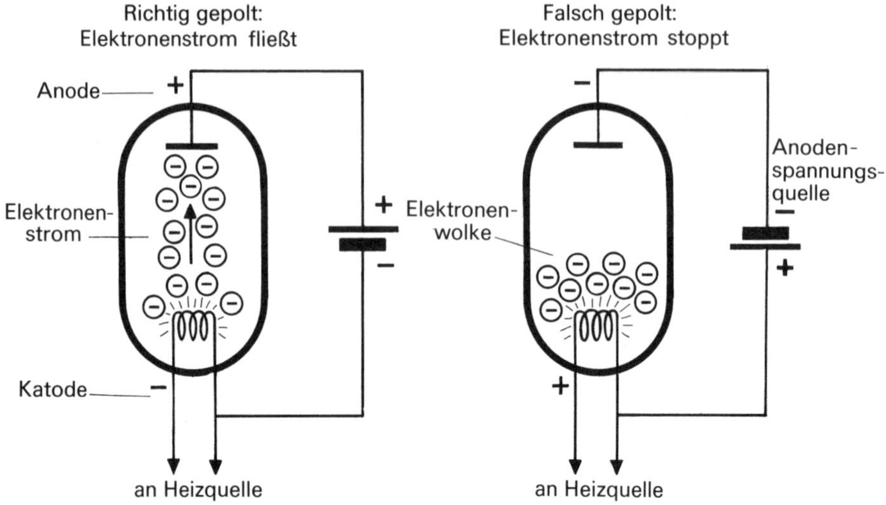

Bild 4.4 Richtige Polung der Anodenspannung ist maßgebend für den Stromfluß im Vakuum einer Röhre

die Katode, damit an der Anode ein Elektronenmangel und an der Katode ein Elektronenüberschuß auftreten und somit ein Strom fließen kann. Bild 4.4 zeigt das nochmals in einer Zusammenfassung.

4.2.2. Elektronen lassen sich steuern

Wir verlassen nun die bildliche Darstellungsweise der »Lampen-Röhre«. Als Übergangshilfe zum technischen Symbol in Bild 4.6 dient die Darstellung in Bild 4.5, die schematisch den Aufbau der ersten

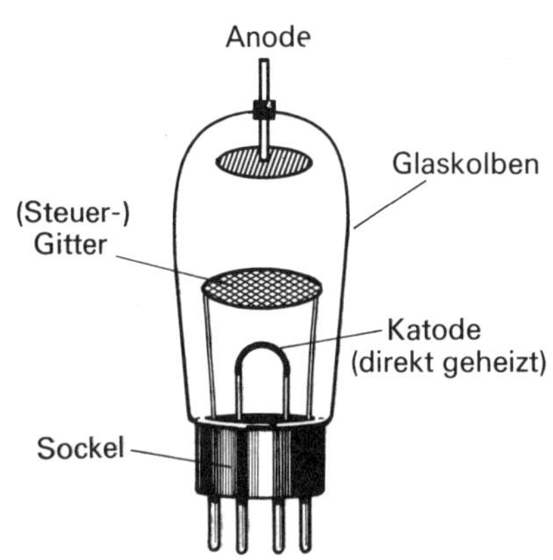

Bild 4.5 Prinzipaufbau einer Triode oder Dreipolröhre

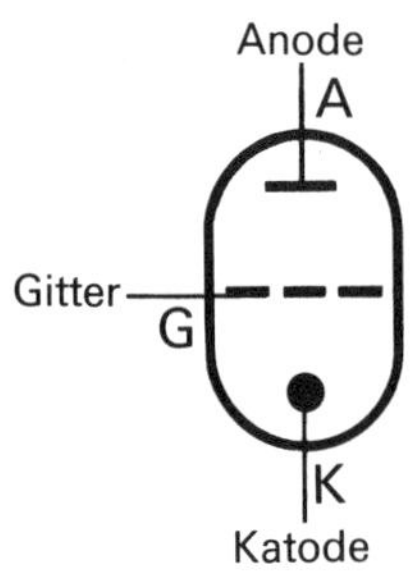

Bild 4.6 Schaltzeichen einer Triode

Radioröhren vom Typ der Triode symbolisiert. Man baute zwischen Katode und Anode ein sogenanntes Gitter ein und heizte die Röhre direkt mit einer Spannung, die natürlich nicht aus dem Lichtnetz entnommen, sondern von einer Heizbatterie geliefert wurde. Später ging man dann zur indirekten Heizung und Wechselstromspeisung über.

Wir geben nun dem Gitter eine negative Ladung, indem wir eine Batterie zwischen Gitter und Katode einsetzen (Bild 4.7). Was hat das für Folgen? Die auf dem Gitter vorhandenen Elektronen stoßen die von der Katode kommenden Elektronen zurück. Nur ganz wenigen dieser Elektronen gelingt es, noch bis zur Anode durch-

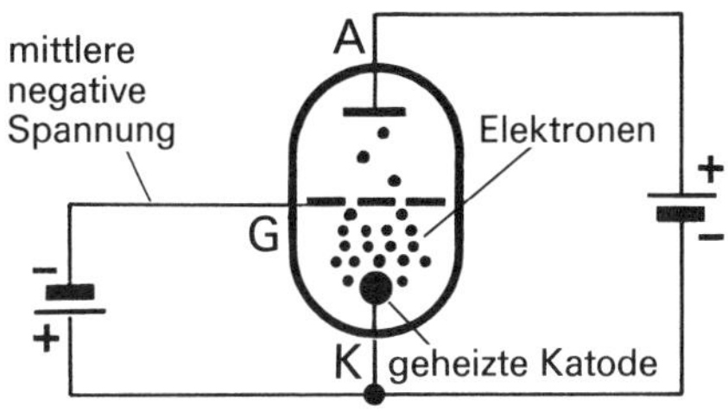

Bild 4.7 Mittlere negative Gittervorspannung erlaubt einen nur kleinen Elektronenstrom

zudringen. Der Elektronenstrom ist deshalb sehr klein..

Befinden sich aber nur wenige sperrende Elektronen auf dem Gitter (geringe negative Ladung), so gelingt es fast allen von der Katode kommenden Elektronen, durch das Gitter hindurch die anziehende Anode zu erreichen. Der Elektronenstrom zwischen Katode und Anode ist in diesem Fall (Bild 4.8) relativ groß.

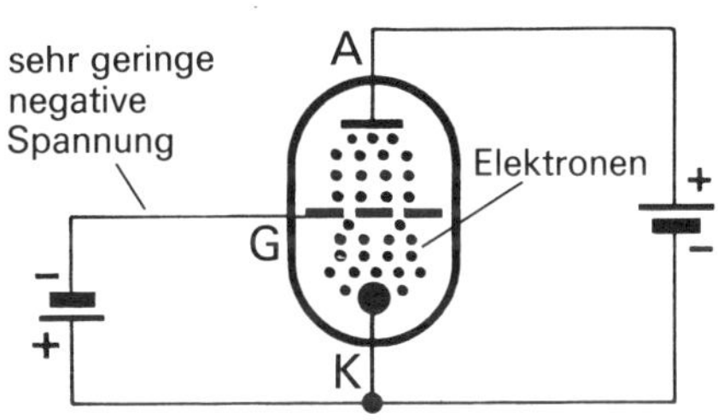

Bild 4.8 Sehr geringe negative Gittervorspannung hat einen großen Elektronenstrom zur Folge

Ist das Gitter dagegen sehr stark mit sperrenden Elektronen besetzt, kann es den aus der Katode austretenden Elektronen völlig den Weg versperren (Bild 4.9). Je nachdem wie stark das Gitter mit Elektronen besetzt ist, wird der Elektronenstrom innerhalb der Röhre also klein oder groß sein. Mit einem Milliamperemeter kann der jeweils fließende Strom im Anodenkreis gemessen werden.

Das Gitter der Röhre wirkt daher wie ein mehr oder weniger geöffnetes Tor für den Elektronenstrom, der durch die am Gitter wirksame Spannung »gesteuert«

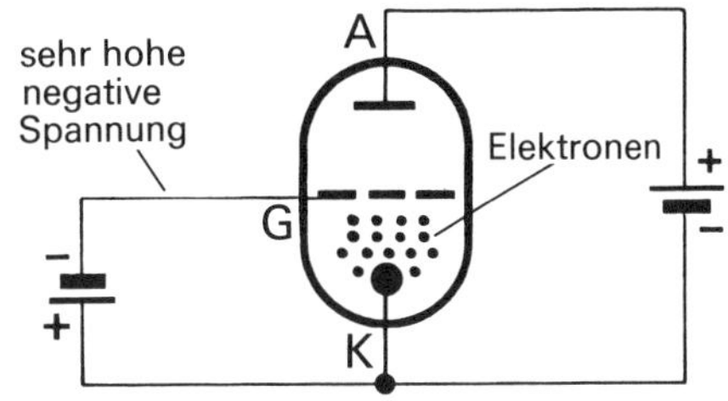

Bild 4.9 Sehr hohe negative Gittervorspannung sperrt den Elektronenstrom ganz

werden kann. Im praktischen Betrieb erhält das Gitter eine bestimmte negative Grundspannung, die man als »Gittervorspannung« bezeichnet.

Führt man dem Gitter zusätzlich zur festen Vorspannung eine Wechselspannung zu, so wird die wirksame Gesamtgittervorspannung abwechselnd positiver oder negativer werden (Bild 4.10). Die an das Gitter gelegte Wechselspannung (sie braucht nur schwach zu sein) beeinflußt deshalb

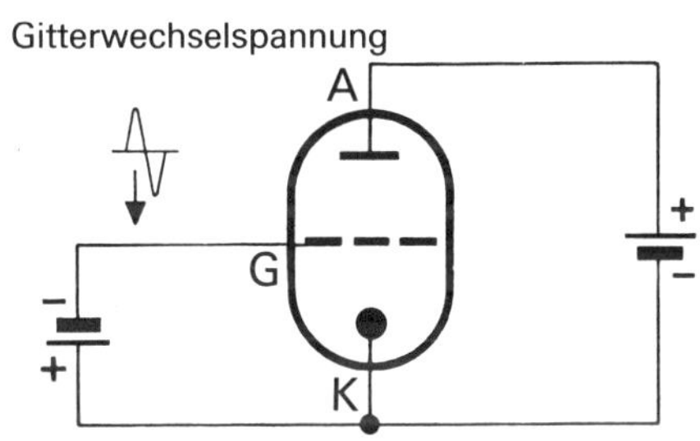

Bild 4.10 Wechselnde Gitterspannung steuert den Elektronenstrom im entsprechenden Sinn

den Elektronenstrom und ruft einen kräftig schwankenden, d. h. größer und kleiner werdenden Anodenwechselstrom hervor. Dies gibt einen ersten Hinweis auf die Verstärkerwirkung der Röhre.

4.3. Gleichrichtung mit Dioden

Gleichrichter dienen dazu, aus Wechselspannungen Gleichspannungen zu machen. Verschiedene Hilfsmittel stehen hierfür zur Verfügung. Man verfährt grundsätzlich so, daß man in die Schaltung ein elektrisches

Ventil einsetzt, das z. B. nur positive Spannungsanteile durchläßt. Wie solche Ventile als elektrische Schaltzeichen aussehen, veranschaulicht Bild 4.11.

Bild 4.11 Schaltzeichen eines elektrischen Ventils (Diode)

Wie wir schon wissen, ist innerhalb der Röhre ein Stromfluß nur zwischen Katode und Anode in einer Richtung möglich. Die nötige Spannungsquelle liegt mit ihrem Pluspol an der Anode (Saugwirkung) und mit ihrem Minuspol an der Katode der Röhre. In Bild 4.12 ist das Schaltzeichen der einfachen (gitterlosen) Röhre angegeben, einer Diode oder Zweipolröhre.

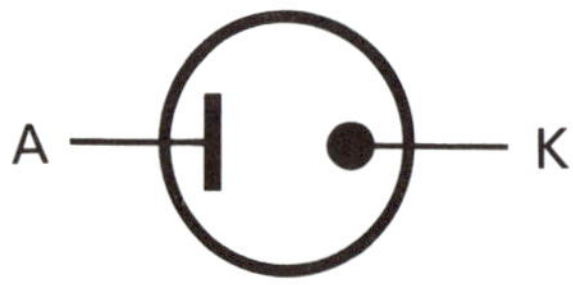

Bild 4.12 Schaltzeichen einer Röhrendiode

Legt man an die Anode eine Wechselspannung (Bild 4.13), dann fließt ein pulsierender Gleichstrom durch die Röhre, der am Widerstand in der Katodenleitung positive Halbwellen entstehen läßt.

Die Erklärung ist einfach: Nur in dem Augenblick, in dem eine positive Halbwelle an der Anode liegt, kann ein Elektronenstrom in der Röhre zustande kommen. Für die Dauer der negativen Halbwelle fließt kein Strom, weil die Anode dann keine Elektronen anziehen kann. Die Röhre wirkt demnach als elektrisches Ventil mit nur einer Stromrichtung.

Um die Röhre zu heizen, genügt zumeist eine niedrige Spannung, deren Höhe typenabhängig ist und z. B. 6,3 V betragen kann. Sie wird vielfach von einem Transformator geliefert (Bild 4.14). In älteren Fernsehgeräten sind in der Regel die Heizfäden

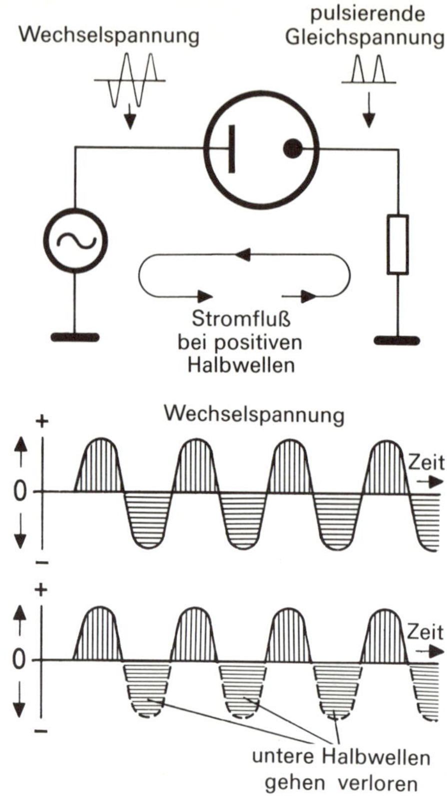

Bild 4.13 Prinzip der Einweg-Gleichrichtung. Es entsteht eine »pulsierende« oder »wellige« Gleichspannung

aller Röhren in Reihe geschaltet und werden über einen Vorwiderstand direkt aus dem Lichtnetz geheizt. In modernen Fernsehempfängern und Rundfunkgeräten hat

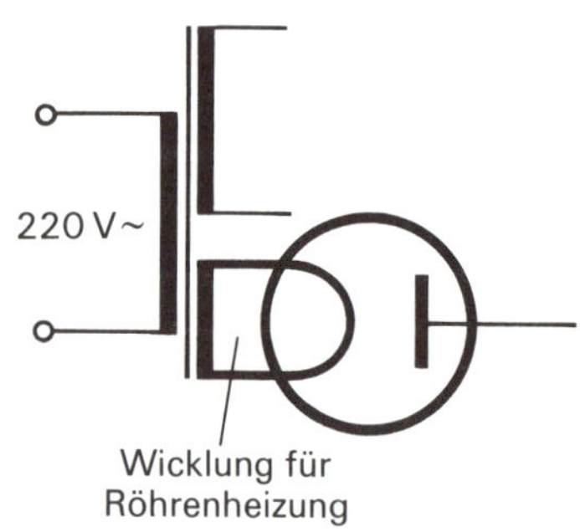

Bild 4.14 Die Röhrendiode wird aus dem Transformator geheizt

Wunschzettel Annelise

- Villeroy &. Boch: Muster "Wildrose"

  1 Fondueteller

- Juvena Duschmittel (H)
- Schminktäschchen
- 1 ~~2~~ Bestecke für Urlaub von Villeroy & Bosch:
  Mariposa oder ~~Alt Luxemburg~~ Edelstahl mit Bone China Griffen:

  1 ~~2~~ Messer, je 49,50 DM
  1 ~~2~~ Gabeln, je 49,50 DM
  1 ~~2~~ Kaffeelöffel, je 40,-- DM

- Bestecktasche für 2 Bestecke
- Schmucketui für die Reise
- Pullover mit spitzem Ausschnitt, rot
- Briefkarten mit Motiven (H)
- Cocktailschürze

man die Gleichrichterröhren heute ausnahmslos durch Halbleiterdioden ersetzt.

Man entnimmt dem Netztransformator außerdem die gleichzurichtende Wechselspannung, die durch Transformation innerhalb gewisser Grenzen beliebig hoch oder niedrig gemacht werden kann. Einen entsprechenden Wert hat dann auch die gleichgerichtete Spannung. Die durch diese Einweg-Gleichrichtung (Bild 4.15) erhaltene, stark wellige Gleichspannung glättet man mit Hilfe eines Elektrolytkondensators.

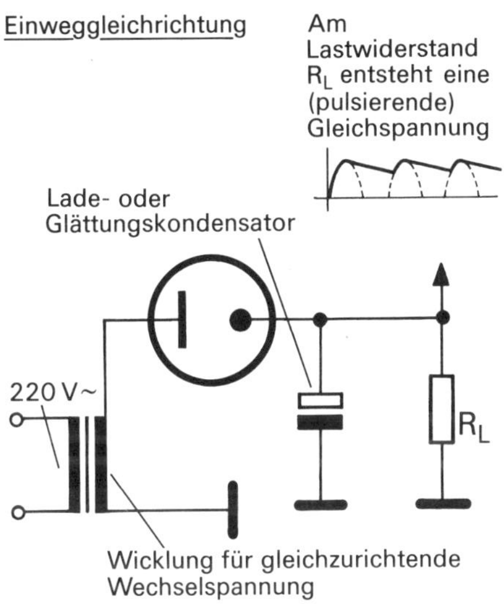

Bild 4.15 Einweg-Gleichrichterschaltung. Nur bei jeder positiven Halbwelle der Wechselspannung von z. B. 250 V fließt der Strom durch die Diode

Statt nur einer Gleichrichterröhre kann man auch zwei verwenden und erhält damit eine Zweiweg-Gleichrichtung. Zweckmäßigerweise sind beide Anoden und Katoden in einer Röhre zusammengefaßt und ergeben so die Zweiweg-Gleichrichterröhre. Die Gleichrichterschaltung mit dieser Röhre sieht dann so aus, wie in Bild 4.16 gezeigt.

Während bei der Einweg-Gleichrichtung nur ein elektrisches Ventil vorhanden ist und damit nur eine Halbwelle der Wechselspannung durchgelassen wird, weist der Zweiweg-Gleichrichter zwei Ventile auf. Sie sind abwechselnd in Betrieb, d. h. wenn ein Ventil sperrt, ist das andere geöffnet. Es werden dadurch im Prinzip beide Halbwellen der zugeführten Wechselspannung durchgelassen. In Bild 4.17 ist dies sche-

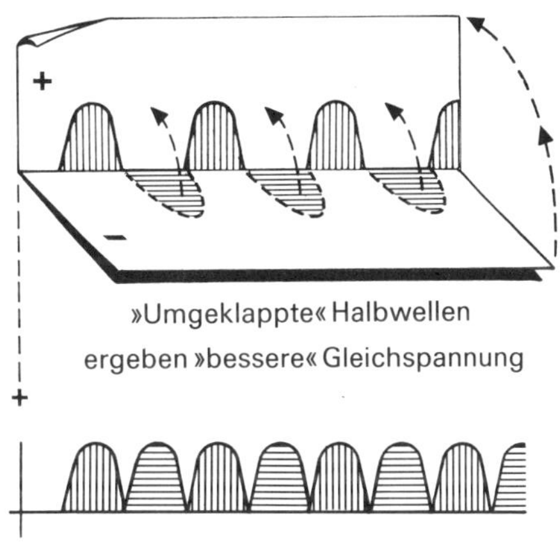

Bild 4.17 Prinzip der Zweiweg-Gleichrichtung

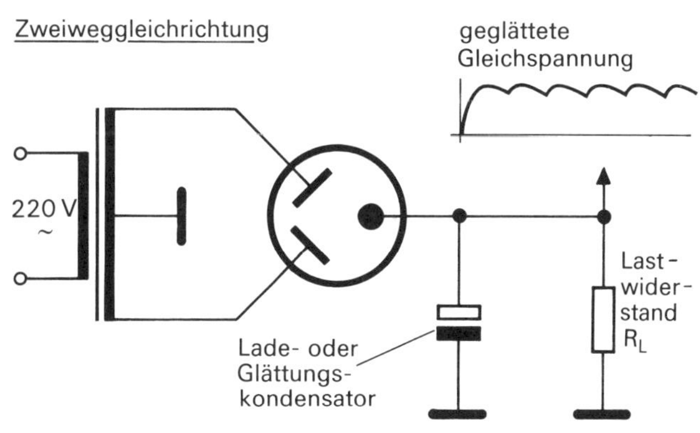

Bild 4.16 Zweiweg-Gleichrichterschaltung. Die Mittelanzapfung des Transformators von z. B. 2 × 250 V liegt an Masse, dadurch steht bei jeder Halbwelle der Wechselspannung eine »öffnende« positive Halbwelle an einer der beiden Anoden, so daß ein ständiger Strom fließt

matisch gezeigt. Dabei werden die unteren Halbwellen nach oben »umgeklappt«.

Der Zweiweg-Gleichrichter mit nachgeschaltetem Glättungs-Kondensator liefert eine fast schon reine Gleichspannung (Bild 4.18). Die ungeglättete Kurve verläuft von 0 beginnend über A, B, C, D, E usw. Der Kondensator wird in dem zwischen 0 und A liegenden Zeitraum geladen und in der Zeit zwischen A und B nur geringfügig entladen, so daß die Kurve nicht auf B absinkt, sondern nur langsam bis C fällt. In diesem Augenblick wird der Kondensator durch die nächste Halbwelle wieder geladen (C–D), und der Vorgang beginnt von neuem. Eine zusammenfassende Darstellung ist in Bild 4.19 gegeben.

Eine weitere Gleichrichterschaltung ist in Bild 4.20 angegeben, es ist die Brücken- oder Graetzschaltung. Bei ihr sind vier Ventile vorhanden, durch die (je nach Polung) die entsprechenden Halbwellen der Wechselspannung fließen.

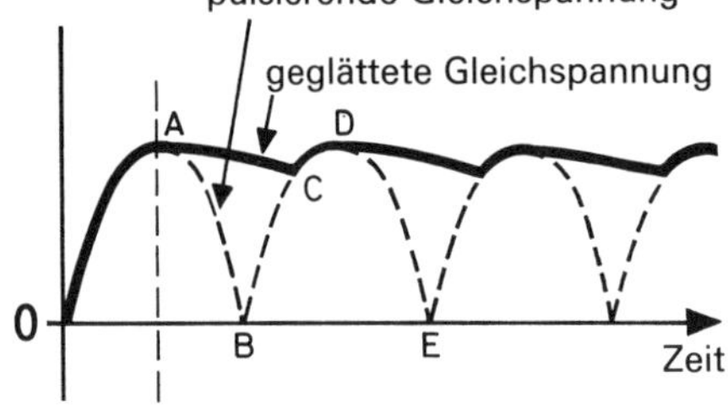

Bild 4.18 Schema der Umwandlung. Kondensatoren machen mit ihrer Speicherwirkung aus der pulsierenden Gleichspannung eine geglättete Gleichspannung

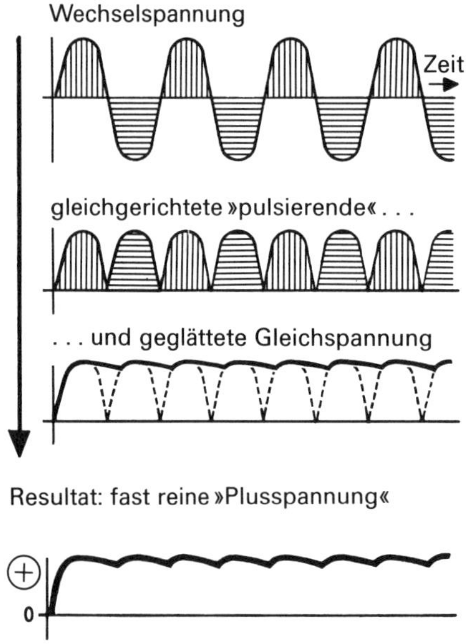

Bild 4.19 Einzelphasen der Gleichrichtung

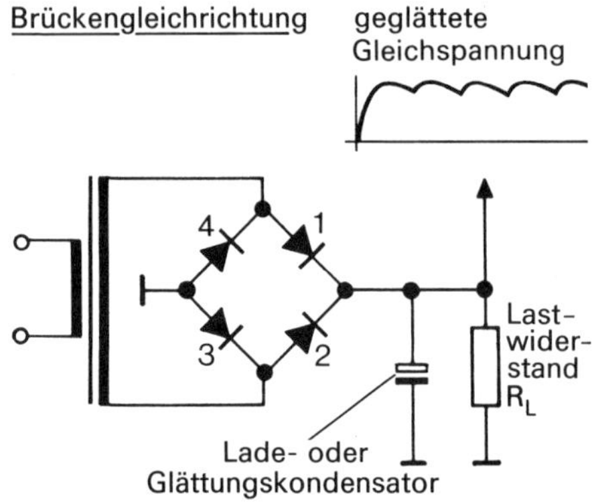

Bild 4.20 Brücken-Gleichrichterschaltung. Die 250-V-Wechselspannung wird je einen Diagonalzweig zugeführt. Beispiel: Diode 1 durch positive Halbwelle geöffnet, gleichzeitig Diode 4 gesperrt; Diode 3 durch negative Halbwelle geöffnet (Verbindung nach Masse) und Diode 2 gesperrt.

4.4. Verstärkung mit Trioden und Pentoden

Hauptaufgabe der Röhre ist in der Regel die Verstärkung von Wechselspannungssignalen. Sie vermag sowohl schwache Senderwellen (Hochfrequenzverstärkung) als auch schwache Tonfrequenzen zu verstärken (Niederfrequenzverstärkung). Desgleichen wird bzw. wurde sie in der Impulstechnik als Verstärkerelement sowie als elektronischer Schalter verwendet (z. B. in den Ablenkstufen von Fernsehgeräten). In der Anfangszeit des Rundfunks war ein und derselbe Röhrentyp »Mädchen für alles«; später entwickelte man die verschiedenartigsten Typen für alle nur denkbaren Anwendungen (Bild 4.21 und 4.22).

Um die Arbeitsweise der Röhre besser verstehen zu können, müssen wir uns ein wenig mit der Theorie beschäftigen.

Bild 4.21 »Radio-Röhre« aus der Anfangszeit des Rundfunks in den zwanziger Jahren ►

Bild 4.22 Valvo-Elektronenröhren moderner Bauart für die letzte Generation der noch mit Röhren arbeitenden Rundfunk- und Fernsehempfänger

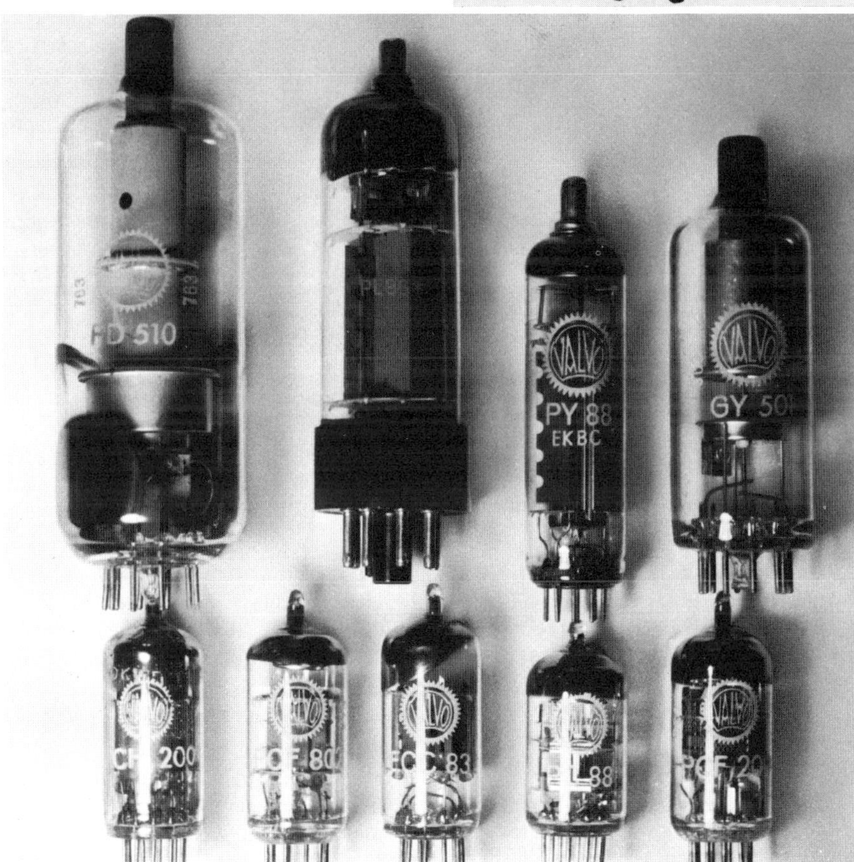

4.4.1. Kennlinien

Zu jeder Röhre gehören sogenannte Kennlinien. Sie geben Auskunft über die wichtigsten Eigenschaften. Wir wollen uns zunächst mit der I_a/U_g-Kennlinie einer Triode vertraut machen und dabei den Zusammenhang zwischen Gitterspannung, Anodenstrom und Anodenspannung kennenlernen. Zur Aufnahme der Kennlinie (oder Charakteristik) einer Triode benötigt man die in Bild 4.23 angegebene Schaltung. Die Messung des Anodenstroms erfolgt mit einem Milliamperemeter im Anodenstromkreis; Gitter- und Anodenspannung werden an zwei entsprechend geschalteten Voltmetern abgelesen.

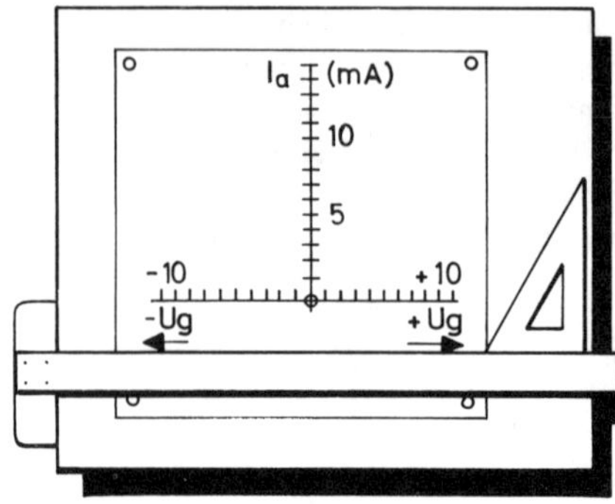

Bild 4.24 Gitterspannung und Anodenstrom werden in ein waagerechtes und senkrechtes Koordinatensystem eingetragen.

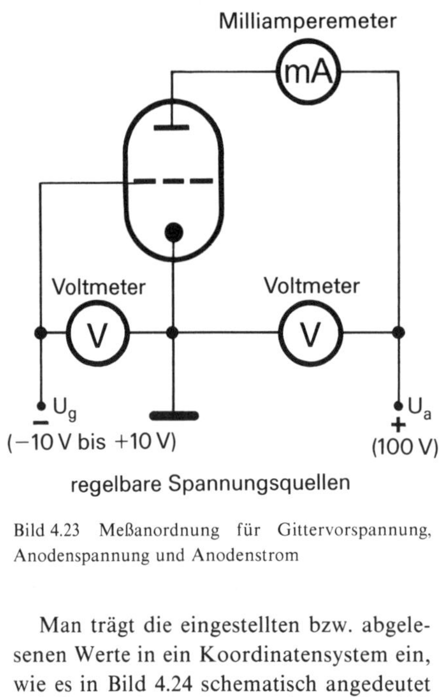

Bild 4.23 Meßanordnung für Gittervorspannung, Anodenspannung und Anodenstrom

Man trägt die eingestellten bzw. abgelesenen Werte in ein Koordinatensystem ein, wie es in Bild 4.24 schematisch angedeutet ist. Die waagerechte Linie ist in Gitterspannungswerten unterteilt; von einem mittleren Nullpunkt aus werden nach rechts positive Werte und nach links negative Werte aufgetragen. Die durch den Nullpunkt der Waagerechten geführte Senkrechte ist in Milliamperewerten unterteilt.

In der Praxis vermeidet man normalerweise den Bereich der positiven Gitterspannungen und arbeitet nur im negativen Teil! Bei negativen Spannungswerten kann das Gitter nämlich »leistungslos« gesteuert werden, so daß keine Energie für die resultierenden Anodenströme bzw. -stromänderungen aufgebracht werden muß. Dies gehört zu den größten Vorteilen der Röhre. Erst wenn man in den Bereich der positiven Gitterspannungen hineinkommt, zieht das Gitter auch Elektronen an, und es fließt ein »Gitterstrom«. Die Steuerung ist dann nicht mehr leistungslos, und es treten unerwünschte Verzerrungen und andere Nachteile auf. Man vermeidet daher diesen Betriebszustand. Lediglich in speziellen Schaltungen (Impulstechnik) nutzt man ihn absichtlich aus. – Doch nun weiter mit unserer Kennlinie.

Die gefundenen Punkte verbindet man durch eine Linie und erhält so die Kennlinie der Röhre (Bild 4.25). Sie gilt allerdings nur für die angelegten 100 V Anodenspannung. Bei einer Anodenspannung von etwa 50 V würde sie mehr nach rechts verschoben sein, wie Bild 4.25 zeigt.

Die soeben aufgenommene »Gitterspannungs-Anodenstrom-Kennlinie« einer Triode verläuft je nach den Röhreneigenschaften steiler oder flacher (Bild 4.26). Je

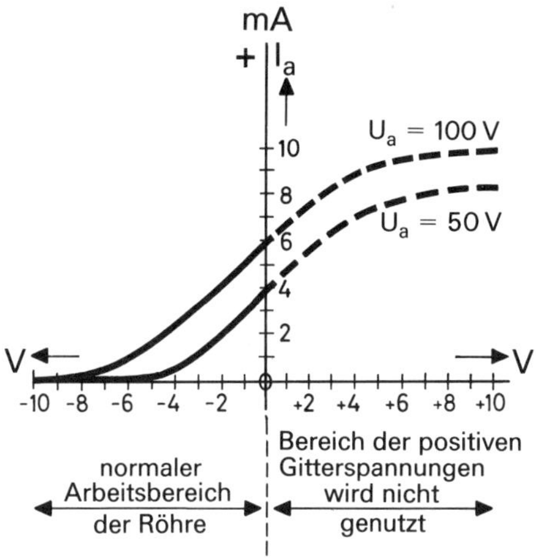

Bild 4.25 Kennlinien bei verschiedenen Anodenspannungen

steiler und geradliniger im Prinzip die Kennlinie verläuft, um so günstiger ist die entsprechende Röhre für Verstärkungszwecke. Ihre »Steilheit« ist also ein wichtiges Maß. Das wird am folgenden Beispiel erläutert.

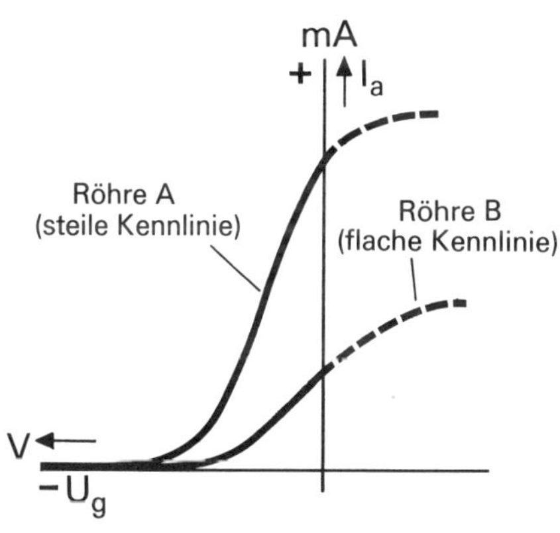

Bild 4.26 Röhren können unterschiedlich »steile« Kennlinien haben

Man führt dem Gitter der Röhre zuerst eine feste negative Spannung zu, um damit auf der Kennlinie einen günstigen »Arbeitspunkt« festzulegen (Bild 4.27). Das Gitter wird mit dieser negativen Spannung gegenüber der Katode als Bezugspunkt gewissermaßen vorgespannt, und man nennt sie deshalb (wie schon in Abschnitt 4.2.2. erwähnt) Gittervorspannung. Sie soll in unserem Beispiel —2,5 V betragen. Um diese Vorspannung herum pendelt nun eine zugeführte Wechselspannung.

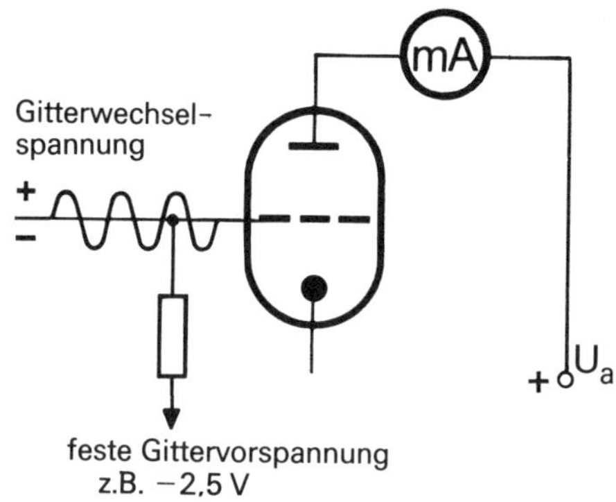

Bild 4.27 Die Röhre wird am Gitter mit einer Wechselspannung angesteuert, die um einen festen Arbeitspunkt pendelt. Dieser wird durch eine zugeführte Spannung eingestellt.

Übrigens läßt sich die Gittervorspannung auch »automatisch« erzeugen, wenn ein entsprechend nach Bild 4.28 bemessener Widerstand in die Katodenleitung eingefügt wird. Der Röhrenstrom ruft an ihm einen Spannungsabfall hervor, der z. B. bei 10 mA und 250 Ω einen Wert von 2,5 V hat. Das Gitter liegt in diesem Fall über ei-

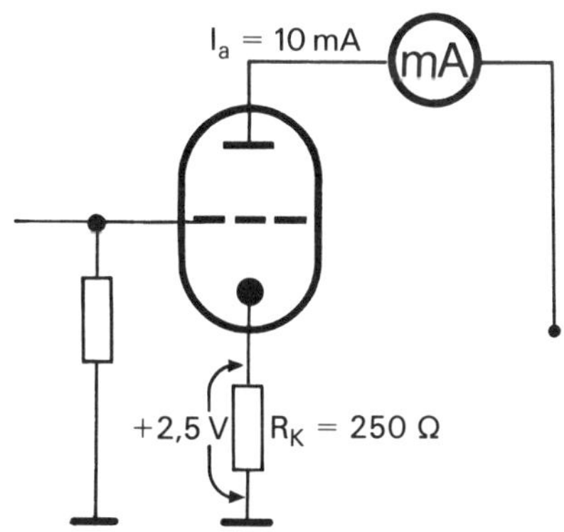

Bild 4.28 Der Arbeitspunkt kann sich auch »automatisch« durch einen Katodenwiderstand einstellen

nen hochohmigen Widerstand am Minuspol der Schaltung, so daß die Katode +2,5 V »höher« als das Gitter bzw. dieses um −2,5 V »niedriger« als die Katode ist.

Je steiler die Kennlinie einer Röhre ist, um so größer sind die auftretenden Stromänderungen und desto besser verstärkt sie. Im Bild 4.29 ist ihre Arbeitsweise theoretisch erklärt: Die schwachen, dem Gitter der Röhre zugeführten Wechselspannungen treten verstärkt als Änderungen des Anodenstroms in Erscheinung.

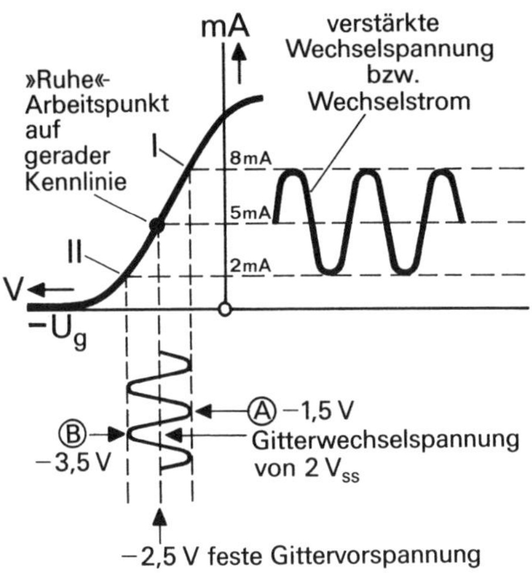

Bild 4.29 Ist die Kennlinie gerade und der Arbeitspunkt günstig gewählt, wird die Gitterwechselspannung unverzerrt verstärkt

Neben der Steilheit bestimmen zwei weitere wichtige Kennwerte das Verhalten der Röhre, und zwar der »Durchgriff« und der »Innenwiderstand«. Der Durchgriff ist ein Maß für die Rückwirkung der Anodenspannung auf die Gitterspannung und wird in Prozenten angegeben. Der Innenwiderstand ist der Widerstand zwischen Anode und Katode der Röhre. Die gegenseitigen Beziehungen der drei Röhrenkennwerte Steilheit (S), Durchgriff (D) und Innenwiderstand (R_i) sind in der »Barkhausenschen Röhrenformel« beschrieben:

$$S \cdot D \cdot R_i = 1$$

Eine besondere Bedingung für zufriedenstellendes Arbeiten der Röhre ist die Geradlinigkeit der Kennlinie. (Man sorgt sowieso durch geeignete Wahl der Gittervorspannung dafür, daß nur auf dem geradlinigen Teil der Kennlinie gearbeitet wird, denn Krümmungen zeigt praktisch jede Kennlinie, besonders zu Beginn und am Ende.) Wird der gekrümmte Teil der Kennlinie zur Verstärkung herangezogen, dann zeigt das verstärkte Spiegelbild der Kurve entsprechend starke Verzerrungen (Bild 4.30 und 4.31).

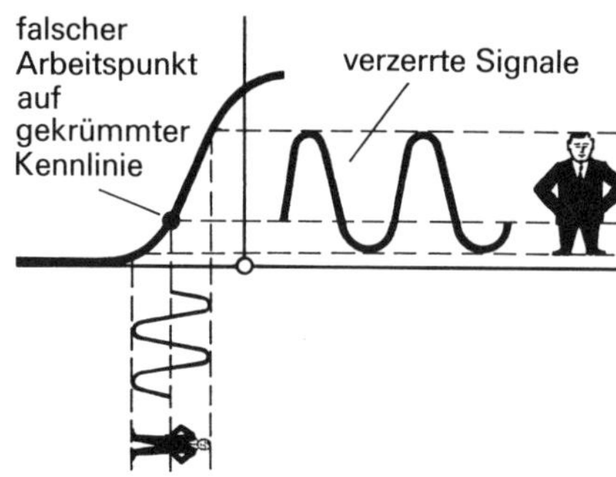

Bild 4.30 Gekrümmte Kennlinie und falscher Arbeitspunkt haben starke Verzerrungen der verstärkten Wechselspannung zur Folge

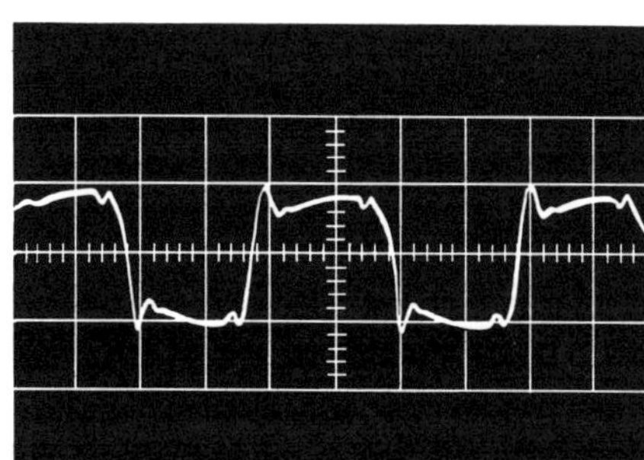

Bild 4.31 Oszilloskopbild eines verzerrten Signals

Bis jetzt wurden im Anodenkreis nur Stromschwankungen festgestellt. Es sollen aber – um eine Spannungsverstärkung zu erhalten – auch entsprechende Spannungsschwankungen auftreten. Man fügt daher in den Anodenkreis einen Widerstand ein, der als Anodenwiderstand, Außenwiderstand oder Lastwiderstand bezeichnet wird. Fließt der im Rhythmus der Gitterwechselspannung schwankende Anodenstrom durch diesen Widerstand, so fällt an ihm (nach dem Ohmschen Gesetz) eine Spannung ab. Das Maß der Verstärkung wird durch das Verhältnis von zugeführter Spannung am Gitter zur abgenommenen Spannung an der Anode ausgedrückt und Verstärkungsfaktor genannt.

Wie aus Bild 4.29 zu ersehen ist, ruft die positive Gitterspannungshalbwelle einen großen Anodenstrom hervor, die negative Halbwelle dagegen einen kleinen. Die an der Anode momentan wirksame Spannung ist in Bild 4.32 bei einer positiven Gitterspannungshalbwelle daher niedrig und bei einer negativen Gitterspannungshalbwelle hoch. Gitterwechselspannung und Anodenwechselspannung haben deshalb eine entgegengesetzte Polarität. Man bezeichnet diese Erscheinung als Phasendrehung von 180°.

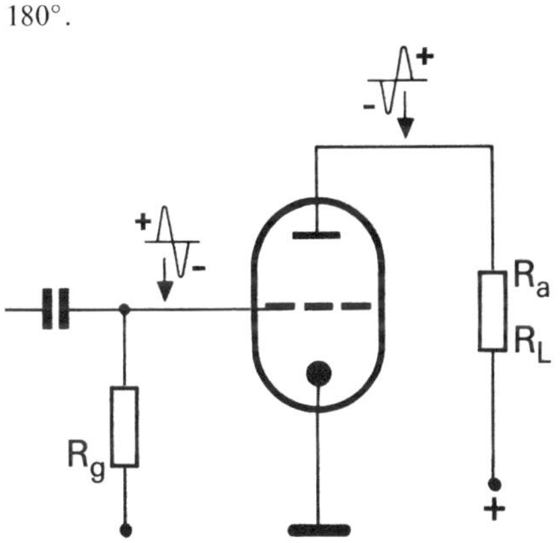

Bild 4.32 Beispiel für die 180°-Phasendrehung der verstärkten Wechselspannung. In dieser Verstärkerstufe entsteht am Außenwiderstand (R_a oder R_L) eine Spannung, deren Polarität eine entgegengesetzte Phasenlage zu der am Steuergitter wirksamen aufweist

4.4.2. Von der Triode zur Pentode

Trioden haben aufgrund ihrer Bauart in einigen Anwendungsfällen gewisse Nachteile. Hierzu gehört einmal ihr kleiner Innenwiderstand, der sich aus Anodenspannung geteilt durch Anodenstrom errechnet (z. B. 100 V : 0,01 A = 10 kΩ). Als weiterer Nachteil kommt bei der Triode hinzu, daß sich ihre Anodenspannung durch eine bestimmte Rückwirkung ungünstig auf die Funktion des Gitters auswirken kann.

Abhilfe bringt eine Abschirmung zwischen Anode und Gitter. Sie muß aber die Elektronen hindurchlassen und bekam deshalb ebenfalls die Form eines Gitters. Gemäß seiner Aufgabe wurde es Schirmgitter genannt und an positive Spannung gelegt (Bild 4.33). Das Schirmgitter hat eine doppelte Wirkung: Der Einfluß der Anodenspannung auf den Elektronenstrom wird herabgesetzt (dies hat eine größere Verstärkung der Röhre zur Folge), und die unerwünschte Anoden-Gitter-Kapazität wird viel kleiner und sinkt von 1,5 bis 2,5 pF bei Trioden auf 0,001 bis 0,005 pF bei »abgeschirmten« Röhren.

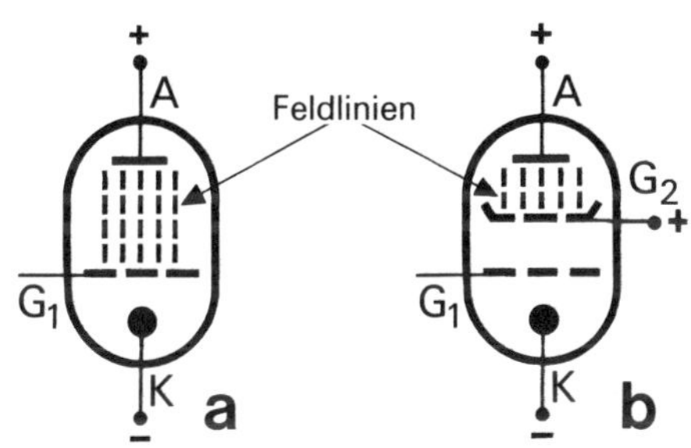

Bild 4.33 Durch Einfügen eines Schirmgitters (G_2) wird die Rückwirkung der Anodenspannung auf das Steuergitter stark vermindert

Die in Bild 4.33 gezeigte Schirmgitterröhre (Tetrode oder Vierpolröhre) hat aber ebenfalls einen Nachteil, und zwar besteht bei ihr noch eine schädliche Wechselwirkung zwischen Anode und Schirmgitter. Wenn nämlich die Elektronen mit hoher Geschwindigkeit auf die Anode prallen, werden dort andere Elektronen, sogenannte Sekundärelektronen, herausgeschlagen.

Die Sekundärelektronen bewegen sich von der Anode zum Schirmgitter, und zwar so lange, wie dort die Spannung höher ist als an der Anode (Bild 4.34). Dadurch sinkt der Anodenstrom. Erst wenn die Anodenspannung über der Schirmgitterspannung liegt, werden alle Elektronen und auch Sekundärelektronen von der Anode eingefangen.

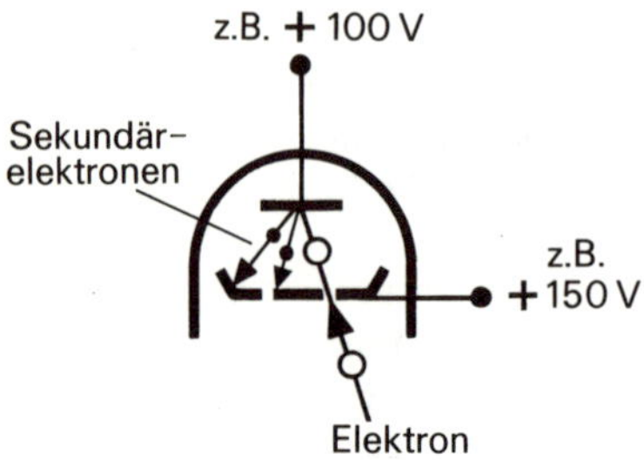

Bild 4.34 Das Schirmgitter fängt die Sekundärelektronen ein

Der Nachteil der Tetrode, das Absinken des Anodenstroms bei bestimmten Betriebszuständen, konnte durch den Einbau eines dritten Gitters beseitigt werden. Das zwischen Anode und Schirmgitter liegende dritte Gitter wird Bremsgitter genannt und ist schaltungsmäßig gewöhnlich mit der Katode verbunden. In vielen Fällen besteht diese Verbindung bereits innerhalb der Röhre, aber manchmal ist das Bremsgitter auch gesondert an einen Kontakt des Röhrensockels geführt.

Die Wirkung des Bremsgitters in der Röhre sei folgendermaßen erklärt: Wenn Sekundärelektronen aus der Anode herausgeschlagen werden, haben sie das Bestreben, von der Anode in Richtung Schirm- und Bremsgitter abzuwandern. Da das Potential des dritten Gitters aber 0 Volt oder schwach negativ ist, werden sie »gebremst« bzw. abgestoßen. Durch das positive Potential der Anode werden die Sekundärelektronen sodann wieder angezogen und können deshalb nicht mehr zum Schirmgitter abwandern (Bild 4.35). Der Einfluß des Bremsgitters auf die von der Katode kommenden Elektronen ist dagegen unbedeutend, weil ihre Geschwindigkeit zu groß ist. Sie fliegen nahezu unbeeinflußt auch durch die Maschen eines leicht negativ vorgespannten Bremsgitters zur Anode.

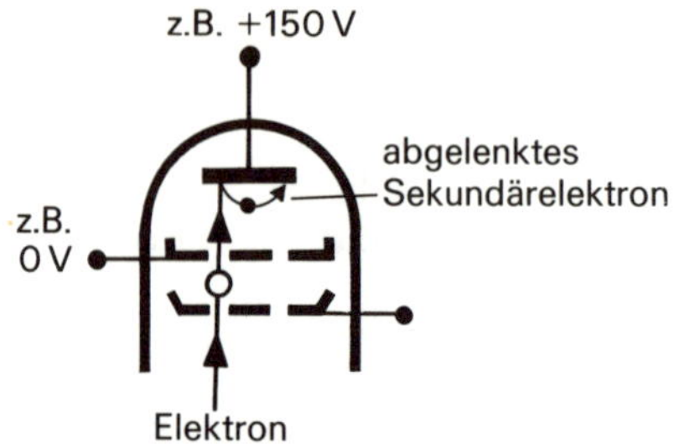

Bild 4.35 Das Bremsgitter hindert die Sekundärelektronen am Auftreffen auf das Schirmgitter und lenkt sie zur Anode zurück. Somit können die Sekundärelektronen keine nachteiligen Folgen mehr für das ordnungsgemäße Arbeiten der Röhre hervorrufen

Die nach Bild 4.36 mit drei Gittern versehene Elektronenröhre erhielt den Namen Pentode (Fünfpolröhre).

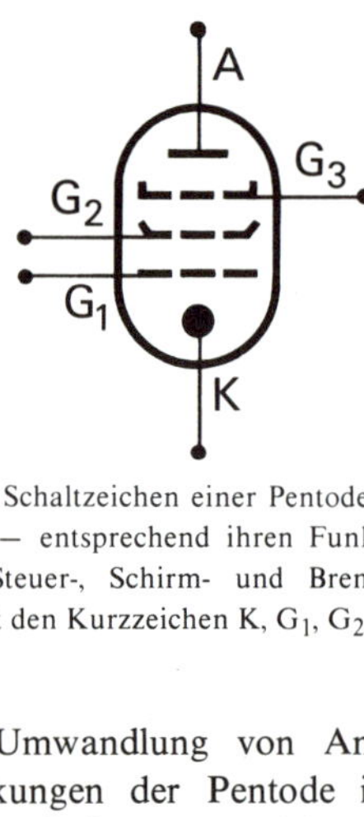

Bild 4.36 Schaltzeichen einer Pentode. Die Elektroden sind — entsprechend ihren Funktionen — als Katode, Steuer-, Schirm- und Bremsgitter sowie Anode mit den Kurzzeichen K, G_1, G_2, G_3 und A bezeichnet

Die Umwandlung von Anodenstromschwankungen der Pentode in Anodenspannungsänderungen erfolgt ebenfalls an einem Außenwiderstand. Die Bilder 4.37, 4.38 und 4.39 zeigen hierfür drei Beispiele. Den ohmschen Widerstand finden wir vorwiegend in NF-Vorstufen oder Impulsstufen von Fernsehgeräten, den Schwingkreis in HF- oder ZF-Stufen und den Transformator in Endverstärkerstufen von Rundfunk- und Fernsehgeräten.

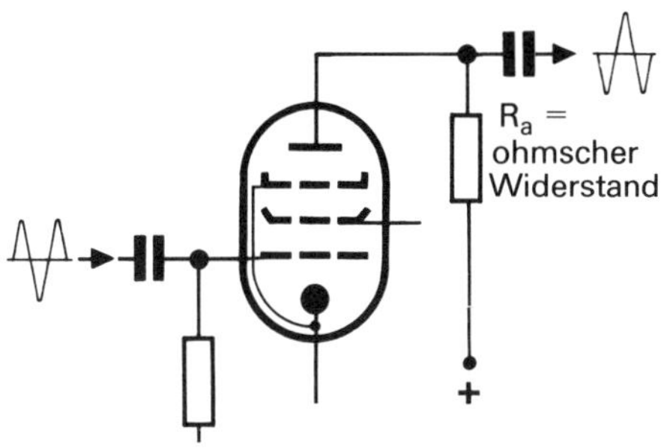

Bild 4.37 Gitter und Anodenkreis einer kapazitiv gekoppelten Röhre mit ohmschem Außenwiderstand, vorwiegend in Niederfrequenzstufen (NF) verwendet

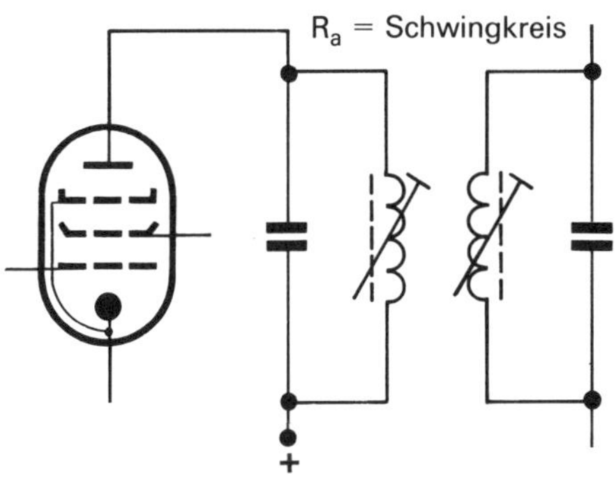

Bild 4.38 Röhre mit Bandfilter als induktivem Außenwiderstand, in Hochfrequenz- (HF) und Zwischenfrequenzstufen (ZF) gebräuchlich

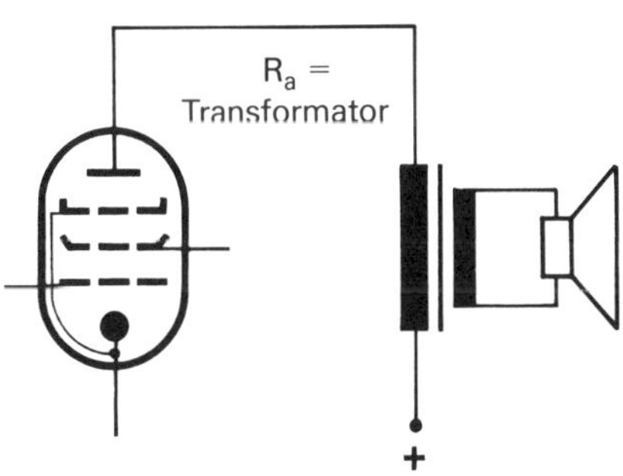

Bild 4.39 Röhre mit Transformator als induktivem Außenwiderstand in NF-Endstufen

4.5. Kennzeichnung und Arten der Röhren

Die verschiedenen Röhrenarten werden durch Buchstaben und Ziffern näher bezeichnet. Sie geben über den Typ und den Verwendungszweck Auskunft.

Der erste Buchstabe der Röhrenkennzeichnung sagt über die jeweilige Heizung aus. Er gibt an, mit welcher Heizspannung die Röhre betrieben werden soll bzw. welcher Stromwert für die Heizung erforderlich ist und ob die Röhre direkt oder indirekt geheizt wird. Aus der Heizart ergibt sich die Verwendungsmöglichkeit der Röhre. So waren in den letzten Röhrenchassis der Rundfunk- und Fernsehgeräte fast nur noch Röhren der E-Serie (6,3 V Heizspannung) und P-Serie (300 mA Heizstrom) gebräuchlich.

Der zweite Buchstabe kennzeichnet das Elektrodensystem und deutet damit an, was die Röhre kann. Ist der erste Buchstabe der Familienname, so gibt der zweite – vergleichsweise – den Beruf an und sagt aus, ob die Röhre beispielsweise ein Gleichrichter, eine Endpentode, eine Triode oder ein Magisches Auge (Abstimmanzeige) darstellt.

Bisher wurden nur Röhren mit zwei Buchstaben als Kennzeichen behandelt. Röhren, die zwei oder drei Systeme in einem Kolben enthalten, werden durch drei oder vier Buchstaben registriert. Man nennt sie Verbundröhren; ihre Verwendung vereinfachte den Geräteaufbau. (Sie waren schon kleine »integrierte Schaltungen«.)

Abschließend noch ein Wort zu den Zahlenbezeichnungen der Röhren. Die zumeist mehrziffrige Zahl gibt Aufschluß über die Fertigungstechnik und die Sockelart der Röhre. Eine übersichtliche Aufstellung kann hier nicht gegeben werden, weil es einfach zu viele Typen gibt. Die Sockelarten mit ihren besonderen Kennbuchstaben und Kennzahlen sind in zahlreichen Röhrentabellen und Röhrentaschenbüchern aufgeführt.

4.6. Röhren-Grundschaltungen

Röhren können innerhalb einer Schaltung auf verschiedene Arten betrieben werden. Sie sollen hier kurz vorgestellt werden. Es handelt sich um die drei in den Bildern 4.40, 4.41 und 4.42 dargestellten Grundschaltungen, die als Katodenbasis-, Gitterbasis- und Anodenbasisschaltung bekannt sind. Mit dem Begriff »Basis« ist der Bezugspunkt gemeint, der für den Eingang und den Ausgang der betreffenden Röhrenschaltung gemeinsam benutzt wird. In der Regel liegt dieser Punkt an Masse bzw. ist wechselspannungsmäßig über einen Kondensator an Masse gelegt.

Am Beispiel der Katodenbasisschaltung wird dies deutlich. Sie ist in Bild 4.40 dargestellt und kann als die Standardschaltung der Röhrentechnik betrachtet werden. Die Katode ist der gemeinsame Bezugspunkt für den Gitterkreis und den Anodenkreis. Das Gitter wird von einer kleinen Wechselspannung angesteuert, und der sich entsprechend ändernde Anodenstrom ruft am Außenwiderstand die verstärkte Wechselspannung hervor. Weil die Röhre leistungslos gesteuert wird, ist der sogenannte Eingangswiderstand sehr hoch (bis zu mehreren Megohm).

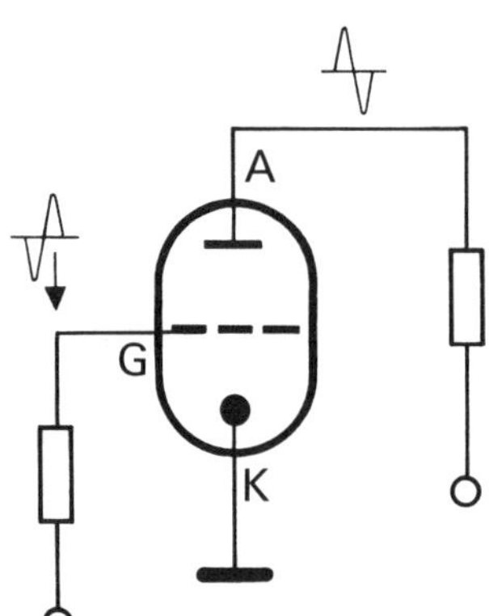

Bild 4.40 Katodenbasisschaltung

In Bild 4.41 sehen wir die Gitterbasisschaltung. Hier ist das Gitter als Bezugspunkt an Masse gelegt. Diese Schaltung findet praktische Verwendung zumeist in Hochfrequenzeingangsstufen. Die Eingangsspannung wird im Katodenkreis zugeführt und im Anodenkreis abgenommen. Das Gitter bildet eine erwünschte Abschirmung zwischen den beiden Kreisen. Der Eingangswiderstand der Gitterbasisschaltung ist sehr niedrig und beträgt höchstens einige Hundert Ohm.

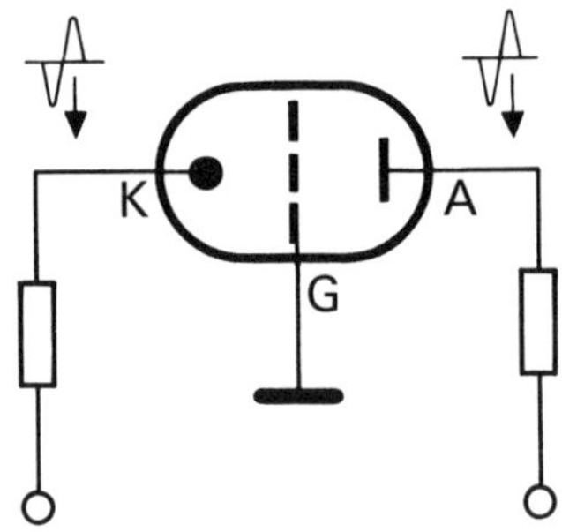

Bild 4.41 Gitterbasisschaltung

Die Schaltung in Bild 4.42 und 4.43 ist unter dem Namen Katodenverstärker oder Katodenfolger bekannter als unter ihrer Bezeichnung Anodenbasisschaltung. Sie erlangte vor allem in der Impulstechnik große Bedeutung. Sie hat einen sehr hohen Eingangswiderstand (bis zu mehreren Megohm), aber nur einen sehr niedrigen Ausgangswiderstand (einige Hundert Ohm). Eine Spannungsverstärkung findet nicht

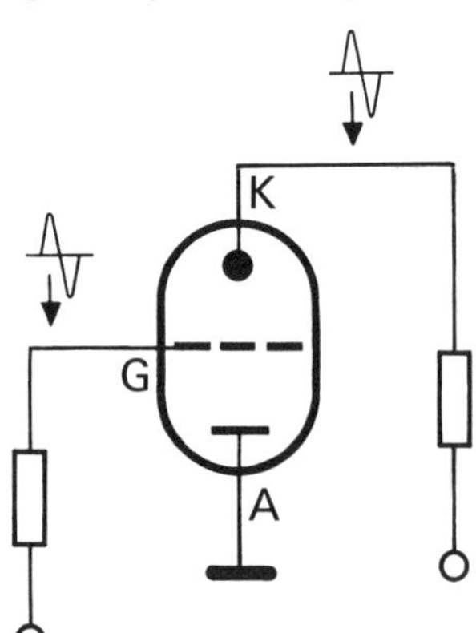

Bild 4.42 Anodenbasisschaltung

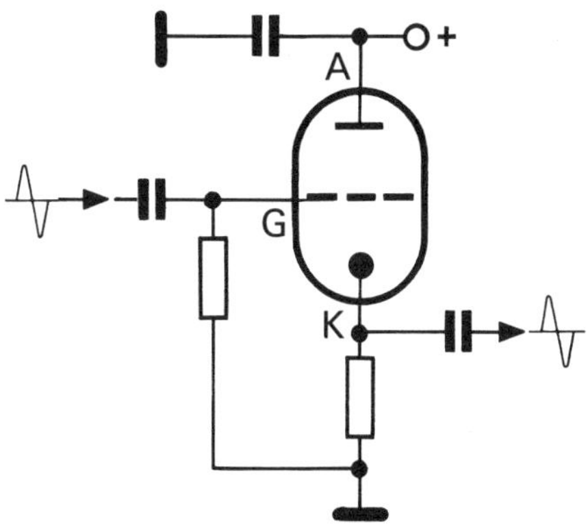

Bild 4.43 Gebräuchliche Darstellung der Anodenbasisschaltung, auch »Katodenfolger« genannt

statt, wohl aber eine Transformation der Widerstandswerte, die hier als »Impedanzen« verstanden werden. Die Schaltung wird deshalb auch als Impedanzwandler benutzt: sie paßt z. B. eine Schaltung mit hohem Ausgangswiderstand an eine andere Schaltungsstufe an, die einen kleinen Eingangswiderstand hat.

Betrachtet man heute die Geräte der Unterhaltungselektronik, so stellt man fest, daß es praktisch keine röhrenbestückten Rundfunk- und Fernsehempfänger sowie Tonbandgeräte und Plattenspielerverstärker mehr gibt. Die Halbleitertechnik hat sich hier voll durchgesetzt. Lediglich die Fernsehbildröhre arbeitet noch nach dem in Kapitel 4 beschriebenen Verfahren des gesteuerten Elektronenstroms im Vakuum. Eine weitere Ausnahme bildet die Oszilloskopröhre, auf deren Bildschirm der Servicetechniker vielgestaltige Signale nieder- und hochfrequenter Art abbilden kann.

4.7. Wichtiges kurz gesagt

1. Röhren sind luftleergepumpte Kolben, in denen mindestens zwei Elektroden (Anode und Katode) vorhanden sind. Mehrpolröhren entstehen durch das Hinzufügen weiterer Elektroden (Steuergitter, Schirmgitter, Bremsgitter).
2. Durch Heizen der Katode werden Elektronen aus deren Oberflächen emittiert. Das Heizen erfolgt mit einem Heizdraht, der innerhalb der Bariumoxid-Katode untergebracht ist (indirekte Heizung).
3. Der Elektronenstrom fließt von der Katode zur Anode, wenn dort eine positive Saugspannung wirksam ist.
4. Mit einer veränderbaren Spannung am Steuergitter läßt sich der Elektronenstrom beeinflussen. Er wird durch eine negativer werdende Spannung kleiner.
5. Schirm- und Bremsgitter verhindern Rückwirkungen von der Anode auf das Steuergitter. Der Anodenstrom wird nahezu unabhängig von der Anodenspannung.
6. Kennlinien geben Auskunft über die Eigenschaften der Röhren.
7. Zweipolröhren (Dioden) werden zur Gleichrichtung von Wechselspannungen verwendet. Ihre Arbeitsweise erklärt sich aus der Tatsache, daß ein Elektronenstrom nur von Katode nach Anode fließen kann.
8. Mehrpolröhren (Trioden, Pentoden u. a. m.) benutzt man allgemein zur Verstärkung von Wechselspannungen oder -strömen. An ihren Außenwiderständen (ohmschen Widerständen oder Spulen) wird das verstärkte Signal abgenommen.
9. Spezielle Röhren werden für besondere Aufgaben eingesetzt, z. B. Mischröhren, Anzeigeröhren (Magisches Auge), Elektronenstrahlröhren (Braunsche Röhren), Stabilisatorröhren usw.
10. Das Verhältnis von zugeführter Spannung am Steuergitter zu abgenommener Spannung an der Anode (z. B. 1 : 100) wird als Verstärkungsfaktor bezeichnet (z. B. 100fach). Die »Steilheit« ist maßgebend für die Verstärkungseigenschaften.
11. Röhren können in drei Grundschaltungen eingesetzt werden: Katodenbasisschaltung (geerdete Katode), Gitterbasisschaltung (geerdetes Steuergitter), Anodenbasisschaltung (geerdete Anode). Die Anodenbasisschaltung wird auch als Katodenverstärker oder Katodenfolger bezeichnet.

5. Aufbau und Eigenschaften des Halbleiter-Materials

Wir haben bereits im ersten Kapitel bei der Behandlung der Leitfähigkeit von verschiedenen Stoffen kurz mit den sogenannten Halbleitern Bekanntschaft gemacht. Wie der Name schon sagt, liegen sie aufgrund ihrer Eigenschaften zwischen Leitern und Isolatoren. Die beiden Halbleiter Germanium und Silizium sind besonders wichtig und interessant, da sie das Ausgangsmaterial für nahezu alle modernen Halbleiter-Bauelemente bilden, von denen Dioden und Transistoren wohl die bekanntesten sind.

5.1. Ein kurzer Blick zurück

Erinnern wir uns zunächst an die auf den ersten Seiten dieses Buchs gegebenen Erläuterungen über den Atomaufbau. Es handelt sich dabei um einen positiv geladenen Kern und negativ geladene Elektronen, die den Kern auf bestimmten Bahnen und mit unterschiedlichen Abständen umkreisen (Bild 5.1). Die Geschwindigkeit der Elektronen ist so hoch, daß ihre Bahnen praktisch wie undurchdringliche Schalen wirken. Der »Zusammenhalt« der Atome untereinander erfolgt durch die Elektronen der äußeren Schalen, die mit ihren jeweiligen Nachbarn eine Bindung eingehen.

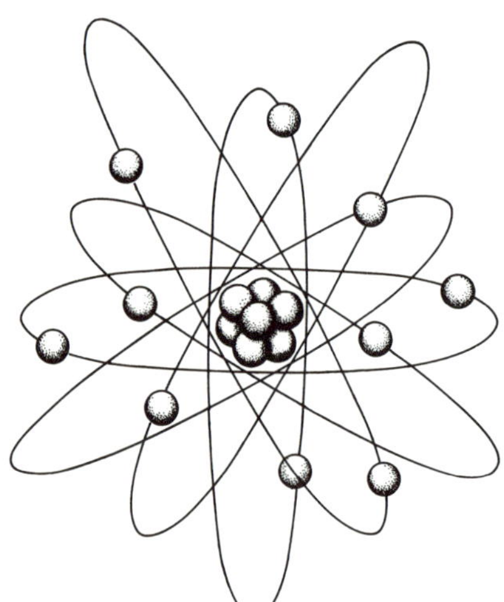

Bild 5.1 Atommodell mit mehreren Elektronenbahnen

Unter bestimmten Umständen können sich Elektronen aus ihrem Atomverband lösen und als freie Leitungselektronen durch das Material wandern. Dies zeigt sich beispielsweise beim Kupfer; hier kann das einzige auf der Außenbahn kreisende Elektron sehr leicht freigesetzt werden. Darauf beruht bekanntlich die gute elektrische Leitfähigkeit dieses Materials. Wandernde Elektronen gibt es aber nicht nur in festen Leitern sowie in bestimmten Gasen und Flüssigkeiten; sie können auch durch das Vakuum einer Röhre vom negativen zum positiven Spannungspol fliegen. Voraussetzung ist hierbei natürlich, daß eine Elektronenquelle vorhanden ist, z. B. die geheizte Katode.

Halten wir fest: Im Metall des Leitungsdrahts und im Vakuum der Röhre fließt ein elektrischer Strom, wenn eine Spannung angelegt und ein geschlossener Stromkreis vorhanden ist. Die negativen

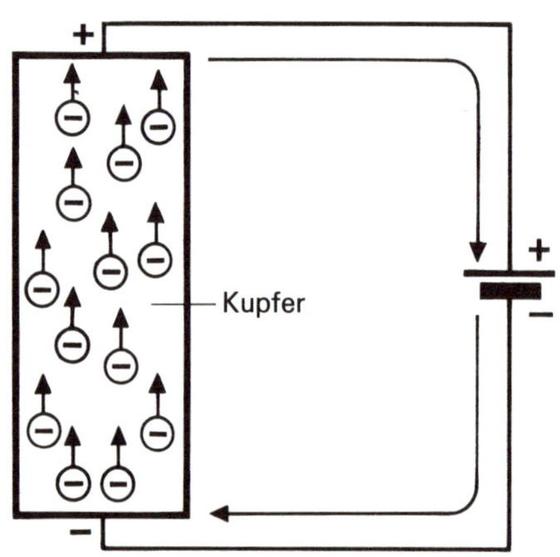

Bild 5.2 Freie Leitungselektronen bewegen sich in einem geeigneten Material (z. B. Kupfer) bei Anschluß einer Gleichspannung zum Pluspol

Elektronen bewegen sich stets zum positiven Pol der Spannungsquelle. In Bild 5.2 und 5.3 ist dies angedeutet. Darüber, ob die Elektronen auch im Halbleitermaterial die Rolle der Stromtransporteure übernehmen oder ob es dort neue Zusammenhänge gibt, wird in den nächsten Abschnitten berichtet.

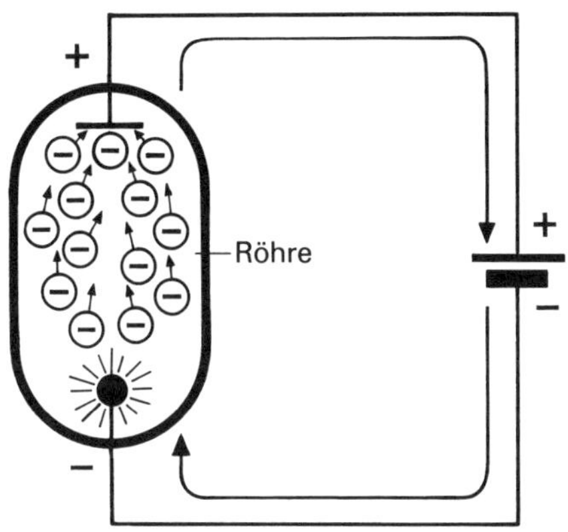

Bild 5.3 Aus einer glühenden Katode emittierte Elektronen werden vom Pluspol angezogen

tur bezeichnet wird. Das trifft auch für die Halbleiter Germanium und Silizium zu. In Bild 5.4 ist das Modell eines Germaniumatoms in flächenhafter Darstellung zu sehen. Es hat 32 Elektronen, die den Kern auf vier Bahnen umkreisen, davon in der äußeren Bahn oder Schale vier Elektronen.

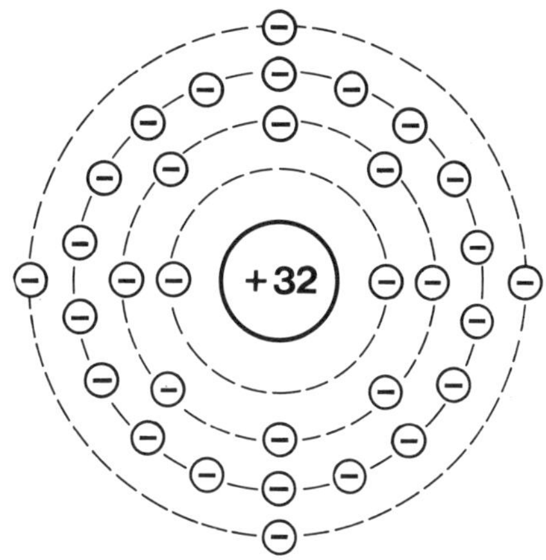

Bild 5.4 Modell des Germaniumatoms

5.2. Bindung und Kristallstruktur

Wenn auf diesen Seiten mit Atom- und Elektronenmodellen von sehr vereinfachter Form gearbeitet wird, so dient das in erster Linie zum schnelleren Erfassen der Zusammenhänge. Wir müssen uns aber darüber klar sein, daß die wirklichen Verhältnisse weit komplizierter sind. Die Darstellung des Germaniumatoms in Bild 5.4 oder die perspektivischen Zeichnungen eines Atomverbands sind nur Brücken zum Verständnis für die Vorgänge im Halbleitermaterial, können aber für die bildliche Untermalung ohne Einschränkung benutzt werden.

Fast alle Stoffe haben einen Aufbau, den man am besten mit einer Gitter- oder Netzkonstruktion vergleichen kann. Ihre Atome sind in einer bestimmten Form miteinander verbunden, die als Kristallstruk-

Sie sind für die Bindung mit den Nachbaratomen zuständig und daher von besonderer Bedeutung. Man läßt deshalb aus Vereinfachungsgründen alle anderen Elektronen weg und benutzt lediglich die vier in der äußeren Bahn für die Demonstration des Kristallaufbaus (Bild 5.5).

An dieser Stelle muß erwähnt werden, daß jedes Atom bestrebt ist, auf seiner

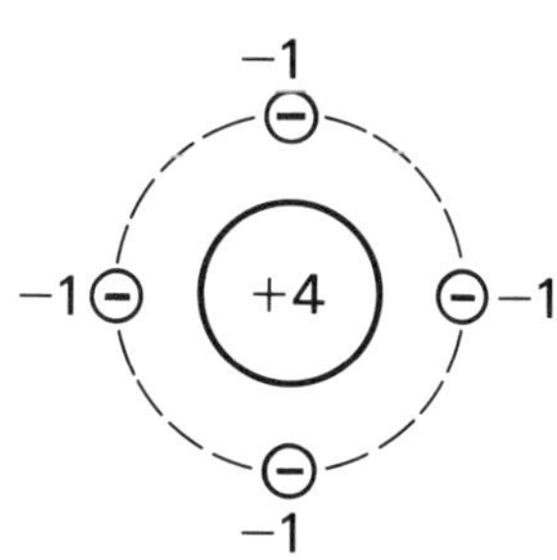

Bild 5.5 Vereinfachtes Germaniumatom nur mit äußerer Bahn und entsprechendem Teil des Kerns

äußeren Bahn acht Elektronen zu haben, weil damit der sogenannte ideale Besetzungszustand eintritt (Bild 5.6). Es gibt aber nur wenige Stoffe mit dieser Eigenschaft, und zwar vorwiegend Edelgase (u. a. Neon, Argon, Xenon). Sie sind chemisch sehr stabil und wenig geneigt, sich mit anderen Stoffen zu verbinden.

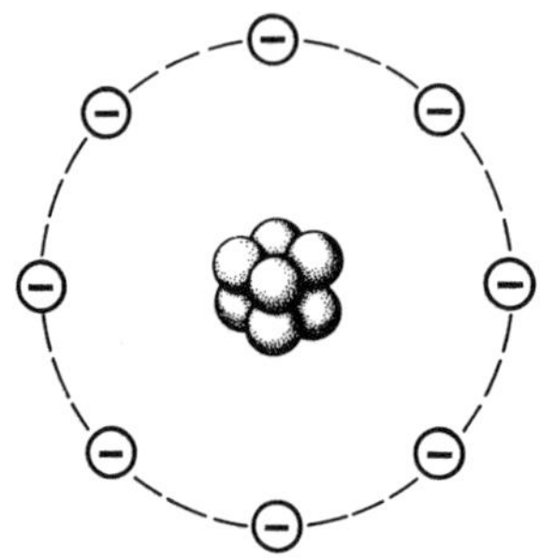

Bild 5.6 Ideale Besetzung der äußeren Bahn mit 8 Elektronen, auch Edelgaskonfiguration genannt

Hat ein Atom aber nur vier bis sieben Elektronen in seiner äußeren Schale, so ist es bestrebt, Bindungen mit anderen einzugehen, um durch »fremde« Elektronen die sogenannte Edelgaskonfiguration (acht äußere Elektronen) zu erreichen (Bild 5.7). Diese Atome versuchen daher, sich Elektronen anderer Atome anzueignen, und man kann sie deshalb auch als »Elektronenfänger« bezeichnen.

Atome mit bis zu vier äußeren Elektronen haben die entgegengesetzte Eigenschaft. Sie neigen dazu, ihre äußeren Elektronen gegebenenfalls an andere Atome

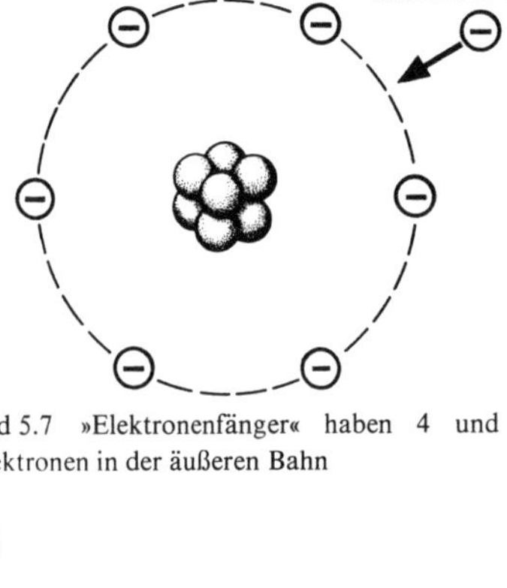

Bild 5.7 »Elektronenfänger« haben 4 und mehr Elektronen in der äußeren Bahn

abzugeben (Bild 5.8). Alle Stoffe dieser Art sind zugleich auch gute elektrische Leiter.

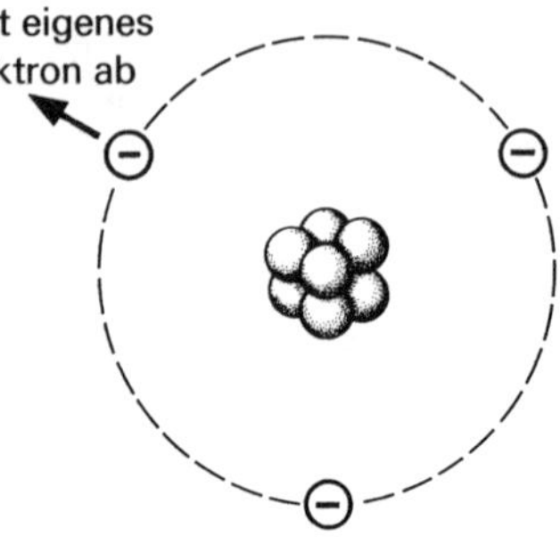

Bild 5.8 »Elektronenspender« haben 4 und weniger Elektronen in der äußeren Bahn

Da die beiden Halbleiter Germanium und Silizium jeweils vier Elektronen in ihrer äußeren Schale haben, können sie sowohl Elektronen aufnehmen als auch abgeben. Wenn diese »vierwertigen« Atome ein Kristallgitter bilden, so bindet sich jedes der äußeren Elektronen an ein entsprechendes Elektron des Nachbaratoms. In flächenhafter Darstellung ist dies in Bild 5.9 zu sehen: Alle Bindungen bestehen

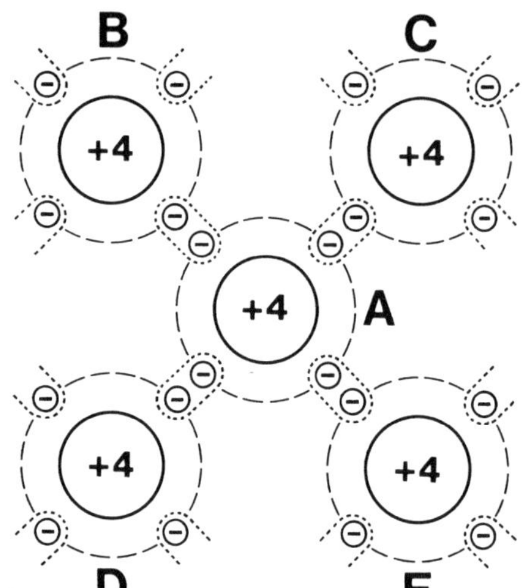

Bild 5.9 Schema eines Kristallgitters mit flächenhafter Darstellung der Bindung zu den Nachbaratomen. Das Atom A ist über vier, jeweils »gemeinsam« mit den Atomen B bis E benutzte Elektronenpaare an seine Nachbaratome gebunden

aus einem Elektronenpaar, d. h. mit den »geliehenen« Elektronen hat jedes Atom für sich den idealen Besetzungszustand mit acht äußeren Elektronen erreicht. Perspektivisch gezeichnet ergibt sich eine Tetraederform nach Bild 5.10, das die Bindung des mittleren Atoms an seine vier Nachbarn deutlich macht. Die Bindungselektronen heißen auch Valenzelektronen, und den von ihnen gebildeten Bahn- oder Schalenbereich könnte man dementsprechend als Valenzbereich bezeichnen, gebräuchlich ist aber Valenzband.

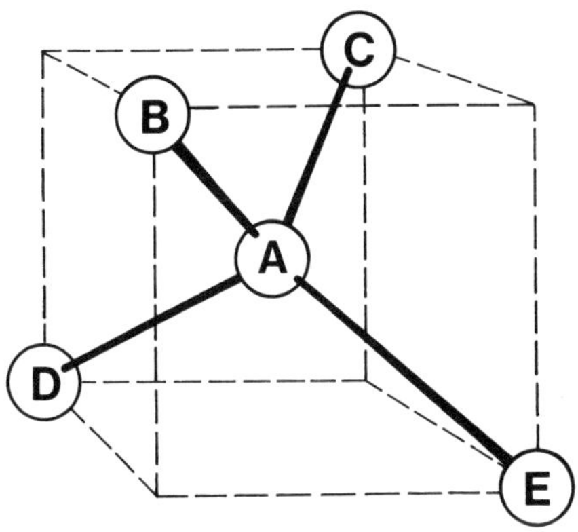

Bild 5.10 Modell eines Kristallgitters mit perspektivischer Darstellung der Bindung zu den Nachbaratomen. Das Atom A ist über vier Valenzelektronen (wie in Bild 5.9 gezeigt) an die Atome B–E gebunden

Im Idealfall müßte ein derartiger Halbleiterkristall ein hundertprozentiger Isolator sein, da alle Valenzelektronen für den Kristallaufbau benötigt werden und freie Elektronen deshalb nicht vorhanden sind. Dies trifft auch zu für einen reinen Kristall bei einer Temperatur von Null Kelvin (K), entsprechend minus 273,15 ° Celsius (absoluter Nullpunkt). Aber gegewöhnlich liegt die Umgebungstemperatur um rund 300 K höher, und dann zeigt der Kristall eben typische Halbleitereigenschaften, bei denen die Valenzelektronen eine wichtige Rolle spielen. Bevor näher darauf eingegangen wird, müssen wir noch eine Eigenart der Elektronen im Valenzband kennenlernen.

Da die Geschwindigkeit der Elektronen im Valenzband aufgrund der größten Bahnlänge am höchsten ist, haben sie dementsprechend auch den höchsten Energiegehalt aufzuweisen. Das Energieniveau der äußeren Schale ist deshalb höher als das anderer Elektronenschalen. Im Valenzband läßt sich nun das Energieniveau aber noch einmal unterteilen in eines für Bindungselektronen und in eines für freie Elektronen, die dann als die eigentlichen Leitungselektronen den elektrischen Strom fließen lassen.

In der äußeren Elektronenschale befinden sich deshalb zwei gewissermaßen übereinanderliegende Energiebänder. Das innere wird weiterhin als Valenzband bezeichnet, und das äußere nennt man Leitfähigkeitsband (Bild 5.11). Da Leitungselektronen naturgemäß die geringste Bin-

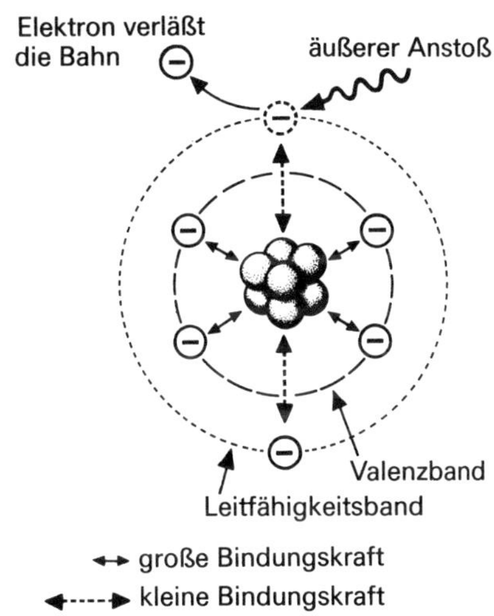

Bild 5.11 Schema der unterteilten äußeren Elektronenbahn mit Valenz- und Leitfähigkeitsband. Im Valenzband halten sich die noch eine feste Bindung aufweisenden Elektronen auf, im Leitfähigkeitsband befinden sich dagegen die nur noch schwach gebundenen und daher leicht freizusetzenden Leitungselektronen. Anlaß für das Freisetzen kann eine äußere Energiezufuhr sein, beispielsweise Wärme. Die dadurch innerhalb des Atomgefüges heftiger werdenden Bewegungen »schütteln« die Leitungselektronen gewissermaßen aus ihren Bindungen, so daß diese aufreißen und die Elektronen entweichen können

dung an ihr Atom aufweisen und das höchste Energieniveau haben, würde – bildlich gesprochen – ein kleiner Anstoß genügen, um sie aus ihrem Atomverband in das Kristallgefüge hineinfliegen zu lassen.

5.3. Eigenleitung des Halbleiters

Der eben erwähnte »kleine Anstoß« bedeutet physikalisch gesehen eine Energiezufuhr. Das kann durch thermische Effekte, Lichtstrahlung oder elektrische Spannung geschehen. Es ist einleuchtend, daß Elektronen durch die Aufnahme zusätzlicher Energie in ein höheres Energieband gelangen, also z. B. aus dem Valenzband in das Leitfähigkeitsband oder vom Leitfähigkeitsband in den »freien Raum« des Mikrokosmos. Allerdings sind die derart angeregten Elektronen auch bestrebt, die aufgenommene Energie loszuwerden und ihren alten Zustand wieder einzunehmen. Sie geben dabei den zusätzlichen Energieanteil als Licht oder Wärme ab und fallen dabei auf ihr ursprüngliches Energieniveau zurück.

Wie wir aus den schematischen Darstellungen in Bild 5.12 entnehmen können, ist bei Metallen (a) kein Abstand zwischen Valenz- und Leitfähigkeitsband vorhanden. Es leuchtet ein, daß deshalb nur ganz geringe Energiebeträge nötig sind, um Elektronen freizusetzen und einen Strom fließen zu lassen. Das ist der Grund, warum Metalle gute elektrische Leiter sind.

Bei Isolatoren liegen entgegengesetzte Verhältnisse vor. Hier ist der Abstand zwischen Valenz- und Leitfähigkeitsband so groß, daß normalerweise keine Elektronen durch äußere Einflüsse auf das Energieniveau des Leitfähigkeitsbands gebracht werden und von dort als freie Elektronen in das Materialgefüge wandern können (5.12d). Das kann nur dort der Fall sein, wo die isolierenden Eigenschaften schlechter werden. Es treten dann einzelne Elektronen in das Leitfähigkeitsband über und verringern den spezifischen Widerstand des Stoffs. Mit anderen Worten: Seine Leitfähigkeit nimmt zu (5.12c).

Natürliche Halbleiter haben einen relativ kleinen Abstand zwischen den erwähnten Bändern. Bei äußerer Energiezufuhr ist es für die Elektronen daher verhältnismäßig leicht, das »verbotene Band« (wie

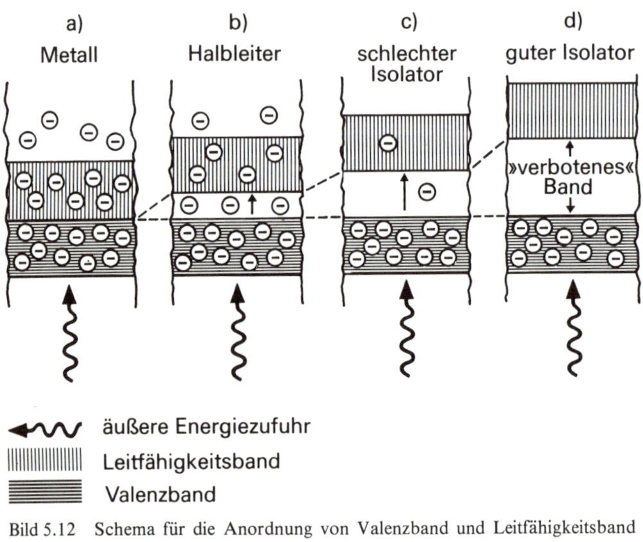

Bild 5.12 Schema für die Anordnung von Valenzband und Leitfähigkeitsband mit dem trennenden »verbotenen Band« bei verschiedenen Materialien

der Abstand auch genannt wird) zu überwinden. Bereits die Raumtemperatur genügt, um diesen Prozeß in Gang zu setzen (5.12b).

Wird die Wärmezufuhr erhöht, tritt eine Steigerung der Elektronenbewegungen ein. Der Kristallaufbau hat dann nicht mehr die regelmäßige Struktur wie in Bild 5.9 oder 5.10 gezeigt, da die Atome von der thermischen Energie in einen heftigen Bewegungszustand gebracht werden und mehr oder weniger stark hin- und herschwingen. Hierbei reißen einzelne Elektronenbindungen auseinander, so daß freie Elektronen entstehen. Der spezifische Widerstand eines Halbleiters wird dabei kleiner und die Leitfähigkeit des Materials größer. Es ergibt sich hier also eine starke Temperaturabhängigkeit, eine Erscheinung, die zu den typischen Halbleitereigenschaften gehört.

Beim Aufreißen der atomaren Elektronenbindungen entsteht dort, wo das Elektron seinen Platz hatte, eine Lücke oder ein Loch. Bild 5.13 zeigt dies schematisch. Erinnern wir uns an das Zustandekommen des elektrischen Gleichgewichts bei Atomen, so wird klar, daß beim Fehlen eines Elektrons (dessen Platz dann als Loch oder Defektelektron bezeichnet wird) der positiv geladene Kern die elektrische Ladung des Atoms bestimmt.

Elektrisch nicht im Gleichgewicht befindliche Atome nennt man Ionen, gleichgültig ob ihnen Elektronen fehlen oder ob sie zusätzliche Elektronen aufgenommen haben (Bild 5.14).

Mit Löchern oder Defektelektronen lernen wir neue Ladungsträger kennen. Im Gegensatz zu den frei beweglichen, negativ geladenen Elektronen sind sie immer an ihr Atom gebunden, weil dessen positive Kernladung ihnen ihre Wertigkeit verleiht. Diese Tatsache könnte zu dem Schluß verleiten, daß Löcher nicht durch den Halbleiterkristall wandern, sondern stets an ihrem Platz bleiben. Warum das nicht so ist, werden wir gleich erfahren.

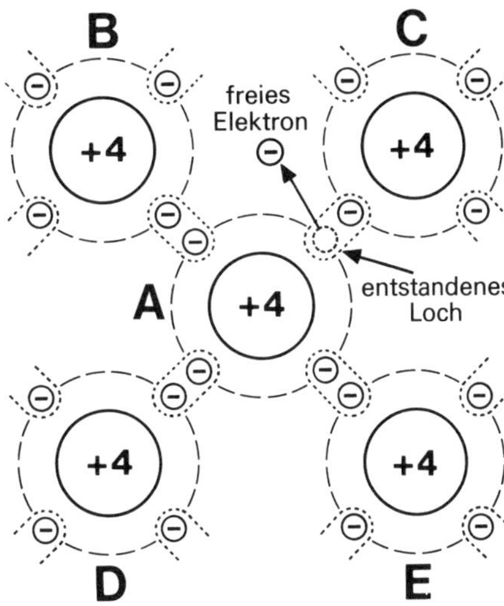

Bild 5.13 Kristallgitter mit »aufgebrochener« Bindung, anstelle des fehlenden Elektrons entsteht ein Loch oder Defektelektron. Durch das fehlende Elektron wird das Ladungsgleichgewicht gestört. Das Atom A wird zum Ion mit der Ladung + 1, denn der Kernladung + 4 stehen ja nur noch drei Elektronen mit der Ladung −3 gegenüber

Negative Ladungsträger werden bekanntlich von positiven Ladungen angezogen, und zwar nicht nur in einem normalen Stromkreis mit unzähligen fließenden Elektronen, sondern natürlich auch im

Bild 5.14 Nicht neutrale Atome heißen Ionen

kleinsten Maßstab bei nur einem einzigen Elektron und einer »Spannungsquelle«, die in diesem Fall aus einem positiv geladenen Atom besteht. Das positiv wirkende Loch eines solchen Atoms fängt sich nämlich ein negatives Elektron ein, z. B. von einem benachbarten Atom (Bild 5.15). Dadurch entsteht aber dort ein neues positives Loch. Wird es aufgefüllt, hat ein anderes Nachbaratom dafür ein Elektron opfern müssen. Das Loch rückt

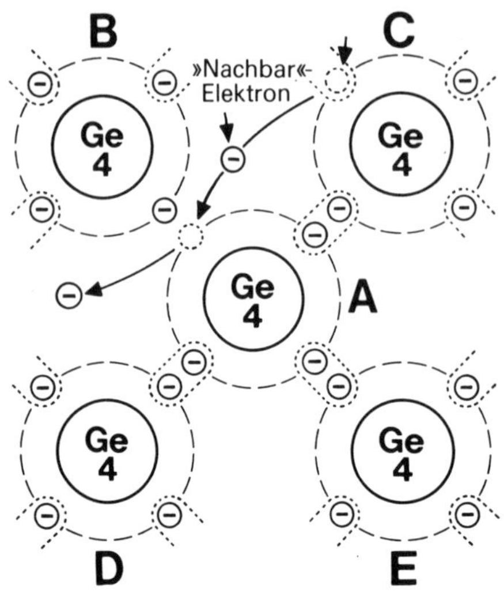

Bild 5.15 Ein »Loch« kann z. B. durch ein Elektron aus dem Nachbaratom aufgefüllt werden

demnach von Atom zu Atom weiter. Diese Aktion verläuft normalerweise in ungeordneten Bahnen. Erst wenn ein elektrisches Feld auf den Halbleiterkristall einwirkt, bewegen sich alle Löcher in einer bestimmten Richtung. Da ihre Ladungen positiv sind, wandern sie zum negativen Pol der angelegten Spannungsquelle.

Löcher haben eine kleinere Geschwindigkeit als Elektronen, was damit zusammenhängt, daß sie keine selbständigen Teilchen sind, sondern Fehlstellen im Atomverband, die dann entstehen, wenn Elektronenbindungen aufbrechen. Hieraus geht außerdem hervor, daß in reinem Germanium oder Silizium freie Elektronen und Löcher nur gleichzeitig auftreten können. Man spricht deshalb von Ladungsträgerpaaren und bezeichnet die dadurch hervorgerufene Leitfähigkeit des Kristalls als Eigenleitfähigkeit. Im allgemeinen herrscht hierbei im Material ein Gleichgewichtszustand, weil nämlich neu auftretenden Löchern und Elektronen eine gleiche Anzahl von Auffüllungen gegenübersteht. Die Vereinigung von Löchern und Elektronen wird Rekombination genannt.

5.4. Halbleiter mit N- und P-Leitfähigkeit

Bis zu einem gewissen Grad kann man die Leitfähigkeit des Halbleitermaterials durch Zufuhr von Wärme oder Licht vergrößern, aber es reicht nicht aus, um den Halbleiter für technische Belange einsetzen zu können. Es bietet sich jedoch eine elegante Möglichkeit der Leitfähigkeitsverbesserung an, die darin besteht, daß Fremdatome mit mehr oder weniger als vier Elektronen in der äußeren Schale dem Halbleiter gezielt hinzugesetzt werden. Man verunreinigt also den Halbleiterkristall mit winzigen Beträgen von Fremdatomen. Ein Beispiel möge das verdeutlichen: Beim sogenannten N-Germanium kommt auf 10 oder mehr Millionen Germaniumatome nur ein einziges Fremdatom!

Was wird nun durch diese Beimengung erreicht? Die Antwort ist leicht, wenn wir uns den Aufbau des zugeführten Atoms ansehen. Benutzt wird hierfür u. a. Arsen, das in seiner äußeren Schale fünf Elektronen aufweist. Es kann sich daher nicht vollständig in den Strukturaufbau des Germaniums einordnen. Da die Germaniumatome bei weitem in der Überzahl sind, gruppieren sie sich um das Arsenatom und gehen mit vier seiner fünf Valenzelektronen eine Kristallbindung ein. Es bleibt ein Elektron übrig, das nur relativ schwach an seinen Atomkern gebunden ist. Bild 5.16 zeigt ein solcherart eingebautes Arsenatom, dessen fünftes Elektron schon bei geringer Energiezufuhr zum freien Leitungselektron wird.

Es leuchtet ein, daß sich bei dem gezielt verunreinigten (gedopt oder dotiert heißt der Fachausdruck) Germaniumkristall ein Überschuß an negativen Elektronen einstellt, die man bequem für den Stromfluß heranziehen kann. Mit fünfwertigen Fremdatomen dotiertes Germanium nennt man deshalb N-Germanium (N = negativ). Die im Beispiel Bild 5.16 in das Kristallgefüge eingebauten Arsenatome heißen

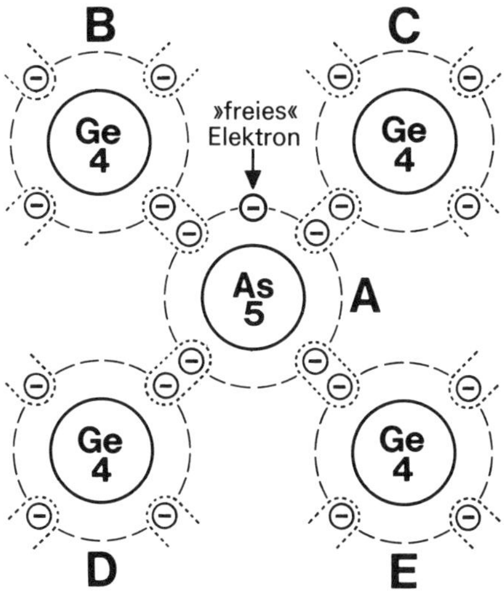

Bild 5.16 Durch Dotierung mit fünfwertigen Atomen erhält man »Elektronenspender«

»Donatoren«, weil sie Elektronen abgeben. Sie können ihren Platz nicht verlassen, da sie mit ihren vier Valenzelektronen fest im Kristall gebunden sind.

Man kann aber auch dreiwertige Fremdatome zum Dotieren wählen. Das ist z. B. bei Indium der Fall, dessen Atome in der Valenzschale nur drei Elektronen haben. Kommt ein derartiges Fremdatom in einen Germaniumkristall hinein, so werden seine drei Valenzelektronen sofort von den betreffenden Valenzelektronen der Germaniumatome gebunden. Da aber zur vollständigen Bindung ein Indium-Elektron fehlt, kann sich die Kristallstruktur des Germaniums nicht komplett aufbauen. Es bleibt ein Loch übrig. Bild 5.17 gibt den Aufbau des Kristalls bei einem fehlenden Elektron wieder.

Das Indiumatom ist in diesem Fall bestrebt, durch Einfangen eines Elektrons die übliche Bindung herzustellen. Das kann mit freien Elektronen oder mit Elektronen aus den benachbarten Atomen geschehen. Im letzteren Fall entsteht ein neues Loch, das wiederum von einem fremden Elektron aufgefüllt werden muß. Mit anderen Worten: ein derart dotierter Germaniumkristall hat einen Überschuß an positiven Löchern, die bei Energiezufuhr durch das Material wandern. Mit dreiwertigen Atomen gedoptes Germanium nennt man deshalb P-Germanium (P = positiv).

Die in die Kristallstruktur eingebrachten Indiumatome heißen »Akzeptoren«, weil sie Elektronen aufnehmen. Sie sind dann mit dem vierten (erworbenen) Zusatzelektron fest im Gefüge gebunden und können ihren Platz nicht verlassen.

Diese Ausführungen gelten natürlich im gleichen Sinn für Silizium-Halbleitermaterial. Fremdatome im Kristallgefüge werden auch als »Störstellen« bezeichnet, und die von ihnen hervorgerufene Leitfähigkeit heißt deshalb auch Störstellenleitfähigkeit.

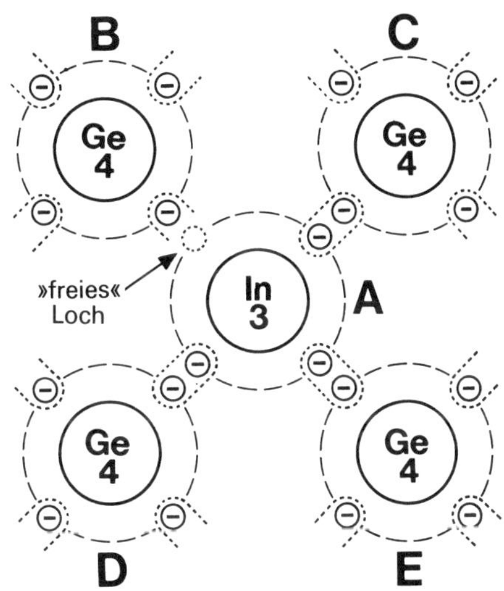

Bild 5.17 Durch Dotierung mit dreiwertigen Atomen erhält man »Elektronenfänger«

5.5. PN-Übergang oder Sperrschicht

Bevor wir uns näher mit den Vorgängen an der Nahtstelle zwischen zwei verschieden dotierten Halbleitern beschäftigen, soll noch kurz dargestellt werden, was beim Anlegen einer Spannung in den beiden

Halbleitern vom P- und N-Typ passiert. Hierzu dient eine Anordnung nach Bild 5.18, in der ein N-Halbleiter mit einer Batterie verbunden ist. Daneben ist ein N-Kristallgitter in flächenhafter Darstellung gezeichnet, in der die einzelnen Atombindungen durch Striche und die zusätzlichen »Elektronenspender« (Donatoren) schwarz herausgestellt wurden.

Bei angeschlossener Batterie wirkt ein elektrisches Feld auf den Kristall ein. Die freien negativen Elektronen wandern deshalb zum Pluspol der Spannungsquelle. Vertauscht man die Batterieanschlüsse, kehren die freien Elektronen um und fließen erneut zum Pluspol. Der N-Kristall verhält sich daher wie ein normaler Leiter: es kann Strom in beiden Richtungen fließen. Der mit Elektronenspendern dotierte Halbleiterkristall hat also Elektronenüberschuß und eine N-Leitfähigkeit.

Sind Zusatzatome mit nur drei Bindungselektronen in das Kristallgitter eingebaut, ergibt sich ein Gittermuster nach Bild 5.19. Es ist bei diesen dreiwertigen Atomen ein Elektron zuwenig vorhanden, um sofort eine feste Bindung an die Nachbaratome zu erreichen. Sie wirken als positives Loch und sind deshalb »Elektronenfänger«. Bei angeschlossener Batterie be-

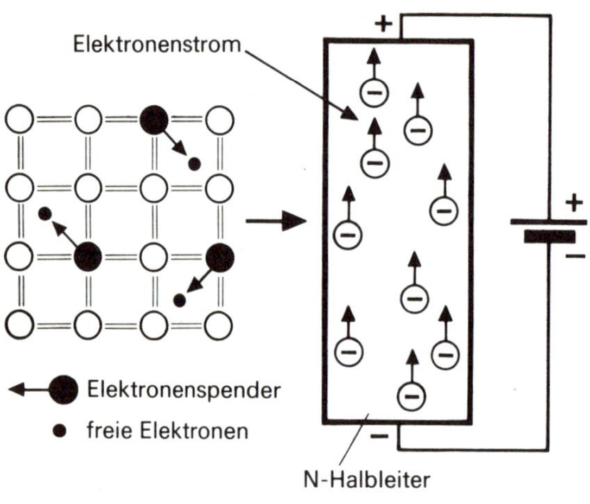

Bild 5.18 Vereinfachtes Schema eines Kristallgitters mit Elektronenspendern (ergibt Überschuß an freien negativen Elektronen) und Darstellung der Elektronenbewegung im N-Material bei Anschluß einer Batterie

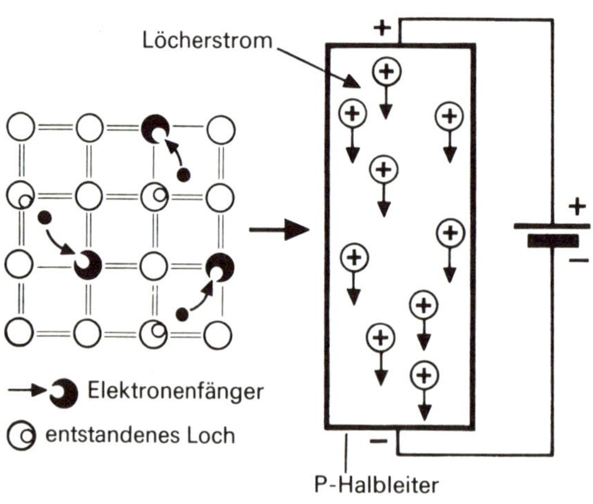

Bild 5.19 Vereinfachtes Schema eines Kristallgitters mit Elektronenfängern bzw. Defektelektronen (ergibt Überschuß an positiven Löchern) und Darstellung der Löcherbewegung im P-Material bei Anschluß einer Batterie

ginnen in diesem P-Kristallgitter die Löcher zu wandern. Die Elektronen springen hier nur relativ kurze Strecken, nämlich zum nächstgelegenen Loch, um es aufzufüllen.

Während die Bewegungsrichtung der Elektronen wie gewohnt zum Pluspol verläuft, wandern die entstehenden Löcher in die entgegengesetzte Richtung zum Minuspol. Wir können daraus schließen, daß die Defektelektronen oder Löcher sich wie positive Ladungsträger verhalten. Wird die Batterie umgepolt, ändern die Ladungsträger ebenfalls ihre Richtung. Der P-Kristall verhält sich im Prinzip wie ein normaler Leiter, nur fließen in dem mit »Löcherspendern« dotierten Halbleiterkristall überwiegend Löcher zum Minuspol der Spannungsquelle. Sie sind in der Überzahl und gewährleisten mit ihren positiven Ladungen die P-Leitfähigkeit eines solchen Halbleiters.

Fügt man beide Halbleiterausführungen zusammen oder besser gesagt: Stellt man einen Halbleiterkristall her, der auf der einen Seite einen Löcherüberschuß (P) und auf der anderen Seite einen Elektronenüberschuß (N) hat, so entsteht in der Kristallmitte eine Zone, in der beide Bereiche ineinander übergehen. Man bezeichnet diese Zone als PN-Übergang. Dieser Bereich ist der wichtigste Teil einer Halbleiter-Diode oder eines Transistors, denn an der Übergangsstelle vom einen Material zum anderen treten diejenigen Vorgänge auf, die zur Grundlage der gesamten modernen Halbleitertechnik geworden sind.

In Bild 5.20 ist ein PN-Übergang schematisch angedeutet. Die freien Elektronen sind durch ein Minuszeichen, die beweglichen Löcher durch ein Pluszeichen mit Pfeil und die nicht beweglichen Donatoren und Akzeptoren durch ein Quadrat um ihre Polaritätszeichen gekennzeichnet. Wir könnten jetzt annehmen, daß die Elektronen und Löcher aufgrund der Eigenleitfähigkeit des Kristalls aufeinander zuwandern und rekombinieren, sich also vereini-

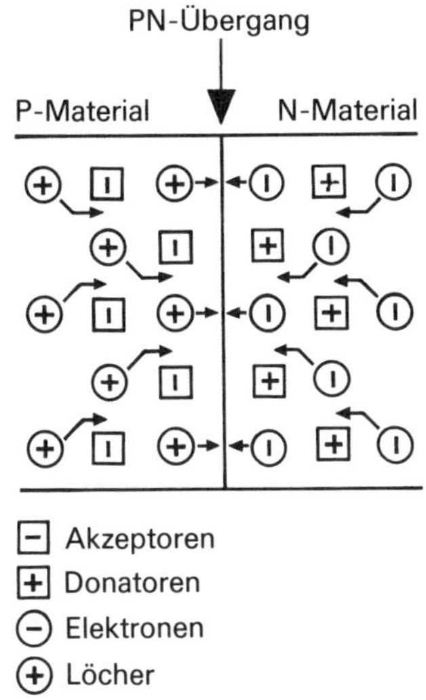

Bild 5.20 Halbleitermaterial in P- und N-Dotierung mit fest im Kristallgefüge eingebauten Elektronenspendern und Elektronenfängern (Quadrate) sowie beweglichen Elektronen und Löchern (Kreise), die zunächst aufeinander zuwandern und rekombinieren

gen. Es müßte dann nach einiger Zeit ein Ausgleich innerhalb des ganzen Halbleiters stattgefunden haben. Das trifft aber nicht zu. Die zunächst tatsächlich einsetzende Wanderbewegung kommt nämlich nach kurzer Zeit zum Stillstand.

Schuld ist hieran eine sich im Halbleiter am PN-Übergang bildende Spannungsbarriere. Sie entsteht beim Diffundieren (Einwandern, Eindringen) der Ladungsträger in die gegenüberliegende Zone und bei der anschließenden Rekombination. Wie leicht einzusehen ist, verschwinden dabei die beweglichen positiven und negativen Ladungsträger links und rechts der »Grenzlinie«, und es entsteht ein schmaler Streifen, in dem keinerlei Elektronen- oder Löcherbewegung mehr stattfindet (Bild 5.21). Alle Ladungsträger sind gebunden und fest im Kristallgitter vereinigt. Der PN-Halbleiter hat sich an seiner Übergangsstelle praktisch selbst blockiert. Das ist der Grund, warum man einen PN-Übergang als Sperrschicht bezeichnet (im Englischen: junction).

Woher die Spannungsbarriere kommt, ist einfach erklärt. Wenn es keine beweglichen Ladungsträger mehr gibt, weil sie rekombinierten, verbleiben in der Sperrschicht lediglich die unbeweglichen Ladungsträger. Sie bilden mit ihrem Potential eine positive bzw. negative Ladungszone,

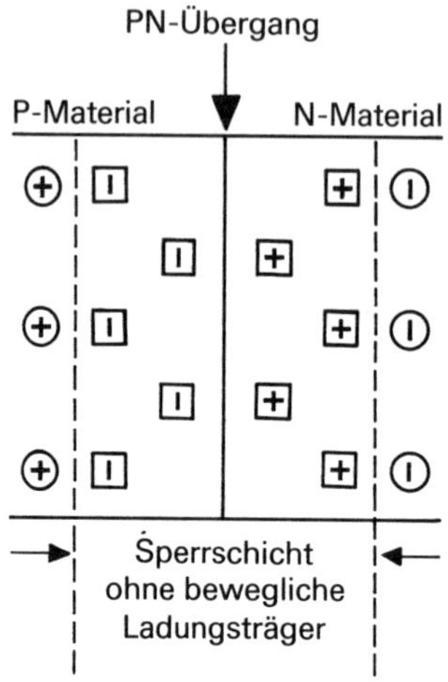

Bild 5.21 P- und N-Halbleitermaterial im Bereich der Sperrschicht nach der Rekombination von Ladungsträgern. Es bleiben nur die negativen und positiven Ladungen der festeingebauten drei- und fünfwertigen Atome wirksam

die einen Verlauf nach Bild 5.22 hat. Es entsteht somit an der Sperrschicht eine Art »eingebaute Spannungsquelle«, die ein elektrisches Feld erzeugt, das eine weitere Bewegung von Ladungsträgern unmöglich macht. Dies ist einleuchtend, wenn wir uns vergegenwärtigen, daß die aus dem N-Material kommenden negativen Ladungsträger von der negativen Ladungszone zurückgestoßen und damit am Weiterfließen gehindert werden. Gleiches gilt sinngemäß für die positiven Ladungsträger. Sind aber in diesem Kristallabschnitt keine beweglichen Ladungsträger vorhanden, ergibt sich ein Zustand, der weitgehend dem eines Isolators entspricht: die Sperrschicht hat einen relativ hohen Widerstand. Interessant ist außerdem die Tatsache, daß sich die beschriebenen Sperrschichtvorgänge in einer Zone abspielen, die nur etwa 1 μm breit ist.

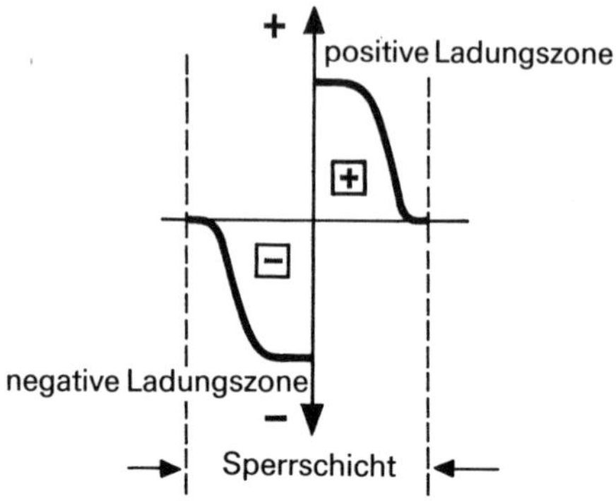

Bild 5.22 Darstellung des Ladungsbilds im Sperrschichtgebiet als Spannungsbarriere

5.6. Wichtiges kurz gesagt

1. Fast alle Stoffe haben einen Kristallaufbau mit einer Gitter- oder Netzstruktur. Das trifft auch für Halbleiter zu.
2. Für die Bindung mit den Nachbaratomen sind die Valenzelektronen in der äußeren Schale eines Atoms zuständig.
3. Es gibt Stoffe mit acht Elektronen im Valenzband, und zwar vorwiegend Edelgase. Neon, Argon und Xenon gehören in diese Kategorie der chemisch sehr stabilen Elemente. Die ideale Besetzung ihres Valenzbands mit acht Elektronen nennt man Edelgaskonfiguration.
4. Atome mit vier bis sieben Valenzelektronen sind bestrebt, durch Einfangen von fremden Elektronen die Edelgaskonfiguration zu erreichen.
5. Atome mit vier und weniger Valenzelektronen neigen dazu, diese an höherwertige Atome abzugeben.
6. Germanium- und Silizium-Atome haben jeweils vier Valenzelektronen; sie sind »vierwertig« und bilden mit den benachbarten Atomen ein Kristallgitter in Tetraederform.
7. Valenzelektronen haben den höchsten

Energiegehalt aller Elektronen eines Atoms.
8. Valenzelektronen kreisen z. B. bei Halbleitern auf zwei nochmals unterteilten Bändern: dem (inneren) Valenzband und dem (äußeren) Leitfähigkeitsband. Elektronen im Leitfähigkeitsband werden bei äußerer Energiezufuhr (Wärme, Licht, Spannung) zu freien Elektronen d. h. zu beweglichen negativen Ladungsträgern.
9. Halbleiter wie Germanium und Silizium setzen bereits bei Raumtemperatur Leitungselektronen frei. Dabei entstehen im aufgebrochenen Atomverband Löcher, die als positive Ladungsträger wirken.
10. Während Elektronen als negative Ladungsträger zum Pluspol einer Spannungsquelle wandern, bewegen sich Löcher als positive Ladungsträger zum negativen Pol.
11. Bei der Eigenleitfähigkeit des reinen Halbleiterkristalls treten immer Elektronen und Löcher paarweise auf, es herrscht also elektrisches Gleichgewicht.
12. Wird ein reiner Halbleiterkristall mit Fremdatomen gezielt verunreinigt (gedopt oder dotiert), erhöht sich seine Leitfähigkeit.
13. Werden Fremdatome mit fünf Valenzelektronen zugesetzt, erhält man einen Halbleiter mit Elektronenüberschuß, der als N-Halbleiter bezeichnet wird (N = negativ). Diese Fremdatome heißen Donatoren (Elektronenspender).
14. Werden Fremdatome mit drei Valenzelektronen zugesetzt, erhält man einen Halbleiter mit Elektronenmangel oder Löcherüberschuß, der als P-Halbleiter bezeichnet wird (P = positiv). Diese Fremdatome heißen Akzeptoren (Elektronenfänger).
15. Wird ein Halbleiterkristall so dotiert, daß er auf der einen Seite P- und auf der anderen Seite N-leitend ist, ergibt sich im Kristall eine Zone, in der beide Bereiche ineinander übergehen: das ist der PN-Übergang.
16. Am PN-Übergang bildet sich eine Spannungsbarriere aus, die dadurch entsteht, daß im PN-Übergang bewegliche positive und negative Ladungsträger durch Rekombination verschwinden und nur noch die unbeweglichen Ladungsträger (Donatoren, Akzeptoren) verbleiben. Ihr Potential baut eine positive und negative Ladungszone auf, die den weiteren Austausch von beweglichen Ladungsträgern unmöglich macht.
17. Der PN-Übergang bildet aufgrund der Spannungsbarriere eine Sperrschicht (englisch: junction); diese Zone ist etwa 1 μm breit. In ihr spielen sich alle für die Funktion von Dioden und Transistoren wichtigen Vorgänge ab.

6. Halbleiter- oder Kristall-Dioden

Die im Abschnitt 4.3. beschriebenen Vorgänge lassen sich im Prinzip natürlich auch mit Dioden auf Halbleiterbasis ausführen. Wegen des anderen Aufbaus und der anderen Art der Ladungsträger sind aber grundsätzliche Unterschiede zu beachten.

6.1. Sperren und Leiten des Stroms

Wenn wir an einen Halbleiterkristall mit PN-Übergang eine elektrische Spannung anschließen, so kann dies entweder nach der Schaltung in Bild 6.1 oder nach der in Bild 6.3 geschehen. Betrachten wir zuerst den Vorgang in Bild 6.1, bei dem die Batterie mit ihrem Pluspol am N-Gebiet und mit dem Minuspol am P-Gebiet liegt.

Da sich ungleichnamige Ladungen anziehen, wandern die freien Elektronen im Kristall zum Pluspol und die Löcher zum Minuspol der Batterie. Es entsteht daher in der Mitte des Kristalls eine weitere Zone ohne bewegliche Ladungsträger, wodurch die ursprüngliche Sperrschicht erheblich breiter wird. Die Batteriespannung addiert sich in diesem Fall zur »inneren« Spannung an der Sperrschicht. Man kann auch sagen, daß das äußere elektrische Feld die gleiche Richtung wie das innere Feld hat und dessen Wirkung verstärkt. Es fließt also kein Strom durch den PN-Halbleiterkristall, der sich demnach wie eine in Sperrichtung gepolte Röhrendiode verhält (Bild 6.2).

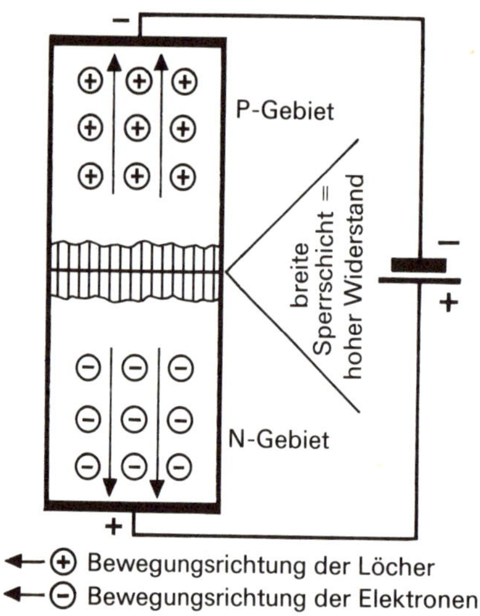

Bild 6.1 Bewegungsrichtung der Ladungsträger im N- und P-Gebiet bei Anschluß einer entsprechend gepolten Batterie. Es bildet sich eine breite Sperrschicht mit hohem Widerstand aus (kein Stromfluß). Die festeingebauten Ladungsträger werden der besseren Übersicht wegen bei den ab hier folgenden Darstellungen fortgelassen

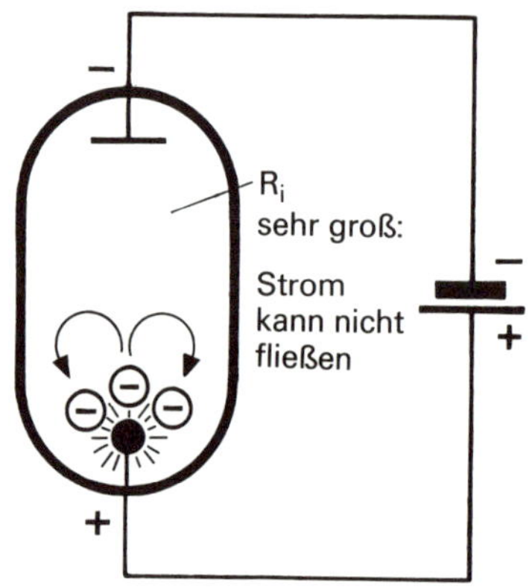

Bild 6.2 Die Röhrendiode sperrt den Elektronenstrom, wenn ihre Anode mit dem Minuspol der Gleichspannungsquelle verbunden ist. Sie hat dann einen sehr hohen Innenwiderstand

Wird dagegen die Batterie so angeschlossen, daß der Pluspol am P-Gebiet und der Minuspol am N-Gebiet liegt (Bild 6.3), tritt eine Abstoßung der beweglichen Ladungsträger auf. Das starke äußere elektrische Feld treibt Elektronen und Löcher in Richtung Sperrschicht, wo sie rekombinieren. Elektronen diffundieren in die P-Seite und Löcher in die N-Seite des Kristalls, dessen Sperrschicht jetzt durchlässig geworden ist, da die äußere Spannung stärker ist als die innere Spannungs-

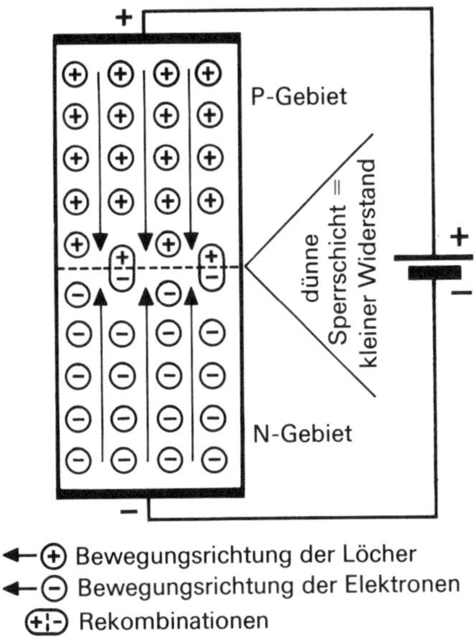

Bild 6.3 Bewegungsrichtung der Ladungsträger bei umgekehrtem Anschluß der Batterie. Die Sperrschicht wird durchlässig und hat einen sehr niedrigen Widerstand (Strom kann fließen)

barriere. Es fließt deshalb ein Strom durch den PN-Halbleiterkristall, der sich hier ähnlich wie eine in Durchlaßrichtung gepolte Röhrendiode verhält (Bild 6.4).

Einen PN-Halbleiterkristall mit derartigen Eigenschaften kann man demnach als

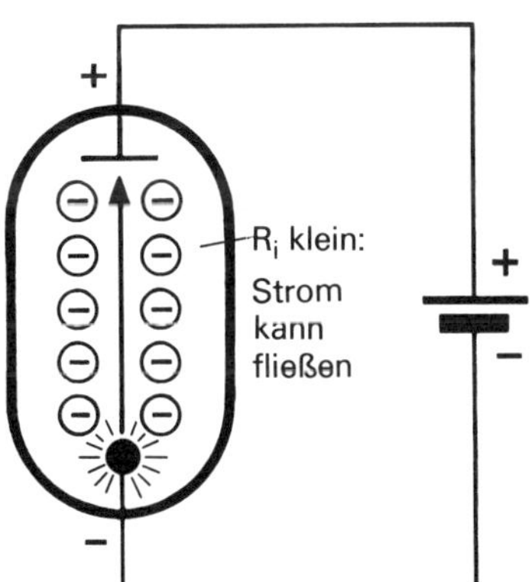

Bild 6.4 Die Röhrendiode leitet den Elektronenstrom, wenn ihre Anode mit dem Pluspol der Gleichspannungsquelle verbunden ist. Sie hat dann einen sehr niedrigen Innenwiderstand

Diode bezeichnen. Der Kristall hat eine Ventilwirkung und läßt Strom nur in einer Richtung durch. Es gelten somit prinzipiell die in Abschnitt 4.3. beschriebenen Eigenschaften der Röhrendiode auch für Halbleiterdioden, deren Schaltzeichen in Bild 6.5a angegeben ist.

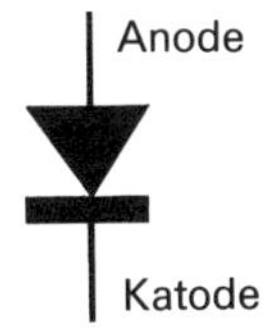

Bild 6.5a Schaltzeichen einer Halbleiter-Diode

Darüber hinaus bestehen allerdings auch einige Unterschiede, die wir nicht außer acht lassen dürfen. Während die Röhrendiode eine sehr hohe Sperrspannung vertragen kann, muß bei der Halbleiterdiode stets auf den zulässigen Spannungswert geachtet werden. Außerdem fließt bei der Halbleiterdiode im Sperrbereich ein Sperrstrom, der zwar relativ klein ist, unter gewissen Umständen aber beachtet werden muß. (Diese Erscheinung wird im nächsten Abschnitt besprochen.) Deshalb hat die Halbleiterdiode auch im Sperrzustand eine gewisse Leitfähigkeit, die sich als »innerer« Widerstand zwischen ihren Elektrodenanschlüssen auswirkt. Die Röhrendiode hat dagegen im Sperrzustand einen praktisch unendlich hohen Innenwiderstand.

Im allgemeinen überwiegen aber die Vorteile der Halbleiterdiode. Sie benötigt keine Heizung, hat wesentlich kleinere Abmessungen, besitzt in Durchlaßrichtung einen kleineren Innenwiderstand, und auch die Kapazität zwischen Anode und Katode ist kleiner als bei Röhrendioden.

6.2. Dioden-Kennlinien

Bei Halbleiterdioden (Bild 6.5b) mißt man im Sperrzustand einen geringen Strom. Er hat seine Ursache darin, daß bereits bei normaler Raumtemperatur im Kristall

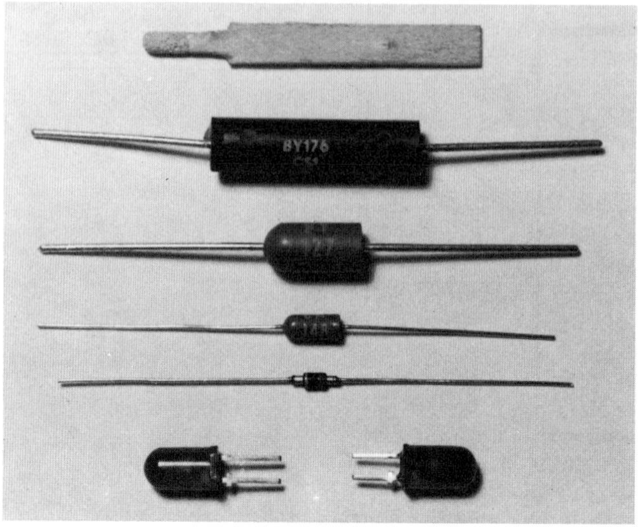

Bild 6.5b Verschiedene Halbleiter-Dioden. Ganz vorn zwei Leuchtdioden, die bei Anlegen einer Spannung Licht abgeben, dahinter zwei Dioden für kleine Ströme sowie zwei für große Ströme, im Größenvergleich mit einem Streichholz

Elektronenbindungen aufbrechen und dadurch bewegliche Ladungsträger freigesetzt werden. Dies ist eine Eigenschaft, die sich mit zunehmender Temperatur noch verstärkt. Die paarweise auftretenden Elektronen und Löcher entstehen überall im Kristallaufbau des Halbleiters und werden vom angelegten äußeren elektrischen Feld beeinflußt.

Nach Bild 6.6 verläuft die Bewegung der im P-Bereich freigesetzten negativen Elektronen nach unten durch den Kristall in Richtung des positiven Spannungspols, während die entstandenen positiven Löcher im P-Bereich bleiben. Im N-Teil des Kristalls ist es umgekehrt. Hier beginnen die positiven Löcher in Richtung des negativen Spannungspols zu wandern, und die negativen Elektronen bleiben im N-dotierten Teil des Halbleiters.

Wir registrieren also, daß der Halbleiterdioden-Sperrstrom nicht durch eine entsprechend gepolte Spannung unterdrückt werden kann, wie es z. B. bei Röhrendioden der Fall ist, bei denen sich der Elektronenstrom im Vakuum vollständig unterbinden läßt. Wie gleich gezeigt wird, ist der Sperrstrom bei Halbleiterdioden nor-

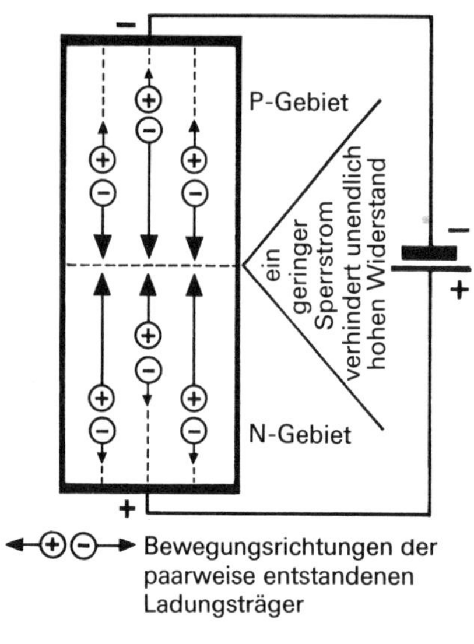

Bild 6.6 Durch Aufbrechen der Bindungen entstehen auch im Sperrbereich paarweise bewegliche Ladungsträger, die in der Sperrschicht stets einen sehr geringen Sperrstrom fließen lassen, der einen unendlich hohen Widerstand der Sperrschicht verhindert

malerweise jedoch sehr klein und kann zumeist vernachlässigt werden. Nur bei bestimmten Schaltungen bzw. Diodenausführungen wird er bewußt ausgenutzt (siehe Abschnitt 6.3. und 6.4.).

Wenn eine Halbleiterdiode, im folgenden kurz Diode genannt, mit der Anode an den positiven und mit der Katode an den negativen Pol einer Batterie gelegt wird, fließt ein (relativ starker) Strom. Die Größe des Stroms ist abhängig von der Höhe der angelegten Spannung. Wenn man die Spannung über ein Potentiometer zuführt und den fließenden Strom auf einem Meßinstrument beobachtet, kann man aus den abgelesenen Werten eine Kennlinie der Diode erstellen (Bild 6.7).

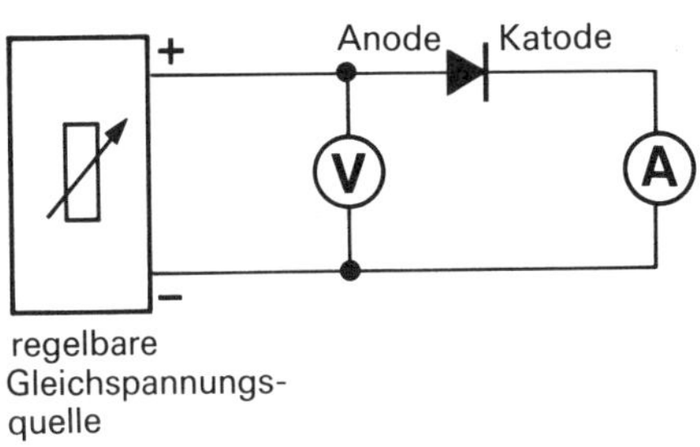

Bild 6.7 Schaltung zum Aufnehmen der Durchlaßkennlinie

Man beginnt bei kleinen Spannungswerten und trägt sie auf dem waagerechten Teil des Achsenkreuzes in Bild 6.8 ein, die Stromwerte werden auf dem senkrechten Teil vermerkt. Nach nur geringem Anfangsstrom fließt mit größer werdender Spannung ein kräftiger Strom durch die Diode. Die entstandene Kennlinie ist im unteren Teil stark gekrümmt und geht dann in einen annähernd geraden Teil über. Hier rufen kleine Spannungsänderungen verhältnismäßig große Stromänderungen hervor. Die Diode arbeitet dabei im Durchlaßbereich.

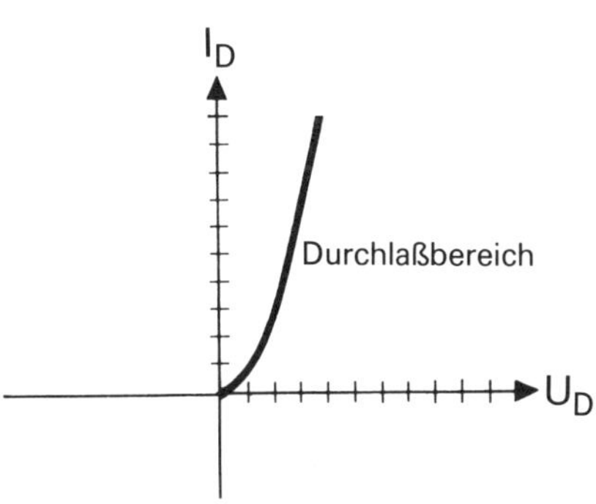

Bild 6.8 Durchlaßkennlinie einer Diode

Tauscht man die Dioden-Anschlüsse um, so ergibt sich eine Schaltung nach Bild 6.9, mit der man den in Bild 6.10 angegebenen Teil der Kennlinie aufnehmen kann. Nach dem zu Beginn des Abschnitts Gesagten kann der Stromfluß in einer Halbleiterdiode nicht vollständig unterbunden werden. Mit der Meßschaltung

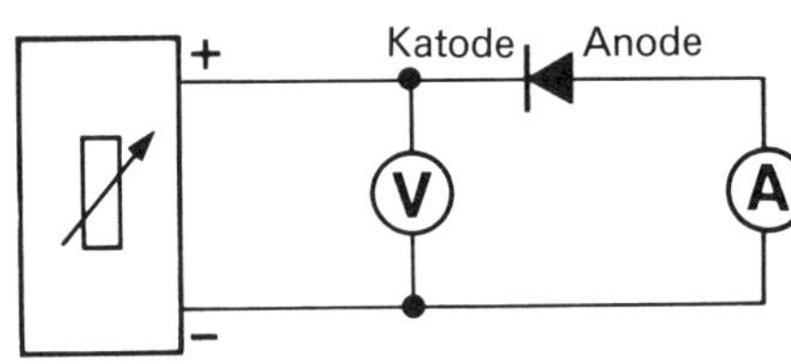

Bild 6.9 Schaltung zum Aufnehmen der Sperrbereichkennlinie

kann man deshalb feststellen, daß bei größer werdender Sperrspannung ein ganz geringer Sperrstrom zu verzeichnen ist. Die aufgenommene Sperrbereich-Kennlinie ist als die Fortsetzung der Kennlinie im Achsenkreuz von Bild 6.8 anzusehen. Da die Spannungen jetzt ein negatives Vorzeichen haben, erhalten die sich einstellenden Ströme ebenfalls ein negatives Vorzeichen.

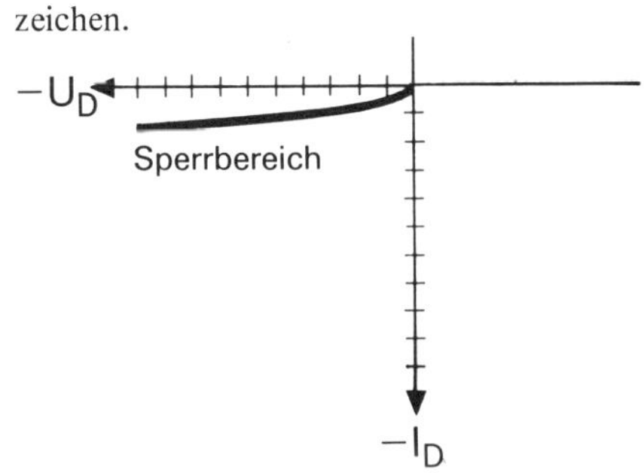

Bild 6.10 Sperrbereichkennlinie einer Diode

Die angewandte Meßmethode nennt man Strom-Spannungs-Messung, wobei die einzelnen Meßpunkte in das Achsenkreuz eingetragen und durch eine Linie miteinander verbunden werden. Die komplette Dioden-Kennlinie ist in Bild 6.11a eingetragen. Der Vollständigkeit halber sei erwähnt, daß eine andere Möglichkeit zur Kennlinienermittlung in der Darstellung mit Hilfe eines Oszilloskops besteht. Dort schreibt ein Elektronenstrahl auf dem Leuchtschirm der Röhre kontinuierlich und in stetiger Wiederholung die gesamte Kennlinie auf (Bild 6.11b). Die Bilder 6.11c und 6.11d zeigen Original-Kennlinien von Germanium- bzw. Silizium-Dioden.

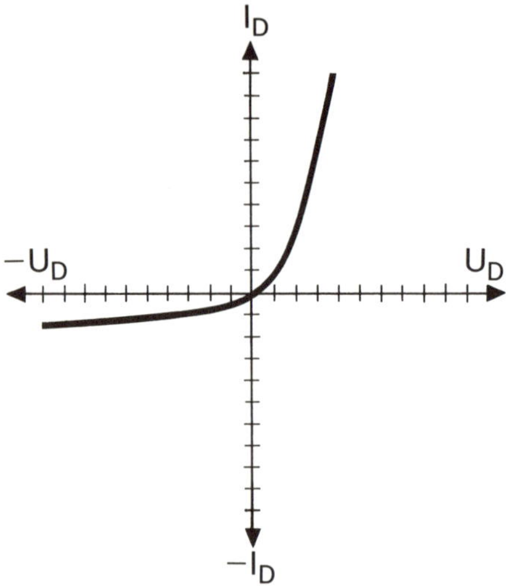

Bild 6.11a Vollständige Diodenkennlinie

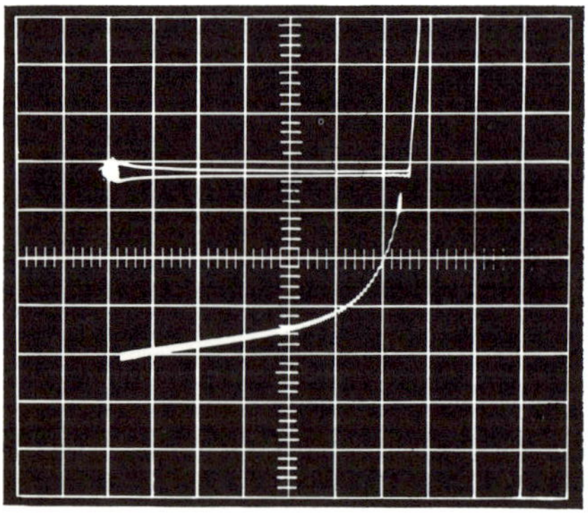

Bild 6.11b Dioden-Kennlinien mit Reststromdarstellung in zwei verschiedenen Meßstäben (10 μA bzw. 50 nA/cm)

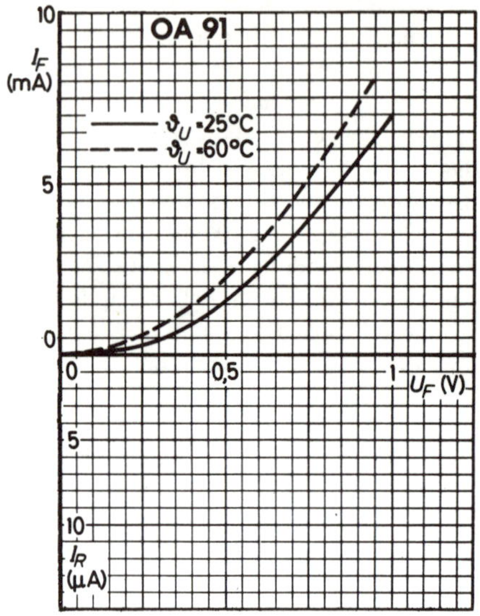

Bild 6.11c Original-Kennlinie der Germanium-Diode OA 91

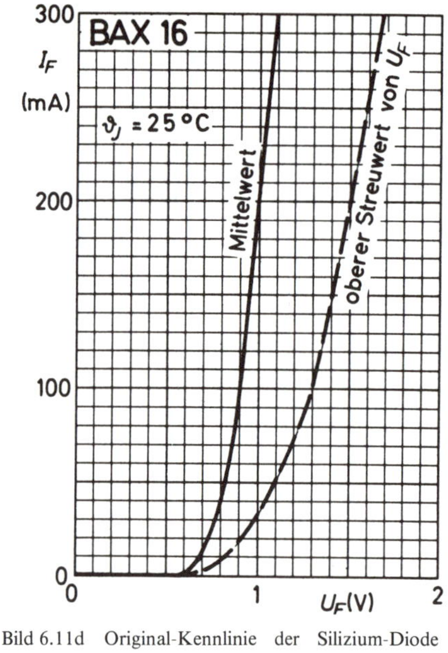

Bild 6.11d Original-Kennlinie der Silizium-Diode BAX 16

Hinweis:
Wegen der Kleinheit vieler moderner Siliziumdioden kann man die Buchstaben und Ziffern der Typbezeichnung nicht mehr original auf dem Gehäuse anbringen, sondern verwendet statt dessen einen Farbcode. Bei dem vielfach benutzten Pro-Electron-Schlüssel besteht die Typbezeichnung aus drei Buchstaben und einer zweistelligen Zahl.
Die Buchstabenkombination ist gekennzeichnet durch die Farbe des Katodenanschlusses bei Dioden im Gehäusetyp SOD-17 bzw. DO-7 oder durch die Gehäusegrundfarbe bei Dioden im Gehäusetyp DO-35 (Bild 6.12)

Farbe	Diode	Gehäusetyp
braun	BAS	DO-35
gelb	BAT	DO-35
grün	BAV	DO-35
blau	BAW	DO-35
–	BAX	SOD-17 (DO-7)

Die Zahlen werden durch Farbringe gekennzeichnet, wobei der erste Farbring breiter ist und an der Katodenseite liegt

Farbe	Zahl	Farbe	Zahl
schwarz	0	grün	5
braun	1	blau	6
rot	2	violett	7
orange	3	grau	8
gelb	4	weiß	9

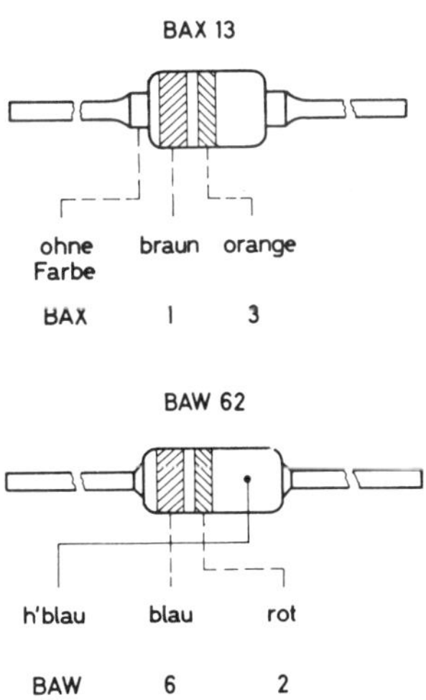

Bild 6.12 Zwei Beispiele für die Kennzeichnung von Siliziumdioden nach dem Pro-Electron-Schlüssel: Oben eine Diode BAX 13 (Gehäusetyp SOD-17), unten eine Diode BAW 62 (Gehäusetyp DO-35)

6.3. Gleichrichtung von Wechselspannungen

Zeichnen wir in das Achsenkreuz mit der Halbleiterdiodenkennlinie nach Bild 6.13a eine Wechselspannung ein, so stellen wir damit theoretisch die Gleichrichterfunktion dar. Durch die Ventilwirkung der Diode – nämlich den Strom nur in einer Richtung fließen zu lassen – rufen die positiven Halbwellen der Wechselspannung im Durchlaßbereich einen Stromfluß hervor. Die negativen Halbwellen ragen in den Sperrbereich hinein und verursachen wegen der sehr geringen Sperrströme auch nur sehr kleine Amplitudenänderungen. Beide sind auf der rechten Seite des Achsen- oder Koordinatenkreuzes in Bild 6.13a aufgetragen.

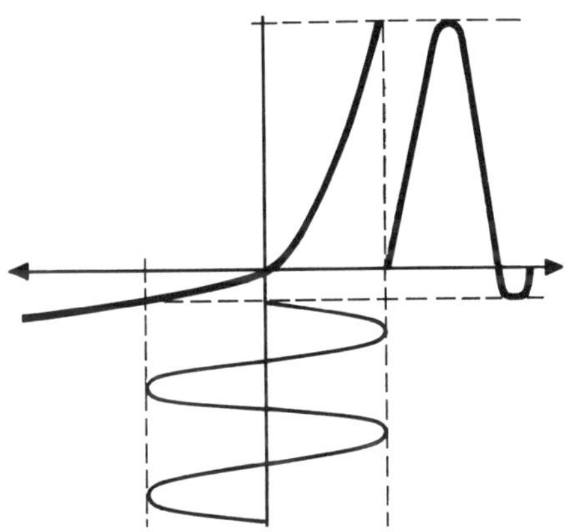

Bild 6.13a Schematische Darstellung der Gleichrichtereigenschaft einer Diode

Die beschriebenen Verhältnisse gelten für die einfache Schaltung zur Gleichrichtung nach Bild 6.13b. Am Widerstand R können die »durchgelassenen« Wechselspannungs-Halbwellen abgenommen werden. Vereinfacht ausgedrückt: Die negativen Halbwellen werden abgeschnitten oder gesperrt, die positiven Halbwellen durchgelassen. Wird die Diode andersherum angeschlossen, entstehen am Lastwiderstand R negative Halbwellen.

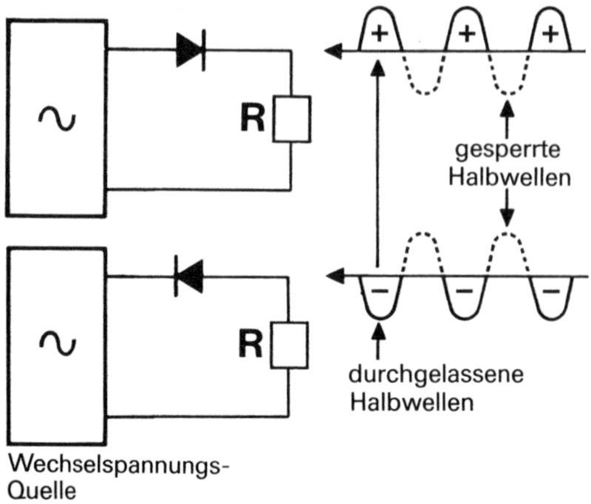

Bild 6.13b Durch entsprechende Polung der Diode können positive oder negative Anteile einer Wechselspannung gesperrt oder durchgelassen werden

Weil bei einer Diode im Durchlaß- und im Sperrbereich unterschiedlich große Ströme fließen, weist sie in beiden Bereichen auch unterschiedliche Widerstandswerte auf. Im Durchlaßbereich treten niederohmige Durchlaßwiderstände von etwa 1 bis 300 Ohm auf (abhängig vom Diodentyp und vom Material). Im Sperrbereich liegen die Werte dagegen wesentlich höher; die Sperrwiderstände betragen mehrere hundert Kiloohm bis einige Megohm.

Mit einem kleinen Schaltungsbeispiel nach Bild 6.14 wollen wir die erwähnten Vorgänge noch einmal durchspielen. Als erstes soll die Sperrwirkung der Diode untersucht werden. Hierzu legen wir den Minuspol der Batterie über den Schalter an die Anode der Diode und den Pluspol über die Lampe La_2 und den Widerstand R_1 an die Katode. Während die Kontrolllampe La_1 brennt, bleibt die Lampe La_2 dunkel. Der Stromkreis Diode-Widerstand-Lampe muß also gesperrt sein. Die Diode hat wegen der negativen Anoden- und positiven Katodenspannung einen hohen Widerstand und entspricht in diesem Zustand dem Schema in Bild 6.1.

Polen wir mit dem Schalter die Batterie um, so leuchtet jetzt auch die Lampe La_2. An der Anode liegt Plusspannung, während die Katode mit dem negativen Pol der Batterie verbunden ist. Die Diode hat daher einen sehr kleinen inneren Widerstand. Ihre Sperrschicht ist durchlässig geworden, so daß die Diode leitet und Strom fließt. Daher ist das Schema in Bild 6.3 für diesen Betriebszustand gültig.

Wenn wir versuchen, durch schnelles Betätigen des Schalters die Betriebsspannung ständig umzupolen und auf diese Art eine »Wechselspannung« an die Diode zu legen, so läßt sich der Gleichrichtereffekt gut beobachten, denn die Lampe La_2 flackert im Rhythmus des Umschaltens. La_1 brennt dagegen gleichmäßig. Das Flackern ist darauf zurückzuführen, daß die Diode nur bei positiver Anodenspannung leitet und im anderen Fall sperrt. Die entstehende »pulsierende« Gleichspannung läßt daher die Lampe La_2 periodisch aufleuchten.

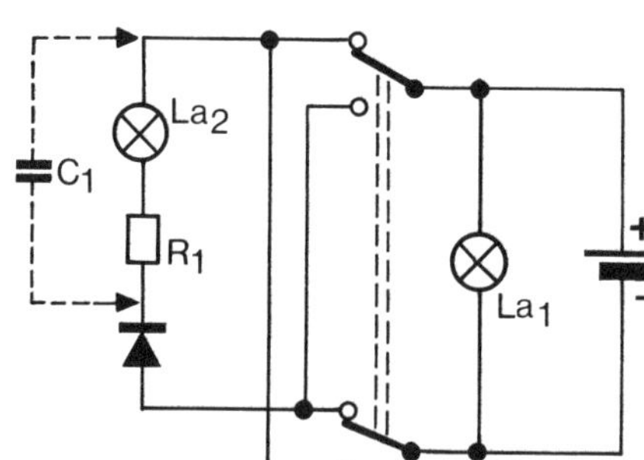

Bild 6.14 Schaltung zur Erläuterung der Ventilwirkung einer Diode

Mit einem Kondensator kann man die pulsierende Gleichspannung glätten. Hierzu wird C_1 parallel zu R_1 und La_2 geschaltet. Jetzt brennt die Lampe La_2 beim schnellen Umschalten immer. Das hat seinen Grund in der Eigenschaft des Kondensators, elektrische Energie zu speichern. Wir haben das im Kapitel 3. kennengelernt. In unserem Versuch wird der Kondensator C_1 geladen, wenn die Diode leitend ist und ein Strom durch die Diode in den Kondensator fließen kann. Wird die Diode gesperrt, gibt der Kondensator die gespeicherte Ladung wieder ab. Der Entladestrom fließt über R_1 und La_2 und läßt dabei die Lampe La_2 aufleuchten. Sie brennt deshalb beim schnellen Umschalten in jeder Stellung des Schalters. In Bild 6.15 ist der Spannungsverlauf an R_1 mit und ohne Kondensator C_1 angegeben.

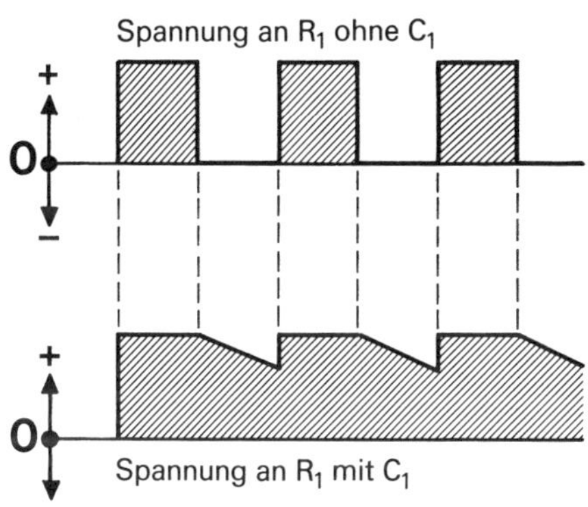

Bild 6.15 Pulsierende und geglättete Gleichspannung

6.4. Was sind Z-Dioden?

Bei einer Röhrendiode kann die Sperrspannung auf sehr hohe Werte gebracht werden, ohne daß dadurch eine Zerstörung der Diode eintritt. Es kann aber bei bestimmten Umständen und zu hoher Spannung ein Überschlag von einer Elektrode zur anderen auftreten. Etwas Ähnliches passiert auch bei einer Halbleiterdiode; nur heißt es dort nicht Überschlag, sondern Durchbruch. Wird die angelegte Sperrspannung zu hoch, so kommt es zu einer plötzlichen starken Zunahme des Sperrstroms, der in Bild 6.16 mit $-I_D$ bezeichnet ist. Die Ventilwirkung der Diode ist aufgehoben; ihr Sperrwiderstand nimmt relativ kleine Werte an. Hierfür sind mehrere Ursachen maßgebend.

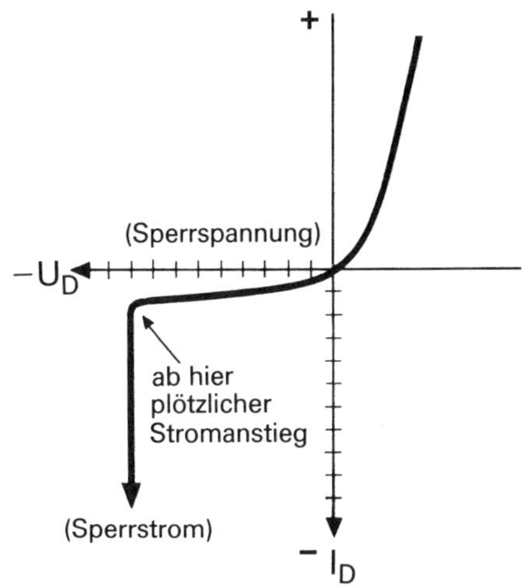

Bild 6.16 Diodenkennlinie mit Durchbruchgebiet

Wird die Diode beispielsweise sehr warm und diese Wärme nicht abgeführt, dann kann es zu thermischer Unstabilität kommen. Das atomare Kristallgitter wird dabei unzulässig stark aufgebrochen und die Eigenleitung nimmt so hohe Werte an, daß der Sperrstrom rapide anwächst. Durch geeignete Dimensionierung der Kühlflächen (z. B. bei hochbelasteten Gleichrichtern) und entsprechende Auslegung der Schaltung läßt sich die Zerstörung von Halbleiterdioden durch thermische Effekte in jedem Fall vermeiden.

Ein Kennliniendurchbruch kann aber auch durch eine zu hohe Sperrspannung ausgelöst werden. Wie in Abschnitt 6.1. erwähnt, addiert sich das äußere Feld der angelegten Spannung zum inneren elektrischen Feld der Sperrschicht. Dies hat von einer bestimmten Feldstärke an zur Folge, daß Valenzelektronen in das Leitfähigkeitsband gehoben werden und den Sperrstrom dadurch plötzlich stark ansteigen lassen.

Eine Verstärkung dieser Erscheinung nennt man »Lawineneffekt«. Er tritt bei sehr hohen Sperrspannungen auf, weil die in die Sperrschicht transportierten Ladungsträger dann eine entsprechend große kinetische Energie aufweisen und beim Zusammenprallen mit den Atomen des Kristallgitters verhältnismäßig leicht weitere Ladungsträger herausschlagen können. Da diese ebenfalls in den Ablauf einbezogen werden, kommt es zu einem Lawineneffekt, der den Sperrstrom enorm ansteigen läßt.

Diese im Prinzip nachteilige Eigenschaft haben findige Köpfe in den Halbleiterlaboratorien ausgenutzt, um einen Diodentyp mit einer Art von »gebremstem Durchbruch« zu entwickeln, der zum Stabilisieren von Spannungen ausgezeichnet geeignet ist. Besonders bei Siliziumdioden dieses Typs ist das Kniegebiet der Kennlinie sehr ausgeprägt, d. h. von einem bestimmten Punkt an steigt der Sperrstrom sehr schnell und ohne größere Spannungsänderung an. Das Schaltzeichen der Z-Diode ist in Bild 6.17 mit der zugehörigen Kennlinie dargestellt. Sie wird auch als Referenzdiode bezeichnet, weil die angelegte Spannung über einen verhältnismäßig großen Stromschwankungsbereich praktisch konstant bleibt und für Vergleichs- und Bezugsspannungen gut geeignet ist. Eine einfache Schaltung zur Stabilisierung ist in Bild 6.18 angegeben.

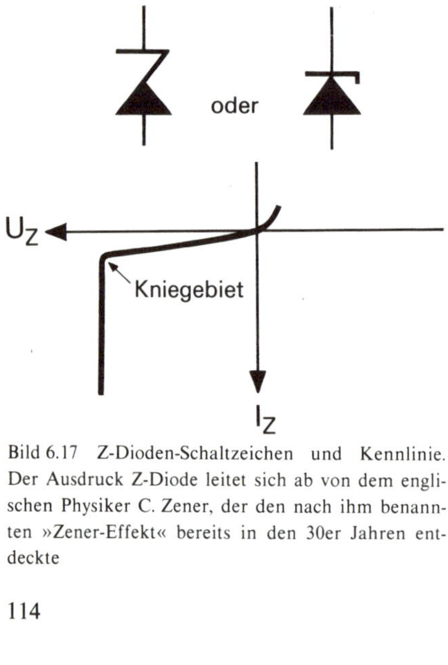

Bild 6.17 Z-Dioden-Schaltzeichen und Kennlinie. Der Ausdruck Z-Diode leitet sich ab von dem englischen Physiker C. Zener, der den nach ihm benannten »Zener-Effekt« bereits in den 30er Jahren entdeckte

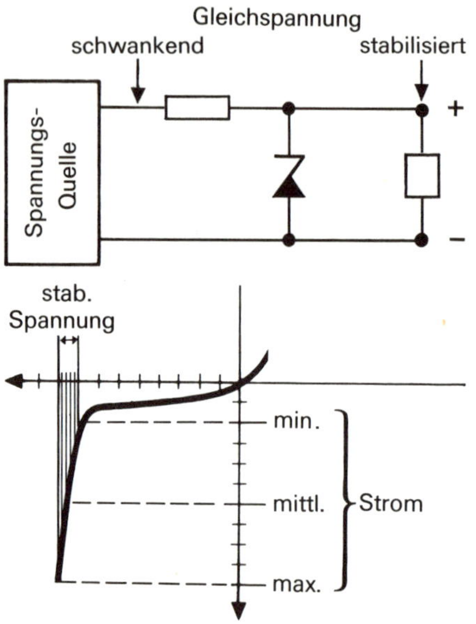

Bild 6.18 Schaltung und schematische Darstellung der Stabilisierungseigenschaft

6.5. Kapazitäts-, Foto- und Leucht-Dioden

Im Abschnitt 5.5. wurde der PN-Übergang bzw. die Sperrschicht behandelt. Die »eingebaute« Spannungsbarriere (Bild 5.22) verhindert mit ihrem elektrischen Feld die Bewegung von freien Ladungsträgern in der Sperrschicht und sorgt für den hohen Widerstand dieser Zone. Deshalb kann man die Sperrschicht einer Diode auch als Dielektrikum zwischen zwei Kondensatorplatten ansehen, die von der P- und N-Schicht beiderseits der Sperrzone gebildet werden. Wir wissen weiterhin, daß eine angelegte Sperrspannung die Breite der Sperrschicht beeinflußt. Wird die Sperr-

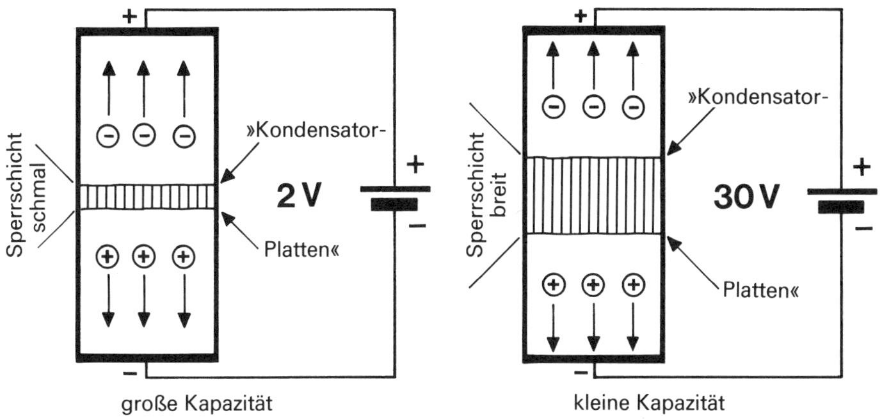

Bild 6.19 Die Sperrschicht wirkt als spannungsabhängige Kapazität: niedrige Sperrspannung und schmale Sperrschicht ergibt große Kapazität, hohe Sperrspannung und breite Sperrschicht ergibt kleine Kapazität

spannung veränderbar gemacht, so ändert sich auch die Breite des Dielektrikums und es ergibt sich ein Kondensator mit veränderbarer Kapazität, den man Kapazitätsdiode oder Varaktor nennt. Dieser Vorgang ist schematisch in Bild 6.19 angedeutet.

Die Sperrschichtkapazität nimmt mit steigender Sperrspannung ab, weil die Sperrschicht breiter wird und die »Kondensatorplatten« weiter auseinanderrücken. Das Schaltzeichen der Kapazitätsdiode, ihre Kennlinie – aus der die Abhängigkeit der Kapazität von der Sperrspannung hervorgeht – und ein einfaches Schaltungsbeispiel gehen aus Bild 6.20a und 6.20b hervor. Kapazitätsdioden werden z. B. in den

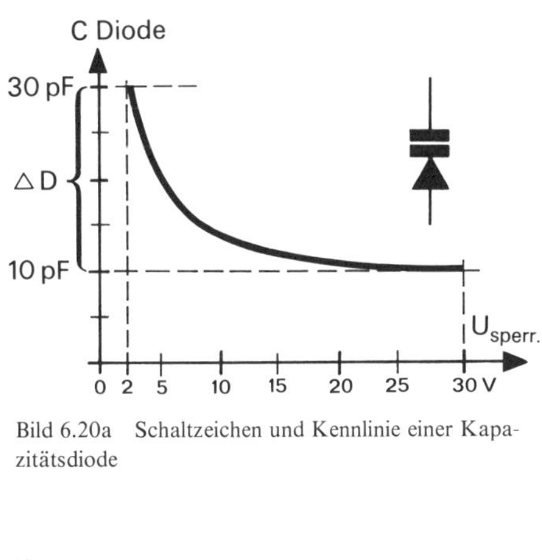

Bild 6.20a Schaltzeichen und Kennlinie einer Kapazitätsdiode

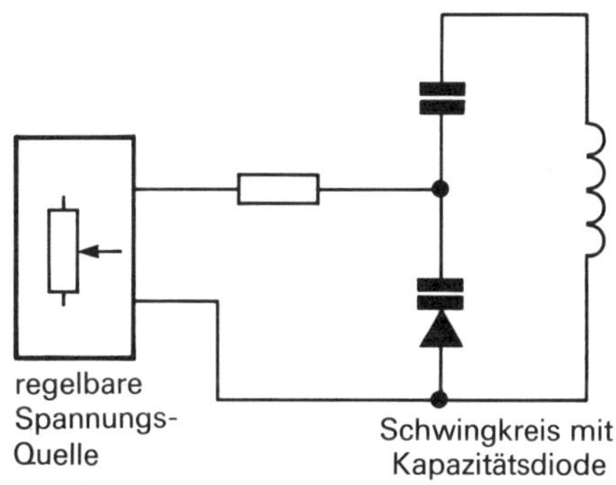

Bild 6.20b Anordnung der Kapazitätsdiode in einem Schwingkreis

HF-Abstimmkreisen von Rundfunk- und Fernsehgeräten verwendet. Sie ermöglichen einen sehr gedrängten Aufbau der Abstimmeinheiten und haben den früher üblichen mechanischen Drehkondensator (zumindest im Bereich höherer Frequenzen) nahezu völlig verdrängt.

Die Fotodiode ist ebenfalls eine Variante der normalen Halbleiterdiode. Bei der Beschreibung der Eigenleitung des Halbleiters in Abschnitt 5.3. wurde auch die Freisetzung von Ladungsträgern durch Energiezufuhr infolge Lichtstrahlung erwähnt. Diesen Effekt nutzt man bei Fotodioden aus, die im Sperrbereich arbeiten. Das Ansteigen des Sperrstroms wird durch Photonen (Lichtquanten) ausgelöst. Das

Schaltzeichen der Fotodiode, die z. B. in Belichtungsmessern verwendet wird, ist in Bild 6.21 dargestellt.

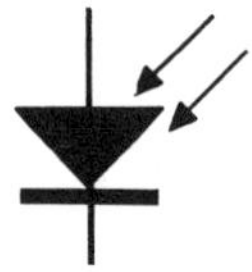

Bild 6.21 Schaltzeichen einer Fotodiode

Die Leuchtdiode ist ein verhältnismäßig neues Bauelement auf Halbleiterbasis. Ihre Kurzbezeichnung LED bedeutet »light emitting diode«, d. h., dieser Diodentyp wandelt eine zugeführte elektrische Energie in sichtbare elektromagnetische Strahlung um. Die Strahlung entsteht beim Stromfluß in Durchlaßrichtung innerhalb des PN-Übergangs, wobei das Licht durch die sehr dünne P-Schicht (nur einige μm) abgestrahlt wird (Bild 6.22). Germanium und Silizium eignen sich nicht für LEDs, sondern Gallium-Arsenid-Phosphid-Verbindungen (GaAsP). Am gebräuchlichsten sind Rotlicht abgebende Dioden, aber auch andere Farben und unsichtbare Infrarotstrahlen können emittiert werden.

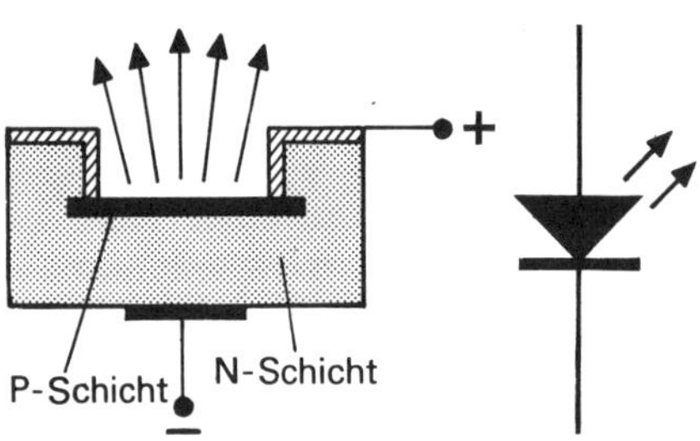

Bild 6.22 Aufbau und Symbol einer Leuchtdiode (LED)

6.6. Thyristoren und Triacs

Wir haben in Abschnitt 6.3. das Hauptanwendungsgebiet der Diode kennengelernt: die Gleichrichtung. Sie beruht auf der Ventilwirkung, durch die der Stromfluß nur in einer Richtung möglich ist. Thyristoren erweitern gewissermaßen diesen Anwendungsbereich, denn sie sind steuerbare Gleichrichter und erlauben das Dosieren der Ventilwirkung je nach Anwendungszweck. Ein Schnittbild und das Schaltsymbol des Thyristors sind in Bild 6.23a und 6.23b angegeben. Neben der Anode und der Katode ist ein zusätzlicher Anschluß vorhanden, der als Steuerelektrode, Gate oder Tor bezeichnet wird.

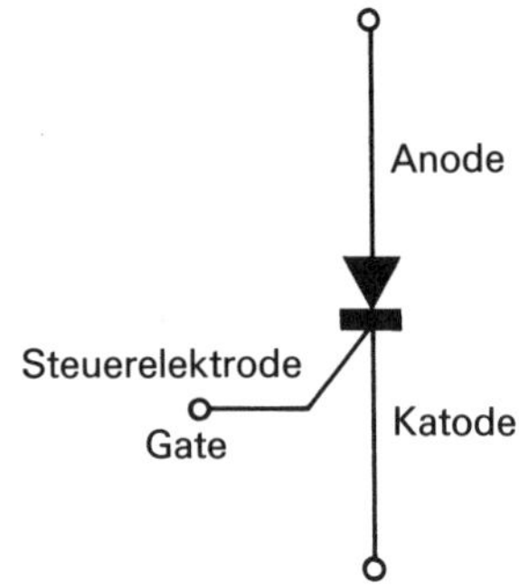

Bild 6.23a Schaltzeichen eines Thyristors, auch gesteuerter Gleichrichter genannt

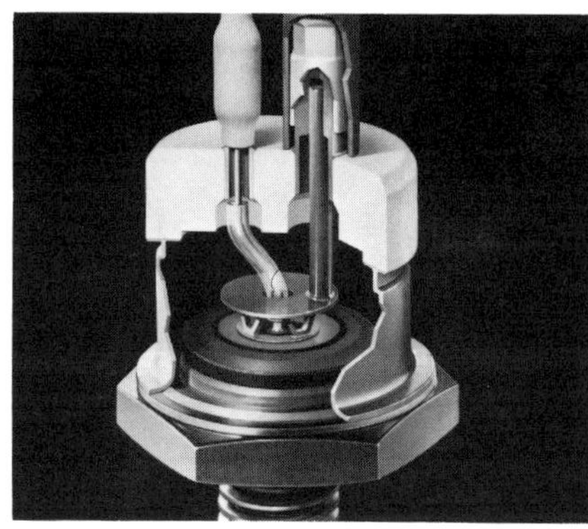

Bild 6.23b Aufbauschema eines Thyristors

Als Vorgänger der Thyristoren sind die gasgefüllten Gleichrichterröhren, u. a. »Thyratrons« genannt, anzusehen. Auch sie hatten eine Steuer- oder Zündelektrode, mit der ein Stromfluß durch die Röhre eingeleitet wurde. Die Bezeichnung Thyristor entstand übrigens aus dem alten Thyratron und dem neuen Transistor. Ein Thyristor besteht im Prinzip aus zwei in

Reihe liegenden Dioden und hat demnach drei Sperrschichten oder PN-Übergänge (Bild 6.24). Der äußere P-Anschluß bildet die Anode, der äußere N-Anschluß die Katode, und die innere P-Schicht ist mit dem Steueranschluß verbunden.

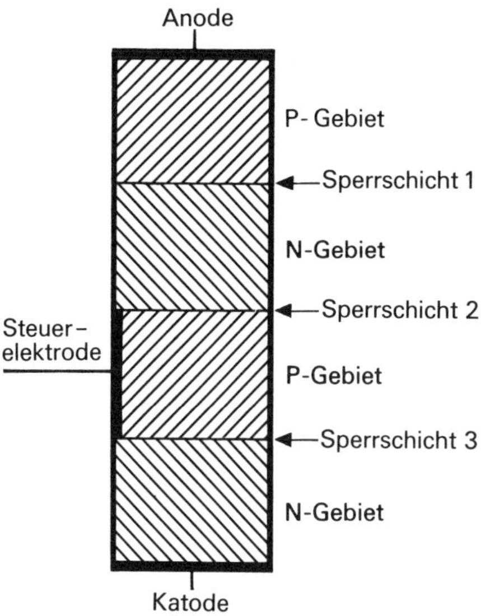

Bild 6.24 Der Thyristor besteht aus mehreren P- und N-Schichten mit entsprechenden Übergängen

Zum Verständnis der Thyristorwirkungsweise sei zunächst kurz an das Sperr- und Durchlaßverhalten der Halbleiterdiode erinnert, die einzelnen Phasen sind in Bild 6.25 dargestellt. Überträgt man dies auf die vier Schichten des Thyristors, so ergeben sich ähnliche Verhältnisse. Der ungezündete und spannungslose Thyristor zeigt ein Verhalten wie Dioden, d. h. es haben sich an den PN-Übergängen lediglich die üblichen Sperrschichten ausgebildet. Wird ein Thyristor in Durchlaßrichtung (Bild 6.26) an eine Batterie ange-

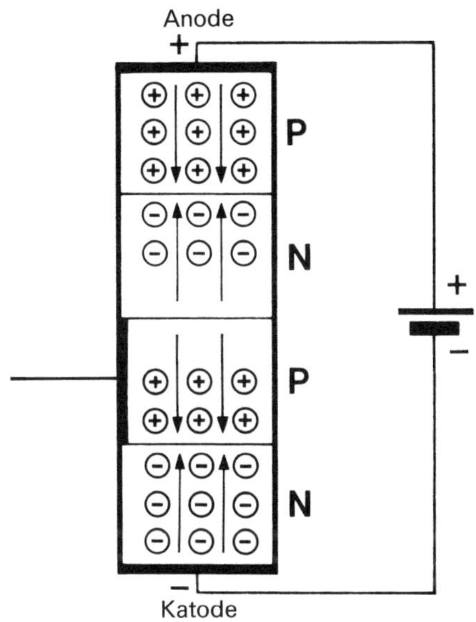

Bild 6.26 Bewegungsrichtung der Ladungsträger in einem Thyristor bei Anschluß von Anode und Katode in Durchlaßrichtung an eine Batterie: zwei Sperrschichten leiten, eine sperrt

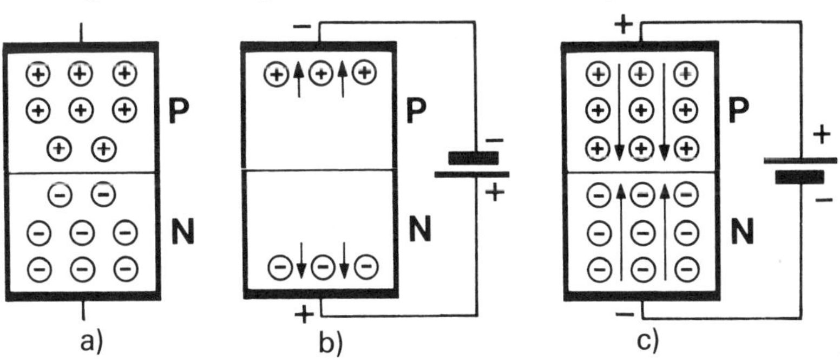

Bild 6.25 PN-Übergänge und Bewegungsrichtung der Ladungsträger: a) bei fehlender Batterie bildet sich die natürliche Sperrschicht aus, b) bei Batterie in Sperrichtung verbreitert sich die Sperrschicht und wird hochohmig, c) bei Batterie in Durchlaßrichtung schrumpft die Sperrschicht zusammen und wird sehr niederohmig, d. h. durchlässig

schlossen, d. h. Pluspol an die Anode und Minuspol an die Katode, dann erfolgt ein Abbau der beiden äußeren Sperrschichten. Das elektrische Feld der Batteriespannung beeinflußt die Ladungsträger in der durch Pfeilrichtung angegebenen Weise. Wir sehen, daß zwar zwei Sperrschichten abgebaut werden, die dritte sich jedoch noch weiter ausdehnt. Der Thyristor sperrt also trotz in Durchlaßrichtung angelegter Spannung.

Auch wenn man die Spannung umpolt, d. h. den Thyristor in Sperrichtung betreibt, kann kein Stromfluß registriert werden. Bild 6.27 macht deutlich, warum: und leitend zu machen. Schematisch ist dies in Bild 6.28 gezeichnet, worin mit einer zusätzlichen Spannung zwischen Katode und Steuerelektrode die innere Sperrschicht abgebaut und ein Stromfluß durch den Thyristor eingeleitet wird.

Bei Polung in Sperrichtung läßt sich der Thyristor trotz positiver Steuerelektrode nicht zünden, da ja immer noch die Sperrschicht auf der Anodenseite erhalten bleibt, was auch aus Bild 6.27 hervorgeht.

Zu den besonderen Eigenschaften des Thyristors gehört die Fähigkeit, nach erfolgtem Zünden oder »Durchschalten« weiterhin Strom fließen zu lassen, auch wenn

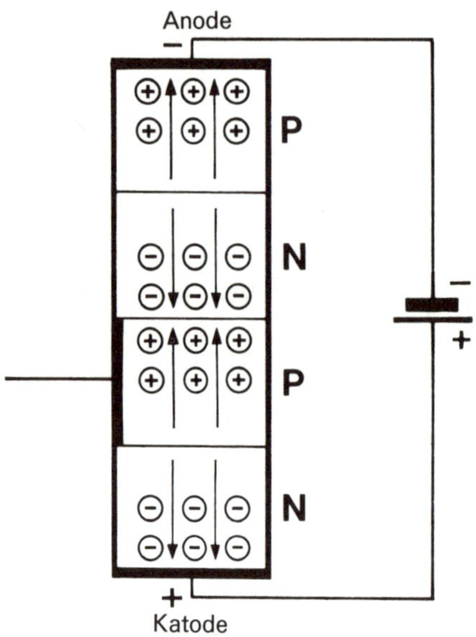

Bild 6.27 Bewegungsrichtung der Ladungsträger in einem Thyristor bei Anschluß von Anode und Katode in Sperrichtung an eine Batterie: eine Sperrschicht leitet, zwei sperren

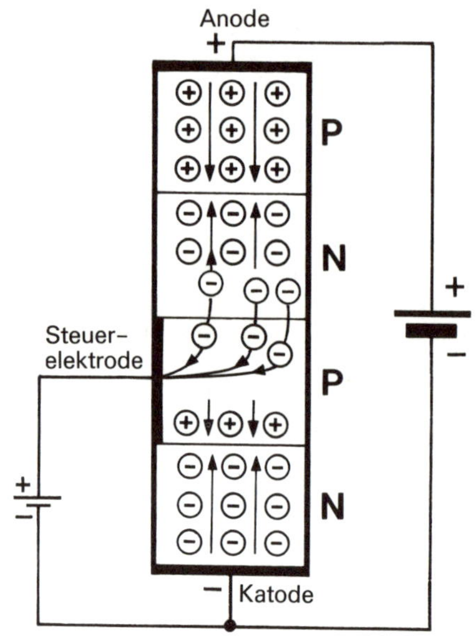

Bild 6.28 Bewegungsrichtung der Ladungsträger bei Anschluß der Steuerelektrode an eine Batterie: negative Ladungsträger dringen ins P-Gebiet ein und beseitigen die mittlere Sperrschicht: der Thyristor leitet

Das äußere elektrische Feld beeinflußt die Ladungsträger nun so, daß sich zwei Sperrschichten ausbilden. Hieraus wird erkennbar, warum eine Steuerelektrode nötig ist; sie dient dazu, den in Durchlaßrichtung an Spannung liegenden Thyristor mit zusätzlichen Ladungsträgern zu versorgen die Spannung an der Steuerelektrode abgeschaltet wird. Die im Thyristor fließenden Ladungsträger halten die drei abgebauten Sperrschichten nämlich automatisch durchlässig. Erst wenn die äußere Spannung (Katode-Anode) abgeschaltet wird oder unter einen bestimmten Wert absinkt, sperrt der Thyristor. Er kann auch durch eine positive Spannung an der Steuerelektrode nur dann wieder gezündet werden, wenn die Versorgungsspannung zwischen Anode und Katode groß genug ist. Ein einfaches Schaltungsbeispiel ist in Bild 6.29 gegeben; dort wird der Thyristor in einem Gleichstromkreis betrieben und mit der Taste T über R_V gezündet.

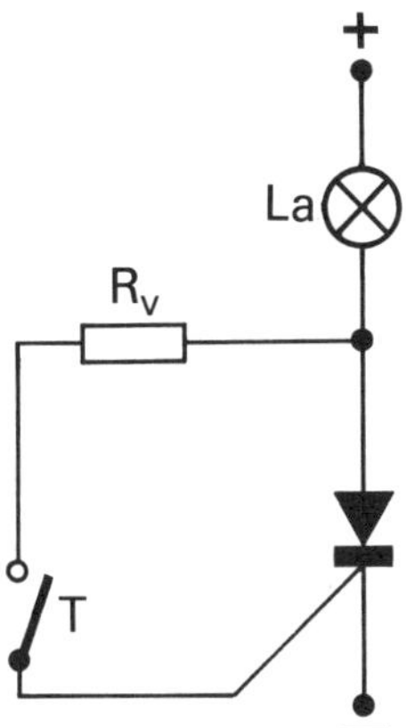

Bild 6.29 Prinzipanordnung eines Thyristors in einem Schaltkreis. Die Lampe La zündet nach Antippen des Tasters T, der Widerstand R_v dient zur Strombegrenzung

Das eigentliche Anwendungsgebiet des Thyristors liegt aber im Wechselstrombereich. Hier kommt auch der anfangs gebrauchte Ausdruck vom gesteuerten Gleichrichter voll zur Geltung, wobei wir daran denken, daß der durch den Thyristor fließende Strom abgeschaltet wird, wenn die Anode keine positive Spannung hat. Bild 6.30 verdeutlicht den Betrieb mit Wechselspannung (über der Anoden-Katoden-Strecke). Aus den Diagrammen (Bild 6.31) geht hervor, wie durch das Sperren und Leiten des Thyristors eine pulsierende Gleichspannung entsteht. Es fließt nur während der positiven Halbwellen ein Strom, der am Lastwiderstand R_L eine Spannung entstehen läßt. Während der negativen Halbwellen ist der Thyristor in Sperrichtung geschaltet und daher nichtleitend.

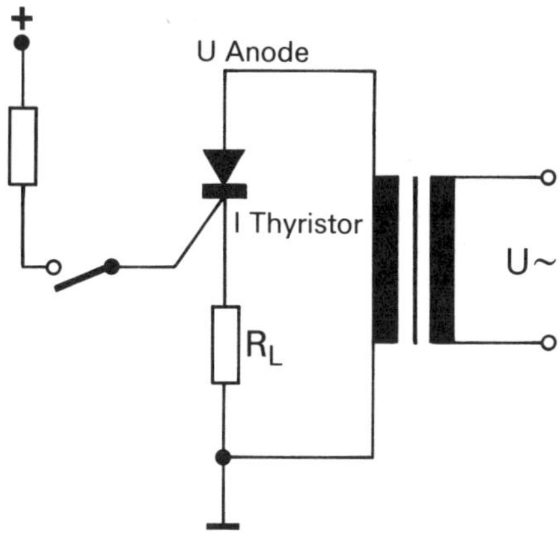

Bild 6.30 Prinzipanordnung des Thyristors in einem Netzteil

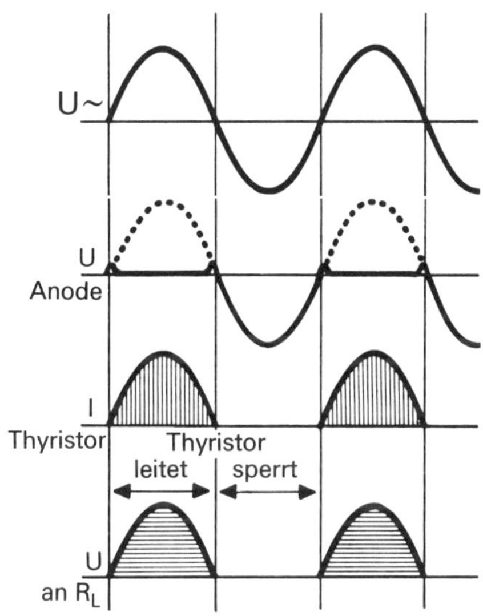

Bild 6.31 Spannungs- und Stromverlauf an einem Thyristor bei Wechselspannungsanschluß und Gleichstromsteuerung

Eine Verfeinerung der Schaltung läßt sich erreichen, wenn man die Steuerspannung nicht aus einer Gleichspannungsquelle bezieht, sondern auch hier mit Impulsen – also wechselspannungsmäßig – arbeitet. Erfolgt die Auftastung des Thyristors mit einem Impuls genau zu Beginn der positiven Halbwelle, so ergeben sich die gleichen Verhältnisse wie bei Gleichstromsteuerung (Bild 6.31). Steuert man den Thyristor aber zu einem späteren Zeitpunkt mit einem positiven Impuls an (natürlich während der positiven Anodenhalbwelle), dann wird nur ein Teilstrom durch den Thyristor fließen. In Bild 6.32 sind einige dieser Möglichkeiten dargestellt, die unter dem Begriff Phasenanschnitt-Steuerung in der Elektronik bekannt sind.

Derartige spezielle Schaltungen dienen u. a. dazu, einem angeschlossenen Verbraucher, z. B. einem Motor, eine Leistung zuzuführen, die man von Null bis zum Maximum stufenlos einstellen kann.

Eine Sonderform des Thyristors begegnet uns in dem Bauelement »Triac«. Es besteht im Grunde aus zwei antiparallel geschalteten Thyristoren, die einen gemeinsamen Steueranschluß haben. Das Schaltzeichen in Bild 6.33 zeigt zwei gegenläufige Diodensymbole, so daß dieses Bauelement in beiden Richtungen geschaltet werden kann. Der Name Triac kommt aus dem Englischen und entstand aus Triode-alternating-current-switch, das man mit Trioden-Wechselstrom-Schalter übersetzen kann.

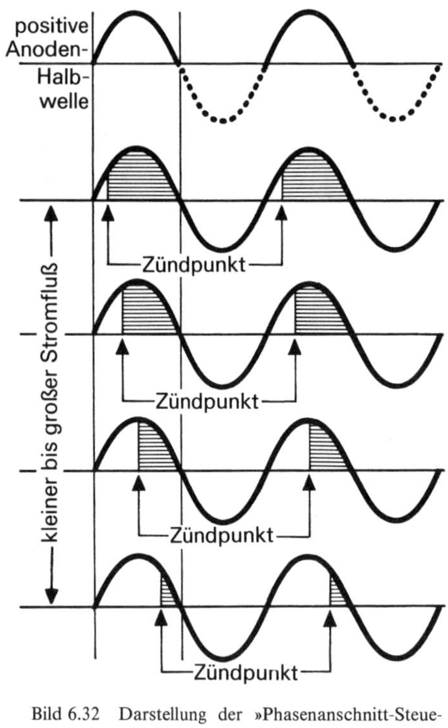

Bild 6.32 Darstellung der »Phasenanschnitt-Steuerung« eines Thyristors durch Verändern des Zündpunkts am Gate von 0–180°. Es wird eine Halbwelle genutzt. Je später gezündet, desto geringer wird der Strom und damit die verfügbare Leistung

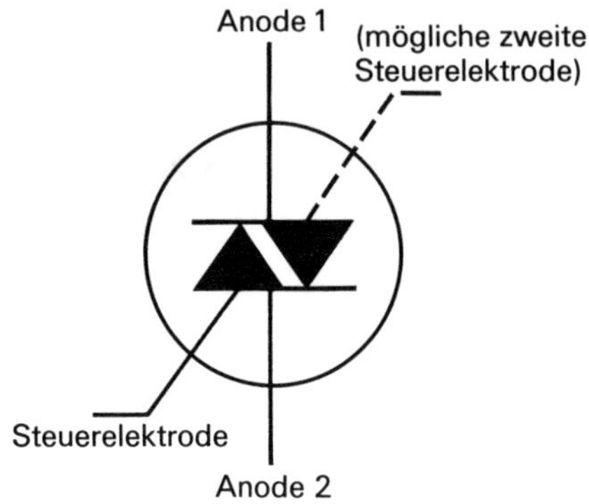

Bild 6.33 Schaltzeichen eines Triacs

Die Wirkungsweise eines Triacs entspricht der eines Thyristors, d. h. bei positiver Anode und vorhandenem Zündimpuls leitet der Triac. Wegen der Antiparallelschaltung werden jedoch beide Halbwellen ausgenutzt, so daß sich am Lastwiderstand eine Spannung ausbildet, die aus positiven und negativen Halbwellenanteilen besteht (Bild 6.34). Triac-Schaltungen werden für elektronische Regel- und Steuerungsaufgaben verwendet. Man findet das Bauelement aber auch in der sogenannten Dimmerschaltung für elektrische Leuchten. Je nach Effektivwert des der Lampe zugeführten Stroms läßt sich ihre Helligkeit stufenlos über ein Potentiometer, das den Triac steuert, verändern.

In Bild 6.35 ist eine Dimmerschaltung gezeigt, in der noch ein weiteres Schaltelement aus der hier besprochenen Halbleiterfamilie enthalten ist: der Diac. Es handelt sich hierbei um eine Mehrschichtdiode, die ebenfalls antiparallel geschaltet ist und deren Schaltzeichen – bis auf die fehlende Steuerelektrode – mit dem des Triacs

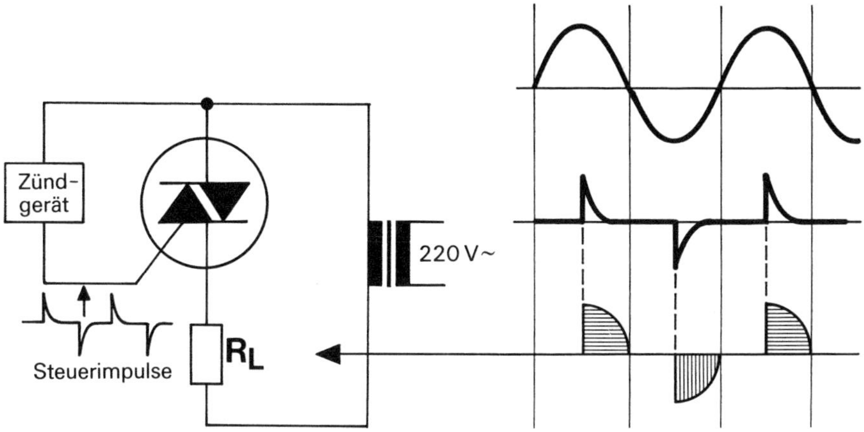

Bild 6.34 Schaltung eines Triacs, bei dem durch positive und negative Steuerimpulse eine Ausnutzung der positiven und negativen Wechselspannungshalbwellen möglich ist. Nur die an R_L abfallenden Anteile werden »verbraucht«, d. h. als Leistung dem Lichtnetz entnommen

übereinstimmt. Der Diac (herleitend von Diode-alternating-current-switch) erhält seine Öffnungsspannung von einem RC-Glied, das als Phasenschieber arbeitet und demzufolge eine variable Steuerspannung an den Diac abgibt. Die Mehrschichtdiode schaltet in den leitenden Zustand, wenn eine bestimmte Schwellen- oder Zündspannung erreicht ist, die in diesem Fall von der Ladespannung des Kondensators gebildet wird.

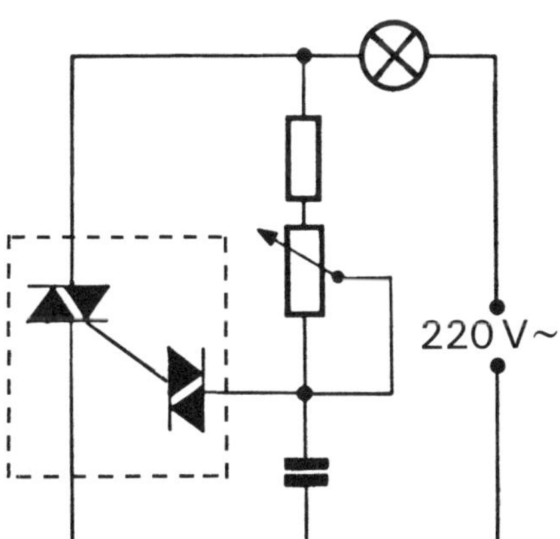

Bild 6.35 Schaltung mit einem Diac/Triac-Bauelement

Wegen der Antiparallelschaltung des Diacs können beide Halbwellen zur Steuerung ausgenutzt werden, und es ergibt sich eine Wirkungsweise, die mit der vorher beschriebenen im wesentlichen übereinstimmt. Bei geöffnetem Diac fließen also durch den Triac positive und negative Halbwellenanteile, deren »Größe« von der Stellung des Phasenschieber-Potentiometers abhängt, d. h. von der Zeitdauer der den Diac öffnenden Steuerspannung. Beide Bauelemente können auch auf einem gemeinsamen Halbleiterkristall hergestellt werden (Bild 6.36, s. Seite 120).

6.7. Kennzeichnung der Dioden-Arten

Wie bei Elektronenröhren gibt es auch für Halbleiterdioden und Transistoren einen Kennschlüssel, aus dem die allgemeinen Angaben über Bauweise und Verwendungszweck entnommen werden können. Die Bezeichnung besteht aus einer Buchstabenkombination und einer zwei- bis dreistelligen Zahl, z. B. BAX 13.

Der erste Buchstabe gibt an, aus welchem Halbleitermaterial die Diode bzw.

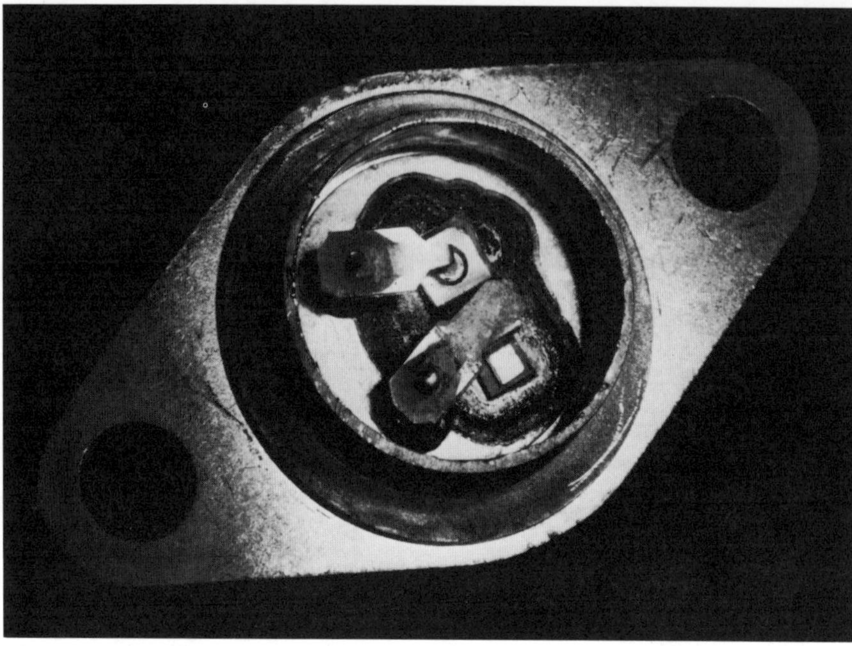

Bild 6.36 Die moderne Halbleitertechnologie erlaubt es, die beiden Bauelemente Diac und Triac auf einem gemeinsamen Kristall herzustellen

der Transistor besteht; es gibt z. Z. drei Gruppen:

A = Germanium
B = Silizium
C = Galliumarsenid

Der zweite Buchstabe gibt Aufschluß über den Verwendungszweck. Gängige Dioden-Bezeichnungen sind u. a.
A = Allzweckdiode
B = Kapazitätsdiode
T = Thyristor, Triac
X = Gunn-Effekt-Element
Y = Gleichrichterdiode
Z = Z-Diode

Die Zahlenkombinationen haben keine besondere technische Bedeutung, sondern sind lediglich »Hausnummern« zur Unterscheidung der einzelnen Diodenausführungen. Ältere Halbleiterdioden sind nach einem anderen Schlüssel gekennzeichnet; man erkennt sie an der mit O beginnenden Buchstabenreihe, z. B. OA 95. Ausländische Erzeugnisse haben ebenfalls andere Bezeichnungen, beispielsweise 1 N 4151. Die Transistorbezeichnungen sind in Abschnitt 7.9. aufgeführt.

6.8. Wichtiges kurz gesagt

1. Wird ein PN-Halbleiterkristall in Sperrrichtung betrieben, entsteht an der Sperrschicht eine Verbreiterung der Zone, in der keine beweglichen Ladungsträger vorhanden sind.
2. Wird ein PN-Halbleiterkristall in Durchlaßrichtung betrieben, baut sich die Sperrschicht ab, so daß Strom fließen kann.
3. Ein derartiger Halbleiter mit PN-Übergang hat eine Ventilwirkung und arbeitet als Diode, die Elektrodenanschlüsse heißen Anode und Katode.
4. Im Sperrzustand fließt in der Halbleiterdiode noch ein relativ schwacher Sperrstrom, wodurch der Sperrwiderstand zwar

sehr hoch, aber nicht unendlich ist (bis zu einigen Megohm).
5. Im Durchlaßbereich steigt der Strom sehr schnell an; der Durchlaßwiderstand ist verhältnismäßig klein (bis zu einigen hundert Ohm).
6. Die Charakteristik einer Diode geht aus ihrer Kennlinie hervor; im Koordinatenkreuz sind Durchlaß- und Sperrbereich sowie die entsprechenden Strom- und Spannungswerte abzulesen.
7. Die Ventilwirkung der Diode wird in erster Linie zur Gleichrichtung von Wechselspannungen ausgenutzt. Bei positiver Anodenspannung leitet die Diode, bei negativer Anodenspannung sperrt sie.
8. Wenn die Sperrspannung zu groß wird, steigt der Sperrstrom sprungartig auf unzulässig hohe Werte an. Es kommt zum Durchbruch, der die Ventilwirkung aufhebt, weil freigewordene Ladungsträger die Sperrschicht lawinenartig durchbrechen.
9. Bei der Z-Diode nutzt man den Lawineneffekt gewollt aus, um schwankende Spannungen zu stabilisieren.
10. Kapazitätsdioden arbeiten im Sperrbereich. Je nach Größe der Sperrspannung verändert sich die Breite der Sperrschicht, die als Dielektrikum zwischen den als Kondensatorplatten anzusehenden Elektroden wirkt.
11. Bei der Fotodiode werden Ladungsträger durch Energiezufuhr infolge Lichtstrahlung freigesetzt. Sie verändern den Sperrstrom der Diode.
12. Kapazitätsdioden findet man in den Abstimmkreisen von Rundfunk- und Fernsehempfängern. Fotodioden dienen u. a. zum Messen der Beleuchtungsstärke und erfüllen Aufgaben in Lichtschranken. Leuchtdioden verwendet man für Anzeige- und Signalzwecke.
13. Thyristoren sind gesteuerte Gleichrichter bzw. steuerbare Dioden. Es fließt nur dann Strom zwischen Anode und Katode, wenn die Anode positives Potential hat und gleichzeitig eine positive Spannung an der Steuerelektrode liegt.
14. Wenn ein Thyristor durchgeschaltet oder gezündet hat, bleibt der Stromfluß so lange bestehen, wie die Anode an positiver Spannung liegt, auch wenn die Zündspannung an der Steuerelektrode abgeschaltet wird. Der Stromfluß im Thyristor wird erst unterbrochen, wenn die Anodenspannung unter einen bestimmten Wert sinkt bzw. abgeschaltet wird.
15. Thyristoren betreibt man vornehmlich in Wechselstromkreisen. Vorteilhaft ist hierbei, daß sich der Strom periodisch ein- und ausschaltet, wenn die Steuerelektrode entsprechend gesteuert wird.
16. Durch Verschieben des Steuerimpulses kann aus den durchgelassenen Halbwellen der Wechselspannung ein mehr oder weniger großer Teil »herausgeschnitten« werden. Hieraus resultiert die Bezeichnung »gesteuerter Gleichrichter«. Die Schaltung heißt Phasenanschnittsteuerung.
17. Der Triac ist ein spezieller Typ des Thyristors und enthält zwei antiparallel geschaltete Thyristoren mit gemeinsamer Steuerelektrode. Dadurch können beide Halbwellen »angeschnitten« werden. Triacs werden u. a. beispielsweise für die stufenlose Helligkeitseinstellung von elektrischen Leuchten verwendet.
18. Ausgangsmaterial und Verwendungszweck der Halbleiterdioden lassen sich anhand von Buchstabenkombinationen ermitteln. Die nachfolgenden Ziffern haben keinen technischen Aussagewert, sondern dienen lediglich zur Kennzeichnung des jeweiligen Typs.

7. Transistoren und ihre Arbeitsweise

Die beherrschende Stellung der Elektronenröhre als Verstärkerelement währte rund vier Jahrzehnte. Sie ging zu Ende, als der Transistor zu Beginn der sechziger Jahre in der Elektronik immer stärker Eingang fand. Er brachte diesem Industriezweig einen enormen Aufschwung und erschloß immer neue Anwendungsgebiete. Der Transistor ist ein aktives Bauelement. Er verstärkt elektrische Signale und kann ebenfalls sehr gut als elektronischer Schalter verwendet werden.

Der Transistor-Halbleiterkristall ist von einem schützenden Gehäuse umgeben, das aus Metall oder Plastik besteht. Um den Transistor mit anderen Bauelementen eines elektronischen Geräts verbinden zu können, sind an der Unterseite des Gehäuses entsprechende Anschlußdrähte oder Anschlußfahnen vorhanden. Hiermit können Transistoren in die Schaltung eingelötet bzw. in Fassungen gesteckt werden. Transistoren für größere Leistungen befestigt man zumeist direkt auf dem Chassis oder auf geeigneten Kühlkörpern. In Bild 7.1 sind einige Transistoren mit unterschiedlichen Gehäuseformen dargestellt.

Im Gegensatz zu Elektronenröhren sind Transistoren sehr klein. Aber das ist nicht ihr einziger Vorteil. Sie arbeiten mit niedrigen Spannungen, brauchen keine Heizung, sind nicht anfällig gegenüber Erschütterungen, haben eine hohe Zuverlässigkeit, erzeugen nur wenig Wärme, weisen einen hohen Wirkungsgrad auf und lassen sich in Massen fertigen, was niedrige Preise zur Folge hat.

Doch es gibt auch nachteilige Eigenschaften. Zu ihnen gehören die Temperaturabhängigkeit der elektrischen Eigenschaften und die daraus resultierenden Stabilisierungsmaßnahmen. Die Schaltungstechnik ist daher noch häufig aufwendiger als bei Röhren. Die Nachteile des Transistors werden aber durch die Vorteile mehr als wettgemacht. Außerdem ist seine technologische Entwicklung noch keineswegs abgeschlossen.

Die Bezeichnung Transistor ist ein Kunstwort. Es setzt sich aus »transfer resistor« zusammen, was auf das Prinzip des Transistors hinweist, nämlich die Übertragung von Widerstandsänderungen von einem PN-Übergang zum anderen. Tran-

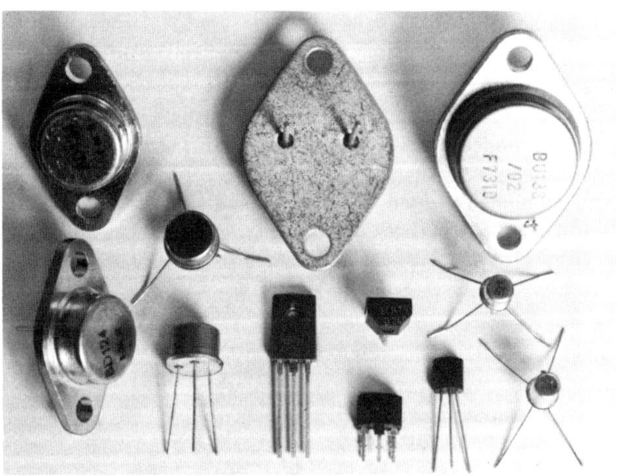

Bild 7.1 Transistorausführungen mit Kunststoff- und Metallgehäusen

sistoren sind also – wie andere Verstärkerelemente auch – »steuerbare elektrische Widerstände«.

Im vorliegenden Kapitel über Transistoren und ihre Arbeitsweise lernen wir zwei verschiedene Ausführungen von Halbleiter-Verstärkerelementen kennen, und zwar **Flächentransistoren** und **Feldeffekt-Transistoren.** Sie unterscheiden sich voneinander durch Aufbau und Wirkungsweise. Wie aus den beiden vorausgegangenen Kapiteln bekannt ist, werden zwei Arten von Ladungsträgern in der Halbleitertechnologie verwendet: Elektronen und Löcher. Da an der Wirkungsweise von Flächentransistoren beide Ladungsträgerarten maßgeblich beteiligt sind, spricht man hier von »bipolaren Transistoren«. Im Gegensatz dazu stehen die Feldeffekt-Transistoren, bei denen als Ladungsträger entweder nur Elektronen oder nur Löcher auftreten. Diese Halbleiter-Verstärkerelemente kann man daher auch als »unipolare Transistoren« bezeichnen. Feldeffekt-Transistoren sind technologisch gesehen jüngeren Datums als Flächentransistoren und weisen u. a. ein röhrenähnliches Verhalten auf.

Die Abschnitte 7.1. bis 7.6. geben Auskunft über die Eigenschaften der Flächentransistoren, daran anschließend werden die Feldeffekt-Transistoren behandelt. Obwohl beide Transistorausführungen auf Halbleitereigenschaften basieren, bestehen grundsätzliche Unterschiede, auf die hier zu Beginn des Kapitels vorsorglich aufmerksam gemacht wird.

7.1. Aufbau und Eigenschaften des Flächentransistors

Kennzeichnend für den Aufbau des Flächentransistors sind drei Halbleiterschichten, die in der Reihenfolge NPN oder PNP dotiert sein können. In Bild 7.2 sind die Schichtfolgen für beide Ausführungen und die genormten Flächentransistorsymbole angegeben.

Die drei Halbleiterschichten des Flächentransistors heißen Emitter, Basis und Kollektor. Diese Bezeichnungen gelten auch für die nach außen geführten Anschlüsse.

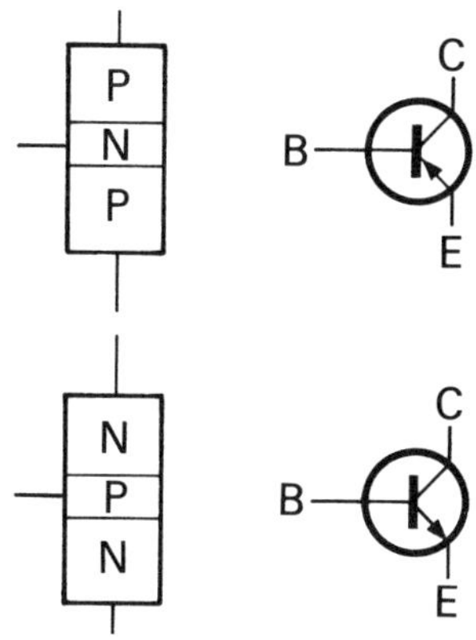

Bild 7.2 Blockdarstellung und Schaltzeichen für PNP- und NPN-Transistoren

Emitter: Das Wort ist lateinischen Ursprungs und bedeutet soviel wie »Aussender«. Bei einem N-Emitter werden negative Elektronen und beim P-Emitter positive Löcher abgegeben oder »emittiert«. Das Kurzzeichen für Emitter ist ein E.

Basis: Die schmale Schicht zwischen Emitter und Kollektor wird als Basis bezeichnet. Sie kann ebenfalls N- oder P-dotiert sein und einen entsprechenden Ladungsträgerüberschuß aufweisen. Das Kurzzeichen für Basis ist ein B.

Kollektor: Auch dieses Wort stammt aus dem Lateinischen und bedeutet soviel wie »Sammler«. Man kann den N- oder P-Kollektor als eine Auffangelektrode für die vom Emitter kommenden Ladungsträger betrachten. Das Kurzzeichen für Kollektor ist ein C (abgeleitet von der englischen Schreibweise collector).

7.2. NPN-Schichtenfolge im Flächentransistor

Im vorigen Kapitel lernten wir bereits verschiedene Halbleiter-Grenzschichten kennen, und zwar bei Dioden und Thyristoren (steuerbare Gleichrichter). Dioden haben nur einen PN-Übergang, wogegen Thyristoren sogar drei aufweisen. Flächentransistoren arbeiten mit zwei PN-Übergängen und drei leitenden Schichten. Bei der Folge NPN (sie wird überwiegend benutzt) ergibt sich eine Verteilung der beweglichen Ladungsträger nach dem in Bild 7.3a ge-

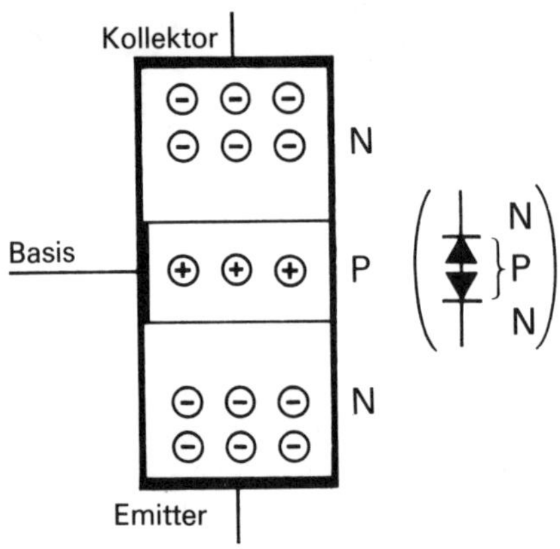

Bild 7.3a Schematischer Aufbau eines Transistors aus 3 Schichten (hier die Folge NPN), die zwei gegeneinander in Reihe liegenden Dioden entsprechen. Es bilden sich (ohne äußere Spannungszuführung) zwei Sperrschichten aus

zeigten Schema, wobei keine äußere Spannungsquelle angeschlossen ist. Wie schon bei der Behandlung der Sperrschicht gesagt (Abschnitt 5.5.), baut sich in einem solchen Fall an den PN-Übergängen eine Spannungsbarriere auf, die eine schmale Zone entstehen läßt, in der es praktisch keine beweglichen Ladungsträger mehr gibt. Wir können diesen Zustand auch mit zwei in Reihe geschalteten Dioden vergleichen, deren Anoden (P-Schicht) zusammenliegen (Bild 7.3b).

Wird eine äußere Spannungsquelle nach Bild 7.4 angeschlossen, so baut sich die

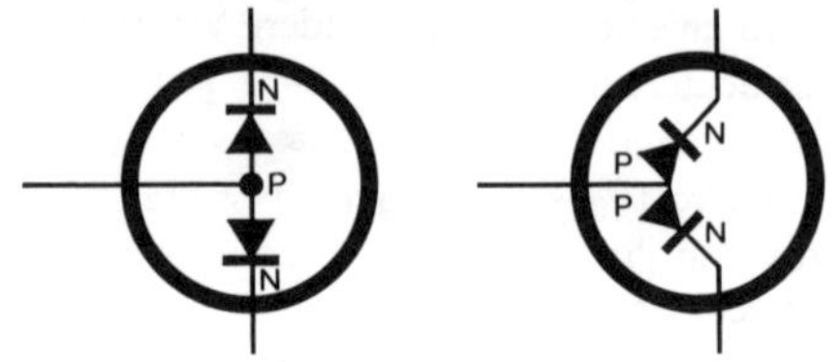

Bild 7.3b Andere »Dioden-Darstellung« der Schichten im NPN-Transistor

eine Sperrschicht ab, während sich die andere verbreitert. Der Grund liegt darin, daß das positive Kollektorpotential die benachbarten negativen Ladungsträger anzieht und die positiven abstößt, während das negative Emitterpotential die benachbarten positiven Ladungsträger anzieht und die negativen abstößt. Weil jedoch noch eine Sperrschicht vorhanden ist, fließt durch den NPN-Transistor insgesamt kein Strom (ausgenommen der zu vernachlässigende, sehr geringe Sperrstrom; siehe Abschnitt 6.2.).

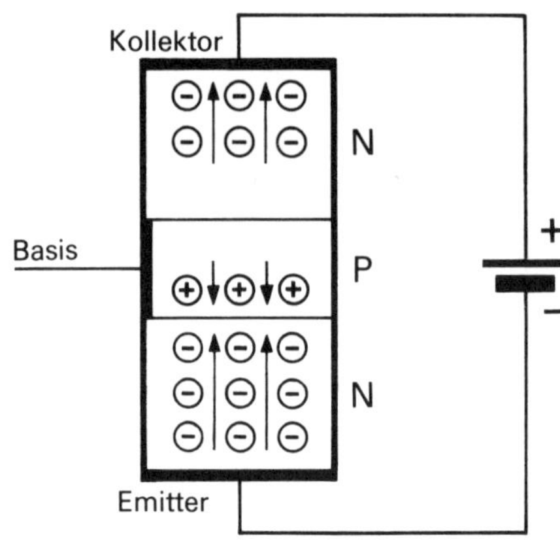

Bild 7.4 Bei Anschluß einer Batterie an Kollektor und Emitter wird die eine Sperrschicht leitend und die andere noch hochohmiger

Was passiert aber, wenn auch die Basis des NPN-Transistors an eine positive Spannung gelegt wird? Dies ist in Bild 7.5 dargestellt. Im Basisstromkreis muß jetzt Strom fließen, da die Basis-Emitter-Grenzschicht schon abgebaut war und somit die Elektronen aus der Emitterschicht ungehindert in den Basisraum strömen können, angezogen von der positiven Basisspannung.

Wir registrieren daher als Phase 1 im Funktionsablauf einen Elektronenstrom, der vom Emitter in die Basisschicht fließt. Da dort positive Ladungsträger (Löcher) vorherrschen, werden diese bestrebt sein, mit den eintreffenden negativen Elektronen zu rekombinieren (Phase 2). Weil aber die Basiszone extrem dünn ist, dringt die überwiegende Mehrzahl der einströmenden Elektronen sogleich bis zur Basis-Kollektor-Grenzschicht vor. Dort geraten sie in den Einflußbereich der positiven Kollektorspannung und wandern durch die Sperrschicht in die Kollektorzone (Phase 3). Der Stromkreis Emitter-Kollektor ist damit geschlossen.

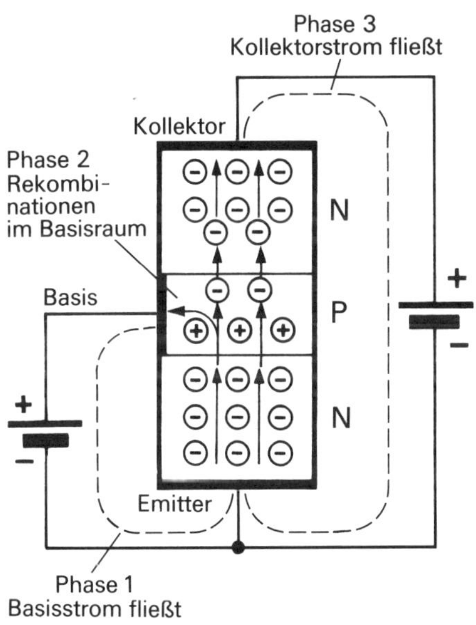

Bild 7.5 Erhält auch die Basis positives Potential, wird der NPN-Transistor leitend. Vom Emitter zum Kollektor fließt ein Elektronenstrom (negative Ladungsträger), der an der Basis »gesteuert« werden kann

An dem in Bild 7.6 angegebenen Schema läßt sich an einem Zahlenbeispiel der eben beschriebene Vorgang vereinfacht zeigen: Von 1000 Elektronen, die vom Emitter in Richtung Basis fließen, werden beispielsweise 20 aus dem Basisanschluß heraus in die Stromquelle II abzweigen, während die übrigen 980 am Kollektor eintreffen und zurück zur Stromquelle I fließen.

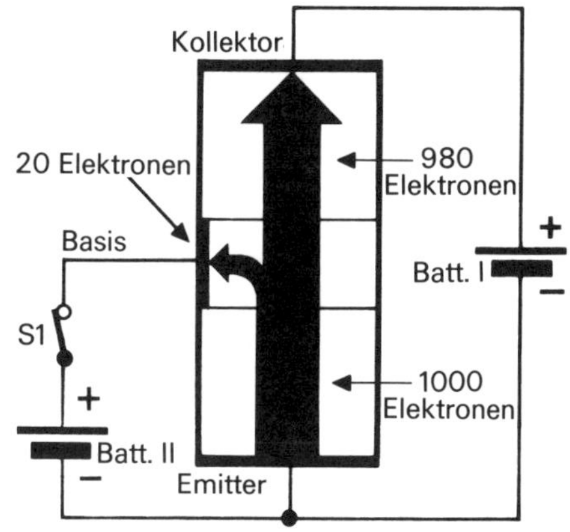

Bild 7.6 Schematische Darstellung der Vorgänge im NPN-Transistor. Der vom Emitter kommende Elektronenstrom teilt sich im Basisbereich auf, und zwar fließt ein bestimmter Teil aus der Basis in die dort angeschlossene Stromquelle. Aus der Tatsache, daß ein Basisstrom fließt, geht hervor, daß ein NPN-Transistor nicht leistungslos gesteuert werden kann, sondern einen (geringen) Steuerstrom braucht

Wir halten also fest: Der Emitterstrom wird zwar von der positiven Basisspannung ausgelöst (bzw. vom auftretenden elektrischen Feld aufgrund des Potentialunterschieds an der Basis-Emitter-Sperrschicht), fließt aber nicht über den Basisanschluß ab, sondern wird vom Kollektor aufgenommen. Dies geschieht, obwohl eigentlich im Transistor noch eine Sperrschicht vorhanden ist, nämlich die an beweglichen Ladungsträgern verarmte Basis-Kollektor-Sperrschicht. Sie wird jedoch durchlässig, weil »fremde« negative Ladungsträger aus der Emitterzone in ihr auftauchen und von der positiven Saugspannung zum Kollektor gezogen werden.

7.2.1. Steuerung des Elektronenstroms

Durch geeignete Formgebung und Dotierung der Basisschicht gelang es, den Transistorstrom so aufzuteilen, daß z. B.

nur 1 % in die Basis und der Rest zum Kollektor fließt. Es hängt natürlich vom Typ und Verwendungszweck des jeweiligen Flächentransistors ab, wie nahe der »Verteilungsfaktor« dem Idealwert kommt, d. h. dem Fall, in dem alle Ladungsträger vom Emitter zum Kollektor gelangen. Daß dies in der Praxis nicht voll erreichbar ist, geht aus der schon erwähnten Auslöse- oder Steuerfunktion des Basisstroms hervor.

Wir wollen die Vorgänge in der Basis noch etwas genauer betrachten, denn sie sind von großer Bedeutung. Im erwähnten Fall (Bild 7.6) »steuert« ein sehr kleiner Basisstrom von 2 % (20 Elektronen) den Kollektorstrom von 98 % (980 Elektronen); beide Ströme ergeben zusammen den Emitterstrom (1000 Elektronen). Der Kollektorstrom ist also 49mal größer als der Basisstrom, so daß man sagen kann: Es hat eine 49fache Verstärkung des Stroms innerhalb des Flächentransistors stattgefunden! Wir dürfen daraus schließen, daß der Flächentransistor (unter anderem) ein Stromverstärker ist.

Der Stromfluß kann unterbrochen werden, wenn der Schalter S_1 in Bild 7.6 geöffnet wird. Es fließt dann kein Basisstrom mehr, bzw. die positive Spannung liegt nicht mehr an der Basis und kann deshalb keine Elektronen aus der Emitterschicht ansaugen, um so den Strom durch den Flächentransistor aufrechtzuerhalten.

In Bild 7.7a und 7.7b finden wir eine Schaltung, die im Prinzip dem Schema in Bild 7.6 gleicht, aber mit dem üblichen Transistorsymbol versehen ist. Emitter und Kollektor (unter Zwischenschalten einer kleinen Glühlampe) sind mit einer Batterie verbunden. Der Basisanschluß führt zum Schleifer eines Potentiometers, das parallel zur Spannungsquelle liegt. Steht der Schleifer am emitterseitigen Ende des Potentiometers, so erhält die Basis keine positive Spannung (Bild 7.7a). Dies entspricht praktisch der Situation bei geöffnetem Schalter S_1 in Bild 7.6, d. h. der Stromfluß im Flächentransistor ist unterbrochen. Das wird auch durch die Glühlampe in der Kollektorleitung angezeigt, die nicht leuchtet.

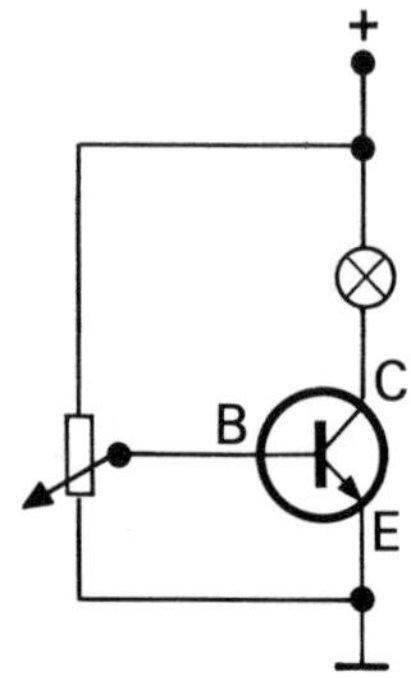

Bild 7.7a Negative Basisspannung sperrt den Transistorstrom

Dreht man den Schleifer jetzt langsam zum positiven Anschluß, steigt die wirksame Spannung an der Basis im gleichen Verhältnis. Von einem bestimmten Punkt an beginnt die Glühlampe zu leuchten und wird zunächst immer heller, bis — wiederum von einem bestimmten Punkt an — keine Helligkeitszunahme mehr zu beobachten ist (Bild 7.7b). Diese Erscheinung wird noch eingehend in Abschnitt 7.6.2. behandelt; hier sollte damit nur demonstriert werden, daß man beim NPN-Flächentransistor durch ein Verändern der Basisspannung bzw. des Basisstroms den Elektronenstrom vom Emitter zum Kollek-

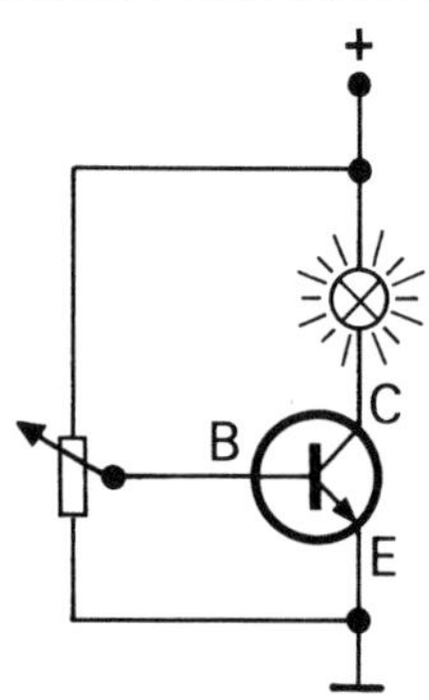

Bild 7.7b Positive Basisspannung läßt den Transistorstrom fließen (Lampe leuchtet)

tor vergrößern oder verkleinern kann. Das gilt sinngemäß auch für PNP-Flächentransistoren (Abschnitt 7.3.).

Der Vollständigkeit halber muß noch erwähnt werden, daß in Bild 7.7a und b nur das Prinzip erläutert werden soll. In der Praxis würde man die Schaltung z. B. noch mit einem Vorwiderstand in der Leitung zum Potentiometer versehen, damit die Basis nicht mit einem zu großen Strom belastet werden kann, der den Transistor zerstören würde.

7.3. PNP-Schichtenfolge im Flächentransistor

In den ersten Transistorjahren wurden praktisch nur Ausführungen mit der Schichtenfolge PNP hergestellt. Dieser Typ hat heute aber an Bedeutung verloren, an seine Stelle trat weitgehend der NPN-Flächentransistor.

Bei der PNP-Schichtenfolge sind die beweglichen Ladungsträger nach dem in Bild 7.8a gezeigten Schema verteilt, wenn keine äußere Spannung auf den Halbleiter einwirkt. Es bilden sich die bekannten PN-

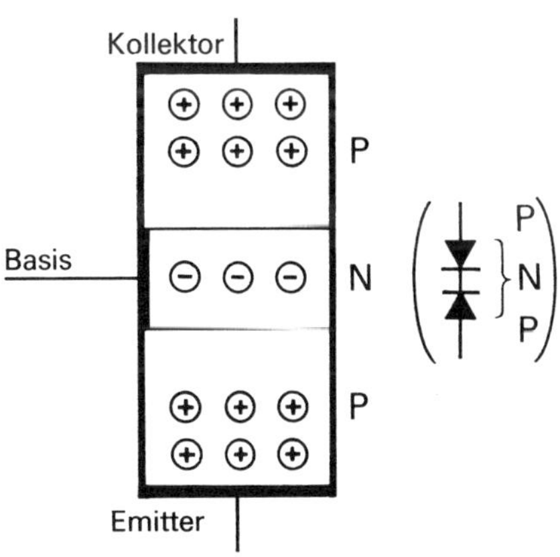

Bild 7.8a Schematischer Aufbau eines Transistors mit der Schichtfolge PNP, was zwei gegeneinander in Reihe liegenden Dioden entspricht. Es bilden sich (ohne äußere Spannungszuführung) zwei Sperrschichten aus

Übergänge mit schmalen Sperrschichten aus. Die Darstellung ist mit zwei Dioden vergleichbar, die gegeneinander in Reihe geschaltet sind, wobei ihre Katoden (N-Schicht) zusammenliegen (Bild 7.8b).

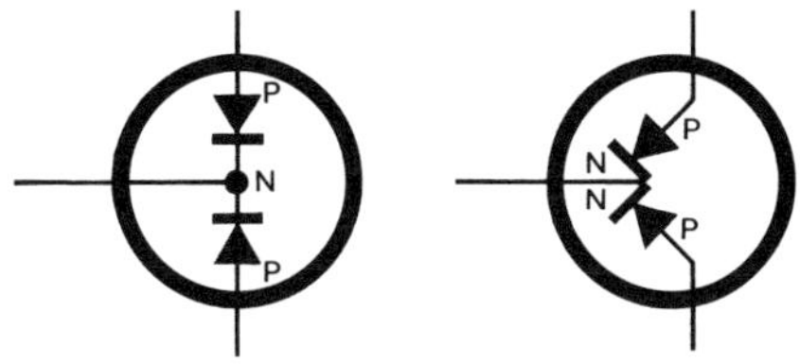

Bild 7.8b Andere »Dioden-Darstellung« der Schichten im PNP-Transistor

Schließt man eine Batterie nach Bild 7.9 an, wird die eine Sperrschicht abgebaut, während die andere sich weiter ausdehnt. Die prinzipielle Wirkungsweise ist also mit den in Abschnitt 7.2. beschriebenen Vorgängen vergleichbar. Es muß nur darauf geachtet werden, daß beim PNP-

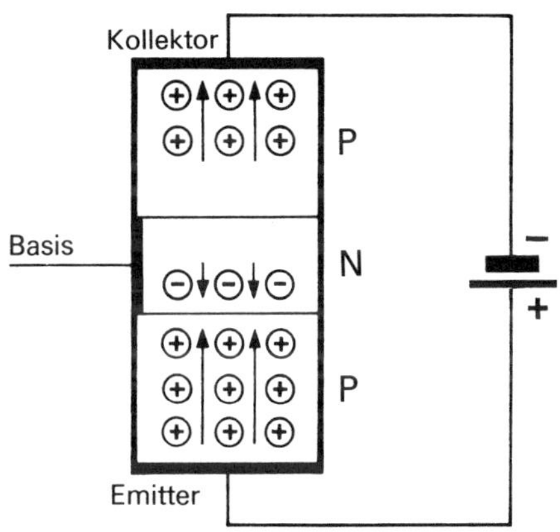

Bild 7.9 Bei Anschluß einer Batterie an Kollektor und Emitter wird die eine Sperrschicht leitend und die andere noch hochohmiger

Flächentransistor die Polarität der angelegten Spannungen entgegengesetzt zu denen beim NPN-Flächentransistor ist. Der Minuspol liegt hier demnach am Kollektor und der Pluspol am Emitter! Auch die Basisbatterie in Bild 7.10 ist so gepolt, daß die Basisspannung gegenüber dem Emitter negativ ist.

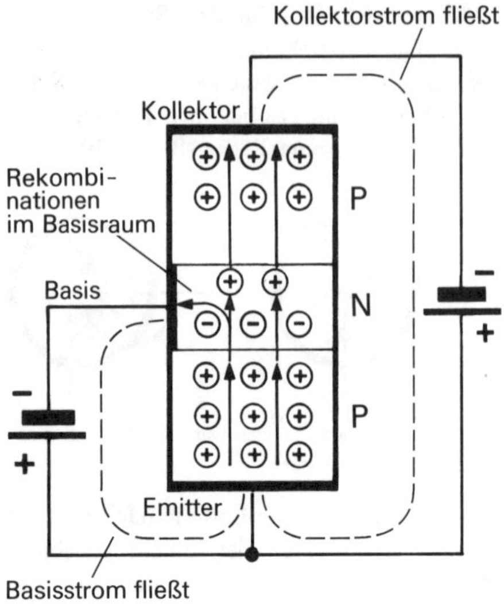

Bild 7.10 Erhält auch die Basis negatives Potential, wird der PNP-Transistor leitend. Vom Emitter zum Kollektor fließt ein Strom von »Löchern« (positive Ladungsträger), der an der Basis gesteuert werden kann

7.3.1. Steuerung des Löcherstroms

Da der Emitter aus einem P-Halbleiter mit »Löcherüberschuß« besteht, fließt bei negativer Basisspannung (Bild 7.10) ein Löcherstrom in den Basisraum. Die Löcher rekombinieren dort teilweise mit den vorhandenen negativen Ladungsträgern (Elektronen), dringen aber in der Mehrzahl in die Basis-Kollektor-Sperrschicht ein und werden dann von der negativen Kollektorspannung angezogen. Auch für den PNP-Flächentransistor ist in Bild 7.11 ein vereinfachtes Zahlenbeispiel angegeben.

Da in der Basisschicht ein Teil der dort vorhandenen freien negativen Elektronen mit den einströmenden Löchern rekombiniert, verändert sich das Basispotential nach positiven Werten hin. Dem abzweigenden Basis-Löcherstrom in Bild 7.11 muß daher von außen ein Elektronenstrom entgegengeschickt werden, um die bei der Vereinigung verlorengegangenen Elektronen der N-leitenden Basisschicht zu ersetzen. Daraus erklärt sich u. a. der in die Basis fließende Elektronenstrom aus der Stromquelle II.

Ergänzend noch einige Sätze zu den Löchern. Wir kennen sie als positive Ladungsträger, die wie Elektronen als eine Art »Strom« fließen können. Sie treten allerdings nur in Halbleitern auf, weil deren Kristallmaterial dafür die Voraussetzungen bietet. Bekanntlich werden die Löcher durch das Dotieren mit dreiwertigen Fremdatomen in die entsprechenden Schichten der Halbleiter eingebracht. Sie sind bestrebt, sich das vierte (fehlende) Valenzelektron z. B. vom Nachbaratom einzufangen und lösen so das Weiterwandern eines Lochs aus (siehe auch Abschnitt 5.3. und 5.4.).

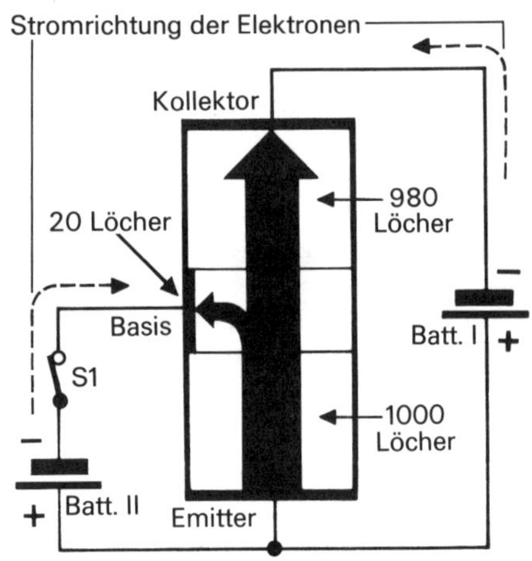

Bild 7.11 Schematische Darstellung der Vorgänge im PNP-Transistor. Der vom Emitter kommende Löcherstrom teilt sich im Basisbereich auf, wo ein Teil mit den aus der Basisbatterie kommenden Elektronen rekombiniert. Auch beim PNP-Transistor fließt daher ein (geringer) Basisstrom, so daß auch bei diesem Flächentransistor keine leistungslose Steuerung des Kollektorstroms möglich ist

Die sich ergebenden Fragen sind jetzt: Was passiert mit ihnen an den Anschlußpunkten der Halbleiterschichten bzw. wie werden »verbrauchte« Löcher eigentlich ersetzt? In vereinfachter Form kann dies anhand von Bild 7.12 beantwortet werden. Es rekombinieren die am Kollektoranschluß eintreffenden Löcher mit den Elektronen, die vom negativen Pol der Batterie zum Flächentransistor fließen. Löcher treten also nicht etwa aus dem Halbleiter aus, sondern werden mit Elektronen aufgefüllt. Am anderen Ende des Flächentransistors passiert das Gegenteil. Dort entstehen am Emitteranschluß neue Löcher, weil hier die negativen Elektronen aus dem Halbleiter herausfließen und dabei zwangsläufig auch Fehlstellen in der Kristallstruktur hinterlassen. Die entstandenen Löcher wandern nun wieder durch den PNP-Flächentransistor zum Kollektor oder zur Basis, für die diese Prinzipdarstellung ebenfalls gilt.

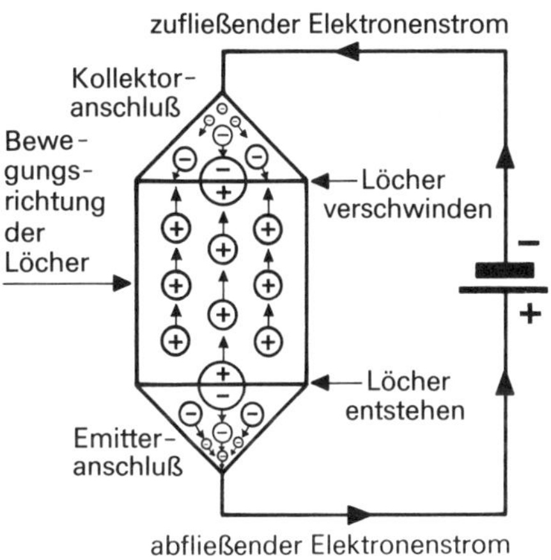

Bild 7.12 Prinzip der Entstehung von Löchern an den beiden Enden des Halbleitermaterials bei einem PNP-Transistor. Der zu- und abfließende Elektronenstrom läßt in Verbindung mit dem P-dotierten Halbleitermaterial einen ständigen Fluß von Löchern entstehen

Wir wollen uns abschließend merken: An der Basis eines Flächentransistors (das gilt für NPN- wie für PNP-Ausführungen) wird durch Ändern des Basisstroms der Stromfluß vom Emitter zum Kollektor gesteuert.

Ein NPN-Transistor leitet, wenn Basis und Kollektor positiv gegenüber dem Emitter sind (Bild 7.13).

Ein PNP-Transistor leitet, wenn Basis und Kollektor negativ gegenüber dem Emitter sind (Bild 7.14).

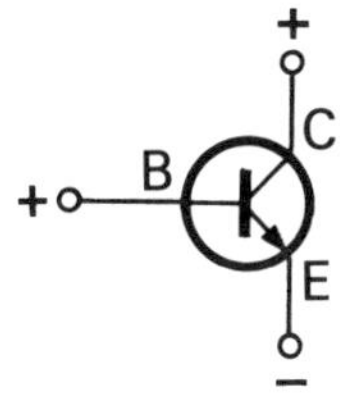

Bild 7.13 NPN-Transistor mit Basis-, Emitter- und Kollektorspannungen bzw. deren Polaritäten. Der Emitterpfeil gibt die Richtung des »konventionellen Stromflusses« an (von Plus nach Minus), d. h. entgegen der Elektronenrichtung

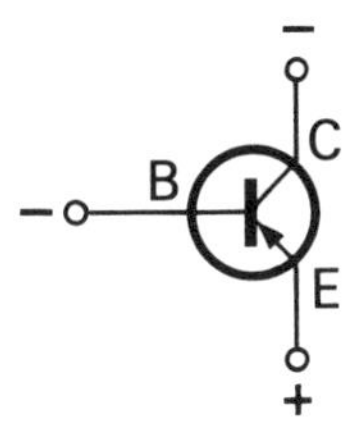

Bild 7.14 PNP-Transistor mit Basis-, Emitter- und Kollektorspannungen bzw. deren Polaritäten. Hier gibt der Emitterpfeil ebenfalls die konventionelle Stromrichtung an, sie entspricht in diesem Fall dem Löcherstrom

7.4. Flächentransistor-Grundschaltungen

Flächentransistoren können auf verschiedene Weise innerhalb einer Geräteschaltung arbeiten. Man unterscheidet dabei (neben dem Verwendungszweck, z. B. als Schalter oder Verstärker) drei Grundschaltungen. Sie heißen Emitterschaltung, Basisschaltung und Kollektorschaltung. Die Bezeichnungen gehen darauf zurück, daß die betreffende Schaltung nach dem Namen der Elektrode benannt wird, die den gemeinsamen Bezugspunkt für den Eingangs- und den Ausgangskreis bildet. Das wird aus den folgenden Bildern deutlich.

Die erwähnten Grundschaltungen sind in Bild 7.15 bis 7.17 dargestellt. Gleichzeitig ist unter der betreffenden Schaltung eine sogenannte Ersatzschaltung in Form eines Blockbilds angegeben, aus dem die Zuordnung der Ein- und Ausgänge sowie der Transistorelektroden deutlich hervorgeht.

Die Emitterschaltung ist die am häufigsten benutzte Grundschaltung und in Bild 7.15 dargestellt. Das Eingangssignal wird an der Basis zugeführt und am Kollektor

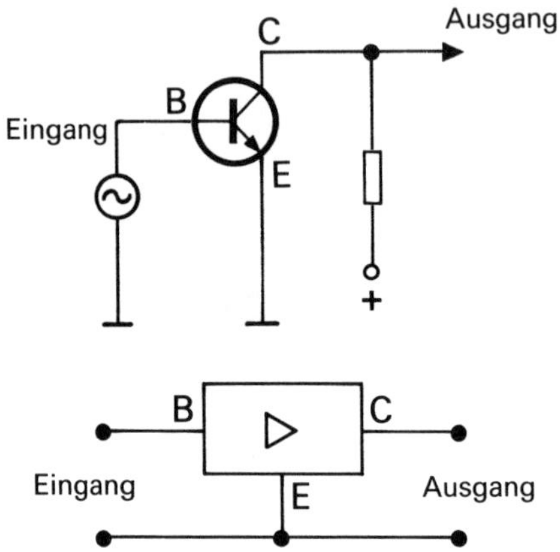

Bild 7.15 Emitterschaltung mit vierpoliger Ersatzschaltung

abgenommen. Die Emitterschaltung hat gute Verstärkungseigenschaften und liegt mit ihren Eingangs- und Ausgangswiderständen bei mittleren Werten (R_{ein} bis etwa 10 k Ω, R_{aus} bis etwa 100 k Ω).

Die Basisschaltung wird vorwiegend so gezeichnet wie in Bild 7.16 angegeben. Der gemeinsame Bezugspunkt ist die Basis.

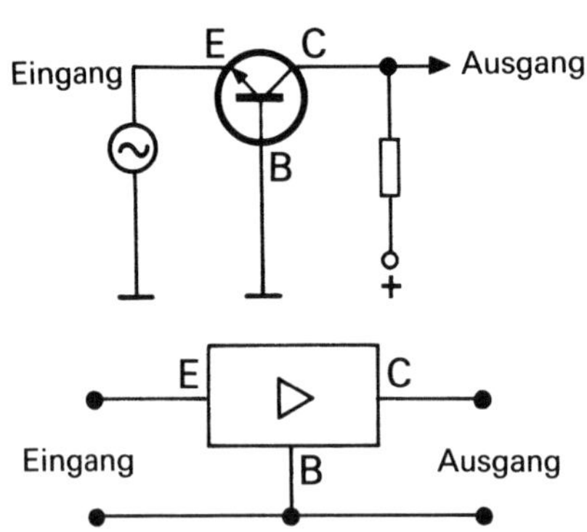

Bild 7.16 Basisschaltung mit vierpoliger Ersatzschaltung

Das Eingangssignal wird am Emitter zugeführt und am Kollektor abgenommen. Typisch für die Basisschaltung ist u. a. der sehr kleine Eingangswiderstand (nur bis etwa 200 Ω) und der sehr hohe Ausgangswiderstand, der Werte bis zu einem Megohm annehmen kann. Wir finden Flächentransistoren in Basisschaltung vorwiegend in UKW-Hochfrequenzstufen von Rundfunk- und Fernsehgeräten, weil sie eine gute Trennung zwischen Ein- und Ausgang ermöglichen.

Bei der dritten Grundschaltung in Bild 7.17 dient der Kollektor als gemeinsamer Bezugspunkt. Die Kollektorschaltung hat einen sehr hohen Eingangswiderstand (bis 500 k Ω) und einen kleinen Ausgangswiderstand (bis 500 Ω). Sie hat hauptsächlich als sogenannter »Impedanzwandler« Bedeutung, wird auch als Emitterfolger bezeichnet und erfüllt die gleichen Aufgaben wie der Katodenfolger in Abschnitt 4.6. Hier wie dort kommt es darauf an, als »anpassende« Koppelstufe zwischen einem hochohmigen und einem niederohmigen Schaltungsteil zu wirken. Das Eingangssignal liegt an der Basis, das Ausgangssignal steht am niederohmigen Emitterwiderstand zur Verfügung.

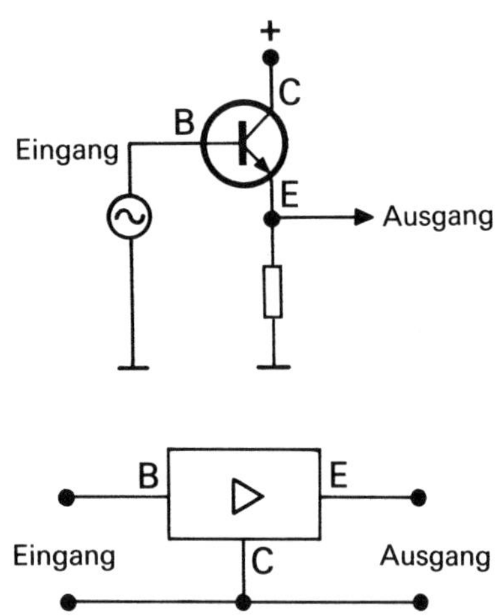

Bild 7.17 Kollektorschaltung mit vierpoliger Ersatzschaltung

7.5. Flächentransistor-Kennlinien

Wie bei Röhren und Dioden gibt es auch bei Flächentransistoren verschiedene Kennlinien, die über bestimmte Funktionen etwas aussagen und die Zusammenhänge zwischen Spannungen und Strömen beschreiben. Im folgenden werden mit vereinfachten Beispielen die wichtigsten Kennlinien für die Emitterschaltung beschrieben.

In Abschnitt 7.2.1. wurde die Steuerung des Elektronenstroms in einem NPN-Flächentransistor eingehend behandelt. Wir erfuhren, daß mit einem kleinen Basisstrom (Eingangsstrom) ein großer Kollektorstrom (Ausgangsstrom) gesteuert werden kann. Diese Abhängigkeit beider Ströme voneinander – oder ihre »Verknüpfung« miteinander – läßt sich in einem Diagramm darstellen (Bild 7.18).

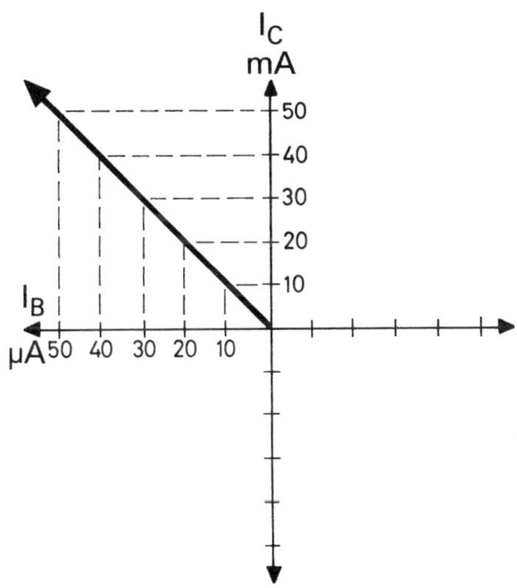

Bild 7.18 Basisstrom-Kollektorstrom-Kennlinie eines NPN-Transistors

Wenn bei konstanter Kollektor-Emitter-Spannung die in der Meßschaltung nach Bild 7.19 ermittelten Werte für den Kollektorstrom I_C und den Basisstrom I_B links oben in das Achsenkreuz von Bild 7.18 eingetragen werden, ergibt sich eine schräg ansteigende Gerade, die als Stromsteuerkennlinie des Flächentransistors bezeichnet wird. Sie sagt aus, welche Basisströme fließen müssen, um den gewünschten Kollektorstrom zu erreichen (z. B. 30 µA I_B für 30 mA I_C). Da wir außerdem Eingangsstrom und Ausgangsstrom ablesen können, wissen wir auch über die Größe der Stromverstärkung des betreffenden Flächentransistors Bescheid (in diesem Fall sind es 30 mA : 0,03 mA = 1000fach).

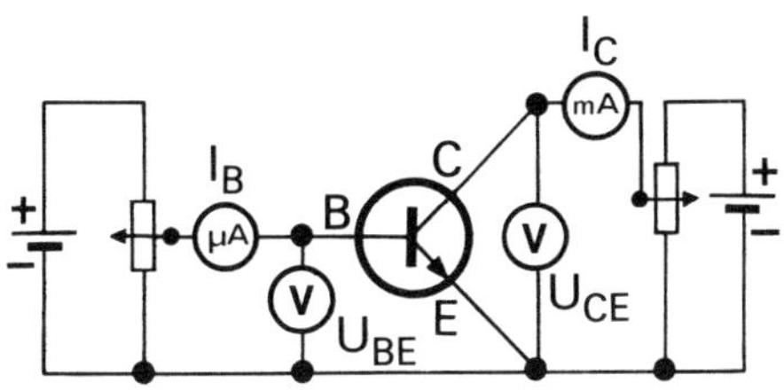

Bild 7.19 Schaltung zum Aufnehmen von Transistorkennlinien

Ein Basisstrom fließt aber erst, wenn eine Basisspannung vorhanden ist, die man bei den Flächentransistoren mit U_{BE} (Spannung zwischen Basis und Emitter) bezeichnet. Die erforderlichen Werte (bei konstanter Kollektor-Emitter-Spannung) liefert wieder die Meßschaltung (Bild 7.19), sie werden links unten in das Achsenkreuz (Bild 7.20) eingetragen und ergeben die

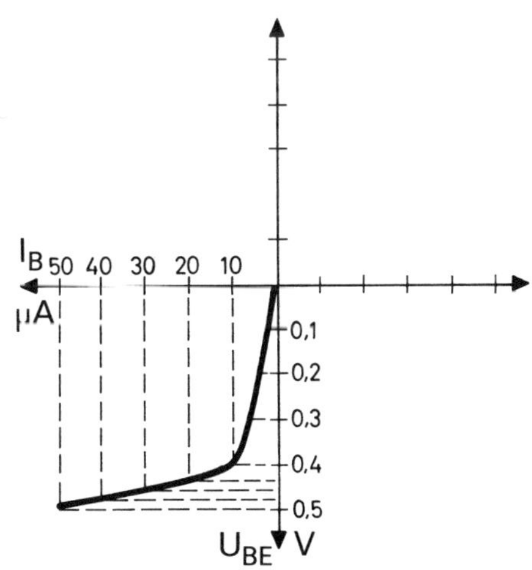

Bild 7.20 Basisstrom-Basisspannungs-Kennlinie eines NPN-Transistors

Spannungskennlinie. Diese Kennlinie hat auch den Namen »Eingangskennlinie«, weil sie über die Eingangswerte, nämlich Basis-Emitter-Spannung und den zugehörigen Basisstrom informiert (z. B. 0,4 V bei 10 μA oder 0,5 V bei 50 μA).

Als drittes benötigen wir die Kollektorstrom-Kollektorspannungs-Kennlinie, die man als »Ausgangskennlinie« bezeichnet. Bei verschiedenen konstanten Basisströmen ergeben sich für unterschiedliche Kollektor-Emitter-Spannungen U_{CE} verschiedene Kollektorströme I_C (Meßschaltung nach Bild 7.19). Diese Kennlinienschar hat den in Bild 7.21 oben rechts dargestellten

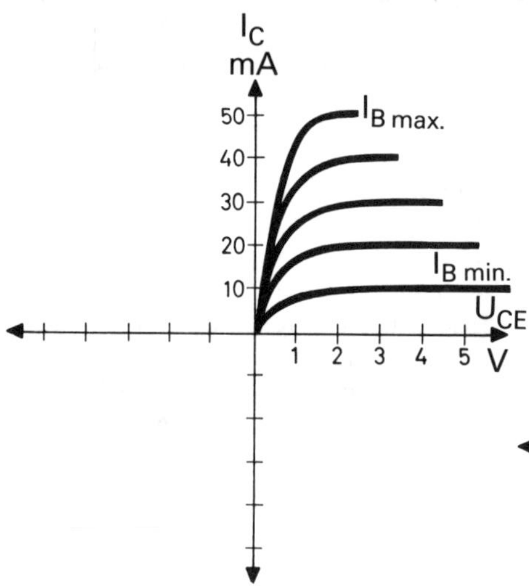

Bild 7.21 Kollektorstrom - Kollektorspannungs - Kennlinienfeld eines NPN-Transistors

Verlauf. Sie gibt Auskunft über die Strom- und Spannungsverhältnisse im Ausgang, d. h. im Kollektorkreis.

Besonders deutlich wird die Aussage nämlich durch eine Widerstandskennlinie, die die »Arbeitskennlinie« des Transistors bei einem bestimmten Kollektor-Lastwiderstand R_L darstellt. Sie kann anhand ihrer beiden äußeren Punkte konstruiert und in die Kennlinienschar eingetragen werden. Als vereinfachtes Beispiel sollen diese beiden Punkte den gesperrten und den voll leitenden Flächentransistor charakterisieren. Ist der Flächentransistor in Bild 7.22a gesperrt, liegt die Batteriespan-

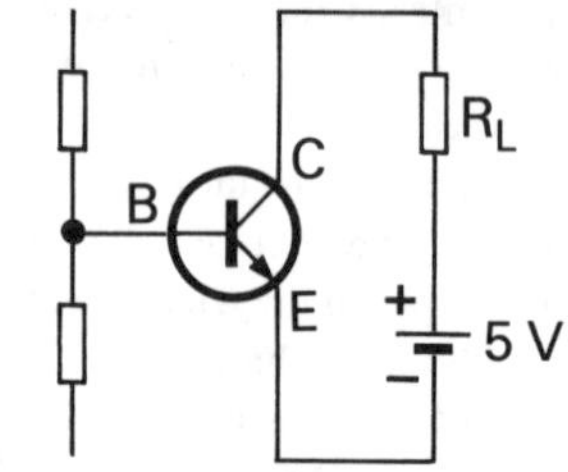

Bild 7.22a Prinzip einer Transistorschaltung

nung von 5 V voll am Kollektor, der Strom I_C ist gleich Null, und es fällt an R_L keine Spannung ab. Dieser Punkt wird auf der U_{CE}-Achse (waagerecht) eingetragen, und zwar bei 5 V (Bild 7.22b).

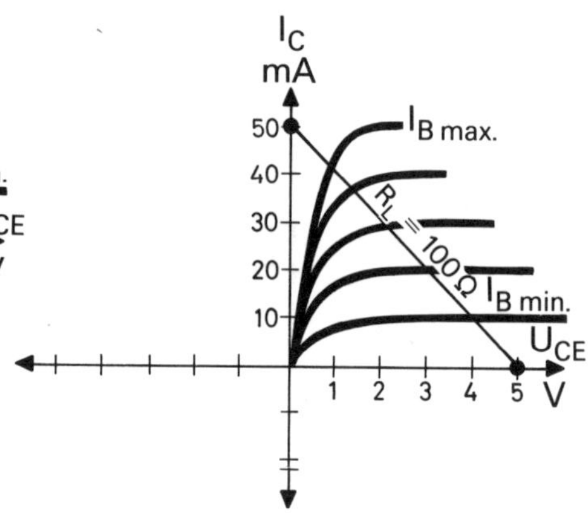

Bild 7.22b Arbeitskennlinie im U_C-I_C-Kennlinienfeld

Der andere Punkt ergibt sich aus der Tatsache, daß der Strom des voll leitenden Flächentransistors praktisch nur vom Kollektor-Lastwiderstand R_L abhängig ist, weil der innere Widerstand des Flächentransistors in diesem Betriebsfall vernachlässigbar klein ist. Darf nach dem Datenblatt ein Kollektorstrom I_C von angenommen maximal 50 mA fließen, so ergibt sich 100 Ω als Wert für R_L ($R_L = U_{CE}:I_C$). Wir finden den Punkt für 50 mA auf der senkrechten I_C-Achse bei 0 V Kollektorspannung, denn es wird ja angenommen, daß die gesamte Batteriespannung über dem Lastwiderstand steht (Bild 7.22b).

Nachdem beide Punkte miteinander verbunden sind, können auf der entstandenen Geraden alle Arbeitspunkte des Flächentransistors bezüglich Kollektorstrom I_C und Kollektor-Emitter-Spannung U_{CE} bei einem 100-Ω-Lastwiderstand abgelesen werden. Näheres darüber im folgenden Abschnitt.

Das vierte Kennlinienfeld rechts unten in Bild 7.23 setzt sich aus den Werten U_{BE} (Basis-Emitter-Spannung) und U_{CE} (Kollektor-Emitter-Spannung) bei konstanten Basisströmen I_B zusammen. Es gibt Aufschluß über die Spannungsrückwirkung im Flächentransistor vom Kollektor auf die Basis. Diese Kennwerte sind aber für eine erste Bekanntschaft mit dem Flächentransistor noch nicht so wichtig und werden hier nur der Vollständigkeit halber erwähnt.

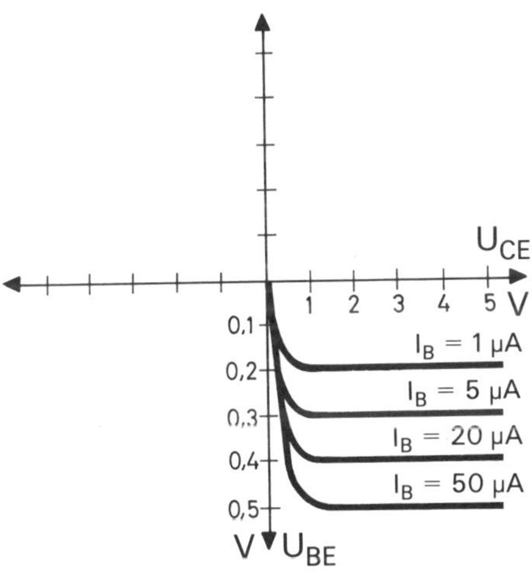

Bild 7.23 Basisspannung-Kollektorspannungs-Kennlinie eines NPN-Transistors

Fügt man die genannten Kennlinien in einem Achsenkreuz zusammen, so entsteht eine Darstellung nach Bild 7.24a, die alles »auf einen Blick« in sich vereint und als sogenanntes Vierquadranten-Kennlinienfeld bekannt ist.

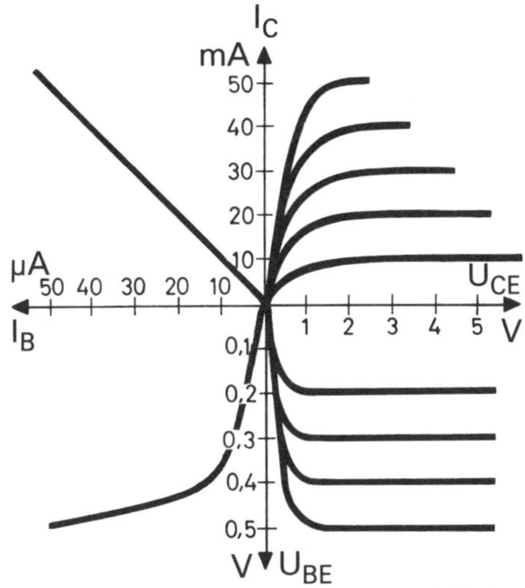

Bild 7.24a Kennlinienblatt (Vierquadrantenfeld) eines NPN-Transistors

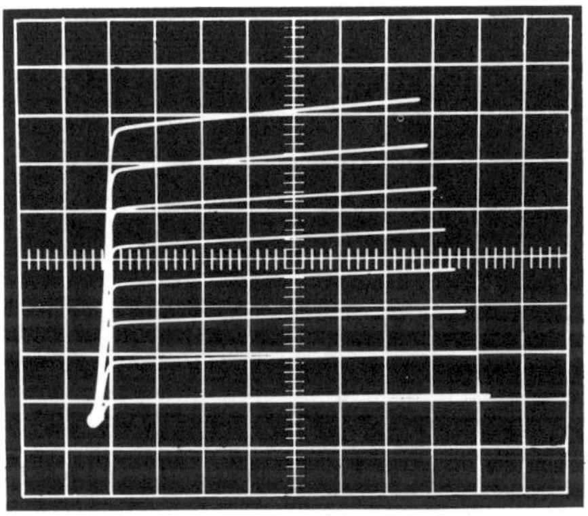

Bild 7.24b I_C-U_{CE}-Kennlinienschar eines NPN-Flächentransistors mit I_B als Parameter

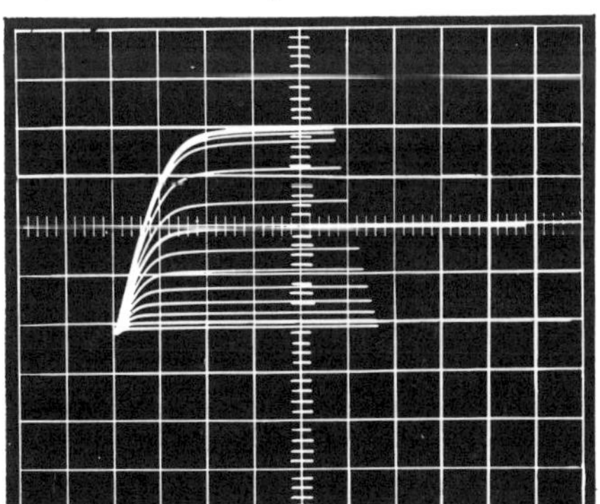

Bild 7.24c I_D-U_{DS}-Kennlinienschar eines Feldeffekt-Transistors mit U_{GS} als Parameter

Statt nach der statischen Punkt-für-Punkt-Methode kann man Kennlinien auch nach einem dynamischen Verfahren mit speziellen Kennlinienschreibern aufnehmen. Das Kennlinienfeld wird auf dem Schirm eines Oszillografen wiedergegeben (Bild 7.24b und 7.24c, s. Seite 133).

In den Bildern 7.24d und 7.24e sind auf den folgenden Seiten einige Original-Transistorkennlinien dargestellt.

7.6. Verschiedene Betriebsarten des Flächentransistors

Flächentransistoren werden in vielen Schaltungen der elektronischen Technik als Verstärker, Schalter, Schwingungserzeuger und zahlreichen anderen Funktionen eingesetzt. Drei Betriebsarten werden in diesem Abschnitt vorgestellt.

7.6.1. Flächentransistoren als Schalter

Der normale Schalter mechanischer Bauart hat die uns allen bekannte Aufgabe, elektrische Stromkreise zu unterbrechen oder zu schließen; der Lichtschalter ist dafür ein typisches Beispiel (Bild 7.25). Seine beiden Schaltzustände sind mit »geschlossen« und »offen« zu beschreiben. Der Schalter ist im geschlossenen Zustand leitend und soll im Idealfall keinen Widerstand haben; im offenen Zustand ist der Schalter gesperrt und soll einen möglichst unendlich großen Widerstand aufweisen. Diese einfach klingenden Voraussetzungen gelten für jeden Schaltertyp, also auch für Flächentransistoren, die sich hierfür recht gut eignen und die auch zum Teil speziell für Schalteranwendungen hergestellt werden.

Wir wissen aus den vorangegangenen Abschnitten, wie der vom Emitter zum Kollektor fließende Strom im Flächentransistor gesteuert wird, nämlich durch den Basisstrom. Sorgt man dafür, daß der Flächentransistor nur zwei Betriebszustände einnehmen kann, nämlich entweder Leiten oder Sperren, dann arbeitet er als Schalter. Dies ist in Bild 7.26 dargestellt, worin allerdings der Flächentransistor im Basiskreis zunächst noch mit einem mechanischen Schalter gesteuert wird. Uns geht es aber um den Stromkreis Batterie-Lampe-Transistor. Hier wurde der mechanische Schalter durch einen elektronischen »Transistor-Schalter« ersetzt.

Es fließt Strom durch den Flächentransistor und die Lampe leuchtet, wenn die Basis mit dem Pluspol der Basisbatterie verbunden ist. Es fließt kein Strom und die Lampe leuchtet nicht, wenn die Basis offen bleibt (oder mit dem Minuspol der Batterie verbunden ist).

Der Flächentransistor wäre ein idealer Schalter, wenn er die Voraussetzungen hinsichtlich der geforderten Widerstandswerte in beiden Schaltzuständen aufweisen könnte. Ist er »geschlossen«, so müßte er einen Kurzschluß bilden und die gesamte Batte-

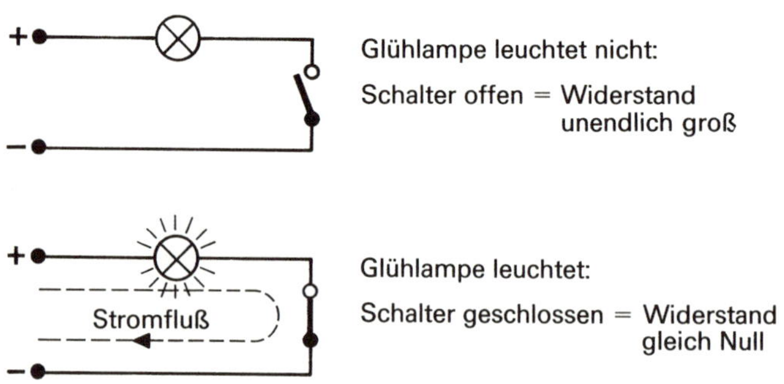

Bild 7.25 Wirkungsweise eines mechanischen Schalters im Stromkreis

AD 149

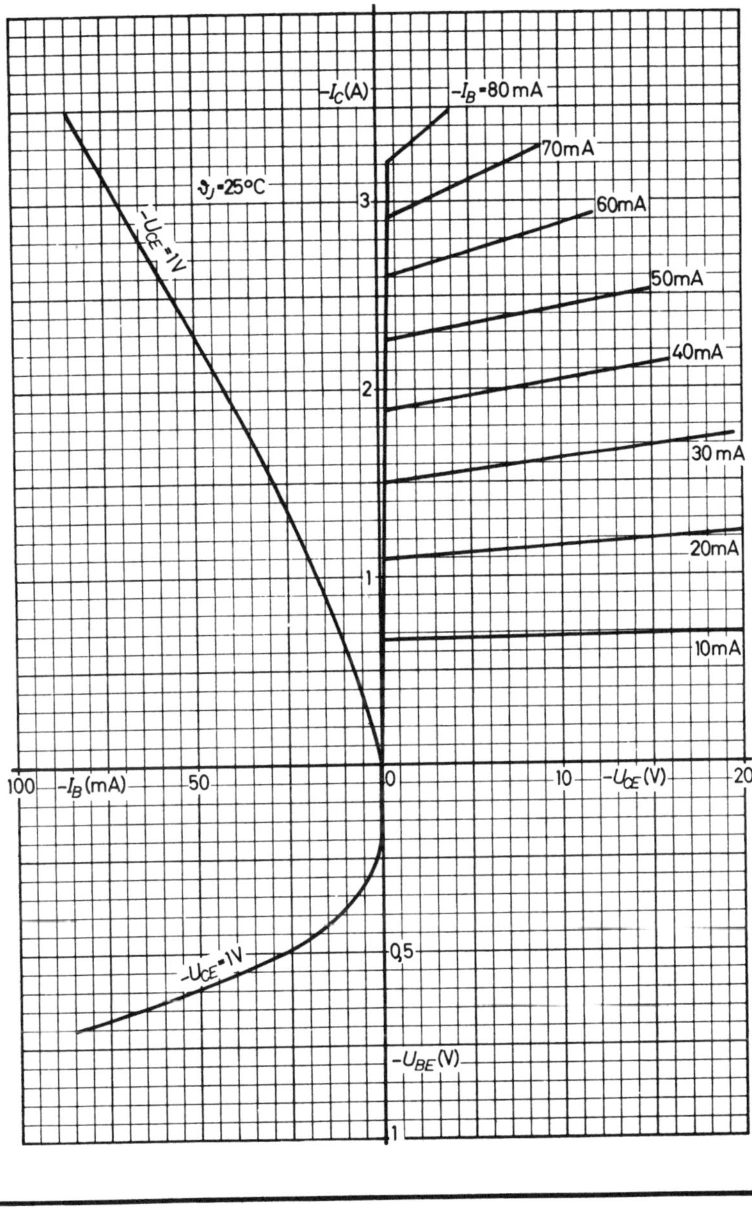

Bild 7.24d Dreiquadranten-Kennlinienfeld des PNP- Leistungstransistors AD 149

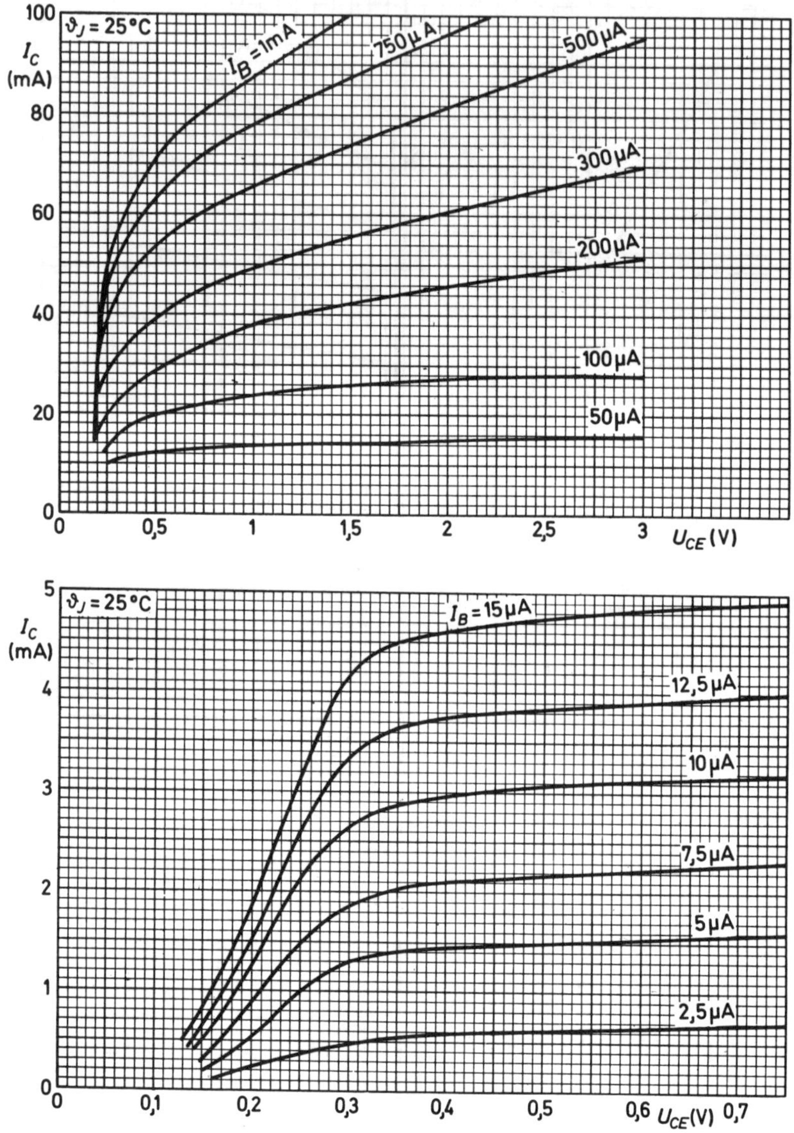

Bild 7.24e I_C-U_{CE}-Kennlinienfeld des NPN-Niederfrequenztransistors BC 107 u. ä.

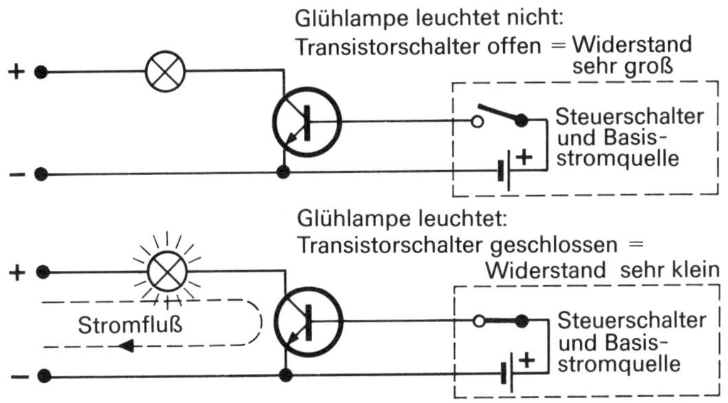

Bild 7.26 Wirkungsweise und Anordnung eines elektronischen Schalters im Stromkreis

riespannung an der Lampe (Bild 7.26) oder einem dafür eingesetzten ohmschen Widerstand abfallen. Im Schaltzustand »offen« müßte er einen unendlich großen Widerstand haben, und die gesamte Batteriespannung stünde dann über der Kollektor-Emitter-Strecke.

In Wirklichkeit trifft man diese idealen Schaltzustände leider nicht an. Auch im durchgeschalteten Zustand des Stromführens weist der Flächentransistor nämlich einen Restwiderstand zwischen Emitter und Kollektor auf, so daß der fließende Strom an ihm einen Spannungsabfall erzeugt und ihn dadurch erwärmt. Die Wärme muß man gegebenenfalls über Kühlflächen abführen. Auch im gesperrten Zustand ist der Widerstand des Flächentransistors leider nicht unendlich groß, denn durch die Sperrschichten fließt immer ein kleiner Reststrom von Bruchteilen eines Milliamperes. Das spielt allerdings für die Praxis keine Rolle, da die Sperrwiderstände einige Hundert Megohm betragen können.

Wo liegen nun die beiden Arbeitspunkte eines Schalttransistors (wie diese speziellen Transistoren genannt werden) auf der sog. Kollektorstrom-Kollektorspannungs-Kennlinie, die in Bild 7.27 dargestellt ist? Nach dem bisher Gesagten muß der eine Punkt beim Strom Null direkt auf der waagerechten Achse in Höhe der Batterie- bzw. Betriebsspannung liegen (hier angenommen 12 V). Der andere Punkt muß bei der Spannung Null (U_{CE} = 0 V) direkt auf der senkrechten Achse liegen, und zwar in Höhe des maximal zulässigen Kollektorstroms I_C (hier angenommen 60 mA). Die Punkte sind mit L = leitend und S = sperrend bezeichnet. Verbindet man beide Punkte, so ergibt sich die schon bekannte Arbeitskennlinie, aus der auch der jeweili-

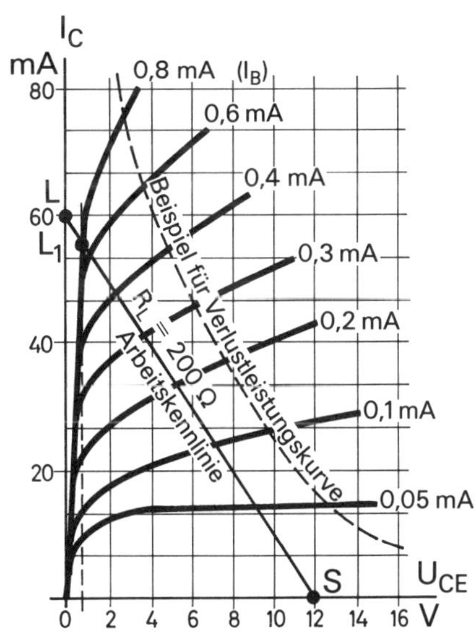

Bild 7.27 Günstige Lage einer Arbeitskennlinie für Schalterbetrieb (zwei Arbeitspunkte L und S) im Kennlinienfeld eines NPN-Transistors

ge Lastwiderstand abgeleitet werden kann. Bei einem Strom von max. 60 mA und einer Betriebsspannung von 12 V errechnet sich ein Widerstandswert von 200 Ω.

Diese Arbeitskennlinie wird beim Umschalten vom einen zum anderen Arbeitspunkt jedesmal blitzschnell durchlaufen. Allerdings liegt der obere Arbeitspunkt nicht genau auf der senkrechten Achse, sondern dort, wo die Arbeitskennlinie den steil aufsteigenden Kennlinienbeginn bei L_1 schneidet. Der im leitenden Zustand fließende Strom I_C ist also etwas niedriger als 60 mA und wird gesteuert von einem Basisstrom, der laut Kennlinie 0,8 mA beträgt.

Geht man vom Punkt L_1 senkrecht nach unten, wird die U_{CE}-Achse bei ca. 0,6 V geschnitten. Dieser Wert ist der bereits erwähnte Spannungsabfall über dem Flächentransistor und wird Kollektor-Sättigungsspannung U_{CEsat} genannt. Die am Lastwiderstand abfallende Spannung ist im durchgeschalteten Zustand also gleich der Betriebsspannung, aber vermindert um den Betrag der Sättigungsspannung, in unserem Beispiel also 12−0,6 = 11,4 V.

Im Kennlinienfeld nach Bild 7.27 sehen wir noch eine gestrichelte Kurve, die bisher nicht erwähnt wurde. Es ist die sogenannte Verlustleistungshyperbel, die die Leistungsgrenze des Flächentransistors angibt. Sie errechnet sich aus dem jeweiligen Kollektorstrom I_C, multipliziert mit der Kollektor-Emitter-Spannung U_{CE}. Die Leistungsgrenze wird vom Hersteller in den Datenblättern angegeben, z. B. 300 mW. Man kann also aus diesem Wert und den Strom-Spannungs-Einteilungen im Kennlinienblatt ohne Schwierigkeiten die Verlustleistungskurve einzeichnen, denn 20 V mal 15 mA ergeben ebenso 300 mW wie 5 V mal 60 mA oder 0,5 V mal 600 mA.

Wichtig ist, daß die gewählte Arbeitskennlinie stets unterhalb dieser Verlustleistungskurve liegt. Eine »halbe« Ausnahme darf man allerdings bei Schalttransistoren machen, und zwar deshalb, weil im mittleren Teil der Kennlinie praktisch nicht gearbeitet und dadurch der Flächentransistor auch nicht zusätzlich belastet wird. Es muß nur darauf geachtet werden, daß die beiden Arbeitspunkte L und S immer unterhalb der Verlustleistungsgrenze im erlaubten Bereich liegen (Bild 7.28). Bei Verwendung von Kühlflächen verschiebt sich aber die Leistungsgrenze im Kennlinienfeld weiter nach rechts; man kann den Flächentransistor dann entsprechend höher belasten, weil die Wärme besser abgeführt wird (Bild 7.29).

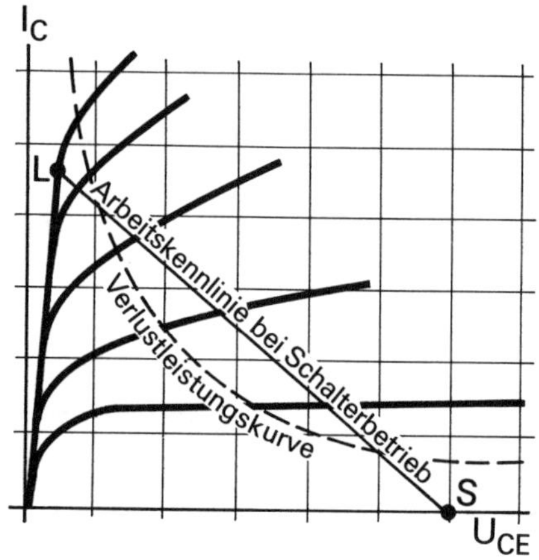

Bild 7.28 Noch zulässige Lage einer Arbeitskennlinie für Schalterbetrieb

7.6.2. Flächentransistoren als Verstärker

Verstärker haben generell die Aufgabe, schwache Signale so weit zu verstärken, bis sie die gewünschte Amplitude erreichen und für bestimmte Zwecke brauchbar sind, z. B. um einen Lautsprecher zu betreiben oder eine Alarmanlage zu steuern. Elektronische Verstärker sind zumeist mehrstufig aufgebaut, d. h. sie enthalten mehrere Transistoren, die man auch als aktive Bauelemente bezeichnet.

Wenngleich in den folgenden Beispielen zur Verdeutlichung der Wirkungsweise Sinuskurven verwendet werden, so kommt dies in der Praxis sehr selten vor. Man ver-

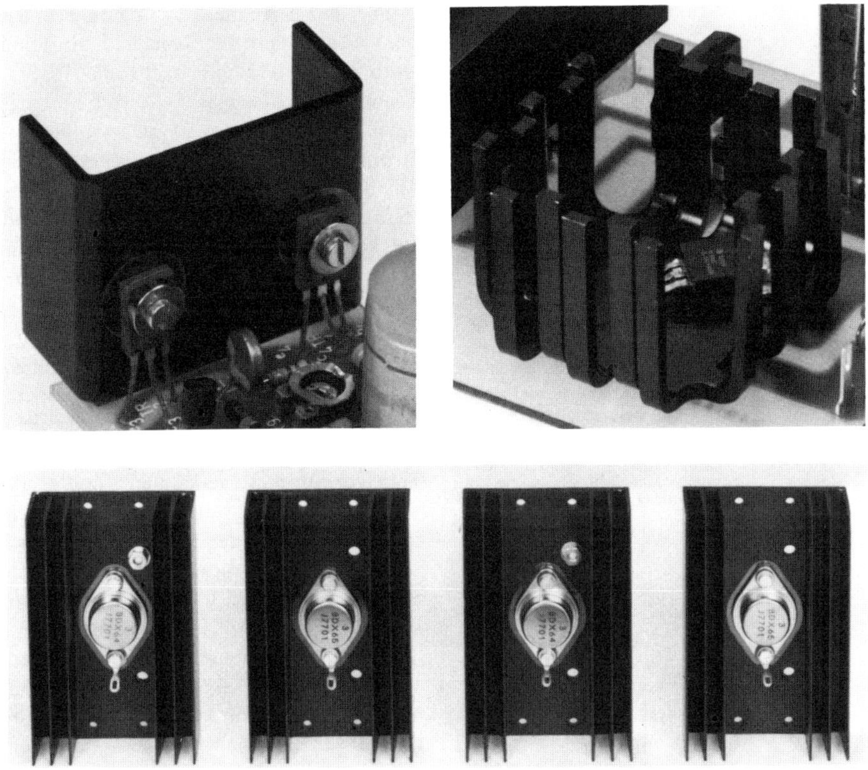

Bild 7.29 Transistoren auf Kühlkörpern

stärkt normalerweise Frequenzgemische oder Wechselspannungen mit impulsförmigem Verlauf. Ein Verstärker soll diese Signale möglichst linear, d. h. unverzerrt verarbeiten und das Original nicht verfälschen (Bild 7.30).

Im Gegensatz zum Schalterbetrieb hat der Flächentransistor im Verstärkerbetrieb nur einen Arbeitspunkt. Er liegt zwischen den vorerwähnten Betriebszuständen L und S etwa auf der Mitte der Arbeitskennlinie. Der dann fließende Strom hat eine mittlere Größe und muß mit Hilfe des Basisstroms eingestellt werden. Ändert man den Basisstrom in positiver und negativer Richtung um gleiche Beträge, so soll im Idealfall auch der Kollektorstrom im gleichen Verhältnis schwanken. Das wäre dann eine lineare Aussteuerung des Transistors.

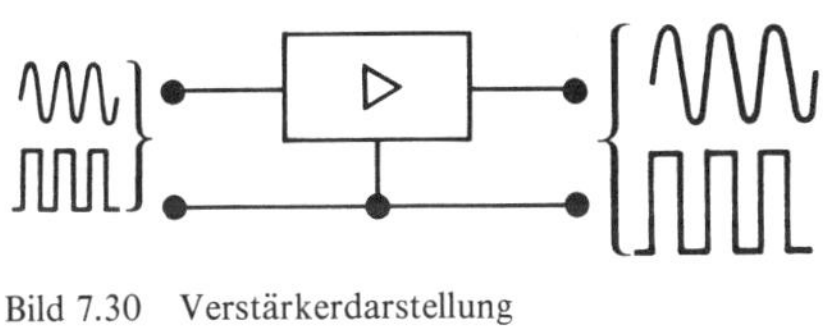

Bild 7.30 Verstärkerdarstellung

Wir wollen uns zunächst mit dem Einstellen des Arbeitspunkts beschäftigen. Dazu betrachten wir zunächst Bild 7.31, worin die Basis des NPN-Flächentransistors am Schleifer eines Potentiometers liegt. Durch Ändern der Basisspannung von negativen zu positiven Werten läßt sich der Basisstrom auf den gewünschten Wert einstellen. Ersetzt man das Potentiometer durch zwei Widerstände R_1 und R_2 (Bild 7.32a) und wählt die Werte so, daß sich an der Basis der vorgeschriebene Spannungswert

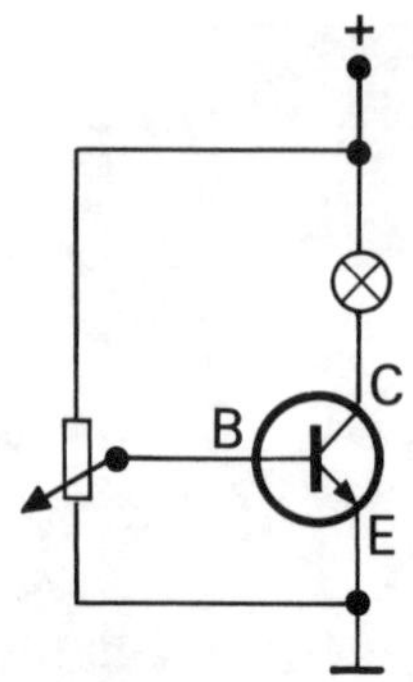

Bild 7.31 Die Basisspannung (und damit der Strom) ist ausschlaggebend für den Stromfluß im Flächentransistor. Beim NPN-Typ muß die Basisspannung positiver als die Emitterspannung sein

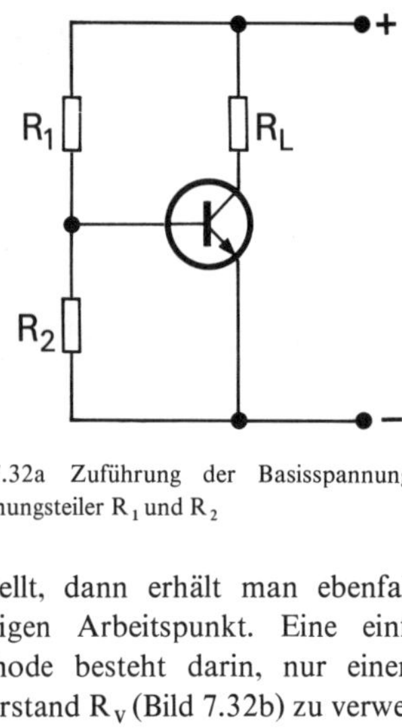

Bild 7.32a Zuführung der Basisspannung durch Spannungsteiler R_1 und R_2

einstellt, dann erhält man ebenfalls den richtigen Arbeitspunkt. Eine einfachere Methode besteht darin, nur einen Vorwiderstand R_V (Bild 7.32b) zu verwenden.

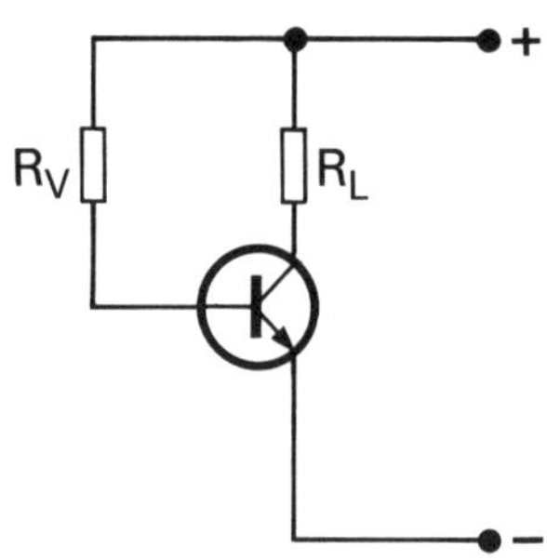

Bild 7.32b Zuführung der Basisspannung über Vorwiderstand R_v

Für das Errechnen der Werte nehmen wir wieder das Kennlinienfeld zu Hilfe (Bild 7.33) und legen zunächst die Arbeitskennlinie fest. Gegebene Werte: Batteriespannung = 12 V, maximaler Kollektorstrom I_C = 60 mA; die Arbeitskennlinie hat danach den in Bild 7.33 oben rechts gezeichneten Verlauf, der Lastwiderstand beträgt 200 Ω (12 V : 60 mA). Wir wählen einen Arbeitspunkt auf der Mitte der Kennlinie bei 30 mA, entsprechend einer mittleren Kollektorspannung von 6 V.

Als nächstes brauchen wir die Angaben über den Basisstrom I_B und die Basisspannung U_{BE}. Dazu legen wir eine waagerechte Linie vom gewählten Arbeitspunkt nach links zur Strom-Steuerkennlinie und gehen vom dortigen Schnittpunkt senkrecht nach unten. Die Achse des Basisstroms I_B wird bei 40 μA geschnitten, die Spannungs-Steuerkennlinie bei 0,7 V, was auf der senkrechten U_{BE}-Achse abzulesen ist.

Wir wollen festhalten, daß die genannten Werte nur für die **Ruhestromeinstellung** des Verstärker-Flächentransistors gelten, d. h. ohne Steuerungen an der Basis stellt sich der Transistor auf Betriebswerte ein, die durch den Arbeitspunkt auf der Arbeitskennlinie definiert sind. Am Beispiel des Kennlinienfelds in Bild 7.33 sind diese Daten 30 mA Kollektorstrom, 6 V Kollektorspannung, 0,7 V Basis-Emitterspannung und 40 μA Basisstrom.

Wenn der Transistor an der Basis mit einer Wechselspannung bzw. mit einem Wechselstrom gesteuert wird, pendeln die Werte im Rhythmus der Steuerspannung bzw. des Steuerstroms um diese Ruhestromeinstellung, d. h. um den gewählten Arbeitspunkt, wie wir noch sehen werden.

Der Basis-Vorwiderstand R_V in Bild 7.32b ist leicht zu errechnen. Die Batteriespannung beträgt 12 V; nach Abzug der gewünschten Basisspannung (0,7 V) bleiben 11,3 V nach, die durch den Basisstrom von 40 μA geteilt werden und einen Widerstandswert von rund 280 kΩ ergeben. Für die Berechnung des Spannungsteilers in

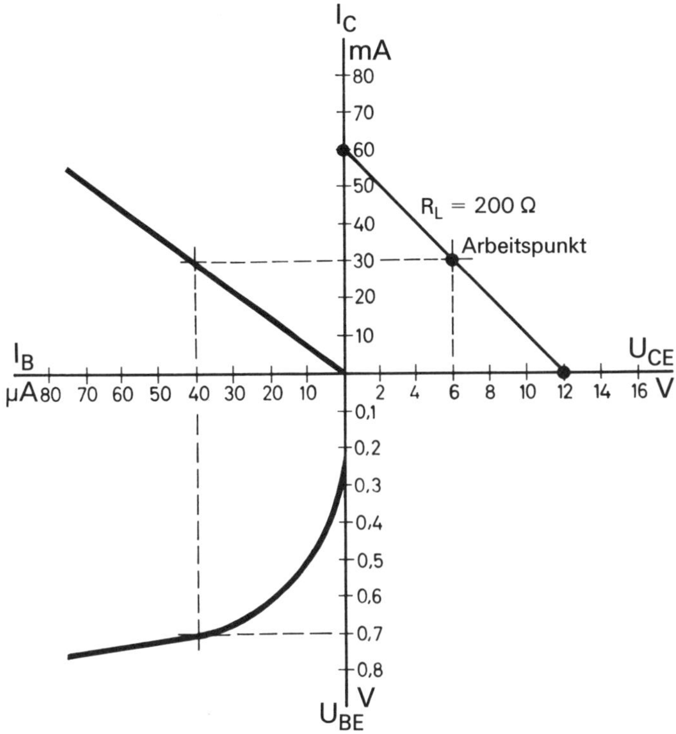

Bild 7.33 NPN-Transistor-Kennlinienfeld mit Ruhestromeinstellung, d. h. mit einem festen Arbeitspunkt auf der Arbeitskennlinie

Bild 7.32a gilt zu berücksichtigen, daß der ihn durchfließende Strom ein Mehrfaches vom eigentlichen Basisstrom betragen muß (5- bis 10fach). In unserem Fall müssen wir also für R_1 z. B. mit 7 x 40 = 280 μA + 40 μA = 320 μA rechnen. Das ergibt demnach 11,3 V : 0,32 mA = 35 kΩ. Für R_2 heißt die Rechnung 0,7 V : 0,28 mA = 2,5 kΩ. Damit wären die Widerstände für den Basisspannungsteiler ermittelt.

Aus dem Kennlinienfeld (Bild 7.34) wollen wir noch den Verstärkungsfaktor der Flächentransistorstufe entnehmen. Es wurde bereits gesagt, daß ein Wechselspannungssignal um den gewählten Arbeitspunkt pendelt und eine möglichst lineare Verstärkung angestrebt wird. Wenn daher der steuernde Basisstrom um ± 30 μA geändert wird, ergibt sich eine Kollektorstromänderung von ± 20 mA (zwischen 50 mA und 10 mA) mit schwankenden Kollektorspannungen von ± 4 V (zwischen 2 V und 10 V). Die resultierende Spannungsänderung an der Basis ist dagegen recht unlinear; sie schwankt zwischen + 50 mV und − 200 mV.

Die Stromverstärkung ergibt sich aus der Basisstromänderung zur Kollektorstromänderung. 30 μA an der Basis steuern 20 mA am Kollektor, d. h. die Stromverstärkung des Flächentransistors ist größer als 660fach. Wegen der ungünstigen, sehr unlinearen Spannungs-Steuerkennlinie lassen sich Wechselspannungen (wie z. B. von der Röhre her bekannt) hier kaum verzerrungsfrei übertragen; die Stromsteuerung ist in dieser Beziehung wesentlich günstiger. Sie ist aber nicht leistungslos, und der notwendige Steuerstrom muß dem Steuersignal entnommen werden.

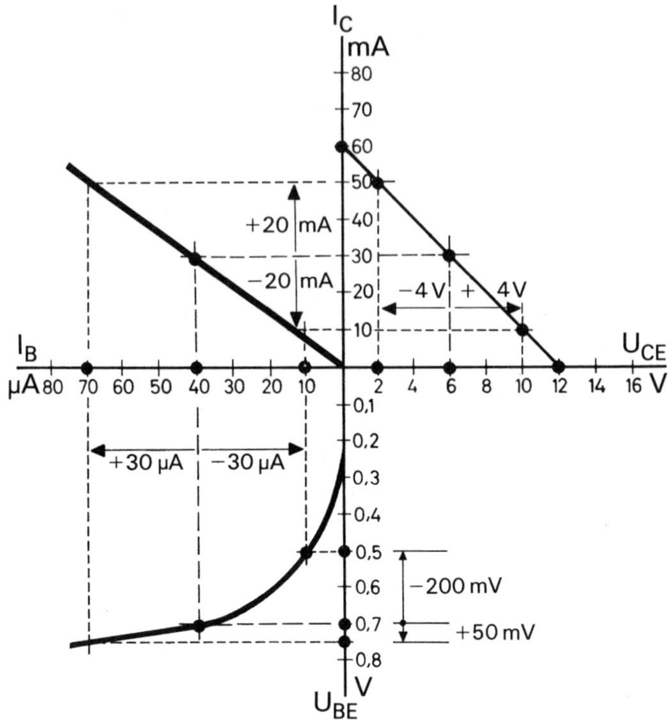

Bild 7.34 NPN-Transistor-Kennlinienfeld bei symmetrischer Stromsteuerung an der Basis

In Bild 7.35 sind an der Basis und am Kollektor zwei Sinus-Wechselspannungszeichen angegeben, und zwar entgegengesetzt gezeichnet. Das führt zu einer Erscheinung, die wir als Phasendrehung auch schon bei der Röhre kennengelernt haben. Beim Flächentransistor tritt die 180°-Drehung der Wechselspannung nur in der Emitterschaltung und nicht in der Basis- und der Kollektorschaltung auf.

Eine Phasendrehung wird bei der Steuerung des Kollektorstroms durch den Basisstrom hervorgerufen. Führt man der Basis z. B. eine positive Halbwelle zu, steigt bei einem NPN-Flächentransistor der Kollektorstrom an. Dadurch wird die Spannung am Kollektor bzw. am Lastwiderstand R_L kleiner, und es entsteht dort eine negative Halbwelle. Wird die Basis anschließend mit der negativen Halbwelle gesteuert, sinkt der Kollektorstrom und die Spannung am Kollektor steigt an. Folglich erhält man im Ausgangskreis eine positiv

Bild 7.35 In der Emitterschaltung tritt bei Transistoren eine 180°-Phasendrehung der verstärkten Spannung auf

verlaufende Halbwelle. In Bild 7.36 sind die Kurvenzüge an der Basis und am Kollektor dargestellt, desgleichen der Kollektorstrom (gestrichelt).

Es ließen sich noch zahlreiche Einzelheiten zur Flächentransistor-Verstärkerstufe sagen, z. B. über Stabilisierungsmaßnahmen, besondere Stufenschaltungen, Gegenkopplungen usw. Hierzu wird auf Band 2 der Philips Lehrbriefe verwiesen, da in Band 1 aus Platzgründen und von der Thematik her auf diese Details verzichtet werden mußte.

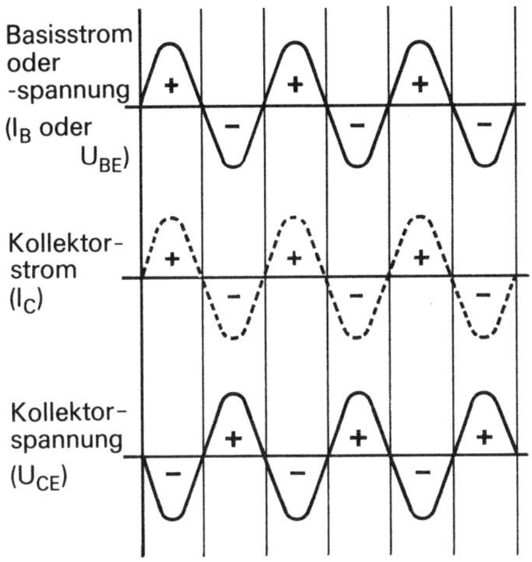

Bild 7.36 Bei Emitterschaltung hat die Kollektorspannung eine um 180° gegenüber der Basisspannung bzw. dem Basisstrom gedrehte Lage (Phasendrehung wie auch bei der entsprechenden Röhrenschaltung)

7.6.3. Flächentransistoren als Schwingungserzeuger

Die in den beiden letzten Abschnitten beschriebenen Betriebsarten des Flächentransistors als Schalter und Verstärker erleichtern das Verständnis für die hier zu erläuternde Funktion als Schwingungserzeuger. Es handelt sich dabei um elektromagnetische Schwingungen, die sich in entsprechend dimensionierten Schaltungen von niedrigsten Frequenzen (Bruchteile eines Hertz) bis in das Gebiet der höchsten Frequenzen des Millimeterbereichs erzeugen lassen.

Elektromagnetische Schwingungen sind Wechselspannungen (Bild 7.37a). Sie ändern ihre Schwingungsrichtung in bestimm-

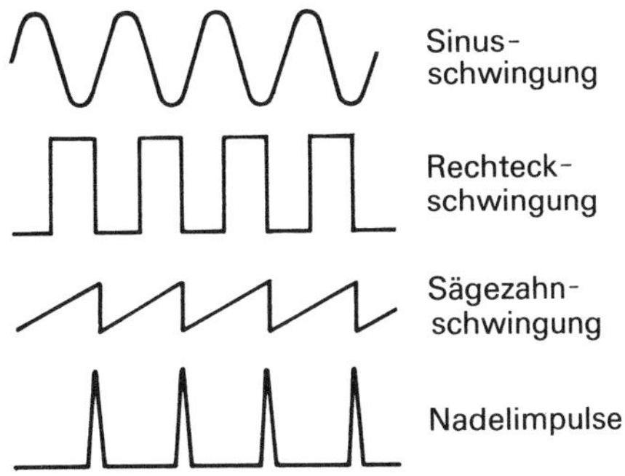

Bild 7.37a Verschiedene Formen von elektrischen Schwingungen

tem Rhythmus, der von den elektrischen Werten der verwendeten Bauelemente abhängig ist. Im allgemeinen unterscheidet man sinusförmige und impulsförmige Schwingungen, wobei letztere wiederum in Rechteck-, Sägezahn-, Nadelimpulse und andere Formen unterteilt werden. Sie können eine konstante Amplitude aufweisen, aber in bestimmten Fällen auch eine ansteigende oder abfallende Amplitude haben (Bild 7.37b).

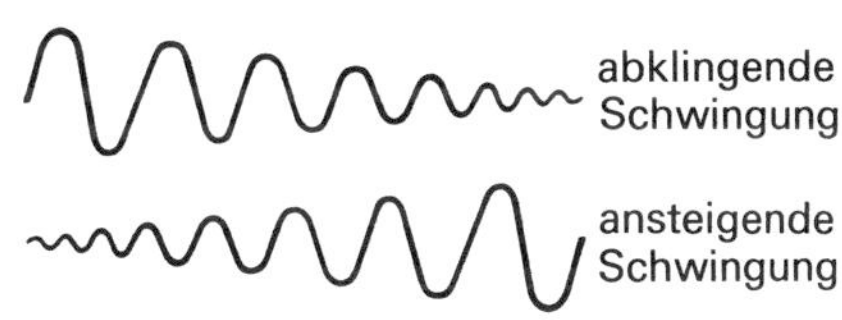

Bild 7.37b Fallende und steigende Amplitude einer Schwingung

Bei den Schwingungserzeugern oder »Ozillatoren« unterscheidet man zwei Grundschaltungen: den Impulsgenerator und den Sinusgenerator. Wir beginnen mit dem Impulsgenerator, der in seiner einfachsten Form als Rechteck-Schwingungserzeuger unter dem Namen Multivibrator bekannt ist (Multivibrator = Vielfachschwinger). Ein typisches Kennzeichen dieser Gruppe (es gibt mehrere Schaltungsvarianten) ist die Verwendung von Widerständen und Kondensatoren und der Verzicht auf Schwingkreise mit Spulen und Kondensatoren.

7.6.3.1. Multivibrator-Schaltung

In Bild 7.38 ist die Schaltung eines Multivibrators angegeben. Auffällig ist der symmetrische Aufbau des Generators, der nach dem Einschalten der Betriebsspannung selbständig beginnt, Rechteckschwingungen zu erzeugen. Auslösender Faktor ist der Umstand, daß aufgrund von geringfügigen Fertigungstoleranzen eines der beiden Systeme früher zu leiten beginnt als das andere und dadurch den an sich vorhandenen Gleichgewichtszustand aufhebt. Es werden also keine fremden Startzeichen oder Hilfsimpulse gebraucht, wie es bei einigen anderen Ausführungen der Fall ist. Der Multivibrator »schaltet« oder »kippt« fortwährend hin und her, sein Schaltzustand ist astabil. Dieser Eigenschaft verdankt die Schwingschaltung auch die Bezeichnung astabiler Multivibrator.

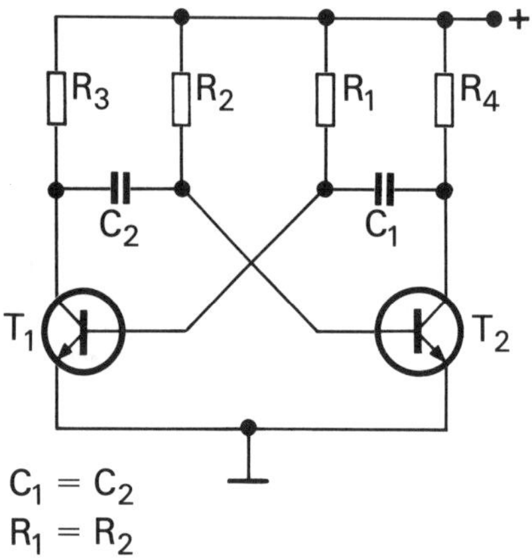

Bild 7.38 Schaltung eines symmetrisch aufgebauten astabilen Multivibrators. Hier stimmen die RC-Glieder in den Basiskreisen wertmäßig überein, wodurch sich gleiche Zeitkonstanten ergeben. Neben dem astabilen Multivibrator gibt es noch weitere Ausführungen mit monostabilen und bistabilen Funktionsabläufen und unterschiedlicher Schaltungstechnik, für die auch die Bezeichnung Flip-Flop gebräuchlich ist

Aus dieser Darstellung können wir bereits schließen, daß die Transistoren des Multivibrators eine Schalterfunktion ausüben. Sie sind abwechselnd leitend oder gesperrt und kippen schlagartig vom einen in den anderen Betriebszustand. Die Kollektorspannungen weisen daher den typisch rechteckigen Verlauf auf (Bild 7.39), der aufgrund des plötzlichen Ein- und Ausschaltens des Stroms an den beiden Kollektorwiderständen entsteht. Die Flächentransistoren in Bild 7.38 nehmen also abwechselnd die in Bild 7.27 bzw. 7.28 mit L und S bezeichneten Arbeitspunkte auf der Kennlinie ein.

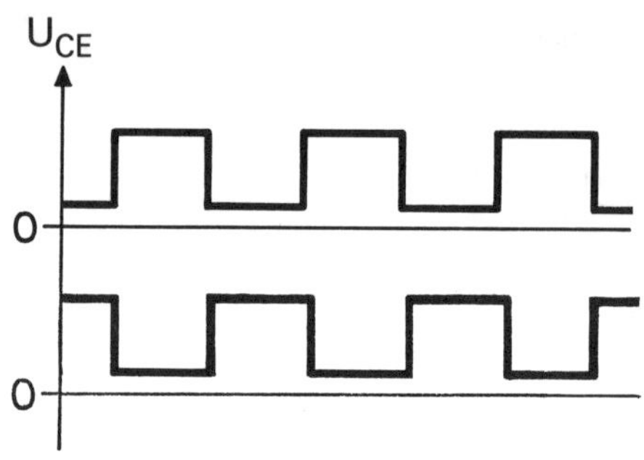

Bild 7.39 Prinzipieller Verlauf der Spannungen an den Kollektoren des Multivibrators nach Bild 7.38

Zum besseren Verständnis der Wirkungsweise ist der Multivibrator in Bild 7.40 zunächst in Form zweier hintereinandergeschalteter Verstärkerstufen gezeichnet. Die Ausgangsspannung von T_2 wird über den Kondensator C_{RK} voll auf den Eingang der ersten Stufe T_1 zurückgeführt, wobei die Phasenlage der zurückgeführten Wechselspannung gleich ist mit der am Eingang. In diesem Fall entsteht eine »Rückkopplung«, durch die der Verstärker nicht mehr stabil bleibt, sondern ins Schwingen gerät. Man nennt dies auch Selbsterregung oder Oszillieren. Aus einer stark rückgekoppelten Verstärkerstufe entsteht also immer ein Schwingungserzeuger, ein Oszillator oder Generator, der schaltbildmäßig wie in Bild 7.38 dargestellt wird.

Das Umschalten der Flächentransistoren vom leitenden in den sperrenden Zustand bzw. umgekehrt geht wegen der starken Rückkopplung sehr schnell vor sich

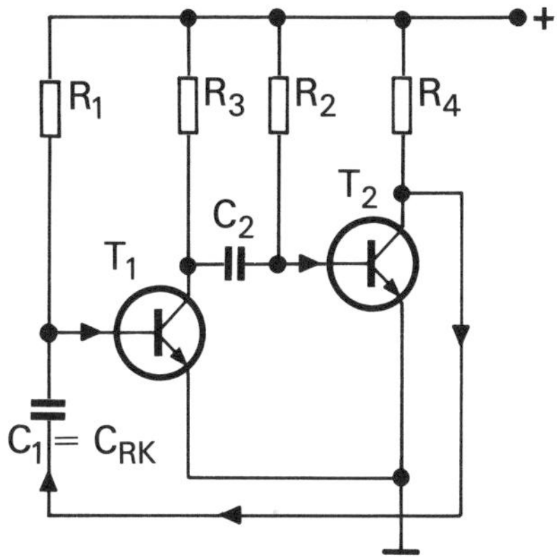

Bild 7.40 Multivibrator als zwei in Reihe geschaltete Verstärkerstufen gezeichnet. Der Rückkopplungsweg führt vom Kollektor des Transistors T_2 über $C_1 = C_{RK}$ an die Basis von T_1. Die Pfeile geben den Signalweg durch die Schaltung an. Um eine Übereinstimmung mit den Darstellungen in Bild 7.38 und 7.41 zu erhalten, sind die Widerstände und Kondensatoren der Schaltung mit den gleichen Bezeichnungen versehen worden

(Bild 7.41a). Nehmen wir an, daß aufgrund der im ersten Absatz erwähnten Unsymmetrie nach dem Einschalten der Flächentransistor T_1 gesperrt und T_2 leitend sei. Dann ist die Kollektorspannung von T_1 gleich der Batteriespannung (z. B. 6 V) und die von T_2 fast Null, da hier ja nur

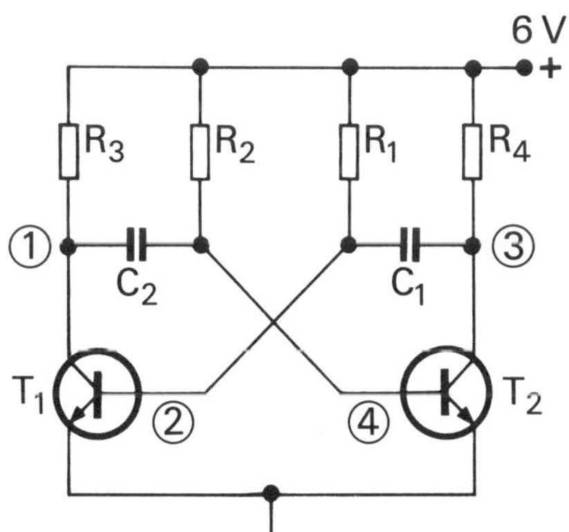

Bild 7.41a Symmetrisch aufgebauter Multivibrator. Die RC-Glieder R_1/C_1 und R_2/C_2 sind gleich groß, so daß symmetrische Signale entstehen (Bild 7.41b). Bei voneinander abweichenden RC-Werten ergeben sich unsymmetrische Signale, wie z. B. in Bild 7.42 angegeben

noch die kleine Kollektor-Sättigungsspannung U_{CEsat} anliegt. Beim gesperrten Flächentransistor T_1 ist an der Basis eine negative Spannung wirksam, die von der Ladung des Kondensators C_1 herrührt. Sie fließt in einer bestimmten Zeit über R_1 ab (Zeitkonstante ist Produkt aus $R_1 \cdot C_1$). Zur gleichen Zeit liegt an der Basis von T_2 über R_2 eine positive Spannung, die den Transistor offenhält. Diese vier Potentiale sind in Bild 7.41b untereinander gezeichnet und machen den jeweiligen Schaltzustand deutlich.

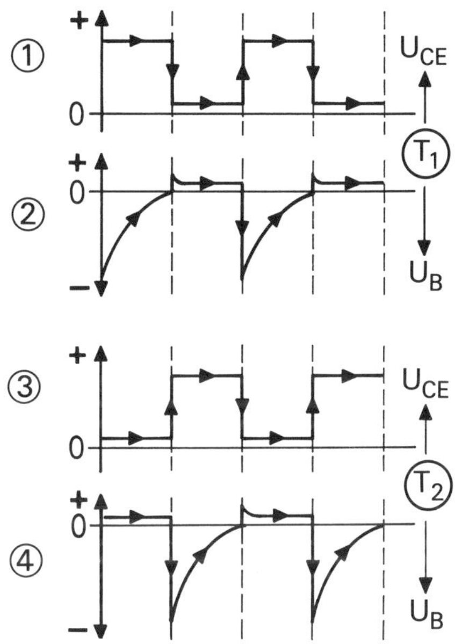

Bild 7.41b Spannungspotentiale an den Kollektoren und Basen des Multivibrators

Das Umschalten beginnt in dem Augenblick, in dem bei T_1 die negative Spannung an der Basis abgeflossen ist. Sofort sinkt bei T_1 die Kollektorspannung an R_3, und diese negativ gerichtete »Wechsel«-Spannungsänderung wird sofort über C_2 auf die Basis von T_2 übertragen. Das hat natürlich einen verringerten Strom in T_2 mit gleichzeitigem Ansteigen der Kollektorspannung an R_4 zur Folge. Der entstehende, positiv gerichtete Spannungssprung (so heißt die auftretende Spannungsänderung in der Technikersprache) wird über C_1 auf die Basis von T_1 rückgekoppelt und macht den Transistor schlagartig voll leitend. T_2 wird im gleichen Moment vom über C_2 zugeführten negativen Spannungssprung ganz gesperrt. Damit ist eine Kipp-Periode beendet. Eine neue setzt ein, wenn die negative Ladung des Kondensators C_2 über R_2 abgeflossen ist.

In Bild 7.41b sind gleich große Rechteckspannungen dargestellt, weil beide Basiskondensatoren und -widerstände (C_1, C_2, R_1, R_2) gleich groß sind. Haben C_1 und C_2 unterschiedliche Werte, ändern sich auch die Schaltzeiten und damit die an den Kollektoren auftretenden Rechteckspannungen (Bild 7.42). Die Rechtecke sind hier natürlich idealisiert gezeichnet; in der Praxis ergeben sich etwas abweichende Spannungskurven.

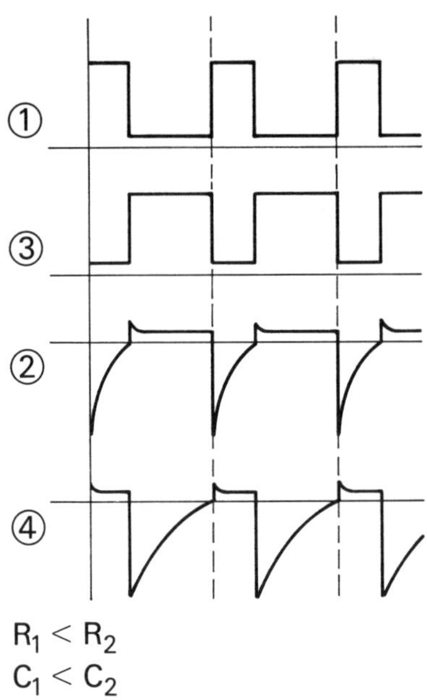

Bild 7.42 Unsymmetrische Spannungsformen ergeben sich bei unterschiedlichen Werten von C_1 und C_2 bzw. R_1 und R_2

7.6.3.2. Sinusoszillator-Schaltungen

Sinusförmige Wechselspannungen kann man auch mit Oszillatoren erzeugen, die in der vorher erwähnten Art mit Widerständen (R) und Kondensatoren (C) als frequenzbestimmende Glieder arbeiten. Man nennt sie deshalb *RC-Generatoren,* wogegen der mit Spulen (L) und Kondensatoren (C) ausgerüstete Typ als *LC-Generator* bezeichnet wird.

In Bild 7.43 ist ein *RC-Generator* gezeichnet, der auf den ersten Blick viel Ähnlichkeit mit dem Multivibrator in Bild 7.40 hat. Auch hier ist ein Rückkopplungsweg

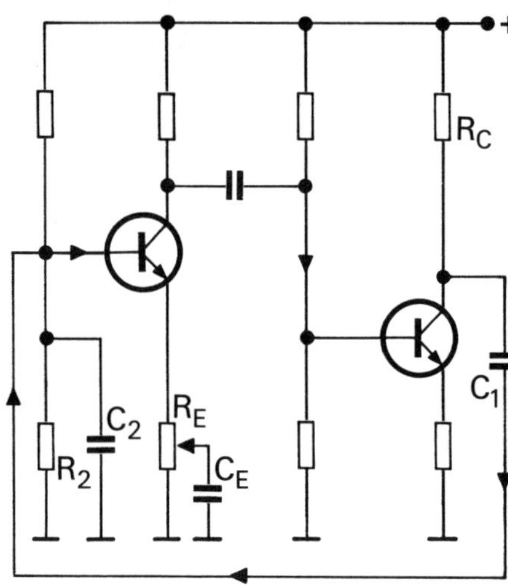

Bild 7.43 RC-Generator für Sinusschwingungen (Wien-Brücke)

über den Kondensator C_1 vorhanden, so daß der zweistufige Verstärker schwingen kann. Er erzeugt aber keine scharf begrenzten Rechtecksignale, sondern »weiche« Sinusschwingungen, weil die Rückkopplung nur sehr schwach eingestellt ist. Es findet z. B. eine Spannungsteilung über C_1/C_2 statt.

Außerdem sorgt eine »Gegenkopplung« – sie ist eine Art »negative« Rückkopplung – dafür, daß die entstehende Kurvenform dem Ideal der Sinuswelle möglichst nahekommt. Eine Gegenkopplung, d. h. eine gegensteuernde Spannung, entsteht beispielsweise an den Emitterwiderständen der Schaltung in Bild 7.43 und kann über C_E mit dem Potentiometer R_E eingestellt werden. Sie hat eine der Basissteuerspannung entgegengesetzte Wirkung, so daß diese entsprechend herabgesetzt wird. Eine speziell berechnete RC-Kombination (R_C, C_1, R_2, C_2), die sogenannte Wien-Brücke, gab der Schaltung den Namen Wien-Brücken-Oszillator.

Eine einstufige Schaltung sehen wir in Bild 7.44. Hier wird die für eine Rückkopplung erforderliche Phasenlage auf

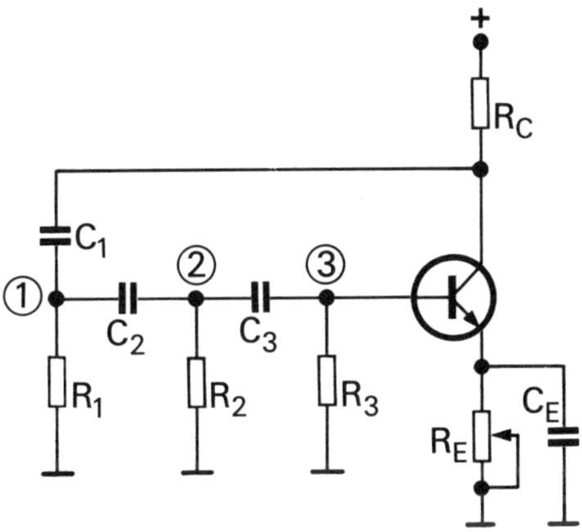

Bild 7.44 RC-Generator für Sinusschwingungen mit phasenschiebender RC-Kette zwischen Kollektor und Basis. Die Ziffern beziehen sich auf Bild 7.45

einem anderen Weg eingestellt. Er ist in Bild 7.45 schematisch dargestellt und basiert auf der Phasenverschiebung zwischen Spannung und Strom in einem Kondensator. Bekanntlich eilt der Strom dort der angelegten Spannung im Idealfall um 90° voraus (s. auch Abschnitt 3.7.).

In der Schaltung von Bild 7.44 sind drei RC-Glieder hintereinandergeschaltet, und zwar vom Kollektor zur Basis. Man kann die Werte dieser Kondensatoren und Widerstände so wählen, daß sich insgesamt am Ausgang der RC-Kette eine Phasenverschiebung von 180° ergibt. Mit anderen Worten: Der zum Schluß an C_3 voreilende Strom ruft an R_3 (und damit an der Basis) einen Spannungsabfall hervor; die Phasenlage der Spannung ist um den gewünschten Betrag verschoben und befindet sich daher in Übereinstimmung mit der Phase der ursprünglichen Basiswechselspannung. Es tritt deshalb eine Selbsterregung ein.

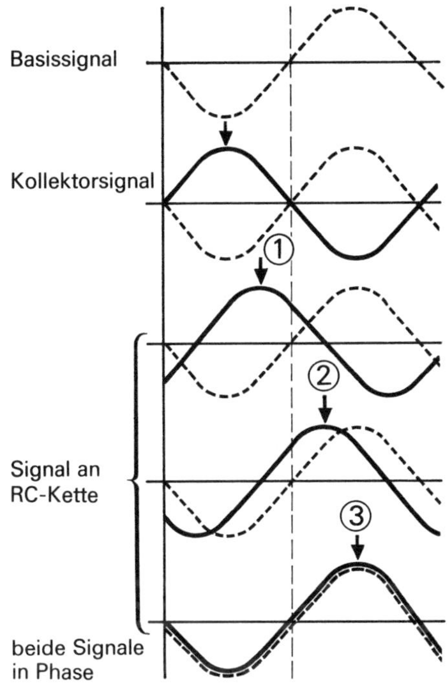

Bild 7.45 Spannungsverlauf an den verschiedenen Punkten der Schaltung nach Bild 7.44. Da die Phase im Transistor um 180° gedreht wird (Basis- zu Kollektorsignal), muß in den drei RC-Gliedern eine nochmalige Phasenverschiebung von insgesamt 180° stattfinden, um an der Basis wieder die richtige Polarität zu erhalten. Die Verschiebung wird an den Punkten 1—3 deutlich

Da sich aufgrund der RC-Glieder verhältnismäßig kleine Rückkopplungsspannungen ergeben, muß der betreffende Transistor einen recht hohen Verstärkungsfaktor haben. Mit dem veränderbaren Widerstand R_E in der Emitterleitung kann man Amplitude und Kurvenform auf die günstigsten Werte einstellen.

LC-Oszillatoren gehören zu den wichtigsten Sinusgeneratoren. Wir finden sie

z. B. in Rundfunkempfängern, wo sie als »Hilfssender« arbeiten und die für die Mischung erforderliche Oszillatorfrequenz liefern (s. Kapitel 10.). Die Bilder 7.46 und 7.47 zeigen die wesentlichen Elemente der Grundschaltung; frequenzbestimmend ist der Schwingkreis L_1/C_1 (siehe auch Abschnitt 10.3.). Wir sehen, daß auch hier vom Prinzip der Rückkopplung Gebrauch gemacht wird, denn vom Kollektor besteht ein induktiver Rückkopplungsweg über die beiden Spulen auf die Basis des Transistors.

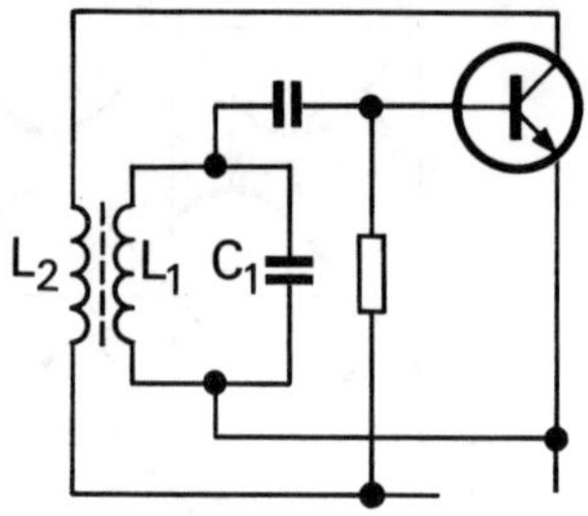

Bild 7.46 LC-Generator für Sinusschwingungen mit induktiver Rückkopplung und Basisschwingkreis

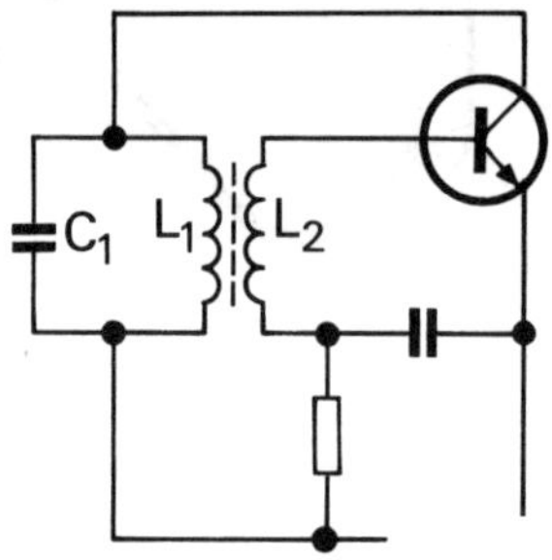

Bild 7.47 LC-Generator mit Schwingkreis in der Kollektorleitung

Wichtig ist hierbei die Zuordnung der Spulenanschlüsse bzw. der Wickelsinn, damit die gewünschte Phasenlage sich auch einstellen kann. Bei falscher Polung der Rückkopplungsspule tritt nämlich eine Gegenkopplung ein, so daß die Schwingungen gar nicht erst einsetzen können. Bei richtiger Polung und genügend fester Kopplung der beiden Spulen genügen kleinste Spannungsänderungen an Basis oder Kollektor, um den Schwingkreis auf seiner Frequenz anzustoßen und die entstehenden Schwingungen aufrechtzuerhalten. In Bild 7.48a und 7.48b sind zwei Schaltungen mit richtiger und falscher Rückkopplung dargestellt, einschließlich der sich einstellenden Phasenlagen.

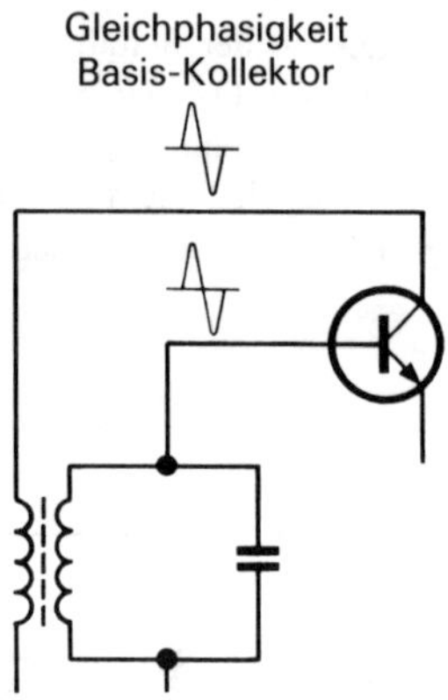

Bild 7.48a Beide Schwingungen in Phase ergibt Rückkopplung

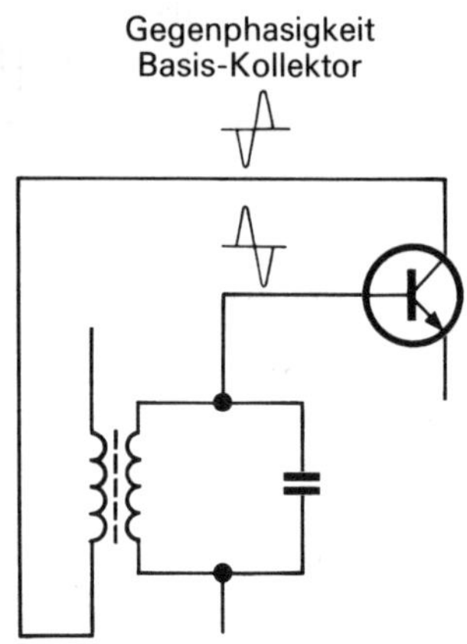

Bild 7.48b Beide Schwingungen nicht in Phase ergibt Gegenkopplung

Es gibt eine Vielzahl von Oszillatorschaltungen mit Transistoren und selbstverständlich auch mit Röhren. Die Auswahl mußte sich aber auf die hier angegebenen Prinzipschaltungen beschränken, die zum Verständnis derartiger Oszillatoren erste Kenntnisse vermitteln sollen.

7.7. Feldeffekt-Transistoren

Feldeffekt-Transistoren unterscheiden sich von PNP- oder NPN-Flächentransistoren durch einen anderen Aufbau und leistungslose Steuerung des Ladungsträgerstroms. Diesen Eigenschaften verdankt der Feldeffekt-Transistor auch seinen Namen, denn der Stromfluß wird durch ein elektrisches Feld beeinflußt, das senkrecht zur Stromflußrichtung wirkt (Bild 7.49).

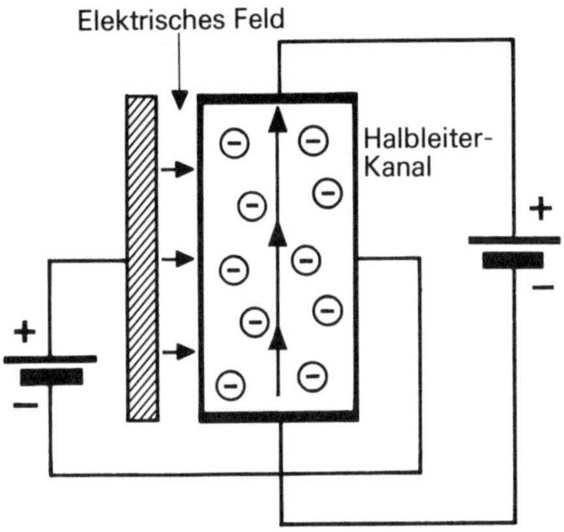

Bild 7.49 Prinzip des Feldeffekt-Transistors. Ein elektrisches Feld beeinflußt den Ladungsträgerstrom, der durch einen »Kanal« aus Halbleitermaterial fließt, wenn eine Gleichspannung angeschlossen wird. Je nach Dotierung des Kanals fließt ein Ladungsträgerstrom aus Elektronen bei N-Material oder aus Löchern bei P-Material. Der Strom wird also von Majoritätsträgern hervorgerufen und allein von ihnen bestimmt

Wie schon in der Einleitung zu diesem Kapitel erwähnt, sind Feldeffekt-Transistoren sogenannte unipolare Transistoren, da an ihrer Funktion nur eine Art von Ladungsträgern maßgeblich beteiligt ist, also Löcher **oder** Elektronen. Feldeffekt-Transistoren sind ebenfalls als »steuerbare elektrische Widerstände« zu betrachten, und es ist außerdem zu erwähnen, daß zwischen Feldeffekt-Transistoren und Elektronenröhren hinsichtlich bestimmter Eigenschaften als Verstärkerelement eine gewisse Übereinstimmung besteht. Es ist durchaus möglich, daß der Feldeffekt-Transistor aufgrund seiner Vorteile und bei weiteren technologischen Fortschritten auf der Herstellungsseite den Flächentransistor in seiner Bedeutung zurückdrängen oder gar ablösen kann. Feldeffekt-Transistoren vereinigen in sich zahlreiche positive Eigenschaften von Elektronenröhren und Flächentransistoren. Hierzu gehören die leistungslose Steuerung des Ladungsträgerstroms, ein größerer Aussteuerbereich und bessere Eigenschaften z. B. in HF-Stufen sowie häufig eine elektrisch einfachere Schaltung gegenüber Flächentransistoren.

Die leistungslose Steuerung erfordert nur eine Spannung und keinen Strom, so daß sich ein außerordentlich hoher Eingangswiderstand ergibt, der mit dem von Elektronenröhren vergleichbar ist. Außerdem sind Feldeffekt-Transistoren unempfindlich gegen thermische Instabilitäten, weil ihr Strom mit steigender Temperatur kleiner wird. Bei Flächentransistoren nimmt die thermische Instabilität bekanntlich mit steigender Temperatur zu, d. h. der Strom wird unkontrolliert größer.

Der Feldeffekt-Transistor hat normalerweise drei Anschlüsse, die im technischen Sprachgebrauch mit Source (S), entsprechend Emitter oder Katode, Gate (G), entsprechend Basis oder Gitter, und Drain (D), entsprechend Kollektor oder Anode, bezeichnet werden. Es gibt für diese englischsprachigen Fachausdrücke keine korrekte deutsche technische Übersetzung; sinngemäß kann man sowohl von Zufluß, Tor und Abfluß als auch von Quelle, Gitter und Senke sprechen. Es gibt drei Grundschaltungen, und zwar die Source-, Gate- und Drainschaltung. Überwiegend wird die Sourceschaltung verwendet, die mit der Emitter- oder Katodenbasisschaltung vergleichbar ist.

Bei Feldeffekt-Transistoren unterscheidet man zwei Grundformen: den Sperrschicht-Typ und den Isolierschicht-Typ. Sperrschicht-Feldeffekt-Transistoren werden abgekürzt FET genannt (gesprochen fett), es gibt sie mit P- und N-dotiertem Halbleitermaterial. Die entsprechenden Schaltsymbole sind in Bild 7.50 dargestellt.

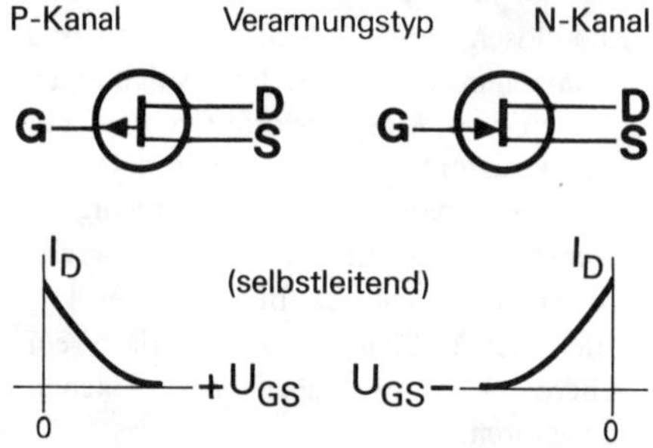

Bild 7.50 Schaltzeichen und Prinzip-Kennlinien der Sperrschicht-Feldeffekt-Transistoren (FET). Der senkrechte, durchgehend gezeichnete Strich deutet den N- oder P-dotierten Kanal an, der vom Source- zum Drainanschluß führt. Die »selbstleitenden« N- oder P-Ausführungen sind an der Richtung des Gatepfeils zu erkennen

Der Isolierschichttyp hat die Kurzbezeichnung MOS-FET (gesprochen moßfett) erhalten, und zwar aufgrund der beim Elektrodenaufbau verwendeten Schichtenfolge Metall-Oxid-Halbleiter, abgeleitet von der englischen Bezeichnung »metal-oxid-semiconductor«. Auch beim MOS-FET sind P- und N-Ausführungen möglich, ferner gibt es MOS-FETs in selbstleitender und selbstsperrender Ausführung. Die vier prinzipiellen Möglichkeiten sind in den Schaltzeichen nach Bild 7.51 symbolisiert.

MOS-Feldeffekt-Transistoren zeichnen sich gegenüber Sperrschicht-Feldeffekt-Transistoren durch noch bessere Eigenschaften aus, wozu erweiterte Steuermöglichkeiten ebenso gehören wie sehr gute HF-Eignung und ein noch günstigeres Temperaturverhalten.

Als nachteilig ist beim MOS-FET die Empfindlichkeit gegen statische Aufladung der Gate-Elektrode zu nennen. Ein Kurzschließen der Anschlußdrähte verhindert die Aufladung, solange der MOS-FET noch nicht eingebaut ist. In der Schaltung selbst kann durch geeignete Maßnahmen eine statische Aufladung der Gate-Elektrode und damit eine evtl. Zerstörung des Transistors verhindert werden.

Im folgenden werden N-leitende Feldeffekt-Transistoren in ihrer Wirkungsweise beschrieben.

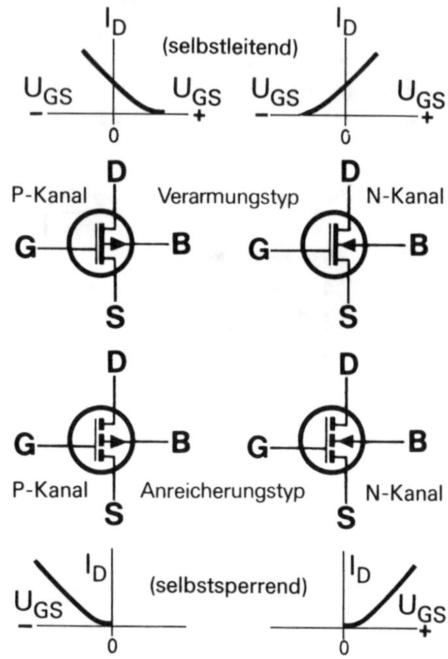

Bild 7.51 Schaltzeichen und Prinzip-Kennlinien der MOS-Feldeffekt-Transistoren. Neben dem durchgehenden Kanalstrich der »selbstleitenden« Ausführungen gibt es hier auch einen unterbrochenen Kanalstrich für »selbstsperrende« MOS-FETs. Die isolierte Gate-Elektrode ist gekennzeichnet durch eine dünne Linie parallel zum Kanalstrich

7.7.1. Sperrschicht-Feldeffekt-Transistor (FET) mit N-Kanal

Der Aufbau eines FET geht aus der Prinzipdarstellung in Bild 7.52 hervor. An den Stirnseiten eines N-leitenden Siliziumstäbchens sind die Anschlüsse Source und Drain angebracht, zwischen ihnen befindet sich der sogenannte Kanal. Wird eine positive Spannung zwischen Drain und Source angelegt, so fließen Elektronen durch den Kanal vom Source- zum Drainanschluß.

Der N-Kanal ist von einer P-leitenden Schicht ringförmig umgeben. Dadurch entsteht eine Sperrschichtzone, also ein PN-Übergang, dessen P-Seite mit dem Gate-Anschluß verbunden ist. Legt man nun zwischen Gate und Source eine negative Spannung, kann der von Source nach Drain fließende Elektronenstrom gesteuert werden.

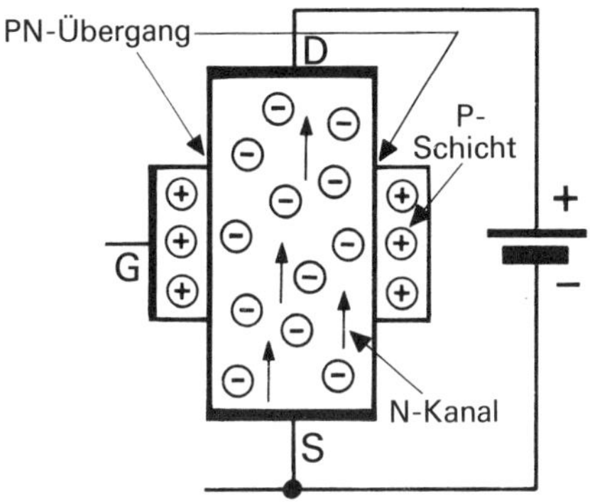

Bild 7.52 Beim Sperrschicht-Feldeffekt-Transistor mit N-Kanal fließt bei positiver Drainspannung und fehlender Gatespannung ein hoher Ladungsträgerstrom (Elektronen) durch den Kanal. Man bezeichnet den Sperrschicht-Feldeffekt-Transistor deshalb auch als »selbstleitend«

Die Sperrschichten wachsen nämlich bei steigender negativer Gatespannung in den Kanal hinein und verengen dabei seinen stromführenden Querschnitt (Bild 7.53). Bei genügend großer negativer Gatespannung kann der Kanal vollständig gesperrt und der Stromfluß ganz unterbunden werden.

Aus den Kennlinien in Bild 7.54 (und 7.60) können wir uns ein gutes Bild von der Arbeitsweise des Sperrschicht-Feldeffekt-Transistors machen. Links sind die U_{GS}-I_D-Kennlinien dargestellt; aus ihnen geht hervor, daß der Strom mit wachsender Sperrspannung abnimmt. Eine höhere Drainspannung ergibt »längere« Kennlinien, wie an den Beispielen deutlich wird.

Im rechten Teil von Bild 7.54 finden wir wieder ein Ausgangskennlinienfeld, das uns aus Abschnitt 7.6. bereits bekannt ist. Interessant ist dabei die eingezeichnete Abschnürungsgrenze. Sie gibt an, daß ab

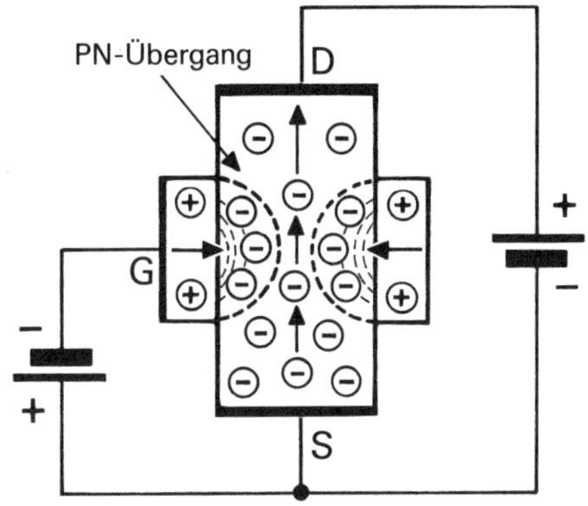

Bild 7.53 Durch das Zuführen einer negativen Spannung am Gate kann der Stromfluß vermindert werden, weil sich jetzt die Sperrschicht des PN-Übergangs verbreitert und in den schwach dotierten N-Kanal hineinwächst. Die Elektronen aus der hochdotierten Gatezone bilden eine Raumladung und hindern die ebenfalls negativ geladenen Elektronen im N-Kanal daran, vom Source- zum Drainanschluß zu fließen

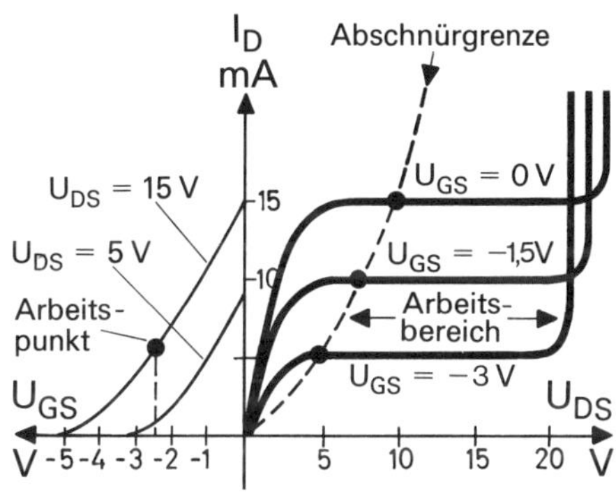

Bild 7.54 Kennlinienfeld eines FET mit U_{GS}-I_D-Kennlinien (linker Teil) und der I_D-U_{DS}-Kennlinienschar

hier der Transistorstrom bei konstanter Gatespannung praktisch gleich bleibt, auch wenn die Drainspannung nach positiven Werten hin ansteigt. Eine Stromänderung ist in diesem Beeich nur durch Änderung der Gatespannung zu erreichen; hier liegt also der eigentliche aktive Arbeitsbereich des Feldeffekt-Transistors. Er wird begrenzt durch den steil ansteigenden Teil der Kennlinien, weil dort infolge einer zu hohen Drainspannung ein Durchbruch des PN-Übergangs zwischen Gate und Drain erfolgt.

Der Arbeitspunkt wird durch die gewählte Gatespannung U_{GS} festgelegt, in Bild 7.54 beträgt sie z. B. −2,5 V bei einer Drainspannung von 15 V. Abschließend ist noch in Bild 7.55 die Beschaltung eines Sperrschicht-Feldeffekt-Transistors in Sourceschaltung angegeben. Der Arbeitspunkt stellt sich durch die am Source-Widerstand R_S abfallende Spannung automatisch ein. (Es liegen hier also ähnliche Verhältnisse vor wie bei der automatischen Gittervorspannung bei Elektronenröhren, siehe Abschnitt 4.4.1.) Das Prinzip der Drainschaltung ist in Bild 7.56 angegeben.

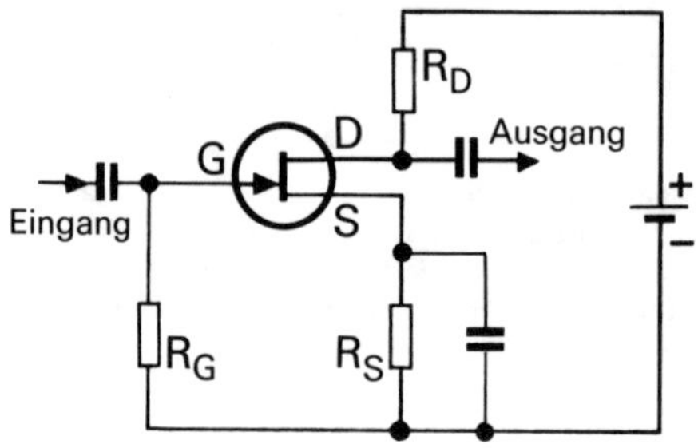

Bild 7.55 Auch bei Feldeffekt-Transistoren kann man jeden Anschluß als gemeinsame Elektrode für Eingangs- und Ausgangskreis benutzen. Die am häufigsten verwendete Ausführung ist die Sourceschaltung, die der Katodenbasisschaltung bei Röhren bzw. der Emitterschaltung bei Flächentransistoren vergleichbar ist. Die Sourceschaltung hat einen sehr hohen Eingangswiderstand, der praktisch nur durch den ohmschen Widerstand R_G bestimmt wird. Der Widerstand R_S muß kapazitiv überbrückt werden

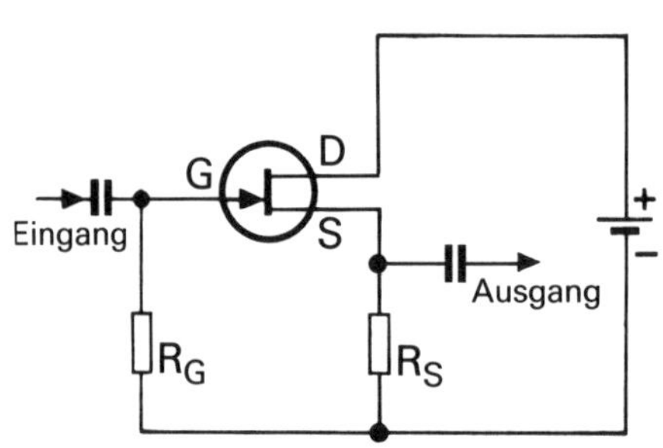

Bild 7.56 Die Drainschaltung entspricht der Anodenbasisschaltung bei Röhren bzw. der Kollektorschaltung bei Flächentransistoren und hat demnach einen großen Eingangs- und einen kleinen Ausgangswiderstand

Ähnlich wie bei Katoden- und Emitterfolgerschaltung eignet sich auch die Drainschaltung als »Sourcefolger« vorzüglich zur Impedanzwandlung.

7.7.2. Isolierschicht-Feldeffekt-Transistor (MOS-FET) mit N-Kanal

Im Gegensatz zum Sperrschicht-Feldeffekt-Transistor ist beim MOS-Feldeffekt-Transistor die Gate-Elektrode durch eine dünne Oxidschicht vom N- (oder P-)dotierten Halbleiterkanal elektrisch isoliert. Wie Bild 7.57 zeigt, bestehen Source und Drain aus N-dotierten Inseln im P-dotierten Silizium. Zwischen ihnen besteht keine leitende Verbindung, so daß sich keine Ladungsträger von S nach D bewegen können.

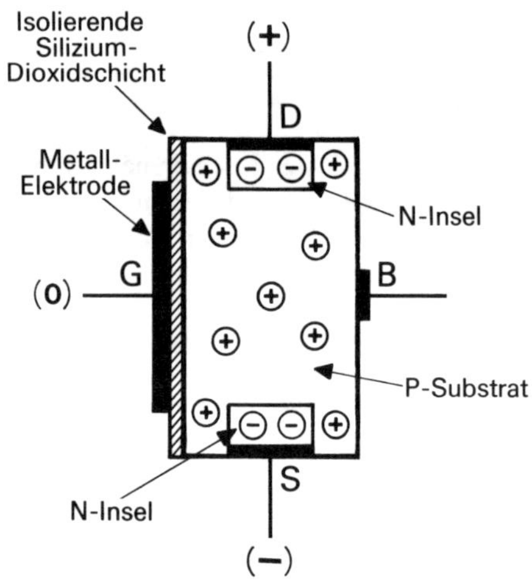

Bild 7.57 Schema eines MOS-FET (N-Kanal, selbstsperrend). Die metallische Gate-Elektrode bildet mit der darunter befindlichen Siliziumdioxidschicht (wirkt als Dielektrikum) und dem Kanalbereich des Substrats einen Plattenkondensator. Zwischen den an Spannung liegenden Elektroden Source und Drain (N-dotierte Inseln im P-dotierten Substrat) kann kein Ladungsträgerstrom (Elektronen) fließen, solange das Gate an Null oder negativer Spannung liegt. Wegen dieser Eigenschaft bezeichnet man diesen MOS-FET als »selbstsperrend«

Erst wenn an die isolierte Metallschicht der Gateelektrode eine positive Spannung gelegt wird, erhöht sich die Elektronendichte im P-Material zwischen den N-Inseln: negative Elektronen werden angezogen und positive Löcher verdrängt. Es bildet sich ein N-leitender Kanal zwischen Source und Drain, und bei positiver Drainspannung fließt ein Strom von S nach D (Bild 7.58).

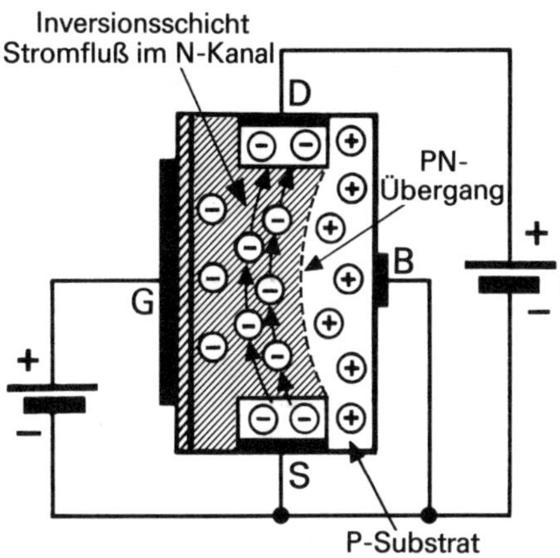

Bild 7.58 Ist die Gate-Elektrode an eine positive Spannung angeschlossen, erhöht sich im Kanalbereich (also im Gebiet des »Plattenkondensators«) die Elektronendichte durch Influenz (positives Potential zieht negative Elektronen aus dem Substratmaterial an), und es entsteht dadurch eine sogenannte Inversionsschicht. Sie bildet einen N-leitenden Kanal zwischen Source und Drain, so daß bei positiver Drainspannung ein Strom durch den MOS-FET fließen kann. Als vierte Elektrode ist der Bulk-Anschluß (B) vorhanden. Hier bietet sich eine zweite Steuermöglichkeit des Transistorstroms an, und zwar mit Hilfe der durch eine geeignete Spannung veränderbaren Sperrzone im bulkseitigen PN-Übergang des Kanals

Variiert man die Gatespannung, so ändert sich der Drainstrom I_D entsprechend. Die U_{GS}-I_D-Kennlinien haben im Prinzip den gleichen Verlauf wie in Bild 7.54; sie beginnen jedoch erst bei 0 V und reichen in den positiven Bereich hinein (Bild 7.59). Unterhalb von $U_{GS} = 0$ V fließt kein Strom. Weil der N-Kanal erst mit Elektronen aufgefüllt werden muß, um

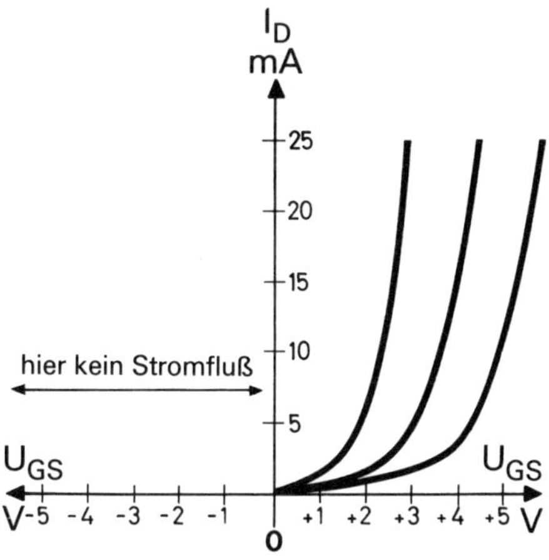

Bild 7.59 Drainstrom-Gatespannungs-Kennlinie eines MOS-FET (Anreicherungstyp)

einen Stromfluß zu ermöglichen, spricht man bei diesem MOS-FET von einem »Anreicherungstyp«. Seine U_{GS}-I_D-Kennlinie ist nochmals in Bild 7.60 dargestellt.

Wie schon erwähnt, bezeichnet man diesen MOS-FET wegen der Eigenschaft, bei negativen Gatespannungen keinen Strom fließen zu lassen, auch als selbstsperrenden Typ. Zu beachten ist noch, daß an der entgegengesetzten Seite der Gate-Elektrode (also an der Unterseite der P-Silizium-Schicht) ein weiterer Anschluß liegt (Bild 7.58), den man Bulk (B) nennt und der in bestimmten Fällen als zweite Steuerelektrode benutzt werden kann.

Die zweite Ausführungsart MOS-FET ist der »Verarmungstyp«. Hier besteht bereits eine leitende Verbindung zwischen Source und Drain (Bild 7.61). Der N-Kanal wird dadurch gebildet, daß in der Oxidschicht vorhandene, schwache positive Ladungen einzelne Elektronen aus dem P-dotierten Silizium anziehen und sich so eine schmale leitende Zone zwischen den N-Inseln bildet. Es fließt deshalb bereits bei 0 V Gatespannung ein Strom durch den Transistor, wenn zwischen Source und Drain eine Spannung liegt. Die kleine Kennlinie in Bild 7.61 deutet diesen Arbeitsbereich an. Gleiches gilt für die Kennlinien in Bild 7.62 und 7.63.

Wird die steuernde Gatespannung negativer, so werden die Elektronen im N-Kanal aus der Nachbarschaft der Gate-Elektrode verdrängt (Bild 7.62). Dabei entsteht eine Verarmungszone, und der N-Kanal wird eingeschnürt. Als Folge sinkt der Strom I_D und hört bei entsprechend

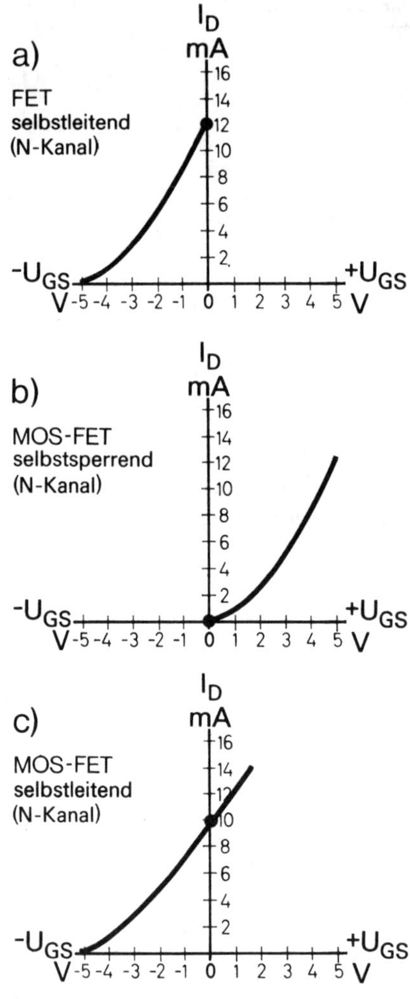

Bild 7.60 Kennlinienfelder von gebräuchlichen Feldeffekt-Transistoren: a) FET als selbstleitender Verarmungstyp, b) MOS-FET als selbstsperrender Anreicherungstyp, c) MOS-FET als selbstleitender Verarmungstyp

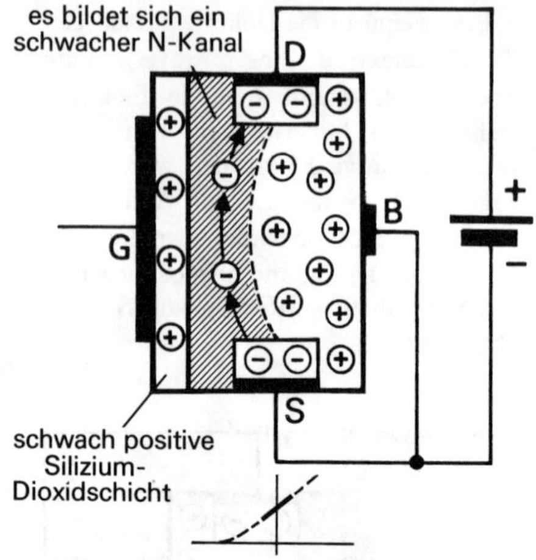

Bild 7.61 Schema eines MOS-FET (N-Kanal, selbstleitend). Die schwach dotierte isolierende Siliziumdioxidschicht verursacht mit ihren stets vorhandenen positiven Ladungen bereits bei 0 V Gatespannung eine Inversion des P-leitenden Substrats zu N-Material, d. h. die negativen Elektronen bilden einen schmalen Kanal von Source zum Drain. Es kann daher ein Strom fließen, der abhängig ist von der Größe und Polarität der Gatespannung (und gegebenenfalls auch der Bulkspannung)

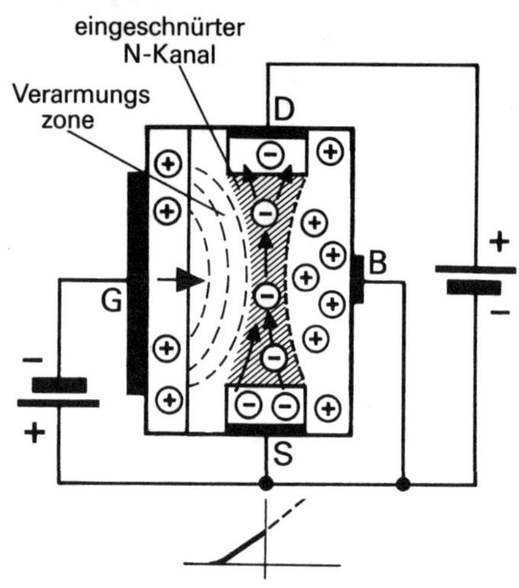

Bild 7.62 Bei negativer Gatespannung entsteht beim selbstleitenden MOS-FET durch Einschnürung des N-Kanals eine Verarmungszone, d. h. ein abnehmender Stromfluß. Die Elektronen im N-Kanal werden dabei aus der Gate-Nähe verdrängt. In der Verarmungszone geht deshalb der Strom zurück und kann sogar ganz unterbunden werden, wenn die zugeführte negative Gatespannung groß genug ist

großer negativer Spannung ganz auf. Die U_{GS}-I_D-Kennlinie in Bild 7.60 zeigt dies an.

Bei positiv werdender Gatespannung kann die Elektronendichte im N-Kanal jedoch noch weiter gesteigert werden (Bild 7.63). Der Drainstrom I_D erhöht sich dementsprechend, wie die Kennlinie in Bild 7.60 zeigt. Wir sehen, daß diese Ausführung des MOS-FET sowohl im Verarmungs- als auch im Anreicherungsbereich arbeiten kann. Wir haben es hier gewissermaßen mit einem »angereicherten Verarmungstyp« zu tun.

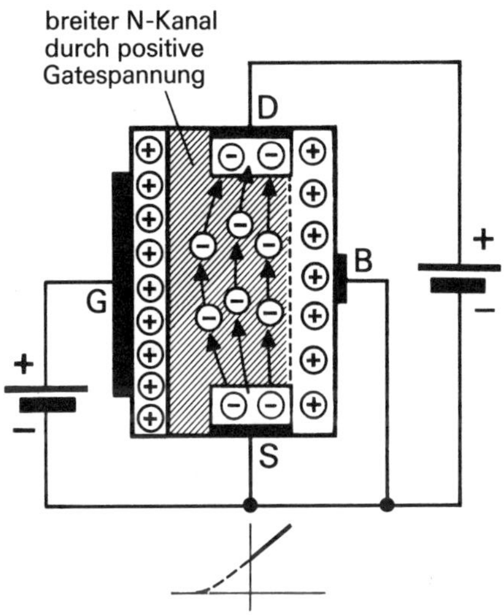

Bild 7.63 Bei positiver Gatespannung verbreitert sich beim selbstleitenden MOS-FET der N-Kanal und der Stromfluß nimmt zu. Wie in den beiden vorhergehenden Bildern ist auch hier der angesprochene Arbeitsbereich durch den betreffenden Teil der Kennlinie bezeichnet

Auch bei MOS-FETs lassen sich die Arbeitspunkte durch Gleichstromgegenkopplung am Sourcewiderstand einstellen. Die Erzeugung der automatischen Gatevorspannung nach Bild 7.64 gilt allerdings nur für das Arbeiten im Verarmungsbereich. Hier ergeben sich gewisse Analogien zu Röhrenschaltungen, bei denen die automatische Gittervorspannung und damit der Arbeitspunkt ja auch durch Gleichstrom-

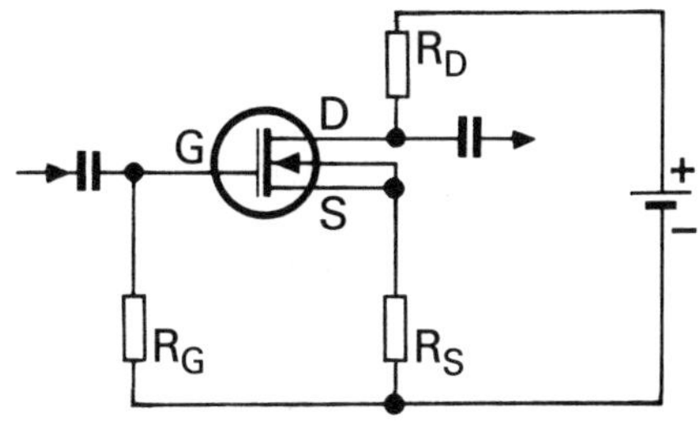

Bild 7.64 Arbeitspunkteinstellung eines MOS-FET im Verarmungsbereich durch automatische Vorspannung an R_S

gegenkopplung am Katodenwiderstand eingestellt werden kann. Wechselstrommäßig müssen diese Widerstände allerdings mit einem Kondensator überbrückt werden, damit keine unerwünschte Gegenkopplung entsteht. Dieser ist in Bild 7.64 bis 7.66 nicht eingezeichnet.

Im Anreicherungsbereich muß entweder eine zweite Spannungsquelle verwendet werden, die man über R_G in Bild 7.65 zuführt, oder man benutzt den Spannungsteiler R_1/R_G nach Bild 7.66.

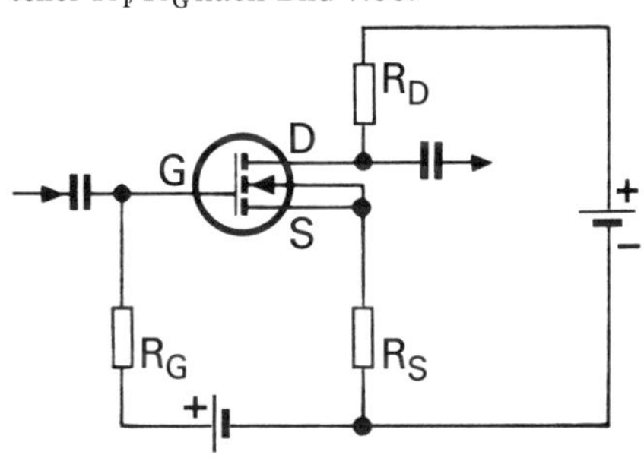

Bild 7.65 Arbeitspunkteinstellung eines MOS-FET durch eine zweite Spannungsquelle (Anreicherungstyp)

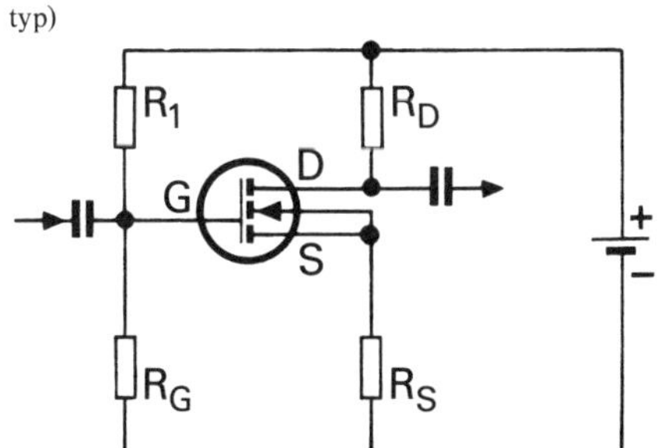

Bild 7.66 Arbeitspunkteinstellung eines MOS-FET durch Spannungsteiler R_1/R_G (Anreicherungstyp)

7.8. Kennzeichnung der Transistor-Arten

Es wurde bei Halbleiterdioden bereits erwähnt, daß auch bei Transistoren anhand bestimmter Kennbuchstaben und Ziffernfolgen auf den jeweiligen Verwendungszweck geschlossen werden kann. Bei den Buchstaben gibt der erste den Hinweis auf das Halbleitermaterial, z. B.:

A = Germanium
B = Silizium
C = Galliumarsenid

Der zweite Buchstabe bezeichnet das Anwendungsgebiet des Transistors in der Schaltung. Da die Buchstaben A und B schon für Dioden vergeben sind, beginnt bei Transistoren die Kennzeichnungsreihe mit C:

C = Niederfrequenzgebiet
D = Niederfrequenzgebiet (Leistungstyp)
F = Hochfrequenzgebiet
L = Hochfrequenzgebiet (Leistungstyp)
S = Schalttransistor
U = Schalttransistor (Leistungstyp)

Transistor-Standardausführungen haben zwei Buchstaben, wogegen professionelle Ausführungen noch mit einem dritten Buchstaben (z. B. W, X, Y, Z) kenntlich gemacht sind.

Die Zahlenkombinationen haben – wie bei Dioden – keine besondere technische Bedeutung, sondern dienen nur zur laufenden Numerierung der Transistoren und damit zur Unterscheidung der einzelnen Ausführungen. Ältere Transistoren wurden mit einem anderen Schlüssel gekennzeichnet, der mit einem O begann, z. B. OC 71 oder OC 169. Ausländische Transistoren haben ebenfalls andere Bezeichnungen, beispielsweise 2 N 2713 oder 2 N 43.

7.9. Einige Anmerkungen zur Geschichte des Transistors

Der Transistor ist – gemessen an anderen elektronischen Bauelementen – noch verhältnismäßig jung. Er wurde Anfang 1948 in den USA erfunden, und zwar in den Bell Telephone Laboratories. Seine Väter waren die Physiker Bardeen, Brattain und Shockley, der die Forschergruppe leitete. Sie erhielten später für diese bahnbrechende Erfindung den Nobelpreis.

Die ersten brauchbaren Transistoren waren sogenannte Spitzentransistoren, die aber nur geringe Bedeutung erlangten und heute nicht mehr verwendet werden. Sie wurden vom Flächentransistor abgelöst, den es heute in zahlreichen Varianten gibt und zu dem dann später noch der Feldeffekt-Transistor kam. Herstellungstechnisch kann man mehrere Entwicklungsphasen unterscheiden, die sich in den Transistorbezeichnungen niederschlagen. Im Bild 7.67 sind die wichtigsten Verfahren schematisch dargestellt, wobei man sich die Zeichnungen als Schnitte durch den Transistoraufbau vorstellen muß.

Der Legierungstransistor wurde 1952 bekannt, gehört also bereits zur älteren Generation der Flächentransistoren. Bei ihm werden die zur Erzeugung der PN-Übergänge notwendigen Dotierungen durch Einlegieren, z. B. von Indiumperlen in Germanium, erreicht. Dies geschieht in speziellen Öfen bei einigen hundert Grad Hitze.

Einige Jahre später konnte ein neues Verfahren angewendet werden, die Diffusionstechnik. Die ersten hiernach produzierten Transistoren waren Mesatransistoren, bei denen die Basis- und Emitter-Zonen von einer Seite her aufgebaut werden. Es ergibt sich hierbei ein tafelbergähnliches Aussehen, das diesem Verfahren den Namen gab (Mesa = Tisch oder Tafelberg). Wichtig ist, daß im Gegensatz zum Legierungsverfahren hier von der Diffusion Gebrauch gemacht wird, d. h. die

Dotierungsstoffe dringen in Dampfform bei großer Hitze in das Halbleitermaterial ein. Ein Ätzprozeß schafft zum Schluß die tafelbergähnliche Form, die dadurch entsteht, daß die 1000 oder mehr auf einer Halbleiterscheibe (Durchmesser bis 25 mm) aufgebauten Transistoren von geeigneten Masken abgedeckt und die Zwischenräume weggeätzt werden. Danach zerschneidet man die Trägerscheibe und gewinnt so die Einzelsysteme.

Die Planartechnik entstand Ende der fünfziger Jahre. Sie stellt eine Vervollkommnung des letztgenannten Prinzips dar und erlaubt ebenfalls die Produktion vieler Systeme gleichzeitig. Sie ist heute das wohl wichtigste Verfahren zur Herstellung von Transistoren. Wie Bild 7.67 andeutet, werden die Schichten nicht bergartig aufgebaut, sondern sozusagen »ebenerdig« in das Halbleitermaterial eingelassen (planum = Ebene). Die Transistorstrukturen — auch hier wieder bis einige tausend pro Siliziumscheibe (Bild 7.68) — werden durch

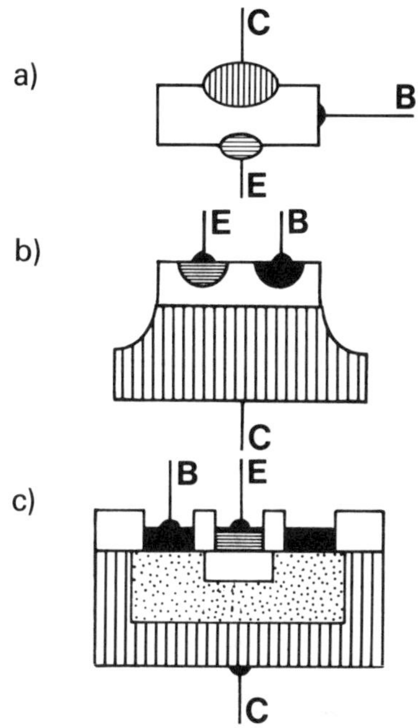

Bild 7.67 Als Flächentransistor wurde zuerst der Legierungstransistor entwickelt (a), dem die Mesa- und Planarausführungen folgten (b und c)

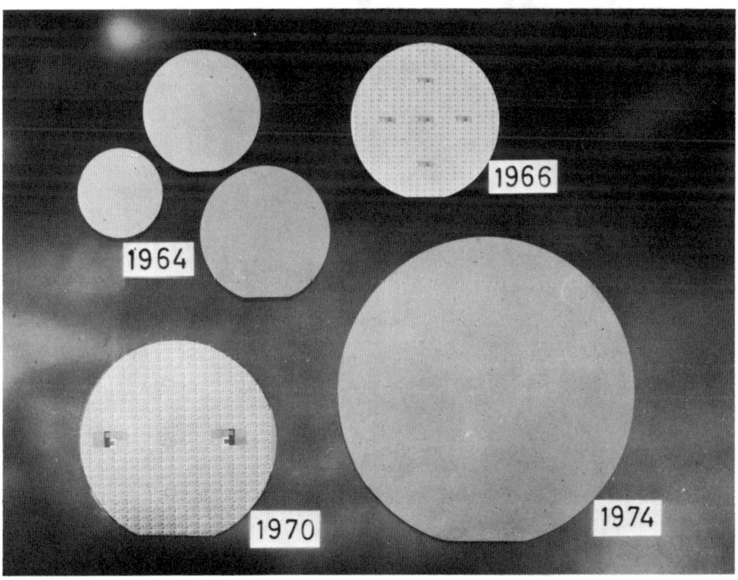

Bild 7.68 Der technologische Fortschritt in der Halbleiterentwicklung kann auch an den Abmessungen der Scheiben für die Herstellung von Transistoren oder integrierten Schaltungen abgelesen werden (Scheibendurchmesser bis 75 mm)

besondere fotografische Verfahren auf der Siliziumscheibe abgebildet und die PN-Übergänge durch örtliches Eindiffundieren geeigneter Dotierstoffe gewonnen. Eine hauchdünne Siliziumdioxidschicht dient als Maske für die Dotierstoffe Bor und Phosphor, die bei weit über 1000 °C in das Silizium eindringen. Dabei entstehen die Basis- und Emitterzonen, während die Kollektorzone von der »tragenden« Siliziumscheibe gebildet wird. Nach dem Anbringen der Anschlußkontakte und dem Zerteilen der Scheibe (Bild 7.69) werden die fertigen Transistorsysteme in die Gehäuse eingebaut.

In Bild 7.70 sind mit dem Epitaxial-Mesatransistor und dem Epitaxial-Planartransistor noch zwei weitere Ausführungen angegeben. Wie aus den Bezeichnungen hervorgeht, handelt es sich um Weiterentwicklungen der Grundtypen durch das Epitaxieverfahren. In einem speziellen

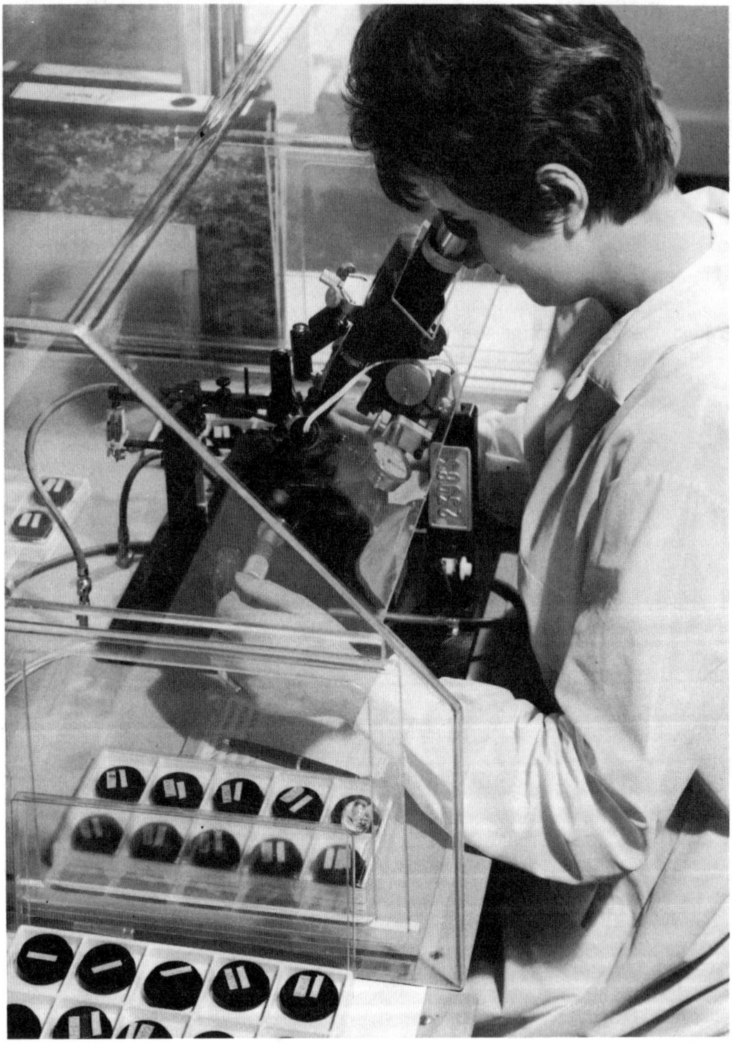

Bild 7.69 Zerteilen der Halbleiterscheibe

Ofen wächst hierbei auf den Halbleiterscheiben eine dünne kristalline Schicht auf, die eine andere Leitfähigkeit hat als das Material der Scheibe. Es ergeben sich dadurch stabilere Verhältnisse im tragenden Halbleiterkristall, und man kann somit für bestimmte Anwendungen spezielle Transistoreigenschaften züchten.

Abrundend noch einiges zum Feldeffekt-Transistor. Erste Versuche, auf ähnliche Weise wie bei einer Röhre einen Strom beim Durchgang durch einen Festkörper zu steuern, unternahmen Lilienfeld in New York und Heil in Berlin bereits zu Beginn der dreißiger Jahre. Sie führten aber zu keinen praktischen Ergebnissen, da die Grundlagen der Halbleitertechnik noch kaum bekannt waren und man auch noch kein gut geeignetes Material zur Verfügung hatte. 1952 wurde der Feldeffekt-Transistor von Shockley eingehend beschrieben und analysiert, trotzdem blieb er noch lange Jahre im Stadium der Forschung und Entwicklung. Erst die bei der Herstellung von Flächentransistoren gewonnenen Erfahrungen – speziell die vorstehend beschriebenen technologischen Fortschritte – ermöglichen es heute, brauchbare Feldeffekt-Transistoren in Sperrschicht- und Isolierschicht-Technik herzustellen. In Bild 7.71 ist der Prinzipaufbau eines FET und in Bild 7.72 der eines MOS-FET angegeben.

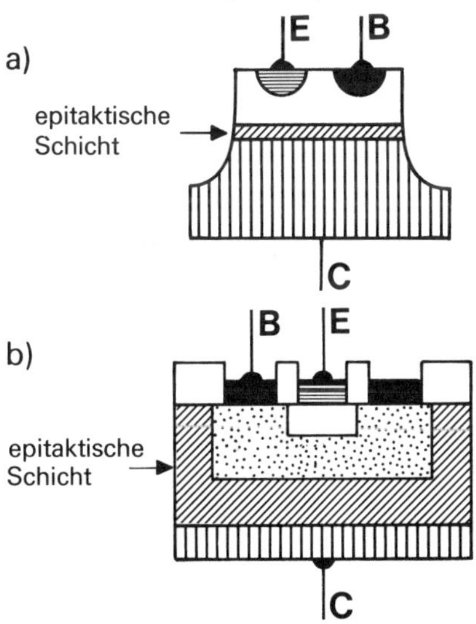

Bild 7.70 Weiterentwickelte Flächentransistoren nach dem Epitaxie-Verfahren, bei dem eine Kristallschicht aufwächst: a) Epitaxial-Mesatransistor und b) Epitaxial-Planartransistor

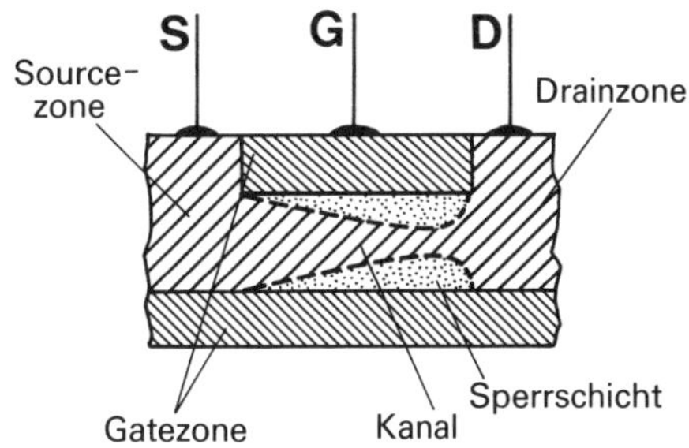

Bild 7.71 Aufbauschema eines Sperrschicht-Feldeffekt-Transistors (FET)

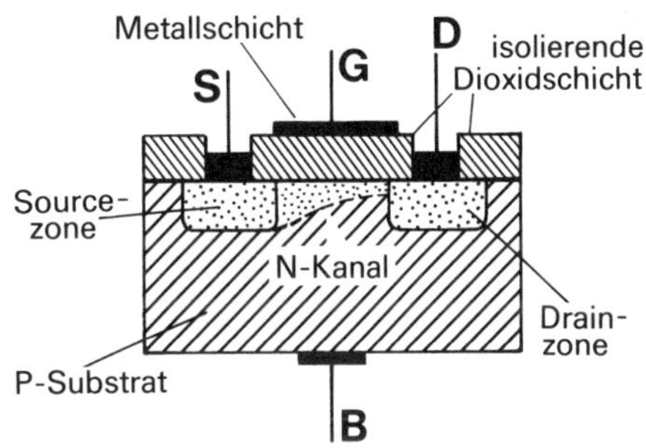

Bild 7.72 Aufbauschema eines Isolierschicht-Feldeffekt-Transistors (MOS-FET)

Zu den neueren Entwicklungen auf dem Gebiet der Dotierung von Halbleiterkristallen gehört die Ionenimplantation, ein Verfahren, bei dem ionisierte Atome in einem elektrischen Feld beschleunigt und mit hoher Energie in den Kristall geschossen werden. Die Ionenimplantation erfordert einen relativ großen apparativen Aufwand und ist mit einer Fülle von technischen Problemen verknüpft. Da dieses Verfahren jedoch außerordentlich interessante Möglichkeiten bei der Bauelementeherstellung eröffnet, wird mit großen Anstrengungen an seiner Vervollkommnung gearbeitet.

Die bisher genannten Dotierverfahren benutzen alle recht hohe Temperaturen, wenn auch kleine Energien, um Störstoffe in das Kristallgitter des Halbleiters einzubauen. Anders die Ionenimplantation, bei der die Störstoffe in einem elektrischen Feld beschleunigt und mit hoher Energie (etwa 50 bis 1000 keV) in den Halbleiter geschossen werden, der beliebige Temperatur haben kann. Zur Dotierung eines Halbleiters mittels Ionenbeschuß benötigt man einen Ionenstrahl hoher Energie, der nur Ionen des gewünschten Dotierstoffs enthält. Es besteht also die Aufgabe, ein Gas zu ionisieren und eine bestimmte Ionenart zu selektieren, zu bündeln und zu beschleunigen. Mit dem so erzeugten Ionenstrahl wird dann die zu dotierende Halbleiterscheibe überstrichen (Bild 7.73).

Die mit hoher Energie in einen Halbleiter eindringenden Ionen erleiden Energieverluste durch Wechselwirkung mit den Elektronen und durch Streuung an den Atomkernen, bis sie in einer bestimmten Tiefe zum Stillstand kommen. Durch Zufuhr von Wärmeenergie (Tempern) lassen sich die bei der Bestrahlung eingetretenen Strahlenschäden weitgehend ausheilen, d. h. die Atome fügen sich wieder in die natürliche Gitterstruktur ein. Gleichzeitig ordnen sich dabei die eingestrahlten Teilchen, die meist auf Zwischengitterplätzen zum Stillstand gekommen sind, weitgehend auf Gitterplätzen ein. Erst dort können sie als Donatoren und Akzeptoren wirksam werden, während sie auf Zwischengitterplätzen elektrisch unwirksam sind.

Die mittlere Reichweite der eingeschossenen Ionen beträgt in Silizium beispielsweise bei einer Energie von 100 keV für Bor 0,4 µm und für Phosphor 0,12 µm. Sie erhöht sich bei 200 keV auf 0,72 µm bzw. 0,25 µm.

Zusammenfassend kann man sagen, daß sich die Ionenimplantation, auch unter wirtschaftlichen Aspekten betrachtet, als Dotierungsverfahren für die Massenfertigung von Halbleiterbauelementen mit

Bild 7.73 Teilansicht einer Ionenimplantationsanlage der Valvo GmbH. Vorn links die Beschickungskammer, in der die Halbleiterscheiben vom hochenergetischen Ionenstrahl »beschossen« werden

Vorteil einsetzen läßt. Sie stellt eine Bereicherung der Fertigungsmöglichkeiten dar und vermag einen wesentlichen Beitrag zur Herstellung von leistungsfähigeren, zuverlässigeren und preiswerteren Halbleiterbauelementen zu liefern.

7.10. Wichtiges kurz gesagt

1. Transistoren (Flächentransistoren und Feldeffekt-Transistoren) sind aktive Bauelemente und können als Verstärker oder elektronische Schalter verwendet werden. Sie arbeiten mit niedrigen Spannungen, haben einen hohen Wirkungsgrad und große Zuverlässigkeit. Flächentransistoren sind temperaturabhängig und erfordern deshalb im Betrieb gewisse Stabilisierungsmaßnahmen.
2. Der Aufbau eines Flächentransistors besteht aus drei Halbleiterzonen, die in der Reihenfolge NPN oder PNP dotiert sein können. Die Halbleiterzonen und ihre nach außen geführten Anschlüsse werden mit Emitter (E), Basis (B) und Kollektor (C) bezeichnet.
3. Die Halbleiterzonen oder -schichten des Flächentransistors sind durch zwei PN-Übergänge mit entsprechenden Sperrschichten getrennt. Aufgrund der Dotierungsreihenfolge ergeben sich im Prinzip zwei in Reihe, aber gegeneinandergeschaltete Dioden.
4. Werden Emitter, Basis und Kollektor mit Spannung versorgt, so fließt im Flächentransistor ein Ladungsträgerstrom. Beim NPN-Typ bewegen sich negativ geladene Elektronen vom Emitter zum Kollektor, wogegen beim PNP-Typ positiv geladene Löcher (Defektelektronen) vom Emitter zum Kollektor fließen.
5. Die Steuerung des Flächentransistorstroms erfolgt an der Basis. Dieser Vorgang ist nicht leistungslos wie bei der Elektronenröhre, sondern es fließt beim Flächentransistor ein geringer Basisstrom. Durch Verändern der wirksamen Basisspannung läßt sich der Basisstrom und damit der Stromfluß vom Emitter zum Kollektor beeinflussen.
6. Ein NPN-Transistor leitet, wenn Basis und Kollektor positives Potential gegenüber dem Emitter haben.
7. Ein PNP-Transistor leitet, wenn Basis und Kollektor negatives Potential gegenüber dem Emitter haben.
8. Es gibt drei Grundschaltungen für Flächentransistoren. Die Emitterschaltung ist die am häufigsten gebrauchte, die Basisschaltung wird vorwiegend in HF-Stufen benutzt, und die Kollektorschaltung verwendet man als Impedanzwandler.
9. Aus den Kenndaten eines Flächentransistors kann man die Zusammenhänge zwischen den Spannungen und Strömen ablesen, den Arbeitspunkt bestimmen und die für den Betrieb erforderlichen Daten entnehmen.
10. Als »Schalter« arbeitet ein Flächentransistor in zwei Betriebszuständen, und zwar dem voll leitenden und dem voll gesperrten, was den Schalterfunktionen »geschlossen« und »offen« entspricht. Im voll leitenden Zustand bildet der Transistor praktisch einen Kurzschluß, im voll gesperrten Zustand einen sehr hochohmigen Widerstand.
11. Als »Verstärker« hat der Flächentransistor nur einen Arbeitspunkt, und zwar etwa auf der Kennlinienmitte. Um diesen Arbeitspunkt pendelt das Steuersignal und ruft einen proportional schwankenden Strom im Ausgangskreis hervor.
12. Da kleine Basisstromänderungen große Kollektorstromänderungen ergeben (bei Emitterschaltung), bzw. Emitterstromänderungen (bei Kollektorschaltung) arbeitet der Flächentransistor als Stromverstärker. Ist im Kollektorkreis ein entsprechend bemessener Ausgangswiderstand vorhanden, so entsteht an ihm ein Spannungsabfall, und der Flächentransistor wirkt in diesem Fall auch als Spannungsverstärker.

13. Flächen- und Feldeffekt-Transistoren lassen sich auch in Oszillatorschaltungen zur Erzeugung von sinus- und impulsförmigen Schwingungen betreiben.

14. In der Multivibratorschaltung arbeiten zwei Transistoren als Schalter, die sich gegenseitig steuern und dadurch fortwährend vom einen in den anderen Betriebszustand »kippen«. Derartige Schwingschaltungen werden deshalb auch Kippschaltung genannt. Es entstehen rechteckförmige Ausgangssignale, deren Form und Frequenz von den R- und C-Werten der Schaltung abhängen.

15. Es lassen sich mit RC-Generatoren aber auch Sinusschwingungen erzeugen, wenn dafür gesorgt wird, daß der Betrag der Rückkopplung und die Phase der rückgekoppelten Schwingung richtig bemessen sind. Man erreicht dies mit einem Phasenschieber aus RC-Gliedern und entsprechend bemessener Verstärkung des Transistors.

16. Schwingungserzeuger im HF-Bereich (z. B. Oszillatoren in Empfängerschaltungen) sind als LC-Generatoren aufgebaut, d. h. ihre frequenzbestimmenden Glieder bestehen aus Spulen- und Kondensatoren. Die erforderliche Rückkopplung und Phasendrehung erfolgt durch richtige Polung (Wickelsinn) der Spulen oder durch geeignete Wahl der Rückkopplungskondensatoren.

17. Feldeffekt-Transistoren unterscheiden sich von PNP- oder NPN-Flächentransistoren durch anderen Aufbau und leistungslose Steuerung des Ladungsträgerstroms. Der Stromfluß wird hier durch ein elektrisches Feld gesteuert.

18. Die drei Anschlüsse bzw. Elektroden des Feldeffekt-Transistors heißen Source (S), Gate (G) und Drain (D). Sie entsprechen in der Reihenfolge dem Emitter, der Basis und dem Kollektor.

19. Der Feldeffekt-Transistor hat im Gegensatz zu Flächentransistoren einen außerordentlich hohen Eingangswiderstand, der dem von Elektronenröhren entspricht. Er kann ebenfalls in drei Grundschaltungen betrieben werden: Source-, Gate- und Drainschaltung.

20. Man unterscheidet zwei Grundformen des Feldeffekt-Transistors: den Sperrschicht-Typ und den Isolierschicht-Typ. Der Sperrschicht-Feldeffekt-Transistor wird abgekürzt FET genannt, der Isolierschicht-Feldeffekt-Transistor hat die Kurzbezeichnung MOS-FET erhalten, und zwar wegen der Schichtenfolge metal-oxid-semiconductor.

21. Beim Feldeffekt-Transistor fließen die Ladungsträger durch einen sogenannten Kanal von der Source-Elektrode zur Drain-Elektrode. Durch die Feldsteuerung an der Gate-Elektrode kann der Stromfluß im Kanal beeinflußt werden.

22. Beim FET ist die Gate-Elektrode durch die Sperrschicht eines PN-Übergangs, beim MOS-FET durch eine dünne Oxidschicht vom Kanal getrennt bzw. isoliert.

23. MOS-FETs gibt es – je nach Dotierung des Kanals – als Anreicherungstyp mit selbstsperrenden Eigenschaften und als Verarmungstyp mit selbstleitenden Eigenschaften. Auch sind P- und N-Kanalausführungen möglich.

8. Integrierte Schaltungen

Herkömmliche Schaltungen elektronischer Geräte, z. B. Rundfunk- und Fernsehempfänger, waren ursprünglich »handverdrahtet« und bestanden aus einzelnen aktiven und passiven Bauelementen. Elektronenröhren, Transistoren und Dioden wurden mit Widerständen, Kondensatoren und Spulen auf einem Chassis zusammengebaut. Bild 8.1 gibt einen Eindruck von dieser Fertigungstechnik. Der nächste Schritt bestand in dem Ersetzen der Kabelbäume und einzelnen Drahtverbindungen durch die sogenannte gedruckte Schaltung (Bild 8.2). Hierbei sind die benötigten Verbindungsleitungen zwischen den Bauelementen auf einer Leiterplatte – auch Printplatte genannt – untergebracht.

Die Anschlußdrähte der auf der anderen Seite der Printplatte befindlichen Bauelemente werden in einem einzigen Lötvorgang – dem Tauchlöten in einem Zinnbad – mit den Kupferbahnen der gedruckten Schaltung verbunden. Dieses Herstellungsverfahren erbrachte eine erhebliche Verkleinerung der Chassisabmessungen. Einer weiteren Miniaturisierung standen jedoch die gegebenen Abmessungen der Bauelemente entgegen (Bild 8.3). Erst die integrierten Schaltungen öffneten den Weg zur Mikro-Miniaturisierung und schufen die Voraussetzungen für ganz neue Anwendungen der elektronischen Technik, die wir heute schon zu den selbstverständlichen technischen Errungenschaften unserer Zeit zählen.

Bild 8.1 Handverdrahtetes Chassis mit diskreten, d. h. einzelnen Bauelementen, die auf Lötösenleisten, Röhrenfassungen und anderen Stützpunkten angelötet sind

Bild 8.2 Leitungsführung einer »gedruckten Schaltung«, deren Bauelemente auf der anderen Seite dieser Platine (Printplatte) sitzen und die im Tauchlötverfahren in einem Arbeitsgang mit den Kupferbahnen der Verbindungsleitungen verlötet wurden

Bild 8.3 Bestückungsseite der Platine eines kleinen Transistor-Radios

8.1. Was sind integrierte Schaltungen?

Als integrierte Schaltungen bezeichnet man allgemein diejenigen stark miniaturisierten Schaltungen, bei denen mehrere Bauelemente sowie die erforderlichen Verbindungsleitungen untrennbar zusammengefaßt sind. Diese Definition gilt für verschiedene Ausführungsformen, von denen die Technik der sogenannten monolithischen integrierten Schaltungen die größte Bedeutung erhalten hat. Bei ihr sind sämtliche Elemente auf einem einzigen Halbleiterkristall enthalten (Bild 8.4a und 8.4b). Die integrierte Schaltung wird in einem Herstellungsverfahren gefertigt, das aus mehreren Schritten besteht und dem bei Transistoren vergleichbar ist bzw. aus ihm weiterentwickelt wurde.

Als im Jahre 1960 die ersten integrierten Schaltungen auf dem amerikanischen Markt erschienen, mußten dafür noch Stückpreise von mehr als 1000 Dollar gezahlt werden. Angesichts dieser Preise schien der Anwendungsbereich lediglich auf solche Gebiete beschränkt, bei denen Raumbedarf, Gewicht und Leistungsaufnahme allein entscheidend für die Lösung

Bild 8.4a Zahlreiche Widerstände, Kondensatoren, Dioden und Transistoren sind funktionsmäßig und in IC-gerechter Form in einer integrierten Schaltung vereinigt

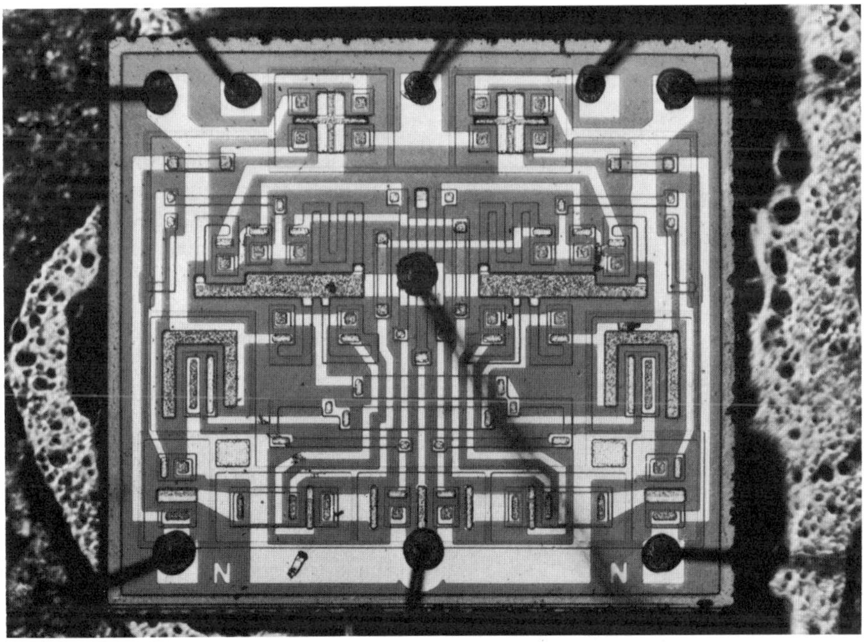

Bild 8.4b Vergrößerte Darstellung des Aufbaus einer integrierten Schaltung (kurz IC genannt)

einer Aufgabe sind. Diese Aspekte trafen damals beispielsweise für die Raumfahrt zu, und so wurde die Entwicklung auch maßgeblich von ihren Anforderungen vorangetrieben. Ähnliche Impulse kamen aus dem Bereich der Computertechnik, wo die Anzahl der benötigten Bauelemente innerhalb eines Systems außerordentlich hoch ist. Heute werden integrierte Schaltungen praktisch in allen nur denkbaren elektronischen Geräten verwendet. Sie sind wie Transistoren zu einem preiswerten Bauelement geworden.

Als Kurzbezeichnung findet man in technischen Abhandlungen und Büchern zwei Ausdrücke, und zwar IS und IC. IS leitet sich von Integrierte Schaltung ab, und IC ist die Abkürzung des englischen Begriffs integrated circuit. Wir wollen hier die letztgenannte Form benutzen, die sich weitgehend durchgesetzt hat und auch in der Mehrzahlform »ICs« die sprachlich elegantere Lösung ist. Als Schaltsymbol verwendet man z. B. die in Bild 8.5 angegebenen Zeichen. Einige Ausführungen von integrierten Schaltungen sind in Bild 8.6 dargestellt.

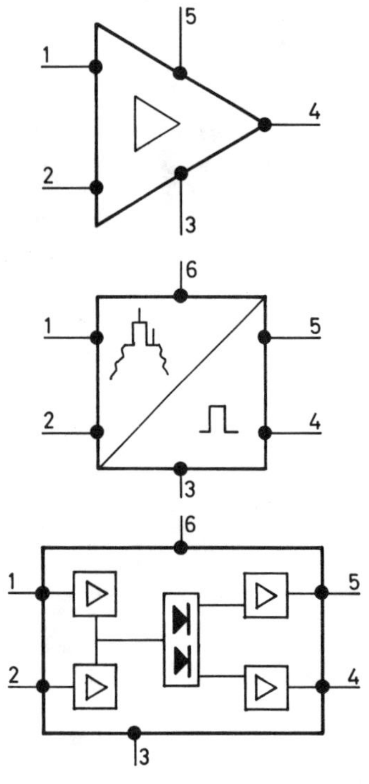

Bild 8.5 Gebräuchliche Schaltzeichen von ICs. Die Funktion der ICs wird vielfach in symbolhafter Form eingezeichnet

Bild 8.6 Integrierte Schaltungen in zwei verschiedenen Gehäuseausführungen

8.2. Warum Miniaturisierung?

Wie schon erwähnt, ist die starke Miniaturisierung das zunächst hervorstechendste Merkmal der integrierten Schaltungen. Neben der Raumeinsparung haben integrierte Schaltungen jedoch auch den Vorteil hoher Zuverlässigkeit. Ein IC-Gehäuse mit 14 Anschlüssen erfordert beim Einbau in ein Gerät auch nur 14 Lötstellen. Wäre die betreffende Schaltung jedoch mit konventionellen Bauelementen aufgebaut worden, hätten dafür unter Umständen mehr als hundert Lötstellen gemacht werden müssen.

Die Verkleinerung der geometrischen Abmessungen und die erhöhte Zuverlässigkeit sind jedoch nur Teilaspekte einer Betrachtung über ICs. Die integrierte Technik ermöglicht darüber hinaus völlig neue Schaltungskonzepte, die bislang aus wirtschaftlichen oder technologischen Gründen nicht zu realisieren waren.

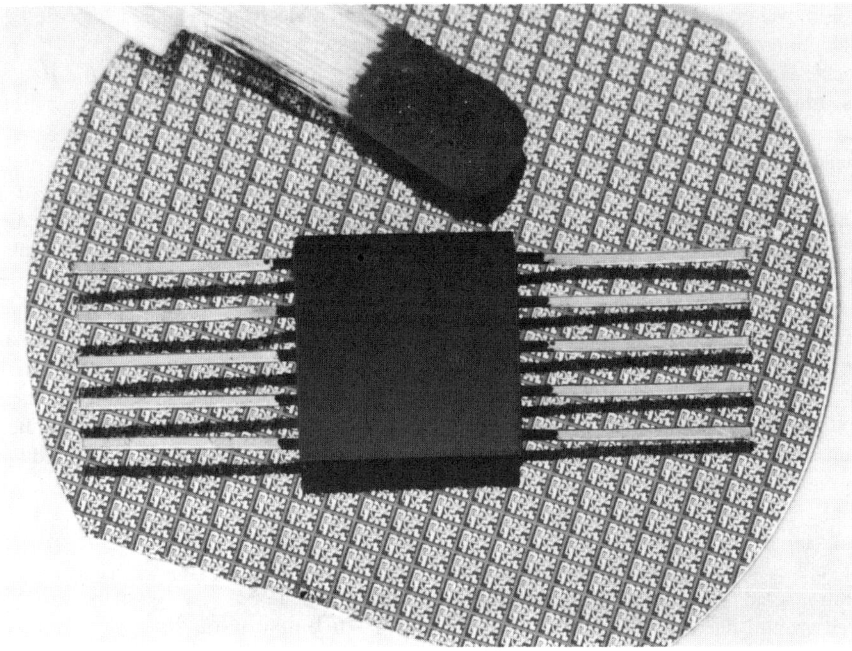

Bild 8.7 Größenvergleich zwischen der Halbleiterscheibe mit ICs, einem schon mit Gehäuse versehenen IC und einem Streichholz

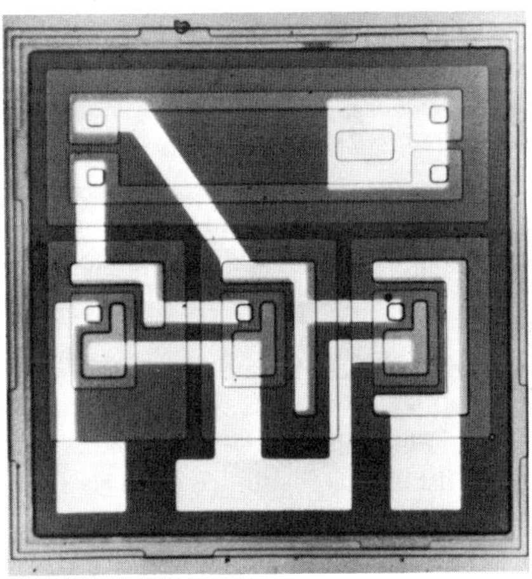

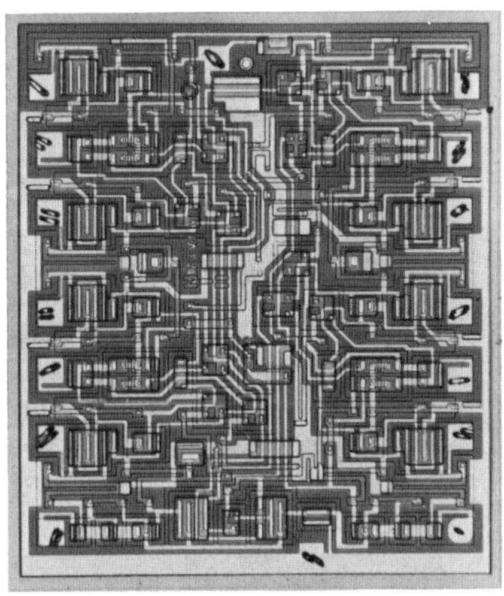

Bild 8.8 Vergleich zwischen zwei ICs der Baujahre 1965 und 1974. Die »alte« Schaltung enthält nur fünf Elemente, während der knapp zehn Jahre jüngere Typ einige hundert aufweist (rechts). Der heute mögliche Integrationsgrad kann in einem Bild von dieser Größe nicht mehr gezeigt werden, weil die einzelnen Strukturen dann unkenntlich werden

Ein weiteres Merkmal der integrierten Schaltungen ist ihre verhältnismäßig einfache Herstellung. Eine Technologie, die es erlaubt, mehrere hundert Schaltungen in einem Prozeßzyklus auf einmal herzustellen, ist für eine wirtschaftliche Großserienfertigung geradezu ideal (Bild 8.7). Diese Vorteile sind um so größer, je mehr Bauelemente in einer Schaltung integriert sind. Mit steigendem Integrationsgrad werden die Funktionseinheiten jedoch auch immer komplizierter und komplexer.

Waren um 1965 einfache Schaltungen mit 10 bis 20 Bauelementen produktionsreif, so gelangten 1968 bereits komplette Schaltungen mit bis zu 200 Bauelementen in die Fertigung, und zu Anfang der 70er Jahre konnten bereits 1000 Bauelemente auf einem nur millimetergroßen Siliziumkristall zusammengefaßt werden. Der Integrationsgrad stieg in der folgenden Zeit steil an und dürfte in den 80er Jahren mit etwa 1 Million Bauelemente auf einem Halbleiterkristall seinen physikalisch möglichen Höchstwert erreicht haben. In Bild 8.8 sind zwei integrierte Schaltungen aus den Jahren 1965 und 1974 abgebildet, die den Fortschritt in der Herstellung dieser modernen elektronischen Bauelemente besonders gut zeigen.

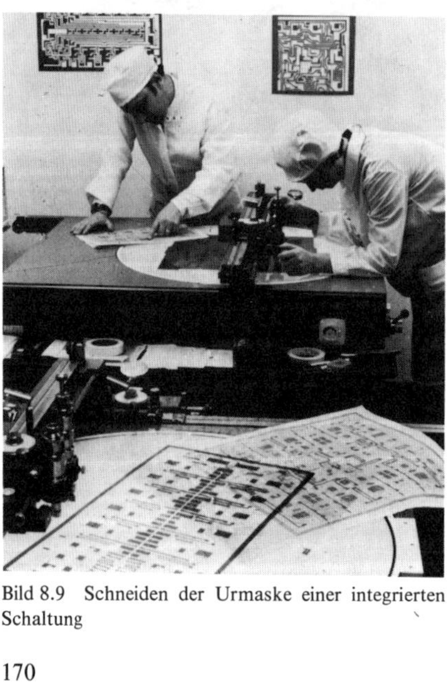

Bild 8.9 Schneiden der Urmaske einer integrierten Schaltung

Diese Entwicklung hat aber zur Folge, daß der eigentliche Schaltungsentwurf, d. h. die geometrische Auslegung der Schaltung (Bild 8.9), immer komplizierter wird. Um alle erforderlichen Bedingungen des jeweiligen Schaltungsentwurfs vollständig zu berücksichtigen, hat man z. B. im Röhren- und Halbleiterwerk der Valvo GmbH Rechnerprogramme ausgearbeitet, nach denen der Maskenentwurf ausgeführt wird. Auf diese Weise kommt man zu optimal entworfenen hochintegrierten Schaltungen von extremer Kleinheit, die unter dem Begriff LSI (Large Scale Integration) und — als neue, weiterentwickelte Technologie der Höchstintegration — VLSI (Very Large Scale Integration) bekannt sind.

8.3. Aufbauschema einer integrierten Schaltung

Integrierte Schaltungen sind nach verfeinerten Herstellungsverfahren der Halbleitertechnik gefertigt, die wir allgemein im vorigen Kapitel schon kennengelernt haben. Grundlage ist die Planartechnologie mit dem Epitaxieprozeß sowie die MOS-Technik. Wie schon erwähnt, wird jeder Arbeitsgang an einigen hundert bis tausend Schaltungen gleichzeitig vorgenommen.

Wir wollen uns anhand einer ganz einfachen Schaltung mit dem Aufbau- und dem Herstellungsprinzip eines ICs vertraut machen. Die Schaltung ist in Bild 8.10 angegeben und besteht nur aus einem NPN-Transistor mit Kollektorwiderstand. Die beiden Elemente werden auf einem Siliziumkristall aufgebaut, der auch als Chip bezeichnet wird.

Da die für die einzelne Schaltung erforderliche Kristallfläche wesentlich in die Herstellungskosten eingeht, möchte man den Chip aus zwei Gründen möglichst klein halten. Erstens entsteht um so weni-

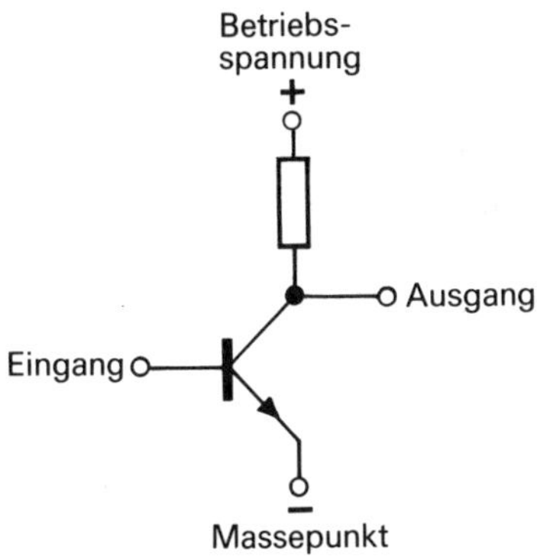

Bild 8.10 Schaltung eines einfachen ICs

ger Abfall an bearbeitetem Silizium, je kleiner die Kristallfläche ist (Bild 8.11a und 8.11b), weil die Randpartien der Scheibe dann besser ausgenutzt werden. Und zweitens wird durch diese Maßnahme auch der durch Fehlerstellen im Material

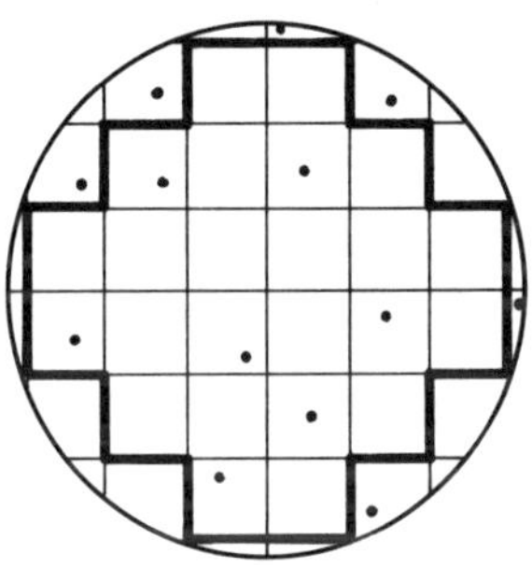

Bild 8.11a Halbleiterscheibe mit 24 »großen« Chips, davon 7 mit Fehlern (Quote ca. 3,5:1)

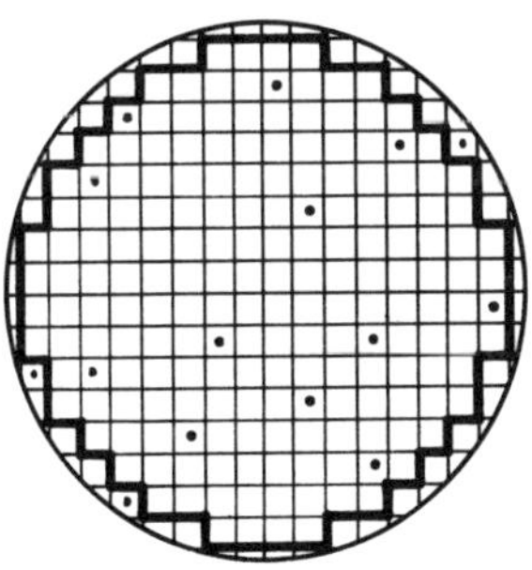

Bild 8.11b Halbleiterscheibe mit 188 »kleinen« Chips, davon jetzt 12 mit Fehlern (Quote ca. 16:1)

oder beim Bearbeiten entstandene Anteil an defekten Schaltungen kleiner, was zu höherer Ausbeute führt. Die beiden Beispiele zeigen das deutlich.

Aber zurück zur Schaltung in Bild 8.10. Es muß zunächst dafür gesorgt werden, daß die im Kristall enthaltenen einzelnen Elemente gegeneinander isoliert sind. Hier hilft die Verwendung von PN-Übergängen, die bekanntlich bei richtiger Polung einen sehr hohen Grenzschicht-Widerstandswert haben. PN-Übergänge entstehen, wenn sich N-leitende »Inseln« auf dem P-Kristall (der auch als Substrat bezeichnet wird) ausbilden (Bild 8.12). Die Inseln entstehen durch das Aufwachsen einer geschlossenen epitaktischen N-Schicht auf dem P-Substrat.

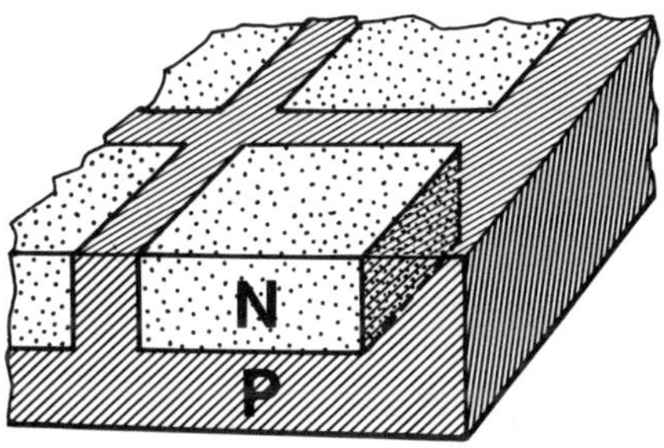

Bild 8.12 Skizze eines P-dotierten Substrats mit N-dotierten Inseln

Die Inseln sind von PN-Übergängen begrenzt und können daher als gegeneinander geschaltete Dioden angesehen werden, wie es in der Ersatzschaltung in Bild 8.13

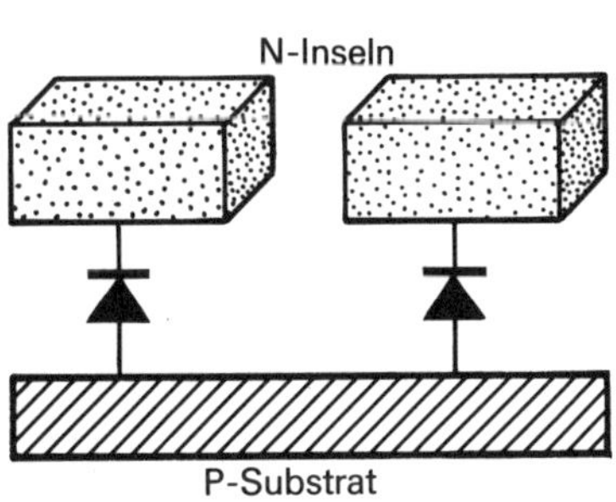

Bild 8.13 Ersatzschaltung der PN-Übergänge

dargestellt ist. Damit kann kein Strom von N-Insel zu N-Insel fließen – gleich bei welcher Polung – weil ja immer eine Diode gesperrt ist (Bild 8.14).

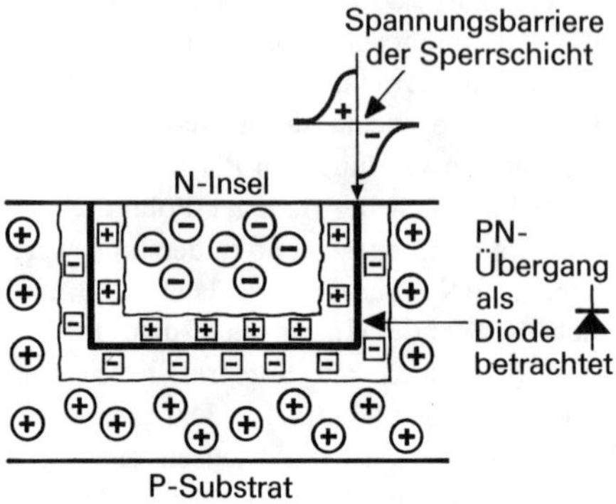

Bild 8.14 Schematische Darstellung der isolierten N-Insel auf dem P-Substrat

In die N-Inseln werden dann in weiteren Arbeitsgängen die noch erforderlichen P- oder N-dotierten Zonen eingebracht. Das Schema in Bild 8.15 gibt in Draufsicht und Querschnitt den fertigen IC an, bestehend aus einem Transistor und einem Kollektorwiderstand. Die isolierende Siliziumdioxidschicht schützt die Halbleiterschaltung und dient außerdem als Träger der Aluminium-Leitbahnen zu den Anschlüssen der Bauelemente. Es fällt auf, daß der für den Widerstand benötigte Platz größer ist als der für den an sich komplizierteren Transistor.

Kondensatoren lassen sich nach zwei verschiedenen Verfahren in integrierten Schaltungen aufbauen. Der eine Weg besteht darin, die von Dioden und Transistoren her bekannte Sperrschichtkapazität für die Realisierung von Kondensatoren zu verwenden. Das heißt, der Herstellungsprozeß gleicht dem für integrierte Transistoren bzw. Dioden. Eine andere Möglichkeit geht aus Bild 8.16 hervor. Dort wirkt die isolierende Siliziumdioxidschicht als Dielektrikum zwischen den Kondensatorplatten, die aus einer aufgedampften Aluminiumschicht (oben) und der N-leitenden Zone darunter bestehen. Man nennt diesen Typ MOS-Kondensator (metal-oxid-semiconductor). Die untere Kondensatorelektrode wird wieder durch einen sperrenden PN-Übergang gegen das Substrat isoliert.

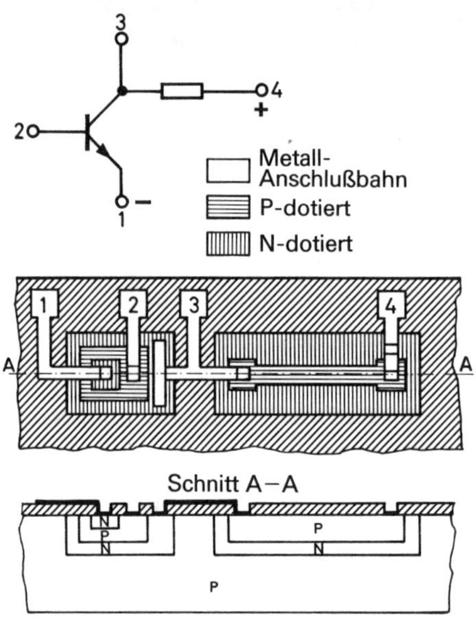

Bild 8.15 Schema des fertigen ICs nach der Schaltung in Bild 8.10

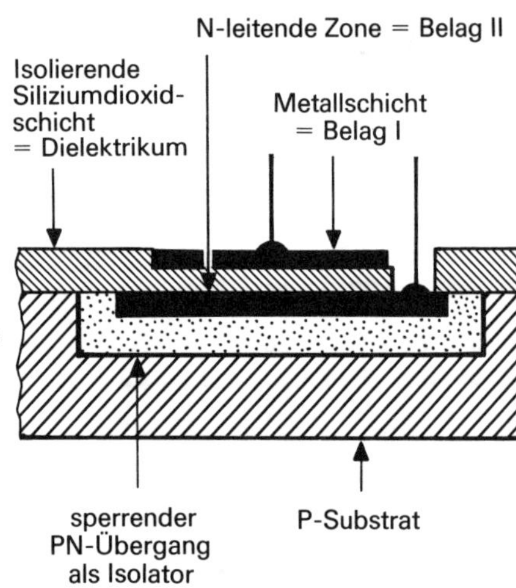

Bild 8.16 Schnitt durch den Aufbau eines Kondensators in einem IC

Spulen und Kondensatoren großer Kapazität kann man nicht integrieren. Sie werden außerhalb des ICs auf der Printplatte des jeweiligen Geräts untergebracht und in üblicher Weise mit ihm verbunden. Aus dem Schema in Bild 8.17 geht ein derartiger Schaltungsaufbau hervor, Bild 8.18 zeigt einen IC innerhalb einer Geräteschaltung.

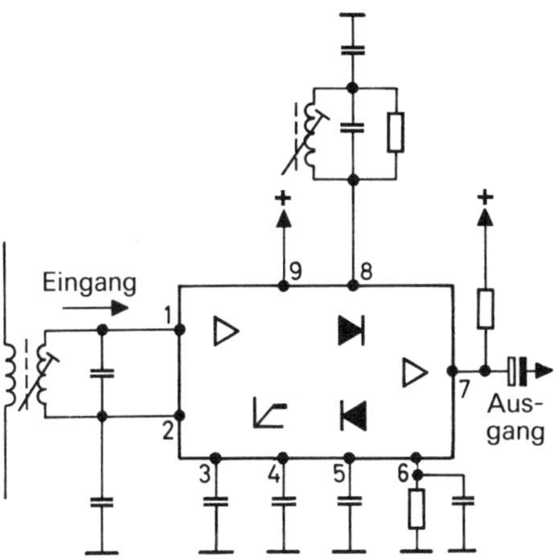

Bild 8.17 Schaltungsbeispiel mit einem IC und Einzelbauelementen

Bild 8.18 IC auf einer Printplatte

8.4. Kennzeichnung der integrierten Schaltungen

Bei integrierten Schaltungen ist eine Unterscheidung der einzelnen Ausführungsformen schwieriger als bei Dioden und Transistoren. Wir haben es generell mit zwei Arten zu tun, und zwar mit

Linear-Schaltungen
(oder Analog-Schaltungen) und
Digital-Schaltungen.

Aus dem Kapitel über Transistoren wissen wir, daß Verstärker normalerweise linear verstärken, d. h. die Schwingungsform des Signals bleibt beim Durchlaufen des Verstärkers erhalten. Lineare Schaltungen in integrierter Technik sind ebenfalls fast ausschließlich für Verstärkungszwecke im NF-, ZF- oder HF-Bereich vorgesehen. Außerdem gibt es verschiedene Spezialschaltungen, z. B. für Demodulatoren in Stereo- und Farbfernsehgeräten oder als AM-/FM-Zwischenfrequenzverstärker mit NF-Endstufe.

Digital-Schaltungen arbeiten durchweg mit zwei Schaltungszuständen oder zwei Spannungswerten. Sie werden im Bereich der Datenverarbeitung und Informationstechnik verwendet und tragen Bezeichnungen wie Schieberegister, Speicher, Gatter usw. Es sind also keine linearen Verstärkeraufgaben zu erfüllen, sondern Signale mit zwei definierten Pegelwerten (sog. binäre Signale) zu verarbeiten, was zumeist anhand einer Schalterfunktion geschieht. Wir lernen sie im Kapitel 13 kennen.

Man muß bei integrierten Schaltungen beider Ausführungen zwischen Einzelschaltungen und Schaltungsreihen bzw. Schaltungsfamilien unterscheiden. Die Schaltungen einer Reihe oder Familie haben aufeinander abgestimmte Daten und sind für den Zusammenbau größerer Gruppen vorgesehen. Die Kennzeichnung der ICs erfolgt mit Buchstaben und Ziffern.

Bei **Linear-Schaltungen** weist der **erste Buchstabe** auf die Art der Schaltung hin:
T = Linearschaltung
U = gemischte Linear-Digital-Schaltung

Der zweite und dritte Buchstabe dienen der laufenden Kennzeichnung.

Die erste und zweite Ziffer dienen ebenfalls der laufenden Kennzeichnung, während die **dritte Ziffer** den Mindest-Bereich der im Betrieb zulässigen Umgebungstemperatur angibt. Es bedeuten:
1 = 0 bis + 70 °C
2 = −55 bis + 125 °C
3 = −10 bis + 85 °C
4 = + 15 bis + 55 °C
5 = −25 bis + 85 °C
6 = −40 bis + 100 °C
0 = andere Temperaturbereiche

Bei **Digital-Schaltungen einer fortlaufenden Reihe** zeigen der erste und zweite Buchstabe die betreffenden Gruppen an, z. B. FC-Reihe. Die Buchstabenkombinationen beginnen mit
FA
FB
FC, usw. und enden bei
NZ

Bei **Einzelschaltungen** weist der **erste Buchstabe** auf den Typ hin:
S = Digitalschaltung
U = gemischte Digital-Linearschaltung

Der zweite Buchstabe dient bei Digital-Einzelschaltungen (Typ S) zur laufenden Kennzeichnung.

Der **dritte Buchstabe** gibt über die Funktion der Schaltung Auskunft:
H = Logische Verknüpfungsschaltungen (Gatter)
J = Speicherschaltungen
K = Zeitschaltungen
L = Digital-Pegelumsetzungen
M = Logische Verknüpfungsschaltungen mit mittlerer oder hoher Integration
N = Speicherschaltungen mit mittlerer oder hoher Integration
Y = Sonstige Schaltungen

Bei gemischten Schaltungen (Typ U) wird neben dem zweiten auch der dritte Buchstabe zur Serienkennzeichnung herangezogen.

Alle Digital-Schaltungen erhalten durch die erste und zweite Ziffer die laufende Serienkennzeichnung, sie ist wie üblich ohne technische Bedeutung. Die **dritte Ziffer** gibt wieder den Mindest-Bereich der im Betrieb zulässigen Umgebungstemperaturen an, es bedeuten:
1 = 0 bis + 70 °C
2 = −55 bis + 125 °C
3 = −10 bis + 85 °C
4 = + 15 bis + 55 °C
5 = −25 bis + 85 °C
6 = −40 bis + 85 °C
0 = andere Temperaturbereiche

Einige Beispiele:
TCA 440 (Linearschaltung, laut Datenblatt −15 bis + 80 °C, AM-Empfängerschaltung mit Vor- und Mischstufe, ZF-Verstärker, AVR und Abstimmanzeige)
TBA 900 (Linearschaltung, laut Datenblatt −25 bis + 80 °C, Video-Vorverstärker mit AVR-Schaltung und Synchronisierschaltung)
FCH 141 (Digitalschaltung der FC-Gruppe, 0 bis + 70 °C, Dreifach-NAND-Gatter mit je 3 Eingängen)
FZK 101 (Digitalschaltung der FZ-Gruppe, 0 bis + 70 °C, Zeitschalter als monostabiler Multivibrator)

Neben den hier erwähnten Kennzeichnungen gibt es noch eine Menge andere, mit denen z. B. auch Speicher, Mikroprozessoren und Mikrocomputer versehen sind. Sie setzen sich zumeist ebenfalls aus Buchstaben und Zahlen zusammen (GXB 10 149, 82 S 111, 21 F 02, 8 X 300, 2650 A u. a.), können aber auch nur aus Zahlen bestehen (2690—2, 2656, 4027—4 o. ä.).

Des weiteren findet man häufig Bezeichnungen wie RTL-, DTL- oder TTL-Typenreihe oder Gruppe. Diese Abkürzungen weisen auf die Grundschaltung der Reihe hin, und zwar bedeutet RTL eine Widerstand-Transistor-Logik (Bild 8.19), DTL eine Dioden-Transistor-Logik (Bild 8.20) und TTL eine Transistor-Transistor-Logik (Bild 8.21). Diese Schaltungen werden u. a. in der Digitaltechnik verwendet, wo sie z. B. als Gatter zur Realisierung von Verknüpfungsnetzwerken dienen. Näheres darüber in Kapitel 13.

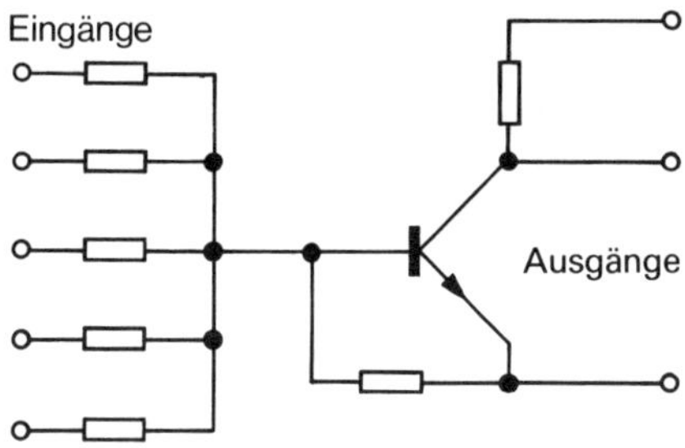

Bild 8.19 Grundschaltung einer RTL-Logik

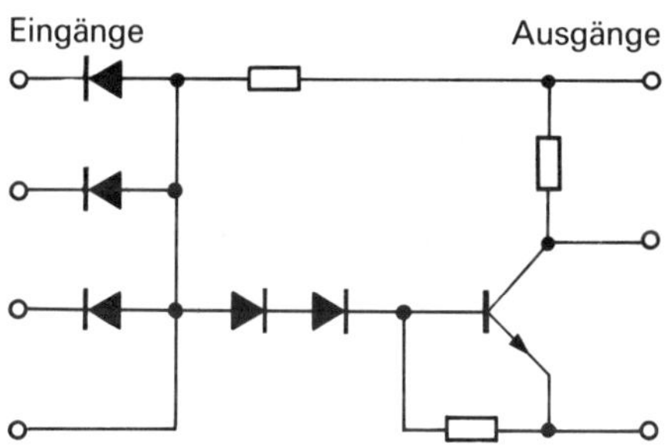

Bild 8.20 Grundschaltung einer DTL-Logik

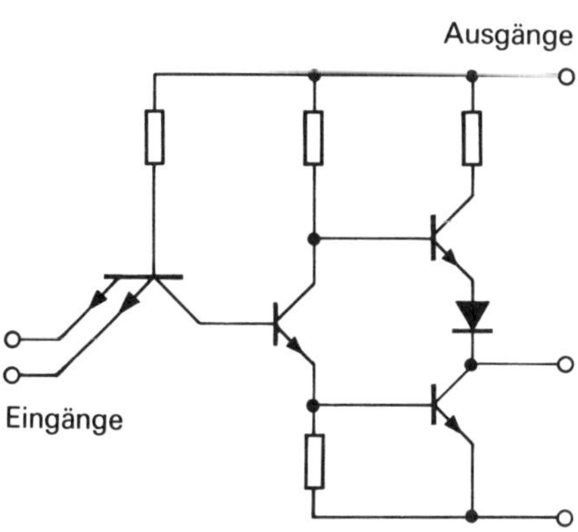

Bild 8.21 Grundschaltung einer TTL-Logik

8.5. Wichtiges kurz gesagt

1. Integrierte Schaltungen mit der Kurzbezeichnung IS oder IC enthalten untrennbar miteinander verbundene Bauelemente und Verbindungsleitungen, die auf einem Halbleiterkristall von wenigen Quadratmillimetern Grundfläche aufgebaut sind.
2. Der Halbleiterkristall besteht aus P-leitendem Silizium und wird auch als Substrat oder Chip bezeichnet.
3. Grundlage des Herstellungsverfahrens sind die Planartechnologie mit dem Epitaxieprozeß und die MOS-Technik.
4. Widerstände, Kondensatoren kleinerer Kapazität, Transistoren und Dioden sind Bestandteile der integrierten Schaltungen. Sie werden mit Leiterbahnen aus Aluminium verbunden.
5. Die Bauelemente sind auf N-leitenden »Inseln« aufgebaut, die sich voneinander isoliert auf dem P-Substrat befinden. Die Isolierung erfolgt durch die in Sperrrichtung vorgespannten PN-Übergänge.
6. Spulen und Kondensatoren größerer Kapazität lassen sich nicht integrieren und werden von außen an den IC geschaltet.
7. Integrierte Schaltungen unterteilt man nach ihrem Verwendungszweck und technischen Aufbau in Linear-Schaltungen und Digital-Schaltungen.
8. Integrierte Schaltungen können in Großserien wirtschaftlich gefertigt werden, haben hohe Zuverlässigkeit und ermöglichen aufgrund ihrer technischen Vorteile vielfältige Schaltungskonzeptionen, die z. T. völlig neue Anwendungsgebiete erschließen.

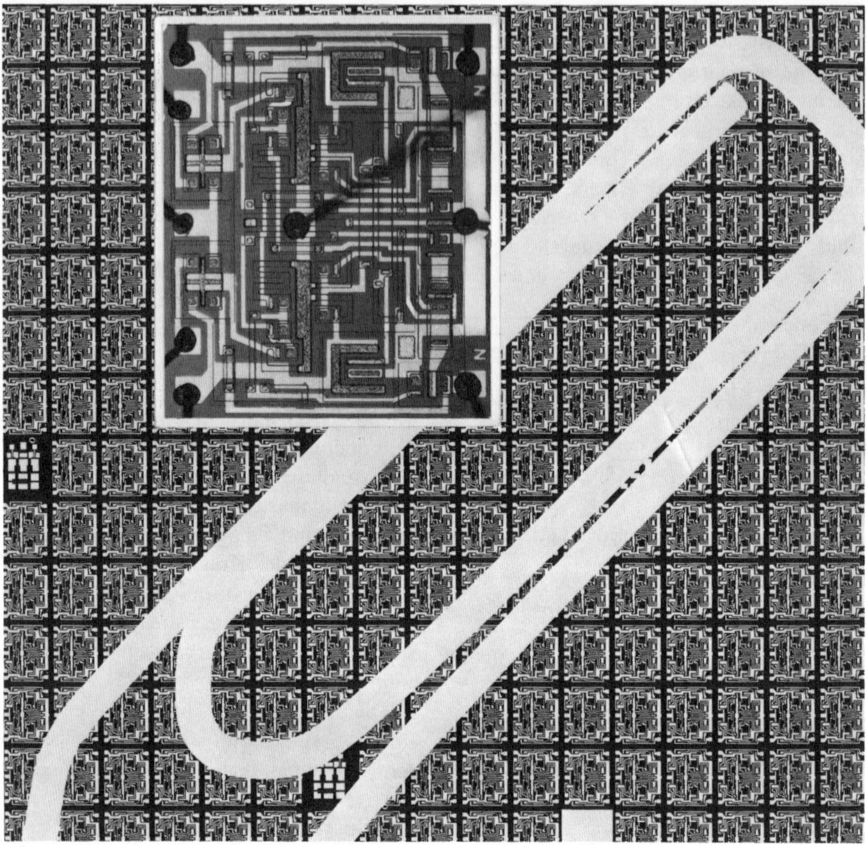

Dieses Bild zeigt den vergrößerten Ausschnitt einer Halbleiterscheibe mit vielen integrierten Schaltungen (zum Größenvergleich wurde eine Büroklammer auf die Halbleiterscheibe gelegt). Im oberen Bildteil ist ein IC zur Verdeutlichung des Aufbaus nochmals vergrößert dargestellt

9. Niederfrequenztechnik, Ton- und Bildplatte

Bevor wir uns mit den technischen Geräten und den elektrischen Grundlagen der Niederfrequenztechnik beschäftigen, müssen wir einen kleinen Abstecher in die Akustik machen, um das Wesen der Schallschwingungen kennenzulernen. Sie sind das Medium, das in der Elektroakustik, im Niederfrequenzbereich der Radio- und Fernsehempfänger sowie in Phono- und Tonbandgeräten oder in Mikrofonen und Lautsprechern »verarbeitet« wird (Bild 9.1 a und 9.1 b).

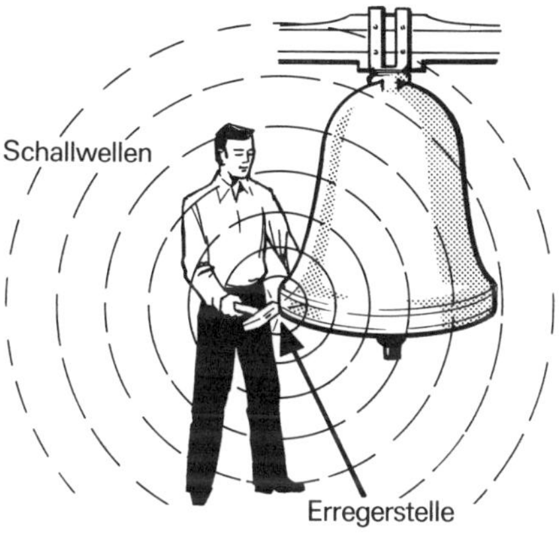

Bild 9.1a Schallwellen breiten sich von der Erregerstelle durch die Luft nach allen Seiten aus

Bild 9.1b Musik ist »schwingende Luft«

9.1. Schall, Ton, Klang

Schallwellen in dem hier gemeinten Sinn sind nichts anderes als Luftbewegungen, also Schwingungen der Luft. Wenn eine Glocke angeschlagen wird, gerät das Metall in Schwingungen und gibt diese an die umgebende Luft weiter; es entstehen Schallwellen. Bei der Glocke wird die Anschlagstelle als sogenannte Erregerstelle bezeichnet. Von ihr breiten sich die Schallwellen kugelförmig aus (Bild 9.1a). Der Vollständigkeit halber sei erwähnt, daß sich der Schall auch in anderen Medien ausbreitet, aber uns interessiert hier verständlicherweise nur das Medium Luft.

Daß Schallwellen auch Luftwellen sind, ist mit einem Versuch leicht nachzuweisen. Bringt man eine kräftig läutende elektrische Klingel unter eine große Glashaube, so ist das Klingeln immer noch gut zu hören, wenn auch etwas gedämpfter. Pumpt man aber die Luft aus der Glashaube, dann hört man nicht mehr den geringsten Laut (Bild 9.2). Wir folgern daraus, daß für die Ausbreitung von Schallwellen das Vorhandensein von Luft oder eines anderen Mediums eine unabdingbare Voraussetzung ist.

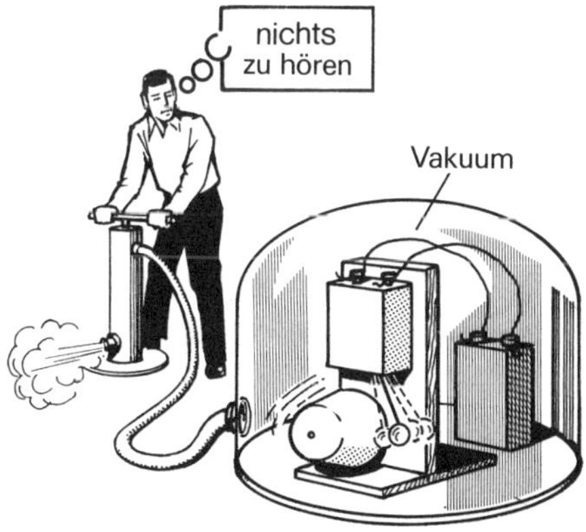

Bild 9.2 Im Vakuum kann sich der Schall nicht ausbreiten

Wie jede Welle ist auch die Schallwelle durch Wellenlänge, Frequenz und Amplitude definiert. Ihre Fortpflanzungsgeschwindigkeit wird vom jeweiligen Medium bestimmt, und zwar ist sie abhängig vom elastischen Verhalten des Körpers oder der Umgebung, in der sich der Schall ausbreitet. Die »Schallgeschwindigkeit« ist daher keineswegs in allen Stoffen gleich.

Der Schall breitet sich in der Luft bei Null Grad Celsius mit 333 Metern pro Sekunde aus, im Wasser dagegen mit 1480 m/s, in Eis mit etwa 2100 m/s und in Glas mit 5200 m/s. Gummi aber läßt den Schall mit ca. 50 m/s nur sehr langsam vordringen.

Die langsamste Schwingung, die das menschliche Ohr als Ton noch wahrzunehmen vermag, hat die sehr niedrige Frequenz von nur 16 Hz. Schallwellen tiefer Frequenz empfindet man – wenn sie stark genug sind – regelrecht körperlich; man vibriert mit, z. B. bei tiefen Orgeltönen oder in der Nähe von startenden Flugzeugen. Die höchsten vom menschlichen Gehör noch wahrnehmbaren Töne haben Frequenzen zwischen 14 000 und 20 000 Hz. Die Grenze ist fließend, denn mit zunehmendem Alter nimmt die Hörfähigkeit für hohe Töne beim Menschen ab. Oberhalb der Hörgrenze beginnt der Ultraschallbereich, unterhalb der Hörgrenze liegt der Infraschallbereich (Bild 9.3).

Schnelle Schallschwingungen rufen im Ohr den Eindruck hoher Töne, langsame den Eindruck tiefer Töne hervor. Dies läßt sich am Beispiel einer schwingenden Violinsaite gut demonstrieren, wenn man sie einmal in ganzer Länge und einmal als verkürzte Saite mit dem Bogen anstreicht.

über 16 000 Hz	Ultraschall	
16 000 Hz bis 16 Hz	hörbarer Schall	
unter 16 Hz	Infraschall	

Bild 9.3 Bereiche des hörbaren und unhörbaren Schalls

Die lange Saite schwingt relativ langsam, und die entstehenden Schallwellen ergeben einen tiefen Ton (Bild 9.4a). Die verkürzte Saite schwingt dagegen schneller hin und her und ruft schnellere Luftschwingungen, d. h. kürzere Schallwellen hervor (Bild 9.4b). Der entstehende Ton ist höher als im vorigen Fall.

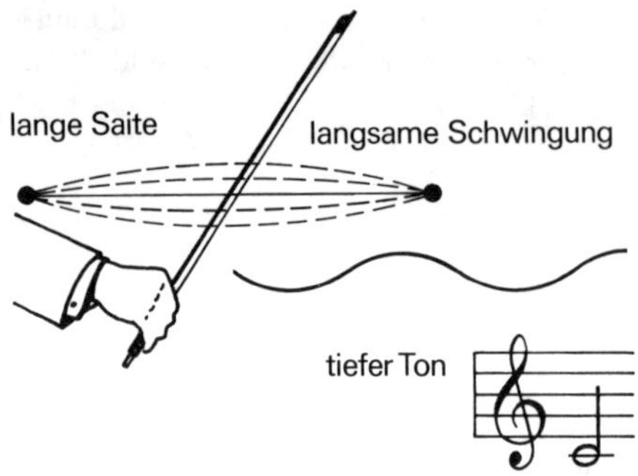

Bild 9.4a Langsame Schwingungen ergeben tiefe Töne

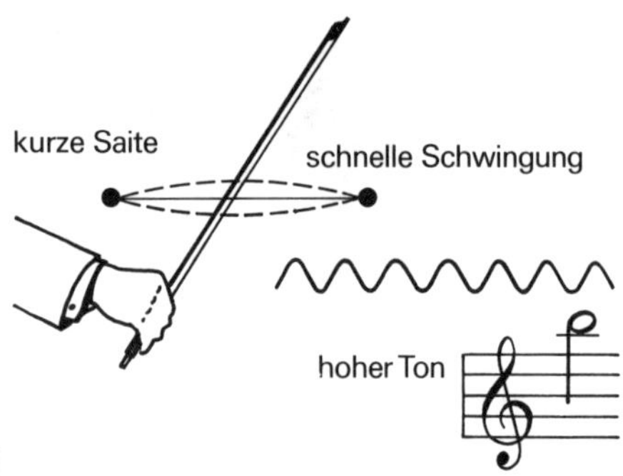

Bild 9.4b Schnelle Schwingungen ergeben hohe Töne

Die beschriebene Erscheinung gibt fast schon Antwort auf die Frage, wie ein Ton entsteht. Genauer gesagt spielt sich folgendes ab: Die schwingende Saite (also eine mechanische Schwingung) wirkt auf die Moleküle der Luft ein. Dabei entsteht eine periodische Erregung, die von Molekül zu Molekül in elastischen Stößen weitergegeben wird oder (mit anderen Worten) eine

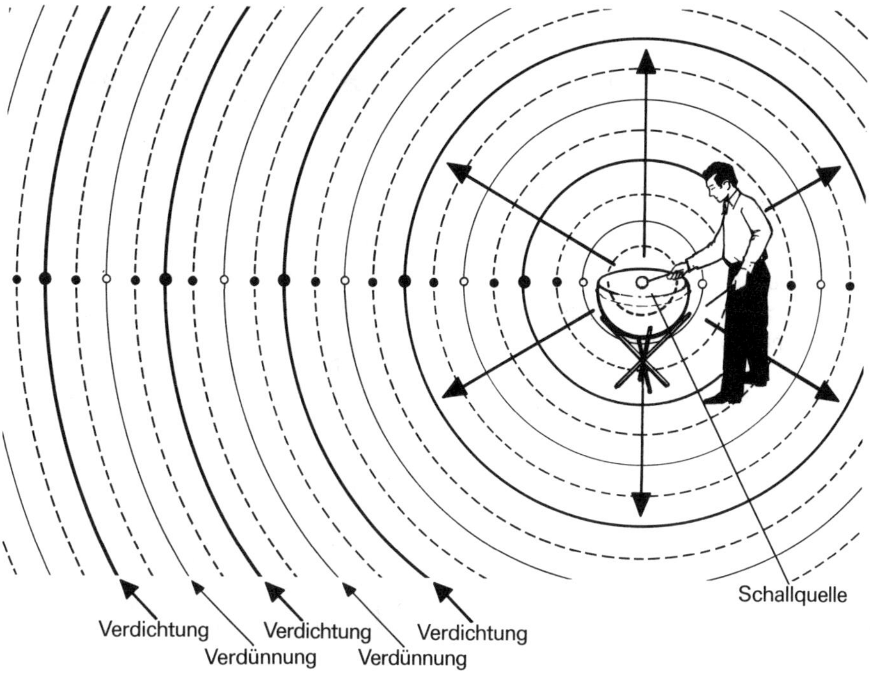

Bild 9.5 Flächenhafte Darstellung der Schallausbreitung, die normalerweise kugelförmig verläuft

periodische Verdichtung und Verdünnung der Luft, die als Schallwelle unsere Ohren erreicht. Sie breitet sich kreisförmig und normalerweise auch kugelförmig um die Schallquelle aus (Bild 9.5).

Es wurde bereits wiederholt in den Bildern eine Sinuswelle gebraucht, um eine Schallschwingung zu demonstrieren. Strenggenommen gibt es aber in der uns umgebenden akustischen Welt kaum reine Sinustöne. Sie lassen sich praktisch nur künstlich mit Generatoren erzeugen und werden höchstens bei modernen Kompositionen elektronischer Musik benutzt (Bild 9.6). Für den Bereich der Meßtechnik werden Sinusschwingungen in Geräten erzeugt, von denen eine Ausführung in Bild 9.7 gezeigt ist.

Bei den außerordentlich vielartigen Schalläußerungen (es klingt, tönt, pfeift, wispert, säuselt, rattert, summt, brummt oder knallt) lassen sich drei Hauptgruppen

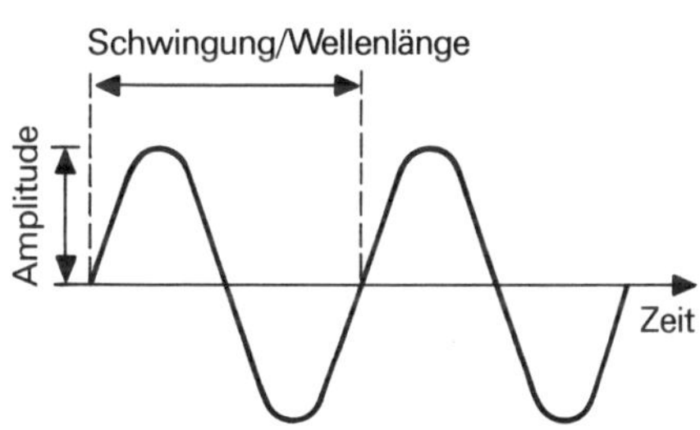

Bild 9.6 Sinusschwingung

Bild 9.7 Sinusgenerator

von Schalläußerungen unterscheiden: Töne, Klänge und Geräusche.

Ein von einem Instrument gespielter »Ton« setzt sich immer aus dem Grundton und einigen Obertönen zusammen. Er kann daher beispielsweise eine Kurvenform nach Bild 9.8 aufweisen. Klänge dagegen setzen sich aus mehreren Tönen zusammen, also aus verschiedenartigen Schallschwingungen. Eine »Klangwelle« ist deshalb die Summe einzelner Schwingungszüge und hat beispielsweise einen Verlauf wie in Bild 9.9a. Bild 9.9b zeigt Oszillogramme verschiedener Schwingungen.

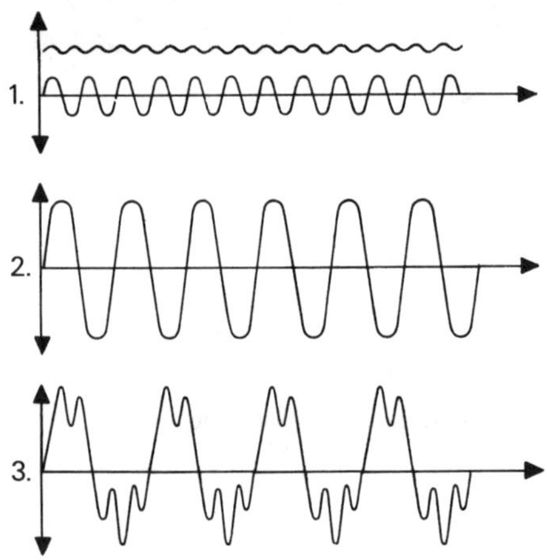

1. Obertöne bzw. -schwingungen
2. Grundton bzw. -schwingung
3. zusammengesetzte Schwingung

Bild 9.8 Eine aus Grundton und Obertönen zusammengesetzte Schwingung

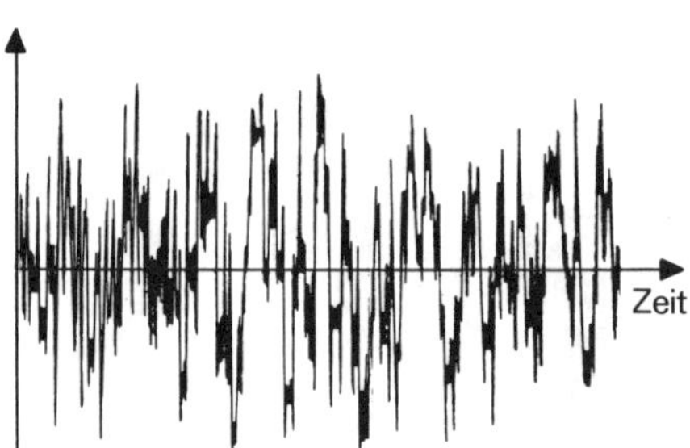

Bild 9.9a Schwingungszug eines Klangs

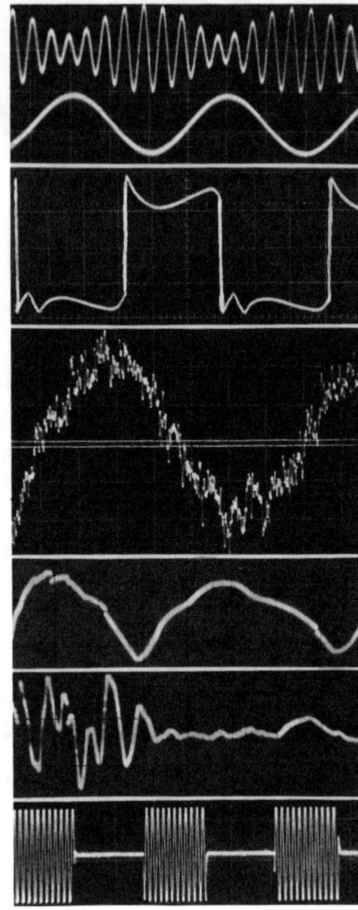

Bild 9.9b Oszillogramme verschiedener Schwingungen

Geräusche wiederum kann man als ein Gemisch von einzelnen Klängen betrachten. Sie sind ganz unregelmäßige Erschütterungen der Luft und bilden normalerweise ein wirres Durcheinander von langen und kurzen Schallwellen.

Werden die einzelnen Klänge allerdings zu wohlgeordneten Klanggemischen, dann hat man das, was als Musik bezeichnet wird. Aus der Kurvendarstellung eines Klanggemisches oder Geräusches allein kann man allerdings nicht auf den akustischen Wohllaut schließen.

Daß es ganz reine Töne kaum gibt, geht schon daraus hervor, daß ein bestimmter

Ton einmal so und einmal so klingt. Angenommen, der Ton a wird gesungen, auf der Violine gespielt oder auf der Trompete geblasen: Musikalisch ist es stets ein und derselbe Ton a, der seinen bestimmten Platz im Notensystem hat. Trotzdem unterscheidet das Ohr ganz genau: das ist ein gesungenes a, das ein a auf der Violine, und das ist ein a auf der Trompete (Bild 9.10).

Jedes Instrument erzeugt also Töne einer bestimmten Klangfarbe. Immer sind dem Grundton dabei weitere höhere Töne beigemengt, die man Obertöne nennt. Je nach Art und Zahl der mitschwingenden Obertöne ist die Klangfarbe des Instruments oder der Stimme eine andere. Tonbestimmend bleibt jedoch immer der

Bild 9.10 Nicht jeder Ton a hört sich genau gleich an

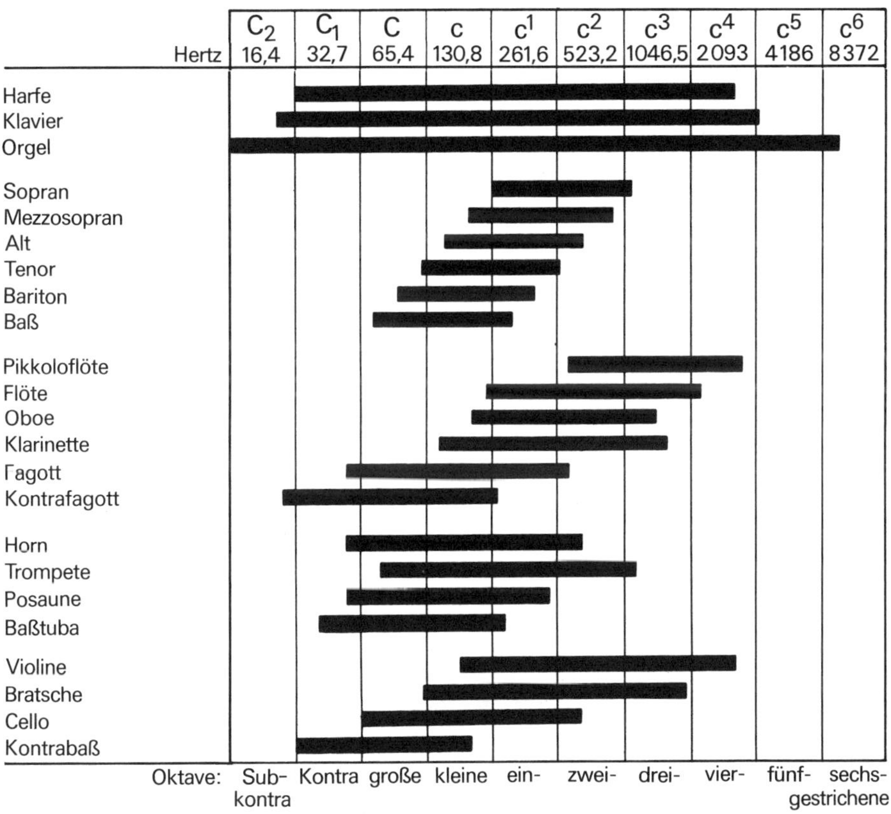

Bild 9.11 Tabelle mit den Grundton-Frequenzbereichen verschiedener Musikinstrumente und Stimmlagen

Grundton, der auch am schallstärksten ist. In Bild 9.11 ist der jeweilige Grundton-Frequenzumfang verschiedener Instrumente und Stimmen angegeben (s. Seite 179).

Die Reichweite der Schallwelle ist in erster Linie natürlich von der Lautstärke des Schalls abhängig. Das Maß für die Lautstärke war früher nur das Phon, heute rechnet man auch mit Schalldruckpegeln in Dezibelwerten, die in der Tabelle ebenfalls aufgeführt sind. Wie man sieht, gleichen sich die entsprechenden Zahlen für Phon- und dB-Werte im Prinzip. Allerdings gilt diese Feststellung nur für die Frequenz 1 000 Hz. Bei allen anderen Frequenzen gibt es gewisse Abweichungen.

Das Dezibel (dB) wird benutzt, um das Verhältnis der aufgenommenen Laut- oder Schallstärke zur unteren Hörschwelle anzugeben. Um die physiologischen Hörgegebenheiten bei der Messung mit einzubeziehen (man hört tiefe Töne weniger gut als gleichlaute hohe Töne) wird bei Schalldruckmessungen ein sogen. Filter A verwendet, das diese Gegebenheiten nachbildet. Ein elektronisches Meßgerät mit Filter A »bewertet« die aufgenommenen Frequenzen bzw. den Schallpegel also wie das Gehör, und zwar in der Einheit dB (A).

Die drei Bilder unter der Tabelle zeigen Beispiele für niedrige, mittlere und hohe Schallpegel.

Geräusch- oder Lautstärke- bzw. Phon- oder Schallpegeltabelle

Phon	Art des Geräusches	dB(A)
0	Untere Hörschwelle	0
10	Atmen	10
20	Blätterrauschen bei mittlerer Luftbewegung	20
30	Flüstern	30
40	Leise Rundfunkmusik oder ruhige Wohnstraße	40
50	Geräusch in einem Theater vor Beginn der Vorstellung oder Straßenlärm mittlerer Stärke	50
60	Lautes Sprechen	60
70	Mehrere Schreibmaschinen in einem Raum oder lauter Straßenlärm	70
80	Untergrundbahn oder Schreien	80
100	Lautes Motorradgeknatter oder Dampframme	100
120	Flugzeug in wenigen Metern Abstand	120
130	Schmerzschwelle	130

0–50 dB (A) ruhig

50–90 dB (A) lästig

90–130 dB (A) schädlich

9.2. Mikrofon als Schallaufnehmer

Wenn man in das Mikrofon des Telefons hineinspricht, so gelangen die Worte über »Draht« zum anderen Teilnehmer (Bild 9.12). Aber nicht etwa Schall wird durch den Draht geleitet; durch ihn fließen natürlich nur elektrische Ströme. Das Mikrofon hat die Aufgabe, den Schall in elektrische Signale umzuwandeln. Am anderen Ende der Leitung sorgt dann ein zweiter elektromechanischer Wandler wieder für die Umformung der elektrischen Ströme in hörbaren Schall.

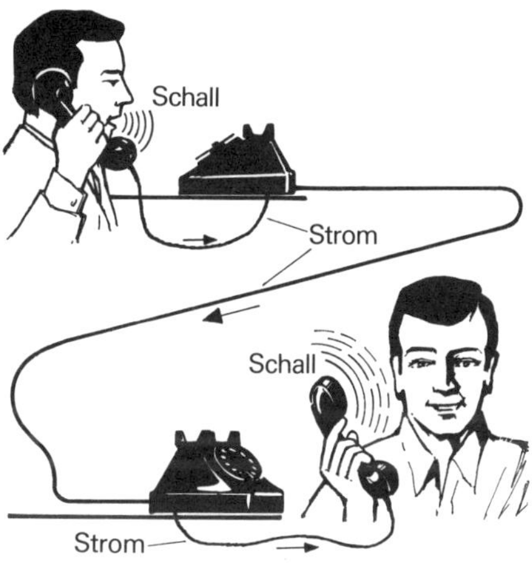

Bild 9.12 Schall kann in elektrische Strom- oder Spannungsschwankungen verwandelt werden

Mit diesem einfachen Schema wurde das Aufgabengebiet der Mikrofone bereits umrissen: Mikrofone sind »elektrische Ohren«. Je besser sie hören, d. h. je unverfälschter sie Schall aufzunehmen und umzuwandeln vermögen, um so wertvoller sind sie. Mikrofone bilden das erste Glied in einer manchmal sehr langen Übertragungskette; sie sollten daher genauso gut sein wie die nachfolgenden Baugruppen.

Natürlich gibt es Unterschiede. So ist ein preiswertes Heim-Mikrofon nicht mit einem Studio-Mikrofon zu vergleichen, und ein billiges Kristall-Mikrofon ist in der Qualität einem Tauchspulen- oder Kondensator-Mikrofon eindeutig unterlegen. Ein Maß für die jeweiligen Übertragungseigenschaften ist der sogenannte Frequenzgang des Mikrofons. Er sagt aus, welche Frequenzen aus dem hörbaren Tonbereich verarbeitet werden. Das Telefon-Mikrofon braucht z. B. nur Sprache in ein elektrisches Signal umzuwandeln und hat einen recht unvollkommenen Frequenzgang (Bild 9.13).

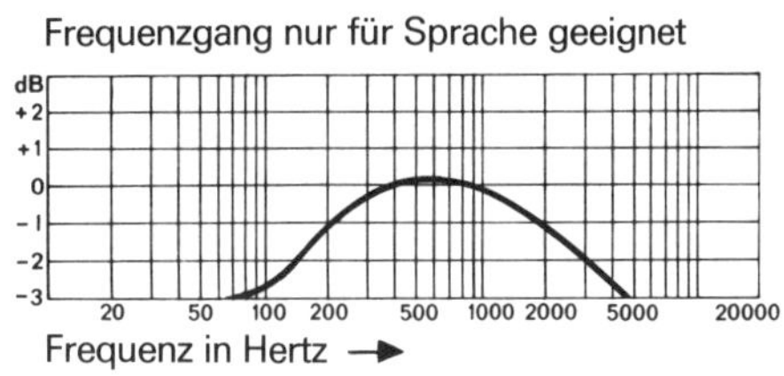

Bild 9.13 Frequenzgang eines Telefon-Mikrofons (Telefonkapsel)

Ein ideales Mikrofon sollte einen geradlinigen Frequenzgang haben; in Bild 9.14 ist dies idealisiert angedeutet. Wir sehen eine von tiefen bis hohen Frequenzen gerade verlaufende Linie, die aussagt, daß das Mikrofon bei allen aufgenommenen Tönen eine gleichgroße Spannung abgibt.

In Wirklichkeit weist aber selbst ein qualitativ hochwertiges Mikrofon gewisse Schwankungen im Frequenzgang auf. Wenn diese jedoch innerhalb einer bestimmten Toleranz bleiben, machen sie sich nicht im Ausgangssignal als hörbare Verfälschungen des Originals bemerkbar.

Ein weiterer wichtiger Gesichtspunkt für die Beurteilung der Qualität eines Mikrofons ist seine Aufnahmefähigkeit für be-

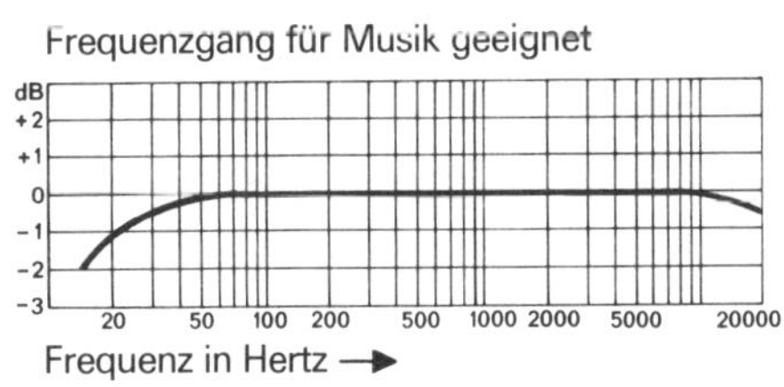

Bild 9.14 Idealisierter Frequenzgang eines hochwertigen Mikrofons

stimmte Richtungen. Es soll entweder möglichst gut und gleichmäßig aus allen Richtungen den Schall aufnehmen können oder aber eine bestimmte Richtung bevorzugen.

Im ersten Fall hat das Mikrofon eine kugelförmige Aufnahmecharakteristik (allseitig empfindlich), und im zweiten Fall spricht man von einer herz- oder nierenförmigen Richtcharakteristik (einseitig empfindlich). In Bild 9.15 sind die Kurvenbilder bzw. Kennlinien dieser beiden Mikrofonarten dargestellt. Es gibt darüber

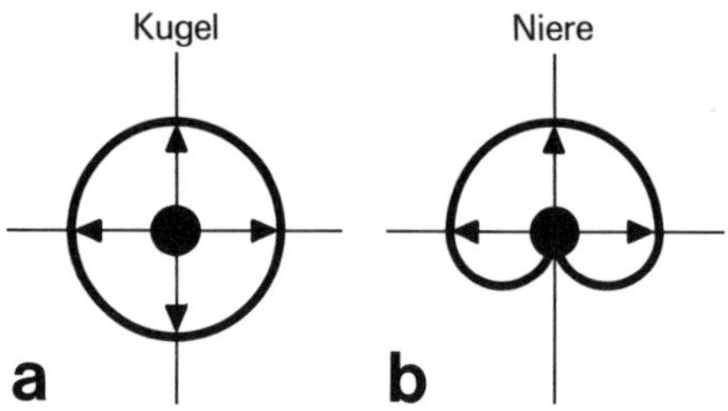

Bild 9.15 Mikrofon-Kennlinien für die Charakteristik der Schallaufnahme: a) allseitig empfindlich (Kugelform), b) einseitig empfindlich (Nierenform)

hinaus auch noch zweiseitig empfindliche Mikrofone mit Achtercharakteristik sowie Mikrofone für Stereoaufnahmen, die zwei »Ohren«, d. h. zwei Systeme enthalten (Bild 9.16). In Bild 9.17 ist eine der gebräuchlichsten Stereo-Mikrofonausführungen gezeigt.

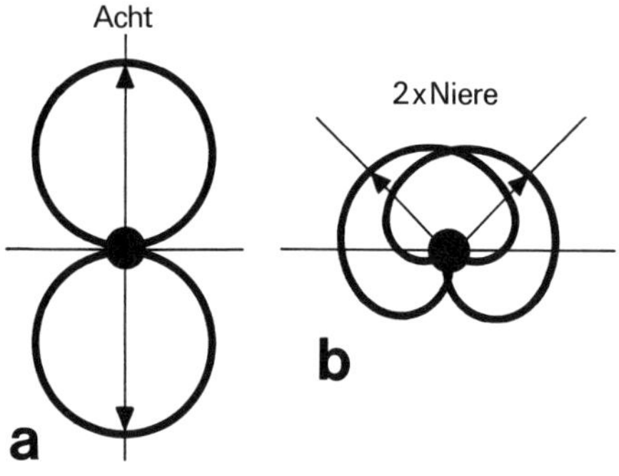

Bild 9.16 a) zweiseitig empfindlich (Achterform), b) Stereoanordnung (2 x Nierenform)

Bild 9.17 Stereo-Mikrofone für Cassetten- und Spulentonbandgeräte

Wir wollen nun die einzelnen Mikrofone und ihre Wirkungsweise kennenlernen. Die ältesten unter ihnen sind die **Kohle-Mikrofone.** Ihre Wirkungsweise ist nach Bild 9.18a schnell erklärt. Sie bestehen im Prinzip aus einem mit Kohlekörnchen oder Kohlegrieß gefüllten Gehäuse, über das abschließend eine dünne Membran gespannt ist. In die Kohlefüllung ragen zwei Kontaktstifte hinein; die mit einer Batterie verbunden sind. Die Kohlekörnchen setzen dem Strom einen gewissen Widerstand entgegen, deshalb fließt ein schwacher Strom durch das Mikrofon.

Wird das Mikrofon besprochen, so werden die Kohlekörnchen im Rhythmus der Schallwellen zusammengedrückt, da die Membran den Kohlekörnchen den wech-

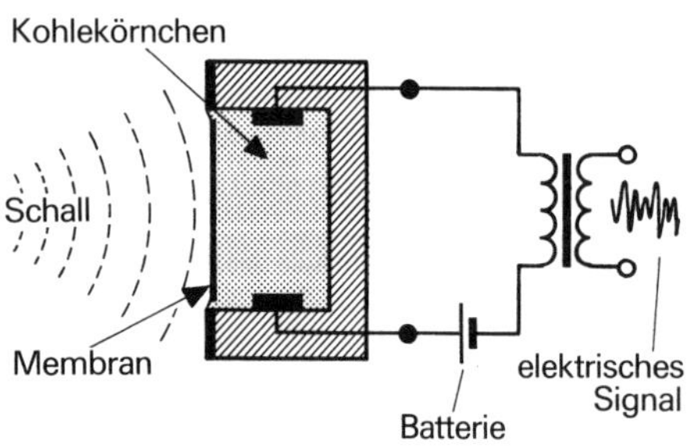

Bild 9.18a Prinzip des Kohlemikrofons

selnden Schalldruck mitteilt. Das Zusammenpressen der Kohlekörnchen verringert ihren elektrischen Widerstand, so daß bei starkem Schalldruck ein stärkerer Strom fließt als bei geringerem Schalldruck. Die Schallwellen werden durch diesen Vorgang in Stromschwankungen umgesetzt (Bild 9.18a). Vorzüge der Kohle-Mikrofone: einfach und billig. Nachteile: schlechter Frequenzgang und störendes Rauschen. Für den Betrieb ist eine Batterie zur Stromversorgung nötig. Wenn die Kohle-Mikrofone auch aus der Tonübertragungstechnik der Studios und des Amateurbereichs verschwunden sind, so werden sie heute doch noch in Millionen von Exemplaren gebraucht, nämlich in den Telefonen (Bild 9.18b).

Bild 9.18b Telefon-Mikrofonkapsel

Die preiswerten **Kristall-Mikrofone** beruhen auf dem sogenannten piezoelektrischen Effekt (sprich pi-ezo). Ein Kristall, zumeist bestehend aus Seignettesalz, gibt elektrische Spannung ab, wenn Druck auf ihn ausgeübt wird. Daraus ergibt sich die Verwendungsmöglichkeit für Mikrofone, bei denen der Schall in schneller Folge einmal mit einem schwächeren, einmal mit einem stärkeren Druck auf ein Kristallelement wirkt (Bild 9.19). Die »Kristallzelle« ist sehr dünn; sie besteht im allgemeinen nur aus dem beidseitig mit Stanniol beklebten Kristallplättchen. Vorteile der Kristall-Mikrofone: relativ guter Frequenzgang und hohe Ausgangsspannung. Sie haben aber heute zugunsten der Tauchspulen-Mikrofone an Bedeutung verloren.

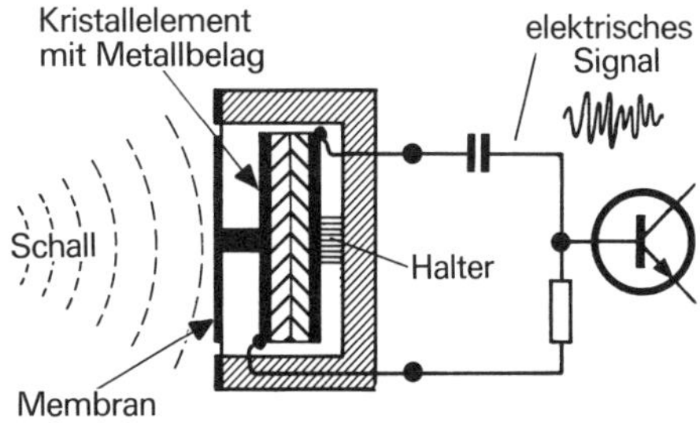

Bild 9.19 Prinzip des Kristall-Mikrofons

Das **Tauchspulen-Mikrofon** nimmt über seine Membran Schallschwingungen auf und gibt entsprechende Wechselströme an die angeschlossenen Leitungen ab. Der Name kommt daher, daß bei diesem Mikrofontyp eine kleine Spule in ein Magnetfeld taucht.

Einige kurze physikalische Erläuterungen zum Tauchspulen-Mikrofon machen die Wirkungsweise verständlicher. Wir wissen aus Kapitel 3, daß bei einem Magneten die Kraftlinien vom Nordpol zum Südpol verlaufen. Man kann die Kraftlinien besser zusammenfassen, mehr bündeln, wenn man die Pole des Magneten mit Polschuhen versieht (Bild 9.20). Bildet man den Magneten wie in Bild 9.21a aus und läßt eine Drahtspule im Luftspalt zwischen den Polen hin und her schwingen, so erhält man das Urmodell eines Tauchspulen-Mikrofons. In der Spule entsteht eine Spannung, die um so größer wird, je tiefer die Spule in das Kraftlinienfeld des Magneten eintaucht.

Die Hin- und Herbewegung der Spule wird durch auftreffende Schallwellen hervorgerufen. Um diese besser aufnehmen zu können, ist die Spule mit einer kleinen Membran versehen. Die in der Spule induzierten Wechselspannungen (siehe Ab-

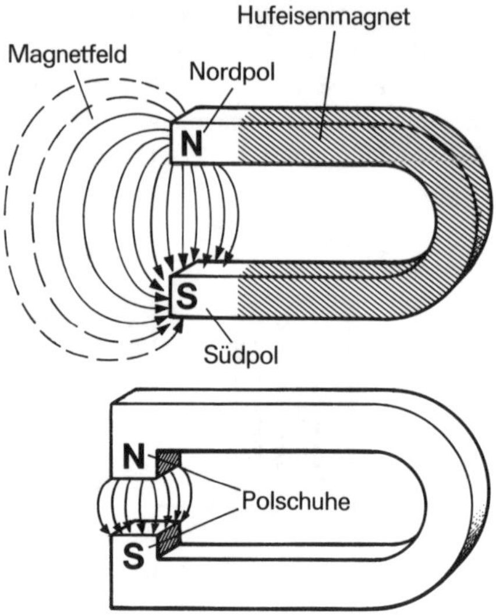

Bild 9.20 Polschuhe verringern den Luftspalt und verdichten das Magnetfeld

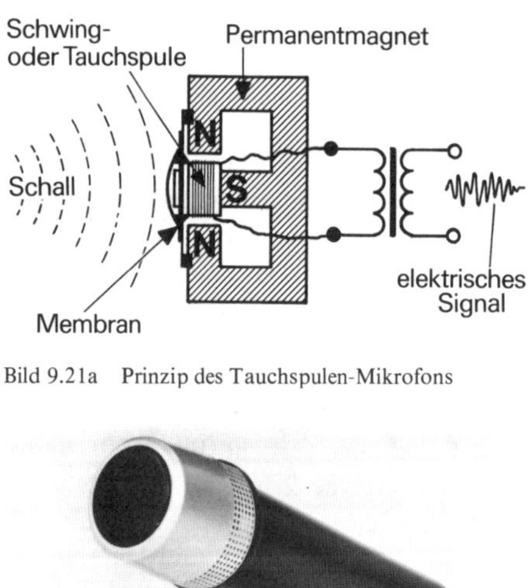

Bild 9.21a Prinzip des Tauchspulen-Mikrofons

Bild 9.21b Hochwertiges Tauchspulen-Mikrofon

schnitt 3.3.) entsprechen den auf die Membran treffenden Schallwellen. Tauchspulen-Mikrofone heißen auch dynamische Mikrofone und werden für Tonaufnahmen guter Qualität verwendet. Ihr Frequenzgang ist sehr geradlinig und erfüllt auch hohe Ansprüche (Bild 9.21b). Ein Motiv aus dem Amateurbereich zeigt Bild 9.21c, wo ein Tauchspulen-Mikrofon bei Tonbandaufnahmen verwendet wird.

Bild 9.21c Vertonungsarbeit mit einem Tauchspulen-Mikrofon

Die qualitativ hochwertigen **Kondensator-Mikrofone** arbeiten nach einem ganz anderen Prinzip. Der Name deutet an, daß ein Kondensator ihr wichtigster Bestandteil ist.

Wird ein Kondensator in einen geeigneten elektrischen Stromkreis eingefügt, so ruft er in den angeschlossenen Leitungen Spannungsschwankungen hervor, wenn der Abstand seiner Platten verändert wird. Im Kondensator-Mikrofon steht einer festen, aus Gründen des Luftausgleichs durchlöcherten Metallplatte (die an einer Gleichspannung liegt) eine dünne metallische Membran gegenüber, die bei auftreffenden Schallwellen in Schwingungen versetzt wird (Bild 9.22a).

Dadurch ändert sich der Abstand der beiden Elektroden und damit auch die Ka-

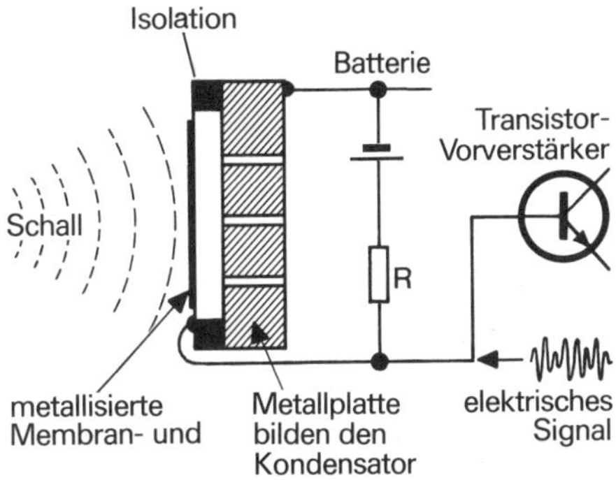

Bild 9.22a Prinzip des Kondensator-Mikrofons

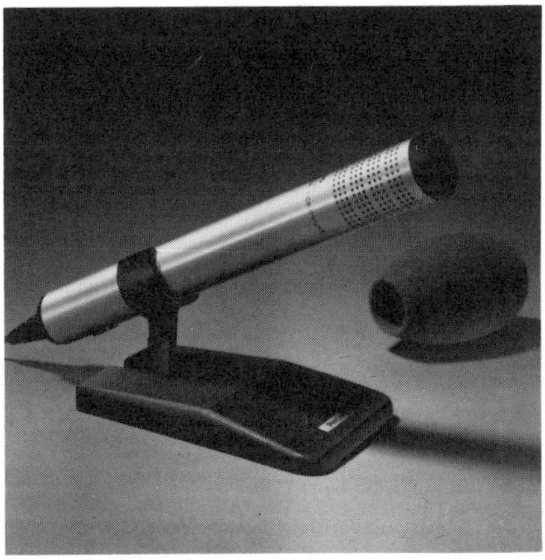

Bild 9.22b HiFi-Kondensator-Mikrofon

pazität des Kondensators, was wiederum eine Ladestromänderung zur Folge hat, und zwar über den sehr hochohmigen Widerstand R. Die dort abfallenden Spannungen sind deshalb ein Abbild der auf die Membran treffenden Schallschwingungen.

Vorteile der Kondensator-Mikrofone (Bild 9.22b): gute Frequenzkurve, hochwertige Wiedergabe. Nachteile: schwierige Herstellung, große Vorverstärkung der erzeugten Spannungen nötig (Vorverstärker eingebaut), mechanische Empfindlichkeit.

Im Prinzip den konventionellen Kondensator-Mikrofonen vergleichbar sind die erst seit einigen Jahren gebräuchlichen **Elektret-Mikrofone.** Der Name beruht auf dem Kunstwort Elektret, mit dem ein Stoff bezeichnet wird, der eine bleibende »dielektrische Polarisation« aufweist, d. h. eine Art »eingebaute Spannung« enthält. Elektreten sind bestimmte Harze, die in geschmolzenem Zustand einem starken elektrostatischen Feld ausgesetzt werden und dann erstarren. Die in den Harzen enthaltenen »Elementar-Elektreten« sind elektrische Zweipole (Dipole), die sich nach dem äußeren elektrischen Feld ausrichten und nach dem Erkalten in dieser Vorzugsrichtung bleiben.

Elektreten speichern also eine elektrische Ladung, und es geht von ihnen ein Feld aus, das dem Feld eines Magneten ähnelt (Bild 9.23). Man kann Elektreten daher auch als die elektrischen Gegenstücke der Magneten bezeichnen. Aus technologischen Gründen konnten brauchbare Elektreten erst in jüngster Zeit hergestellt werden; die moderne Chemie der Kunststoffe machte es möglich.

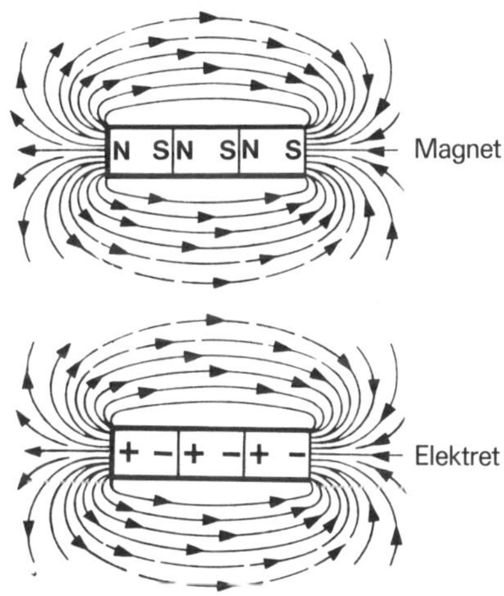

Bild 9.23 Schema eines aus Elementarmagneten bestehenden Stabmagneten samt Kraftlinien. Darunter die gleichartige Darstellung eines aus elektrischen Dipolen bestehenden Elektreten mit Feldlinien

Bei einem Kondensator-Mikrofon muß immer eine Gleichspannung vorhanden sein, die am »Kondensator« des Mikrofons liegt und durch die Kapazitätsänderung beim Beschallen der Membran von einer proportionalen Wechselspannung überlagert wird. Bei einem Elektret-Mikrofon ist diese Gleichspannung dagegen schon von Natur aus vorhanden, so daß im Prinzip die äußere Spannungsquelle entfallen kann.

In Bild 9.24a ist das Schema eines Elektret-Mikrofons dargestellt. Die erforderlichen positiven und negativen Ladungen befinden sich auf den Platten des Kondensators, der von der Membran und der starren Gegenelektrode gebildet wird. Wenn die Membran durch auftreffende Schallwellen bewegt wird, ändert sich die Kapazität und damit die Ladung des Kondensators, und an den Elektroden kann eine Wechselspannung abgenommen werden.

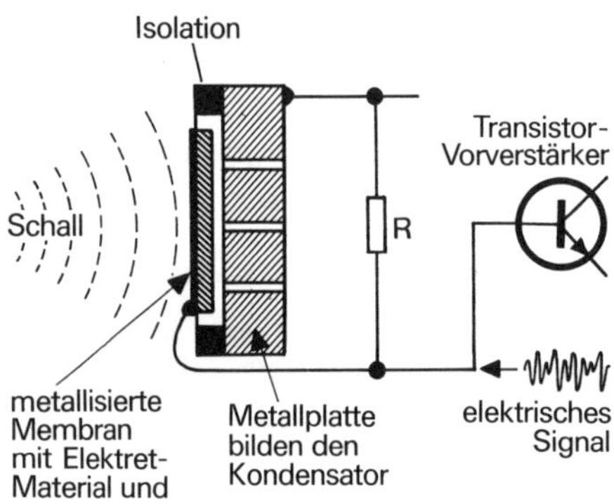

Bild 9.24a Prinzip des Elektret-Mikrofons

Bild 9.24b Eingebautes Elektret-Mikrofon

Elektret-Mikrofone haben eine gute Qualität. Sie können auch direkt in Tonbandgeräte eingebaut werden (Bild 9.24b und 9.24c). Körperschall und magnetische Störeinflüsse bleiben ohne Einwir-

Bild 9.24c Kein Problem, mit dem Cassettenrecorder zum Urlaubs-Dia gleich den Originalton oder einen launigen Kommentar aufzunehmen

kung auf das Elektret-Mikrofon. In Bild 9.25 ist das Symbol eines Mikrofons dargestellt.

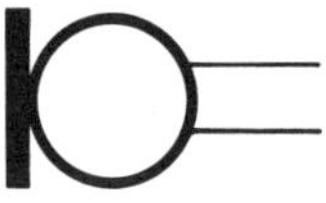

Bild 9.25 Schaltzeichen eines Mikrofons

9.3. Lautsprecher als Schallabstrahler

Die Aufgabe der Lautsprecher ist allgemein bekannt: sie sollen Schallschwingungen abstrahlen und dadurch die vom Fernsehempfänger, Radio, Plattenspieler oder Tonbandgerät kommenden elektrischen Tonsignale hörbar machen. Lautsprecher könnte man im Prinzip auch als in ihrer Funktion umgekehrte Mikrofone bezeichnen und sie Tauchspulen-Lautsprecher nennen. Wie bei den Tauchspulen-Mikrofonen ist ihr wesentlicher Bestandteil eine kleine Spule, die in ein starkes Magnetfeld taucht. Während jedoch beim Mikrofon in den Drahtwindungen der von Schallwellen bewegten Tauchspule elektrische Spannungen entstehen, wird die Spule beim Lautsprecher durch einen hineingeschickten Wechselstrom in mechanische Schwingungen versetzt. Diese werden mit Hilfe einer an der Tauchspule befestigten Membran in Luftschwingungen, d. h. in Schallwellen, umgesetzt. Ein Lautsprecher ist demnach wie das Mikrofon ein elektromechanischer Wandler.

Der Prinzipaufbau des **dynamischen Lautsprechers** – er ist der heute am häufigsten verwendete Lautsprechertyp – geht aus Bild 9.26 hervor. Die Schwingspule mit ihren Windungen taucht in den millimeterschmalen Luftspalt zwischen den Polen des Lautsprechermagneten ein. An ihr ist die Lautsprechermembran befestigt. Eine Zentriervorrichtung sorgt dafür, daß die Spule nicht »aneckt«, außerdem wird die Membran an ihrem äußeren Rand von einer elastischen Einspannung gehalten. Der Lautsprecher kann deshalb in jeder beliebigen Lage montiert werden.

Lautsprecher mit einer trichterförmigen Membran heißen Konuslautsprecher, sie geben den Frequenzbereich von tiefen bis hohen Tönen im allgemeinen mit guter Qualität wieder. Die Baßwiedergabe ist allerdings vom Membrandurchmesser abhängig; je größer der Durchmesser, um so besser können tiefe Töne übertragen werden. Bild 9.27 zeigt zwei Lautsprecher mit unterschiedlichem Abstrahlvermögen.

Neben Konuslautsprechern mit trichterförmiger Membran gibt es solche mit einer halbkugelförmigen Membran. Diese »Ka-

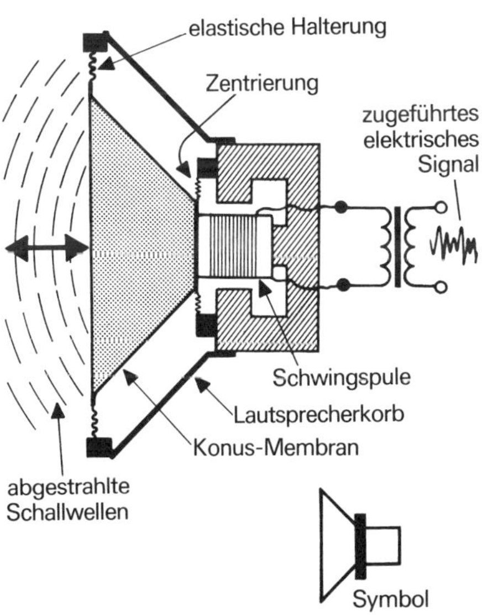

Bild 9.26 Prinzip und Schaltzeichen des dynamischen Lautsprechers

Bild 9.27 Tief- und Mittelhochtonlautsprecher

lotten-Lautsprecher« (Bild 9.28a und 9.28b) werden speziell zur Wiedergabe des mittleren bis höchsten Tonfrequenzbereichs verwendet, und zwar vorwiegend in HiFi-Lautsprecherboxen. Sie strahlen die hohen Töne annähernd kugelförmig ab, weil ihre kleine Membran nach außen gewölbt ist.

Bild 9.28a Kalotten-Lautsprecher

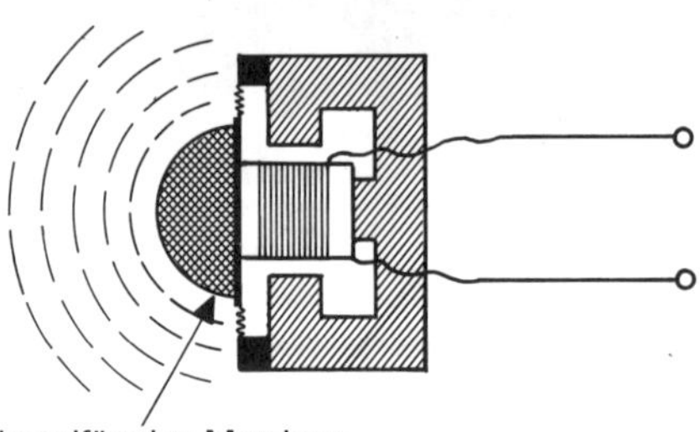

Bild 9.28b Prinzip des Kalotten-Lautsprechers

Die Wiedergabe von Musik und Sprache ist allerdings nicht nur über Lautsprecher, sondern auch über Kopfhörer möglich. Moderne HiFi-Kopfhörer arbeiten größtenteils ebenfalls nach dem elektrodynamischen Prinzip und ermöglichen wegen ihres Frequenzumfangs und ihrer Verzerrungsfreiheit eine hervorragende Wiedergabe (Bild 9.28c). Sie können bei HiFi-Anlagen an speziellen Kopfhörerbuchsen angeschlossen werden, die sich zumeist an der Frontseite der Geräte befinden.

Bild 9.28c HiFi-Kopfhörer

Die Arbeitsweise eines dynamischen Lautsprechers läßt sich bequem demonstrieren (Bild 9.29). Wir verbinden die Spulenanschlüsse über eine zunächst geöffnete Taste mit einer Batterie. Schließen wir jetzt den Stromkreis, indem wir auf die Taste drücken, so fließt Strom durch die Spule. Sie wird bei entsprechender Polung in das Magnetfeld hineingezogen. Wir wiederholen das Experiment, nachdem wir die Anschlüsse an der Batterie vertauscht haben. Der Strom fließt jetzt in umgekehrter Richtung, und die Tauchspule wird aus dem Magnetfeld herausgedrückt. Dieses Verfahren eignet sich übrigens gut für das Auspolen mehrerer Lautsprecher, wenn diese mit ihren Membranen gleichsinnig schwingen sollen, z. B. in einer Box oder bei Stereoanlagen.

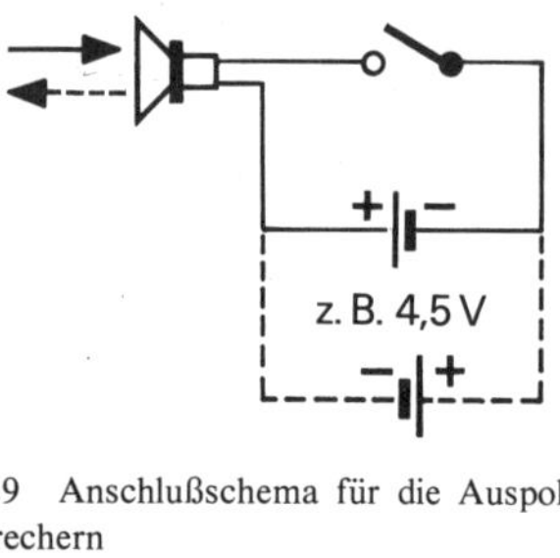

Bild 9.29 Anschlußschema für die Auspolung von Lautsprechern

Bisher wurde fast nur von »nackten« Lautsprechersystemen, den sogenannten Chassis, gesprochen. Sie müssen jedoch alle ihrem Verwendungszweck entsprechend »bekleidet« werden, sei es mit dem Gehäuse eines Radiogeräts oder einer Lautsprecherbox. Es hat seine besonderen Gründe, weshalb man den Lautsprecher hinter eine Schallwand setzt, wie man den vorderen Teil des Lautsprechergehäuses nennt. Einer davon ist der, daß besonders die tiefen Töne ohne Verwendung einer Schallwand schlechter abgestrahlt werden. Es kommt dann nämlich zu einem Druckausgleich der vor und hinter dem Lautsprecher entstehenden Luftschwingungen und damit zur (teilweisen) Auslöschung der Schallwellen, wenn dies nicht durch eine trennende Schallwand verhindert wird. Der Lautsprecher strahlt ja nicht nur nach vorne, sondern auch nach hinten ab. Bild 9.30 macht das deutlich.

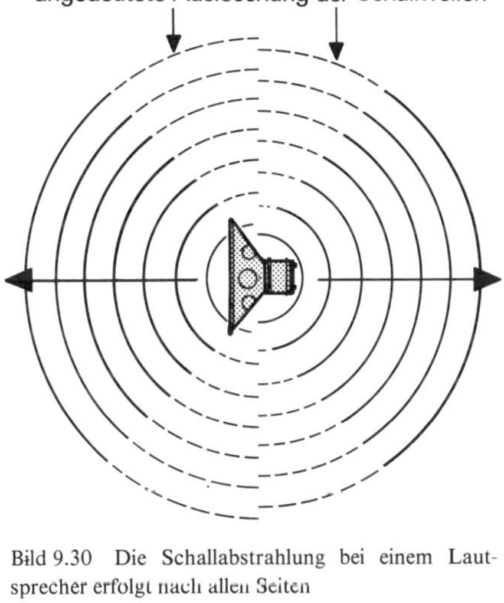

Bild 9.30 Die Schallabstrahlung bei einem Lautsprecher erfolgt nach allen Seiten

Die momentanen Druckverhältnisse sind in Bild 9.31 dargestellt. Im gleichen Augenblick, in dem vorn ein Druck-Maximum entsteht, tritt ein Druck-Minimum an der Rückseite auf. Vorn drückt die Membran die Luft zusammen, während sie gleichzeitig auf der Rückseite die Luft verdünnt; es entstehen dabei Überdruck- und Unterdruckzonen. Die Zeichnung will das an einer gerade ausgespannten, flächigen Membran veranschaulichen.

Praktisch ergibt sich, daß ein Lautsprecher ohne Schallwand oder ohne Gehäuse nicht alle Tonfrequenzen gleichgut in den Raum strahlt. Eine weitgehend geradlinige Frequenzkurve ist aber bei der Lautsprecherwiedergabe ebenso wichtig wie bei der Mikrofonaufnahme oder bei der Verstärkung, wenn naturgetreue Wiedergabe erzielt werden soll.

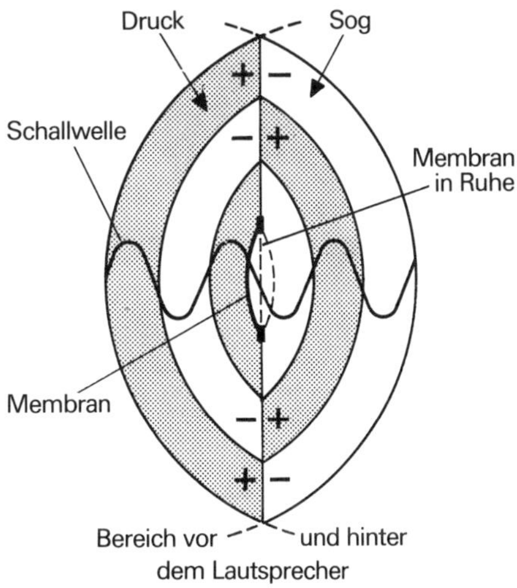

Bild 9.31 Entstehung bzw. Ausbildung der Schallwellen durch die Membranbewegung

Moderne HiFi-Lautsprecherboxen enthalten zumeist zwei und mehr »Systeme« oder »Chassis« (andere Bezeichnung für Lautsprecher), um möglichst naturgetreue Klangwiedergabe zu erzielen. Der Gesamtfrequenzbereich wird entsprechend der Anzahl der Systeme aufgeteilt, und man erhält sogenannte Zwei-, Drei- oder auch Vierwege-Boxen (Bild 9.32). Die Aufteilung des Tonbereichs geschieht normalerweise mit Frequenzweichen, die aus Spulen und Kondensatoren bestehen. Sie werden vor die Lautsprecher geschaltet und führen diesen nur die Frequenzen zu, die der jeweilige Lautsprecher aufgrund seiner Bauart am besten verarbeiten, d. h. abstrahlen kann (Bild 9.33 und 9.34).

Bild 9.32 Blick auf die Frontseite einer Mehrwege-Lautsprecherbox. Bei dieser Ausführung ist der Übertragungsbereich in drei Frequenzbereiche aufgeteilt, die von Lautsprechern für die Tief-, Mittel- und Hochtonwiedergabe abgestrahlt werden

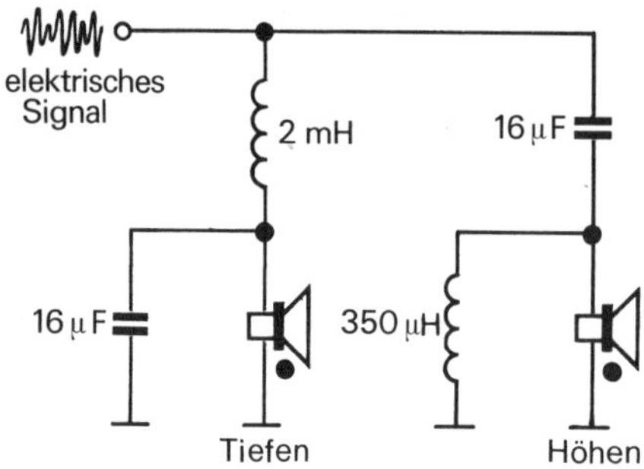

Bild 9.33 Schaltung einer Frequenzweiche

Es gibt natürlich auch Lautsprecherboxen mit nur einem Chassis, das dann als Breitbandlautsprecher ausgeführt ist. Dieser Lautsprechertyp hat eine Wiedergabecharakteristik, nach der alle Frequenzen – also hohe, mittlere und tiefe Töne – recht gleichmäßig abgestrahlt werden. Philips-Lautsprecher dieser Ausführung haben beispielsweise im großen Konus noch eine kleine Zerstreuungsmembran (Duo-Membran), mit der die hohen Töne besser verteilt werden können (Bild 9.35).

Bild 9.34 Frequenzweiche in einer Lautsprecherbox

Neben Trichterlautsprechern mit Konusmembran gibt es noch andere Arten, von denen der elektrostatische Lautsprecher für die Höhenwiedergabe eine gewisse Bedeutung erlangte. Durch die modernen leistungsfähigen Kalottenlautsprecher ist die Verwendung elektrostatischer Lautsprecher aber stark zurückgegangen.

Ein Wort noch zu den Leistungen der Lautsprecherboxen. Daß man keine wattmäßig »unterdimensionierten« Lautsprecherboxen an die Verstärker anschließen

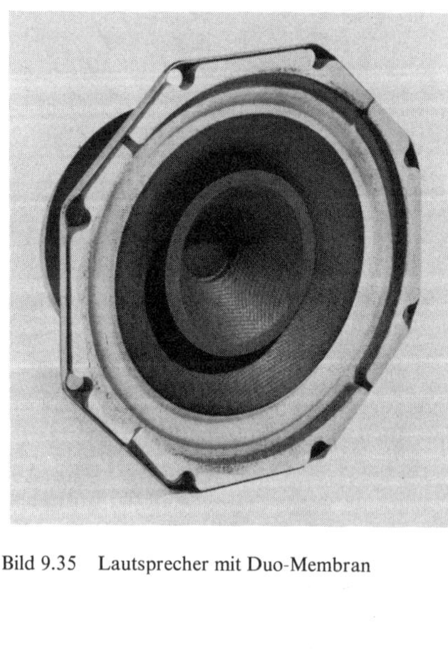

Bild 9.35 Lautsprecher mit Duo-Membran

sollte, soll als bekannt vorausgesetzt werden. Ihr Wirkungsgrad (d. h. das Verhältnis von herauskommender zu hineingesteckter Leistung) kann trotz gleicher Wattangabe bei verschiedenen Boxen-Ausführungen unterschiedlich sein. Klingt dann die eine Box bei gleicher Verstärkereinstellung und Anpassung lauter als die anderen, so ist ihr Wirkungsgrad in der Regel besser.

Bild 9.36 Die vom Mikrofon umgewandelten elektrischen Schwingungen sind zu schwach, um eine Lautsprechermembran direkt zu bewegen

9.4. Verstärker für den Tonbereich

Es wäre wunderschön und einfach, könnte man bei einer elektroakustischen Übertragungsanlage das Mikrofon direkt mit dem Lautsprecher verbinden. Man kann es zwar tun (Bild 9.36), aber es bleibt ein relativ unsinniger Vorgang. Die vom Mikrofon abgegebenen Spannungen sind nämlich viel zu schwach, um den Lautsprecher ansprechen zu lassen. Sie müssen zunächst verstärkt werden, um die durch die Lautsprecherschwingspule fließenden Wechselströme so kräftig zu machen, daß sie in der Lage sind, die Schwingspule im Kraftfeld des Lautsprechermagneten hin und her zu bewegen.

Man nennt Geräte, die niederfrequente Signale des Hörbereichs (16 bis 20000 Hz) verstärken, Niederfrequenz- oder NF-Verstärker. Ihre Aufgabe geht aus Bild 9.37 hervor. Neben der dort angedeuteten Mikrofonübertragung kommt der Verstärkung der von Plattenspielern, Bandgeräten und Rundfunkempfängern gelieferten elektrischen NF-Signale heute im Bereich der Unterhaltungselektronik die wichtigste Bedeutung zu.

Es gibt aber auch noch größere NF-Verstärker, z. B. für Übertragungsanlagen in Sportstadien oder in Diskotheken wie auch in Studios beim Funk und Fernsehen. Sie haben verschiedene Eingänge, d. h. es können mehrere Signalquellen angeschlossen und sogar miteinander »gemischt« werden. Bild 9.38 zeigt den Regietisch einer solchen Anlage. Diese Mischpult-Verstärker gibt es mit kleinerer Leistung auch in vielen Tonbandgeräten und Heimverstärkern der HiFi-Klasse.

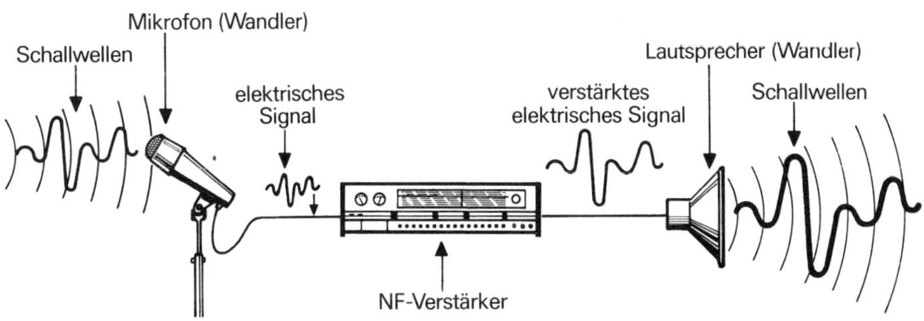

Bild 9.37 Schema einer Mikrofonübertragung mit Verstärker

Bild 9.38 Modernes Philips Mischpult in einer Regiezentrale

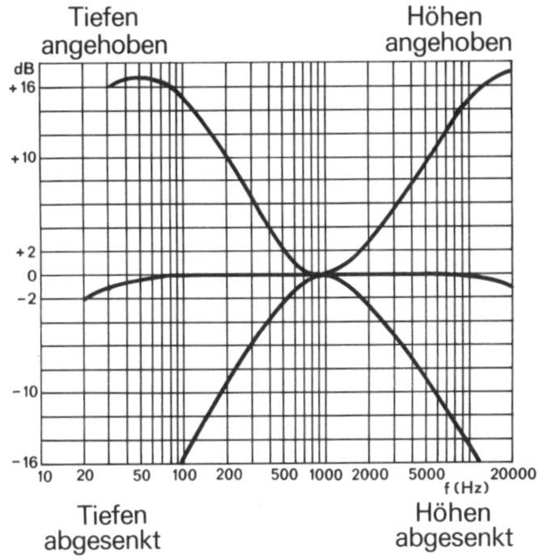

Bild 9.39 Frequenzgangkurve mit Baß- und Höheneinstellbereich, daneben eine Klangregeleinheit mit Bereichsskalen und Einstellschiebern

Ein guter Niederfrequenz-Verstärker muß den ganzen Tonfrequenzbereich (Schallschwingungsbereich) gleich gut verstärken. Die Frequenzkurve hat deshalb geradlinig zu verlaufen; sie kann mit Baß- und Höheneinstellern in gewissen Grenzen verändert werden. Eine Frequenzgangkurve mit den Einstellbereichen und der linearen Charakteristik ist in Bild 9.39 angegeben, desgleichen die Klangregeleinheit eines Rundfunkgeräts.

Was der Verstärker herzugeben vermag, wird mit Ausgangsleistung bezeichnet. Um einen Maßstab zu geben: die Ausgangsleistung eines normalen Kofferradios beträgt bis zu etwa 1 W bei Batteriebetrieb, kleinere Rundfunkgeräte verfügen über 2 bis 5 W und Stereoverstärker in HiFi-Qualität beginnen mit Ausgangsleistungen ab 2 x 6 W bei Aussteuerung mit einem Sinusdauerton.

Oft liest man in Verbindung mit NF-Verstärkern das Wort »Klirrfaktor«. Was will es sagen? Nun, in Abschnitt 9.1. lasen wir, daß die Obertöne einem Grundton die Klangfarbe geben, so daß man unterscheiden kann: Violinenton, Flötenton, Orgelton usw. Diese Obertöne müssen natürlich mit übertragen werden, damit das Klangbild originalgetreu bleibt. Bild 9.40 zeigt dies mit einer lustigen Zeichnung.

Bild 9.40 Bildlicher Vergleich einer guten (unverzerrten) und schlechten (verzerrten) Tonwiedergabe

Mischen sich aber unter diese Obertöne noch unerwünschte Töne, dann wird die Wiedergabe verfälscht. Die Beimischung derartiger Schwingungen, die auf dem Übertragungsweg zusätzlich entstehen, muß nach Möglichkeit verhindert werden.

Die Techniker drücken den Grad der störenden Verzerrungen durch die Angabe eines größeren oder kleineren Klirrfaktors aus. In der Praxis soll er wenige Prozent nicht überschreiten. Bei hochwertigen HiFi-Anlagen muß er unter einem Prozent liegen. Das schreibt DIN 45 500 vor, in der alle wichtigen Werte und Vorschriften für HiFi-Geräte, Lautsprecher usw. enthalten sind. Alle Einheiten mit der Bezeichnung »HiFi nach DIN 45 500« müssen dieser Norm entsprechen.

NF-Verstärker werden heute ausschließlich in Transistortechnik hergestellt. Die Schaltungstechnik ist recht vielfältig, wie die Schaltbilder eines einfachen und eines aufwendigen Verstärkers zeigen (Bild 9.41 und 9.42). Weitere Beispiele und Erläuterungen sind in Band 2 der Philips Lehrbriefe enthalten.

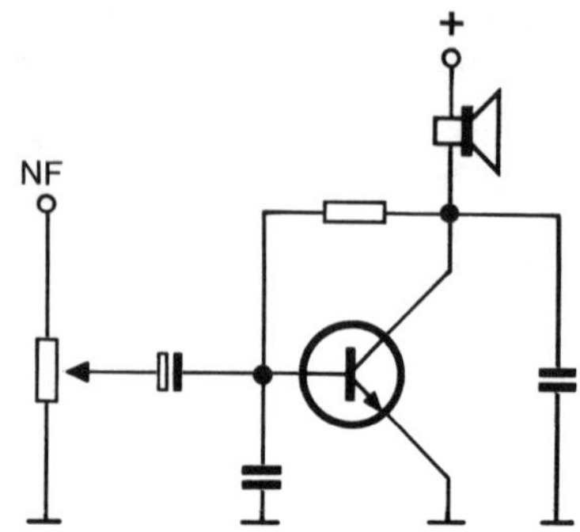

Bild 9.41 Einfacher Niederfrequenz-Verstärker

Bild 9.42 Aufwendiger Niederfrequenz-Verstärker

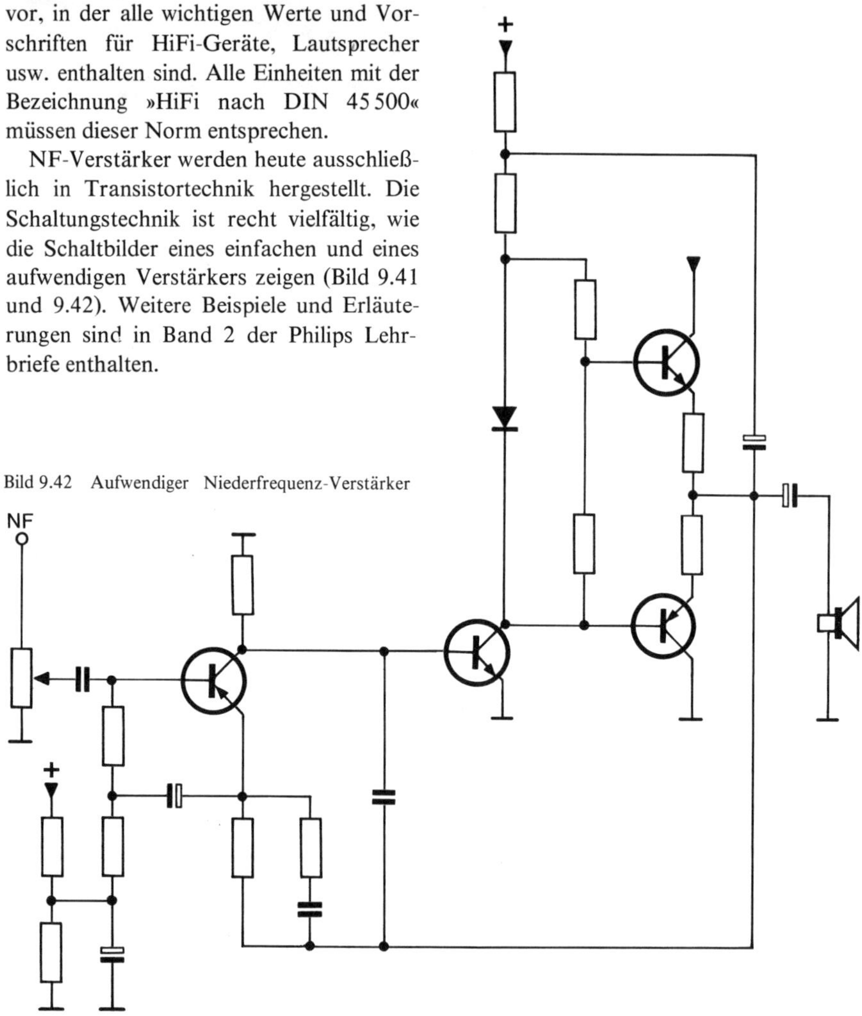

9.5. Mono – Stereo – Quadro

Bevor wir uns mit den in der Überschrift genannten Wiedergabeverfahren beschäftigen, soll noch kurz der schon wiederholt angeschnittene Begriff »HiFi« definiert werden. Er kommt aus dem englischen Sprachraum, heißt wörtlich »High Fidelity«, wird in Kurzform HeiFei, HeiFi oder HiFi ausgesprochen und bedeutet soviel wie »Hohe Naturtreue in der Wiedergabe von Sprache und Musik«.

An die einzelnen Teile jeder HiFi-Wiedergabeanlage müssen Mindestanforderungen gestellt werden, die aufeinander abgestimmt sein sollen. Denn gerade hier gilt der Satz, daß jede (Wiedergabe-)Kette nur so gut wie ihr schwächstes Glied ist.

Wie im vorigen Abschnitt schon erwähnt, gelten diese Anforderungen für alle wichtigen Werte, z. B. lineare Verzerrungen, Übertragungsbereich, Ausgangsleistung, nichtlineare Verzerrung wie Klirren, Rumpeln, Brummen, Rauschen usw. Alle Einzelkomponenten einer HiFi-Anlage (Plattenspieler, Verstärker, Rundfunkteil, Bandgerät und Lautsprecherboxen) sollen so perfekt wie möglich, aber auch so neutral wie möglich funktionieren. Sie sollen dem Originalklang nichts wegnehmen und nichts hinzufügen, sondern ihn naturgetreu übertragen.

HiFi ist also ein **Wertbegriff** für die Qualität einer Musikwiedergabeanlage, die beim heutigen Stand der Technik nach drei verschiedenen Verfahren ausgelegt sein kann. So liefert ein »normales« Radiogerät oder ein »normaler« Verstärker den guten Klang gewissermaßen aus einem Loch in der Wand, durch das wir in den Raum hineinhören, in dem die Musikaufführung stattfindet. Bild 9.43 deutet die Situation an: Bei dieser **Mono-Wiedergabe** wird das gesamte Klanggemisch **einkanalig** von einem Lautsprecher abgestrahlt, was im Bild durch das Loch in der Wand symbolisiert wird, die den Zuhörer vom Konzertsaal trennt. Das Schema einer Mono-Rundfunkübertragung (Bild 9.44) ergänzt diese Darstellung.

Bild 9.43 Monowiedergabe

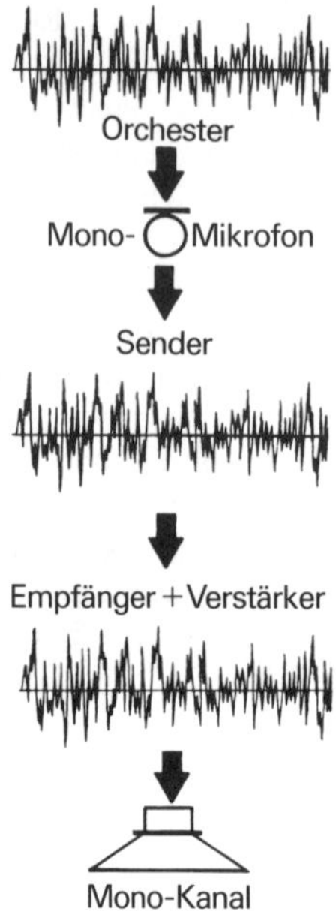

Bild 9.44 Schema einer Mono-Rundfunkübertragung

Die Stereophonie erschloß eine wesentlich verbesserte Übertragungstechnik. Weil wir in der Natur alle Vorgänge zweiohrig, d. h. binaural oder stereophon (links-rechts) hören und damit eine Ortungs- und Lokalisationsmöglichkeit haben (der Zug fährt von rechts nach links, das Flugzeug fliegt über mir), lag es auf der Hand, diese Möglichkeiten auch technisch für die Übertragung von Musik oder Sprache auszunutzen. Wir müssen nun dafür sorgen, daß bei der Aufnahme von Schallereignissen auch zwei künstliche Ohren, nämlich Mikrofone, dabei sind. Beide Signale können auf Band oder Schallplatte aufgezeichnet werden (s. Abschnitt 9.6.).

Bei der **Stereo-Wiedergabe** wird das gesamte Klanggemisch **zweikanalig** von mindestens zwei Lautsprechern abgestrahlt. In Bild 9.45 ist dies durch eine breitflächige Wandöffnung dargestellt, die den Zuhörer mit beiden Ohren und damit stereophon am Konzert teilnehmen läßt. Unser Lokalisationsvermögen läßt ein solches

Bild 9.45 Stereowiedergabe

akustisches Ereignis in vielen Einzelheiten erkennbar werden. Das Klangbild erscheint klarer, transparenter und dadurch räumlicher. Die schematische Darstellung einer Stereo-Rundfunkübertragung ist in Bild 9.46 zu sehen.

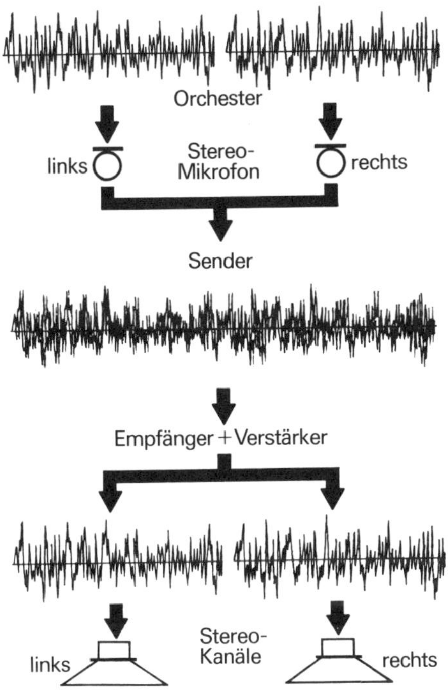

Bild 9.46 Schema einer Stereo-Rundfunkübertragung

Der z. Z. letzte Schritt auf dem Weg zur perfekten Musikwiedergabe ist das Quadrophonie-Verfahren. Hierbei versucht man, auch die Akustik des Konzertsaals in das zu übertragende Klangbild einzubeziehen und somit noch mehr dem Original näherzukommen. Bildlich gesprochen haftet den bisher genannten Übertragungssystemen der Mangel an, daß sich der Zuhörer »außen vor« und nicht im Konzertsaal befindet (s. auch Bild 9.43 und 9.45). Eine Raumempfindung stellt sich nämlich erst dann ein, wenn man in einer bestimmten Weise von Schallanteilen eines Klanggemisches umgeben ist (Bild 9.47).

Das ist beispielsweise im Konzertsaal der Fall, wenn uns zum direkten Stereoschall auch die Schallrückwürfe von den Saalwänden und der Decke erreichen. Diese ambio-akustischen Verhältnisse nachzubilden, ist Aufgabe der Quadrophonie (lat. ambio heißt soviel wie rundherum). Bei der echten **Quadrophonie** werden vom Aufnahmeraum alle wesentlichen akustischen Informationen vierkanalig übertragen und im Wiedergaberaum von mindestens vier Lautsprechern vierkanalig abgestrahlt. Der Zuhörer ist bei Quadro-Wiedergabe also in das Klanggeschehen einbezogen. Die »trennende Wand« ist verschwunden, er sitzt jetzt scheinbar mitten im Konzertsaal (Bild 9.48). Wie die Lautsprecher aufgestellt sein müssen, ist aus Bild 9.49 ersichtlich.

Allerdings ist die echte Quadrophonie sehr aufwendig und bei Rundfunksendungen z. Z. noch gar nicht eingeführt. Es gibt für diesen Zweck und für Schallplatten codierte Verfahren mit Bezeichnungen wie SQ, CD4 usw. Quadrophonie begann deshalb zunächst nur mit Wiedergabe von Tonbändern (4 Einzelspuren parallel) und später von Schallplatten, wofür vier

Bild 9.47 »Raumklang«

Bild 9.48 Quadrowiedergabe

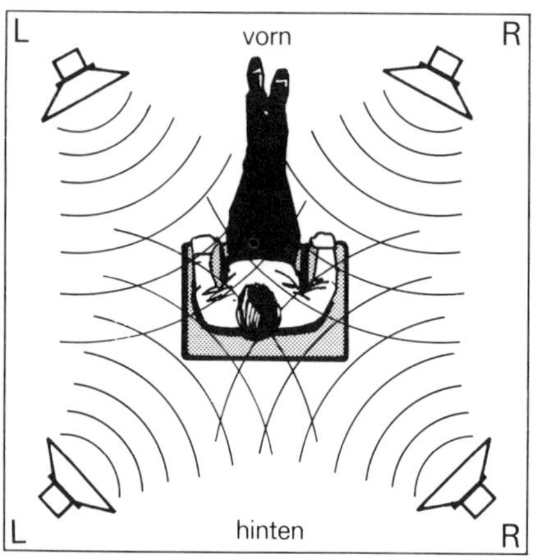

Bild 9.49 Aufstellung der Lautsprecher bei Quadro-Wiedergabe

komplette NF-Wiedergabekanäle vorhanden sein müssen, also praktisch »Stereo mal zwei«!

Vereinfachte Verfahren holen deshalb mit Hilfe eines einfachen Schaltungszusatzes aus einer normalen Stereoaufzeichnung die darin eingebetteten und für eine »Pseudo-Quadrophonie« ausreichenden akustischen Rauminformationen heraus (Bild 9.50). Diese werden den links und rechts hinter dem Zuhörer aufgestellten zwei Lautsprecherboxen zugeleitet und können so ebenfalls das Gefühl des unmittelbaren Dabeiseins vermitteln. Diese vereinfachte Technik ist zwar nur ein (relativ guter) Kompromiß, sie hat aber den Vorteil der Preiswürdigkeit. Man braucht ja zusätzlich nur zwei Lautsprecherboxen sowie ein kleines Kästchen für das Herausfiltern des zusätzlichen Raumklangs, und man kann auf den sonst bei echter Quadrophonie erforderlichen zweiten Stereoverstärker verzichten.

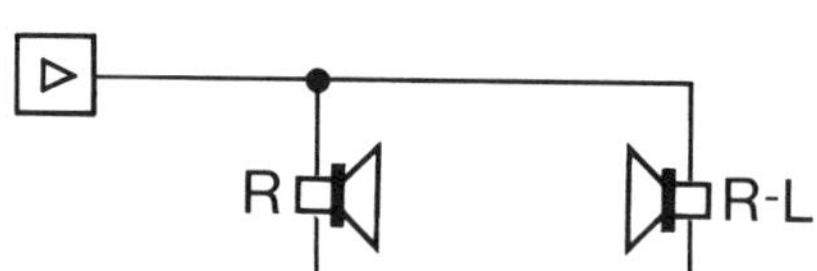

Bild 9.50 Schaltung zur Gewinnung der »Pseudo-Quadroanteile«

9.6. Schallplatte als Schallspeicher

Vor fast hundert Jahren gelang es zum ersten Mal, Töne zu »konservieren« und bei Bedarf wieder abzuspielen. Thomas Alva Edison war es, der 1877 seinen Phonographen zum Patent anmeldete. Eines der ersten Geräte ist in Bild 9.51 gezeigt. Die von Hand angetriebene Walze wird durch die Gewindespindel axial verschoben. Auf einem auf der Walze lose aufliegenden Träger ist eine Sprechöffnung befestigt, hinter der die Membran sitzt, an deren Rückseite der Abtast- oder Schreibstift befestigt ist.

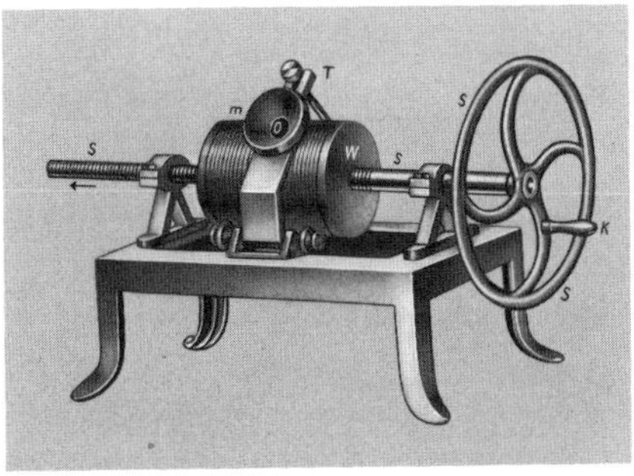

Bild 9.51 Phonograph nach dem Edisonschen Prinzip

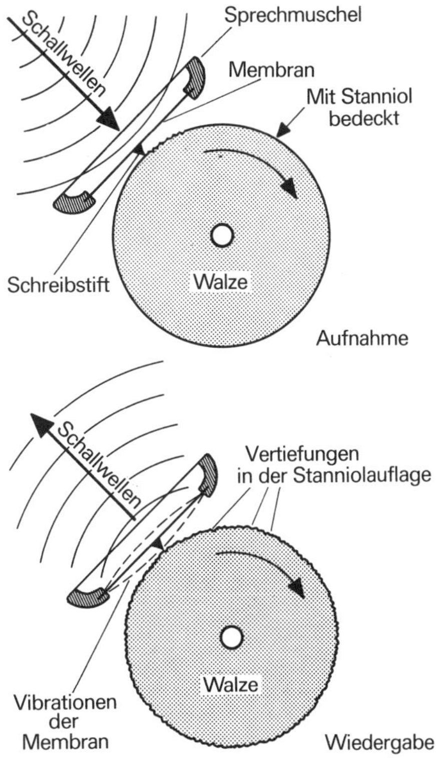

Bild 9.52 Prinzip der Aufnahme und Wiedergabe von Tönen mit einer Walze

Eine Darstellung des Aufnahme- und Wiedergabeverfahrens gibt Bild 9.52. Der Schreibstift liegt auf einer mit Stanniol beklebten Walze auf. Schallwellen bringen die Membran zum Vibrieren, so daß dadurch während der Walzendrehung entsprechende Vertiefungen in das Stanniol gedrückt werden. Auf diese Weise entstehen spiralige, rings um die Walze verlaufende Schallrillen.

Bei der Wiedergabe bringen die abgetasteten Rillenvertiefungen – daher die Bezeichnung Tiefenschrift (Bild 9.53) – die Membran zum Schwingen und damit auch die sie umgebende Luft. Die entstandenen Schallwellen ähneln zwar den aufgesprochenen, aber die Wiedergabequalität ist dennoch denkbar schlecht. Trotzdem bedeutete der Phonograph für die

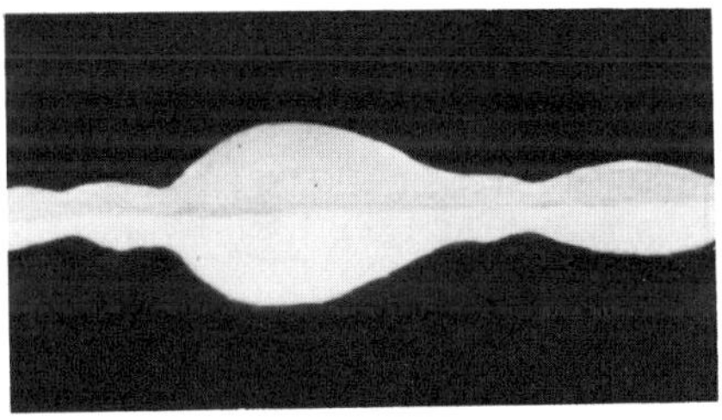

Bild 9.53 Tiefenschrift-Verfahren zur Tonspeicherung

damalige Zeit eine große Sensation. Später wurde die mit Stanniol beklebte Holzrolle durch einen Wachszylinder ersetzt. Der Antrieb erfolgte nicht mehr von Hand, sondern durch ein Federlaufwerk. Ein Schalltrichter sorgte für bessere Aufnahmebedingungen und für eine günstigere Schallabstrahlung. An Vervielfältigungen der Aufnahme war aber noch nicht zu denken. Jeder einzelne Wachszylinder mußte gesondert besprochen, bespielt oder besungen werden. Jeder einzelne Zylinder war ein Original, das sauber in einer mit Watte ausgeschlagenen Kartonhülle aufbewahrt wurde. Erst um 1900 erfand man ein Verfahren zur Walzenvervielfältigung.

Auf die Idee, den walzenförmigen Zylinder durch einen scheibenförmigen Tonträger zu ersetzen, kam der Deutschamerikaner Emil Berliner. 1887 ließ er sich die »Schallplatte« patentieren. Sein Abspielgerät nannte er Grammophon (Bild 9.54).

Bild 9.54 Grammophon nach dem Prinzip von Berliner

Berliner ging dabei von der Tiefenschrift Edisons zur Seitenschrift über. Nicht Rillenvertiefungen, sondern seitliche Rillenauslenkungen entsprachen hierbei den Tonfrequenzen (Bild 9.55). Im Prinzip wurde

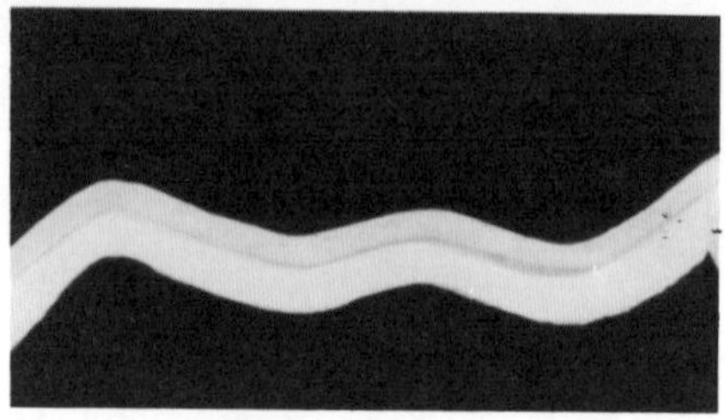

Bild 9.55 Prinzip des Seitenschrift-Verfahrens

die Membranbewegung durch eine Hebeleinrichtung auf die kreisende Scheibe übertragen.

Es lag auf der Hand, daß bei der runden, dünnen Schallplatte eine Vervielfältigung viel leichter möglich war als bei der Walze. Aber trotzdem dauerte es noch Jahre, bis ein Verfahren zur Herstellung mit Hilfe von Preßmatrizen gefunden wurde. Das Verfahren ist bis heute praktisch das gleiche geblieben. Nur die Methoden sind verfeinert und die Materialien geändert worden.

Die Schallplatte wird gepreßt. Dabei verwandelt sich ein weicher Masseklumpen unter hohem Druck in eine flache Scheibe und erhält dabei die doppelseitige Schallrillenprägung. Bild 9.56a zeigt dies mit einer Schemazeichnung. Die Verarbeitung geschieht in einer Presse, die wie ein Waffeleisen auf- und zuklappt (Bild 9.56b). Auf den Innenseiten der festen und der beweglichen Form ist je eine Preßmatrize befestigt. Die Form selbst ist von Kanälen

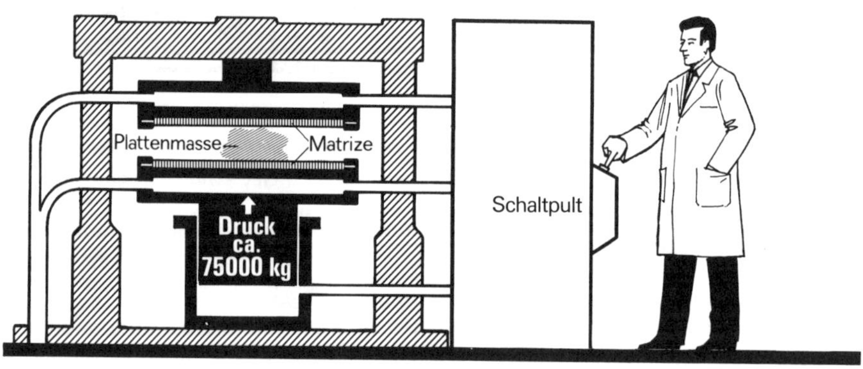

Bild 9.56a Schema einer Schallplattenpresse

Bild 9.56b Schallplattenpresse mit Granulat und Etikett (oben). Unten ist die elektrische Prüfeinrichtung für die »Mutterplatten« zu sehen

durchzogen, durch die, von Ventilen gesteuert, zunächst heißer Dampf und später Kühlwasser strömt. Sobald die Form geschlossen ist, wird das Material unter hohem Druck zu einer Schallplatte ausgepreßt. Der ganze Zyklus läuft automatisch ab und dauert etwa eine halbe Minute. 17-cm-Schallplatten können auch durch ein Spritzgußverfahren hergestellt werden.

Die Preßmatrize entsteht auf galvanischem Weg als Endprodukt eines komplizierten Fertigungsgangs, der mit der Überspielung des Musikstücks von Tonband auf die »Urplatte« beginnt. Statt der früher gebräuchlichen, mehrere Zentimeter dicken Wachsplatte verwendet man dafür seit etwa 1950 eine Lackfolie, eine dünne Aluminiumplatte mit einer relativ weichen Lackschicht. Der Schneidstichel, ein besonders geschliffener Diamant, wird während des Überspielvorgangs elektrisch beheizt; dadurch entstehen glatte Rillenflächen, und das Grundgeräusch wird reduziert. Der gesamte Ablauf der Überspielung ist heute automatisiert; nicht nur die Abstände der modulierten Schallrillen, sondern auch die der Windungen am Anfang und Schluß werden elektronisch gesteuert. Die Qualität des Schnitts wird durch ein an der Schneiddose angebrachtes Mikroskop ständig kontrolliert (Bild 9.57).

Die fertige Lackplatte muß zur weiteren Verarbeitung elektrisch leitend gemacht werden. Dies geschieht durch Besprühen mit einer Silberlösung. In einem galvanischen Bad erhält die versilberte Lackfolie dann eine etwa 1 mm dicke Nickelschicht. Diese stellt – nach Ablösen der nunmehr unbrauchbaren Lackfolie – einen negativen Abdruck der Schallrillen dar. Sie dient im allgemeinen jedoch nicht als Preßwerkzeug; denn die Anzahl der Platten, die von einer einzigen Matrize hergestellt werden können, ist begrenzt. Vielmehr bildet der »Vater«, wie dieses erste Negativ im Fachjargon heißt, den Ausgangspunkt weiterer galvanischer Vervielfältigungen: zunächst einiger Positive, der sogenannten »Mütter«, von denen dann die eigentlichen Preßmatrizen oder »Söhne« abgenommen werden (Bild 9.58).

Bild 9.57 Schneideinrichtung mit Mikroskop

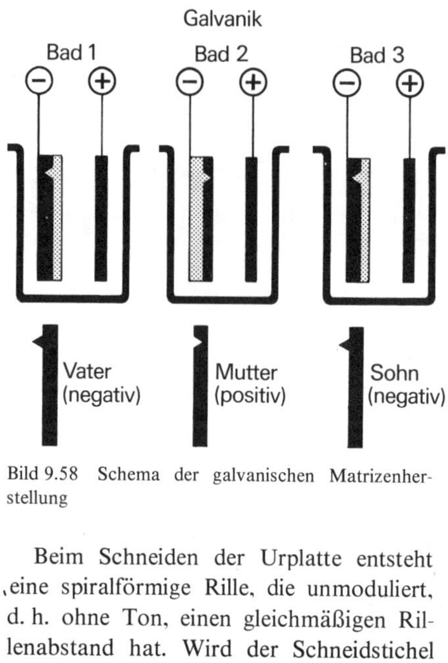

Bild 9.58 Schema der galvanischen Matrizenherstellung

Beim Schneiden der Urplatte entsteht eine spiralförmige Rille, die unmoduliert, d. h. ohne Ton, einen gleichmäßigen Rillenabstand hat. Wird der Schneidstichel in seitliche Bewegungen versetzt (er ist zwischen den Polen eines Elektromagneten angeordnet, der von den aufzunehmenden Tonfrequenzen gespeist wird); so erfolgt eine entsprechende Auslenkung auf der Lackfolie, wie Bild 9.59 zeigt. Je höher der Ton, um so schneller bewegt sich der

Stichel hin und her. Nach dieser Seitenschrift-Methode wurden Monoschallplatten hergestellt. Sie sind heute vom Markt verschwunden und von den Stereoschallplatten abgelöst worden.

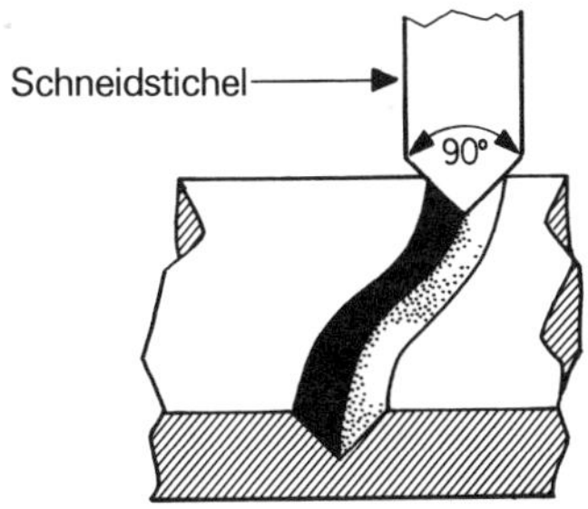

Bild 9.59 Unmodulierte Rille der Seitenschrift

Die Grundlage für die heutige Stereo-Schallplatte wurde bereits vor über vierzig Jahren erarbeitet. 1931 ließ sich der Engländer A. D. Blümlein ein Verfahren patentieren, das es ermöglichte, die beiden Stereo-Informationen in einer einzigen Schallrille aufzuzeichnen. Er kombinierte dabei die Tiefenschrift des alten Edison-Phonographen mit der Seitenschrift der Schallplatte. Beide Modulationen wurden in einem Arbeitsgang durch einen sowohl vertikal als auch horizontal beweglichen, von zwei senkrecht zueinander stehenden Spulen angetriebenen Stichel geschnitten. Daß die Entwicklung der Stereo-Schallplatte nicht schon damals, sondern erst um 1955 einsetzte, lag an den seinerzeit noch allzu deutlichen prinzipiellen Mängeln der Schallplattentechnik.

Durch einen genialen Kunstgriff gelang es später, das von Blümlein gezeigte Verfahren wesentlich zu verbessern. Man schneidet die Stereo-Schallrille nämlich nicht, wie ursprünglich vorgesehen, in einer Kombination aus Seiten- und Tiefenschrift, sondern so, daß beide Bewegungsrichtungen um 45° zur Plattenoberfläche geneigt sind (Bild 9.60). Sie stehen somit senkrecht zur inneren bzw. äußeren Flanke der Schallrille (bei annähernd rechtwinkligem Rillenquerschnitt). Auf diese Weise

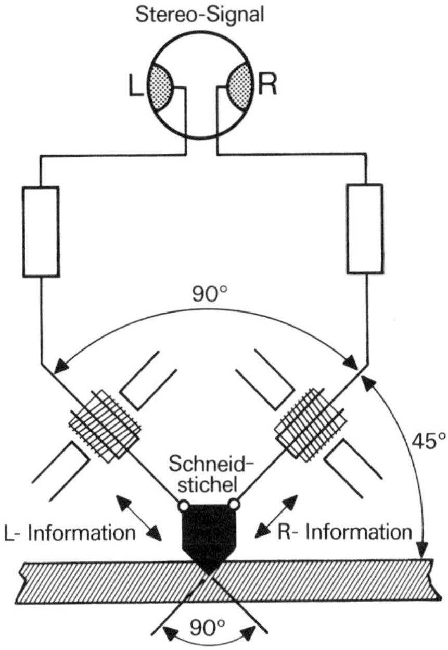

Bild 9.60 Schema einer Stereo-Schneidvorrichtung

sind linke und rechte Aufzeichnungen qualitativ gleich; beide Rillenmodulationen enthalten sowohl Seiten- als auch Tiefenschrift-Anteile. In Bild 9.61 werden die Entstehung einer Stereorille bzw. die möglichen Bewegungsrichtungen des Schneidstichels schematisch dargestellt.

Aus diesen Gründen ist es auch zu erklären, daß der Inhalt einer Mono-Schallplatte, auf einem Stereo-Gerät abgespielt, über beide Lautsprecher wiedergegeben wird; denn sie stellt praktisch eine Stereo-Schallplatte dar, bei der beide Kanäle gleich moduliert sind, und zwar nur mit Seitenschriftanteil. Desgleichen könnten auch Stereoplatten auf Monogeräten abgespielt werden, allerdings werden hierbei nur die Seitenschriftanteile vom Monotonkopf abgetastet. (Heute gibt es aber praktisch nur noch Stereotonköpfe.)

Eine Stereorille ist ein äußerst kompliziertes Gebilde, und dementsprechend kompliziert sind auch die Bewegungsvorgänge im Abtastsystem. Es sollen ja die

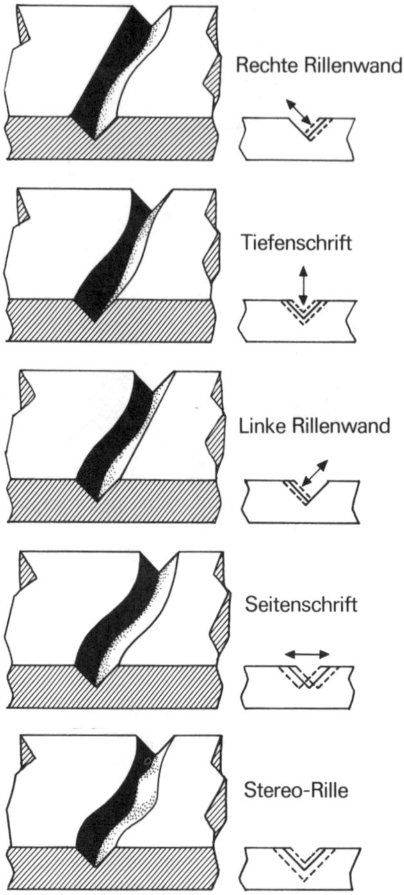

Bild 9.61 Die Entstehung einer Stereorille durch verschiedenartige Bewegungen des Schneidstichels

in den Bewegungen der Abtastnadel enthaltenen Informationen in die ursprünglichen Grundrichtungen (links—rechts) zurückgewandelt werden. Die beste Qualität erzielt man mit magnetischen und dynamischen Tonabnehmern. Bei den magnetischen Tonabnehmern ist die Abtastnadel direkt mit einem kleinem Magneten verbunden, der zwischen den Polen zweier senkrecht zueinander angeordneter Spulen frei beweglich ist (Bild 9.62), während bei den dynamischen Tonabnehmern zwei winzige Spulen direkt mit der Abtastnadel verbunden sind und sich im Feld eines feststehenden Magneten bewegen.

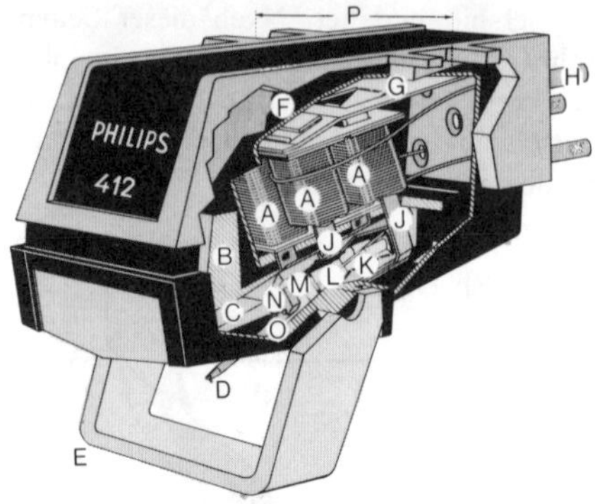

Bild 9.62 Aufbau eines magnetischen Stereo-Tonabnehmersystems: A = Spulen für linken und rechten Kanal, B = Präzisionsformteil für Spule und Nadelträgereinheit, C = Nadelträgereinheit, D = Diamant, E = Nadelschutz, F = Abschirmung, G = Halterung und Erdungskontaktfeder, H = Anschlußkontakte, J = Polschuhe für linken und rechten Kanal, K = Gummidämpfungsblock, L = Stabilisierungsdraht, M = Lagerblock, N = Super-M-Magnet, O = Nadelträger

Es gibt aber auch Kristall-Tonabnehmer. Bei ihnen werden die mechanischen Schwingungen der Abtastnadel in einem bestimmten Kristall in elektrische Spannung umgewandelt. Der Vorgang beruht auf dem Prinzip der Piezoelektrizität (sprich pi-ezo), d. h. Druckelektrizität, bei der Kristalle beim Verdrehen oder Biegen

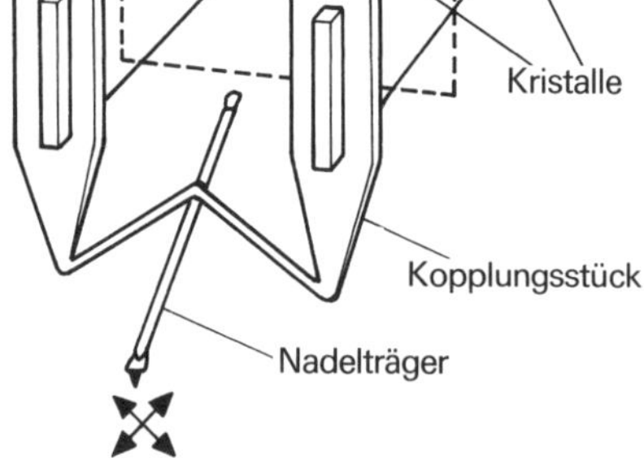

Bild 9.63 Schema eines Stereo-Kristalltonabnehmers

eine kleine elektrische Spannung abgeben. Wir haben den Vorgang bereits beim Kristall-Mikrofon kennengelernt.

Das Aufbauschema eines solchen Stereo-Kristalltonabnehmers ist in Bild 9.63 gezeigt. Die Nadel ist hier mit zwei Kristallen gekoppelt, die auf Verdrehung beansprucht werden. Die beiden Kristalle sind an ihren freien Enden mit einem W-förmigen elastischen Kupplungsstück verbunden. Der Nadelarm berührt dieses W-Stück in der Mitte. Dadurch, daß das vordere (hier angedeutete) Lager aus weichem und das hintere Lager aus starrem Plastikmaterial besteht, ist eine Verdrehung möglich.

Ist z. B. die rechte Rillenwand moduliert, so führt der Nadelarm zu dieser Rillenwand senkrechte Bewegungen aus, die über das Verbindungsstück in gleicher Richtung wirken (Bild 9.64). Dadurch wird nur das rechte System einer Zugwirkung (Verdrehung) ausgesetzt und liefert eine Spannung, die der Modulation der rechten Rillenwand entspricht. Sinngemäß ist auch die Funktion der linken Rillenwand zu verstehen, die nur das linke System beeinflußt.

Die dritte Zeichnung zeigt eine in der Praxis auftretende Situation, in der beide

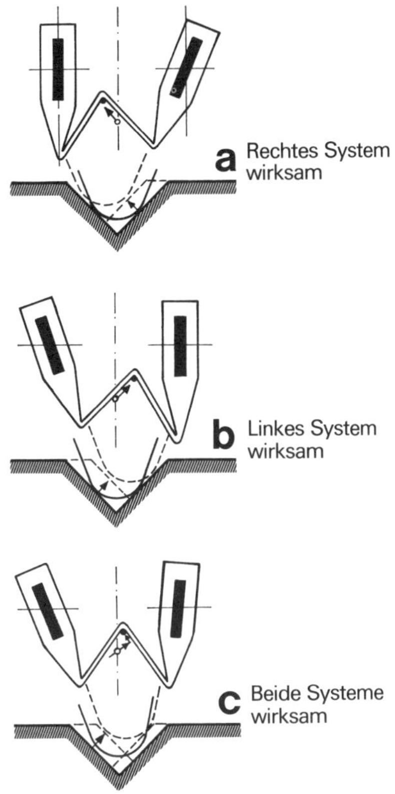

Bild 9.64 Bewegungsrichtungen der Abtastnadel in einer Stereorille bei unterschiedlichen Modulationen

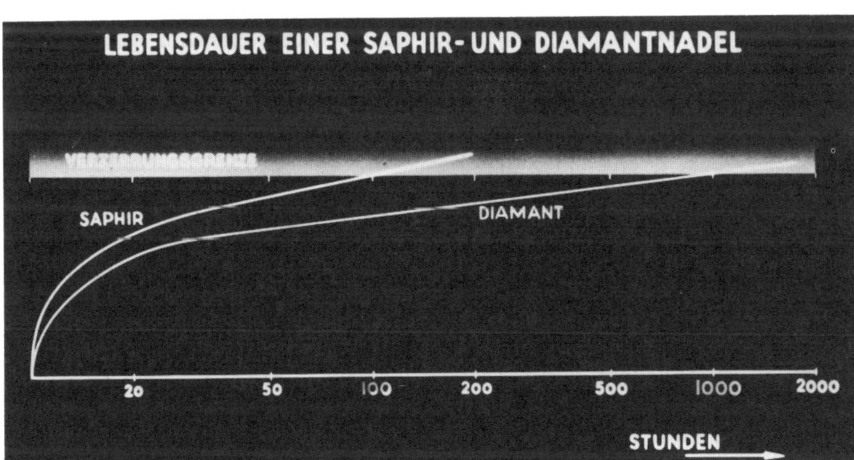

Bild 9.65 Lebensdauer-Diagramm von Saphir- und Diamantnadeln

Rillenwände gleichzeitig moduliert sind. Der Nadelarm hat sich hier sowohl nach rechts als auch nach oben bewegt. Die Folge ist, daß sowohl das linke als auch das rechte Kristallelement verdreht werden. Die Information der beiden in der Rille festgelegten Kanäle wird also in diesem Fall vom Tonkopf in getrennte elektrische Spannungen umgesetzt.

Im Zusammenhang mit den Tonköpfen darf die Abtastnadel nicht unerwähnt bleiben. Es kann nicht oft genug darauf hingewiesen werden, daß gerade die Abspielnadel einer natürlichen Abnutzung unterliegt und darum von Zeit zu Zeit gegen eine neue ausgetauscht werden muß. Eine grafische Darstellung in Bild 9.65 (s. Seite 207) zeigt die ungefähre Lebensdauererwartung von Saphir- und Diamantnadeln.

Bild 9.66 vermittelt einen Eindruck vom Aussehen einer Saphirnadelspitze in verschiedenen Abnutzungsstadien. Links oben = neue Nadel, rechts oben = ca. 50 Betriebsstunden, links unten = ca. 100 und rechts unten = ca. 150 Betriebsstunden. Nadeln mit starken Schliffspuren müssen unbedingt ersetzt werden, da sie die Tonrille sonst unweigerlich zerstören. Die Wirkungsweise guter und schlechter Nadeln geht aus Bild 9.67 hervor.

Bild 9.66 Wird die Abtastnadel nicht rechtzeitig gewechselt, treten unzulässig hohe Abnutzungserscheinungen auf

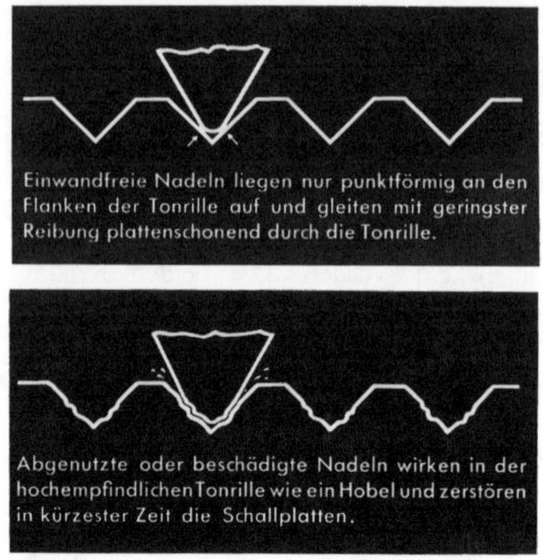

Bild 9.67 Gute und beschädigte Schallplattenrille

In der Schallplatten-Aufnahmetechnik wird neben dem üblichen Verfahren, die Aufzeichnung zunächst auf Magnetband vorzunehmen und dann auf eine Lackfolie zu überspielen, seit einiger Zeit auch das sogenannte Direktschnittverfahren angewendet. Bei diesem Verfahren, das im Prinzip auf Edisons Aufnahmeverfahren zurückgeht, verzichtet man auf die Magnetbandaufzeichnung und führt das vom Mikrofon aufgenommene Signal direkt der Schneidapparatur zu. Hierdurch wird die mit der magnetischen Aufzeichnung zwangsweise verbundene Beeinträchtigung der Tonqualität vermieden, und man kann die mit der Schallplatte erzielbare Wiedergabequalität voll ausnutzen.

Nachteilig beim Direktschnittverfahren ist der Fortfall der bei der Magnetbandaufzeichnung gegebenen Montagemöglichkeit, was mit höheren Produktionskosten verbunden ist (die Aufnahme kann nicht mehr in einzelne Abschnitte, sogenannte »Takes«, unterteilt werden, so daß beispielsweise alle an der Aufnahme einer Oper beteiligten Künstler zur gleichen Zeit anwesend sein müssen; bei einem Fehler muß die gesamte Aufnahme wiederholt werden). Außerdem ist wegen des fehlenden Mutterbands die Auflage einer Direktschnittschallplatte auf einige tausend Exemplare beschränkt. Aus diesen Gründen werden nur verhältnismäßig wenige ausgewählte Musikstücke auf Direktschnittschallplatten produziert.

9.7. Compact-Schallplatte

Die auf den vorangegangenen Seiten beschriebene Schallplatte ist bekanntlich mit verschiedenen Nachteilen behaftet, die im wesentlichen auf systembedingte Eigenschaften zurückzuführen sind. Rumpeln, Gleichlaufschwankungen, Skatingeffekt, Anfälligkeit gegen Verschmutzung und Verschleiß sind nur einige dieser negativen Aspekte. Es lag daher auf der Hand, zu versuchen, mit neuen Technologien den an sich idealen Tonträger »Schallplatte« grundlegend zu verbessern und somit einen neuen Qualitätsstandard zu schaffen. Im Philips-Forschungslaboratorium hat man sich mit diesen Problemen jahrelang beschäftigt und konnte schließlich zwei neuartige Informationsträger vorstellen: eine Video-Langspielplatte nach dem VLP-System (s. Abschnitt 9.8.) und eine Audio-Langspielplatte, die unter der Bezeichnung Compact-Disc (CD) oder Compact-Schallplatte im März 1979 zum ersten Mal öffentlich vorgeführt wurde.

Beiden Plattensystemen ist ein völlig neuartiges Abtastprinzip gemeinsam: es arbeitet auf optischem Weg und benutzt einen Laserlichtstrahl, um die in der Platte vorhandenen Informationen berührungslos »auszulesen«, wobei der Lichtstrahl durch die speziellen Reflexionseigenschaften der Informationsspur beeinflußt wird.

Die neue Compact-Schallplatte ist wesentlich kleiner als heutige Langspiel-Schallplatten; ihr Durchmesser beträgt nur 11,5 cm, und die Plattenstärke ist 1,1 mm (Bild 9.68). Frequenzbereich und Dynamikumfang sind stark erweitert, Rumpeln und Jaulen verschwinden ganz, die Spieldauer einer Seite beträgt bei Stereoaufzeichnung eine Stunde, und die Platten sind völlig unempfindlich gegenüber Staub, Kratzern und Fingerabdrücken.

Bild 9.68 Größenvergleich der Compact-Schallplatte (links) zur herkömmlichen Langspielplatte. Im Vordergrund das Abspielgerät für die Compact-Schallplatte

Diese revolutionierenden Eigenschaften wurden durch die Anwendung neuer Techniken ermöglicht. Bisher wird die Musikinformation auf der Schallplattenoberfläche in eine spiralförmige Rille eingeprägt, dabei ist die Geometrie der Rille ein analoges Abbild der Schallschwingungen. Bei der Philips Compact-Schallplatte sind die Informationen dagegen innerhalb der Platte untergebracht, und zwar in Form einer dichten Folge von mikroskopisch kleinen Vertiefungen (Bild 9.69). Sie stellen das Abbild der Musik dar, jedoch wurde hier das analoge Signal vorher in ein digitales PCM-Signal umgeformt. Im Gegensatz zur konventionellen Schallplatte wird die Spiralspur bei der Compact-Schallplatte von innen nach außen abgetastet.

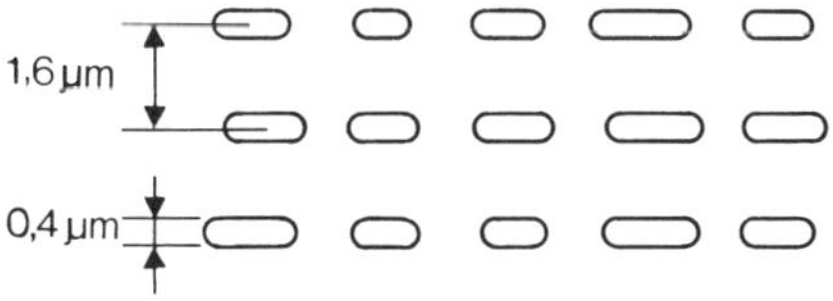

Bild 9.69 Schematische Darstellung der Information auf der Compact-Schallplatte

Das PCM-(puls-code-modulierte)Signal wird dargestellt als eine Folge von 14-bit-Wörtern, das sind digitalisierte Signal-Ein-

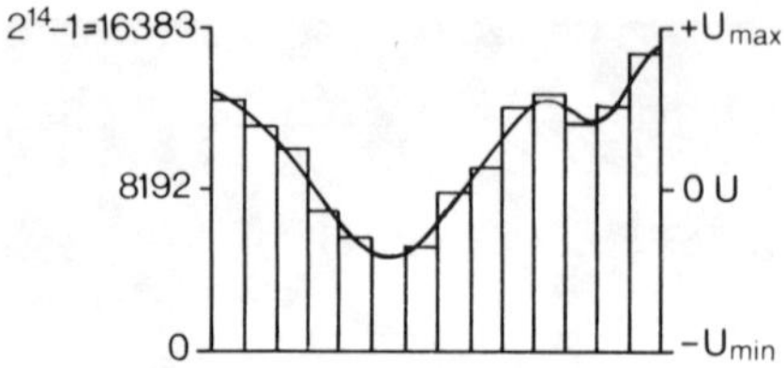

Bild 9.70 Das analoge Tonsignal (durchgehender Kurvenzug) wird in bestimmten Abständen von Impulsen abgetastet. Aus den Amplitudenwerten der Impulse gewinnt man anschließend das digitalisierte Signal

heiten (Bild 9.70), die neben der Musikinformation auch noch Rechts-Links- und Adressen-Informationen enthalten. Durch die alternierende Wiedergabe von »Rechts- und Linkswörtern« wird eine extrem gute Kanaltrennung der beiden Stereokanäle ermöglicht. Die Adresse je Wort läßt einen wahlfreien Zugriff zu jedem Musikstück einer Platte zu, wodurch z. B. das automatische Abspielen beliebiger Sequenzen einer Platte realisiert werden kann. Durch die richtige Wahl der Parameter für die Umwandlung der analogen Schallinformation in das digitale PCM-Signal legt man die Qualitätsmerkmale fest: es werden 85 dB Signal-Rausch-Abstand erzielt gegenüber etwa 60 dB bei heutigen Langspielplatten. Der Dynamikumfang stieg auf ebenfalls 85 dB, während der Klirrfaktor mit 0,05 %

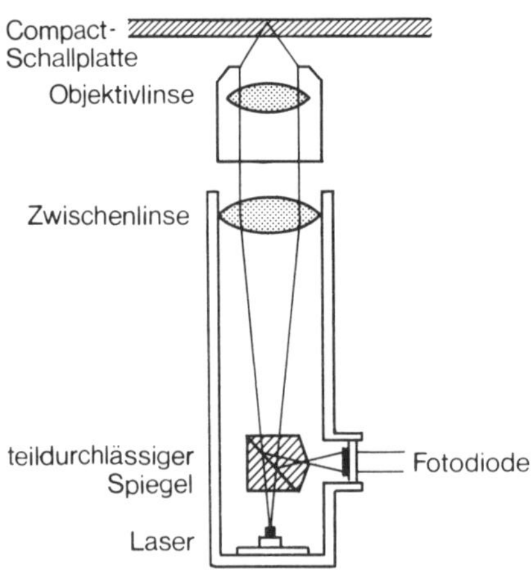

Bild 9.71 Optisches System zum Auslesen der Toninformation auf der Compact-Schallplatte

weit unter der Wahrnehmbarkeitsgrenze liegt.

Die Musikinformation wird mit dem mikroskopisch feinen Lichtstrahl eines Halbleiter-Lasers ausgelesen (Bild 9.71). Da der Fokus des Lichtstrahls in der Ebene der eingeprägten reflektierenden Vertiefungen und nicht an der Oberfläche der transparenten Schutzschicht liegt, werden Staub, Schmutz, Fingerabdrücke und Kratzer vom optoelektronischen Abtastsystem gar nicht »gesehen«, die Musikqualität bleibt also unbeeinflußt (Bild 9.72).

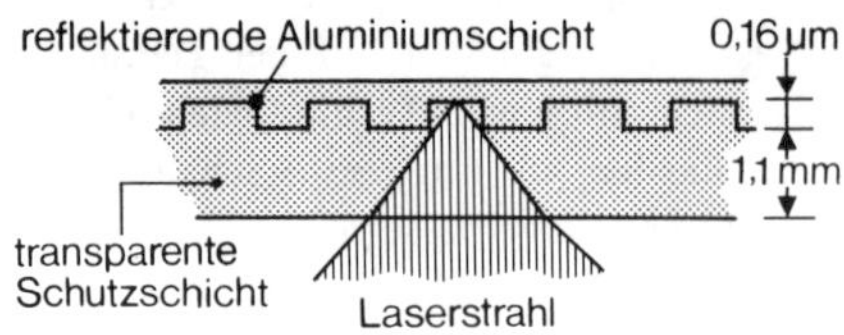

Bild 9.72 Der fokussierte Lichtfleck des Laserstrahls liegt in der Ebene der eingeprägten reflektierenden Informationsspur

Das optische Lesen geschieht völlig berührungslos, ein Verschleiß der Platten und des Lesesystems ist daher ausgeschlossen. Auch Mikrofonie kann nicht auftreten, da ein mechanischer Kontakt zwischen dem optischen System und der Platte fehlt.

Die Steuer- und Regelelektronik des Plattenspielerantriebs erhält ihre Signale auch von der Platte, d. h. die dazu notwendigen Informationen werden ebenfalls mit dem Laserstrahl ausgelesen. Die Auslesegeschwindigkeit beträgt gleichbleibend ca. 1,25 m/s, das bedeutet eine Drehzahl von rund 500/min am Plattenanfang und 215/min am Plattenende. Bei diesen Geschwindigkeiten entfallen deshalb Störungen durch Rumpeln und Jaulen. Nach dem Auslesen wird das digitale Signal mit einem Digital-Analog-Wandler in das herkömmliche Stereo-Tonsignal umgewandelt und nach Verstärkung von den Lautsprechern abgestrahlt. In Bild 9.73 ist der gesamte Vorgang schematisch dargestellt.

Die Marktvoraussetzungen zur Einführung der neuen Compact-Schallplatte sind

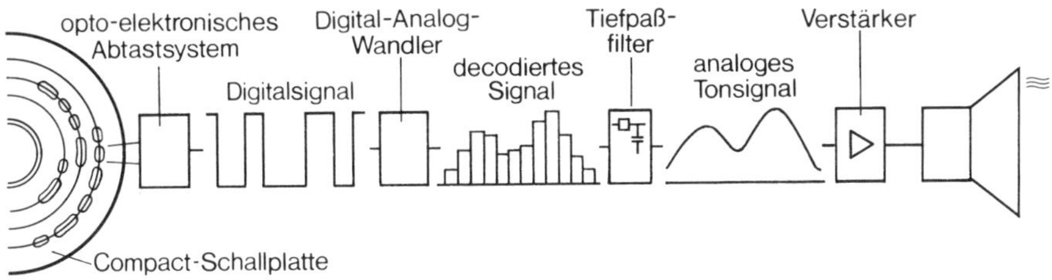

Bild 9.73 Schema der Signalverarbeitung bei der Tonwiedergabe nach dem Compact-Schallplattensystem

für den Anfang der 80er Jahre zu erwarten. Voraussichtlich werden sich die Preise an den heutigen Preisen einer Langspielplatte bzw. eines Top-HiFi-Plattenspielers orientieren.

9.8. Video-Langspielplatte VLP

Auf der Funkausstellung 1973 wurde die Öffentlichkeit zum erstenmal mit den vielfältigen Eigenschaften des von Philips entwickelten VLP-Bildplattensystems vertraut gemacht. Weitere »Premieren« folgten 1974 in Tokio und 1975 in New York. Die Bedeutung dieser mit großem Interesse aufgenommenen Vorführungen lag vor allem darin, bereits lange vor der offiziellen Markteinführung die Vorteile des optischen Systems gegenüber anderen Verfahren zu beweisen und damit den Weg zu einem einzigen Standard vorzubereiten.

In Übereinstimmung mit diesen Bemühungen wurde 1974 mit dem Medienkonzern Music Corporation of America (MCA) ein Abkommen geschlossen, zukünftig die Arbeiten auf diesem Gebiet zu koordinieren, wobei sich gleichzeitig als äußerst wichtiger Vorteil die Verfügbarkeit eines umfangreichen Softwarefundus für das Philips-MCA-Bildplattensystem ergab. Im Dezember 1978 wurde das VLP-System auf dem Testmarkt Atlanta im Staat Georgia eingeführt. Anschließend wird der Markt auf den gesamten Bereich der Vereinigten Staaten ausgedehnt.

Die Systembezeichnung VLP heißt »Video Long Play« und kennzeichnet die Eigenschaft, ein Programm auf einer Platte mit hoher Dichte zu speichern, so daß sich eine entsprechend lange Spielzeit ergibt. Die Überlegenheit des VLP-Systems beruht auf der Anwendung optischer Mittel zum Zweck der Informationsauslesung. Diese erfolgt berührungslos durch Reflexion eines Lichtpunkts von der Platte, so daß keinerlei Verschleiß bzw. Abnutzung auftritt (Bild 9.74). Auch die Unempfindlichkeit gegen Oberflächenverschmutzung ist durch einen besonderen Schutz der Informationsspur sehr groß und weitaus besser als bei herkömmlichen Schallplatten. Darüber hinaus erlaubt das optische System verschiedene Betriebsarten, z. B. Stehbild, Zeitlupe, Zeitraffer usw., die mit anderen Verfahren nicht zu realisieren sind.

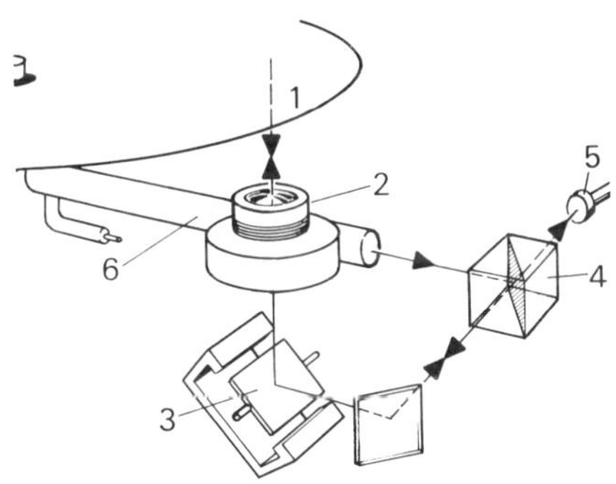

Bild 9.74 Prinzip des optischen Abtastsystems: 1. VLP-Bildplatte, 2. Objektiv, 3. Drehspiegel, 4. teildurchlässiger Spiegel, 5. Fotodiode, 6. Laser

Die Video-Langspielplatte VLP besteht aus einem transparenten Plastikmaterial mit 20 oder 30 cm Durchmesser und einer Stärke von 1,2 mm. Alle Bild- und Toninformationen sind in digital codierter Form in einer spiralförmigen Spur enthalten, die auf der Video-LP von innen nach außen verläuft. In der Spur der Standard-VLP ist pro Umdrehung ein vollständiges Farbfernsehbild enthalten, sie wird mit 1500 Umdrehungen pro Minute abgespielt und kann pro Seite ein 30-Minuten-Programm aufnehmen. Die sogenannte Langspielversion wird mit veränderlicher Geschwindigkeit abgespielt, und zwar nimmt diese von 1500 auf rund 500 Umdrehungen pro Minute ab, wobei pro Seite ein 60-Minuten-Programm gespeichert werden kann.

Die Informationsspur setzt sich wie bei der Compact-Schallplatte aus aufeinanderfolgenden Vertiefungen zusammen, deren Abstand und Länge sich je nach Informationsinhalt ändern. Ihre Breite beträgt dagegen einheitlich 0,4 μm und ihre Tiefe 0,1 μm. Da der Spurmittenabstand 1,6 μm ist, entfallen auf einen Millimeter rund 600 Spurwindungen. Wie groß die Speicherdichte der VLP-Platte ist, zeigt folgende Rechnung: Länge einer Innenspur $(130 \times 3{,}14) = 408{,}2$ mm mal Gesamtspurbreite (1,6 μm) ergibt 0,653 mm^2. Auf knapp zwei Drittel eines Quadratmillimeters ist also ein komplettes Fernsehbild gespeichert!

Bild 9.75 Die gegen Verschmutzung praktisch unempfindliche Video-Langspielplatte VLP wird in einem speziellen Plattenspieler abgespielt, dessen Ausgangssignal in die Antennenbuchse eines Farbfernsehempfängers eingespeist werden kann

Die VLP-Platte wird auf einem speziellen Plattenspieler abgespielt, der an die Antennenbuchsen eines Farbfernsehempfängers angeschlossen wird (Bild 9.75). Die Bildplatte befindet sich beim Abspielen innerhalb des Geräts, wo sie durch den Laserlichtpunkt von unten ausgelesen wird. Das optische System bewegt sich dabei samt Laser elektronisch gesteuert von der Plattenmitte radial von innen nach außen.

9.9. Wichtiges kurz gesagt

1. Schallwellen sind Luftschwingungen, die sich normalerweise kreisförmig und zumeist auch kugelförmig von der Schallquelle ausbreiten.
2. Schallwellen sind durch Wellenlänge und Frequenz definiert. Ihre Fortpflanzungsgeschwindigkeit ist nicht in allen Stoffen gleich; sie beträgt beispielsweise in Luft ca. 333 m/s, in Wasser 1480 m/s und in Glas 5200 m/s.
3. Der für uns tiefste wahrnehmbare Ton liegt bei etwa 16 Hz, die höchsten noch hörbaren Frequenzen liegen zwischen 14000 und 20000 Hz. Mit zunehmendem Alter nimmt die Hörfähigkeit des Menschen ab.
4. Man unterscheidet zwischen Tönen, Klängen und Geräuschen. Töne bestehen in der Regel mehr oder weniger aus einer Grundschwingung mit bestimmter Frequenz, wogegen sich Klänge aus mehreren Tönen, d. h. aus einer Summe vieler einzelner Schwingungszüge zusammensetzen. Geräusche kann man als ein wirres Gemisch zahlreicher kurzer und langer Schallwellen unterschiedlicher Intensität ansehen.
5. Jedes Instrument hat seine bestimmte Klangfarbe: dem typischen Grundton sind weitere höhere Töne beigemischt, die man Obertöne nennt. Sie bestimmen die jeweilige Klangfarbe, wobei jedoch der Grundton immer dominierend, also tonbestimmend ist.
6. Die Lautstärke der Schallwellen wurde bisher in Phon angegeben, wird aber neuerdings in dB/A gemessen.

7. Mikrofone sind Schallaufnehmer und -wandler zugleich. Sie setzen die Schwingungen der Luftmoleküle über eine Membran in entsprechende elektrische Schwingungen um.

8. Ein ideales Mikrofon sollte einen geradlinigen Frequenzgang haben, d. h. bei tiefen, mittleren und hohen Frequenzen eine gleich große Spannung abgeben. Wenn die Unterschiede zu stark sind, treten hörbare Verfälschungen des Originalklangs auf.

9. Mikrofone haben eine Richtcharakteristik. Wenn sie den Schall gleichmäßig aus allen Richtungen aufnehmen, spricht man von einer kugelförmigen Charakteristik; wird eine bestimmte Richtung bevorzugt, wird dies als herz- oder nierenförmige Charakteristik ausgedrückt. Neben den Mono-Mikrofonen gibt es auch Stereo-Mikrofone, die zwei Systeme enthalten.

10. Die älteste Ausführung ist das Kohle-Mikrofon, bei dem sich der elektrische Widerstand im Rhythmus des Schalldrucks ändert und damit diesen in Stromschwankungen umsetzt. Das Kohle-Mikrofon hat einen relativ schlechten Frequenzgang und benötigt eine Versorgungsspannung.

11. Kristall-Mikrofone geben eine elektrische Spannung ab, wenn der Kristall durch den Druck der Schallwellen beeinflußt wird. Sie haben einen befriedigenden Frequenzgang und hohe Empfindlichkeit.

12. Tauchspulen-Mikrofone induzieren eine elektrische Spannung in einer Spule, die sich – wenn das Mikrofon von den Schallwellen getroffen wird – im Feld eines Dauermagneten bewegt. Ihr Frequenzgang ist geradlinig und für hohe Ansprüche geeignet.

13. Kondensator-Mikrofone arbeiten im Prinzip mit einem gleichspannungsmäßig vorgespannten Kondensator, dessen Plattenabstände sich beim Auftreffen von Schallwellen ändern und dabei eine entsprechende Spannungsänderung an einem Widerstand hervorrufen. Sie sind qualitativ hochwertige Mikrofone, aber in der Herstellung recht teuer.

14. Elektret-Mikrofone arbeiten praktisch ähnlich wie die Kondensator-Mikrofone. Elektretfolien haben eine statische elektrische Ladung, also eine »eingebaute« Gleichspannungsquelle. Auch hier wird die Kapazitätsänderung zweier Platten zur Wandlung des Schalls in Spannung ausgenutzt. Die Körperschallempfindlichkeit der Elektret-Mikrofone ist gering, und man kann sie beispielsweise direkt in Tonbandgeräte einbauen.

15. Lautsprecher sind Schallwandler und -abstrahler zugleich. Sie setzen die elektrischen Schwingungen über die Membran in Luftschwingungen um. Beim heute durchweg verwendeten Typ des dynamischen Lautsprechers taucht eine Spule – an der die Membran befestigt ist – in den Luftspalt eines Dauermagneten. Fließt ein Wechselstrom durch die Spule, so bewegt sie sich im Rhythmus der betreffenden Frequenzen hin und her, wobei die Membran die umgebende Luft anstößt und Schall entstehen läßt.

16. Es gibt Konuslautsprecher mit trichterförmiger Membran für alle Frequenzen des Hörbereichs. Halbkugelförmige Membranen verwendet man bei Kalottenlautsprechern für den Hochtonbereich.

17. Lautsprecherboxen, vor allem die für den HiFi-Bereich, sollen einen möglichst geradlinigen Frequenzgang haben, um keine Verfälschung des Originalklangs hervorzurufen. Sie haben deshalb zumeist zwei oder mehr Systeme, um den zu übertragenden Frequenzbereich möglichst optimal abzustrahlen.

18. Zur Verstärkung der elektrischen Signale des Hörbereichs werden sogenannte Niederfrequenz- oder NF-Verstärker benutzt.

19. NF-Verstärker müssen wie Mikrofone und Lautsprecher einen geradlinigen Frequenzgang haben. Dieser kann mit Baß- und Höheneinstellern in gewissen Grenzen individuell verändert werden.

20. Die Ausgangsleistung eines NF-Verstärkers wird in Watt (W) angegeben. Wich-

tig ist, besonders bei hochwertigen Übertragungsanlagen, ein kleiner Wert für den Klirrfaktor, der bei HiFi-Anlagen unter ein Prozent liegen soll.

21. HiFi ist ein Wertbegriff für die Qualität einer Musikübertragungsanlage. HiFi gilt daher sowohl bei Mono- als auch bei Stereo- oder Quadro-Wiedergabe.

22. Einkanalige Wiedergabe wird als Monophonie, zweikanalige als Stereophonie und vierkanalige als Quadrophonie bezeichnet.

23. Da echte Quadrophonie technisch sehr aufwendig ist, wird bei vielen Anlagen eine Pseudo-Quadrophonie verwirklicht, bei der die Rauminformationen aus dem normalen Stereosignal herausgeholt und über zwei Zusatzlautsprecher abgestrahlt werden. Kodierte Quadroaufnahmen nach bestimmten Verfahren (SQ oder CD4 u. ä.) gibt es als Schallplatten.

24. Schallplatten sind die ältesten Tonträger und werden heutzutage aus Kunststoffmaterial hergestellt. Die Rillen mit der gespeicherten Musik oder Sprache werden hierbei in einem Preßvorgang vervielfältigt, und zwar fast ausschließlich in Stereotechnik.

25. Als Rillenabtaster sind heute Kristallsysteme sowie magnetische und dynamische Systeme in Gebrauch, wobei die höchste Qualität mit magnetischen und dynamischen Abtastsystemen erzielt wird.

26. Die Abtastnadel wird in zwei Ausführungen benutzt, und zwar als Saphir- oder als Diamantnadel, die eine höhere Lebensdauer hat.

27. Bei einer Schallplattenaufnahme nach dem Direktschnittverfahren wird das Schallsignal nicht wie sonst üblich zunächst auf Magnetband aufgezeichnet, sondern der Schneidapparatur direkt zugeführt. Hierdurch kann eine höhere Wiedergabequalität erzielt werden.

28. Die Compact-Schallplatte enthält das Tonsignal in digital codierter Form und wird optisch mit Hilfe eines Laserstrahls abgetastet. Es entfällt jeglicher Verschleiß; der Frequenzbereich und der Dynamikumfang sind gegenüber herkömmlichen Schallplatten stark erweitert.

29. Bei der Video-Langspielplatte VLP sind die Bild- und Tonsignale ebenfalls in digital codierter Form eingeprägt und werden mit einem Laserstrahl optisch abgetastet. Das Abspielgerät für die VLP-Platte kann an die Antennenbuchse eines Farbfernsehempfängers angeschlossen werden.

Die moderne Elektroakustik hat viele Anwendungsgebiete. Dieses Bild zeigt eine »Diskussionsanlage« für große Konferenzräume. Im Unterteil jeder Mikrofoneinheit ist ein Lautsprecher eingebaut. Vorteil dieser Anordnung ist, daß sich in der Nähe jedes Konferenzteilnehmers eine Schallquelle befindet

10. Grundlagen der Rundfunktechnik

Zu Beginn der 70er Jahre feierte der Rundfunk seinen 50. Geburtstag. Allerdings läßt sich das Datum nicht genau angeben — irgendwann in den frühen Zwanzigern begann es mit dem Radio, und zwar überall in der Welt fast gleichzeitig. In Nordamerika, Südamerika, Australien und natürlich auch Europa wurden Rundfunkstationen errichtet, und man fing auf Mittel- und Langwellen mit dem Senden und Empfangen von Hörfunkprogrammen an.

Mit für heutige Begriffe primitiven Detektorempfängern und Kopfhörern, großvolumigen Röhren-Geradeausempfängern und blechern klingenden Lautsprechern wurde ein neues technisches Zeitalter eingeleitet (Bild 10.1). Der lange Weg bis zum heutigen, schon selbstverständlichen Standard mit HiFi, Stereoempfang und -wiedergabe, UKW und Transistoren war gekennzeichnet durch viele Meisterleistungen und Höhepunkte in Forschung, Entwicklung und Konstruktion im technischen Bereich, die ergänzt wurden von gleichwertigen Leistungen auf der Programmseite.

Bild 10.1 Philips Geradeausempfänger »Paladin« mit »Meisterklang-Lautsprecher« aus der Pionierzeit des Rundfunks

10.1. Wellen und Frequenzen

Unsichtbare elektromagnetische Schwingungen tragen Musik und Sprache unhörbar über große Entfernungen. Die Techniker verstehen es, elektrische Wellen in Sendern zu erzeugen und über hohe Sendeantennen in den Äther zu schicken. Bild 10.2 deutet dies an. Man hat es durch technische Mittel in der Hand, längere oder kürzere Wellen auszustrahlen.

Die Wellen pflanzen sich im Äther mit der ungeheuren Geschwindigkeit von ca. 300000 Kilometern in der Sekunde fort, d. h. sie legen in dieser Zeit eine Entfernung zurück, die dem $7\,^1/_2$fachen Erdumfang entspricht (Bild 10.3).

Wir kennen aus Kapitel 2 die Zusammenhänge zwischen Frequenz- und Zeiteinheit. Was für den technischen Wechselstrom des 50-Hz-Lichtnetzes gilt, hat natürlich auch Gültigkeit für den Bereich der Hochfrequenz. Eine elektromagnetische Schwingung von 1000000 Hz führt

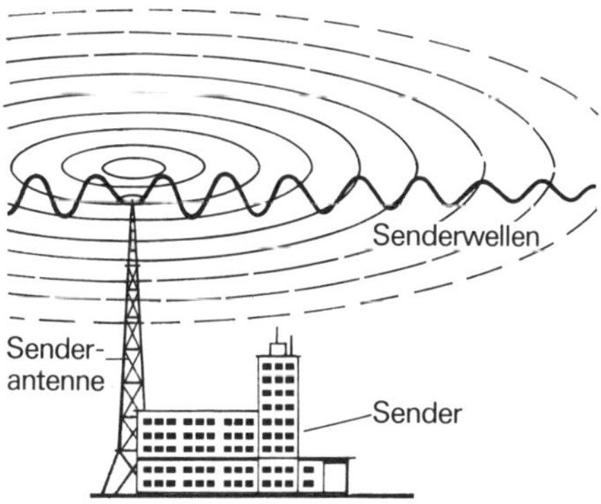

Bild 10.2 Ähnlich wie Schallwellen breiten sich auch die Senderwellen normalerweise kreisförmig von der Senderantenne in den Raum aus

Bild 10.3 Die Ausbreitungsgeschwindigkeit der elektromagnetischen Wellen beträgt 300 000 Kilometer in der Sekunde

demnach in einer Sekunde 1 000 000 Schwingungen aus. Diese Tatsache und die Ausbreitungsgeschwindigkeit (c) faßt man in einer kleinen Formel zusammen, mit der wir z. B. die Wellenlänge in Meter (m) berechnen können. Sie heißt:

$$\text{Wellenlänge} = \frac{\text{Ausbreitungsgeschwindigkeit}}{\text{Frequenz}}$$

$$\lambda = c/f$$

oder wenn wir die Frequenz (f) wissen wollen:

$$\text{Frequenz} = \frac{\text{Ausbreitungsgeschwindigkeit}}{\text{Wellenlänge}}$$

$$f = c/\lambda$$

wobei die Wellenlänge mit dem griechischen Buchstaben Lambda (λ) bezeichnet wird.

Die Langwellensender strahlen Wellen von etwa 1000 bis 2000 m Länge aus. Das ist gleichbedeutend mit Frequenzen von 300 bis 150 kHz. Die Mittelwellensender arbeiten mit Wellenlängen zwischen 1000 und 100 m. Eine 300-Meter-Welle hat also eine Frequenz von 300 000 : 300 = 1000 kHz. Noch »schneller« sind die Schwingungen der Kurzwellen, die zwischen 100 und 10 m Länge messen, entsprechend 3000 und 30 000 kHz bzw. 3 und 30 MHz (Megahertz).

Im Frequenzspektrum folgen dann die Ultrakurzwellen, deren Bereich zwischen 10 und 1 m liegt. Hier schwingt die 3-Meter-Welle 100 Millionen Mal in der Sekunde. 100 Millionen Hz sind also gleich 100 MHz. Die Darstellungen in Bild 10.4 ma-

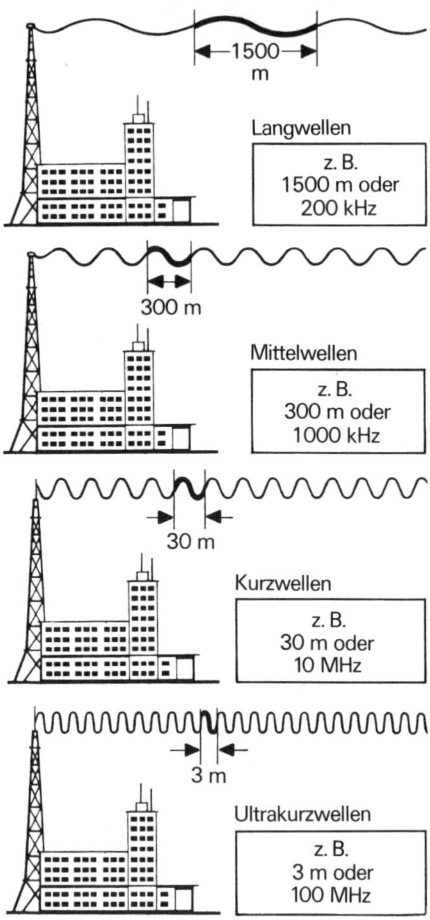

Bild 10.4 Vereinfachtes Schema der Wellenarten für Rundfunksendezwecke

chen die Zusammenhänge bewußt. Den ultrakurzen Wellen folgen die Dezimeterwellen, auf denen beispielsweise die Fernsehprogramme über Richtfunkstrecken von Turm zu Turm reisen (Bild 10.5).

Bild 10.5 Fernmeldeturm mit Richtfunk-Parabolantennen

Es schließen sich die Zentimeter- und Millimeterwellen an, danach dann die Infrarot-Wärmewellen und die noch schneller schwingenden Lichtwellen. Weitere Wellenbereiche allerschnellster Schwingungen folgen mit den Röntgen-, Gamma- und Kosmischen Strahlen, auf die hier aber nicht näher eingegangen werden soll. Zur Erklärung der Wellenlängenbezeichnung in der Tabelle (Bild 10.6) nur soviel, daß 1 μm (Mikrometer) gleichbedeutend mit 1/1000 Millimeter oder 1000 nm (Nanometer) ist. Die bislang gebräuchliche Bezeichnung Å (Ångström) ist »amtlich« nur noch bis zum 31. 12. 77 zulässig und entspricht 0,1 nm.

10.2. Ausbreitung der Hochfrequenzwellen

Die vom Sender ausgestrahlten Wellen breiten sich unterschiedlich aus. Wie im vorigen Abschnitt erwähnt, hat man die hochfrequenten Wellen nach ihren Längen benannt. Diese Bezeichnungen wurden auch für die eigentlichen Sendebereiche des Rundfunks (d. h. Hörfunk und Fernsehen) übernommen, die jedoch nicht immer mit den allgemeinen Wellenlängengruppen übereinstimmen. Auf S. 213 steht eine Übersichtstabelle mit Wellenbereichen, Wellenlängen und Frequenzangaben.

Die Unterschiede zwischen den Wellenbereichen hier und jenen auf den Skalen der Radiogeräte erklären sich u. a. aus der Frequenzzuteilung für Rundfunkzwekke, auf die dann die normalen Hörfunkempfänger eingerichtet sind. Es gibt nämlich auch Spezialempfänger z. B. für Längstwellen und für die Lückenbereiche, z. B. solche für Seefunk, Flugnavigation und andere Sendungen. Wir wollen uns aber nur mit den Lang-, Mittel-, Kurz- und Ultrakurzwellen beschäftigen, für die ja auch die normale Empfangsgenehmigung der Bundespost nur gültig ist (Sendungen »an alle«).

Wellenlänge	Frequenz in Hertz	Wellen- und Strahlungsart	
10 000 km	30 Hz	niederfrequente Wellen	Technischer Wechselstrom
1000 km	300 Hz		NF-Bereich (Sprache und Musik)
100 km	3 000 Hz		
10 km	30 000 Hz		
1000 m	300 kHz	hochfrequente Wellen	LW, MW, KW, UKW – Bereiche
100 m	3 MHz		
10 m	30 MHz		
1 m	300 MHz		UKW, VHF, UHF, SHF, EHF – Bereiche
10 cm	3 GHz		
1 cm	30 GHz		
1 mm	300 GHz		
100 µm	$3 \cdot 10^{12}$ Hz	Lichtwellen	Sonnenstrahlung: Infrarot z.B. Wärmestrahlung
10 µm	$3 \cdot 10^{13}$ Hz		700 nm bis 400 nm Sichtbare Strahlung
1000 nm	$3 \cdot 10^{14}$ Hz		
100 nm	$3 \cdot 10^{15}$ Hz		Ultraviolett z.B. Heimsonne
10 nm	$3 \cdot 10^{16}$ Hz	Röntgen-Strahlen	Weiche Röntgen-Strahlung
1 nm	$3 \cdot 10^{17}$ Hz		
100 pm	$3 \cdot 10^{18}$ Hz		Harte Röntgen-Strahlung
10 pm	$3 \cdot 10^{19}$ Hz	Gamma-Strahlen	Weiche Gamma-Strahlung (α, β, γ)
1 pm	$3 \cdot 10^{20}$ Hz		
100 fm	$3 \cdot 10^{21}$ Hz		Harte Gamma-Strahlung
10 fm	$3 \cdot 10^{22}$ Hz	Kosmische Strahlen	
1 fm	$3 \cdot 10^{23}$ Hz		
100 am	$3 \cdot 10^{24}$ Hz		

Bild 10.6 Tabelle des elektromagnetischen Wellenspektrums

Bezeichnung	Wellenlängen	Frequenzen
Längstwellen	100 bis 10 km	3 bis 30 kHz
Langwellen	10 000 bis 1 000 m	30 bis 300 kHz
Mittelwellen	1 000 bis 100 m	300 bis 3 000 kHz
Kurzwellen	100 bis 10 m	3 bis 30 MHz
Ultrakurzwellen	10 bis 1 m	30 bis 300 MHz
Dezimeterwellen	10 bis 1 dm	300 bis 3 000 MHz
Zentimeterwellen	10 bis 1 cm	3 bis 30 GHz
Millimeterwellen	10 bis 1 mm	30 bis 300 GHz

Die Rundfunksender strahlen im allgemeinen ihre Energie in Form von elektromagnetischen Schwingungen nach allen Seiten hin aus, wenn nicht bestimmte Ausstrahlungsrichtungen durch besondere Maßnahmen bevorzugt oder unterdrückt werden. Das geschieht z. B. beim Dezimeterwellen-Richtfunk, wo nahe der Senderantenne ein metallischer Parabolspiegel angeordnet ist, der die ausgestrahlten Wellen ähnlich bündelt und reflektiert wie ein entsprechend geformter Spiegel das Licht einer Lampe (siehe auch Bild 10.5).

Doch wir wollen uns hier noch nicht mit Spezialfällen befassen, sondern zunächst etwas über die allgemeine Wellenausbreitung bei Lang-, Mittel- und Kurzwellen erfahren. Grundsätzlich unterscheidet man Raumwellen und Bodenwellen (Bild 10.7). Unter den Raumwellen versteht man jene, die sich in den umgebenden Raum ausbreiten, unter Bodenwellen solche, die längs der Erdoberfläche verlaufen. Die Reichweite der Bodenwellen ist beschränkt: sie werden von der Erdoberfläche absorbiert, und zwar sind die Verluste über See

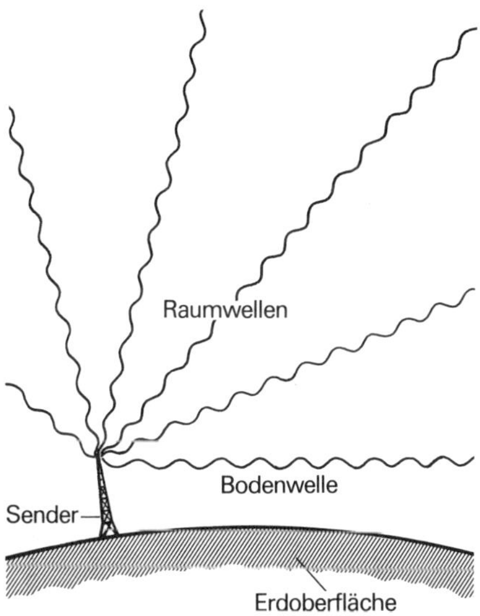

Bild 10.7 Bei Lang-, Mittel- und Kurzwellensendern unterscheidet man zwischen Boden- und Raumwellen

am geringsten und über wüstenähnlichen Gebieten am größten. Außerdem sind die Verluste abhängig von der Wellenlänge, sie nehmen mit höher werdender Frequenz zu.

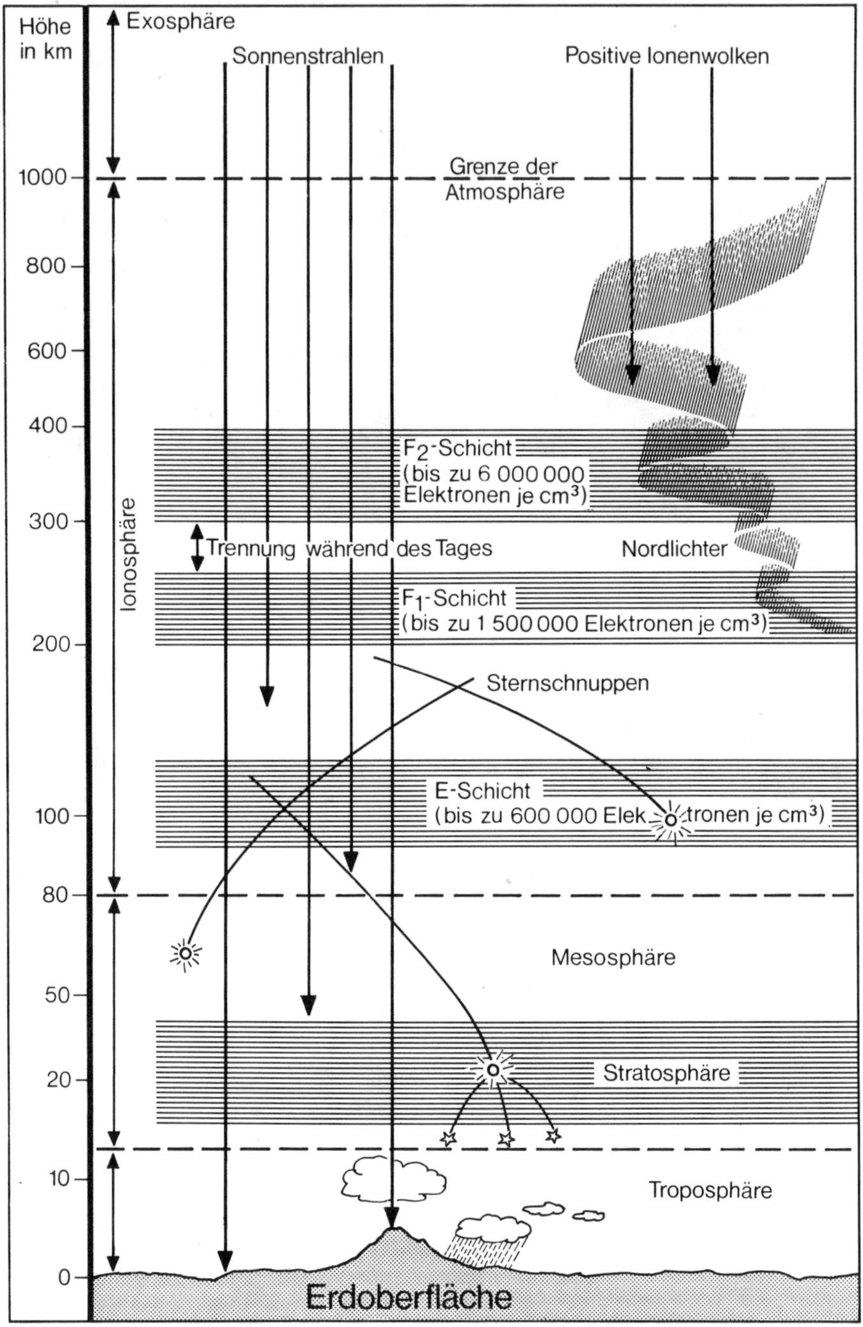

Bild 10.8 Gliederung der Lufthülle

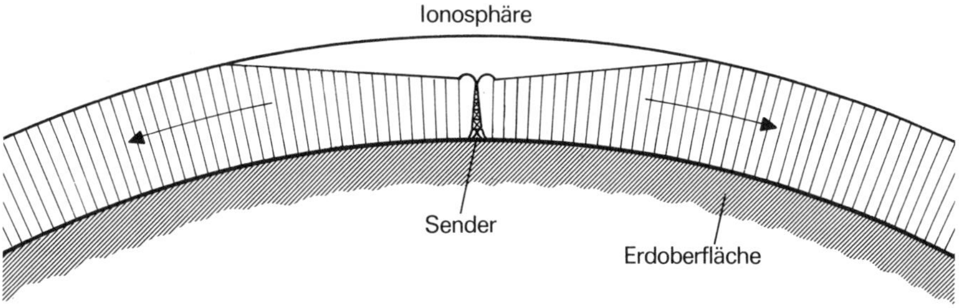

Bild 10.9 Prinzip der Längstwellenausbreitung

Die den Erdball umgebende Lufthülle (Atmosphäre) ist in verschiedene Zonen eingeteilt. Bis etwa 10 km Höhe reicht in unseren Breiten die Troposphäre, innerhalb der die meisten meteorologischen Vorgänge ablaufen. Über ihr liegt die Stratosphäre bis zu etwa 55 km Höhe. Darauf folgt bis ungefähr 80 km Höhe die Mesosphäre, an die sich die Ionosphäre bis etwa 1000 km Höhe über dem Erdboden anschließt. Den Übergang zum Weltraum schließlich bildet die Exosphäre. In Bild 10.8 sind die einzelnen Zonen dargestellt.

In der Troposphäre und Stratosphäre treten keine bemerkenswerten Beeinflussungen der von den Sendern ausgestrahlten Wellen ein. Die Ionosphäre jedoch, die sich aus mehreren Schichten aufbaut, reflektiert teilweise die Mehrzahl der Raumwellen, die dadurch größtenteils zur Erdoberfläche zurückgelangen. Besonders der untere Teil der Ionosphäre, die »E-Schicht« oder »Heaviside-Kenelly-Schicht« sowie die »F_2-Schicht« oder »Appleton-Schicht« (so genannt nach ihren Entdeckern), sind für die Wellenausbreitung im Mittelwellen- bzw. Kurzwellenbereich von besonderer Bedeutung.

Bevor das Verhalten der verschiedenen Wellengruppen näher betrachtet werden kann, muß man wissen, daß die Reflexionsfähigkeit der einzelnen Schichten bei Tage anders ist als nachts und daß die Höhenlagen der Schichten schnelleren oder langsameren Wechseln unterworfen sind. Eine allgemeingültige Norm für ihre Reflexionsfähigkeit läßt sich deshalb nicht aufstellen. Grundlegend ist es jedoch so, daß die Reflexionsfähigkeit abnimmt, je höher die Frequenz der Strahlung ist. Wellen mit höheren Frequenzen als 30 MHz (entsprechend Wellenlängen unter 10 m) werden fast überhaupt nicht mehr von den erwähnten Schichten zurückgeworfen und breiten sich ähnlich wie Lichtwellen, d. h. geradlinig, aus.

Die Längstwellen (länger als Langwellen), die hier nur der Vollständigkeit halber erwähnt seien und in speziellen Fällen für besondere (militärische) Nachrichtenzwekke benutzt werden, breiten sich als Bodenwellen längs der Erdoberfläche aus. Die Ionosphäre wirkt hier nicht reflektierend, sondern als Begrenzungsfläche (Bild 10.9).

Die Langwellen ähneln in ihrem Verhalten den Längstwellen; sie werden aber stärker von der sie umgebenden Materie absorbiert (Bild 10.10). Bodenerhebungen

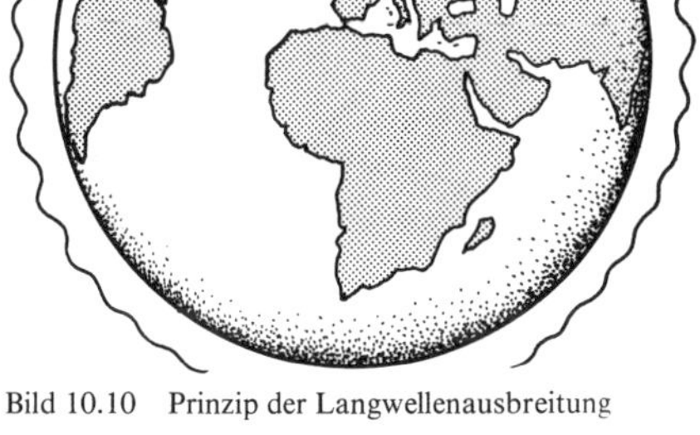

Bild 10.10 Prinzip der Langwellenausbreitung

beeinträchtigen die Strahlung, so daß sich hinter Gebirgen Schattenzonen bilden, in denen der Empfang schlecht ist oder überhaupt ausbleibt. Jenseits der Schattenzone ist er wieder normal. Der Tagesempfang ist praktisch ebenso gut wie der Nachtempfang.

Die Mittelwellen verhalten sich ganz anders als ihre langwelligen Schwestern. Der Empfang ist bei Tag wesentlich schwächer als bei Nacht, weil die Raumwellen nicht reflektiert werden. Tagsüber kann deshalb fast nur die nicht sehr weitreichende Bodenwelle aufgenommen werden, so daß

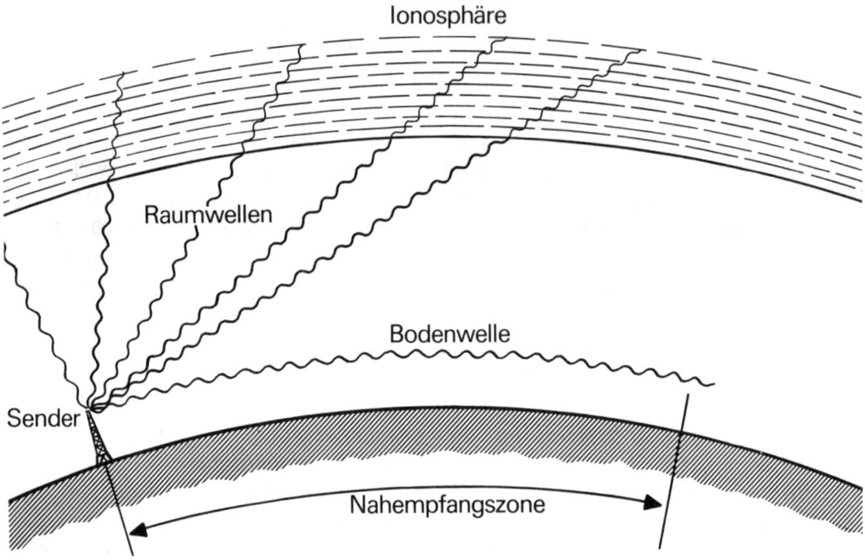

Bild 10.11 Prinzip der Mittelwellenausbreitung bei Tage

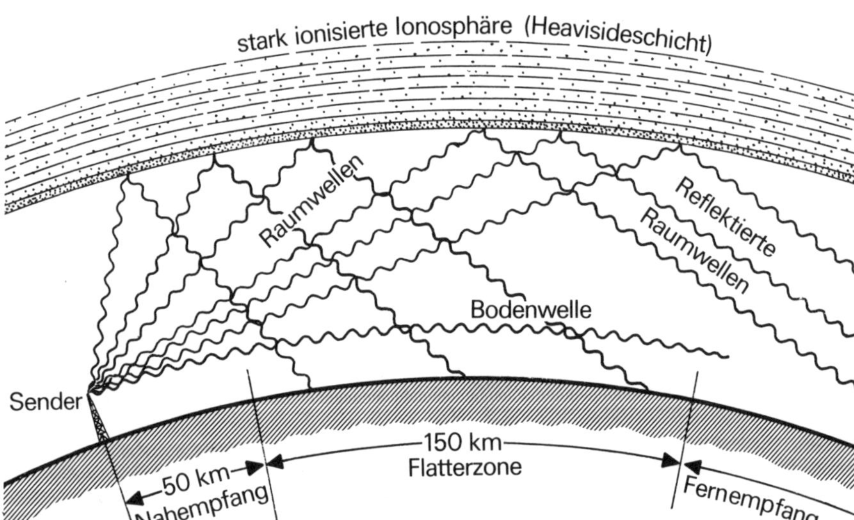

Bild 10.12 Prinzip der Mittelwellenausbreitung bei Nacht

lediglich Nahempfang möglich ist (Bild 10.11). Nachts dagegen werden die ausgestrahlten Raumwellen von der E-Schicht zurückgeworfen und erreichen die Erdoberfläche in weitaus größeren Entfernungen als tagsüber die Bodenwelle (Bild 10.12). Die Reichweite der Bodenwelle ist nachts sehr eingeschränkt, da sich rings um den Sender eine Zone bildet, in der starke Empfangsschwankungen auftreten. Dieser Bereich wird auch als Flatterzone bezeichnet.

Die Empfangsschwankungen sind darauf zurückzuführen, daß sich hier Bodenwellen und Raumwellen treffen und gegenseitig beeinflussen. Es kann sein, daß das Zusammenwirken beider Wellenzüge sowohl zu einer Verstärkung als auch zu einer vollständigen Auslöschung der Senderwelle führen kann. Diese oft pumpartig auftretenden Schwunderscheinungen nennt man »Fading« (*fade* ist englisch und bedeutet soviel wie dahinschwinden).

Fadings lassen sich dadurch erklären, daß die E-Schicht dauernden Schwankungen unterworfen ist, sowohl in bezug auf ihre Höhenlage als auch in bezug auf ihre Leitfähigkeit. Die Reflexionsverhältnisse können sich daher schnell oder langsam ändern. Gute Empfänger gleichen die Schwunderscheinungen bis zu einem gewissen Grad aus, weil sie eine automatisch arbeitende Schwund- oder Verstärkungsregelung haben.

Die Güte des Mittelwellenempfangs ist schließlich in starkem Maße von den Jahres- und Tageszeiten abhängig. Jeder Rundfunkhörer weiß, daß z. B. der Empfang in den Sommermonaten am schlechtesten ist. In der folgenden Tabelle sind die Maximal-Entfernungen für guten Empfang auf Lang- und Mittelwellen in Abhängigkeit von der Frequenz und Sendestärke angegeben (Quelle: Internationales Handbuch für Rundfunk und Fernsehen, Hans-Bredow-Institut).

Maximal-Entfernungen für guten Empfang auf Lang- und Mittelwellen

Sendestärke	Langwellen		
	200 kHz (1500 m)		
	Tag		Nacht
	See km	Land km	km
1 kW	220	150	*
10 kW	420	360	400
50 kW	580	510	900
100 kW	670	600	1100
500 kW	880	760	1500

Sendestärke	Mittelwellen		
	600 kHz (500 m)		
	Tag		Nacht
	See km	Land km	km
1 kW	210	105	*
10 kW	380	180	450
50 kW	520	240	930
100 kW	590	270	1150
500 kW	720	350	1550
	1500 kHz (200 m)		
1 kW	190	42	*
10 kW	320	70	400
50 kW	420	94	850
100 kW	480	110	1050
500 kW	580	140	1400

*) Für Sendestärken unter 10 kW liegt der Bereich der Raumwellen unter dem erforderlichen Niveau, d. h. sie spielen keine Rolle.

Kurzwellen sind keine Nahempfangswellen, denn eine etwa 100 km breite tote Zone beginnt in etwa 30 km Entfernung vom Sender (Bild 10.13). Der Kreisring nimmt mit wachsender Frequenz zu. Die Bodenwelle der Kurzwellensender ist ohne praktische Bedeutung, während die Raumwelle von der F_2-Schicht reflektiert wird. Von der Erdoberfläche erneut zurückgeworfen, wandern die Wellen hin und her über weite Entfernungen, ja sogar rings um den Erdball (dabei natürlich ständig schwächer werdend). Steiler abgestrahlte Kurzwellen durchdringen die F_2-Schicht, andere wieder laufen innerhalb der F_2-Schicht parallel zur Erdoberfläche, um dann plötzlich nach oben oder unten hin abzubiegen. Das Verhalten der Kurzwellen ist, je nach Frequenz, bei Tag und Nacht verschieden und auch beträchtlich von der Sonnenfleckenhäufigkeit abhängig: je weniger Sonnenflecken, desto weniger gut sind die »kurzen« Kurzwellen für Weitverbindungen geeignet.

Im allgemeinen sind Wellen mit Längen von 18 m und darunter sogenannte Tageswellen, die zwischen 40 und 25 m dagegen Nachtwellen, obwohl speziell das »lange« 49-m-Kurzwellenband (auch Europaband genannt) verhältnismäßig guten Tagesempfang in der Nahzone bis rund 1000 km Entfernung erlaubt. Kurzwellen von etwa 24 bis 19 m kann man als Übergangswellen mit annähernd gleich guten Tag- und Nachtempfangseigenschaften bezeichnen.

In Bild 10.14 sind die unterschiedlichen Ausbreitungsmerkmale symbolisch dargestellt.

Für den Rundfunkhörer sind nur bestimmte Teilbereiche des Kurzwellengebiets interessant. Zwischen diesen sogenannten »Bändern« liegen Bereiche, die bestimmten Diensten vorbehalten sind: Seefunk, Flugfunk, Polizeifunk, Überseetelegrafie usw. Allerdings arbeiten heute stellenweise auch Rundfunksender in fremden Bereichen. Die eben genannten Bänder sind meist auf den Skalen der Rundfunkempfänger vermerkt

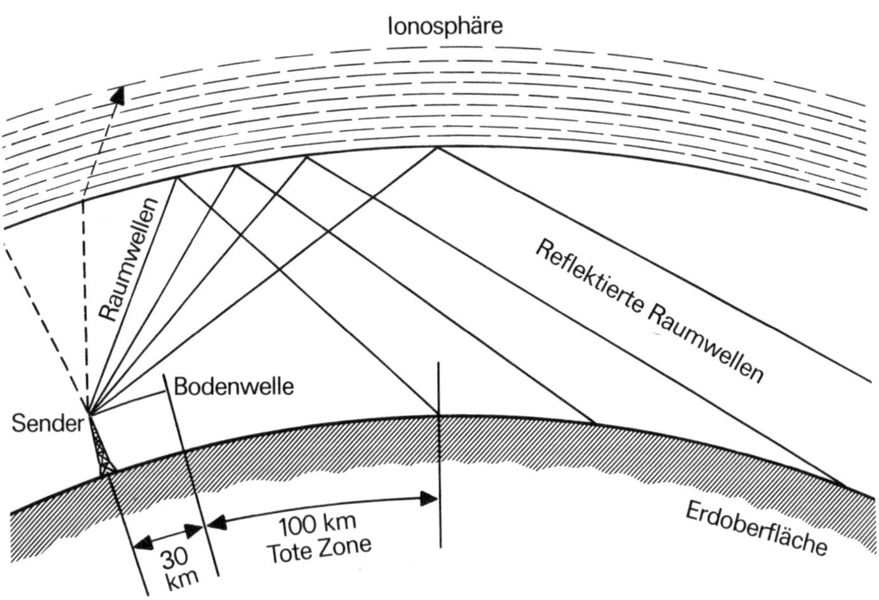

Bild 10.13 Prinzip der Kurzwellenausbreitung

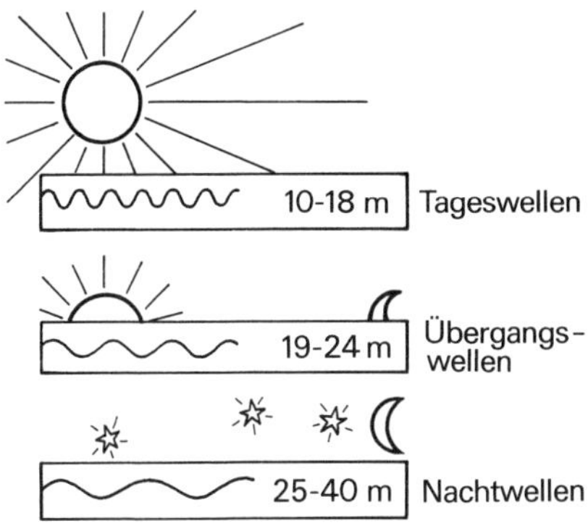

Bild 10.14 Kurzwellen haben besondere Ausbreitungsmerkmale

und in der folgenden Tabelle aufgezählt. Neben den Rundfunkbändern gibt es noch schmale Amateurfunkbänder, und zwar auf 160, 80, 40, 20, 14 und 10 m. Sie dürfen ebenfalls von jedermann abgehört werden.

Ultrakurze Wellen werden für den Hörfunk (UKW) und das Fernsehen benutzt. Sie haben im allgemeinen relativ geringe Reichweiten, gemessen an den Kurz-, Mittel- und Langwellen. Die Reichweite ist etwa gleich der Sichtweite bei klarer Atmosphäre, und man spricht daher von quasi-optischer Reichweite (Bild 10.15). Je höher die Sendeantenne und je größer die Senderleistung ist, desto größer wird das Sendegebiet.

Allerdings liegt auch jenseits der normalen Sichtweite noch eine Zone, in der Empfang möglich ist. Der Techniker spricht in diesem Fall von der Schattenreichweite. Die so um einiges vergrößerte UKW-Reichweite ist daraus zu erklären, daß sich die ultrakurzen Wellen etwas um ein Hindernis herumzubeugen vermögen (Bild 10.16). Die Eigenschaft, nicht geradlinig über Hindernisse hinwegzujagen,

Bänder	Wellenlänge (m)	Frequenz (kHz)
49-m-Band	50,42–48,39	5 950– 6 200
41-m-Band	42,26–41,10	7 100– 7 300
31-m-Band	31,58–30,69	9 500– 9 775
25-m-Band	25,64–25,05	11 700–11 975
19-m-Band	19,87–19,42	15 100–15 450
16-m-Band	16,95–16,76	17 700–17 900
13-m-Band	13,99–13,79	21 450–21 750
11-m-Band	11,72–11,49	25 600–26 100

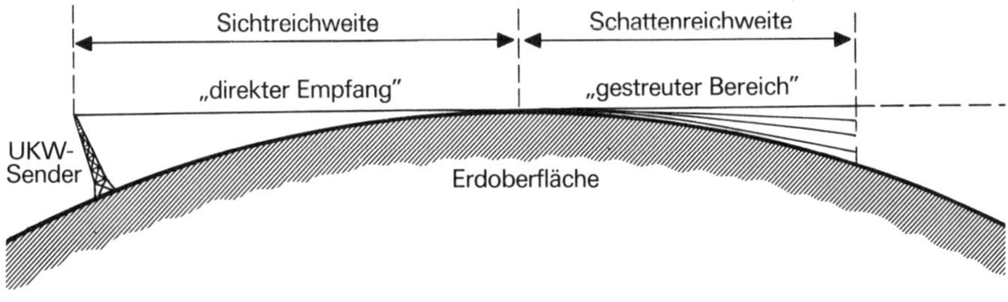

Bild 10.15 Prinzip der Ultrakurzwellenausbreitung

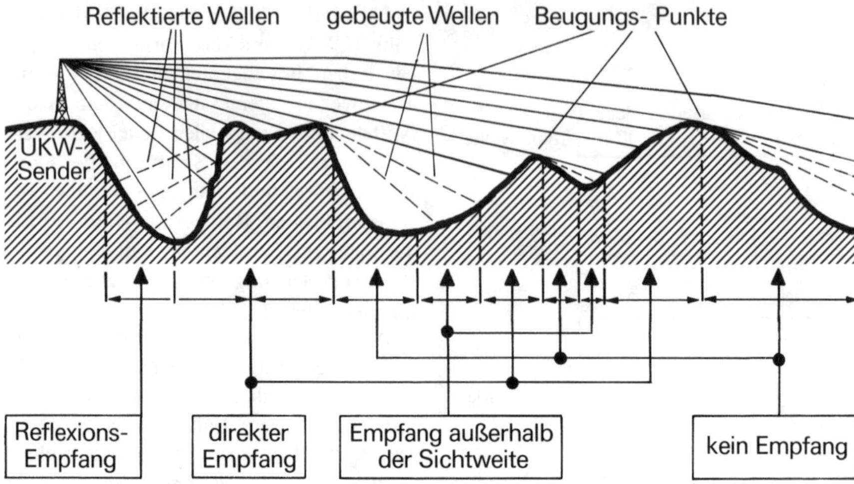

Bild 10.16 Ultrakurzwellen breiten sich geradlinig aus, können aber auch reflektiert und geringfügig gebeugt werden

sondern sich ein wenig aus der Richtung bringen zu lassen, ist für Radio- und Fernsehteilnehmer in gebirgigen Gegenden von einiger Bedeutung, denn auf diese Weise gelangen weitere Flächen in den Bereich der Senderstrahlung. Zusätzliche Reflexionen der Wellen an Berghängen erweitern die Empfangsmöglichkeiten vielfach noch mehr.

Darüber hinaus gibt es noch unregelmäßig auftretende Überreichweiten, die witterungsbedingt sind und nicht nur im UKW-Bereich, sondern auch in den VHF-Fernsehbändern zu oft erstaunlichen Empfangsergebnissen führen können.

Der UKW-Hörfunkbereich umfaßt in Westeuropa das Band II von 87,5 bis 104 MHz (3,43 bis 2,89 m). Die Sender sind durch ein ausgeklügeltes 100-kHz-Kanalraster-System so im Frequenzbereich verteilt, daß gegenseitige Störungen möglichst nicht auftreten bzw. in Einzelfällen auf ein Minimum beschränkt bleiben. Man legt deshalb geografisch benachbarte Sender frequenzmäßig möglichst weit auseinander.

10.3. Resonanz und Schwingkreis

Jeder kennt Resonanzerscheinungen, wenn er sich auch der physikalischen Vorgänge vielleicht nicht immer bewußt ist. Auf »Resonanz« fußt auch die Empfangstechnik von Rundfunk und Fernsehen. Befassen wir uns deshalb zunächst mit einigen grundsätzlichen Erscheinungen und dem Prinzip der Resonanz.

10.3.1. Mechanische Resonanz

Wenn sich zwei Musiker gegenübersitzen, die beide ein Cello vor sich haben, und der eine von beiden eine Saite anzupft, dann fängt u. U. die gleiche Saite auf dem anderen Instrument an mitzuschwingen und zu tönen! Aber nur dann, wenn die Saiten genau auf den gleichen Ton gestimmt sind (Bild 10.17). Das zweite Instrument bleibt jedoch stumm, wenn die Schwingungszahl der entsprechenden Saite nicht genau derjenigen entspricht, die auf dem ersten Instrument gezupft wird (Bild 10.18).

Die angezupfte Saite gibt ihre Schwingungen an die Luft weiter (Bild 10.19). Als Schallwellen treffen die Luftschwingungen auf die entsprechende Saite des zweiten

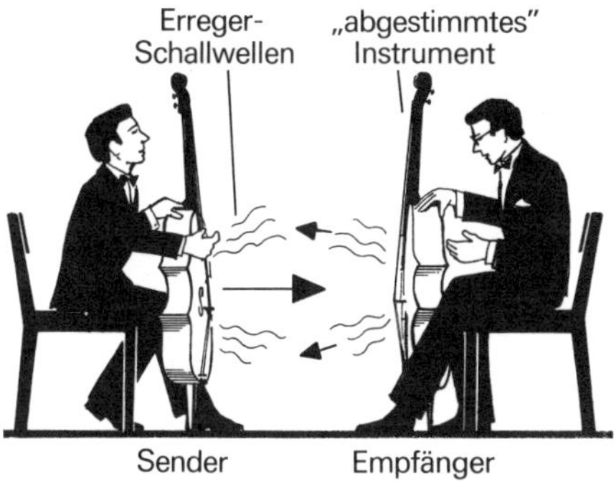

Bild 10.17 Gleichartig abgestimmte Saiten beginnen bei einer entsprechenden Schallwelle zu schwingen

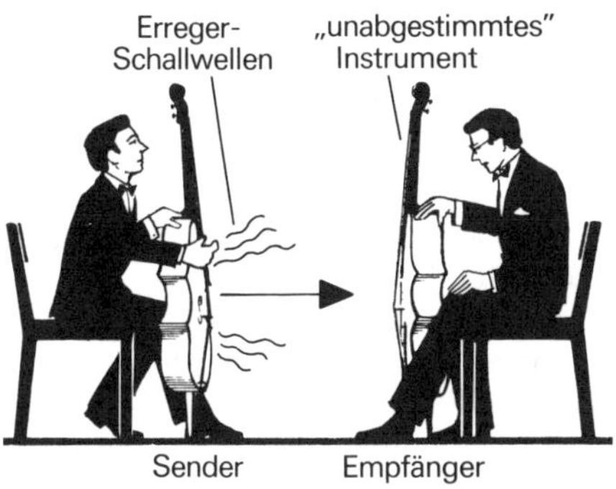

Bild 10.18 Unabgestimmte Saiten reagieren nicht gleichzeitig auf eine bestimmte Schallwelle

Bild 10.19 Die angezupfte Saite schwingt und überträgt dies an die Luft

Instruments und stoßen sie an. Zunächst sind die angeregten Schwingungen sehr klein, durch die nachfolgenden rhythmischen Luftstöße aber werden sie immer größer, bis sie schließlich so stark sind, daß ein gut hörbarer Ton abgegeben wird (Bild 10.20). In diesem Fall ist Resonanz vorhanden.

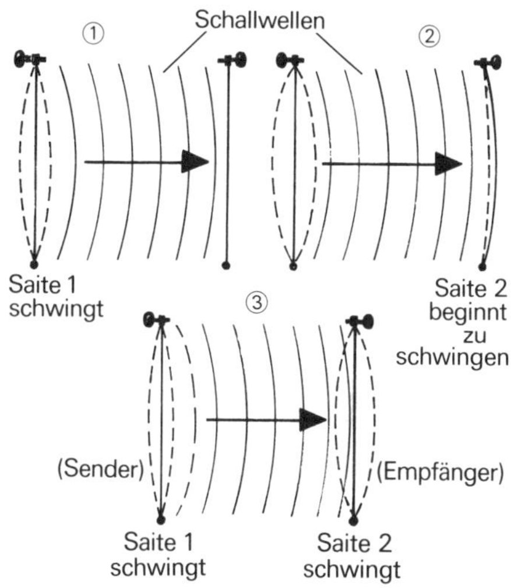

Bild 10.20 Resonanz bei zwei abgestimmten Saiten

Das Zustandekommen dieser merkwürdigen Tatsache geht aus einem zweiten einfachen Versuch hervor. Ein Junge will eine an einem Draht hängende schwere Eisenkugel zum Schwingen bringen. Das wird ihm gelingen, wenn er der Kugel in geeigneten Abständen kleine Stöße versetzt. Sie setzt sich ganz langsam in eine pendelnde Bewegung, die stetig größer wird (Bild 10.21).

Ist die Kugel einmal in Schwung gekommen, kann man leicht den richtigen Zeitpunkt für den neuen Anstoß finden. Er muß immer dann erfolgen, wenn die Kugel gerade ihre Bewegungsrichtung umgekehrt hat. Bei einem kürzeren Pendel muß die Folge der Anstöße schneller sein, bei einem längeren Pendel dagegen langsamer. Die Stoßfrequenz hat also mit der Eigenfrequenz des Pendels übereinzustimmen,

d. h. die Verhältnisse müssen aufeinander abgestimmt sein.

Die Rundfunksender strahlen ihre Programme auf den ihnen zugeordneten Frequenzen aus. Diese Wellen sind elektromagnetische Schwingungen und können, selbst wenn sie am Empfangsort nur noch schwach ankommen, ein geeignetes schwingungsfähiges Gebilde ebenso zum Schwingen anregen wie im angegebenem Beispiel eine Cellosaite die andere.

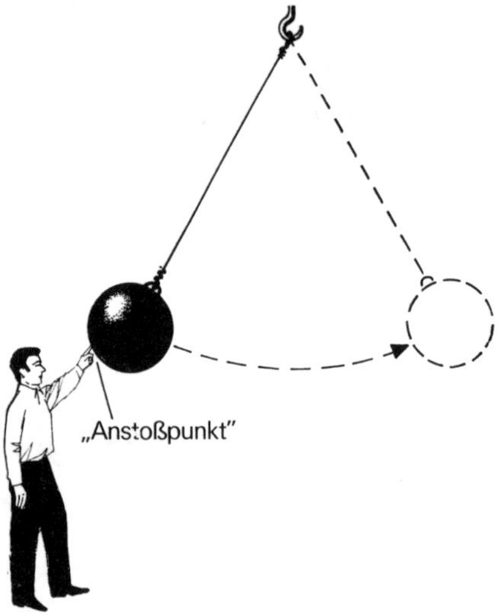

Bild 10.21 Eine vorhandene Schwingung kann durch kleine Anstöße beliebig lange aufrecht erhalten werden

10.3.2. Elektrische Resonanz

Schwingungsfähige elektrische Gebilde sehen natürlich ganz anders aus als etwa das vorhin erwähnte mechanische Pendel. Sie setzen sich aus einem Kondensator und einer Spule zusammen und werden Schwingkreise genannt (Bild 10.22). Ihre Eigenfrequenz hängt von den elektrischen Werten der beiden Schaltelemente ab. Führt man einem solchen Schwingkreis von außen elektromagnetische Schwingungen zu, die seiner Eigenfrequenz entsprechen, so wird der Kreis zum Schwingen angeregt, d. h. er gerät in Resonanz.

Im Schwingkreis tritt im Resonanzfall ein Hin- und Herpendeln der Ströme und Spannungen auf. Wir setzen daher das

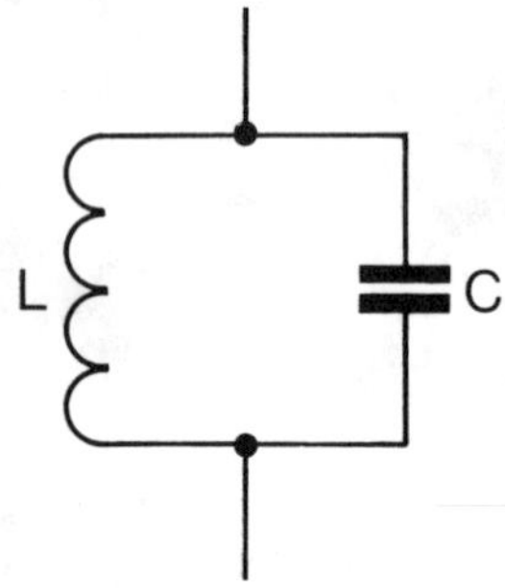

Bild 10.22 Schaltzeichen eines Parallel-Schwingkreises aus L und C

mechanische Pendel in Beziehung zum Schwingkreis und lernen so die Wirkungsweise besser verstehen (Bild 10.23).

Nehmen wir zunächst an, der Kondensator sei geladen. Der eine Belag des Kondensators hat dann positives, der andere negatives Potential. Sein elektrisches Feld hat einen Höchstwert, und gleichzeitig liegt auch die maximale Spannung an den Enden der Spule (a). Die Verhältnisse im Schwingkreis entsprechen dann einem Pendel, das auf eine gewisse Höhe angehoben und dort festgehalten wird. Seine Energie ist für einen Moment gespeichert.

Im nächsten Augenblick beginnt aber durch die Spule ein Strom zu fließen, wobei der Kondensator entladen wird. Ein Strom zunehmender Stärke entsteht. Beim Stromfluß durch die Spule bildet sich ein magnetisches Feld aus. Dabei nimmt die Spannung am Kondensator mehr und mehr ab. Mit ihr wird das elektrische Feld ständig schwächer, bis es kurz darauf Null ist (d). Inzwischen hat das magnetische Feld seinen Höchstwert erreicht. Im mechanischen Vergleich hat das losgelassene Pendel seinen Tiefstpunkt eingenommen.

Infolge seiner Trägheit schwingt das Pendel über den unteren Punkt nach der anderen Seite hinaus. Auf die elektrischen Verhältnisse übertragen sorgt die Spannung in der Spule (s. Kap. 3) für ein Weiterfließen des Stroms. Allerdings hat sich die Stromrichtung geändert und der Kondensator wird nun in entgegengesetzter Richtung geladen (e). Das magnetische Feld baut sich ab, während das elektrische Feld des Kondensators sein Maximum erreicht (g). Im Vergleich dazu steht das Pendel auf seinem Höchstpunkt auf der anderen Seite.

Der Vorgang wiederholt sich anschließend in umgekehrter Richtung und ständig so weiter, bis sich die Energie durch Verluste (die sich nie ganz vermeiden lassen) allmählich erschöpft. Im mechanischen Vergleich hört jedes Pendel ebenfalls auf zu schwingen, wenn ihm nicht ständig neue Energie zugeführt wird. Man kennt dies z. B. von der Schaukel her (Bild 10.24).

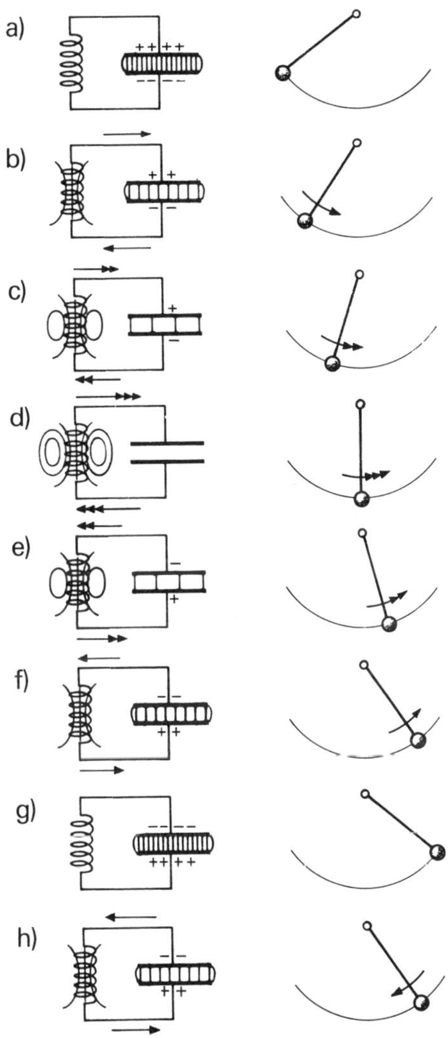

Bild 10.23 Darstellung der einzelnen Phasen in einem elektrischen Schwingkreis im Vergleich mit einem mechanischen Pendel

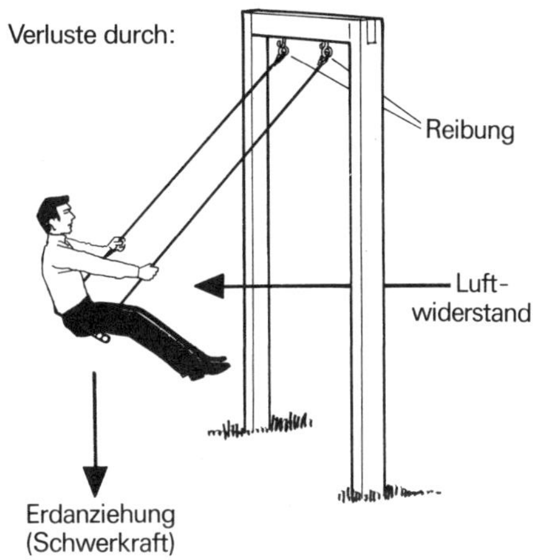

Bild 10.24 Zum Aufrechterhalten einer Schwingung brauchen nur die auftretenden Verluste ausgeglichen zu werden

Im elektrischen Schwingkreis sind es andere Verluste, und zwar Widerstände in Spule und Kondensator, die sich dem Hin- und Herpendeln der elektrischen Ströme entgegensetzen. Die Auswirkung aller Verluste eines Schwingkreises bezeichnet man als Dämpfung. Abgesehen von der Wahl geeigneter Einzelteile für die Schwingkreise kann eine »Entdämpfung« durch Schaltmaßnahmen herbeigeführt werden, z. B. durch Rückkopplung (siehe Abschnitt 7.6.3.2.).

Wenn im mechanischen Vergleich das Pendel zu geeigneten Zeitpunkten immer wieder angestoßen wird, so schwingt es ständig gleichmäßig hin und her. Im elektrischen Schwingungssystem läßt sich ähnliches erreichen, wenn der Kondensator in gleichbleibendem Rhythmus immer neu geladen wird oder anders gesagt, die entstehenden Verluste immer wieder ausgeglichen werden. Dann bleiben die Schwingungen nämlich erhalten. Wichtig ist nur, daß der elektrische Schwingkreis auf die »anregenden« Schwingungen abgestimmt ist.

Wo nimmt man die elektrischen »Anstoßimpulse« aber her? Nun, zum Beispiel aus dem Äther, worin zahllose Rundfunkwellen vorhanden sind. Sie werden mit Hilfe einer Antenne aufgefangen und dem Schwingkreis zugeleitet (Bild 10.25). Ist der Schwingkreis auf die Frequenz einer der ankommenden Wellen abgestimmt – was man durch geeignete Einstellung des Drehkondensators tun kann – dann werden im Schwingkreis kräftige Schwingungen der gleichen Frequenz entstehen, und man hat einen Resonanzfall.

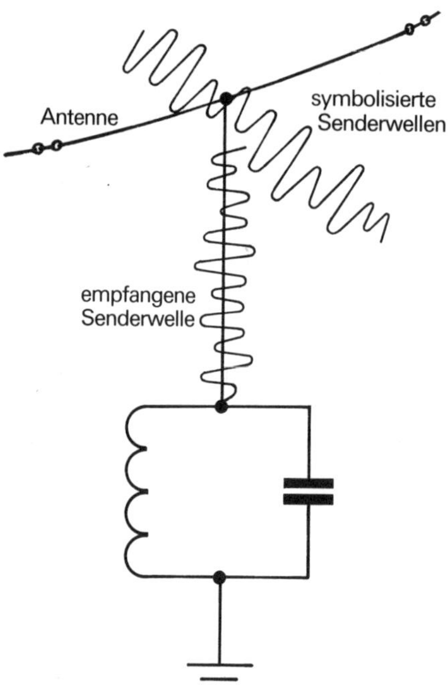

Bild 10.25 Radiowellen können einen Schwingkreis anregen

10.3.3. Elektrische Schwingkreise

Eine derartige Zusammenschaltung von Spule und Kondensator stellt eines der wichtigsten Teile in der Hochfrequenztechnik dar. Die in Bild 10.22 und 10.25 gezeigte Anordnung wird Parallelschaltung genannt; wir finden sie als »Abstimmkreise« in allen Empfängern der Funktechnik wieder. Eine andere Bezeichnung lautet »Sperrkreis«, womit auf die Eigenschaft der Parallelschaltung hingewiesen wird, im Abstimmfall der Frequenz den Weg durch L und C zu sperren. Sie regen den Kreis vielmehr zu Schwingungen an, die dann beispielsweise am oberen Punkt, dem »heißen Ende« des Kreises, abgenommen werden können. Die seltener angewandte Reihenschaltung von Spule und Kondensator (Bild 10.26) dient dagegen als »Saugkreis« (auch Leitkreis genannt) zum Herausfiltern bestimmter, zumeist störender Frequenzen in verschiedenen Stufen eines Empfängers. Sie leitet diese im Resonanzfall durch L und C zum »kalten Ende« ab, das zumeist an Masse liegt.

Bild 10.26 Die Reihenschaltung von L und C ergibt einen Serien-Schwingkreis

Bleiben wir aber zunächst noch bei der Parallelschaltung. Es interessiert hier die Frage, wann und warum entsteht eigentlich Resonanz? Wir wissen zwar schon, daß abwechselnd elektrische und magnetische Felder in Kondensator und Spule auftreten, daß ein Schwingkreis auf seine Resonanzfrequenz abgestimmt sein und daß ihm diese ständig zugeführt werden muß, um die Schwingungen aufrechtzuerhalten. Es fehlte aber noch der Hinweis auf die Wechselstromwiderstände von Spule (X_L) und Kondensator (X_C).

Wir haben sie in Kapitel 3 kennengelernt. X_L und X_C sind bekanntlich frequenzabhängig, d. h. X_C wird nach tiefen Frequenzen hin größer, während X_L nach hohen Frequenzen hin größer wird. Schaltet man Spule und Kondensator parallel, schließt ein Meßinstrument an und führt dem Schwingkreis eine sich frequenzmäßig ändernde Wechselspannung zu (Bild 10.27), so kann man bei einer bestimmten Frequenzstelle einen großen Ausschlag des Instrumentenzeigers beobachten. Dies sagt aus: Hier ist der Resonanzpunkt. Links und rechts davon geht die Spannung langsam wieder auf Null zurück. Wenn man diese Erscheinung grafisch festhält, so ergibt sich eine Darstellung nach Bild 10.28, die als Resonanzkurve bekannt ist.

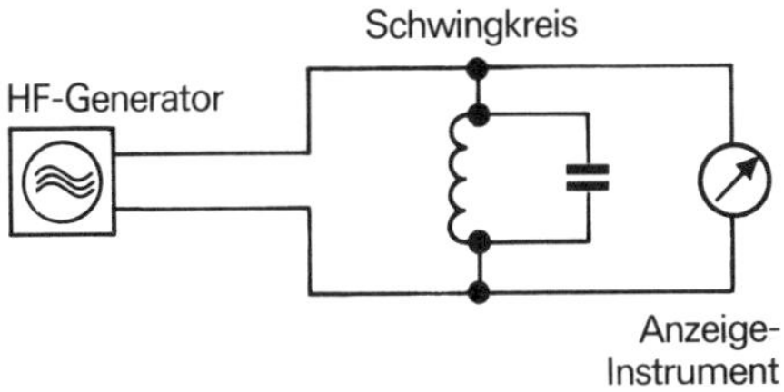

Bild 10.27 Im Resonanzfall bzw. bei der Resonanzfrequenz entsteht an diesem Schwingkreis eine hohe Wechselspannung der betreffenden Frequenz

An einem abgestimmten Parallel-Schwingkreis entsteht demnach eine »Spannungsüberhöhung«, und zwar sind dann die Wechselstromwiderstände von Spule und Kondensator gleich (Bild 10.29). In eine Formel gebracht heißt das: Bei Resonanz ist $X_C = X_L$, entsprechend

$$\frac{1}{\omega C} = \omega L$$

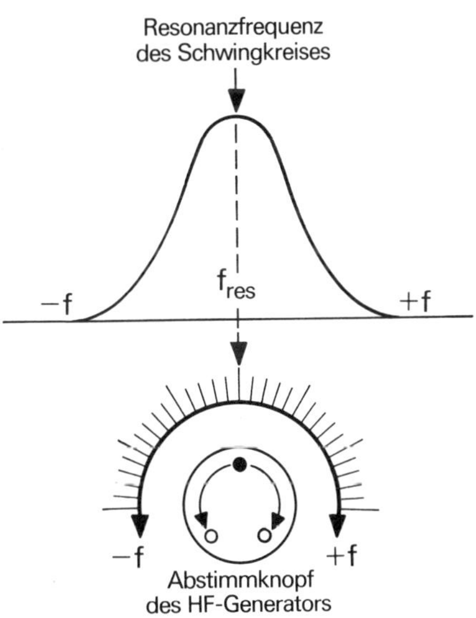

Bild 10.28 Die Resonanzfrequenz kann man auf der Skala des HF-Generators ablesen, unterhalb und oberhalb der Resonanzstelle sinkt die Schwingkreisspannung wieder ab. Es bildet sich deshalb die typische Resonanzkurvenform aus

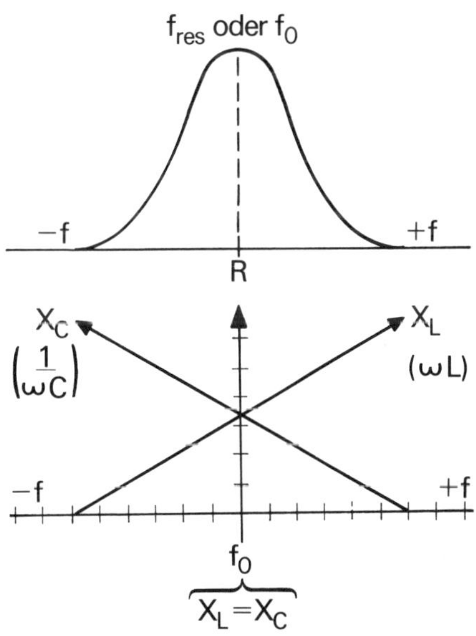

Bild 10.29 Resonanzkurve und der Verlauf von kapazitivem sowie induktivem Scheinwiderstand (X_L und X_C) über der Frequenz

Da im Idealfall der »Spannungsresonanz« der Strom im Kondensator um 90° voreilt, in der Spule aber um 90° nacheilt, stehen sich die beiden gleichgroßen Ströme im Resonanzfall genau um 180° gegenüber und heben sich gegenseitig auf (Bild 10.30). Wenn aber (fast) kein Strom fließt – trotz angelegter Spannung – dann muß nach dem Ohmschen Gesetz der im Schwingkreis wirksame Widerstand (Resonanzwiderstand) sehr hoch, im Idealfall sogar unendlich sein. In Wirklichkeit sind aber Spule und Kondensator nicht verlustlos, so daß eine gewisse Dämpfung im Schwingkreis vorhanden und der »Wirkwiderstand« nicht unendlich hoch ist, sondern eine endliche Größe hat.

Das hier Gesagte gilt für den Parallel-Resonanzkreis. Demgegenüber hat der Serien-Resonanzkreis eine sogenannte »Stromresonanz«, d. h. einen fast unendlich kleinen Widerstand im Resonanzfall. Es gilt auch $X_C = X_L$.

Zu erwähnen bleibt noch, daß links vom Resonanzpunkt (also nach niedrigen Frequenzen hin) der kapazitive Einfluß X_C überwiegt und rechts (nach hohen Frequenzen hin) der induktive Einfluß X_L vorherrscht. Dies wird aus der Darstellung in Bild 10.29 gut deutlich, in der die Werte für X_C und X_L eingetragen sind. Im Schnittpunkt heben sie sich aufgrund der Phasenverschiebung auf, dort zeigt der Schwingkreis rein ohmsches Verhalten, wogegen er links und rechts vom Resonanzpunkt kapazitives bzw. induktives Verhalten aufweist.

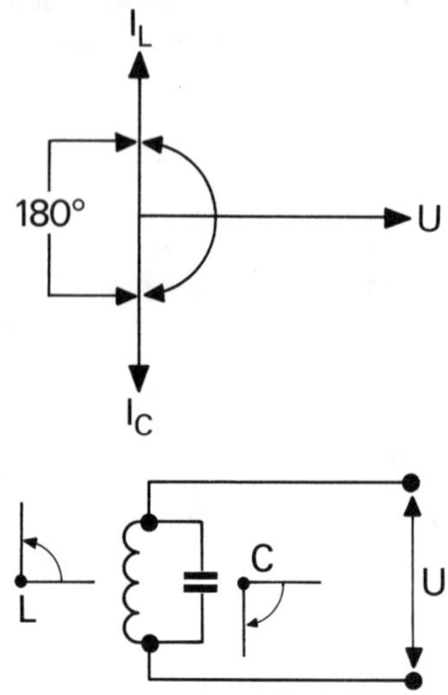

Bild 10.30 Vektordarstellung der 180°-Phasenverschiebung an L und C im Parallel-Schwingkreis

Eine wichtige Kenngröße fehlt bei der Betrachtung über Schwingkreise noch, und das ist die Bandbreite. Bei einem Einzelkreis mit sehr geringer Dämpfung ergibt sich allgemein eine schmale, hohe Resonanzkurve. Sind die Verluste im Kreis groß (oder schaltet man einen Widerstand als Dämpfung parallel), so wird die Resonanzkurve niedriger und breiter. Bild 10.31 zeigt das an zwei Beispielen. Man mißt die

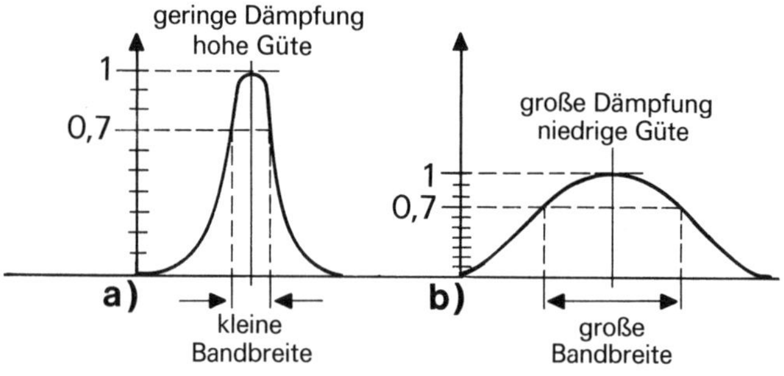

Bild 10.31 a) Ein Schwingkreis mit geringer Dämpfung hat eine hohe Güte und eine kleine Bandbreite, b) ein Schwingkreis mit großer Dämpfung hat eine niedrige Güte und eine große Bandbreite

Bandbreite der Resonanzkurve an einem Punkt, der bei dem 0,7fachen der maximalen Amplitude liegt. In Bild 10.31 sind die unterschiedlichen Bandbreiten gut zu erkennen; außerdem wird die Tatsache deutlich, warum man Schwingkreise auch nach ihrer »Güte« beurteilt.

Da Einzelkreise u. a. eine schlechte Trennschärfe haben, verwendet man z. B. im Zwischenfrequenzteil von Rundfunk- und Fernsehgeräten überwiegend Bandfilter. Das sind induktiv oder kapazitiv miteinander gekoppelte Einzelkreise (Bild 10.32). Ihr Durchlaßbereich d. h. ihre Resonanzkurve, ist abhängig vom gewählten Kopplungsgrad und kann die in Bild 10.33 gezeigten Formen aufweisen. Bandfilter haben allgemein eine größere Flankensteilheit als Einzelkreise und sind daher trennschärfer. Man kann diese Eigenschaft noch dadurch verbessern, daß zwei oder mehr Bandfilter-Verstärkerstufen hintereinander geschaltet werden.

Wir können zusammenfassen: Schwingkreise aus Spule und Kondensator dienen zum Herausfiltern bestimmter Frequenzen aus einem Wellengemisch, das ihnen beispielsweise über eine Antenne zugeleitet wird. Sie lassen sich mit Hilfe des Schwingkreiskondensators oder auch durch ver-

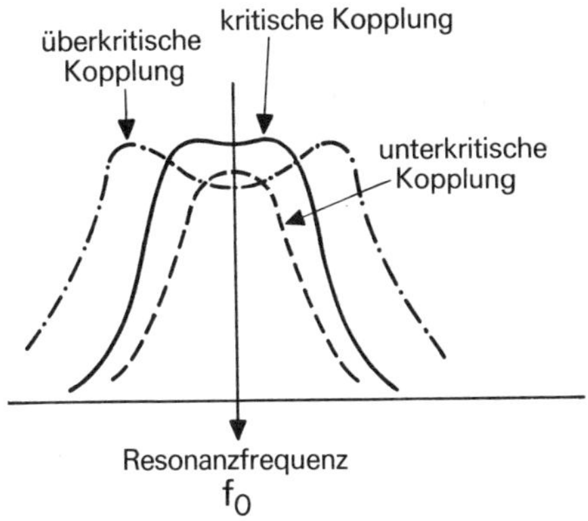

Bild 10.33 Man unterscheidet bei Bandfiltern im Prinzip drei verschiedene Resonanzkurven und damit Kopplungsarten: kritisch, unterkritisch und überkritisch

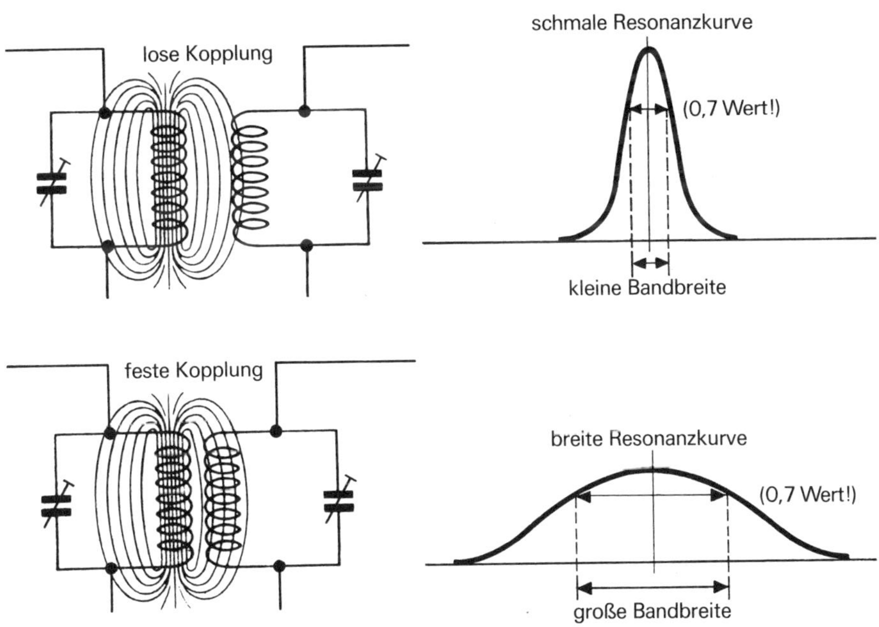

Bild 10.32 Induktiv gekoppeltes Bandfilter mit zwei unterschiedlichen Kopplungsfaktoren, die eine kleine bzw. große Bandbreite zur Folge haben

ändern der Spuleninduktivität mit Hilfe eines Ferritkerns auf die gewünschte Frequenz abstimmen und zeigen im Resonanzfall rein ohmsches Verhalten. Schwingkreise können in Parallelschaltung und Reihenschaltung betrieben werden. Koppelt man Einzelkreise auf induktivem oder kapazitivem Wege miteinander, so entsteht ein Bandfilter. Es wird zumeist als Zweikreisfilter verwendet, man findet aber auch mehrkreisige Anordnungen.

Es gibt daneben auch noch andere Filter, bei denen das schwingfähige Gebilde aus keramischen Resonatoren oder Schwingquarzen besteht. Sie ergeben hohe Trennschärfen und werden vereinzelt auch schon bei einigen Rundfunkgeräten angewandt.

10.4. Vom Schwingkreis zur Antenne

Wir haben im letzten Abschnitt den Schwingkreis vorwiegend als Bauteil eines Rundfunk- oder Fernsehempfängers betrachtet, mit dem die vom Sender kommenden Wellen abgestimmt werden oder mit dem innerhalb des Geräts eine bestimmte Frequenz selektiv verstärkt wird (z. B. Zwischenfrequenz). Man kann eine Schwingkreisanordnung aber nicht nur zum Empfangen, sondern auch zum Senden einer Rundfunk- oder Fernsehwelle benutzen.

Schwingkreise der bisher besprochenen Art heißen geschlossene Schwingkreise. Man führt ihnen die Energie entweder von der Antenne oder aus einer anderen Wechselspannungsquelle zu, beispielsweise aus einer Oszillatorschaltung, die über eine Kopplungswicklung auf den Schwingkreis einwirken kann (Bild 10.34). Im Resonanzfall entsteht dann abwechselnd in der Spule ein kräftiges magnetisches und zwischen den Kondensatorplatten ein elektrisches Feld. Dieser Vorgang ist in Bild 10.23 (Seite 223) schematisch dargestellt. Beide Kraftfelder bleiben beim geschlossenen Schwingkreis auf einen kleinen Raum in Spule und Kondensator beschränkt.

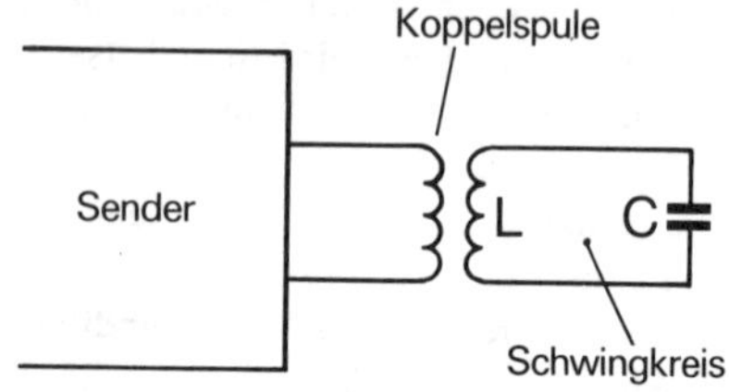

Bild 10.34 Ein Sender kann induktiv an einen Schwingkreis angekoppelt werden und diesen anregen

Zieht man die Kondensatorplatten jedoch mehr und mehr auseinander, dann streben die elektrischen Kraftlinien immer weiter in den umgebenden Raum hinaus. Bild 10.35 zeigt diesen Zustand, wobei der anregende Generator stillschweigend als vorhanden vorausgesetzt wird. Wir haben es hier nicht mehr mit einem geschlossenen, sondern bereits mit einem »halboffenen« Schwingkreis zu tun. In der Praxis gibt es diesen Zustand zwar nicht; er soll hier nur den Übergang zum eigentlichen offenen Schwingkreis erleichtern. Bei ihm sind die Kondensatorplatten völlig auseinandergezogen, und ihre Zuleitungen bilden mit der Spule (die in der Mitte liegt) einen gestreckten Leiter.

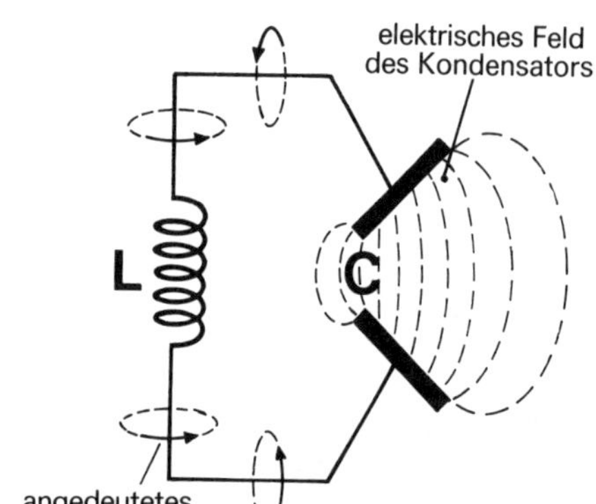

Bild 10.35 Schema eines »halboffenen« Schwingkreises

In Bild 10.36 ist ein offener Schwingkreis mit seinem magnetischen und elektrischen Feld dargestellt. Wir sehen, daß die magnetischen Kraftlinien in erster Linie um die Zuleitungen der Spule herum verlaufen, während die elektrischen Kraftlinien sich frei im Raum von einer zur anderen Kondensatorplatte ausbilden.

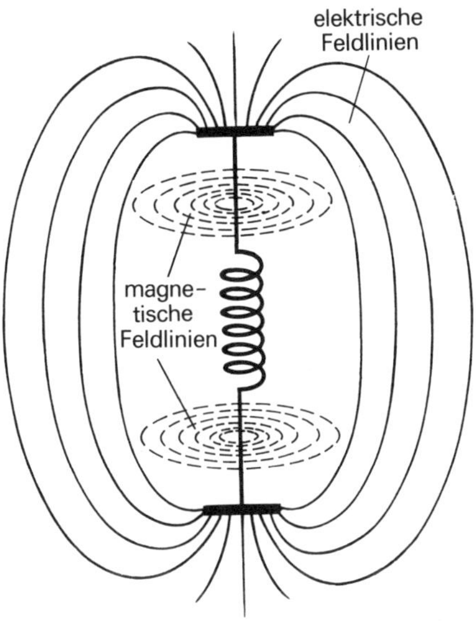

Bild 10.36 Schema eines »offenen« Schwingkreises

Ersetzt man die obere Kondensatorplatte durch eine Antenne und die untere durch eine Verbindung mit dem Erdreich und koppelt sodann Energie in die Antennenspule ein (Bild 10.37), so strahlt dieses

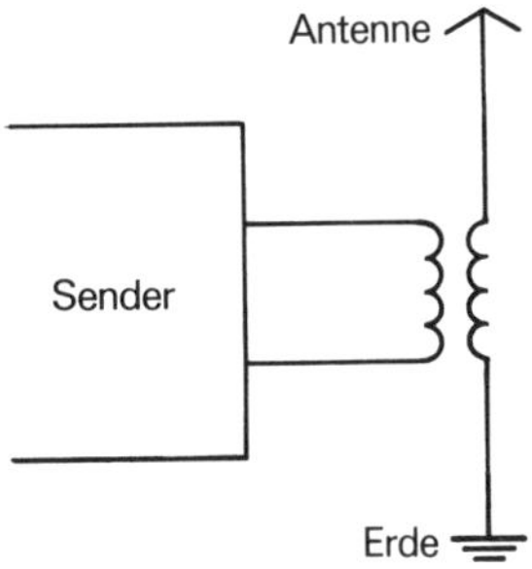

Bild 10.37 Ankopplung der Antenne an den Sender

Antennengebilde elektrische und magnetische Felder in den umgebenden Raum ab.

In Bild 10.38 sehen wir die Verteilung der jetzt halbkreisförmigen elektrischen Kraftlinien und der magnetischen Kraftlinien. Beide Felder lösen sich von der Antenne und breiten sich aus, wobei die elek-

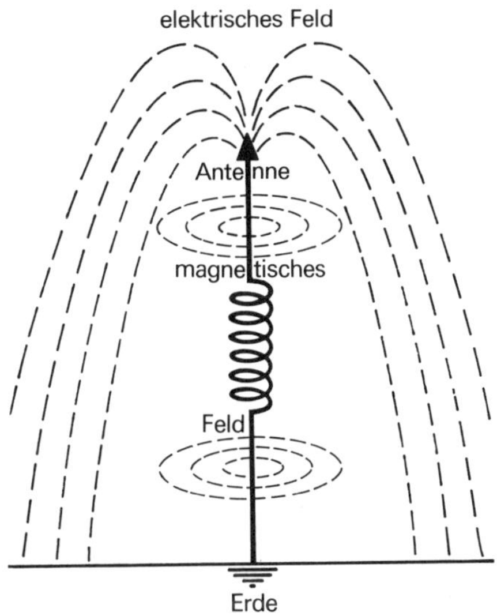

Bild 10.38 Prinzip einer Antenne. Die elektrischen und magnetischen Kraftlinienfelder lösen sich von der Antenne und breiten sich im freien Raum aus

trischen Felder im allgemeinen wirksamer sind, weil die Antennen zumeist kapazitiv ausgelegt sind. In Bild 10.39 ist das Schema der Abstrahlung beider Felder angedeutet.

Lang-, Mittel- und Kurzwellensender arbeiten mit Antennensystemen der eben beschriebenen Art. Die obere Kondensatorplatte aus Bild 10.36 bzw. die in den beiden folgenden Bildern angedeutete Antenne besteht in der Praxis aus isoliert aufgestellten Masten oder auch Drähten, die sogar je nach Wellenlänge und Strahlungsrichtung zu Gruppenfeldern umgeschaltet bzw. zusammengeschaltet werden können. Bild 10.40a zeigt die Antennenanlage eines MW-Senders.

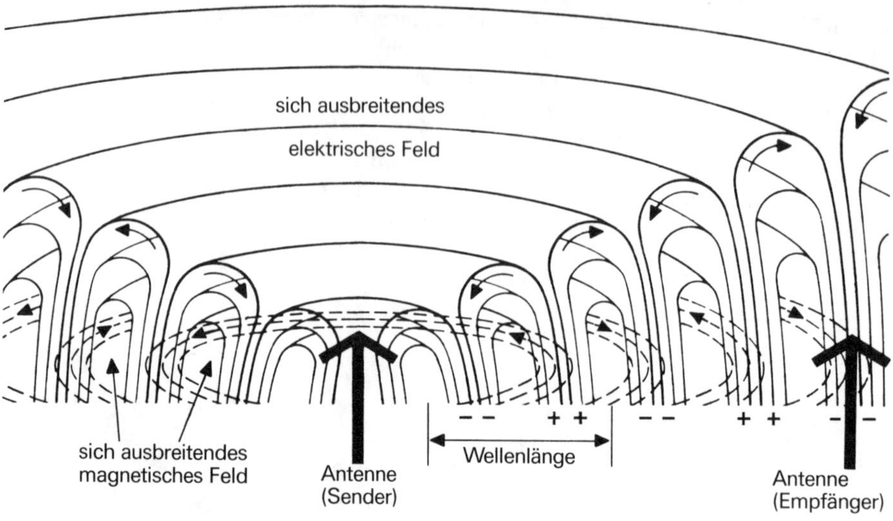

Bild 10.39 Ausbreitung der elektrischen und magnetischen Felder einer Antenne

Bild 10.40a 300-kW-Mittelwellen-Sendermast mit Energieleitung (Reusenleitung)

Bild 10.40b UKW-FS-Sendermast mit verschiedenen Dipolantennen

Eine andere Antennenform finden wir beim UKW-Rundfunk und beim Fernsehen, den Dipol (Bild 10.40b und 10.41). Dipol heißt soviel wie Zweipol und trifft im Grunde auch für die Antennenform in Bild 10.36 zu. Auch dort sind zwei Pole vorhanden, an denen das elektrische Feld austritt. Dipolantennen für UKW und Fernsehen sind auf die zu sendende oder zu empfangende Wellenlänge abgestimmt, und zwar entsprechen ihre geometrischen Abmessungen zumeist der halben Wellenlänge. Man nennt sie deshalb auch Halbwellen-Dipole.

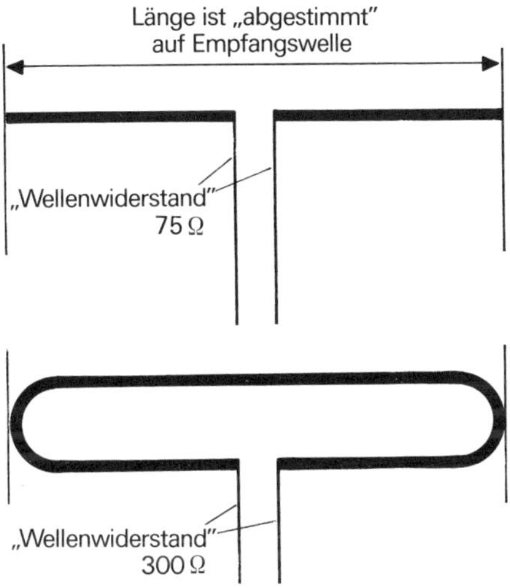

Bild 10.41 Dipol-Antenne für UKW und Fernsehen; oben gestreckter Dipol, unten die gebräuchliche Form des Schleifendipols

Dipol-Antennen haben eine Richtwirkung, d. h. sie nehmen die Wellen besonders gut aus einer bestimmten Richtung auf (Bild 10.42) bzw. geben sie bevorzugt in eine Richtung ab (Sendeantenne). Liegt beispielsweise der zu empfangende UKW-Sender in der Verlängerung der beiden Dipolarme, dann ist die Aufnahmefähigkeit der Antenne schlecht. Sie ist am besten, wenn der Sender senkrecht zu den Dipolarmen liegt. Bild 10.43 zeigt dies schematisch an einem Richtdiagramm.

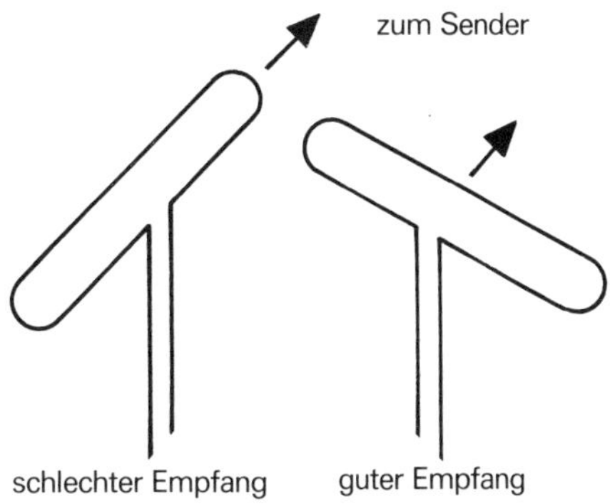

Bild 10.42 Dipole haben eine bevorzugte Empfangsrichtung

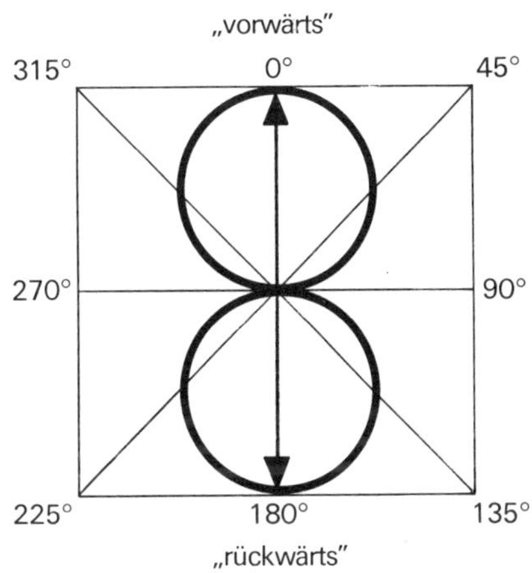

Bild 10.43 Richtdiagramm eines Schleifendipols. Er empfängt von beiden Seiten gleich gut

Die Richtwirkung und zugleich die Aufnahmefähigkeit eines Dipols lassen sich durch das Hinzufügen weiterer Antennenstäbe erhöhen. Bringt man parallel hinter dem Dipol in einem bestimmten Abstand einen oder mehrere sogenannte Reflektoren an (Bild 10.44), dann werden die ankommenden Wellen wie mit einem Spiegel auf die eigentliche Dipolantenne reflektiert.

Ähnliches erreicht man auch durch das Anbringen von Stäben vor dem Dipol, die als Direktoren bezeichnet werden (Bild 10.44). Sie leiten oder »dirigieren« die aufgefangenen Wellen ebenfalls auf die ei-

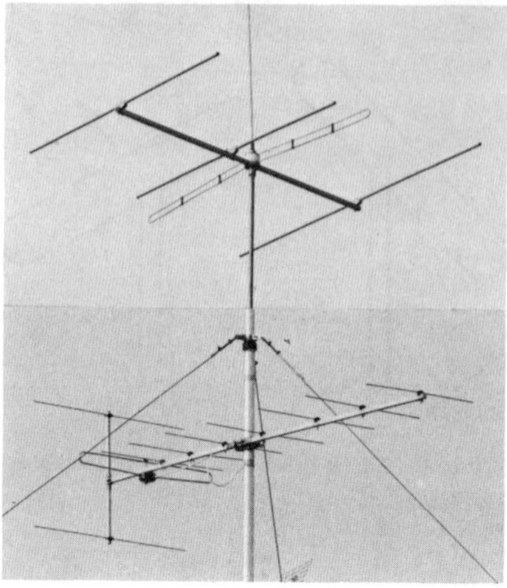

Bild 10.44 Dipolantennen mit Reflektoren und Direktoren für UKW-Empfang (oben) und Fernsehempfang

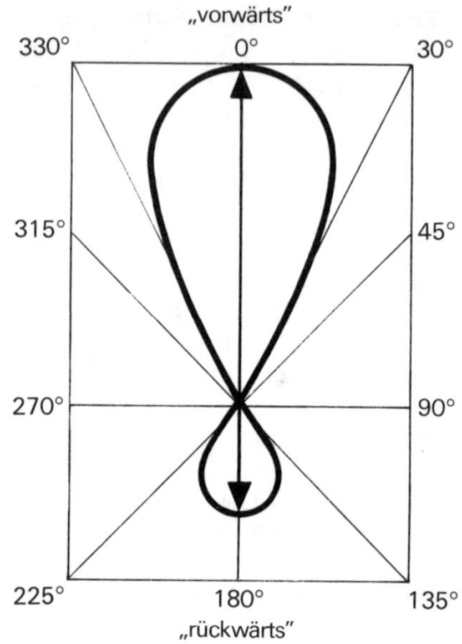

Bild 10.45 Richtdiagramm eines Dipols mit Reflektor und Direktoren. Hier nimmt die Antenne aus einer Richtung bevorzugt auf, während die andere Empfangsrichtung unterdrückt wird. Je ausgeprägter dieses »Vor-Rück-Verhältnis« ist, desto besser ist die Richtwirkung der Antenne

gentliche Dipolantenne, von wo sie über das Antennenkabel zum Rundfunk- oder Fernsehempfänger geleitet werden. Das Richtdiagramm einer mit Reflektoren und Direktoren versehenen Antenne ist in Bild 10.45 dargestellt. Bild 10.46 zeigt eine UHF-Antenne mit Reflektorflächen und speziell ausgebildeten Direktoren.

Eine Bemerkung noch zu den Antennenableitungen. Wenn aufgrund der örtlichen Verhältnisse für den Lang-, Mittel- und Kurzwellenempfang noch mit Langdrahtantennen gearbeitet werden kann, nimmt man für die isolierte Zuleitung zum Empfänger gewöhnlich auch eine dünne Leitung aus Kupferdrähten. Bei Gemeinschaftsantennen darf man dagegen nur das vorgeschriebene Anschlußkabel verwenden, das die Verbindung zwischen Antennensteckdose und Empfangsgerät herstellt. Dies gilt natürlich auch für den UKW-Empfang und das Fernsehen über Gemeinschaftsantennenanlagen.

Empfängt man diese beiden Bereiche dagegen mit Einzelantennen, so muß auch die richtige Anpassung beachtet werden. Dipol, Antennenkabel und Eingang des Empfangsgeräts haben nämlich einen bestimm-

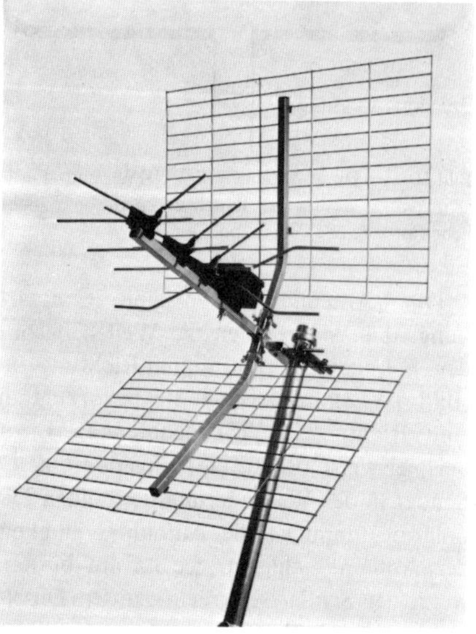

Bild 10.46 UHF-Antenne

ten »Wellenwiderstand«. Dieser reine Wechselstromwiderstand wird auch in Ohm angegeben, darf aber mit dem ohmschen Widerstand auf keinen Fall verwechselt werden. Man kann ihn nicht mit dem Ohm-Meter messen!

Der Dipol in Bild 10.47 hat einen Wellenwiderstand von rund 240 Ω. Wird dieser bei einem Gerät, das einen Eingangswiderstand von 240 Ω hat, verwendet, so muß das Antennenkabel ebenfalls einen Wellenwiderstand von 240 Ω haben (Bild 10.47). Der Wellenwiderstand ist nicht von der Länge einer Leitung abhängig, ein kurzes Kabel hat daher den gleichen Wellenwiderstand wie ein langes Kabel.

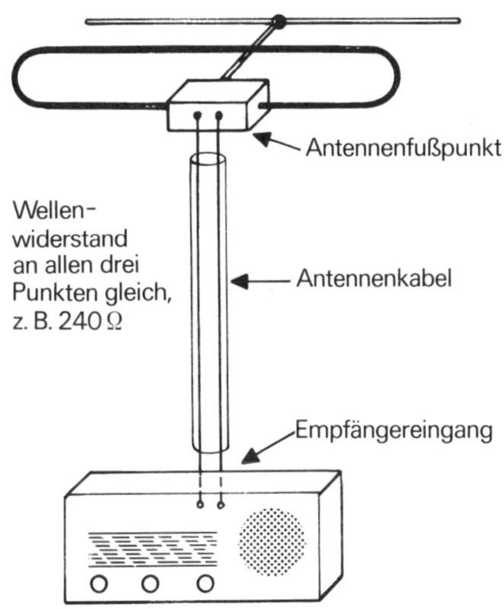

Bild 10.47 Darstellung der »Anpassung« von Antenne, Kabel und Empfängereingang

Für die Versorgung von Wohnblocks und anderen großflächigen Gebäudekomplexen werden heute moderne Gemeinschaftsantennenanlagen benutzt. Die zentrale Empfangsstation ist mit einem Antennensystem für alle Empfangsbereiche ausgestattet (Bild 10.48, s. Seite 234).

Schon in den Anfängen der Rundfunktechnik wurde eine Antennenart verwendet, die man wegen ihrer besonderen Form Rahmenantenne nannte. Sie bestand aus rahmenförmig ausgespannten Drahtwindungen mit zwei Anschlüssen (Bild 10.49). Rahmenantennen sind nichts anderes als große Spulen, wie sie in viel kleinerer Form in allen Radiogeräten verwendet werden.

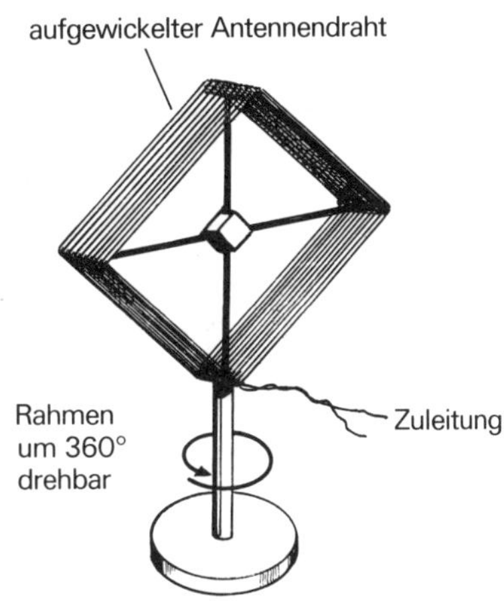

Bild 10.49 Rahmenantenne älterer Form

Wenn auch die ursprüngliche Form der Rahmenantenne heute nur noch in Ausnahmefällen benutzt wird, so ist das Prinzip dieser Antennen keineswegs vergessen. Sie haben nämlich eine ausgeprägte Richtwirkung, die z. B. bei den Störsuchtrupps der Bundespost oder im militärischen Bereich zum Anpeilen von bestimmten Sendern ausgenutzt wird. Die moderne Radio-Version der alten Rahmenantenne aber ist heute als »Ferritantenne« in nahezu jedem Rundfunkgerät vorhanden, das Mittel und Langwelle empfängt.

Die bisher besprochenen Antennenformen (Langdraht und Dipol) werden vom elektrischen Feld des Senders erregt. Wenn man eine Spule als Antenne verwendet, kann man aber auch das magnetische Feld aufnehmen. Das magnetische Wechselfeld rings um eine Sendeantenne breitet sich – grob dargestellt – etwa in der Form aus, wie es in Bild 10.50 skizziert ist.

Am Empfangsort schneiden die Kraftlinien des sich rings um die Sendeantenne ausbreitenden magnetischen Wechsel-

Bild 10.48 Empfangsantennen für eine Großgemeinschaftsanlage

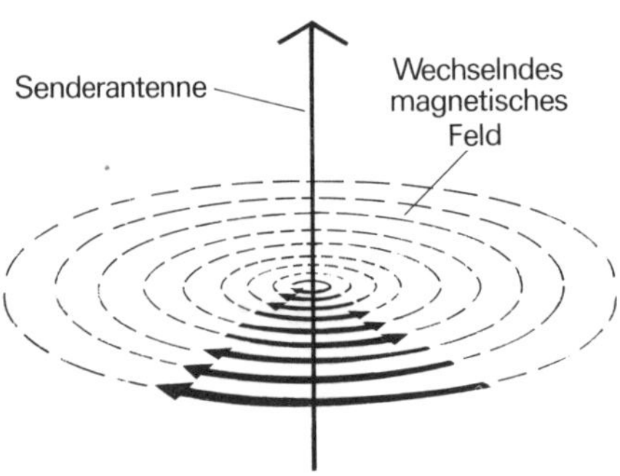

Bild 10.50 Das magnetische Kraftlinienfeld der Antenne breitet sich kreisförmig in den Raum aus

felds die Windungen einer Spule (Bild 10.51). Sie induzieren in ihr eine größere oder kleinere Spannung, je nachdem, in welcher Lage sich die Spule zu den ankommenden Kraftlinien befindet (siehe auch Abschnitt 3.11.).

Weil die magnetischen Wechselfelder des Senders in kleinen Spulen nur sehr kleine Spannungen induzieren können, versieht man die Empfangsspule mit einem sogenannten Ferritstab (Bild 10.52). Wir erinnern uns dabei der Tatsache, daß die Kraftliniendichte in einer Spule durch das

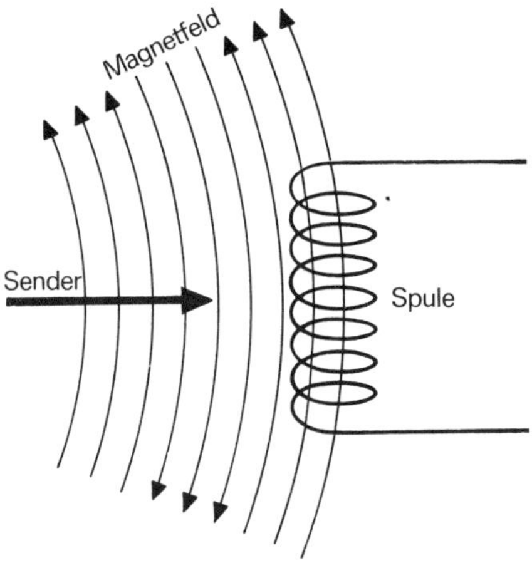

Bild 10.51 Die magnetischen Kraftlinien des Senders schneiden die »Empfangsspule« und induzieren dort eine Wechselspannung

Bild 10.52 Ferritantenne in einem Empfänger

Einfügen eines Eisenkerns vergrößert werden kann. Normales Eisenblech kommt natürlich wegen der hohen Frequenzen nicht in Frage, weil zu große Verluste auftreten würden. Man verwendete daher zuerst für Spulenkerne ein aus Eisenpulver und einem Bindemittel gepreßtes Material.

Besser noch als Eisenpulver-Massekerne eignen sich aber die bereits erwähnten Ferritkerne. Ferrite sind Eisenoxide (Eisen-Sauerstoff-Verbindungen), welche die gleichen magnetischen Eigenschaften haben wie das Eisen selbst. Dem Kernmaterial sind noch einige andere Metalloxide beigemischt. Das kristalline Gefüge der Ferritkerne hat einen sehr hohen Widerstand für elektrische Ströme, so daß Verlustströme (Wirbelströme) nicht auftreten können.

Die Ferritkerne der normalen Spulen in Empfängern sind klein gegen die Stäbe, die man für Ferritantennen verwendet. Bild 10.53 zeigt, wie die Kraftlinien des magnetischen Wechselfelds in den Stab »hineingezogen« werden und damit in der umgebenden kleinen Spule eine kräftige Induktionswirkung hervorrufen. Aus der Zeichnung geht hervor, daß alle Kraftlinien in einem Umkreis, welcher der Stablänge entspricht, ihren Weg durch den Stab nehmen.

In der praktischen Ausführung montiert man den Ferritstab im Innern des Empfängers. In großen Geräten kann er auch von außen verstellt werden, um seine Richtwirkung bei der Ausblendung von störenden Sendern ausnutzen zu können. Bei kleinen Taschenempfängern oder Koffergeräten dreht man einfach das Gerät in die entsprechende Richtung.

Schaltungsmäßig sorgt man bei etlichen Geräten außerdem dafür, daß z. B. in der Endstellung des Bedienungsknopfs die Ferritantenne abgeschaltet und die jeweils angeschlossene Außen- oder Behelfsantenne zugeschaltet wird. In der Praxis wer-

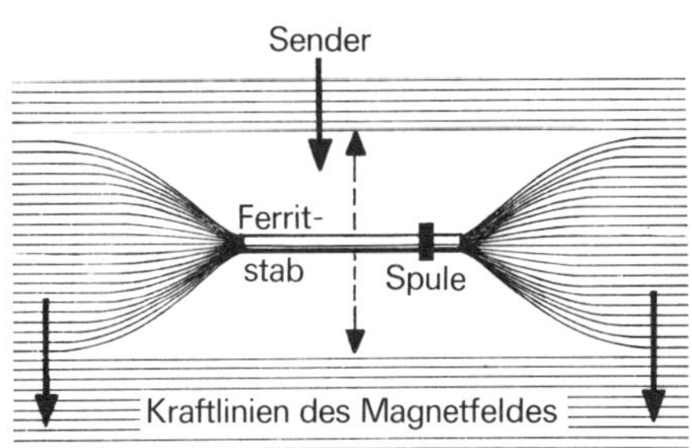

Bild 10.53 Vereinfachtes Funktionsprinzip der Ferritantenne

Peilwagen der Deutschen Bundespost

den mehrere Spulen für Mittel- und Langwellenbereiche auf dem Ferritstab untergebracht. Ultrakurze Wellen werden dagegen nach wie vor durch einen in den Empfänger eingebauten (Behelfs-)Dipol oder über einen Außendipol aufgenommen.

10.5. Modulieren einer Senderwelle

Die von den Sendern ausgestrahlten hochfrequenten Wellen nehmen den in elektrische Schwingungen umgewandelten Schall (Niederfrequenz) sozusagen »auf ihrem Rücken« mit (Bild 10.54). Man nennt die weitreichenden Sendewellen deshalb auch Trägerwellen.

Kurz-, Mittel- und Langwellensender bekommen ihre mitzunehmenden Schallschwingungen aber auf eine andere Art aufgeprägt als die UKW-Sender und die Tonsender des Fernsehens. Man bezeichnet zwar beide Vorgänge als »Modulieren«, unterscheidet hierbei jedoch nach Amplituden-Modulation (kurz AM genannt) und

Bild 10.54 Schema einer Rundfunk-Direktübertragung

Frequenz-Modulation (kurz FM genannt). Die der Trägerwelle oder Trägerfrequenz aufgeprägte Schallschwingung nennt der Techniker auch Modulationsfrequenz. Wir werden beide Modulationsarten nachfolgend kennenlernen.

Das Gegenteil von Modulieren ist übrigens »Demodulieren«, worunter man das Trennen der Tonschwingungen von den Trägerwellen versteht. Hierfür benutzt man besondere Schaltungsgruppen im Empfänger, und zwar den AM-Demodulator und den FM-Demodulator. Statt Demodulator kann man auch Gleichrichter oder Detektor sagen.

10.5.1. Amplituden-Modulation (AM)

Rundfunksender strahlen im unmodulierten Zustand elektromagnetische Wellen mit gleichbleibenden Amplituden aus (Bild 10.55). Aus Gründen physikalischer

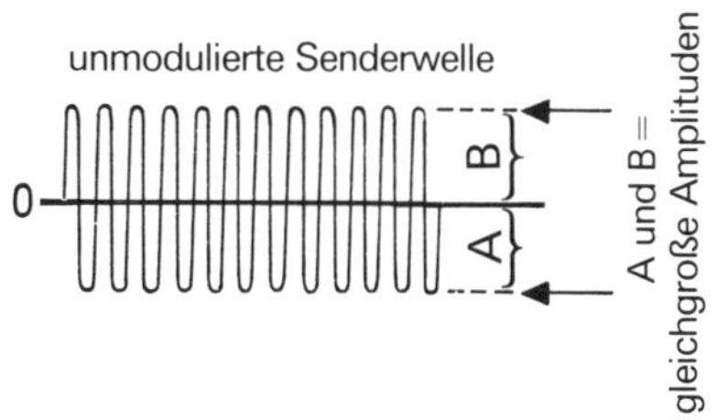

Bild 10.55 Schwingungszug einer unmodulierten Senderwelle

Korrektheit muß aber hinzugefügt werden, daß die Sendewellen auf langer Ätherreise allmählich schwächer und schwächer werden und ihre Amplituden dabei langsam abnehmen (Bild 10.56). Man sagt: die Wellen werden gedämpft. Praktisch spielt diese Tatsache für die nachfolgenden Erläuterungen jedoch keine Rolle.

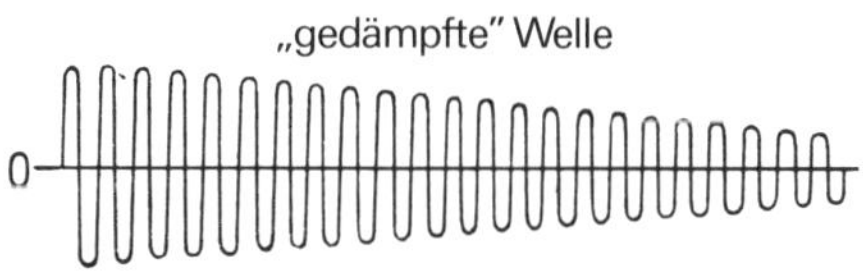

Bild 10.56 Abklingender Schwingungszug einer gedämpften Welle

Ein mechanischer Vergleich soll helfen, den Modulationsvorgang bei AM verständlich zu machen (Bild 10.57). Wenn man am unteren Ende eines Pendels einen Schreibstift anbringt, der eine sich gleichmäßig

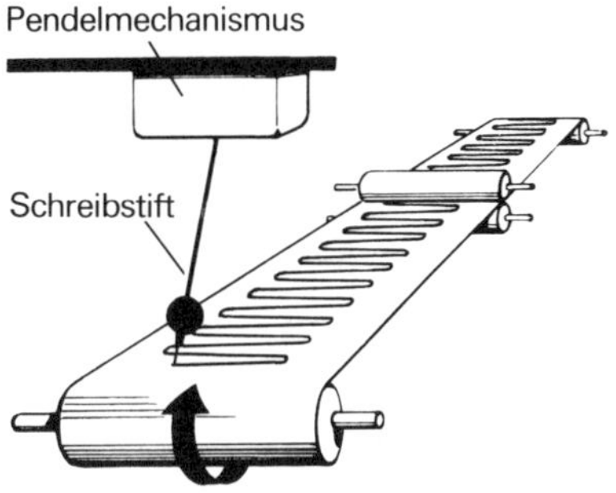

Bild 10.57 Schematische Darstellung einer mechanischen Erzeugung von Schwingungen gleicher Amplitude

weiterbewegende Papierbahn berührt, dann zeichnet der Stift die Amplituden der Pendelschwingungen in einer Wellenform auf. Ein Streifen des beschrifteten Bands sieht dann so aus, wie es Bild 10.58 zeigt. Der aufgezeichnete Wellenzug entspricht den vom Sender ausgestrahlten hochfrequenten Schwingungen.

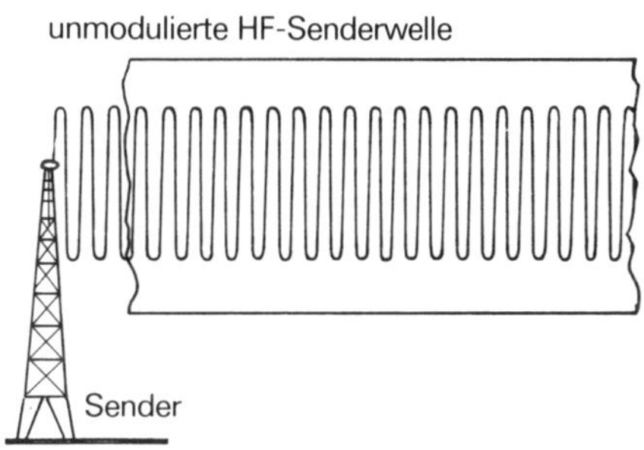

Bild 10.58 Schematische Darstellung des Abstrahlens von hochfrequent erzeugten Schwingungen gleicher Amplitude durch einen Sender

Bei der Modulation sollen nun die in elektrische Schwingungen umgewandelten Schallwellen (Bild 10.59) den vom Sender ausgestrahlten Trägerwellen mitgegeben werden. Die niederfrequenten Schwingungen sollen also die hochfrequenten Senderschwingungen beeinflussen (Bild 10.60). In unserem mechanischen Vergleich (Bild 10.61) kann man die Schallschwingungen so auf die Pendelbewegungen einwirken

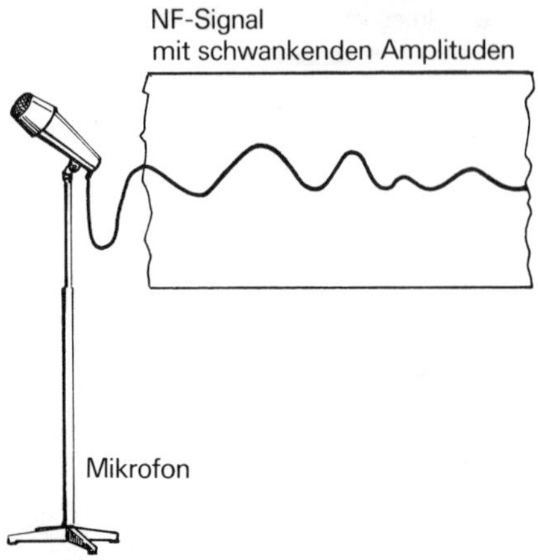

Bild 10.59 Die von einem Mikrofon gelieferten niederfrequenten Schwingungen haben unterschiedliche Amplituden und entsprechen den aufgenommenen Tonsignalen

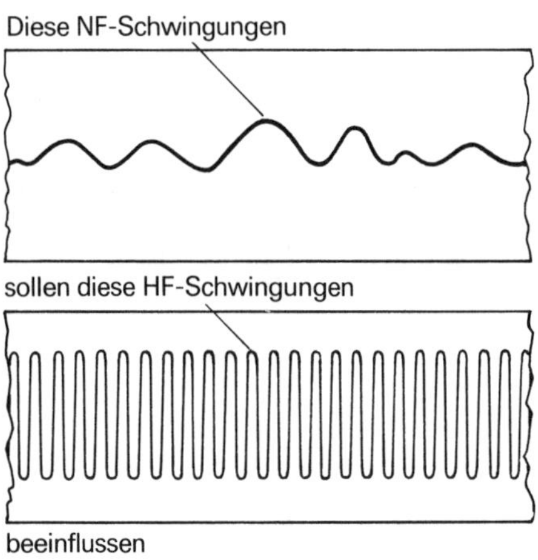

Bild 10.60 Niederfrequente Schwingungen können hochfrequente Schwingungen beeinflussen, wenn sie ihnen in geeigneter Weise aufgeprägt werden. Man nennt diesen Vorgang »Modulation«

lassen, daß deren Amplituden im Rhythmus des Schalls variieren und damit also moduliert sind. Der Schreibstift am unteren Pendelende zeichnet dann modulierte Schwingungen auf. Resultat: Der ursprünglich gleichmäßige Wellenzug ist durch den Einfluß der Schallschwingungen verformt worden.

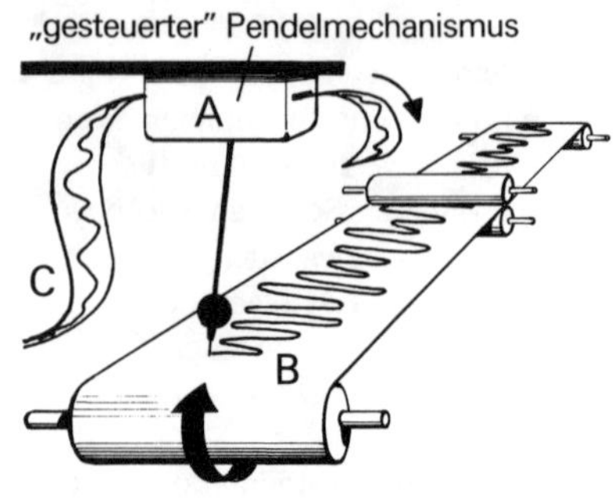

Bild 10.61 Die mechanisch erzeugte Schwingung wird in der Amplitude beeinflußt, d. h. moduliert. A = AM-Modulator, B = modulierter Schwingungszug, C = modulierende Niederfrequenz

Wenn der Steuermechanismus auf Amplitudenmodulation eingestellt ist, dann arbeitet er so, daß die Amplituden der hochfrequenten Schwingungen unter dem Einfluß der niederfrequenten Tonschwingungen geändert werden. Wie Bild 10.62 zeigt, sind die Amplituden jetzt nicht mehr gleichmäßig groß, sondern haben sich der Form der Schallschwingungen anpassen müssen.

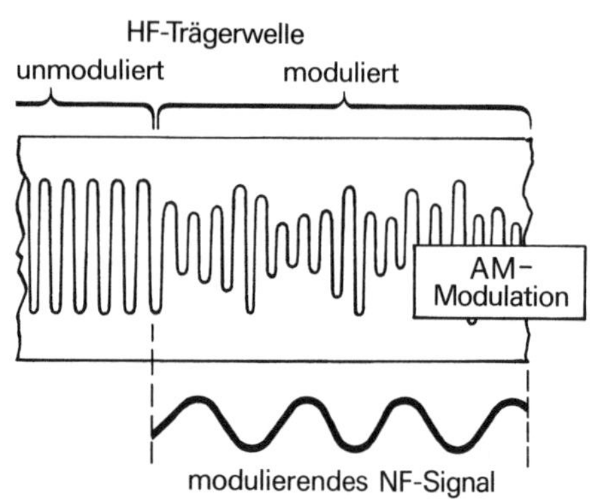

Bild 10.62 Unmodulierter und amplitudenmodulierter HF-Schwingungszug

Machen wir einen kleinen Mittelwellen-Empfangsversuch und stellen unseren Ortssender ein. Wird der Skalenzeiger aus der genauen Einstellung eine Kleinigkeit nach links oder rechts verschoben, dann hören wir den Sender zwar nach wie vor, bemerken aber deutlich, daß jetzt die hohen Töne bevorzugt werden, während die tiefen mehr oder weniger verschwinden (Bild 10.63). Der Einstellbereich des modulierten AM-Senders ist sozusagen breiter als der des unmodulierten, man hört ihn auch links und rechts von seiner eigentlichen Sendefrequenz.

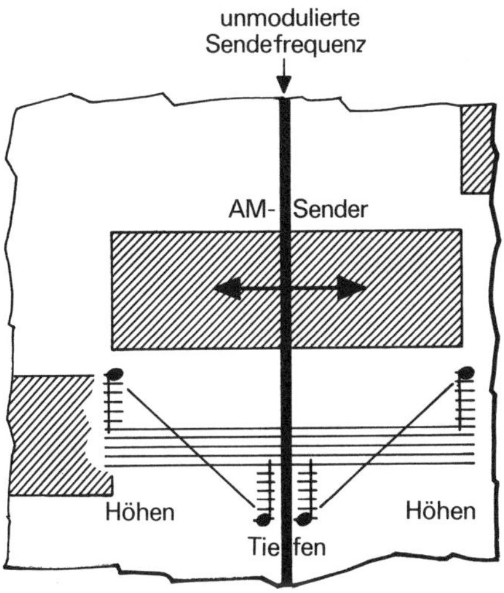

Bild 10.63 Korrekte Abstimmung eines amplitudenmodulierten Rundfunksenders

Die beobachtete Breite der modulierten Sendewelle hängt damit zusammen, daß beim Modulationsvorgang, der dem Mischen zweier Frequenzen entspricht, zwei neue entstehen. Wir wollen uns dies an einem einfachen Beispiel klarmachen. Ein Trompeter des Rundfunkorchesters »liefert« als höchste Modulationsfrequenz einen Ton von etwa 8 500 Hz an den Sender. Oberhalb und unterhalb der Trägerfrequenz entstehen daraufhin bei der Modulation zwei neue Frequenzen, die genau 8,5 kHz von der Trägerwelle entfernt sind. Bild 10.64 gibt die Lage der beiden neuen Seitenfrequenzen an.

Wird jedoch der gesamte Orchesterklang in der Modulatorstufe dem Träger aufgeprägt, so stellen sich folgerichtig eine ganze Reihe neuer Seitenfrequenzen oder Seitenbänder ein. Sie liegen alle spiegelbildlich links und rechts von der eigentlichen Trägerwelle und werden mit ihr vom Sender ausgestrahlt. Sie arbeiten gewissermaßen als Hilfstruppe des Trägers beim Transport der Modulation. Wir können die Amplitudenmodulation grafisch auf zwei Arten darstellen: erstens als eine im Takt der Modulationsfrequenz größer oder kleiner werdende Trägerwelle (Bild 10.62) und zweitens als Frequenzspektrum mit Seitenbändern (Bild 10.64).

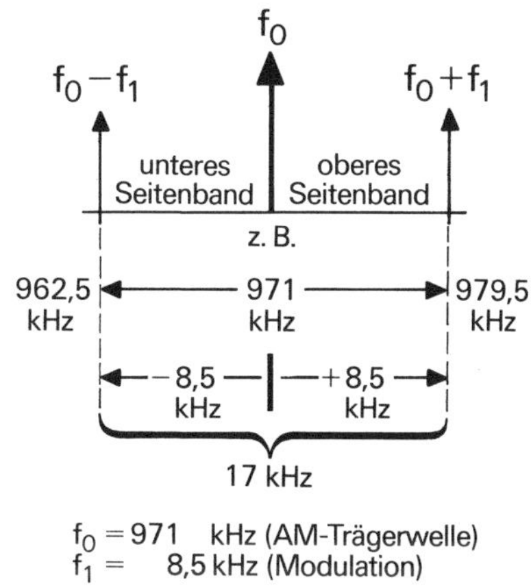

Bild 10.64 AM-Trägerwelle mit oberem und unterem Seitenband und Frequenzbeispielen

Das Entstehen der Modulationskurve auf den Schwingungen der Trägerwelle läßt sich in einfacher Form folgendermaßen erklären, wobei an die Konstruktion einer Sinuswelle bzw. an das Vektorbild in Abschnitt 2.4. erinnert wird. In Bild 10.65 sind der Zeiger der Trägerwelle und die beiden Zeiger der neuen Seitenfrequenzen dargestellt. Während sich der Trägerzeiger entgegen dem Uhrzeigersinn nach links dreht, verändern die beiden Seitenfrequenzzeiger (sie sitzen auf dem Träger und drehen mit) ebenfalls ihre Richtung, und zwar zueinander symmetrisch.

Je nachdem wie die beiden Zeiger momentan stehen, addieren sich ihre resultierenden Amplituden zur Trägeramplitude. Es gibt daher zwei Maximalwerte (s. Bild 10.65), die den Trägerzeiger verlängern oder verkürzen, und natürlich viele Zwischenwerte. Wird ein solcher, ständig seine **Amplitude** ändernder Trägerzeiger

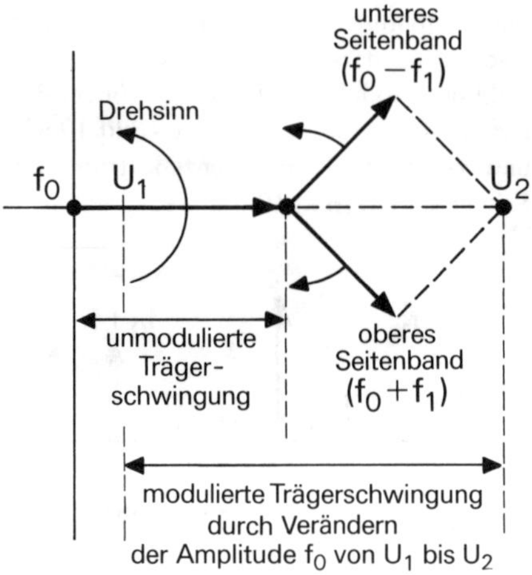

Bild 10.65 Vektordarstellung der Amplitudenmodulation einer Trägerwelle

als Sinuswelle dargestellt, so erhält man die in Bild 10.66 gezeigte Form. Sind die modulierenden Niederfrequenzschwingungen nur schwach ausgeprägt, so ist der betreffende Ton leise; er wird um so lauter, je weiter die Modulationsschwingungen die Trägerwelle beeinflussen. Bild 10.66 gibt darüber Aufschluß.

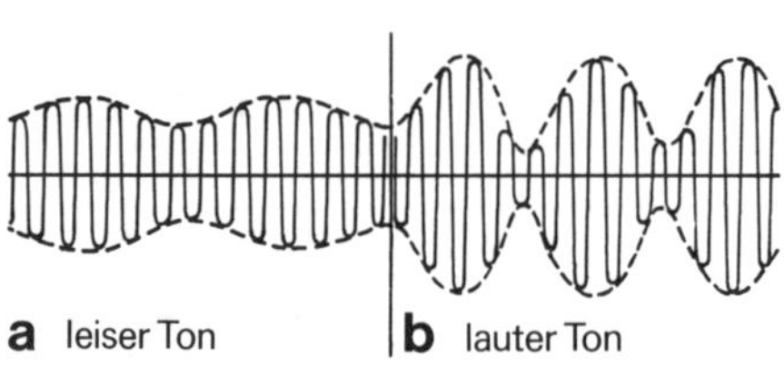

Bild 10.66 Amplitudenmodulierte Trägerwelle in gebräuchlicher Darstellung

Doch zurück zu unserem Trompeter. Er »erzeugt« zwei Seitenfrequenzen mit 8,5 kHz Abstand vom Träger, was nichts anderes bedeutet, als daß sich die eigentliche Frequenz des Senders nach beiden Seiten hin um 8 500 Hertz verbreitert (Bild 10.67). Damit würde der Sender zuviel Frequenzraum beanspruchen, denn nach international gültigen Regeln darf ein Sender im AM-Bereich nur Seitenbänder bis ± 4,5 kHz ausstrahlen (Bild 10.68).

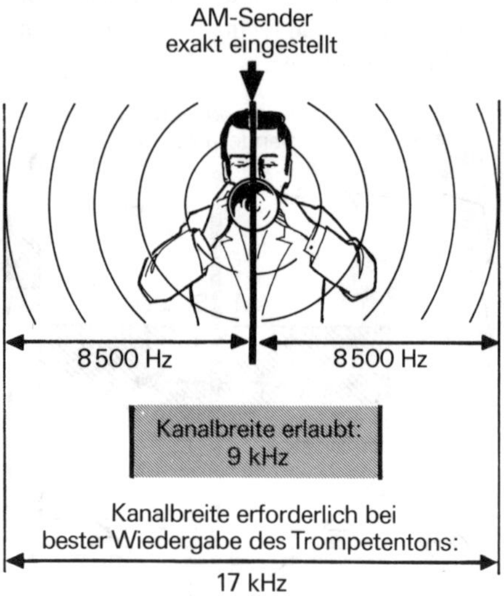

Bild 10.67 Vergleich zwischen Original-Frequenzumfang und verfügbarem Sender-Frequenzraum eines AM-Senders

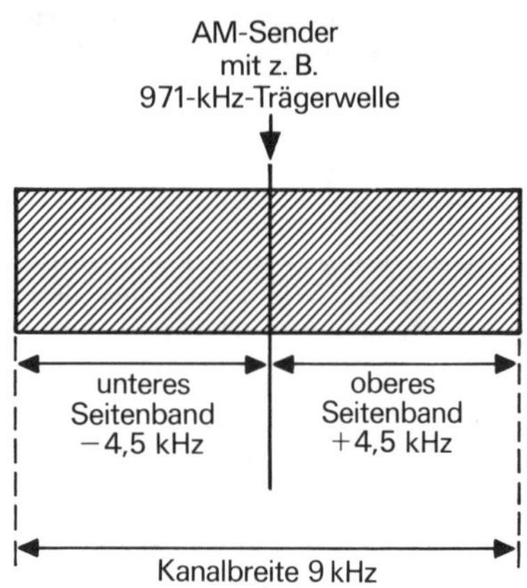

Bild 10.68 Beide Seitenbänder eines AM-Senders sind je 4,5 kHz breit

Das geschieht, indem man jedem Sender eine Bandbreite von nur 9 kHz zugesteht, entsprechend einer Tonfrequenz von 4 500 Hertz nach beiden Seiten (Bild 10.69).

Diese Einschränkung geht zu Lasten der Tongüte, aber bei dem Gedränge der Sender, besonders im Mittelwellenbereich, blieb keine andere Wahl.

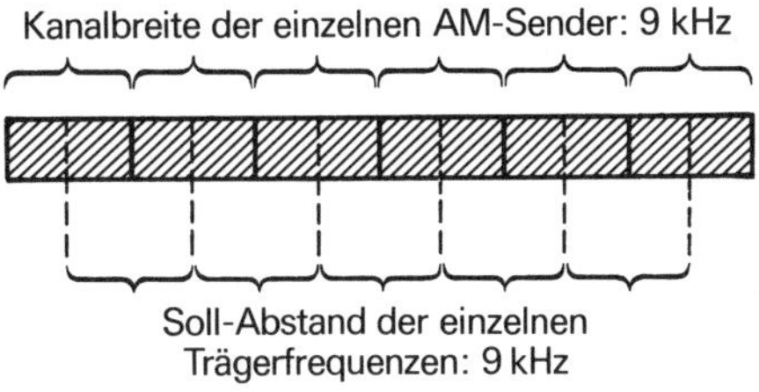

Bild 10.69 Der »ideale« Abstand der Sender in den AM-Bereichen beträgt 9 kHz

Leider haben sich viele Sender nicht an die einmal getroffenen Abmachungen gehalten, und da überall neue Stationen hinzukamen, entstand ein fürchterliches Wellendurcheinander. Man kann deshalb auch mit den besten Geräten nur verhältnismäßig wenige Mittelwellen-Rundfunkstationen einwandfrei empfangen. Es wurden zwar internationale Funkkonferenzen durchgeführt und neue Wellenpläne geschaffen, aber alles änderte letztlich nicht viel an der unerfreulichen Situation im Mittelwellenbereich.

Aber ob Wellenplan A oder Wellenplan B, grundsätzlich soll der Abstand der Rundfunksender voneinander nach wie vor 9 kHz betragen. Nehmen wir als Beispiel den Mittelwellenbereich zwischen 189 und 570 m Wellenlänge an, d. h. zwischen 1605 und 525 kHz, so lassen sich innerhalb dieses 1080 kHz breiten Bereichs 120 Sender mit einer Bandbreite von 9 kHz unterbringen, nicht mehr. Zur Zeit »wirken« aber einige hundert Sender auf der Mittelwelle im europäischen Raum. Die vielen gegenseitigen Störungen sind also kein Wunder.

Noch viel weniger Sender lassen sich im Langwellenbereich unterbringen, der sich praktisch zwischen 1050 und 2000 m erstreckt, entsprechend 285 und 150 kHz. Auf einer Gesamtbreite von 135 kHz besteht nur eine Unterbringungsmöglichkeit für 15 Sender zu je 9 kHz Breite. Der Kurzwellenbereich hingegen weist (zumindest theoretisch) wesentlich bessere Verhältnisse auf. Betrachtet man den Teil vom 11-m- bis zum 50-m-Band, entsprechend 26100 und 5950 kHz, so könnte man bei einem auf 10 kHz verbreiterten Senderraum immerhin 2000 Kurzwellensender unterbringen. In Wirklichkeit sind es weniger, da ja nur in bestimmten Bändern gesendet werden darf, so daß (wiederum theoretisch) nur ca. 260 Sender untergebracht werden könnten. Die Anzahl der Kurzwellensender beträgt allerdings schätzungsweise 4000!

Wegen der sehr großen Reichweite der Kurzwellensender und den nicht für Orts- und Regionalempfang geeigneten Ausbreitungsbedingungen kann man Kurzwellen nicht für allgemeine Sendungen verwenden, und so tat man den Schritt zur Ultrakurzwelle. Hier gibt es zwischen 87,5 und 104 MHz viel Platz, und statt nur 4,5 kHz können 15 kHz als obere Tonfrequenz übermittelt werden. Und damit kommen wir zur Frequenzmodulation.

10.5.2. Frequenz-Modulation (FM)

Alle UKW-Sender und Tonsender des Fernsehens für die I., II. und III. Programme arbeiten mit einem Modulationsverfahren, bei dem nicht die Amplitude, sondern die **Frequenz** des Senders geändert wird (Bild 10.70). Folgerichtig heißt dieses Verfahren auch Frequenzmodulation. Demnach hat sich die Aufgabe der Träger-

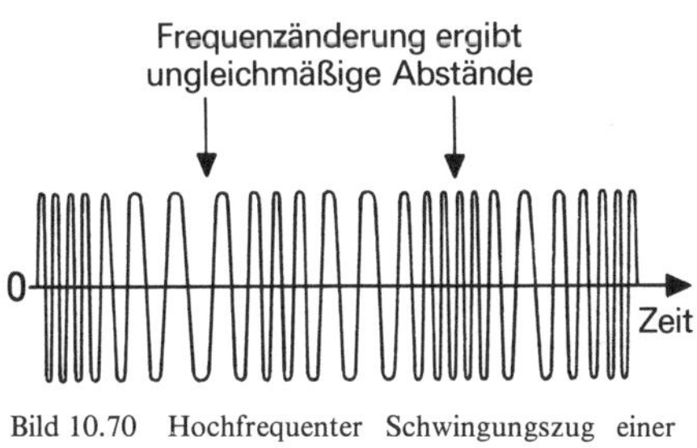

Bild 10.70 Hochfrequenter Schwingungszug einer frequenzmodulierten Trägerwelle

welle – nämlich Sprache und Musik durch den Äther zu transportieren – nicht geändert, wohl aber das Transportsystem bzw. die Modulationsart.

An dem Pendelmechanismus in Bild 10.71 läßt sich das Prinzip der Frequenzmodulation verdeutlichen. Das den An-

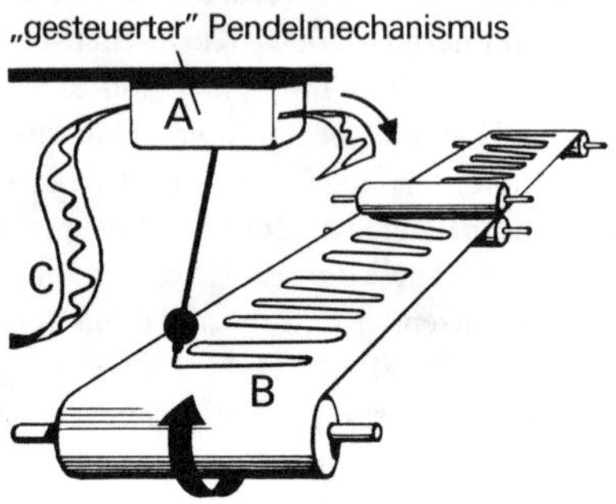

Bild 10.71 Schematische Darstellung einer mechanisch erzeugten, frequenzmodulierten Schwingung. A = FM-Modulator, B = modulierter Schwingungszug, C = modulierende Niederfrequenz

triebsmechanismus steuernde Papierband enthält die Modulationsfrequenz. Ist der Sender nicht moduliert, schreibt das Pendel seine Schwingungen mit gleichmäßigen Abständen und gleichbleibender Amplitude auf das mit konstanter Geschwindigkeit transportierte Papier. Es entsteht ein Wellenzug nach Bild 10.72. Sobald jedoch eine Modulationsfrequenz auftritt, ändern sich die Abstände der Schwingungen, ihre Amplituden aber bleiben gleich!

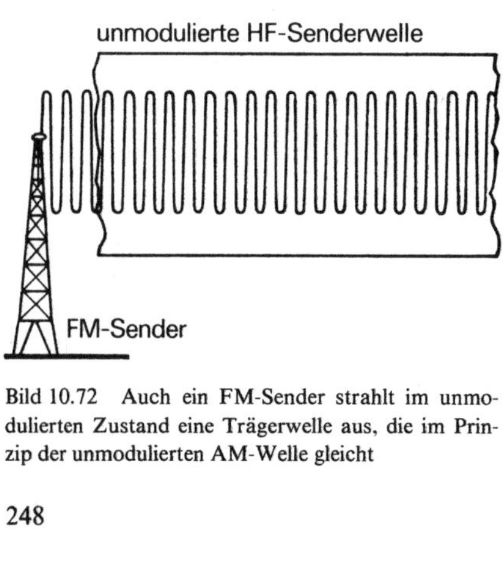

Bild 10.72 Auch ein FM-Sender strahlt im unmodulierten Zustand eine Trägerwelle aus, die im Prinzip der unmodulierten AM-Welle gleicht

Die Schwingungsweite des Pendels wird daher bei der Frequenzmodulation konstant gehalten; geändert wird nur die Schwinggeschwindigkeit, so daß die geschriebenen Wellenzüge ungleichmäßige Abstände haben (Bild 10.73). Wir wollen

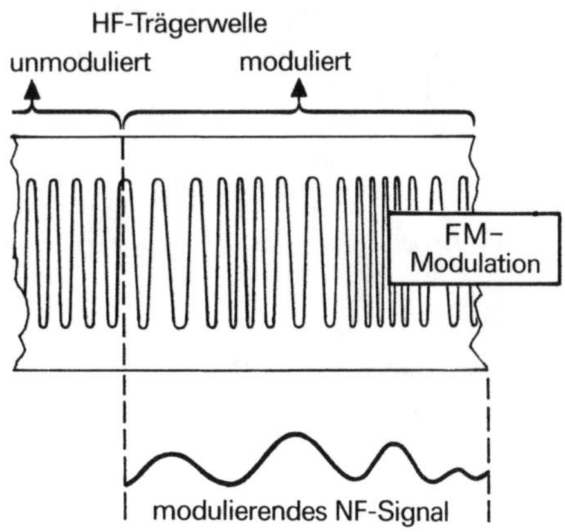

Bild 10.73 Unmodulierter und frequenzmodulierter HF-Schwingungszug

uns das an einem Zahlenbeispiel klarmachen: Wenn ein UKW-Sender eine Grundfrequenz von 95 MHz hat und mit einer Niederfrequenzspannung moduliert wird, so darf diese die Grundfrequenz maximal um 75 kHz nach beiden Seiten verschieben. Wir erhalten dann Seitenfrequenzen von 95,075 MHz und 94,925 MHz. Innerhalb dieser Bandbreite von 150 kHz ($\pm$ 75 kHz) schwankt dann die Senderfrequenz im Takt der Modulationsfrequenz hin und her (Bild 10.74).

Vom Automotor ist der Begriff Kolbenhub bekannt. Wir könnten die erwähnte Senderfrequenzänderung dem Kolbenhub gegenüberstellen, denn man bezeichnet bei der Frequenzmodulation (FM) den Bereich zwischen den oberen und unteren Seitenfrequenzen als »Hub-Bereich« (Bild 10.75). Dieser ist von der Größe der zugeführten Niederfrequenz abhängig. Je größer deren Amplitude ist, desto größer ist der Hub und damit die Lautstärke des modulierten Signals.

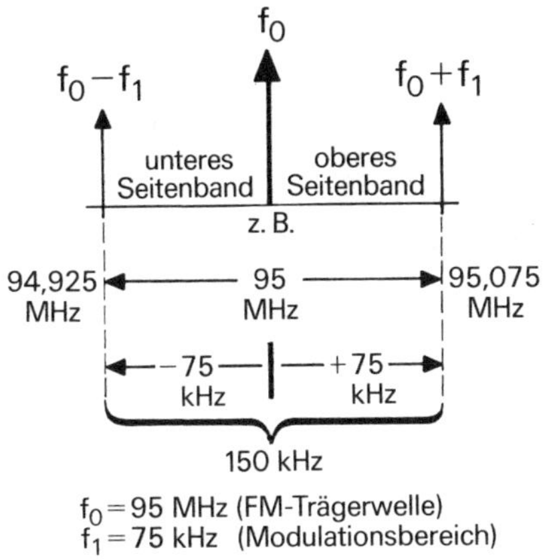

Bild 10.74 FM-Trägerwelle mit oberem und unterem Seitenband und Frequenzbeispielen

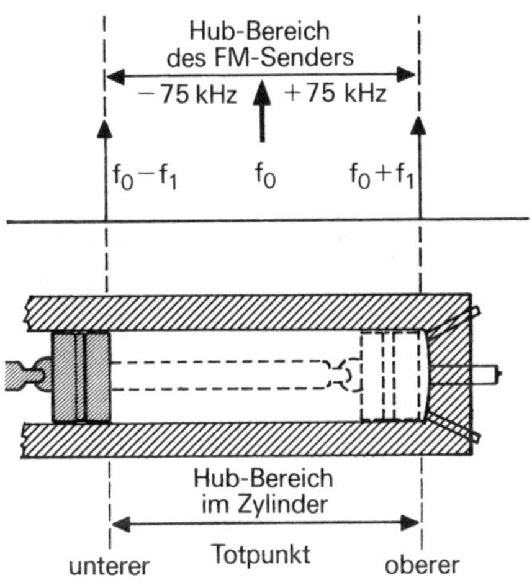

Bild 10.75 Vergleich zwischen FM-Hub-Bereich und dem Hub eines Kolbenmotors

Die Tonhöhe, d. h. die Frequenz des Modulationssignals, steckt als Information in der jeweiligen Frequenzänderung der Trägerwelle. Ein leiser 1000-Hz-Ton verändert die Grundfrequenz des UKW-Senders 1000mal in der Sekunde mit einem Hub von beispielsweise nur ± 15 kHz, wogegen ein lauter 1000-Hz-Ton den gesamten Hub von ± 75 kHz benötigen würde. Wir können diese beiden Fälle auch als Frequenzspektrum darstellen (Bild 10.76). Die beiden neuen Seitenbandfrequenzen liegen um den jeweiligen Frequenzhub von der Grundfrequenz entfernt. Im Gegensatz zur Amplitudenmodulation treten hier aber noch eine große Anzahl weiterer Seitenbandfrequenzen im Abstand der Modulationsfrequenz auf, so daß sich ein sehr breites Spektrum ergibt. Die Sender benötigen daher auch wesentlich mehr Platz und haben eine Kanalbreite von 150 kHz.

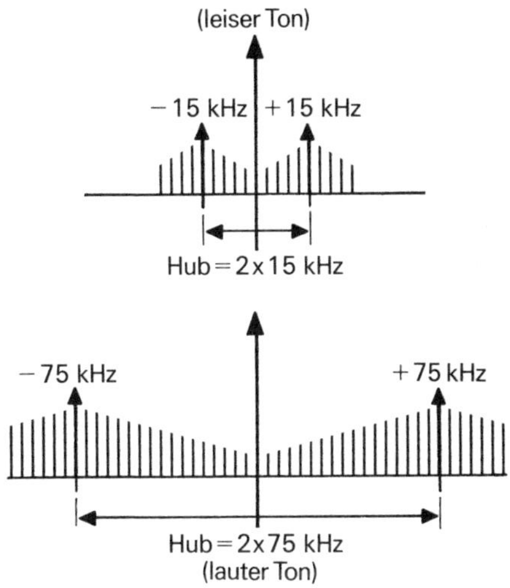

Bild 10.76 FM-Trägerwelle mit Seitenbändern bei leiser (oben) und lauter Modulation (unten). Die Lautstärke ist vom Frequenzhub abhängig

Im Gegensatz zur Rundfunk-Amplitudenmodulation, bei der die 9-kHz-Kanalbreite das zu übertragende Niederfrequenzspektrum bestimmt (s. Bild 10.68), ist bei der FM-Modulation keine Beschneidung des Tonbereichs nötig. Über einen FM-Kanal (Bild 10.77) kann daher der ganze hörbare Tonbereich übertragen werden. Daraus resultiert auch der überlegene HiFi-Klang der FM-Übertragung auf UKW gegenüber dem gleichen Musikstück bei einer Mittelwellensendung.

Und noch ein großer Vorteil spricht für die Frequenzmodulation. Sie ist der Amplitudenmodulation auch deshalb überlegen, weil sie im Prinzip störsicherer ist. Selbst bei Gewittern können UKW-Sender

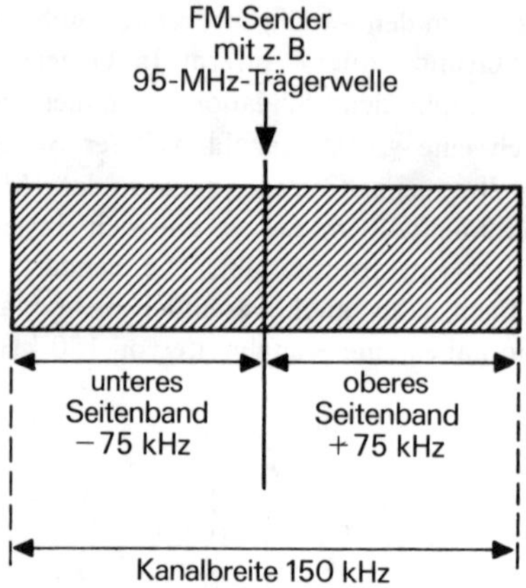

Bild 10.77 Beide Seitenbänder eines FM-Senders sind je 75 kHz breit

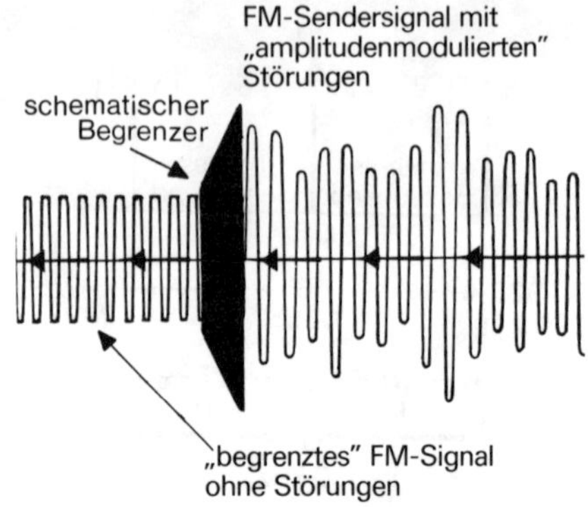

Bild 10.79 Schematische Darstellung der störbegrenzenden Wirkung im FM-Empfangsgerät

ohne die sonst so unangenehmen Krachgeräusche empfangen werden. Ebenso treten die aus elektrischen Anlagen herrührenden Störgeräusche nicht in Erscheinung, weil sie ebenso wie die atmosphärischen Störungen im wesentlichen amplitudenmoduliert sind. Auf amplitudenmodulierte Schwingungen aber spricht ein für frequenzmodulierten Empfang eingerichtetes Rundfunkgerät normalerweise nicht an (Bild 10.78) weil bei einer ausreichenden Empfangsstärke des FM-Senders im Empfangsgerät eine Begrenzerwirkung eintritt, wodurch AM-Störungen unterdrückt bzw. »abgeschnitten« werden (Bild 10.79).

UKW-Empfangsteil (Tuner) und Stereo-Verstärker als Bausteine für eine HiFi-Anlage

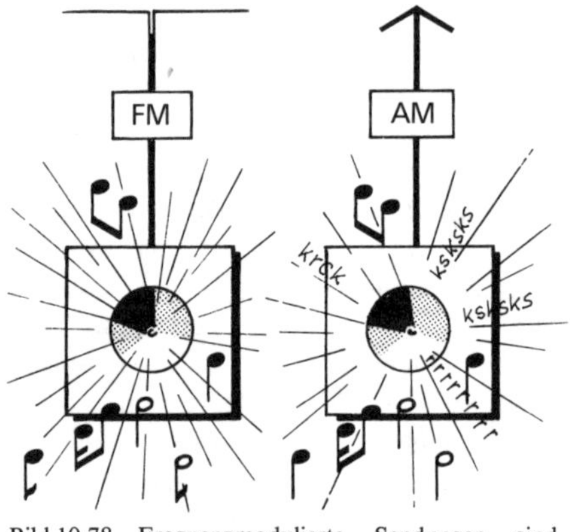

Bild 10.78 Frequenzmodulierte Sendungen sind gegen Störungen wesentlich weniger empfindlich als AM-Sendungen

10.6. Baugruppen eines Rundfunkempfängers

Als vor einigen Jahrzehnten die ersten Rundfunkempfänger in den Handel kamen, hatten sie ein ganz anderes Aussehen als heute und waren auch technisch völlig anders aufgebaut. Sie arbeiteten noch ohne Röhren, brauchten keine Stromquelle und gaben Sprache und Musik über Kopfhörer wieder. Als Demodulator (oder HF-Gleichrichter) verwendete man einen Kristalldetektor, der diesem Gerätetyp auch den Namen gab: Detektorempfänger (Bild 10.80).

Ein Kristalldetektor ist ein sogenannter Spitzengleichrichter, der aus einem natürlich gewachsenen Kristall besteht und bei dem die winzige Spitze eines Kontaktdrahts über einen kleinen Fühlstift von Hand auf eine empfindliche Stelle des Kristalls eingestellt werden muß. Da die Kontaktstelle aber relativ schnell taub wurde, mußte man den Detektor immer wieder aufs neue einstellen.

Bei den heutigen Nachfolgern des Kristalldetektors, den Kristalldioden oder Halbleiterdioden, ist dieser Nachteil natürlich beseitigt. Der hier benutzte, künstlich hergestellte Kristall ist speziell auf seine Gleichrichtereigenschaft gezüchtet (Einkristall) und hat als Spitzendiode einen festeingestellten Punktkontakt und als Flächendiode den bereits in Kapitel 5 be-

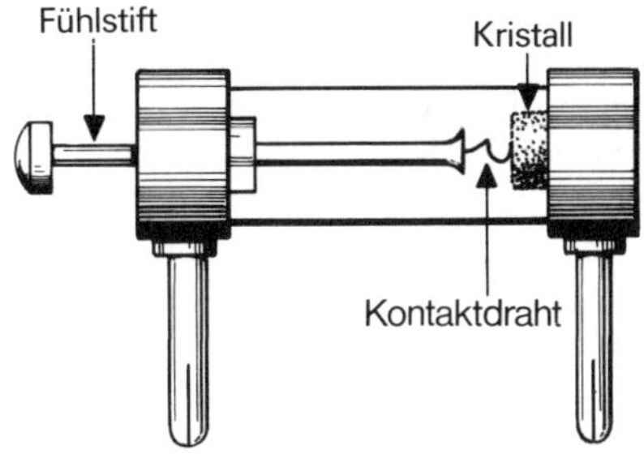

Bild 10.80 Zeichnung eines Detektors mit Kristalleinsatz

handelten PN-Übergang in Form einer Sperrschicht.

Den Detektorempfängern folgten die Röhrengeräte. Sie wurden zunächst noch von Heiz- und Anodenbatterien versorgt, erhielten aber bald eigene Netzteile und konnten somit am Lichtnetz betrieben werden (Bild 10.81). Es entwickelten sich

Bild 10.81 Radiohören »Anno Dazumal«

zwei grundsätzliche Empfängerausführungen, und zwar der Geradeausempfänger und der Überlagerungsempfänger. Wir lernen sie in diesem Abschnitt kennen. Wichtigstes Merkmal beider Geräte ist die Verstärkung der Antennenenergie durch Röhren oder Transistoren. Die Gleichrichtung des hochfrequenten Sendersignals geschieht anschließend auch hier wieder mit Dioden.

Vom Ein- oder Zwei-Wellenbereichsempfänger der Anfangszeit kam man im Röhrenzeitalter schnell zum Radio mit allen AM-Bereichen. Lang-, Mittel- und Kurzwellen (diese häufig sogar mit unterteilten Bändern) brachten Musik und Informationen aus aller Welt ins Haus. Ende der 30er Jahre hatte die Empfangstechnik einen sehr hohen Stand erreicht, was sich z. B. durch HF-Vorstufen mit Bandfiltereingang, ZF-Bandbreitenschalter, automatische Schwundregelung, Gegentakt-Endstufen, Drucktasten für Bereichswahl und sogar programmierbare Stationstasten ausdrückte. Bild 10.82a zeigt einen Spitzenempfänger (Aachen Super D 62) und Bild 10.82b den bekanntesten Einkreiser aus jener Zeit (Volksempfänger VE 301).

Die Einführung des UKW-Rundfunks zu Beginn der 50er Jahre brachte eine neue Technik. Der FM-Bereich erforderte andere HF-, Misch- und ZF-Stufen sowie andere Gleichrichteranordnungen und (wegen der besseren Klangqualität) letztlich auch neu entwickelte Niederfrequenzstufen und Lautsprecher. Dadurch wurde der Geräteaufbau zwar komplizierter, aber die Techniker sorgten auch dafür, daß die Betriebssicherheit trotzdem größer und die Reparaturanfälligkeit kleiner wurde.

Heute gibt es »das Radio« im hergebrachten Sinn eigentlich gar nicht mehr, sondern eine ganze Skala verschiedener Ausführungen, die in ihrem äußeren Erscheinungsbild mehr oder weniger dem modischen Zeitgeschmack unterliegen

Bild 10.82a Aachen-Super D 62 von Philips mit Stationstasten. Dieses hochwertige Gerät gehörte aufgrund seiner technischen Konzeption und seiner Empfangsleistung und Klangwiedergabe zu den sogenannten Spitzensupern der damaligen Zeit

(Bild 10.83). Die elektronische Technik hat das Innenleben der Geräte so stark schrumpfen lassen, daß heute praktisch alle Ausführungsformen möglich sind.

Nur die Lautsprecher widerstanden (zum Leidwesen der Gerätebauer) bisher allen Versuchen, in Richtung Miniaturisierung entscheidende Fortschritte zu machen. Deshalb nahm man sie schließlich auch aus den Gehäusen der hochwertigen Tischempfänger heraus, setzte sie in eigene Boxen und war damit dort wieder angelangt, wo man (zumindest rein äußerlich) zu Anfang der Radiozeit schon einmal war! Damals konnte man allerdings nicht anders, weil die ersten Lautsprecher noch sehr groß waren; heute darf man nicht anders, weil die Lautsprecher sonst nicht »Stereo mit HiFi-Klang« machen . . .

10.6.1. Geradeausempfänger

Der Name dieses Empfängertyps beruht auf seinem Arbeitsprinzip. Hier wird das von der Antenne aufgenommene Sendersignal entweder direkt oder über eine bzw.

Bild 10.82b Volksempfänger VE 301, von diesem Typ gab es Wechselstrom-, Allstrom- und Batterieausführungen. Später folgte noch ein Kleinempfänger, der DKE 38, von dem ebenfalls unterschiedliche Ausführungen hergestellt wurden

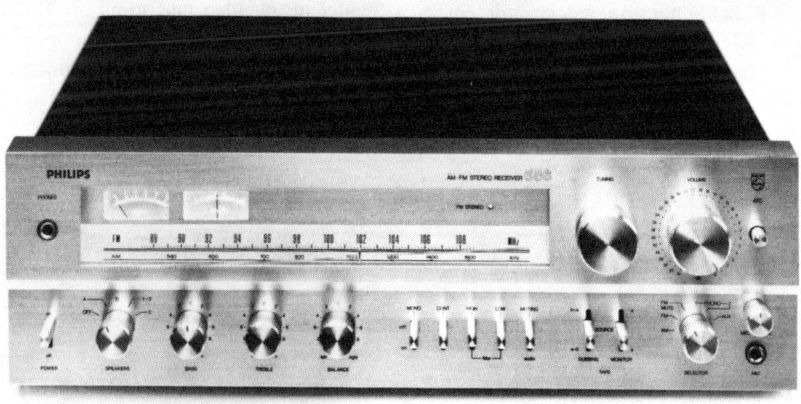

Bild 10.83 HiFi-Steuergerät »Jahrgang 1979«

mehrere Verstärkerstufe(n) zum Gleichrichter geführt und dort demoduliert. Im ersten Fall haben wir es mit einem reinen Detektorempfänger zu tun, im zweiten Fall mit einem Transistor- oder Röhrengerät. In Bild 10.84 ist der einfachste Detektorempfänger dargestellt, den es überhaupt gibt. Wenn Antenne und Erde angeschlossen sind, kann man im Kopfhörer zumeist schon einen stark einfallenden Ortssender hören. Da überhaupt keine Abstimmelemente in der Schaltung vorhanden sind, ist es vom Zufall und den örtlichen Verhältnissen abhängig, welche Sender aus welchen Wellenbereichen nebst diversen Störungen gehört werden können.

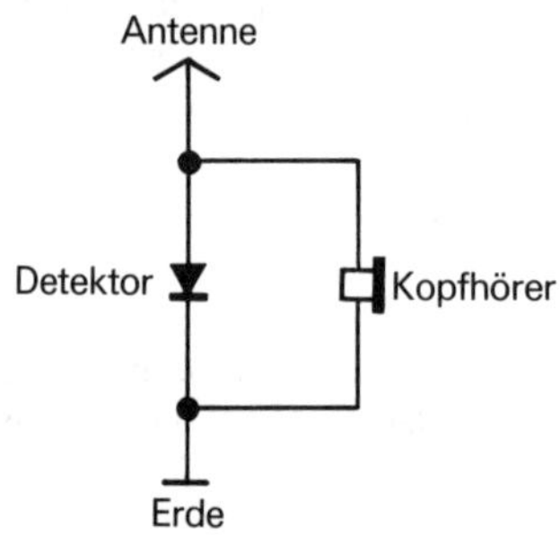

Bild 10.84 Detektor mit Kopfhörer

Wird die Schaltung jedoch mit einem Schwingkreis nach Bild 10.85 ergänzt, lassen sich die Stationen bereits aus dem Wellendurcheinander herausfischen. Bei genauem Abstimmen auf die Senderfrequenz tritt am Schwingkreis eine Resonanz auf (s. Abschnitt 10.3.), die einen Spannungsgewinn liefert (und damit größere Lautstärke) und bessere Trennschärfe bringt. Weitere Feinheiten zeigt die Schaltung in Bild 10.86a. Die Antenne kann wahlweise über einen kleinen Kondensator oder eine gesonderte Antennenspule an den Schwingkreis gekoppelt werden, dadurch läßt sich die Trennschärfe oder die »Selektivität« weiter verbessern.

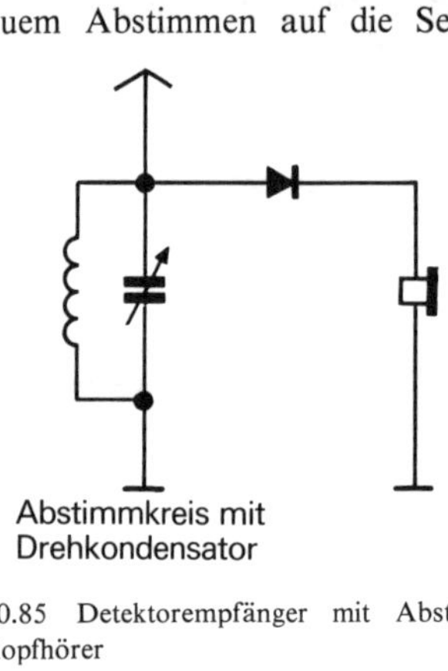

Bild 10.85 Detektorempfänger mit Abstimmkreis und Kopfhörer

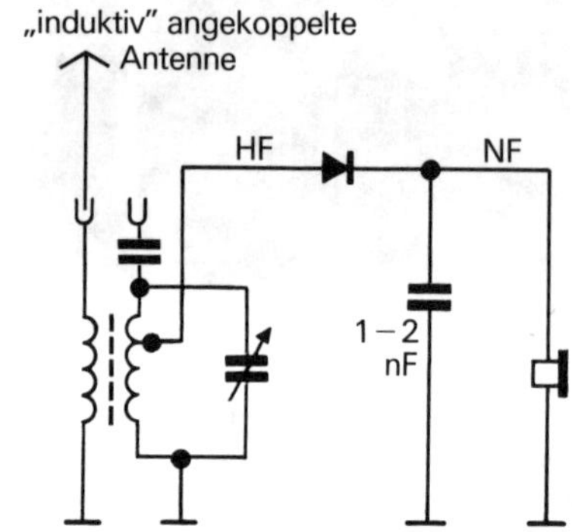

Bild 10.86a Detektorempfänger mit Antennenspule, angezapftem Abstimmkreis und Kopfhörer

Bild 10.86b zeigt einen »Sperrkreis« aus der Pionierzeit, mit dem man störende Sender ausblenden und somit am Eindringen in den Empfänger hindern konnte.

Der Anschluß der Gleichrichterdiode an die Anzapfung des Schwingkreises hat

Bild 10.86b Sperrkreis anno 1928

eine weitere Trennschärfesteigerung zur Folge, weil nämlich damit die Belastung (Dämpfung) des Kreises durch den inneren Widerstand der Diode herabgesetzt wird. Schließlich muß noch der Kondensator parallel zum Kopfhörer erwähnt werden. Er ist ca. 1–2 nF groß und führt die Hochfrequenz aufgrund seines kleinen kapazitiven Widerstands am Kopfhörer vorbei, verbessert also den Wirkungsgrad der Gleichrichtung, da er die Diode hochfrequenzmäßig an Masse legt. Für die am selben Punkt entstehende Niederfrequenz hat der Kondensator jedoch einen so hohen kapazitiven Widerstand, daß sie nicht am Kopfhörer vorbei nach Masse geleitet, sondern im Kopfhörer wirksam wird.

In der Regel verwendet man Detektorempfänger für den Empfang amplitudenmodulierter Sender im Mittel- und Langwellenbereich. Sie können auch in den Kurz- und Ultrakurzwellenbereichen benutzt werden; der Aufbau ist aber wesentlich kritischer als für Mittel- und Langwelle. In den beschriebenen Schaltungen (es gibt noch viele Varianten) kann man kaum einen niederohmigen Lautsprecher verwenden, sondern ist auf die Kopfhörerwiedergabe angewiesen. Wünscht man Lautsprecherwiedergabe, so ergänzt man die Empfangs-Gleichrichterstufe durch eine Niederfrequenzstufe mit einem Verstärkerelement, das den nötigen NF-Wechselstrom für den Betrieb des Lautsprechers abgeben kann. In Bild 10.87 ist eine Prinzipschaltung dargestellt, die schon einen Lautstärkeeinsteller hat.

Wie die eben besprochenen einfachen Geradeausempfänger als Blockbild aussehen, zeigen Bild 10.88 und 10.89. Fügt man jetzt noch eine HF-Stufe hinzu, ergibt sich ein Schema nach Bild 10.90, das ei-

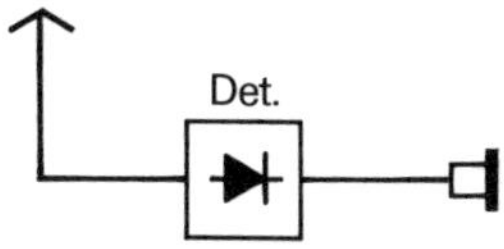

Bild 10.88 Blockbild eines einfachen Detektorempfängers mit Kopfhörer

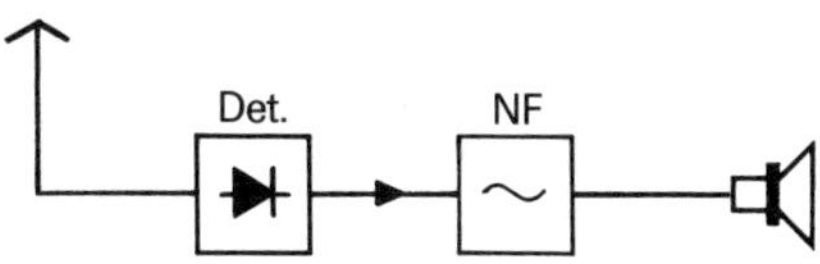

Bild 10.89 Blockbild eines einfachen Geradeaus-Empfängers mit NF-Stufe und Lautsprecher

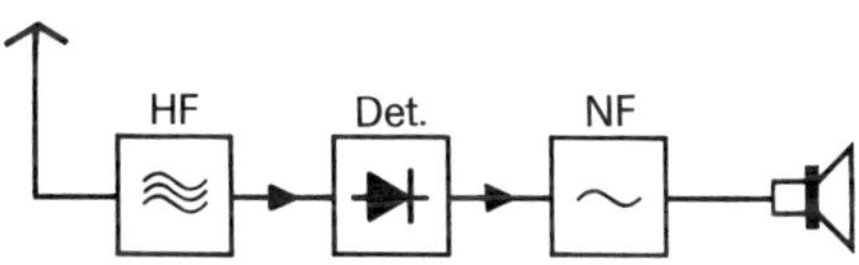

Bild 10.90 Blockbild eines Geradeaus-Empfängers mit zusätzlicher HF-Stufe

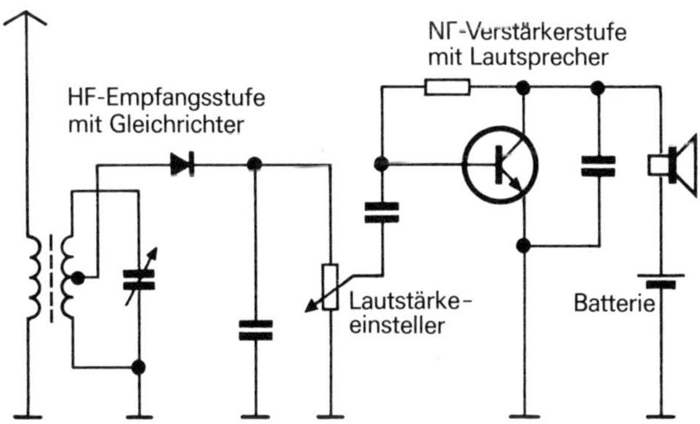

Bild 10.87 »Einkreiser« mit Transistor-Lautsprecherstufe

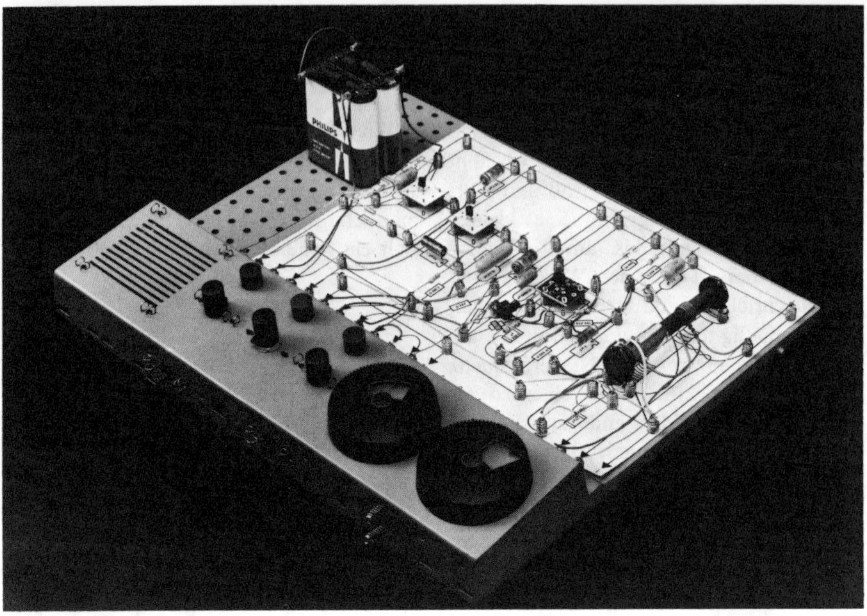

Schaltung eines Einkreisempfängers, gebaut auf dem Chassis des Philips Elektronik-Experimentierkastens der Serie 2000

nen zweikreisigen Geradeausempfänger darstellt. Die vereinfachte Schaltung für ein Röhrengerät sehen wir in Bild 10.91. Der Antennenkreis ist induktiv an den ersten Schwingkreis angekoppelt. Nach Verstärkung in der HF-Röhre folgt ein zweiter Schwingkreis, an den dann der Gleichrichter angeschlossen ist. Beide Drehkondensatoren sind mechanisch miteinander gekoppelt, damit der Frequenz-Gleichlauf beider Kreise gewährleistet ist.

Es leuchtet ein, daß bei weiteren Abstimmkreisen die Trennschärfe zwar stetig zunimmt, dafür die mechanischen und elektrischen Probleme des Gleichlaufs ebenso ansteigen. Sie sind z. B. bei der Serienfertigung nicht mehr beherrschbar, und man suchte deshalb nach einem anderen Weg, um zu größerer Trennschärfe und höherer Verstärkung zu kommen. Man fand ihn im Überlagerungsempfänger. Doch zuvor wollen wir noch einen Geradeausempfänger kennenlernen, der neben dem Detektorempfänger die größte Rolle gespielt hat, bzw. in seiner Grundschaltung heute noch spielt: der Rückkopplungsempfänger.

Seine Glanzzeit hatte der Rückkopplungsempfänger in der Röhrenzeit als Einkreiser, und er soll deshalb auch in dieser Form beschrieben werden. Die Schaltung ist in Bild 10.92 komplett dargestellt; sie arbeitet mit einer Verbundröhre, deren Triodensystem als HF-Stufe und deren Pentodensystem als NF-Stufe benutzt wird. Wir erkennen am Gitter der Triode den Schwingkreis mit dem Drehkondensator und der getrennten, also induktiv angekoppelten Antennenspule. Neu ist die Rückkopplungsspule von der Trioden-Anode gegen Masse. Sie ist ebenfalls mit dem Schwingkreis induktiv gekoppelt und führt einen Teil der in der Triode verstärkten HF-Spannung phasengleich wieder auf den Schwingkreis zurück. Die Amplitude der zurückgekoppelten HF-Spannung läßt

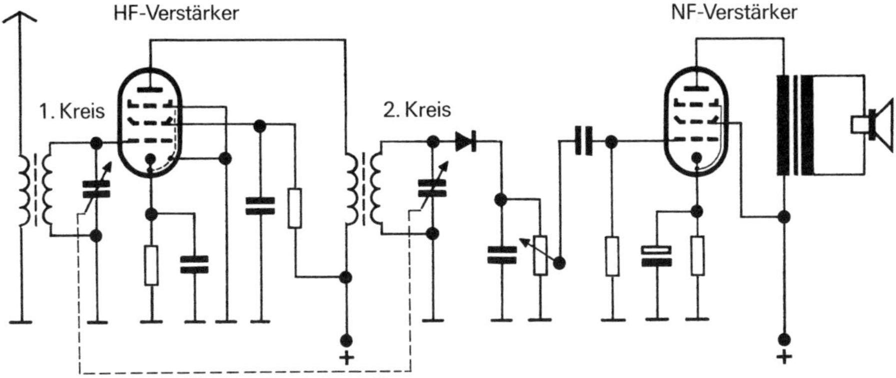

Bild 10.91 Prinzipbild eines Zweikreisempfängers

sich mit dem Drehkondensator einstellen, der in Reihe mit der Rückkopplungsspule liegt.

Wie wir wissen (siehe Abschnitt 7.6.3.2.), gerät eine Verstärkerstufe ins Schwingen, wenn die zurückgeführte Energie groß genug ist und die richtige Phasenlage hat. Letztere kann man durch den Wickelsinn bzw. Anschluß der Rückkopplungsspule einstellen. In Bild 10.92 ist dies durch die Buchstaben A und E dargestellt. Wird der Rückkopplungs-Drehkondensator (nach Abstimmung auf einen Sender) nun zu weit »aufgedreht«, so beginnt die Schaltung auf der Senderfrequenz zu schwingen, was sich durch einen mehr oder weniger kräftigen Pfeifton bemerkbar macht. Der Schwingkreis ist dabei sehr weit entdämpft, so daß eine hohe Empfindlichkeit auftritt, die die Selbsterregung der Schaltung noch begünstigt. Dreht man den Rückkopplungs-Drehkondensator zurück, wird der Pfeifton an einer bestimmten Stelle aufhören und die Schaltung nicht mehr schwingen. Die höchste Empfangs-Empfindlichkeit liegt deshalb kurz vor dem Schwingeinsatz und macht die Bedienung dieser Schaltung ein bißchen umständlich.

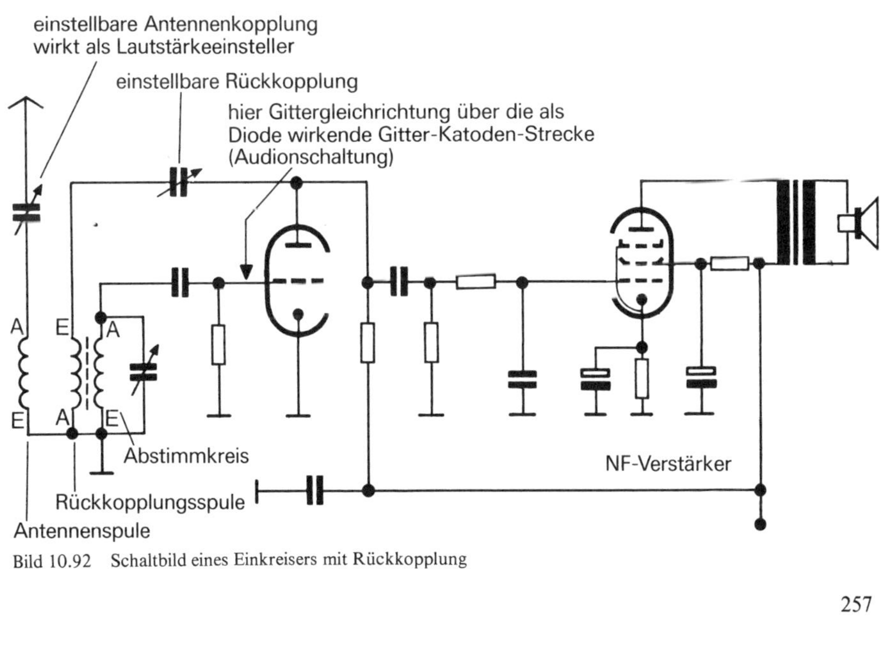

Bild 10.92 Schaltbild eines Einkreisers mit Rückkopplung

Zur Funktion ist zu sagen, daß die Gitter-Katoden-Strecke der Triode als Gleichrichterdiode arbeitet und dabei – abhängig vom Antennensignal und der jeweiligen Rückkopplung – eine negative Vorspannung am Gitter aufbaut. Das demodulierte NF-Signal wird in der Triode verstärkt, am Anodenwiderstand (ca. 220 kΩ) abgenommen und der NF-Endstufe zugeführt. Da im Anodenstrom aber auch noch Hochfrequenzanteile vorhanden sind, werden diese wieder auf den Schwingkreis zurückgekoppelt und entdämpfen ihn. Je weiter man die Entdämpfung treibt, desto schmalbandiger und trennschärfer wird der Abstimmkreis und desto größer die Empfindlichkeit des »Audions«, wie man die Gittergleichrichtung auch nennt.

Die Arbeitsweise des Audions wurde aber auch deshalb erläutert, weil sie als Rückkopplungsschaltung in ähnlicher Form als Oszillator beim Überlagerungsempfänger verwendet wird.

10.6.2. Überlagerungsempfänger

Im Gegensatz zur Geradeaus-Schaltung verläuft der Weg des Antennensignals beim Überlagerungsempfänger nicht direkt, sondern gewissermaßen auf einem Umweg zum Gleichrichter. Die ankommenden modulierten Senderschwingungen werden (verstärkt oder unverstärkt) der Mischstufe zugeführt. Mit der Mischstufe steht ein kleiner Hilfssender (Oszillator) in Verbindung, der zu jedem empfangenen Sender eine bestimmte Frequenz liefert. Diese Oszillatorfrequenz wird mit der von der Antenne kommenden Senderfrequenz gemischt. Dabei entsteht eine neue Welle, die man »Zwischenfrequenz« (ZF) nennt. In der ZF-Stufe wird die Zwischenfrequenz selektiv verstärkt und gelangt danach zum Demodulator. Von hier aus geht der Weg in üblicher Weise zum NF-Verstärker weiter. Das hier angegebene Schema ist im Prinzip sowohl für AM-Empfang als auch für FM-Empfang gültig (Bild 10.93).

Im Grunde genommen kann die Zwischenfrequenz nur durch Modulation, nicht aber durch reine Überlagerung entstehen, so daß die Bezeichnung »Überlagerungsempfänger« für diesen Gerätetyp nicht ganz zutreffend ist. Sie hat sich aber eingebürgert und wird deshalb auch hier verwendet. Zum besseren Verständnis des Sachverhalts sollen die Begriffe Modulation und Überlagerung etwas näher erklärt werden.

Eine Überlagerung kommt dann zustande, wenn zwei Frequenzen in einer Stufe, z. B. an einem ohmschen Widerstand, addiert werden. In diesem Fall bleiben Amplitude und Frequenz beider Schwingungen konstant. Es schwankt le-

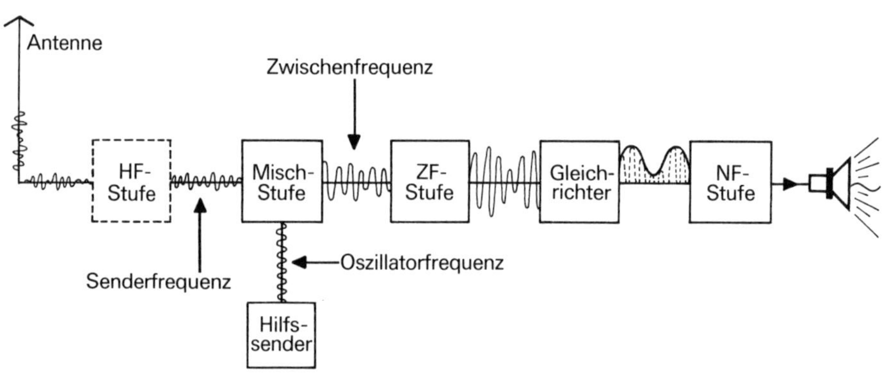

Bild 10.93 Blockbild eines »Supers« oder Überlagerungsempfängers mit Funktionshinweisen. Als Vorteil ist zu erwähnen, daß nur 2 bis 3 abstimmbare HF-Kreise vorhanden sind und die eigentliche Verstärkung mit festabgestimmten ZF-Kreisen erfolgt, die auch für die Trennschärfe verantwortlich sind

diglich die Nullinie der höherfrequenten Schwingungen im Rhythmus der niederfrequenten, wie aus Bild 10.94 hervorgeht. Die Augenblickswerte beider Spannungen addieren sich, beeinflussen sich gegenseitig aber nicht, und es treten keine neuen Frequenzen auf.

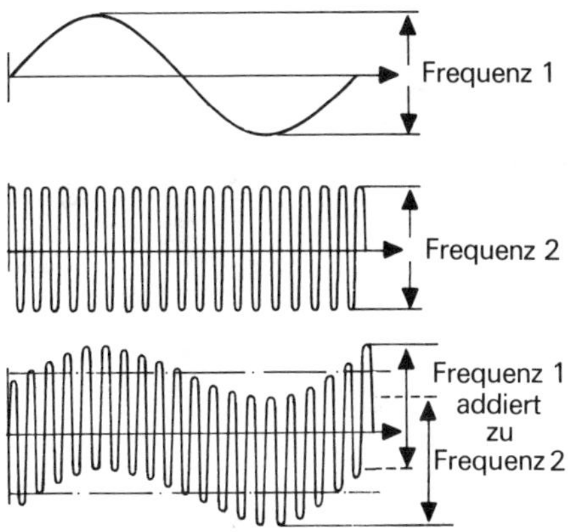

Bild 10.94 Prinzip einer Überlagerung zweier Frequenzen

Eine Modulation kommt dann zustande, wenn zwei Frequenzen in einer Stufe (z. B. in einer Röhre) gemischt werden, deren innerer Widerstand durch die niederfrequenten Schwingungen steuerbar ist. In diesem Fall ändern sich die Amplituden der höherfrequenten Schwingungen im Rhythmus der niederfrequenten. Wir können uns das so vorstellen, als ob die Hochfrequenz einen von der Niederfrequenz gesteuerten Widerstand (z. B. Röhre oder Transistor) passieren muß und somit einmal besser und einmal schlechter durchgelassen wird. Dadurch schwankt der hochfrequente Strom im Rhythmus der niederfrequenten Schwingungen, und am Ausgang der Stufe entstehen in der Amplitude periodisch schwankende, d.h. amplitudenmodulierte Schwingungen. Dies ist in Bild 10.95 dargestellt.

Damit nun bei allen vorkommenden Eingangsfrequenzen stets die gleiche Zwischenfrequenz entsteht, muß man dafür

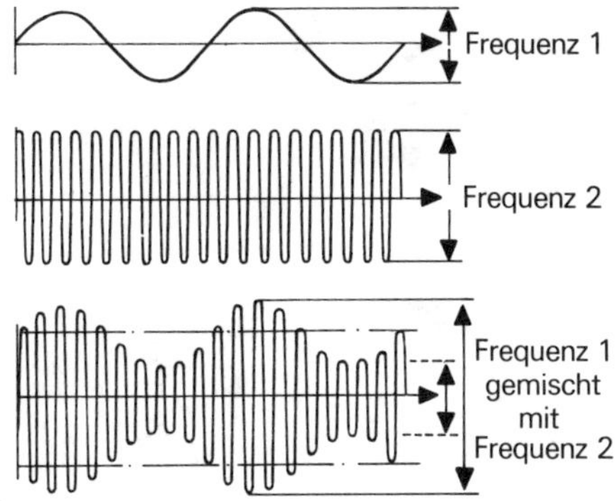

Bild 10.95 Prinzip einer Modulation zweier Frequenzen

sorgen, daß sich die Oszillatorfrequenz immer um den Betrag der Zwischenfrequenz ändert, wenn der Empfänger abgestimmt wird. Für die AM-Bereiche liegt die ZF meist bei etwa 460 kHz, für den FM-Bereich ist sie 10,7 MHz.

Man erreicht den Gleichlauf zwischen Eingangs- und Oszillatorkreis auf mechanischem und elektrischem Weg. So ist der Drehkondensator des Oszillators beispielsweise mit dem des Eingangskreises auf ein und derselben Achse angeordnet (Bild 10.96), und durch entsprechende Wahl der Werte von frequenzbestimmenden Spulen und Kondensatoren lassen sich die betreffenden Bereiche für Eingangs- und Oszillatorkreis recht genau festlegen. In der Praxis liegt die Oszillatorfrequenz normalerweise oberhalb der Empfangsfrequenz. Ein Zahlenbeispiel soll dies noch einmal deutlich machen: Bei AM-Empfang verwendet man eine ZF von 460 kHz. Soll der MW-Bereich eines Empfängers beispielsweise von 520 bis 1610 kHz reichen (Frequenzvariation rund 1:3) muß der Oszillatorbereich daher von 980 bis 2070 kHz reichen, was eine Frequenzvariation von etwas mehr als 1:2 ist. (Läge die Oszillatorfrequenz dagegen unterhalb der Empfangsfrequenz, so beliefe sich die erforderliche Frequenzvariation des Oszillators auf rund 1:19!)

Bild 10.96 Doppel-Drehkondensator in einem Gerät

Beim Überlagerungs- oder Mischvorgang entstehen im Ausgang neben der erwünschten Zwischenfrequenz aber noch weitere Mischprodukte bzw. Frequenzen. Sie werden jedoch unterdrückt, weil nur die richtige ZF mit einem auf sie abgestimmten Schwingkreis ausgesiebt wird. Bild 10.97 zeigt die betreffenden Stufen des Überlagerungsempfängers in einem Blockbild mit den dazugehörigen Frequenzen f_e (Eingang), f_o (Oszillator) und f_z (Zwischenfrequenz nach Differenz- und Summenbildung).

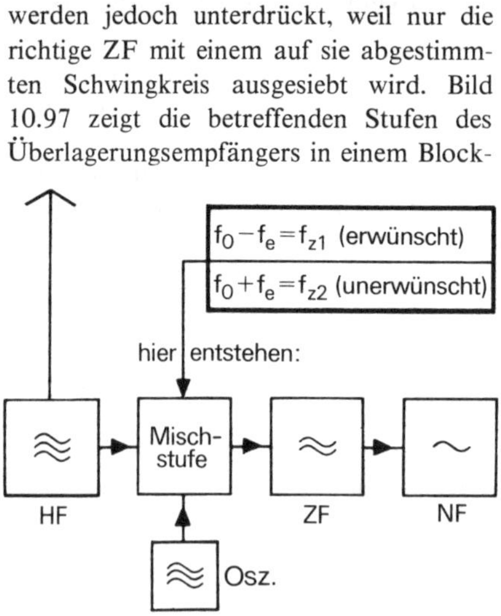

Bild 10.97 Blockbild eines Supers mit Funktionsstufen

Festzuhalten bleibt, daß bei allen Frequenzumsetzungen die von der ursprünglichen Trägerwelle des Senders mitgebrachte Tonfrequenz unverändert auf die Zwischenfrequenz übergeht und den Demodulator bzw. Gleichrichter erreicht. In Bild 10.98 sind die Zusammenhänge beim Mischen nochmals anhand eines Frequenzspektrums sichtbar gemacht.

Für das etwas umständliche Wort Überlagerungsempfänger sagt man heute kurz

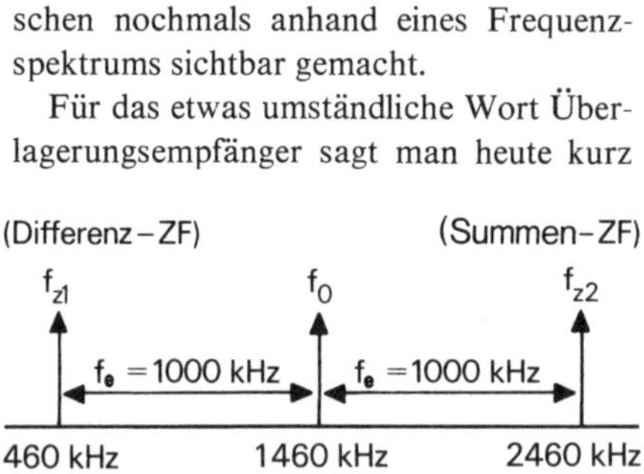

Bild 10.98 Bei der Mischung entstehen Summen- und Differenzfrequenzen

»Super«, das sich von dem noch umständlicheren Superheterodyn-Empfänger ableitet. Der Begriff setzt sich aus den griechischen Worten hetero und dynamis (für anders/fremd und Kraft/Energie) sowie dem lateinischen super (für über) zusammen. Man kann etwa so definieren, daß eine andere Kraft oder Energie (Oszillator) zu der Empfangswelle hinzugefügt und ihr überlagert wird bzw. daß der Empfang »über eine Kraft« (Oszillator) stattfindet. Wir wollen der Einfachheit wegen zukünftig nur das Wort Super benutzen.

Mit der Beschreibung der Misch- und Oszillatorstufen sind die wichtigsten Details des Supers bereits erwähnt. Wie aus dem Blockschema in Bild 10.93 hervorgeht, folgt auf die Mischstufe der Zwischenfrequenzverstärker. Sein Kennzeichen sind festabgestimmte Bandfilter, mit denen sich die gewünschte Trennschärfe in Verbindung mit hoher Signalverstärkung erreichen läßt.

Die verstärkte ZF wird im Demodulator gleichgerichtet. Da die AM- und FM-Sender mit unterschiedlichen Modulationsverfahren arbeiten, müssen auch auf der Empfängerseite entsprechende Gleichrichter verwendet werden. Amplitudenmodulierte Schwingungen können mit einfachen Diodengleichrichtern demoduliert werden. Im Prinzip gelten dazu die im Abschnitt 4.3. gegebenen Erläuterungen. In Bild 10.99a sehen wir die letzte ZF-Verstärkerstufe und die AM-Gleichrichterschaltung eines Rundfunkgeräts.

Bild 10.99b zeigt als vereinfachte Darstellung eine Reihenschaltung von Sekundärwicklung des letzten ZF-Filters, Diode und Lastwiderstand R_L. Da die positiven Halbwellen des ZF-Signals von der Diode nicht durchgelassen werden, treten am Lastwiderstand nur die negativen ZF-Halbwellen in Erscheinung. Der Kondensator C_L dient als Ladekondensator und speichert eine der ZF-Amplitude entsprechende, pulsierende Gleichspannung (Richtspannung). Gleichzeitig schließt er die Reste der ZF-Spannnung gegen Masse kurz, so daß sie nicht in den NF-Teil eindringen können. Diesem Zweck dient auch das aus R_S und C_S bestehende Siebglied. Nach dem Koppelkondensator C_K ist nur noch eine reine Niederfrequenzschwingung vorhanden, die dem NF-Verstärker zugeführt wird.

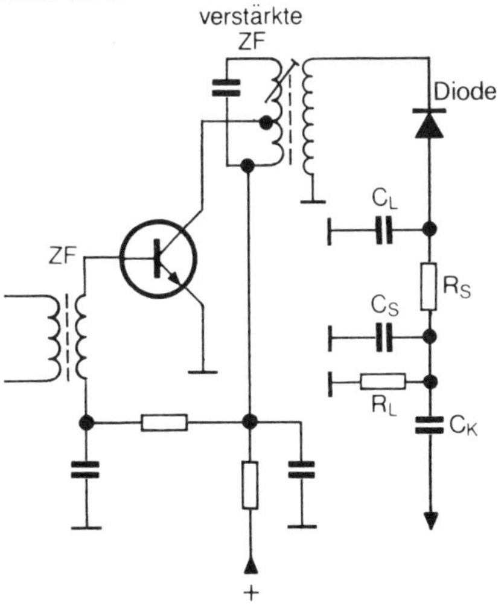

Bild 10.99a Letzte ZF-Stufe eines Supers mit AM-Gleichrichter

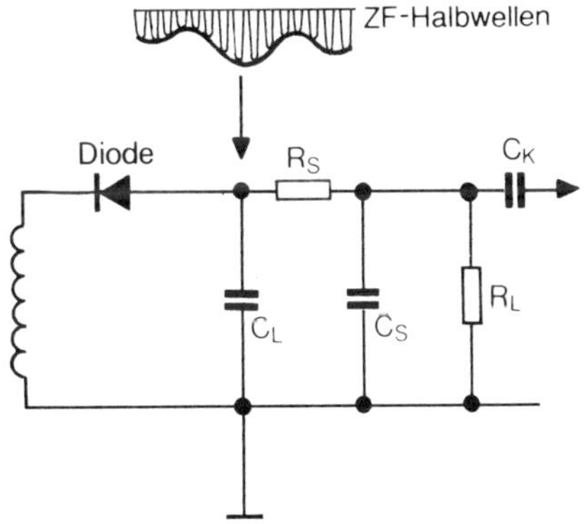

Bild 10.99b Vereinfachte Darstellung der AM-Gleichrichterstufe

Frequenzmodulierte Schwingungen werden in der Regel in einer Gleichrichterschaltung demoduliert, die den Namen Ratiodetektor oder Verhältnisgleichrichter trägt. (Andere Ausführungen sind in

Band 2 erwähnt, desgleichen auch die Arbeitsweise von Stereodecodern.) Die Prinzipschaltung in Bild 10.100 zeigt den Aufbau des Ratiodetektors. Es sind zwei entgegengesetzt gepolte Dioden an einen Schwingkreis angeschlossen, dessen Mitte über die Spule L_3 mit dem ersten Kreis des ZF-Bandfilters gekoppelt ist. Außerdem besteht eine lose induktive Kopplung der beiden Kreise L_1 und L_2. Die Spule L_3 ist dagegen sehr fest mit L_1 gekoppelt.

Wenn der FM-Sender nicht moduliert ist – also genau seine »Sollfrequenz f_0« einnimmt – erzeugen beide Dioden auch genau gleich große Spannungen, deren Summe an den Lastwiderständen R_L abfällt. Wird der Sender moduliert – treten also positive und negative Abweichungen von f_0 auf –, dann richten die Dioden verschieden große ZF-Spannungen gleich. Dabei entstehen am Mittelpunkt der Spule L_2 Niederfrequenzschwingungen, deren Größe vom Verhältnis der beiden Teilspannungen abhängt. Der Ratiodetektor hat außerdem die angenehme Eigenschaft, amplitudenmodulierte Störungen weitgehend zu unterdrücken und trägt damit sehr zum guten UKW-Empfang bei. Die Niederfrequenz wird auch hier nach entsprechender Absiebung dem Endverstärker zugeführt. Ausführliche Beschreibungen des Ratiodetektors und anderer Demodulatorschaltungen sind im Band 2 der Philips Lehrbriefe enthalten.

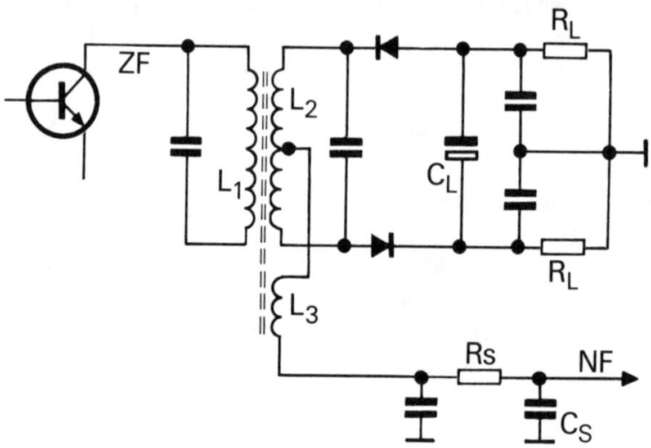

Bild 10.100 Letzte ZF-Stufe eines Supers mit FM-Gleichrichter

10.7. Wichtiges kurz gesagt

1. Elektromagnetische Wellen breiten sich mit ca. 300000 km/s aus. Die Wellenlänge λ (Lambda) in Metern kann man errechnen nach der Formel: Ausbreitungsgeschwindigkeit geteilt durch Frequenz.
2. Rundfunksender arbeiten in Lang-, Mittel-, Kurz- und Ultrakurzwellenbereichen.
3. Hochfrequente Senderwellen breiten sich unterschiedlich aus. Die Reichweiten sind u. a. abhängig von der Frequenz und dem Zustand in verschiedenen meteorologischen Schichten der Lufthülle.
4. Langwellen breiten sich praktisch zwischen Erdoberfläche und Ionosphäre aus. Mittelwellen haben bei Tag und Nacht unterschiedliche Ausbreitungsbedingungen: hier spielen Raum- und Bodenwellen eine Rolle. Kurzwellen sind Fernempfangswellen und können aufgrund von Reflexionen in der Ionosphäre im Prinzip weltweit empfangen werden. Ultrakurzwellen sind für die regionale Versorgung bestens geeignet, weil sie nur begrenzte Reichweiten haben und sich quasi-optisch ausbreiten.
5. Resonanzerscheinungen gehören zu den wichtigsten Grundelementen der Funktechnik. Sie werden im allgemeinen in Schwingkreisen zum Herausfiltern oder zum Unterdrücken einer Frequenz benutzt.
6. Die Parallelschaltung von L und C ergibt einen Sperrkreis (hoher Widerstand für die abgestimmte Frequenz), die Reihenschaltung von L und C einen Saugkreis oder Leitkreis mit kleinem Widerstand für die abgestimmte Frequenz.
7. Ein Resonanzfall tritt dann ein, wenn kapazitiver und induktiver Widerstand, d. h. die Wechselstromwiderstände von Kondensator und Spule, gleich sind ($1/\omega C = \omega L$).
8. Schwingkreise mit hoher Güte und geringer Dämpfung (d. h. verlustarm) haben eine schmale Resonanzkurve und damit kleine Bandbreite. Schwingkreise mit niedriger Güte und großer Dämpfung sind breitbandig.
9. Die Bandbreite wird beim 0,7fachen der maximalen Resonanzkurvenhöhe gemessen.
10. Wird ein geschlossener Schwingkreis »auseinandergezogen«, erhält man einen offenen Schwingkreis. Bekanntestes Beispiel ist hierfür die Antenne.
11. Eine Antenne strahlt magnetische und elektrische Kraftlinienfelder in den freien Raum aus, wobei die elektrischen überwiegen, weil Antennen zumeist kapazitiv ausgelegt sind.
12. Empfangsantennen für UKW sind als Halbwellen-Dipole auf den Frequenzbereich abgestimmt. Sie haben eine Richtwirkung, die durch Reflektoren und Direktoren verbessert werden kann bei gleichzeitiger Erhöhung der Antennenenergie.
13. Rahmenantennen und Ferritantennen haben ebenfalls eine ausgeprägte Richtwirkung, die zum Ausblenden von Störungen bzw. zum Einpeilen auf den Sender dienen kann.
14. Lang-, Mittel- und Kurzwellensender sind amplitudenmoduliert, d. h. ihre Trägerwelle wird im Takt der Niederfrequenz amplitudenmäßig beeinflußt. Dabei entstehen Seitenfrequenzen oder Seitenbänder, die mit dem Träger ausgestrahlt werden.
15. Je nach Phasenlage der Seitenbandfrequenzen tritt eine Addition zum oder Subtraktion vom Träger ein, woraus sich die schwankende Amplitude erklärt. Je geringer die modulierende Amplitude ist, um so leiser ist der Ton.
16. UKW- und Fernseh-Tonsender sind frequenzmoduliert, d. h. ihre Trägerwelle pendelt im Takt der Niederfrequenz um den Wert f_0 herum. Dabei entstehen ebenfalls neue Seitenbänder, die gleichfalls ausgestrahlt werden.
17. Der Frequenzhub ist ein Maß für die Änderung der Trägerfrequenz; er beträgt maximal ± 75 kHz. Je größer der Hub, um so lauter ist der Ton.
18. AM-Sender haben eine Kanalbreite von 9 kHz, FM-Sender arbeiten mit einer Kanalbreite von 150 kHz, wobei die Ab-

stände »benachbarter« Sender jedoch möglichst nicht unter 300 kHz gelegt wurden.

19. Frequenzmodulation ist im Prinzip viel weniger störanfällig als Amplitudenmodulation.

20. Der Geradeausempfänger leitet das empfangene Signal direkt zum Gleichrichter, d. h. es werden keine Änderungen an der Frequenz des Trägers vorgenommen, sondern die (zumeist noch verstärkte) Empfangsfrequenz wird demoduliert.

21. Geradeausempfänger gibt es als einfache Detektorempfänger sowie als rückgekoppelte Ein- und Mehrkreiser. Sie sind aber heute als Industrieerzeugnisse nicht mehr anzutreffen und spielen nur noch als Bastlergeräte eine bescheidene Rolle.

22. Beim Überlagerungsempfänger wird das Empfangssignal mit einer im Gerät erzeugten Hilfsschwingung so gemischt, daß die entstehende Frequenz konstant bleibt, und zwar unabhängig von Wellenbereich und Empfangsfrequenz.

23. Die neue Frequenz heißt Zwischenfrequenz und wird im Überlagerungsempfänger – kurz Super genannt – selektiv weiter verstärkt. Trennschärfe erreicht man mit festabgestimmten Bandfiltern.

24. Normalerweise wird in den AM-Bereichen mit Zwischenfrequenzen um 460 kHz gearbeitet, wogegen im FM-Bereich die Frequenz 10,7 MHz benutzt wird (Ausnahme Fernsehton-ZF mit 5,5 MHz).

25. Die AM-Zwischenfrequenz demoduliert man mit einfachen Diodengleichrichtern, die FM-Zwischenfrequenz in der Regel mit Ratiodetektoren.

26. Die gewonnene Niederfrequenz hat bei AM-Sendungen wegen der festgelegten Kanalbreite des Senders eine nur geringe Bandbreite (z. B. 4,5 kHz), steht dagegen bei FM-Sendungen mit voller Bandbreite (bis 15 kHz) zur Verfügung. Daraus resultiert die wesentlich bessere Klangwiedergabe bei UKW-Empfang.

In Berlin stand die Wiege des deutschen Rundfunks, der am 29. 10. 1923 offiziell mit seinem Programm begann. Der Funkturm ist ein Wahrzeichen Berlins und Erinnerung an die Pionierzeit des Radios

11. Einführung in die Fernsehtechnik

Fernsehen – das heißt für den Zuschauer, auf drahtlosem Wege oder über Spezialkabel Bildinformationen mit dazugehörigem Ton zu empfangen und diese auf einem Bildschirm zu sehen bzw. über Lautsprecher zu hören. Nach jahrzehntelangen Experimenten mit mechanischen Bildabtastverfahren begannen erste elektronische Fernsehversuche zu Anfang der dreißiger Jahre. Der Zweite Weltkrieg unterbrach die technische Entwicklung. Erst ab 1952 (Bild 11.1) konnten in der Bundesrepublik Deutschland und in Westberlin wieder regelmäßig tägliche Fernsehprogramme nach einer neuen Norm ausgestrahlt werden. Die dann 15 Jahre lang dominierende Schwarzweißtechnik wurde 1967 durch das Farbfernsehen sozusagen ins zweite Glied gedrängt und mußte ihre beherrschende Rolle an die farbige Bildübertragung abgeben.

Auf der planen Scheibe der Fernsehbildröhre spielen sich die empfangenen Szenen allerdings nur zweidimensional ab. Die wirkliche »Live-Sendung« mit natürlichem Seheindruck – also stereoskopisch – dürfte wohl noch viele Jahre auf sich warten lassen. Weit eher werden wir vermutlich den stereophonischen Fernsehton hören können, der uns akustisch der Originalszene einen großen Schritt näherbringen könnte.

Dieses Kapitel bringt in bewußt einfacher Form eine Einführung in die Fernsehtechnik und soll für dieses interessante Fachgebiet erste Grundlagen geben. Neben dem Schwarzweißfernsehen werden auch einige Grundelemente des Farbfernsehens behandelt.

11.1. Einfache Grundlagen des Sehens

Unser Auge ist ein kostbares und kompliziertes Sinnesorgan. Es übertrifft als hochentwickelter Bildzerleger in Aufbau und Wirkungsweise alles bisher von Menschen an künstlichen Systemen Geschaffene. In Bild 11.2a sind die wesentlichen Elemente des Auges dargestellt. Der größte Teil des

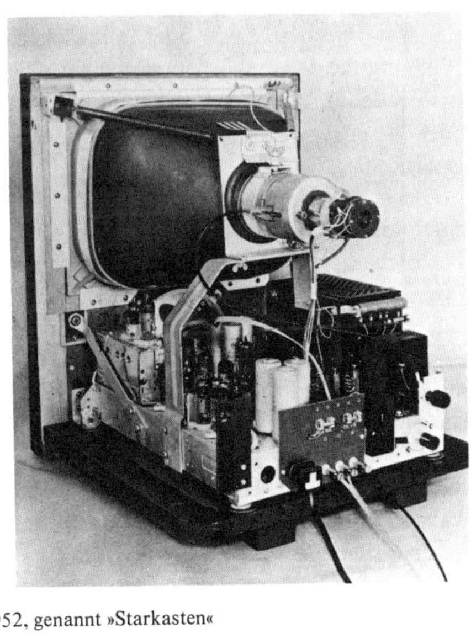

Bild 11.1 Erstes Philips Fernsehgerät des Jahrgangs 1952, genannt »Starkasten«

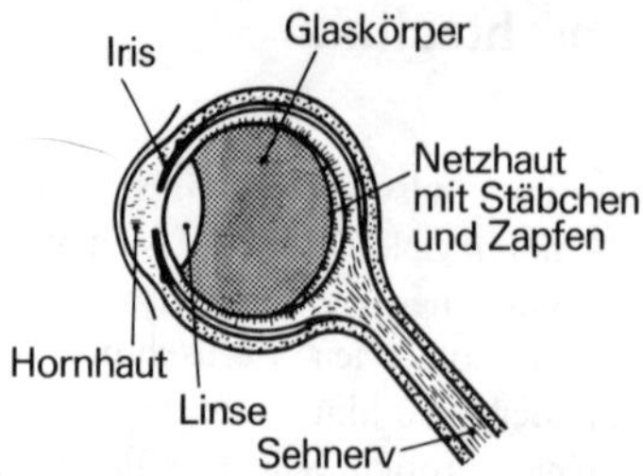

Bild 11.2a Schnittbild des menschlichen Auges

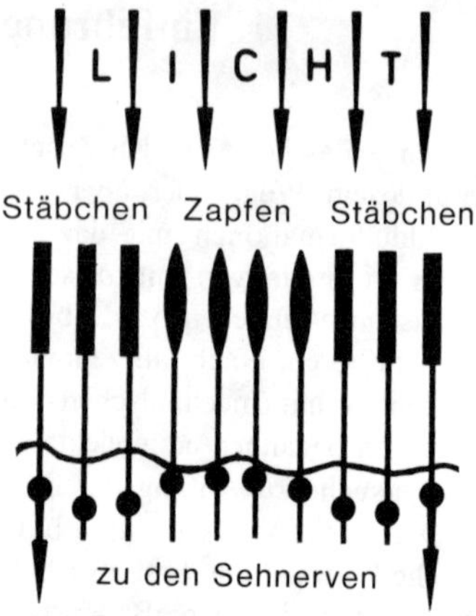

Bild 11.2b Bei geringer Helligkeit sind fast nur Stäbchen am Sehvorgang beteiligt, bei mittlerer und hoher Helligkeit sehen wir nur mit den Zapfen, dazwischen liegt ein Bereich, in dem beide zum Sehvorgang beitragen. Stäbchen registrieren nur »Schwarzweiß«, Zapfen nur »Farbe«

kugelförmigen Augapfels besteht in seinem Innern aus der gallertartigen Masse des sogenannten Glaskörpers, der von mehreren Hautschichten umschlossen ist. Hierzu gehört auch die Netzhaut, auf der sich im Augenhintergrund die lichtempfindlichen Sinneszellen, nämlich Stäbchen und Zapfen befinden.

Das eigentliche optische System des Auges liegt im vorderen Teil. Es umfaßt die durchsichtige Hornhaut, die Augenkammer sowie die Linse und die Iris. Das Bild eines betrachteten Gegenstands ist auf der Netzhaut scharf abgebildet, wenn die richtige Entfernung durch Formänderung der Linse und die nötige Lichtmenge durch Änderung der Irisblende eingestellt sind. Die Linse stellt sich automatisch scharf ein, was durch stärkere oder schwächere Wölbung des Linsenkörpers geschieht. Die Irisblende umgibt die Pupille und weitet oder verengt sich je nach vorhandener Helligkeit.

Die in die Netzhaut eingebetteten lichtempfindlichen Stäbchen und Zapfen (Bild 11.2b) wandeln in einem fotochemischen Prozeß die empfangenen Lichteindrücke in eine elektrische Energieform um. Dies hat eine Reizung des Sehnervs zur Folge, der mit dem Sehzentrum im Gehirn verbunden ist (Bild 11.3). Dort erfolgt dann das Umsetzen der von den Nerven zugeleiteten Reize in bewußte Helligkeits- und Farbwahrnehmungen, also in das, was man mit Sehen bezeichnet.

Es ist noch interessant zu wissen, daß wir alle Farben mit den Zapfen sehen und diese hauptsächlich in der Mitte der Netzhaut im »gelben Punkt« sitzen. Die Stäbchen vermitteln uns dagegen ausschließlich Schwarzweißeindrücke, also Helligkeitsempfindungen; sie sind in ihrer Mehrzahl um das Zentrum herum auf der Netzhaut zu finden (Bild 11.2a).

Trotz seiner großartigen Eigenschaften ist das Auge – »technisch gesehen« – mit einigen Unzulänglichkeiten behaftet. Hierzu gehört eine gewisse Trägheit bei der fotochemischen Umsetzung, so daß schnell nacheinander ablaufende Einzelbewegungen (im zeitlichen Abstand von 1/20 Se-

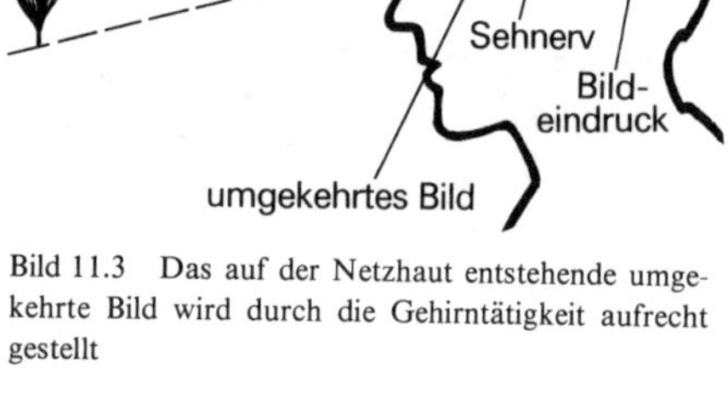

Bild 11.3 Das auf der Netzhaut entstehende umgekehrte Bild wird durch die Gehirntätigkeit aufrecht gestellt

kunde oder weniger) nicht mehr einzeln gesehen bzw. aufgelöst werden können. Das Auge nimmt sie daher als eine fließende, ineinander übergehende Bewegung wahr. Wie im folgenden erläutert wird, machen sich Film- und Fernsehtechnik diese Eigenschaften für ihre Zwecke nutzbar.

11.2. Vom Standbild zum Laufbild

Mit einem Fotoapparat können wir reale Bilder von beliebigen Gegenständen machen. Dies geht schon mit einer einfachen Lochkamera nach Bild 11.4, bei der das Licht dank seiner geradlinigen Ausbreitung auf die an der Rückwand angebrachte lichtempfindliche Filmschicht trifft. Da von jedem Punkt des aufzunehmenden Gegenstands ein schmales Lichtbündel auf die der Lochblende gegenüberliegende Stelle des Films fällt, entsteht so in einem einzigen Belichtungsvorgang ein komplettes Foto. Wird die Lochblende durch ein Objektiv ersetzt, erhält man ein wesentlich schärferes und kontrastreicheres Bild (Bild 11.5).

Das fotografische Bild setzt sich zwar aus den unzähligen, mikroskopisch kleinen Silberbromidteilchen des Filmmaterials zusammen, weist ansonsten aber eine rasterfreie Oberfläche auf. Dagegen ist das Fernsehbild keine homogene Fläche, sondern aus sogenannten Zeilen zusammengesetzt. Bei näherem Hinsehen sind diese waagerechten Linien auf dem Bildschirm gut erkennbar. Die von unseren Sendeanstalten ausgestrahlten Fernsehbilder haben jeweils insgesamt 625 derartige Zeilen.

Der Bildaufbau wird aus der Prinzipdarstellung in Bild 11.6 deutlich, worin mit 13 Zeilen die Silhouette eines Baums wiedergegeben ist. Wir erkennen, daß innerhalb dieser Zeilen helle und dunkle Bildstellen auftreten, aus denen sich das Gesamtbild zusammensetzt. Dieses Prinzip bezeichnet man als Rasterung; der Baum ist demzufolge in ein 13-Zeilen-Raster zerlegt worden.

Wie schon erwähnt, sind wir nicht in der

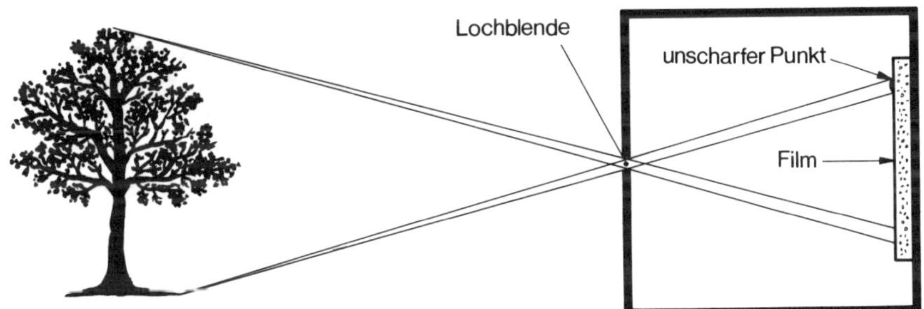

Bild 11.4 Prinzip einer einfachen Lochkamera

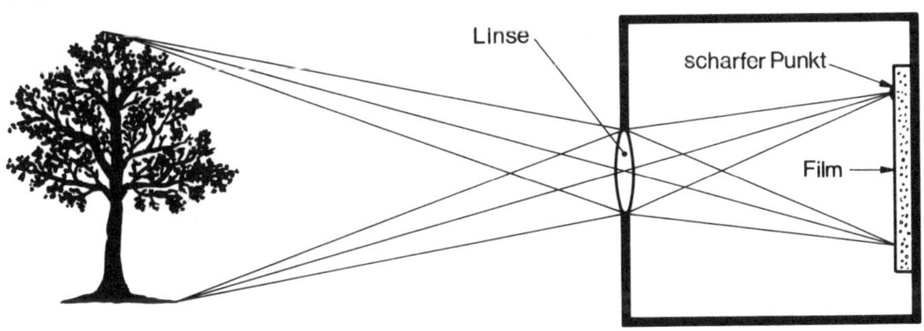

Bild 11.5 Die Objektiv-Kamera liefert schärfere Bilder

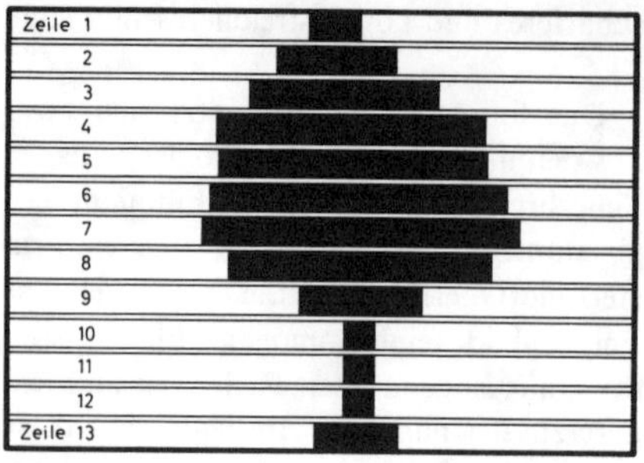

Bild 11.6 Darstellung eines Baums mit 13 Zeilen

Lage, in einer vor unseren Augen ablaufenden Bildfolge die einzelnen Bilder exakt als solche nacheinander zu erkennen, wenn sie mit bestimmter Geschwindigkeit vorgeführt werden. Unsere Augen registrieren dann alles als einen scheinbar kontinuierlichen Bewegungsvorgang. Beim Film erreicht man die fließende Bewegung durch das Projizieren von 18 oder 24 Einzelbildern pro Sekunde auf die Leinwand (Bild 11.7).

Dieses relativ einfache Verfahren läßt sich beim Fernsehen in modifizierter Form ebenfalls anwenden. Hier erscheinen in einer Sekunde 25 komplette Bilder auf dem Schirm des Fernsehgeräts, so daß die Zuschauer gleichfalls einen kontinuierlichen Bewegungsablauf wahrnehmen. Wie bereits erwähnt, besteht ein Bild aus 625 Zeilen; infolgedessen erscheinen in einer Sekunde insgesamt 25 x 625 = 15 625 Zeilen auf dem Fernsehschirm.

Im Prinzip beginnt der zeilenweise Aufbau des Fernsehbilds mit der 1. Zeile in der linken oberen Ecke und endet mit der 625. Zeile am unteren Bildrand. Danach springt der »Zeilenschreiber« auf dem Fernsehschirm zurück in die linke obere Ecke und beginnt von neuem mit dem Schreiben eines Zeilenbilds (Bild 11.8). Insgesamt 25mal in der Sekunde wird die Bildfläche auf diese Weise mit dem Zeilenraster überzogen, und sie leuchtet deshalb auch 25mal in der Sekunde mehr oder weniger hell auf. Wir registrieren somit eine helle Bildfläche auf dem Schirm der Fernsehröhre.

Leider hat dieses an sich elegante Verfahren einen erheblichen Nachteil, und zwar flimmert der helle Bildschirm sehr stark. Man merkt es besonders bei großen, überwiegend weißen Flächen. Die Ursache liegt zum einen darin, daß die oberen Zeilen des Bilds bereits wieder verblassen, wenn die unteren Zeilen erst geschrieben werden, und zum anderen an der relativ niedrigen Folgefrequenz von 25 Hertz, die zwar bei verhältnismäßig dunklen Bildern keine störenden Auswirkungen hat, wohl aber bei sehr hellen Bildern das Flimmern begünstigt. Beide 25-Hz-Faktoren, die Bildfrequenz und die Helligkeitsänderung im Zeilenraster bei jedem Einzel-

Bild 11.7 Der Film besteht aus Einzelbildern

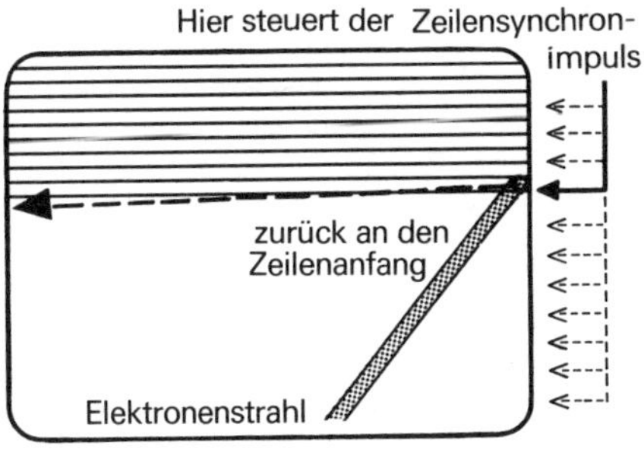

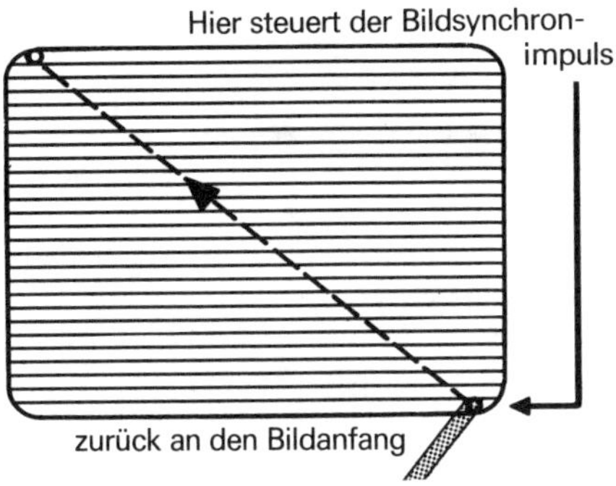

Bild 11.8 Schematische Darstellung des Zeilenbildschreibens: Zeilensynchronimpulse steuern den Elektronenstrahl »Zeile für Zeile« und Bildsynchronimpulse steuern den Elektronenstrahl wieder an den Bildanfang zurück

bild von oben nach unten, lassen das lästige Flimmern entstehen.

Mit einem einfachen Trick konnte jedoch das Flimmern stark herabgesetzt werden. Man brauchte doch nur – so war die Überlegung – die Anzahl der Bilder pro Sekunde zu erhöhen, um die Flimmergrenze nach oben zu verschieben. Dann hat die Zeilenhelligkeit im oberen Bildteil noch nicht so stark nachgelassen, wenn die unteren Zeilen geschrieben werden, und das Flimmern muß zwangsläufig weniger werden. Eine Verdoppelung der Bildanzahl von 25 auf 50 in der Sekunde reichte für diesen Zweck aus, wie nach zahlreichen Versuchen festgestellt wurde. So entschloß man sich für die höhere Bildwechselfolge von 50 Hertz, die mit der Frequenz des Wechselstroms in unserem Lichtnetz übereinstimmt. Wie der Trick durchgeführt wird, erfahren wir im folgenden Abschnitt.

11.3. Verschachtelungstrick mit den Zeilen

Bei der nun höheren Bildfolge wäre es aber Verschwendung, jedes Bild aus 625 Zeilen aufzubauen. Es wurde daher das ursprüngliche »Vollbild« von 625 Zeilen in zwei »Halbbilder« zu je 312 1/2 Zeilen aufgeteilt, die nacheinander geschrieben werden. Man könnte auch vereinfacht sagen, daß das erste Halbbild aus allen geradzahligen und das zweite Halbbild aus allen ungeradzahligen Zeilen zusammengesetzt ist. Ein Beispiel ist in Bild 11.9 mit einem 11-Zeilen-System gegeben.

Im Punkt A beginnt das Schreiben der ersten Zeile. Ist deren Ende erreicht, springt der Zeilenschreiber unsichtbar für den Betrachter zurück auf den Anfang der zweiten Zeile, die anschließend geschrieben wird. Das erste Halbbild dieses 11-Zeilen-Systems endet bei B; von dort erfolgt das schnelle Zurückspringen nach Punkt C. Das zweite Halbbild des 11-Zeilen-Systems beginnt im Punkt C mit dem Schreiben der ersten halben Zeile. Es schließen sich fünf weitere Zeilen an. Am Bildende erfolgt auch hier das Zurückspringen von Punkt D nach Punkt A, wo wieder mit dem Schreiben eines neuen Halbbilds begonnen wird.

Der ebenso geniale wie wirkungsvolle Trick mit dem sogenannten »Zeilensprung« besteht darin, beide Halbbilder ineinander so zu verschachteln, daß die Zeilen des einen Halbbilds dabei in die Zeilenlücken des anderen springen.

Um eine exakte Verzahnung beider Halbbilder zu erreichen, sind im Sender-Fernsehsignal neben dem eigentlichen Bildinhalt (also dem, was wir auf dem Fernsehschirm sehen) noch sogenannte Synchronisierzeichen enthalten. Sie steuern

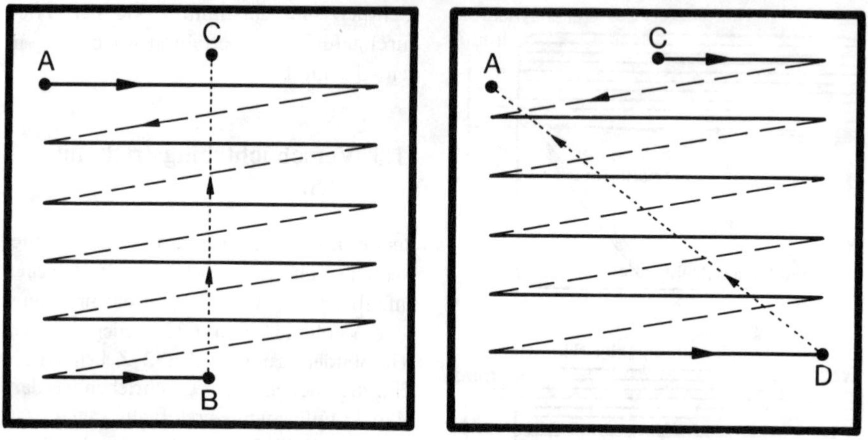

Bild 11.9 11-Zeilen-System mit »Zeilensprung«

den Bildaufbau und den Zeilensprung, können aber vom Zuschauer nicht wahrgenommen werden, da sie außerhalb des sichtbaren Bildfelds liegen.

11.4. Wie ein elektronisches Fernsehbild entsteht

Beim Fernsehen ist es nicht möglich, die durch das Objektiv einer Kamera aufgenommenen Helligkeitseindrücke direkt zu verwenden. Sie müssen deshalb in Spannungswerte, d. h. in elektrische Impulse umgewandelt werden. (Wir finden hier Ähnlichkeiten mit dem Sehprozeß im Auge wieder.) Die Umsetzung geschieht in einer Fernsehkamera (Bild 11.10a), die in Bild 11.10b stark vereinfacht mit den wichtigsten Elementen für die Umwandlung von Helligkeitseindrücken in elektrische Signale zu sehen ist. Erkennbar sind gewisse Parallelen zum Fotoapparat, z. B. ist beiden das Objektiv gemeinsam, mit dem der aufgenommene Gegenstand scharf auf der lichtempfindlichen Schicht einer Bildaufnahmeröhre abgebildet wird.

Bei der Fernsehkamera in Bild 11.10a enthält diese Schicht eine Substanz, die bei einer Vidicon-Aufnahmeröhre aus Antimontrisulfid und bei der in Philips-Farbfernsehkameras verwendeten Plumbicon-Aufnahmeröhre aus Bleioxid besteht.

Auf der Schicht entwickelt sich ein elektrisches Ladungsbild, das vom einfallenden Lichtbild abhängt. Eine mit der Vorderseite der lichtempfindlichen Schicht verbundene, elektrisch leitende, lichtdurchlässige dünne Schicht liefert einen winzigen Signalstrom, wenn das elektrische Ladungsbild von einem Elektronenstrahl abgetastet wird. In der Bildaufnahmeröhre einer Kamera wird die gleiche zeilenweise

Bild 11.10a Einfache elektronische Fernsehkamera für Schwarzweißaufnahmen

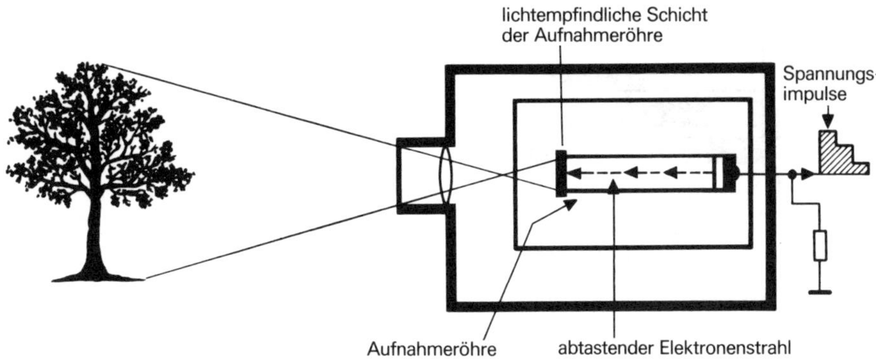

Bild 11.10b Querschnitt durch eine stark vereinfacht dargestellte SW-Fernsehkamera

Abtastung angewendet wie beim Schreiben des Zeilenrasters in der Fernsehbildröhre.

Die Umwandlung von Helligkeitseindrücken in Spannungswerte erfolgt in der Bildaufnahmeröhre auf fotoelektrischem Weg. Die einzelnen Elemente der Speicherschicht geben jeweils dann einen Spannungsimpuls ab, wenn sie vom Elektronenstrahl getroffen und dabei entladen werden. Eine sehr helle Bildstelle erzeugt einen großen Spannungsimpuls, ein schwacher Lichteindruck ruft einen entsprechend kleineren hervor, während keine Spannung abgegeben wird, wenn die Speicherschicht unbelichtet bleibt. Aus »Hell und Dunkel« des optischen Bilds werden somit »Plus und Minus« eines elektrischen Bilds.

Es versteht sich von selbst, daß der Umwandlungsprozeß in modernen Fernsehkameras wesentlich komplizierter abläuft. Zum Verständnis der prinzipiellen Dinge soll uns aber diese recht einfache Erläuterung genügen.

Die von der Signalelektrode der Aufnahmeröhre abgenommenen Spannungsimpulse entsprechen den Helligkeitswerten des vom Objektiv der Kamera aufgenommenen optischen Bilds und werden in bestimmter Weise in das Gesamtfernsehsignal eingeordnet. In Bild 11.11a sind drei Spannungswerte für je einen weißen, grauen und schwarzen Bildinhalt innerhalb einer Zeile dargestellt. Wir sehen, daß Schwarz 75% der gesamten Signalamplitude einnimmt, während Weiß nur einen Pegel von 10% aufweist. Bild 11.11b zeigt Schwarz-, Grau- und Weißwerte auf dem Bildschirm.

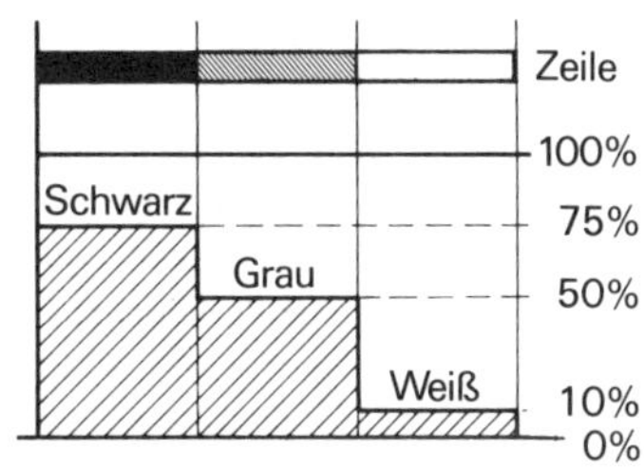

Bild 11.11a Spannungswerte für Schwarz, Grau und Weiß

Bild 11.11b Schwarz-, Grau- und Weißwerte auf dem Bildschirm

In den beiden folgenden Bildern wird die Lage der Zeilen-Synchronisierzeichen deutlich gemacht. Die Darstellung in Bild 11.12a weist schematisch auf die Anordnung außerhalb des Bildfelds hin, während in Bild 11.12b die drei Zeilen mit den

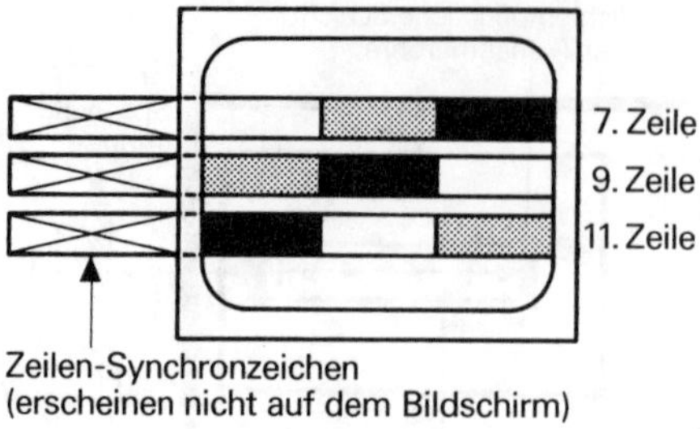

Bild 11.12a Schematische Lage der Zeilensynchronzeichen außerhalb des Bildschirms

Synchronisierzeichen bzw. Synchronisierimpulsen als Spannungsamplituden wiedergegeben sind. Es ist erkennbar, daß die Synchronisierzeichen oberhalb des 75 %-Werts für das Bildschwarz liegen, also gewissermaßen »schwärzer als schwarz« sind.

Während auf der Bildseite aus Helligkeitseindrücken analoge Spannungsimpulse gewonnen werden, erfolgt auf der Tonseite die Umwandlung von Schallerereignissen in entsprechende elektrische Signale beispielsweise mit einem Mikrofon, dessen Wirkungsweise uns aus Kapitel 9 bekannt ist.

Faßt man die angesprochenen Punkte zusammen, so ist festzustellen, daß aus optisch und akustisch wahrnehmbaren Ereignissen durch einen Umwandlungsprozeß jeweils proportionale elektrische Spannungen geworden sind. Diese elektrischen Bild- und Tonsignale werden weiter verstärkt und schließlich im Sender den Trägerwellen als Modulation aufgeprägt. Man bezeichnet das Bildsignal in der Fachsprache als Videosignal (lat. video = ich sehe) analog zum Tonsignal, das bekanntlich auch Audiosignal genannt wird (lat. audio = ich höre).

11.5. Spannungswerte werden zu Helligkeitseindrücken

Bei dieser Umwandlung passiert das Gegenteil von dem, was wir in Abschnitt 11.4. kennenlernten. Hier werden nämlich die Spannungen des Videosignals in entspre-

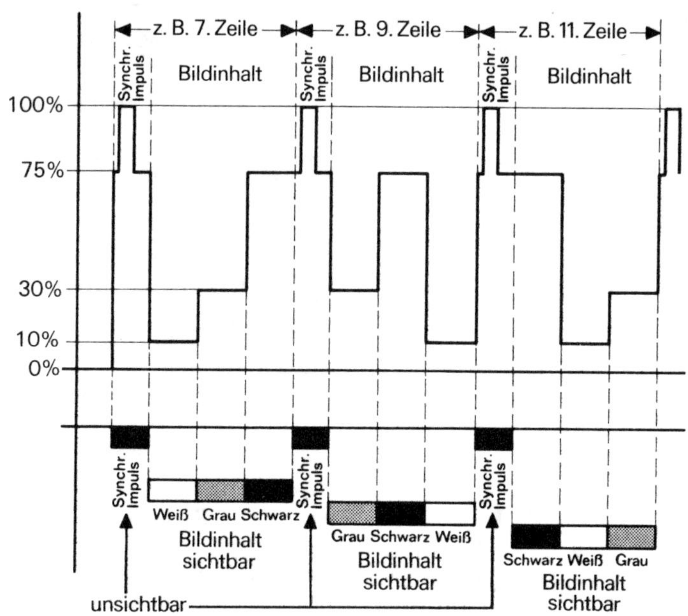

Bild 11.12b Anordnung der Zeilensynchronzeichen im Fernsehsignal

chende Helligkeitswerte zurückgewandelt, und zwar geschieht diese Umsetzung in der Bildröhre.

Zunächst jedoch die Frage, warum der Bildschirm eines Fernsehgeräts überhaupt leuchten kann. Die Antwort ist verhältnismäßig einfach: Auf der Innenseite des Schirms sind bestimmte Chemikalien, sogenannte Leuchtstoffe, aufgetragen, die aber nur dann aufleuchten, wenn sie von einem Elektronenstrahl (dem Zeilenschreiber) getroffen werden. Dieser wird innerhalb der Bildröhre im Elektronenstrahlsystem erzeugt, das man auch »Elektronenkanone« nennt. Ein vereinfachtes Schema ist in Bild 11.13 angegeben. Im Abschnitt 11.6. wird die Funktion der Bildröhre eingehender beschrieben; hier soll es zunächst bei einem ersten Überblick bleiben, um die Bilderzeugung kennenzulernen.

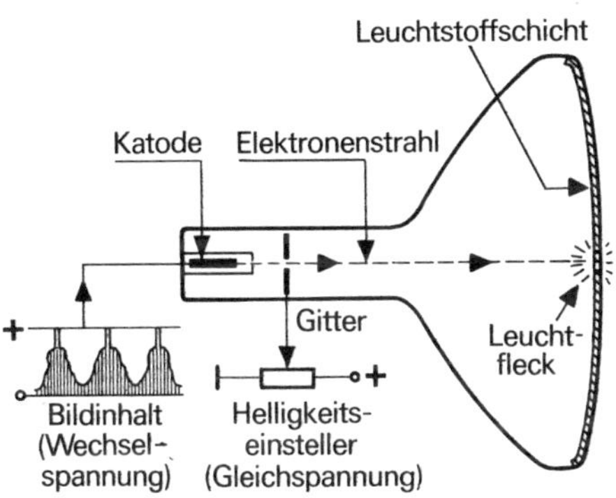

Bild 11.13 Prinzip der Steuerung einer Bildröhre

Wie wir von der Röhre (Kapitel 4) wissen, kann der Elektronenstrom in seiner Intensität nicht nur am Gitter mit Hilfe der Gittervorspannung beeinflußt werden, sondern auch an der Katode mit einer entsprechend gewählten Spannung. Bild 11.13 zeigt, daß man bei der Bildröhre beide Möglichkeiten im praktischen Betrieb ausnutzt. Am Gitter verändert man von Hand eine Gleichspannung zum Zweck der Helligkeitseinstellung, während an der Katode die sich zeilenweise ändernde Wechselspannung des Bildinhalts wirksam ist und den Strom steuert.

Der aus der Bildröhrenkatode austretende (gebündelte) Elektronenstrahl kann beispielsweise völlig unterdrückt werden, wenn an der Katode eine dem Gitter gegenüber hohe positive Spannung auftritt (was gleichbedeutend ist mit einer hohen negativen Spannung am Gitter gegenüber der Katode). In diesem Fall bleibt der Bildschirm dunkel, da ja der Leuchtstoff durch den fehlenden Elektronenstrahl nicht angeregt wird. Ist dagegen die Katodenspannung auf einen Wert abgesunken, der annähernd der Gitterspannung entspricht (ist der Spannungsunterschied also klein), dann fließt der Elektronenstrom ungehindert zum Bildschirm und kann den Leuchtstoff stark anregen. Es entsteht ein winziger Leuchtfleck, für den man auch Bildpunkt sagen kann.

Ein einfaches Modell für die Steuerung der Bildröhre durch das an der Katode auf

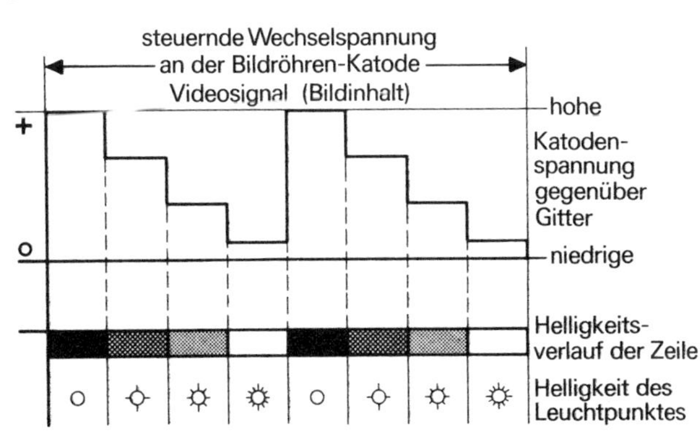

Bild 11.14 Zusammenhang zwischen der steuernden Wechselspannung und der Helligkeit des Leuchtpunkts

tretende Videosignal ist in Bild 11.14 gegeben. Wir sehen, daß bei hoher Katodenspannung innerhalb der Zeile kein heller Leuchtfleck auftritt. Je weiter jedoch die Katodenspannung absinkt, desto heller wird der Leuchtfleck. Das Bildbeispiel gibt einmal den Helligkeitsverlauf der Zeile wieder und deutet zum anderen die Intensität des Leuchtflecks während dieser Zeiten an.

11.6. Bildröhre für Schwarzweißwiedergabe

Genauso wie bei Radioröhren bewegen sich auch bei Fernsehbildröhren die von der glühenden Katode ausgesandten Elektronen zur Anode, die an einer positiven Spannung liegt. Dies ist in Bild 11.15 gezeigt. Hat das Anodenblech in der Mitte eine runde Öffnung, dann fliegen die Elektronen, je nach Höhe der Anodenspannung mehr oder weniger beschleunigt, durch das Loch hindurch. Ein dünner Strahl von Elektronen erreicht schließlich die Röhrenfläche am gegenüberliegenden Ende der Katode. Diese Fläche ist der eigentliche Bildschirm und mit Chemikalien belegt, die aufleuchten, wenn sie von Elektronen getroffen werden (Bild 11.16).

Die zunächst als einfaches Blech mit Mittelöffnung im Röhrenhals angenommene Anode hat in der Praxis eine völlig andere Form und besteht aus einem Metallzylinder mit einer Lochblende. Die Anode kann vergrößert werden, indem man sie mit einem (leitenden) Graphitbelag verbindet, der einen Teil des Röhrenhalses und des Kolbens bis nahe an den Bildschirm heran bedeckt (Bild 11.17).

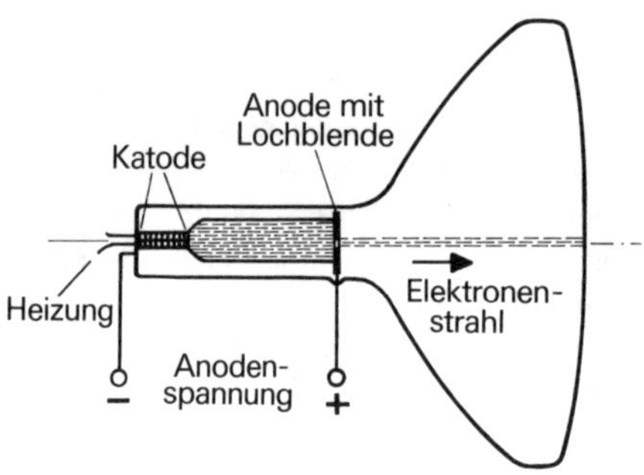

Bild 11.15 Die von der Katode emittierten Elektronen werden von der positiven Anode angezogen

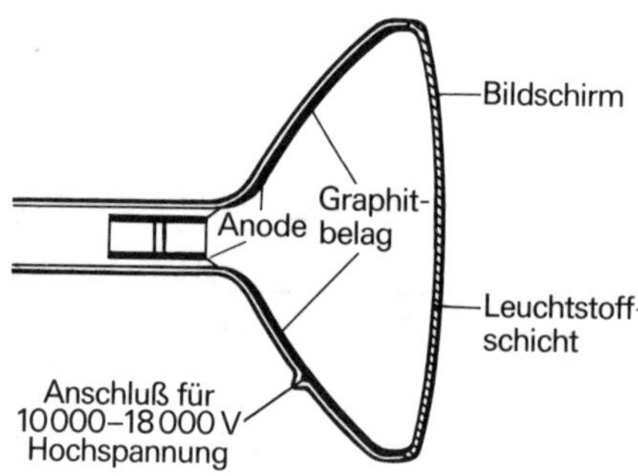

Bild 11.17 Die Anode der Bildröhre ist mit einem Graphitbelag verbunden, der innerhalb des Röhrenkolbens aufgetragen ist

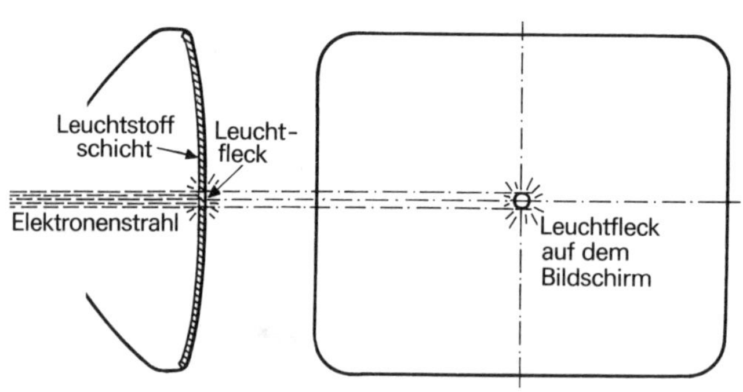

Bild 11.16 Ein Leuchtfleck entsteht durch das Aufprallen der Elektronen auf der Leuchtstoffschicht

Der Anschluß für die solchermaßen vergrößerte Anode ist durch den Glaskörper direkt nach außen geführt und nicht zu einem der Sockelstifte am katodenseitigen Ende der Bildröhre. Das hat seinen Grund in der sehr hohen Anodenspannung, die je nach Bildröhrentyp zwischen 10000 und 18000 V liegt.

Es wurde im vorigen Abschnitt schon kurz erwähnt, daß das Gitter der Bildröhre bei stark negativer Vorspannung die von der Katode ausgehenden Elektronen abstößt und nicht durchläßt. Bei nur schwacher negativer Vorspannung können die Elektronen das Gitter durchfliegen, beschleunigt von der Hochspannung der Anode. Dadurch ist es möglich, den Elektronenstrahl in seiner Stärke so zu steuern, daß Bildpunkte aller Helligkeitsstufen entstehen, von Weiß bis Schwarz.

Die praktische Ausführung des Gitters und der Katode zeigt Bild 11.18a. Auf die besonders ausgebildete Katode folgt das Gitter, das durch einen offenen Zylinder gebildet wird und gleichzeitig als Blende wirkt. Man nennt diese so wichtige Elektrode »Wehneltzylinder« (nach Prof. Arthur Wehnelt (1871–1944), der solche Elektroden zum ersten Mal anwandte). In Bild 11.18b ist das Original-Elektronenstrahlsystem einer Schwarzweißbildröhre zu sehen.

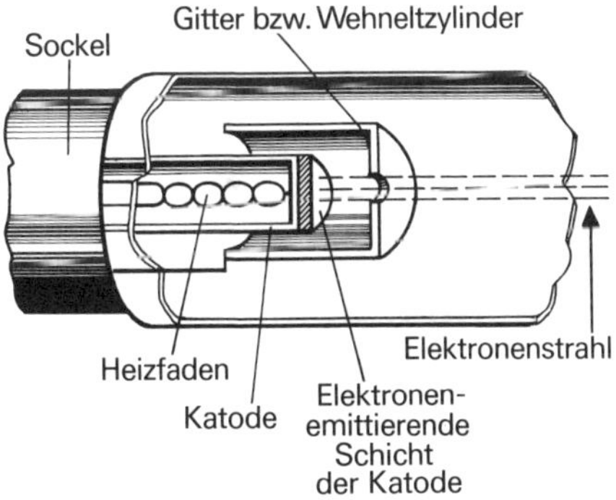

Bild 11.18a Schnitt durch ein Elektronenstrahlsystem

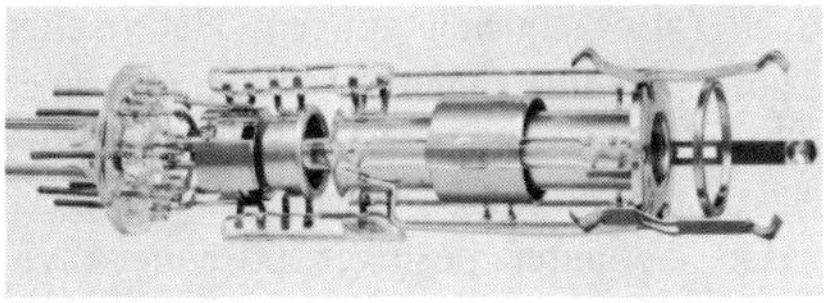

Bild 11.18b Original-Elektronenstrahlsystem

Neben der Katode, dem Wehneltzylinder und der Hauptanode haben moderne Bildröhren noch eine oder zwei Hilfsanoden. Sie dienen u. a. als elektrische Linsen und geben dem Elektronenstrahl die gewünschte scharfe Bündelung im Auftreffpunkt auf dem Bildschirm. Die Strahlbündelung wird auch als Fokussierung bezeichnet. Eine Prinzipdarstellung der Wirkungsweise ist in Bild 11.19 angegeben.

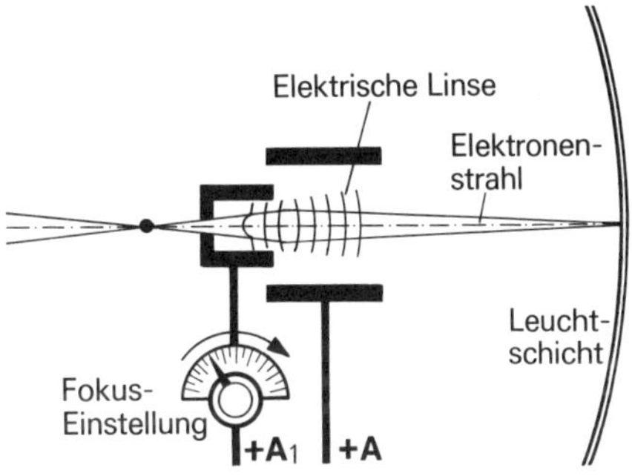

Bild 11.19 Elektrische Linsen fokussieren mit ihren elektrostatischen Feldern den Elektronenstrahl

11.7. Elektronen fliegen um die Ecke

Wir wissen jetzt schon, wie die Helligkeitssteuerung bei der Bildröhre funktioniert und daß die Zeilen von einem über den Schirm wandernden Bildpunkt geschrieben werden, der von einem Elektronenstrahl erzeugt wird. Es fehlt aber noch die Erklärung, wie man nun den Elektronenstrahl über den Bildschirm bewegen kann.

Die negativ geladenen Elektronen des durch die Bildröhre fliegenden Elektronenstrahls zeigen ein vom Magnetismus her bekanntes Verhalten: sie werden von positiven (also ungleichnamigen) elektrischen Ladungen angezogen und von negativen (also gleichnamigen) abgestoßen. Derartige elektrische Einflüsse üben hier beispielsweise die unter positiver oder negativer Spannung stehenden Elektroden (Gitter, Anode) der Bildröhre aus. Aber auch das elektromagnetische Feld einer Spule kann mit seinen Kraftlinien einen Einfluß auf den Elektronenstrahl ausüben.

Befindet sich eine solche Spule außen auf dem Hals einer Bildröhre und wird sie in einer bestimmten Richtung vom Strom durchflossen, so bilden sich Nord- und Südpol und ein elektromagnetisches Feld aus (Bild 11.20). Kehrt der Strom seine Richtung um, dann vertauschen auch beide Pole ihren Platz, und die Kraftlinien des elektromagnetischen Felds ändern ebenfalls ihre Richtung. Es ist deshalb einleuchtend, daß ein Elektronenstrahl, der dieses Kraftlinienfeld durcheilt, mehr oder weniger weit von seiner ursprünglich geraden Bahn abgelenkt wird (Bild 11.21). Wie weit er »um die Ecke« fliegt, hängt ab von der Stärke und Polarität der auf ihn einwirkenden elektromagnetischen Kräfte.

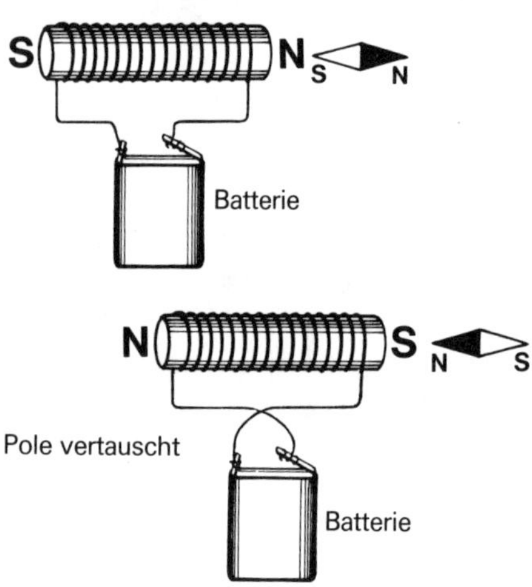

Bild 11.20 Das elektromagnetische Feld einer Spule ist abhängig von der Polung der angelegten Spannung

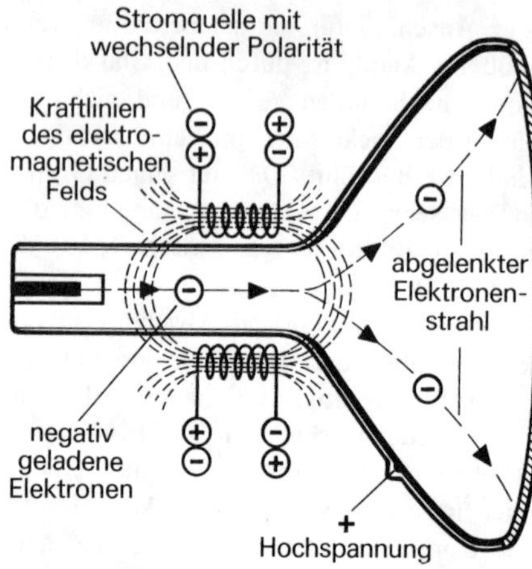

Bild 11.21 Prinzip der Elektronenstrahlablenkung. Je nach Polarität der Stromquelle bzw. der Richtung des Spulenmagnetfelds wird der Elektronenstrahl nach oben oder unten, links oder rechts abgelenkt

Im Prinzip wählt man für den durch die (in Bild 11.22 skizzierten) Ablenkspulen fließenden Strom eine Sägezahnform nach Bild 11.23. Der langsam ansteigende Teil, auch Hinlauf genannt, lenkt in den Horizontalspulen H den Elektronenstrahl für das Schreiben der Zeilen von links nach rechts ab. Zugleich erfolgt durch die Vertikalspulen V eine gleichmäßige, jedoch wesentlich langsamer verlaufende Abwärtsbewegung des Elektronenstrahls für

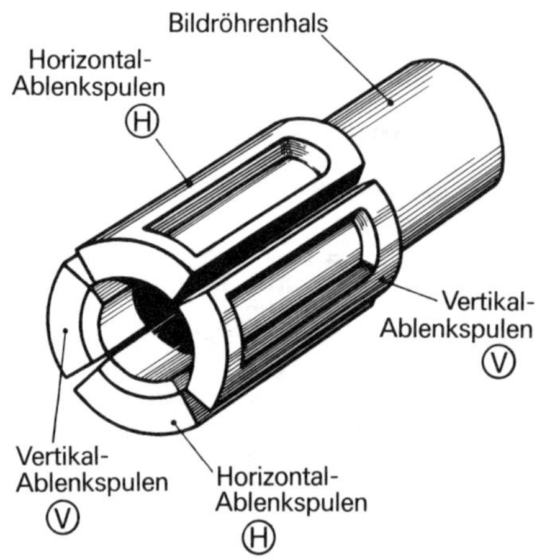

Bild 11.22 Anordnung der Ablenkspulen auf dem Bildröhrenhals

Bild 11.23 »Sägezahn« mit Hinlauf und Rücklauf

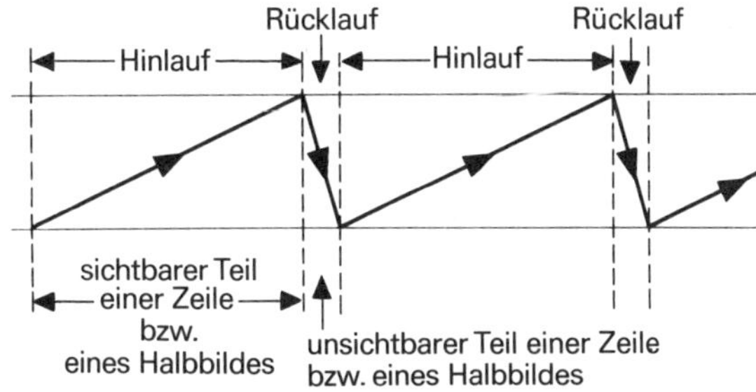

das Untereinanderschreiben der Zeilen zu einem Halbbild.

Der steil abfallende Teil der Sägezahnkurve, auch als Rücklauf bezeichnet, veranlaßt das Zurückspringen des Elektronenstrahls auf dem Bildschirm von rechts nach links bei den Zeilen und von unten nach oben bei den Halbbildern. Die genauen Einsatzpunkte hierfür werden von den in Abschnitt 11.4. erwähnten Synchronisierzeichen gegeben. Mit diesem Verfahren der elektromagnetischen Ablenkung ist man in der Lage, den Bildpunkt sowohl horizontal als auch vertikal über den Bildschirm zu bewegen. Damit ist die Grundlage für den zeilenweisen Aufbau von Fernsehbildern gegeben. Bild 11.24 zeigt eine Ablenkeinheit mit den Horizontal- und Vertikalspulen, Bild 11.25 ihre Anordnung auf dem Bildröhrenhals. Das eigentliche Fernsehbild entsteht durch die Helligkeitssteuerung der Bildpunkte an der Katode bzw. dem Wehneltzylinder.

Bild 11.24 Blick in die Ablenkeinheit für einen SW-Empfänger

Bild 11.25 Sitz der Ablenkeinheit auf dem Bildröhrenhals

11.8. Baugruppen eines Schwarzweißfernsehgeräts

Anhand des Blockschaltbilds können wir uns einen ersten Eindruck vom Aufbau eines Schwarzweißgeräts verschaffen (Bild 11.26). Diese Darstellungsart haben wir bereits bei der Besprechung des Rundfunkempfängers kennengelernt.

Die Antenne gibt das VHF- oder UHF-Empfangssignal an den Kanalwähler, der es in seinen Hochfrequenzstufen verstärkt und dann auf zwei Zwischenfrequenzen umsetzt (Bildträger 38,9 MHz und Tonträger 33,4 MHz), die in einem nachfolgenden Verstärker weiterverarbeitet werden. In diesen beiden Baugruppen werden Bild- und Tonsignale also noch gemeinsam verstärkt. Die Trennung von Bild und Ton erfolgt nach dem Video-Demodu-

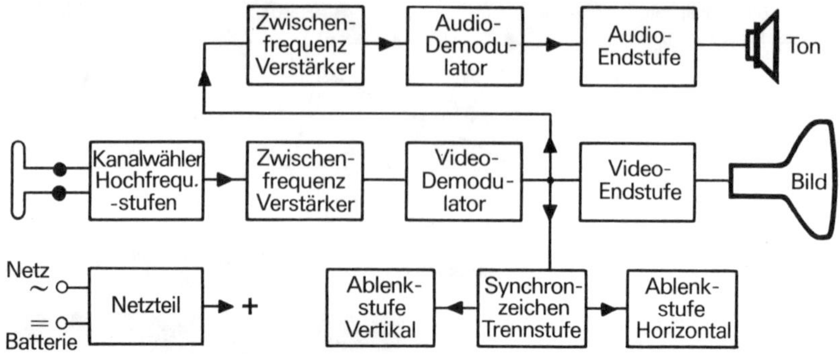

Bild 11.26 Blockschema eines Schwarzweiß-Fernsehgeräts

lator. Dort gewinnt man aus den erwähnten Zwischenfrequenzen den sogenannten Differenz-Tonträger von 5,5 MHz, der einem weiteren Zwischenfrequenzverstärker zugeführt wird.

In den Bild- und Tondemodulatoren werden die ursprünglichen Kamera- und Mikrofonsignale aus den Zwischenfrequenz-Trägerwellen wieder zurückgewonnen. Als Niederfrequenzsignale erreichen sie die Ton- bzw. Bild- oder Videoverstärker, an deren Ausgänge Lautsprecher und Bildröhre angeschlossen sind.

Im Blockschaltbild ist noch ein dritter Signalweg gezeichnet. Über ihn führt man die vom Bildsignal abgetrennten Synchronisierzeichen zu den Ablenkstufen für Bild (vertikal) und Zeile (horizontal), um dort den exakten Gleichlauf der Bilder zwischen Sender und Empfänger herzustellen. Ein Netzteil versorgt die einzelnen Stufen des Fernsehgeräts mit den nötigen Betriebsspannungen.

11.9. Von Fernsehbändern, -bereichen und -bandbreiten

Das Fernsehen beansprucht aus Gründen, die auf den folgenden Seiten noch erläutert werden, ein Frequenzband von 7 Millionen Hertz oder 7 MHz je Sender. Es wäre also ganz unmöglich, auch nur einen einzigen Sender im Mittelwellenbereich (ca. 1 MHz breit) unterzubringen. Im Kurzwellenbereich zwischen 100 und 10 m, entsprechend 3 bis 30 MHz, ließen sich mit etwas Spielraum nicht mehr als 3 Fernsehsender plazieren.

Wesentlich besser sieht es im UKW-Bereich zwischen 10 und 1 m aus, d. h. zwischen den Frequenzen 30 und 300 MHz. Hier steht theoretisch eine Frequenzbandbreite von 270 MHz zur Verfügung; Platz genug für zahlreiche Fernsehsender im VHF-Bereich (very high frequencies). Noch günstiger sieht es im Dezimeterwellenbereich aus, der Frequenzen von 300 bis zu 3000 MHz umfaßt (UHF-Bereich = ultra high frequencies oder Ultrahohe Frequenzen). Neue Möglichkeiten für das Senden und Empfangen von Fernsehprogrammen bieten sich im sogenannten SHF-Band VI (super high frequencies oder »superhohe Frequenzen«), das im Bereich der Zentimeterwellen liegt. Hier ist auch der direkte Empfang von Satellitenprogrammen durchführbar. Band VI liegt im Gebiet von 12 Gigahertz (GHz).

Bleiben wir zunächst bei den Ultrakurzwellen. Hier wurden für Rundfunk- und Fernsehbelange die drei Bänder I, II und III zugeteilt. Band II ist dem UKW-Rundfunk vorbehalten; das Fernsehen spielt sich in den Bändern I und III ab. Diese beiden VHF-Bänder sind wiederum in Kanäle unterteilt. Wer einen Fernsehempfänger bedient, weiß, daß man die einzelnen Sender mit Drucktasten oder elektronischen Tastelementen (Sensoren) wählt (Bild 11.27). Um z. B. den Fernsehsender Kreuzberg (Rhön) aufzunehmen, muß man Kanal 3 wählen, für Hamburg den Fernsehsender Kanal 9, für den Wendelsteinsender, der das Gebiet um München versorgt, Kanal 10.

Hier eine Aufstellung, aus der die Frequenzen und Kanäle der Sender hervorgehen. Kanal 1 (41–47 MHz) hat nur 6 MHz Bandbreite und kann deshalb nur für Sonderzwecke benutzt werden. Das VHF-Band I beginnt also mit Kanal 2.

Band I	41 ... 68 MHz
	(7,317 ... 4,418 m)
Kanal 2	47 ... 54 MHz
Kanal 3	54 ... 61 MHz
Kanal 4	61 ... 68 MHz
Band II = UKW-Rundfunkband	
Band III	174 ... 230 MHz
	(1,724 ... 1,304 m)
Kanal 5	174 ... 181 MHz
Kanal 6	181 ... 188 MHz
Kanal 7	188 ... 195 MHz
Kanal 8	195 ... 202 MHz
Kanal 9	202 ... 209 MHz
Kanal 10	209 ... 216 MHz
Kanal 11	216 ... 223 MHz
Kanal 12	223 ... 230 MHz

Mit diesen 11 Kanälen (K 2–12) ist keine Vollversorgung bei einem Programm und noch viel weniger das Ausstrahlen eines zweiten und dritten Programms mög-

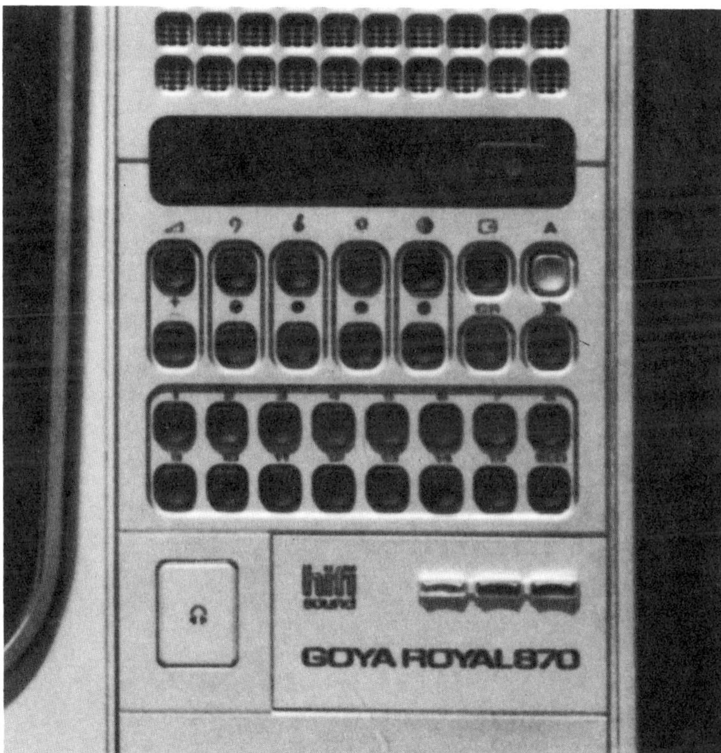

Bild 11.27 Bedienungsfeld eines Fernsehgeräts

lich. Hierfür sind die UHF-Bänder IV/V (470–854 MHz) vorgesehen, in denen sich 48 Fernsehkanäle unterbringen lassen. Die Kanalbreite beträgt in den UHF-Bändern IV und V (die zu einem einzigen Band zusammengefaßt sind) 8 MHz. Die UHF-Kanäle tragen die Nummern 21 bis 68. In der Bundesrepublik sind die Kanäle 61–68 z. Z. nicht belegt, außerdem werden die Kanäle 36 und 38 für Zwecke der Navigationsfunkdienste und Radioastronomie freigehalten. Durch das Kabelfernsehen, mit dem u. U. ganze Städte störungsfrei mit Fernsehprogrammen versorgt werden können, lassen sich darüber hinaus neue Möglichkeiten erschließen, z. B. auch die Übermittlung von wichtigen Informationen aus Nicht-Programmbereichen.

Wir wollen nun ermitteln, warum das Fernsehen ein so breites Frequenzband von 7 MHz als Arbeitsbasis braucht. Hierzu muß als erstes die Frage beantwortet werden, welche Abmessungen die kleinste wiederzugebende Bildeinheit, d. h. ein Bildpunkt, haben muß. Höher als eine Zeile wird sie nicht sein können, da dies ihre »natürliche« obere und untere Begrenzung ist. Nimmt man daher als Form dieser kleinsten Bildeinzelheit einen quadratischen »Bildpunkt« an, so ergibt sich eine Zeilenunterteilung nach Bild 11.28(a). Die Zeilen sind also aus lauter quadratischen Feldern zusammengesetzt, die so breit sind, wie die Zeile hoch ist.

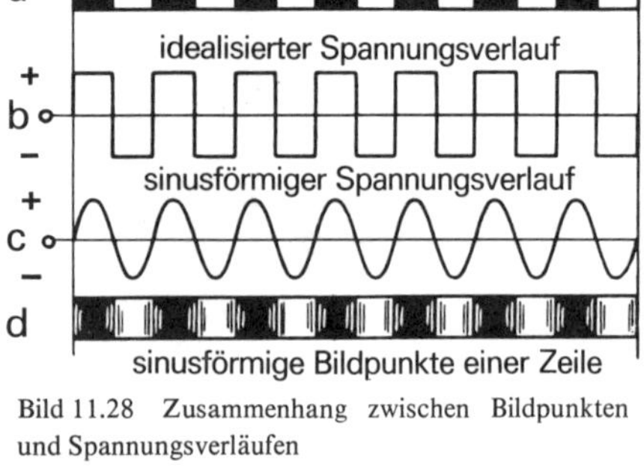

Bild 11.28 Zusammenhang zwischen Bildpunkten und Spannungsverläufen

Es kann nun sein, daß in einer Zeile auf einen hellen Bildpunkt immer ein dunkler folgt. In diesem Fall schwankt die von der Fernsehkamera abgegebene Spannung zwischen einem Höchstwert und einem Mindestwert. Die Spannungskurve des Kamerasignals hat dann den ungefähren Verlauf wie in Bild 11.28(b) angegeben und hätte theoretisch eine eckige Form. Die Übergänge vom höchsten Hell zum tiefsten Dunkel sind aber bei der geringen Bildpunktgröße nie so schroff; sie sind abgerundeter und entsprechen etwa der in Bild 11.28(c) angedeuteten Kurve. Bei der Abtastung von zwei benachbarten Bildpunkten ergibt sich demnach eine Schwingung, die ein »Verschleifen« der Kanten wie in Bild 11.28(d) zur Folge hat.

Setzt man die quadratische Form der Bildpunkte voraus, entfallen beim Bildschirmformat 4:3 auf eine Zeile 833 Bildpunkte (625·4:3). Ein Bild, das sich aus 625 Zeilen zusammensetzt, hat demnach rund 520000 Bildpunkte (625·833). Da in einer Sekunde 25 Bilder übertragen werden, ergeben sich rund 13 Millionen Bildpunkte in der Sekunde (25·520000).

Eine Schwingung setzt sich bekanntlich aus einem Höchstwert und einem Mindestwert zusammen, aus einem Wellenberg und einem Wellental. Folgen nun weiße und schwarze Bildpunkte aufeinander wie im Bild 11.28, dann ergeben sich die dort dargestellten Schwingungen einer Schwarzweißfolge. 13 Millionen Bildpunkte dieser Art haben mithin eine Frequenz von 13 Millionen geteilt durch 2 gleich 6,5 Millionen Hertz oder 6,5 MHz. Da dieser angenommene Fall des ständigen Bildpunkt-Hell/Dunkel-Wechsels in jeder Bildzeile nicht vorkommt, schränkte man die Frequenzbreite des Schwarzweiß-Videosignals aus praktischen Gründen auf eine obere Grenze von 5 MHz ein. Das Testbild in Bild 11.29a zeigt die Qualität der Wiedergabe von hohen Frequenzen u. a. im senkrechten »Besen«. Dort kann die Auflösung an den MHz-Zahlen abgelesen werden. In

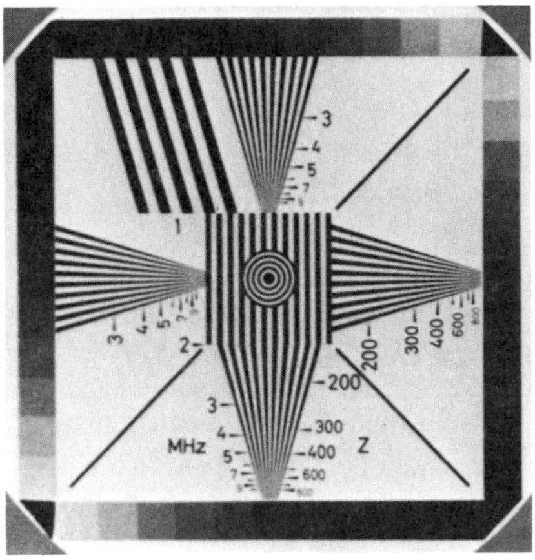

Bild 11.29a Ausschnitt aus einem Testbild mit senkrechtem »Besen«

Bild 11.29b sind für diesen Zweck senkrechte Linien enthalten.

Die vorher genannte Breite eines Fernsehkanals in den Bereichen I und III von 7 MHz wird vom Videosignal allein nicht ausgefüllt. Hinzu kommen auch noch der Tonträger und gewisse Sicherheitsabstände zu den benachbarten Kanälen. Die Verteilung von Bild- und Tonträger innerhalb des Kanals ist in Bild 11.30 angegeben. Es fällt auf, daß der Bildträger nicht in der Mitte des Videofrequenzbands angeordnet ist, sondern nur rechts ein volles Seitenband und links lediglich ein Teilstück des anderen Seitenbands vorhanden ist. Man nennt diese Übertragungsart »Restseitenbandverfahren«. Sie ist möglich, weil ja jedes Seitenband die volle Signalinforma-

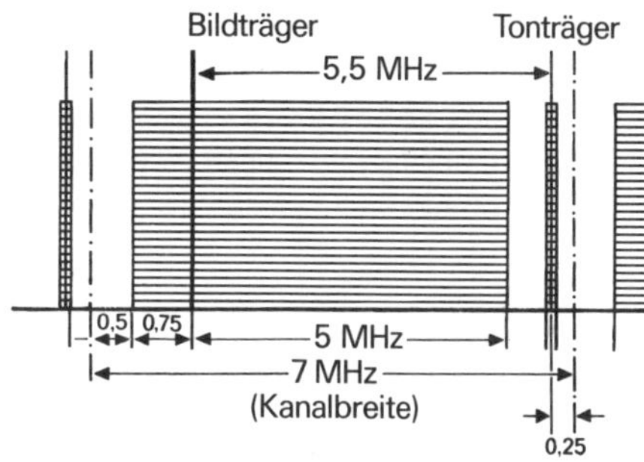

Bild 11.30 Schema der Anordnung von Bild- und Tonträger in einem Fernsehkanal mit Angabe des Frequenzbedarfs

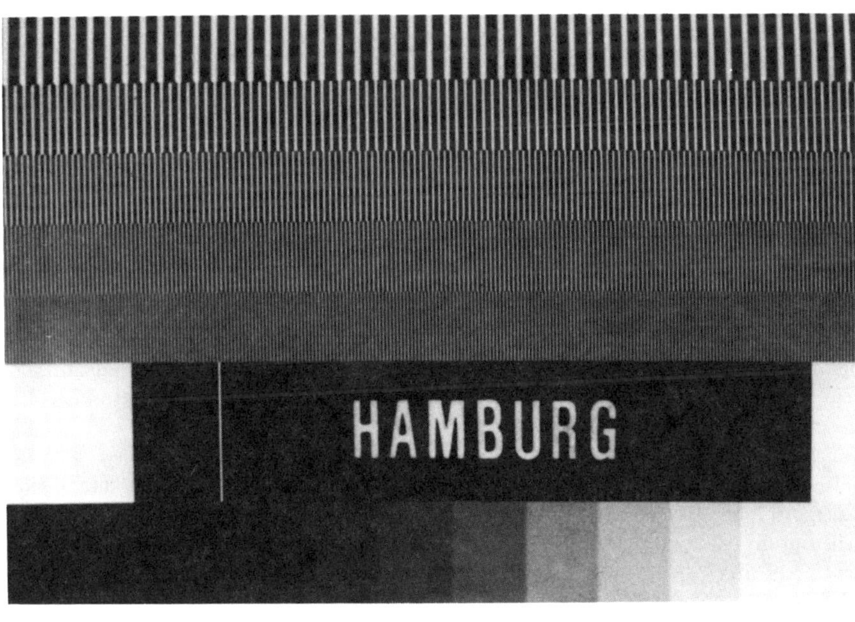

Bild 11.29b Schwarzweiß-Fernsehtestbild mit senkrechten Linien für die Kontrolle der Auflösung

tion enthält. Man spart durch den weitgehenden Fortfall des linken Seitenbands natürlich erheblich Platz in den Frequenzbändern ein. Sender und Empfänger müssen allerdings für das Restseitenbandverfahren entsprechend ausgelegt sein.

In diesem Zusammenhang ist noch wissenswert, daß man für den Bildträger die Amplitudenmodulation (AM) und für den Tonträger die Frequenzmodulation (FM) anwendet (Bild 11.31). Der Grund für die Wahl zweier Modulationsarten ergibt sich unter anderem aus der Beobachtung, daß reflektierte Wellen bei AM im Bild weit weniger stören als bei FM. Der Tonträger wird aus ähnlichen Gründen wie beim UKW-Rundfunk frequenzmoduliert.

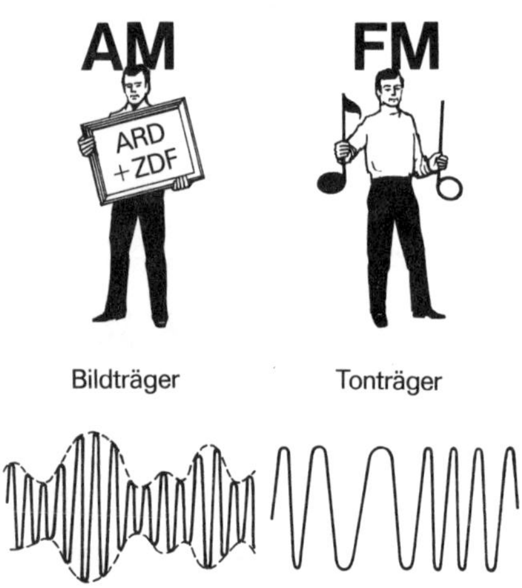

Bild 11.31 Der Fernseh-Bildträger ist amplitudenmoduliert, der Fernseh-Tonträger frequenzmoduliert

In der folgenden Tabelle sind die Hauptmerkmale der westeuropäischen Schwarzweiß-Fernsehnorm zusammengefaßt:

Kanalbreite VHF	7 MHz
Kanalbreite UHF	8 MHz
Videobandbreite	5 MHz
Zeilen pro Bild	625
Zeilensprung	2:1
Zeilenfrequenz	15625 Hz
Bildfrequenz	50 Hz
Bildformat	4:3
Modulation Bild	AM, negativ
Modulation Ton	FM, Hub 50 kHz
Bild-Tonträger-Abstand	5,5 MHz

11.10. Bildröhren-Entwicklung

In der Schwarzweißbildröhren-Entwicklung zeigte sich eine stetige Tendenz zu größeren Schirmformaten. Die ersten, wirklich brauchbaren Ausführungen waren 36-cm-Bildröhren (s. auch Bild 11.1), wobei unter der Maßangabe die Bildflächendiagonale zu verstehen ist. Ihnen folgten 43- und 53-cm-Bildröhren, die dann später von Bildröhren mit stärker ausgeprägten Schirmecken und flacherem Bildschirm abgelöst wurden (Bild 11.32). Die ausgeprägteren Ecken ergeben bei gleicher Bildhöhe eine größere Diagonale (43 wird 47 cm, 53 wird 59 cm).

Zur letzten Entwicklung gehört die 61-cm-Röhre, die gegenüber ihren Vorgängerinnen einige Vorteile aufweist und heute die Standardröhre für große Schwarzweiß-Fernsehgeräte ist. Der Bildschirm paßt sich dem 4:3-Bildformat sehr gut an; die Schirmkrümmung ist geringer und der Bildschirm dadurch flacher geworden.

Das wesentliche Merkmal der Bildröhren-Entwicklung ist jedoch die erzielte Verkürzung der Röhren. Dies kommt in Bild 11.33 zum Ausdruck. Sie wurde möglich durch die Vergrößerung des Ablenkwinkels von 70 über 90 auf 110 Grad: die Bildröhren wurden »schlanker«. So ist die heutige 110°-Bildröhre gegenüber der entsprechenden 70°-Bildröhre um 17 cm kürzer; ein Fortschritt, der sich vor allem auch auf die Formgebung der Fernsehgeräte günstig auswirkte.

Abschließend einige Hinweise auf die Kennzeichnung durch Ziffern und Buchstaben, z. B. bei der MW 43–80 (ältere Röhre) und A 61–120 W.

Der erste Buchstabe macht Aussagen über die Art der Fokussierung und der Ablenkung:

Bild 11.32 Schwarzweiß-Bildröhren mit ausgeprägten Ecken und flachen Bildschirmen

A = elektrostatische Fokussierung und magnetische Ablenkung.
M = magnetische Fokussierung und magnetische Ablenkung.

Der zweite oder letzte Buchstabe kennzeichnet die Leuchtfarbe: W = weiß.

Die erste Zahl gibt die Diagonale des Bildschirms in Zentimetern an, die zweite ist eine Laufnummer und deutet auf Konstruktionsmerkmale hin.

Bei der MW 43–80 handelt es sich demnach um eine Bildröhre mit magnetischer Fokussierung und magnetischer Ablenkung sowie weißer Schirmfarbe. Die Diagonale des Bildschirms beträgt 43 cm. Die A 61–120 W ist eine Bildröhre mit elektrostatischer Fokussierung und magnetischer Ablenkung, deren Schirmfarbe weiß ist und die eine Bildschirmdiagonale von 61 cm hat. Die Röhre kann ohne Schutzscheibe verwendet werden und wird mit vier Befestigungswinkeln gehaltert. In

Bild 11.34 ist das Chassis eines modernen Schwarzweißfernsehgeräts mit einer 110°-Bildröhre zu sehen.

Die hierin verwendete Bildröhre ist der Typ A 44-120 W mit einer elektrostatischen Fokussierung und metallhinterlegtem Grauglasschirm. Der Glaskolben ist mit einer Metallrahmenverstärkung einschließlich Halterung versehen.

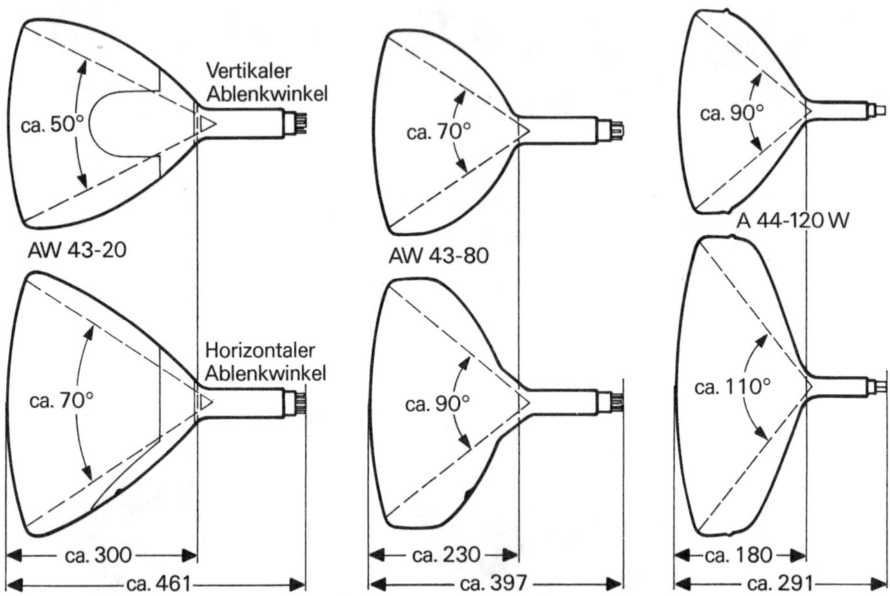

Bild 11.33 Schwarzweiß-Bildröhrenentwicklung bis zur 110°-Ablenkung

Bild 11.34 Halbleiterbestücktes Chassis eines Philips Schwarzweiß-Fernsehgeräts

11.11. Wie die Farbe ins Bild kommt

Als Abrundung des Kapitels über die Einführung in die Fernsehtechnik sollen nachfolgend einige Grundelemente des Farbfernsehens erläutert werden. Da es aber unmöglich ist, alle wichtigen Dinge auf dem hier zur Verfügung stehenden Platz zu behandeln, können nur das Übertragungsverfahren und die Farbbildröhre vorgestellt werden.

Zuerst betrachten wir die Farbfernsehkamera, die ähnlich wie die Schwarzweiß-Ausführung das optische Bild in entsprechende elektrische Signale umsetzt. Beim Farbfernsehen verwendet man drei Grundfarben, nämlich Rot, Blau und Grün, aus denen sich durch Mischung alle anderen Farben einschließlich Weiß gewinnen lassen. Dies ist im Bild 11.35 am Beispiel dreier farbiger Scheinwerfer gezeigt.

In der Farbfernsehkamera muß jede der drei Grundfarben Blau, Rot und Grün eine besondere Aufnahmeröhre haben. Um die komplizierten technischen Vorgänge anschaulicher zu machen, ist in Bild 11.36 eine Farbfernsehkamera mit den wichtigsten Elementen gezeigt. Wir sehen drei Aufnahmeröhren, vor denen jeweils ein

Bild 11.35 Additive Farbmischung mit den drei Grundfarben Rot, Grün und Blau

blaues, rotes und grünes Filter angebracht ist. Die lichtempfindlichen Schichten der Aufnahmeröhren werden von einem Elektronenstrahl abgetastet. Dadurch entstehen in den Aufnahmeröhren drei Signale, die jeweils einem Farbauszug in den Grundfarben Blau, Rot und Grün entsprechen. Aus ihnen läßt sich auch ein komplettes Schwarzweißsignal zusammensetzen.

Ein recht einfacher Weg zur Übertragung von farbigen Bildern ist in Bild 11.37 skizziert. Die von einer geeigneten Fernsehkamera gelieferten Farben (z. B. Rot, Grün und Blau) werden getrennt als elektrische Signale übertragen und in einem geeigneten Empfangsgerät wieder in ein sichtbares Farbbild umgewandelt. Leider ist hierzu eine Übertragungsbandbreite erforderlich, die dreimal so groß ist wie die eines normalen Schwarzweißsenders und die sich deshalb nicht mit der Schwarzweiß-Übertragungstechnik verträgt. Der Fachausdruck für Verträglichkeit heißt »Kompatibilität«.

Wir können hieraus schließen, daß ein Farbfernsehverfahren kompatibel mit dem üblichen Schwarzweißsystem zu sein hat: Farbgeräte müssen also auch Schwarzweißsendungen empfangen und (schwarzweiß) wiedergeben können; Schwarzweißgeräte müssen in der Lage sein, Farbsendungen zu empfangen und schwarzweiß wiederzugeben.

Um dies zu erreichen, nutzten findige Fernsehentwickler u. a. die Tatsache aus, daß unser Auge Farben nur bis zu einer gewissen Detailgröße wahrnehmen kann. Man braucht also nicht den gesamten Frequenzumfang der Farbübertragung (Bild 11.37) zu senden, sondern nur einen

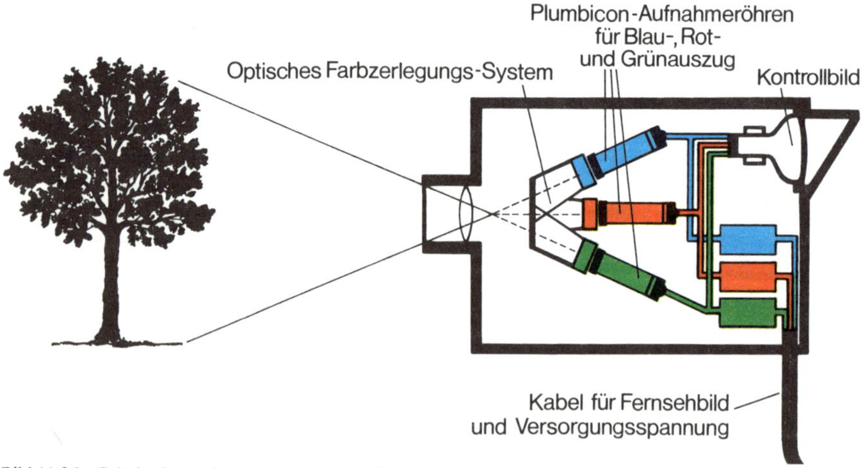

Bild 11.36 Schnitt durch eine stark vereinfacht dargestellte Farbfernsehkamera

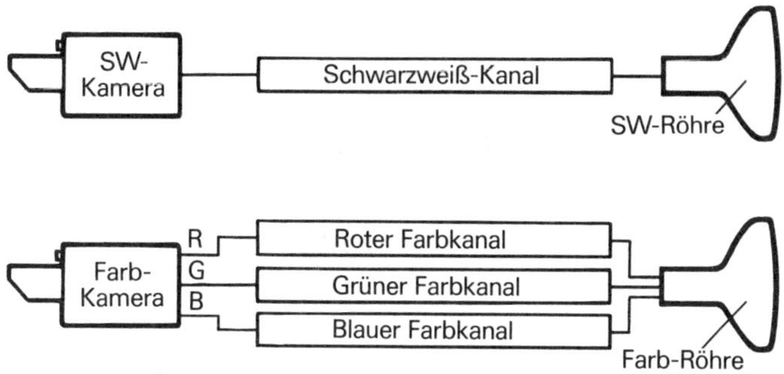

Bild 11.37 Vergleich zwischen einer SW-Übertragung und einer einfachen, aber nicht kompatiblen Farbübertragung mit dreifacher Bandbreite, d. h. dreifachem Frequenzbedarf (3 Kanäle)

wesentlich kleineren Frequenzbereich. Die Bandbreite des Farbsignals beträgt dabei nur noch 1 MHz. Dieses Signal gliedert man in den oberen Teil des bisherigen Schwarzweißfrequenzbands ein (Bild 11.38). Dabei nutzt man den Umstand aus,

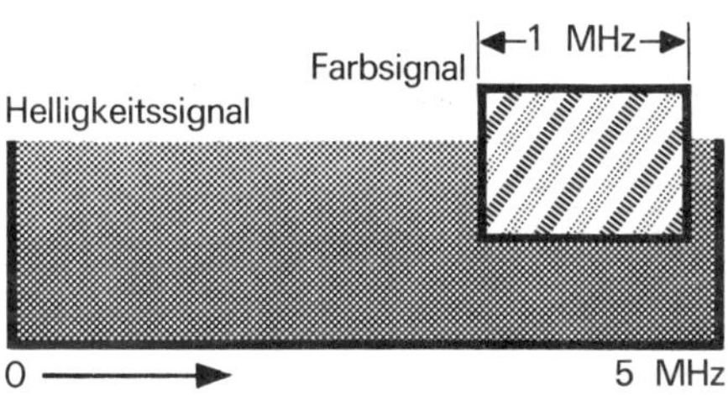

Bild 11.38 Eingliederung des Farbsignals in das Schwarzweißsignal

daß im Schwarzweißsignalspektrum gewisse regelmäßige Lücken auftreten, in die sich die zusätzlichen Farbsignale einschachteln lassen. Eine dem Schema in Bild 11.38 entsprechende Übertragung für ein kompatibles Farbfernsehsystem ist in Bild 11.39 dargestellt.

Das Farbfernsehbild baut sich also aus dem Helligkeits- oder Schwarzweißsignal von 5 MHz Bandbreite auf, das von einem Farbsignal mit 1 MHz Bandbreite »koloriert« wird. Das Farbsignal enthält Informationen über den jeweiligen Farbton und die Farbsättigung. Sie werden im Farbfernsehgerät ausgewertet, und man gewinnt dabei (zusammen mit dem Helligkeitssignal) die drei Grundfarbensignale Rot, Grün und Blau zurück, mit denen die Bildröhre angesteuert wird. In der schematischen Darstellung von Bild 11.40 können wir den Ablauf einer Farbfernsehübertragung verfolgen.

Die kompatible Übertragung wurde zuerst in den USA als NTSC-Norm entwikkelt (NTSC = National Television Systems Committee). Sie ist vornehmlich in den USA und in Japan in Gebrauch. Eine verbesserte Form dieses Übertragungssystems bildet das bei uns verwendete PAL-Verfahren von Prof. Dr. Walter Bruch, das

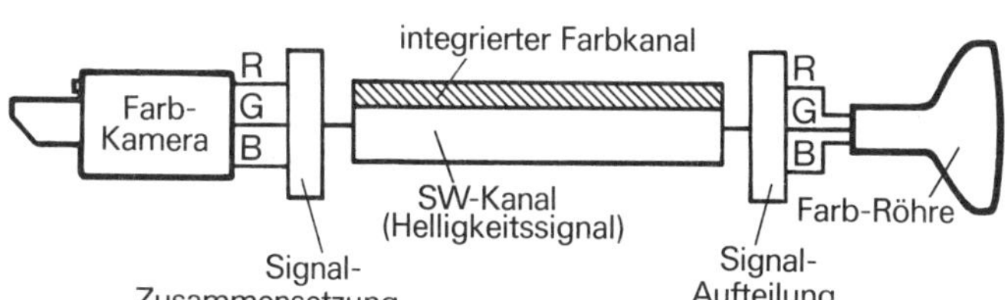

Bild 11.39 Schematische Darstellung eines kompatiblen Farbübertragungssystems, d. h. es ist für Schwarzweiß- und Farbfernsehen gleich gut geeignet

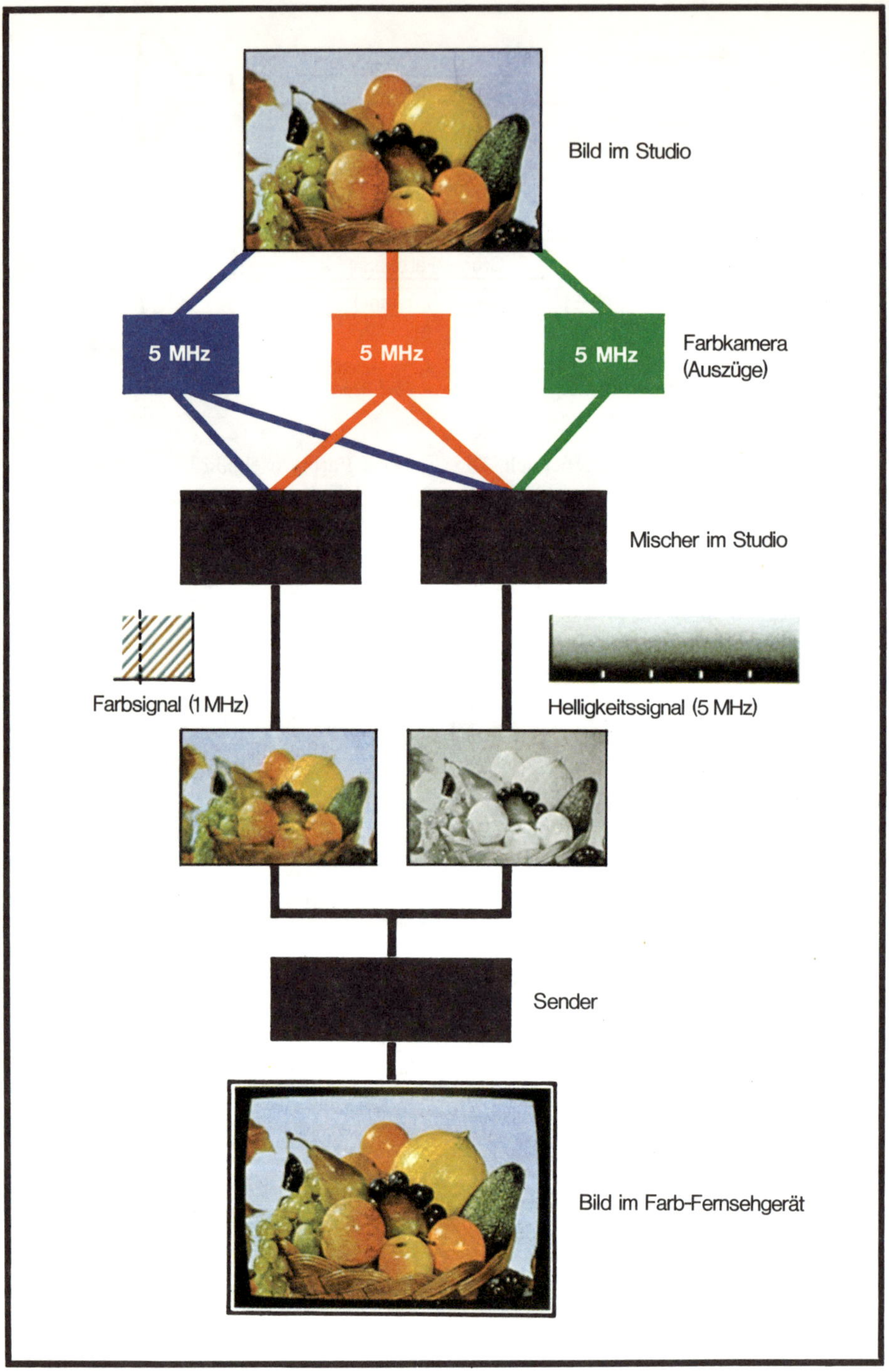

Bild 11.40 Schema einer farbigen Fernsehübertragung

bei der Übertragung auftretende Farbtonfehler automatisch ausgleicht (PAL = Phase Alternation Line). Ähnlich arbeitet das in Frankreich von Henri de France entwickelte SECAM-Verfahren (SECAM = Séquentielle à mémoire).

11.12. Drei Kanonen und drei Farbpunkte

Zur Wiedergabe farbiger Bilder mußten ganz neue Bildröhren-Konstruktionen erdacht und praktisch drei Systeme in einem Kolben untergebracht werden. Während die Schwarzweißröhre nur eine Katode oder »Elektronenkanone« besitzt, erfordert die Farbwiedergabe drei: eine für Rot, eine zweite für Grün, eine dritte für Blau (Bild 11.41).

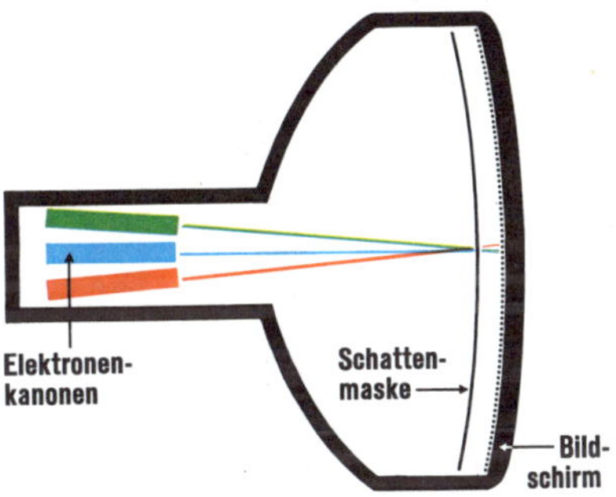

Bild 11.41 In der Schattenmaskenröhre befinden sich drei Elektronenkanonen

In Schwarzweißröhren genügt ein Elektronenstrahl, der je nach seiner Intensität hellere oder dunklere Zeilen auf den Schirm schreibt und bei schwarzen Bildstellen ganz verlöscht. Bei Farbbildröhren sind drei Elektronenstrahlen erforderlich, die auch hier von horizontalen und vertikalen Ablenkspulen über die Schirmfläche gelenkt werden.

Die erste Farbbildröhre dieser Art wurde in den USA entwickelt und war als sogenannte Schattenmaskenröhre mit Delta-Anordnung der Elektronenkanonen für Jahrzehnte der Standardtyp auf dem Weltmarkt. Sie wurde erst Mitte der 70er Jahre durch eine Weiterentwicklung abgelöst, die mit einer In-line-Anordnung der Elektronenkanonen versehen wurde und dadurch erheblich einfacher eingestellt werden konnte. Sie wird im Anschluß an die Grundlagenbeschreibung im nächsten Abschnitt vorgestellt.

Beim »Urtyp« aller Farbbbildröhren sind die »Abschußrichtungen« der in Form eines gleichschenkligen Dreiecks (Delta-System) im Bildröhrenhals angeordneten Elektronenkanonen um ein Geringes gegen die Röhrenachse geneigt. Sie treffen mit ihren Strahlen eine Leuchtstoffschicht auf dem Bildschirm, die aus etwa 1,08 Millionen Leuchtpünktchen besteht (Bild 11.42). Bei Anregung durch die Elektronenstrahlen geben sie rotes, grünes und blaues Licht ab. Die entsprechende Mischung der drei Farben läßt im Auge bzw. im Sehzentrum des Gehirns jeden beliebigen Farbton entstehen. Die Leuchtstoffpunkte liegen in Dreiergruppen regelmäßig geordnet nebeneinander. Ein Größenvergleich: 25 Leuchtstoffpunkte haben Platz auf einem Streichholzkopf.

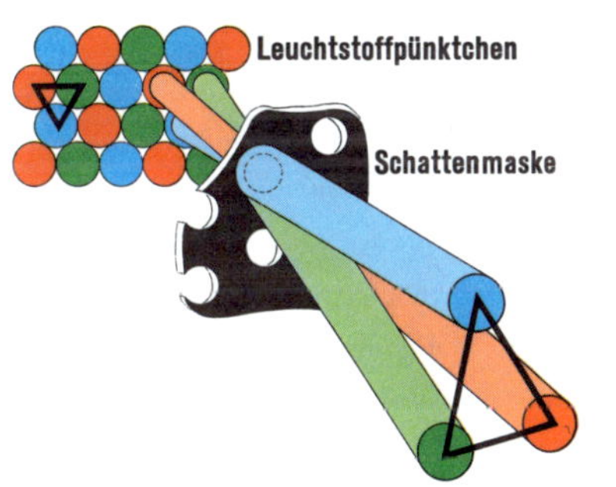

Bild 11.42 Anordnung der Leuchtstoffpünktchen auf dem Bildschirm und Funktion der Schattenmaske in Verbindung mit den zugehörigen Elektronenstrahlen

Es gäbe allerdings ein heilloses Farbdurcheinander, wenn nicht dafür gesorgt würde, daß der Strahl für Blaulicht nur den blauen Leuchtpunkt trifft, der für Rotlicht nur den roten und der für Grünlicht nur den grünen Leuchtpunkt. Um dies zu erreichen, ist in der Bildröhre, und zwar in einem Abstand von 13 mm vor der Leuchtstoffschicht, ein dünnes, mit rund 360000 Löchern versehenes Eisenblech vorhanden, das man »Schattenmaske« nennt. Sie sorgt dafür, daß die Elektronenstrahlen jeweils nur ihren zugehörigen Leuchtstoffpunkt treffen können (Bild 11.42).

Die Löcher in der Maske lassen nur eine gewisse Strahlbreite durch, das Zuviel wird abgeschattet. Auf dieses Abschatten ist die Bezeichnung »Schattenmaskenröhre« zurückzuführen. Ein zu großer Strahldurchmesser würde dazu führen, daß danebenliegende Farbpunkte der Leuchtstoffschicht getroffen werden und den Farbeindruck des Bilds verfälschen.

Wie schon erwähnt, geschieht die vertikale und horizontale Ablenkung der Elektronenstrahlen mit Ablenkspulen, die sich außen auf dem Röhrenhals befinden (Bild 11.43). Außerdem werden dort (mit dem

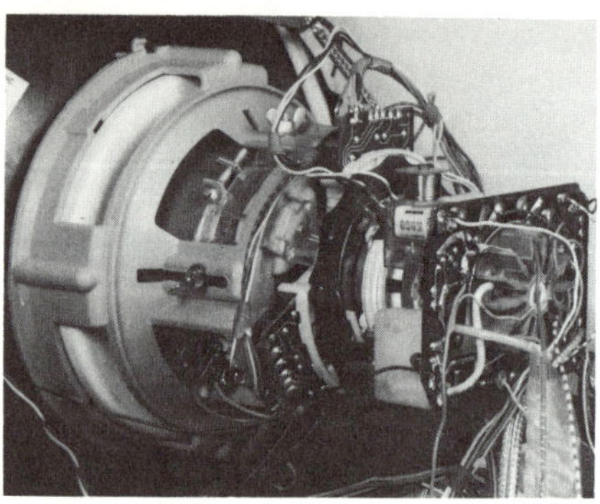

Bild 11.43 Anordnung der Ablenkeinheit auf dem Hals einer Farbbildröhre

Magnetfeld einer zweiten Spule) die Strahlrichtungen der Elektronen so beeinflußt, daß sie auch an den Bildrändern exakt auf den ihnen zugedachten Leuchtstoffpunkten landen. Man bezeichnet dies als Konvergenz. Die Elektronenstrahlen überschneiden sich dabei genau in der Ebene der Schattenmaske, wie es auch in Bild 11.42 angedeutet ist. Es wird zwischen statischer und dynamischer Konvergenz unterschieden, wobei mit der dynamischen die Einstellung der abgelenkten Elektronenstrahlen in den Randzonen der Bildröhre gemeint ist, mit der statischen dagegen die Einstellung der Elektronenstrahlen in der Bildschirmmitte.

Wegen der eingebauten Schattenmaske läßt sich der Bildschirm einer Farbröhre nicht in gleicher Weise ausnutzen wie bei einer Schwarzweißausführung. Der Glaskolben moderner Farbröhren (Bild 11.44) hat eine Diagonale von 66 cm, ihre nutzbare Bilddiagonale ist dagegen kleiner, weil der Bildflächenrand von der Schattenmaskeneinfassung abgedeckt wird.

Bild 11.44 Valvo Farbbildröhre

In den ersten Jahren des Farbfernsehens (es wurde 1967 in der Bundesrepublik offiziell eingeführt) gab es nur Röhren mit einem Ablenkwinkel von 90 Grad. Zu Anfang der siebziger Jahre erfolgte die Umstellung auf den 110°-Ablenkwinkel, eine Technik, die bei Farbe noch wesentlich schwieriger zu verwirklichen war als bei Schwarzweißwiedergabe. Vorteilhaft ist die 110°-Technik vor allem auch bei der Gehäusegestaltung, denn nun konnten auch hier verhältnismäßig wohlproportionierte Fernsehgeräte gebaut werden. Bild 11.45 zeigt dies an zwei Gehäusegrundrissen.

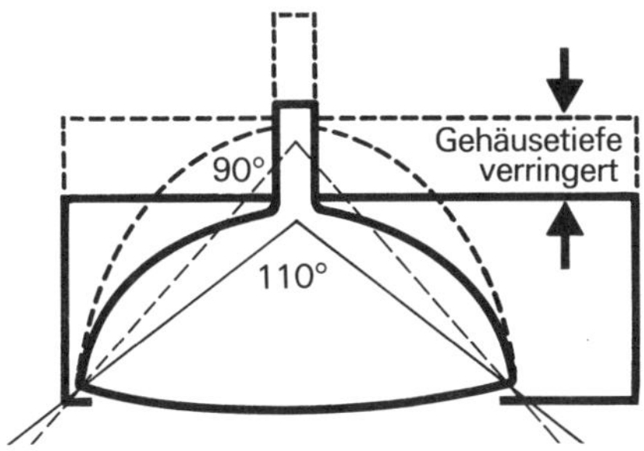

Bild 11.45 Verringerung der Gehäusetiefe durch kürzere Bildröhren

Die Gewichtsdifferenz – eine Schwarzweißbildröhre wiegt 13 kg, die Farbbildröhre dagegen 19 kg – ist sowohl auf die Verwendung stärkeren Glases als auch auf die Schattenmaske zurückzuführen. In Bild 11.46 ist ein modernes Chassis mit 66-cm-Farbbildröhre und Ablenkeinheit zu sehen.

11.13. Drei Kanonen und drei Farbstreifen

Es hat in den vergangenen Jahren nicht an Versuchen gefehlt, Farbbildröhren zu entwickeln, die nach einem anderen und möglichst einfacheren Prinzip arbeiten als die Schattenmaskenröhren. Nahezu alle Bemühungen sind fehlgeschlagen; lediglich bei kleineren Farbbildröhren konnte das in Japan entwickelte Trinitron bekannt werden. Bei großen Farbbildröhren dominierte hundertprozentig die auf den vorangegangenen Seiten beschriebene Loch- oder Schattenmaskenröhre mit Deltaanordnung der Elektronenkanonen.

Anfang 1974 konnte u. a. Philips mit einer Weiterentwicklung dieses Typs aufwarten, die man als neue Farbbildröhren-Generation betrachten kann. Es handelte sich um eine Farbbildröhre mit sogenannter Langlochmaske, die in der Bundesrepublik von der Valvo GmbH seinerzeit unter der Bezeichnung »20-AX-System« vorgestellt wurde. Fünf Jahre später konnte dieser Typ als weiterentwickeltes »30-AX-System« mit

Bild 11.46 Blick in ein Philips Farbfernsehgerät Jahrgang 1979

nochmaligen Verbesserungen aufwarten, über die am Ende dieses Abschnitts berichtet wird.

Die neue Farbbildröhre ist für die drei Standarddiagonalen 66, 56 und 51 cm konzipiert und hat einen Ablenkwinkel von 110°. Wie der Name sagt, ist auch in dieser Röhre eine Maske vorhanden; jedoch enthält sie keine runden Löcher, sondern schmale, vertikal angeordnete Langlöcher. Das Lochmuster der neuen Maske ist in Bild 11.47 schematisch mit Farbstreifen und Elektronenstrahlen dargestellt.

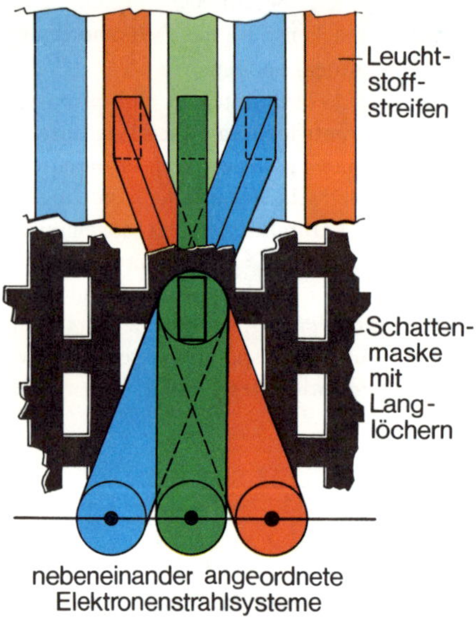

Bild 11.47 Anordnung der Leuchtstoffstreifen und Funktion der Schattenmaske mit Langlöchern

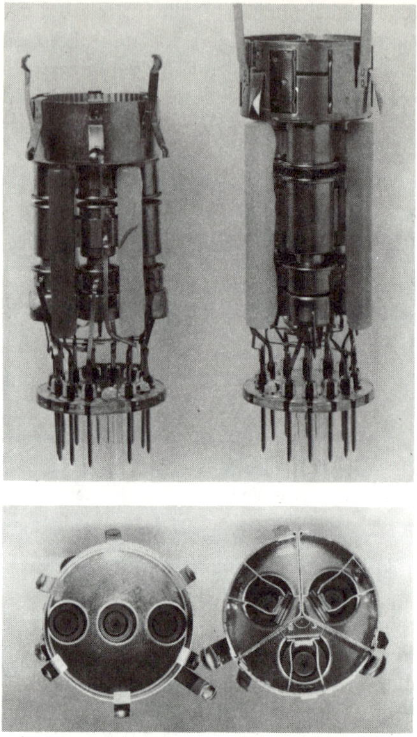

Bild 11.48 Horizontal- und Delta-Anordnung der Elektronenstrahlsysteme in Farbbildröhren

Die zweite wichtige Änderung liegt in der Anordnung der Elektronenkanonen, die nicht mehr in Form eines gleichseitigen Dreiecks angebracht sind. Sie wurden vielmehr horizontal nebeneinander angeordnet und liegen — wie aus Bild 11.48 ersichtlich — und damit in einer Reihe oder Linie. Hieraus ist auch die andere Bezeichnung »In-line-Bildröhre« abgeleitet. Einer der Gründe für die horizontale Montage liegt darin, daß in Verbindung mit einem speziell ausgebildeten Ablenkfeld keine dynamische Konvergenzeinstellung mehr erforderlich ist. Die Farbbildröhre des 20-AX-Systems konvergiert sich deshalb sozusagen selbst. Außerdem wird auch die Bildschärfe durch die nebeneinanderliegenden Elektronenstrahlsysteme verbessert. Da unsere Augen für Grün empfindlicher sind als für Blau und Rot, wurde die Farbe Grün dem mittleren System zugeordnet, das den geringsten Ablenkfehler aufweist, da seine Achse mit der Röhrenachse zusammenfällt.

Naturgemäß sieht auch das Schirmbild der 20-AX-Farbröhre mit Langlochschattenmaske anders aus als das der bisherigen Farbröhre, denn statt der runden Phosphorpunkte befinden sich eng nebeneinander vertikal durchlaufende Leuchtstoffstreifen in den Primärfarben Rot, Grün und Blau auf der Innenseite des Frontglases (Bild 11.49). Damit entfallen alle vertikalen Landungsfehler, und man benötigt nur noch eine horizontale Farbreinheitskorrektur. Die Leuchtstoffstreifen werden von Elektronenstrahlen getroffen und rufen in bekannter Weise die jeweils gesendete Farbe hervor, die wir als additive Farbmischung sehen. Wegen der Langlochmaske entstehen auf dem Bildschirm vertikale Dreiergruppen mit gleicher Farbfolge, die größere Bildhelligkeit und bessere Bildschärfe – vor allem in horizontaler Richtung – gewährleisten.

Als einen weiteren Vorteil muß man den wesentlich geringeren Aufwand an Korrekturschaltungen nennen. Obwohl das »20-AX-System« im Prinzip selbstkonvergierend ist, treten in der Fertigung von Ablenkspulen und Bildröhren, trotz starker Einengung aller Toleranzen, gewisse Asymmetrien auf, die statistisch gestreute kleine Konvergenzfehler aufweisen. Diese Restfehler können aber mit kleinem Aufwand beseitigt werden.

Bild 11.49 Vergrößerte Darstellung der farbigen Dreiergruppen auf dem Schirm der 20-AX-Farbbildröhre. Durch die Verwendung von Langlöchern in der Schattenmaske und vertikalen Leuchtstoffstreifen auf dem Bildschirm ergibt sich die Dreiergruppenanordnung. Bei den 66-cm-Röhren beträgt der Mittenabstand der Streifen 265 µm und der Mittenabstand der Dreiergruppen 795 µm

Die Neukonstruktion der Elektronensysteme erbrachte außerdem eine Verkürzung der Röhrenlänge um zwei Zentimeter. Das spezielle Ablenkfeld wird von einer sogenannten Sattelspule hervorgerufen (Bild 11.50), die fest auf einem Wulst am Konus der Bildröhre anliegt. Mit Permanentmagnetringen am Ende der Ablenkeinheit werden die Farbreinheit und die Rastersymmetrie eingestellt (Bild 11.51). Als Abrundung der technischen Eigenschaften des 20-AX-Systems sind die 1978 erfolgte Einführung der HiBri-Bildröhre und die Softflash-Technologie zu nennen. Die HiBri-Bildröhre – abgeleitet von High Brightness – weist eine beträchtliche Steigerung der Helligkeit auf, deren Gründe bei einer schwächeren Einfärbung des Schirmglases

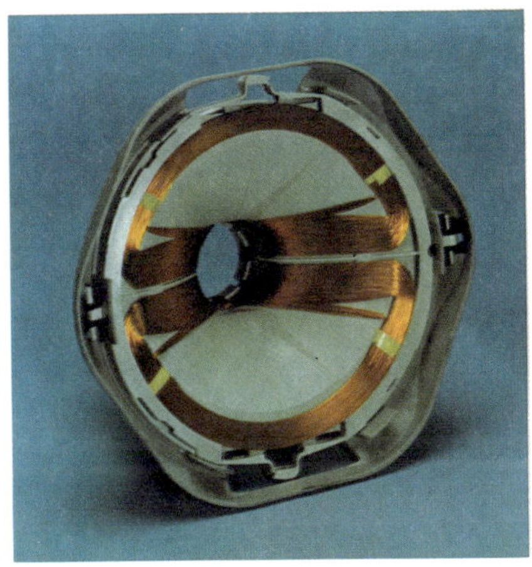

Bild 11.50 »Sattelspule« für die Strahlablenkung. Die Horizontal- und Vertikal-Ablenkspulen sind von einem Ferritkern umschlossen und in Strangwickeltechnik ausgeführt. Die Ablenkeinheit wird am Zentrierring und am Hals der Bildröhre festgeklemmt und justiert

Bild 11.51 Ablenkeinheit des 20-AX-Systems

sowie einer höheren Transparenz der Bildröhrenmaske zu finden sind. Insgesamt konnte der Helligkeitswert auf 170 Prozent gesteigert werden. Außerdem ist die Schirmoberfläche der neuen Farbbildröhre mattiert, was sich wegen der geringeren Glaseinfärbung günstig auf den Gesamteindruck des Bilds auswirkt, da externe Lichtquellen nur diffus reflektiert werden. Neben der beträchtlichen Helligkeitserhöhung ist auch das wesentlich verbesserte Verhalten gegen Hochspannungs-Überschläge im Bildröhrensystem zu erwähnen, für das der Begriff Soft-flash-Technologie geprägt wurde. Es zeichnet sich durch die Begrenzung des Spitzenstroms bei einem Überschlag auf 1/10 des bisherigen Werts aus.

Im Jahre 1979 wurde von Valvo das schon eingangs erwähnte »30-AX-System« eingeführt. Dieses Farbbildröhrensystem baut auf den Erfahrungen mit den über achtmillionenmal gebauten 20-AX-Röhren auf. Es zeichnet sich vor allem dadurch aus, daß alle Abgleicharbeiten für Konvergenz und Farbreinheit entfallen und daß jede Ablenkeinheit mit jeder Bildröhre durch einfachstes Positionieren und Montieren zu einer fehlerfreien Einheit verbunden werden kann.

Die Ablenkeinheit wird bei diesem Vorgang an drei Paß-Auflagepunkten fest gegen den Bildröhrenkonus geschoben, dort eingerastet und am Bildröhrenhals festgeklemmt (Bild 11.52). Weil jegliche mechanische oder elektrische Einstellungen entfallen, ist das 30-AX-Farbsystem fast so einfach zu handhaben wie ein Schwarzweiß-System. Erreicht wird dies durch eine weitgehende Einengung mechanischer Streuungen, durch individuellen Abgleich der Bildröhren und Ablenkeinheiten während der Fertigung und durch ein neues Referenzsystem, mit dem sichergestellt wird, daß die Hauptachse von Bildröhre

Bild 11.52 Die drei Auflagepunkte auf dem Bildröhrenkonus

und Ablenkeinheit sowie der Ablenkmittelpunkt der Ablenkeinheit und der Belichtungspunkt des Bildschirms übereinstimmen.

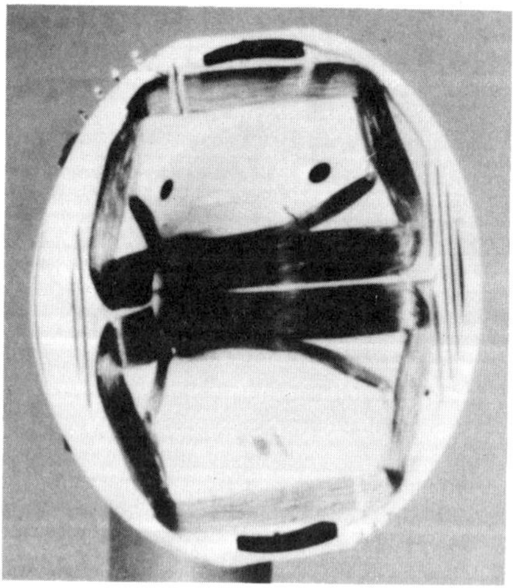

Bild 11.53 Ablenkeinheit des 30-AX-Systems

Auch die Ablenkeinheit konnte einfacher gestaltet werden und ist jetzt vollständig in Strangwickeltechnik ausgeführt (Bild 11.53). Die beim 20-AX-System noch erforderliche Mehrpoleinheit entfiel ebenfalls und wurde durch einen Magnetring ersetzt, der innerhalb des Elektrodensystems angeordnet ist. Er wird bei der fertigen Bildröhre von außen so magnetisiert, daß sein Magnetfeld dem resultierenden Feld der bisherigen Mehrpoleinheit entspricht. Die Ablenkeinheit selbst besteht nur noch aus

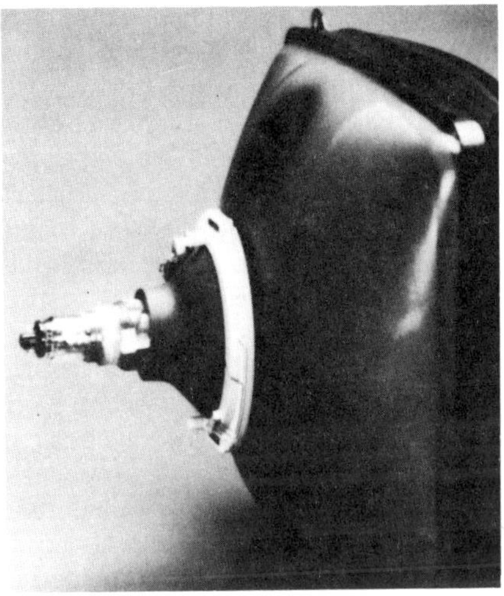

Bild 11.54 Beim 30-AX-System läßt sich jede Ablenkeinheit mit jeder Bildröhre kombinieren, ohne daß irgendwelche Einstellarbeiten erforderlich werden. Die Ablenkeinheit zeichnet sich zudem durch ihren geringen Raumbedarf aus

vier Teilspulen, dem ungeteilten Jochring und einem einteiligen, stabilen Kunststoffträger. Sie benötigt daher nur wenig Raum (Bild 11.54) und ist in Verbindung mit der Bildröhre das erste, für den Anwender flexible, abgleichfreie Farbbildsystem der Welt.

11.14. Wichtiges kurz gesagt

1. In die Netzhaut unserer Augen sind lichtempfindliche Sinneszellen eingebettet, die man Stäbchen und Zapfen nennt. Sie wandeln die empfangenen Lichteindrücke durch einen fotochemischen Prozeß in eine elektrische Energieform um, die dem Sehzentrum im Gehirn zugeleitet wird. Dort erfolgt die Umsetzung in bewußte Helligkeits- und Farbwahrnehmungen.
2. Die Zapfen sind farbempfindlich und befinden sich in der Mitte der Netzhaut. Die Stäbchen reagieren ausschließlich auf Helligkeitsunterschiede, d. h. auf Schwarzweißeindrücke. Sie sind in ihrer Mehrzahl um das Netzhautzentrum angeordnet.
3. Das Auge kann schnell nacheinander ablaufende Bildfolgen nicht mehr registrieren, wenn sie in zeitlichem Abstand von 1/20 Sekunde oder schneller auftreten. Die Einzelbilder gehen dann in eine scheinbar fließende Bewegung über.
4. Diese Erscheinung machen sich Film und Fernsehen zunutze. Beim Film projiziert man 18 bzw. 24 Bilder pro Sekunde; beim Fernsehen werden 25 komplette Bilder pro Sekunde ausgestrahlt.
5. Um das Bildflimmern herabzusetzen, verdoppelt man die Anzahl der gesendeten Bilder pro Sekunde, indem die 25 ganzen Bilder in 50 Halbbilder geteilt und im selben Zeitraum ausgestrahlt werden.
6. Die Bildwechselfrequenz des Fernsehens beträgt daher 50 Hz und entspricht damit der Frequenz des Lichtwechselstroms.
7. Das Fernsehbild ist aus 625 Zeilen aufgebaut; jedes Halbbild hat demnach $312\frac{1}{2}$ Zeilen. Beide Halbbilder werden nacheinander gesendet und mit Hilfe des Zeilensprungverfahrens genau ineinander verschachtelt, so daß optisch der Eindruck des kompletten Bilds entsteht.
8. Die Umsetzung von Helligkeitseindrükken der aufgenommenen Szene in proportionale Spannungswerte geschieht in der Fernsehkamera. Eine lichtempfindliche Schicht wird Zeile für Zeile von einem

Elektronenstrahl abgetastet. Die dabei entstehenden Spannungsimpulse entsprechen den Helligkeitswerten des Bilds.
9. In der Bildröhre wird aus den Spannungswerten wieder ein sichtbares Bild mit Helligkeitsabstufungen gemacht. Der aus der Katode austretende Elektronenstrahl wird durch die Spannungswerte des Videosignals in seiner Intensität gesteuert und läßt die Phosphorschicht des Bildschirms mehr oder weniger hell aufleuchten.
10. Die 625 Zeilen des Fernsehbilds ($2 \cdot 312\,{}^1/_2$) werden untereinander geschrieben, beginnend oben links und endend unten rechts. Der Elektronenstrahl wird durch das elektromagnetische Feld einer auf dem Röhrenhals angebrachten Spule so abgelenkt, daß er die Bewegung von links nach rechts ausführt. Eine zweite Spule lenkt den Elektronenstrahl von oben nach unten ab, so daß im Zusammenwirken beider Ablenkvorgänge ein Zeilenraster aus 625 Zeilen auf dem Bildschirm entsteht.
11. Fernsehsender strahlen ihr Programm in den VHF-Bändern I und III sowie im UHF-Band IV/V aus, entsprechend den Frequenzbereichen 41 bis 68 MHz, 174 bis 230 MHz und 470 bis 854 MHz. Die Kanalbreite beträgt in den Bändern I und III 7 MHz, im Band IV/V dagegen 8 MHz. Der 12-GHz-Bereich mit Band VI ist wie auch das Kabelfernsehen für weitere Sendungen vorgesehen.
12. Auf eine Fernsehzeile entfallen 833 Bildpunkte, so daß ein 625-Zeilen-Bild rund 520 000 Bildpunkte aufweist. Pro Sekunde werden demnach theoretisch 25 · 520 000, d. h. ca. 13 Millionen Bildpunkte übertragen.
13. Wenn diese Bildpunkte aus einer aufeinanderfolgenden Schwarzweißreihe bestehen, ergeben sich fortlaufende Schwingungen mit einer Frequenz von 13:2 = 6,5 MHz. Für die Praxis kommt man mit einer Frequenz-Bandbreite von 5 MHz für das Schwarzweißsignal aus.
14. Das Bildsignal wird im Restseitenbandverfahren übertragen; der Bildträger ist amplitudenmoduliert. Der Tonträger arbeitet mit Frequenzmodulation.
15. Bei Schwarzweißbildröhren entwickelte sich die Bildschirmgröße von 36 cm auf heute 61 cm in der Diagonale. Der Ablenkwinkel stieg von 70° über 90° auf 110°.
16. Beim Farbfernsehen wird das optische Bild in der Fernsehkamera in drei Grundfarben zerlegt: Rot, Grün und Blau. Hieraus kann man später durch Mischung alle anderen Farben einschließlich Weiß gewinnen.
17. Das Farbfernsehen muß sich mit dem bisherigen Schwarzweißverfahren vertragen können; es muß »kompatibel« sein.
18. Das Farbfernsehsignal wird deshalb so aufbereitet, daß es sich in den oberen Bereich des bisherigen Schwarzweißsignals einschachteln läßt, ohne dieses zu stören. Man nutzt für diesen Zweck bestehende Lücken im Schwarzweißsignal aus.
19. Das Farbfernsehsignal besteht im wesentlichen aus dem bisherigen Schwarzweißsignal und einem zusätzlichen Farbsignal von 1 MHz Bandbreite, mit dem das Bild »koloriert« wird.
20. Die Informationen über Farbton und Farbsättigung sind im Farbsignal enthalten und werden mit speziellen Schaltungen im Empfangsgerät ausgewertet.
21. Das bei uns verwendete PAL-Farbübertragungssystem gleicht die bei der Übertragung entstehenden Farbtonfehler automatisch aus.
22. Für die Farbwiedergabe wurde eine Bildröhre entwickelt, die mit drei Elektronenstrahlsystemen ausgestattet ist. Ihre Leuchtfläche besteht aus etwa 1,08 Millionen Bildpunkten, die in Rot-Blau-Grün-Dreiergruppen regelmäßig geordnet nebeneinanderliegen.
23. Die drei Elektronenstrahlsysteme sind so in den Röhrenhals eingebaut, daß sie theoretisch nur die ihnen zugeordneten roten, grünen oder blauen Bildpunkte treffen und zum Leuchten bringen können.

24. Um dies sicherzustellen, befindet sich vor der Leuchtstoffschicht eine sogenannte Schattenmaske mit rund 360000 Löchern. Sie sorgt dafür, daß die Elektronenstrahlen nur die ihnen zugeordneten Leuchtstoffpunkte treffen.

25. Ein zu großer Elektronenstrahldurchmesser wird von den Löchern »abgeschattet« und auf den richtigen Wert gebracht. Mit einer Konvergenzspule lassen sich Ablenkfehler bei den Elektronenstrahlen ausgleichen.

26. Zu Beginn des Farbfernsehens in der Bundesrepublik Deutschland (1967) gab es nur Farbbildröhren mit 90°-Ablenkung. Sie wurden nach etwa vier Jahren durch die 110°-Ausführung abgelöst.

27. Als neue Farbbildröhren-Entwicklung wurde 1974 die Ausführung mit drei nebeneinander liegenden Systemen, senkrechten Langlöchern und Farbstreifen vorgestellt (z. B. VALVO 20-AX-System), das 1979 vom 30-AX-System abgelöst wurde. Dieses zeichnet sich durch das Fehlen jeglicher Einstell- und Abgleicharbeiten aus.

Mit steckbaren Modulen bestücktes Philips Farbfernsehchassis K 12

12. Magnetische Aufzeichnung von Ton und Bild

Tonbandgeräte fanden zu Beginn der fünfziger Jahre Eingang in den Markt der Unterhaltungselektronik, und zwar zunächst ausschließlich als Spulengeräte. Ein Jahrzehnt später folgten dann die Cassettenrecorder. Die Technik der Bildaufzeichnung ist noch jünger: sie begann gegen Ende der fünfziger Jahre in den Fernsehstudios, und erst rund zehn Jahre danach wurden die ersten Heimgeräte (Videorecorder) angeboten.

12.1. Allgemeines

Das Prinzip der magnetischen Speicherung wurde zum ersten Mal von Oberlin Smith im Jahr 1888 in einer amerikanischen Zeitschrift beschrieben. Er konnte seine Gedanken allerdings noch nicht praktisch auswerten, weil die technischen Voraussetzungen seinerzeit noch nicht ausreichten. Rund zehn Jahre später schaffte es der Däne Valdemar Poulsen; sein »Telegraphon« war 1900 die große Sensation auf der Pariser Weltausstellung (Bild 12.1).

Beide Erfinder gingen davon aus, daß Schallschwingungen mit einem Mikrofon in elektrische Schwingungen umgewandelt werden können und diese dann in einer Spule entsprechende magnetische Schwankungen hervorrufen. Als Aufnahmematerial benutzte Poulsen einen Stahldraht, der zwischen den Polen eines Elektromagneten hinduchgeführt und »besprochen« wurde. Bei der Wiedergabe wurde ein Kopfhörer an die Spulen des Magneten angeschlossen. Wir können uns heute kaum vorstellen, daß dieses Verfahren auch ohne elektronische Verstärkung funktionierte.

Die als Tonträger benutzten Stahldrähte und Stahlbänder waren naturgemäß sehr

Bild 12.1 Telegraphon nach Poulsen

schwer und schlecht zu handhaben. Außerdem konnte man nicht »schneiden« und daher keine Tonmontagen herstellen. Eine ideale Lösung des Problems ergab sich erst durch die Verwendung von Tonbändern in der uns heute bekannten Form. Sie wurden 1928 von dem Deutschen Fritz Pfleumer erfunden, der sich ein mit pulverisiertem Eisenoxid versehenes schmales Papier- oder Kunststoffband patentieren ließ. Sein Verfahren wurde im Lauf der Jahre verfeinert und führte zu den heute gebräuchlichen Schichtbändern. Das erste brauchbare Tonbandgerät hatte übrigens auf der Berliner Funkausstellung 1935 seine öffentliche Premiere. Die Bandgeschwindigkeit lag bei einem Meter pro Sekunde, der Frequenzumfang reichte von 50 bis 5000 Hertz.

Nach dem zweiten Weltkrieg setzte eine stürmische Entwicklung der Magnetbandgeräte ein. Man benutzte sie zunächst in den Studios der Rundfunk- und Schallplattengesellschaften. Zu Beginn der 50er Jahre kamen die ersten Spulen-Tonbandgeräte für Heimanwendung auf den Markt; Bild 12.2a zeigt eins der ersten Philips-Tonbandgeräte und Bild 12.2b eine neuzeitliche Ausführung. Gut zehn Jahre später folgten die Cassettenrecorder nach dem von Philips entwickelten und heute weltweit verbreiteten Compact-Cassetten-System (Bild 12.2c). Sie konnten aufgrund ihrer unkomplizierten Bedienung neue Freunde für das Tonbandhobby gewinnen und trugen zur weiteren Verbreitung des Tonbandgeräts entscheidend bei.

Heute wird die magnetische Aufzeichnung nicht nur bei Sprache und Musik angewendet, sondern auch für die Speicherung von Bildern benutzt. Die visuellen Ereignisse werden entweder mit einer Fernsehkamera selbst aufgenommen oder aus dem Fernsehprogramm aufgezeichnet und gespeichert. Für den Heimgebrauch sowie für Schulung und Ausbildung haben sich hier die sogenannten Video-Cassetten-Recorder weitgehend durchgesetzt. Sie erlauben das Aufzeichnen und Wiedergeben von Farb- und Schwarzweißprogrammen auf bzw. von Magnetband. Außerdem lassen sich auf Magnetband auch Informationen und Meßwerte, z. B. aus der Datenverarbeitung speichern und jederzeit wiedergeben. Für diesen Zweck verwendet man heute auch Compact-Cassetten.

Bild 12.2a Erstes Philips Spulentonbandgerät aus den 50er Jahren, genannt »Die blaue Donau«

Bild 12.2b HiFi-Tonbandgerät N 4520

Bild 12.2c Cassetten-Recorder mit Zubehör in der Ausführung des ersten von Philips 1963 herausgebrachten Urmodells

12.2. Etwas über Magnetbänder

Wie schon erwähnt, benutzte man in der Anfangszeit der magnetischen Tonaufzeichnung zunächst dünne Stahlbänder als Tonträger und ging danach auf Stahldraht über. Die Nachteile beider Tonträger verhinderten jedoch eine breite Anwendung. Erst die Erfindung des »Magnetbands« löste den Durchbruch dieser Aufzeichnungstechnik aus.

Die heutigen Spulentonbänder bestehen aus einer 6,25 mm breiten Kunststoffträgerfolie von unterschiedlicher Dicke und der auf einer Seite dieser Folie aufgebrachten dünnen Schicht magnetisierbaren Materials aus Eisenoxid oder Chromdioxid. Für Cassettenbänder verwendet man ein Magnetband geringerer Breite, und zwar von 3,81 mm. Auch diese Bänder gibt es in unterschiedlichen Dicken, was sich bei den Cassetten durch verschieden lange Spieldauer auswirkt. Die Tabelle enthält eine Zusammenstellung heute üblicher Bänder für Tonaufzeichnungen (S. 294).

Darüber hinaus gibt es Magnetbänder von $^1/_2$, 1 und 2 Zoll Breite, die beispielsweise in Bildaufzeichnungsgeräten oder speziellen Anlagen der elektronischen Datenverarbeitung benutzt werden. Auch für diese Anwendungsgebiete gibt es Magnetband auf Spulen und in Cassetten.

Die mikroskopisch kleinen Teilchen der magnetisierbaren Schicht – ihre Größe liegt bei Tonbändern unter 1 μm Länge und bei 0,1 μm Breite – werden vor dem

Gesamtdicke des Bands	Dicke der Magnetschicht	Bezeichnung des Bands	Cassetten-Typ
54 µm	15 µm	Standardband	–
35 µm	10–11 µm	Langspielband	–
25 µm	10–11 µm	Doppelspielband	–
18 µm	6 µm	Dreifachspielband	C 60
12,5 µm	3– 4 µm	–	C 90
9 µm	3– 4 µm	–	C 120

Aufbringen auf die Trägerfolie mit einem Bindemittel innig vermischt und dadurch sowohl miteinander als auch mit dem Träger verbunden. Wenn die Schicht noch nicht erstarrt ist, richtet man die nadelförmigen Teilchen mit einem starken äußeren Magnetfeld parallel zur Laufrichtung des Bands aus. Dadurch werden die magnetischen Eigenschaften des Bands wesentlich verbessert. Die beschichtete Seite des Tonbands ist an ihrer matten, nicht glänzenden Oberfläche leicht zu erkennen und muß außerordentlich glatt sein, um gute Aufnahme- und Wiedergabe-Eigenschaften zu gewährleisten.

Magnetbänder haben die Eigenschaft, die ihnen durch ein äußeres Magnetfeld aufgeprägten Informationen in den winzigen Eisenoxid- oder Chromdioxidteilchen magnetisch zu speichern. Sie verlieren diese Informationen auch nicht bei mehrmaliger Wiedergabe. Erst wenn sie erneut magnetisch beeinflußt werden, läßt sich die gespeicherte Information löschen und durch eine neue ersetzen.

Die elektronenmikroskopischen Aufnahmen in Bild 12.3a und 12.3b geben Aufschluß über die Formen und Anordnung der in der magnetisierbaren Schicht enthaltenen Eisen- und Chromdioxidteilchen. Letztere haben eine einheitliche Größe und sintern bei der Herstellung nicht zusammen.

Bild 12.3a Elektronenmikroskopaufnahme von Eisenoxidteilchen für Magnetbänder

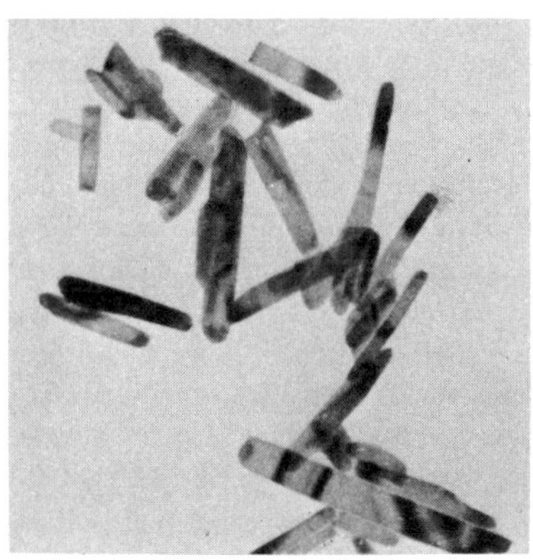

Bild 12.3b Elektronenmikroskopaufnahme von Chromdioxidteilchen für Magnetbänder

12.3. Wozu man Magnetköpfe braucht

Im Kapitel 3 haben wir den Magnetismus und seine Auswirkungen bereits kennengelernt. Daher kann hier bei der Einführung in die magnetische Aufzeichnungstechnik eine kurze Zusammenfassung der wichtigsten Dinge genügen.

Jeder Magnet ist von einem unsichtbaren magnetischen Kraftlinienfeld umgeben, dessen stärkste Konzentration an seinen Enden auftritt. Dort – am Nordpol und am Südpol – treten die Kraftlinien in den freien Raum aus (Bild 12.4). Alle in sein Magnetfeld gebrachten Eisenteilchen werden von ihm magnetisiert.

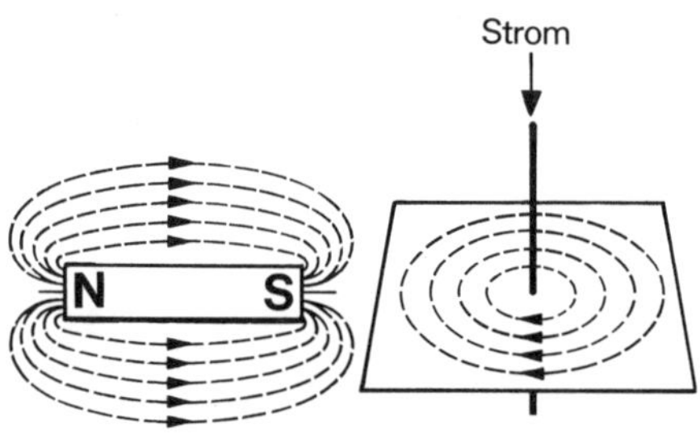

Bild 12.4 Verlauf der magnetischen Feldlinien bei einem Stabmagneten und bei einem stromdurchflossenen Leiter

Wir müssen uns nun vorstellen, daß sich die winzigen Eisen- oder Chromdioxidteilchen im Magnetband wiederum aus unzähligen kleinsten Elementarmagneten zusammensetzen. Diese bilden im Material aufgrund von atomaren Wechselwirkungen bestimmte Bezirke, in denen die magnetische Feldrichtung der Elementarmagneten gleich ist (Bild 12.5). Man nennt diese Bereiche nach ihrem Entdecker (Pierre Weiß) auch Weißsche Bezirke oder Domänen. Sie liegen im Material normalerweise wirr durcheinander. Mit einem äußeren Magnetfeld lassen sich aber die Feldrichtungen der Weißschen Bezirke verändern, und zwar richten sie sich dann parallel zum beeinflussenden Feld aus. Bild

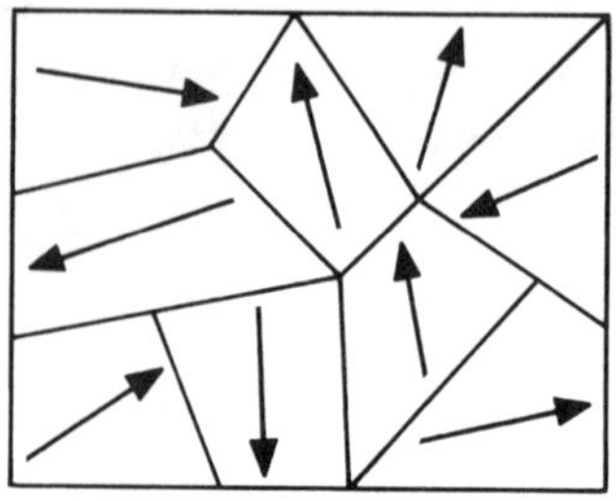

Bild 12.5 Weißsche Bezirke in einem magnetischen Material, dessen winzige Magnete mit ihren Feldrichtungen ungeordnet durcheinanderliegen

12.6 zeigt dies schematisch in vereinfachter Form.

Wenn das äußere Magnetfeld stark genug ist, behält ein Teil der umorientierten Bezirke (oder auch alle) die aufgeprägte Magnetisierungsrichtung bei, selbst wenn das äußere Magnetfeld nicht mehr einwirkt. Wir können diesen Vorgang beispielsweise bei einem Schraubendreher registrieren, der mit einem Dauermagneten »magnetisch« gemacht wurde. An ihm bleibt deshalb eine Schraube haften, so daß man sie leicht an einer unzugänglichen Stelle eindrehen kann.

Nun nützen uns aber permanente Magneten, also Dauermagneten, nichts bei der

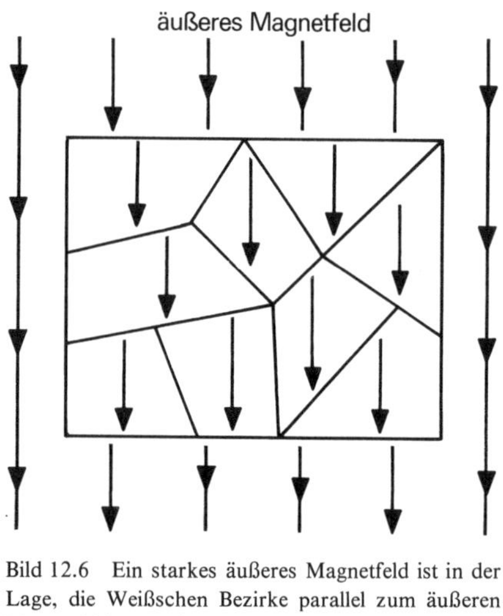

Bild 12.6 Ein starkes äußeres Magnetfeld ist in der Lage, die Weißschen Bezirke parallel zum äußeren Magnetfeld auszurichten

magnetischen Aufzeichnung von Ton- und Bildsignalen. Um ein Magnetband in diesem Sinn zu beeinflussen, benötigen wir einen Magneten, dessen Feldstärke veränderbar ist, und zwar abhängig von den jeweiligen Ton- und Bildsignalen. Hierfür eignen sich kleine Elektromagneten besonderer Bauart, die mit hoher Präzision gefertigt werden müssen.

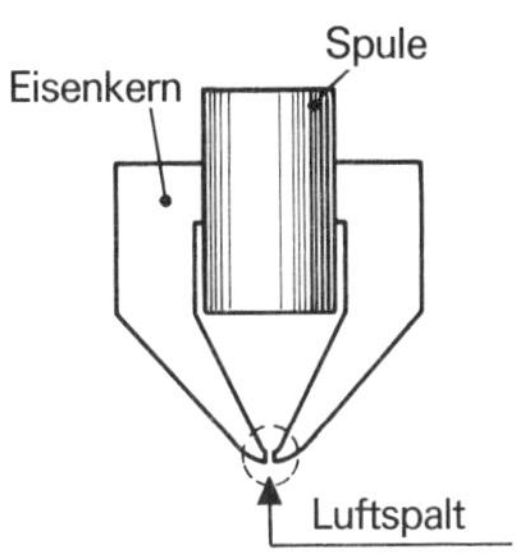

Bild 12.7 Aufbauprinzip eines Magnetkopfs

In Bild 12.7 ist das Prinzip eines solchen Elektromagneten dargestellt, den man auch als Magnetkopf bezeichnet. Er besteht aus einem speziellen Metallkern, um den eine Spule gewickelt ist. Seine beiden Pole sind so nahe zueinander gebracht, daß zwischen ihnen nur ein Luftspalt von wenigen Mikrometern bleibt. Schickt man nun einen Wechselstrom durch die Spule, so ändert sich das Kraftlinienfeld zwischen den Polen des Magnetkopfs ständig im Rhythmus der Frequenz. Man erhält damit ein Magnetfeld wechselnder Stärke, das auf die magnetisierbaren Teilchen der Bandschicht einwirkt. Nach der Magnetisierung behalten die Teilchen einen Restmagnetismus bei, der ein Abbild des beeinflussenden Magnetfelds ist (Bild 12.8).

Magnetköpfe sind daher in der Lage, elektrische Schwingungen in Form von magnetischen Mustern auf eine Eisenoxid- oder Chromdioxidschicht zu übertragen. Dieser Vorgang wird als Aufnahme bezeichnet; den dafür benutzten Magnetkopf

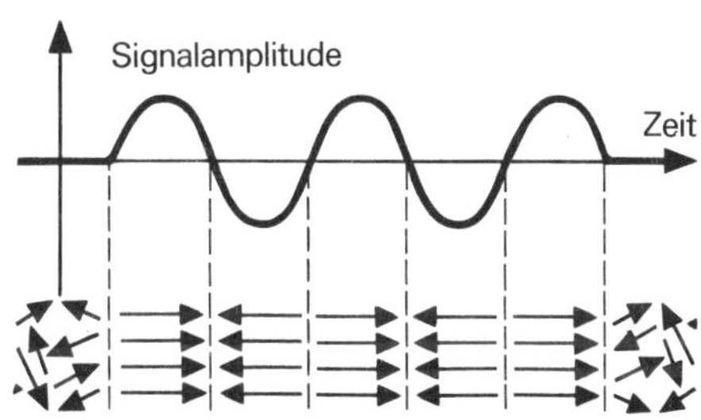

Bild 12.8 Schematische Darstellung der Magnetisierungsrichtung im Band in Abhängigkeit von der beeinflussenden Signalamplitude

Bild 12.9a Blick auf die Magnetkopfträgerplatte eines modernen Philips Spulentonbandgeräts

Bild 12.9b Aufnahme-/Wiedergabekopf und Löschkopf eines Cassettenrecorders

nennt man Aufnahmekopf. Auch für den Wiedergabevorgang, das »Lesen« der gespeicherten Schwingungen, verwendet man einen Magnetkopf (Wiedergabekopf). Soll schließlich die Information wieder völlig vom Band verschwinden, so läßt sich das mit einem dritten Magnetkopf, dem sogenannten Löschkopf, erreichen. Wir sehen also, daß diesen Bauteilen eine wichtige Bedeutung zukommt (Bild 12.9a, 12.9b und 12.9c).

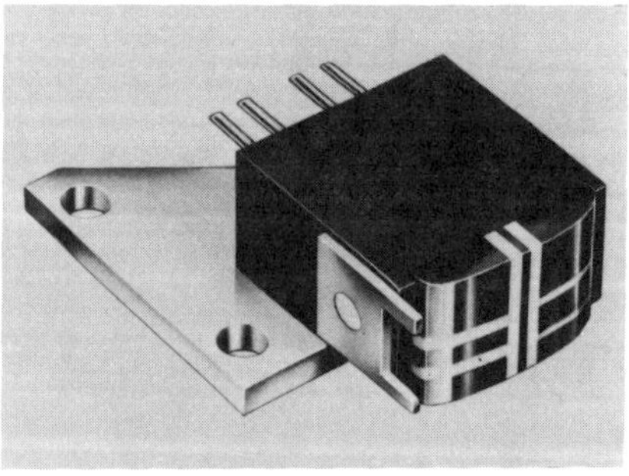

Bild 12.9c Aufnahme-/Wiedergabekopf eines Cassettenrecorders für digitale Signale

12.4. Magnetische Aufnahme

Führt man das Magnetband mit einem dafür geeigneten Antriebssystem am eingeschalteten Aufnahmekopf vorbei, so durchfluten die im Luftspalt vorhandenen magnetischen Kraftlinien das Band. Bild 12.10 zeigt diesen Vorgang schematisch.

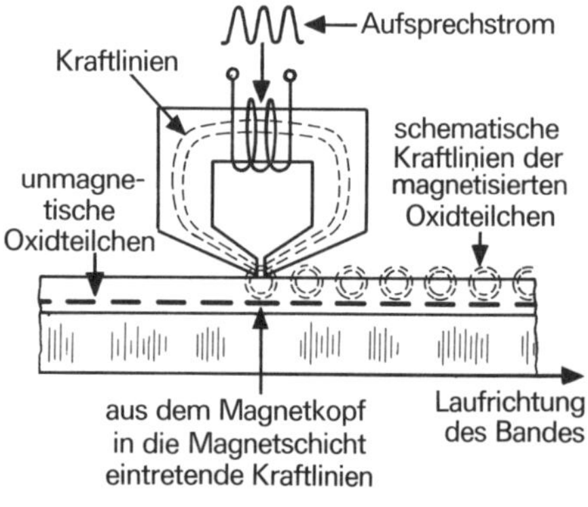

Bild 12.10 Funktionsprinzip der magnetischen Aufnahme

Die Spule des Aufnahmekopfs (er wird auch Schreib- oder Sprechkopf genannt) ist dabei an einen Verstärker angeschlossen, der den Aufnahmestrom liefert. Ihm wird ein Signal zugeführt, das bei Tonaufnahmen beispielsweise von einem Mikrofon, Rundfunkgerät oder Plattenspieler und bei Bildaufnahmen auch von einer Fernsehkamera stammen kann.

Abhängig von den durch die Spule des Aufnahmekopfs fließenden Wechselströmen werden die magnetisierbaren Teilchen nun mehr oder weniger stark beeinflußt. Im Band verbleibt dabei ein sogenannter »remanenter« Magnetismus (Remanenz = Restmagnetismus). Nach der Aufzeichnung sind im Magnetband daher Oxidteilchen mit starker oder schwacher Magnetisierung und gleicher oder entgegengesetzter Polarität vorhanden (s. auch Bild 12.8). Dies ist abhängig von der im Augenblick des Vorbeilaufens am Luftspalt wirksam gewesenen Stärke und Richtung des magnetischen Felds. Mit anderen Worten: Die verbleibende Magnetisierung des Bands ist im Prinzip der Feldstärke im Luftspalt proportional. Da diese ein Abbild der zu speichernden Information ist, stellt demnach auch die auf dem Band gespeicherte Magnetisierung ein getreues Abbild der Information dar (Bild 12.11a).

Die in die Bandschicht unsichtbar eingeprägten magnetisierten Zonen lassen sich mit einem technischen Trick sogar sichtbar machen. Das geschieht im Grunde genommen auf ähnliche Weise wie beim bekannten Versuch mit dem Magneten und den Eisenfeilspänchen. Nur muß man hier mit pulverisiertem Eisenoxid arbeiten, das sich in einer Flüssigkeit befindet und mit einem Pinsel auf das Magnetband gebracht werden muß. Nach dem Trocknen sieht man auf den mehr oder weniger stark magnetisierten Stellen des Bands eine Verteilung des Eisenoxidpulvers nach Bild 12.11b. Deutlich ist dort die unterschiedliche Magnetisierung in Abhängigkeit vom Aufsprechstrom zu erkennen.

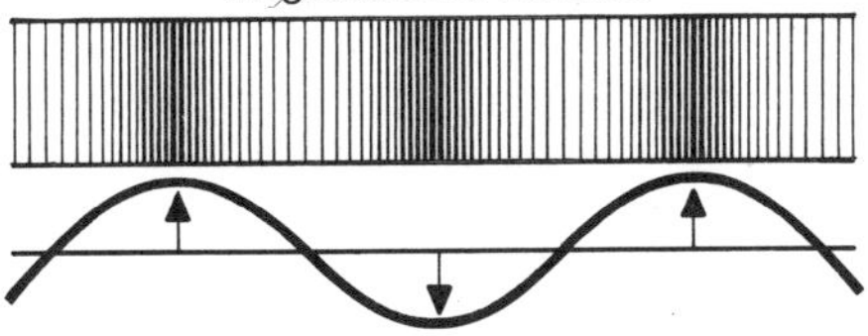

Bild 12.11a Schematische Darstellung der mehr oder weniger stark magnetisierten Bereiche im Band in Abhängigkeit von der beeinflussenden Signalamplitude bzw. -stärke

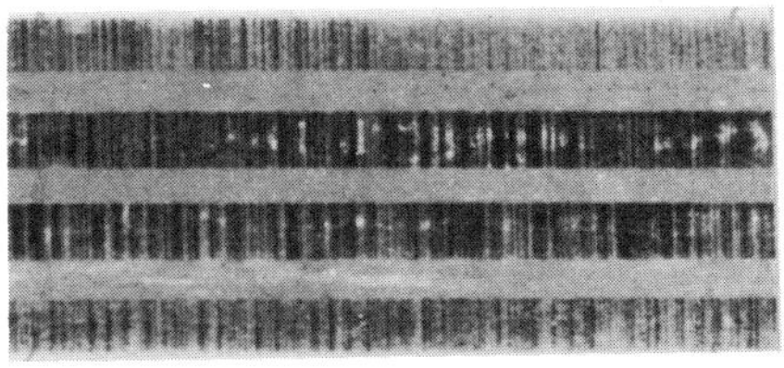

Bild 12.11b Sichtbar gemachte, auf Magnetband gespeicherte Signale

12.5. Magnetische Wiedergabe

Beim Wiedergabevorgang soll die auf dem Magnetband gespeicherte Information hörbar oder sichtbar gemacht werden, d. h. das aufgezeichnete Signal soll wieder in elektrische Schwingungen umgewandelt werden. Während das Band bei der Aufnahme durch das Magnetfeld des Kopfs im Rhythmus der aufzunehmenden Schwingungen beeinflußt wurde, ist es bei der Wiedergabe nun umgekehrt. Hier wirkt die magnetisierte Schicht des Bands auf den Wiedergabekopf ein, den man auch Lese- oder Hörkopf nennt.

Wir können uns diese Einwirkung an einem Beispiel deutlich machen, das wir aus Abschnitt 3.11. kennen. Taucht man einen Magneten in eine Drahtspule hinein, so ruft sein Magnetfeld in der Spule eine Spannung hervor. Wird der Magnet nicht mehr bewegt, hört das »Induzieren« einer Spannung sofort auf. Der gleiche Vorgang spielt sich auch im Wiedergabekopf eines

Bandgeräts ab. Der sich bewegende Magnet wird hier von den zahllosen magnetisierten Teilchen auf dem vorbeilaufenden Band gebildet, und die erforderliche Spule befindet sich im Wiedergabekopf (Bild 12.12).

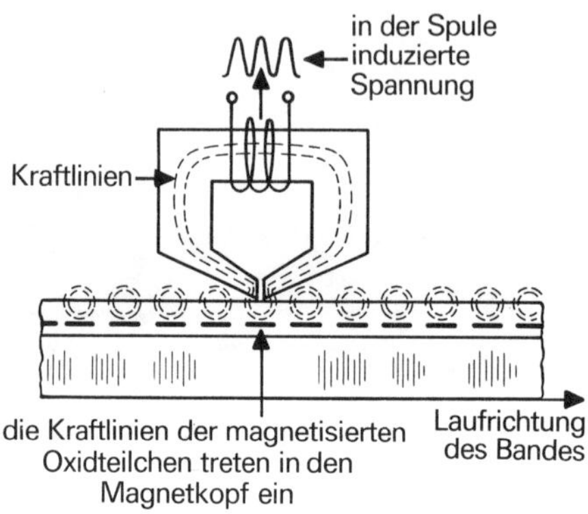

Bild 12.12 Funktionsprinzip der magnetischen Wiedergabe

Beim Passieren des Wiedergabekopf-Luftspalts erzeugen die Bandmagnetzonen mit ihren unterschiedlich gerichteten und verschieden starken Magnetisierungen im Eisenkern des Kopfs einen sogenannten magnetischen Fluß. Dieser hat in der Spule einen entsprechenden Wechselstrom zur Folge, der wiederum ein genaues Abbild des gespeicherten Signals ist. (Hieraus ergibt sich aber auch, daß ein nichtbesprochenes, d. h. unmagnetisches Band keine Nutzspannung am Wiedergabekopf induzieren kann.)

Die Kraftlinien der Magnetschicht treten also an der einen Seite des Luftspalts in den magnetisch gut leitenden Kern des Hörkopfs ein, durchlaufen ihn und setzen an der anderen Seite des Luftspalts ihren ursprünglichen Weg in der Bandschicht fort. Infolge der Bandbewegung ändert sich der Kraftlinienfluß ständig, und es kommt zu der eben erwähnten Induzierung einer Spannung in der Spule des Wiedergabekopfs.

12.6. Magnetisches Löschen

Soll die magnetisch gespeicherte Information vom Band verschwinden, so muß man sie »löschen«. Dies kann z. B. mit einem Dauermagneten geschehen, der über das Magnetband geführt wird und dabei die im Abschnitt 12.3. erwähnten Weißschen Bezirke so stark magnetisch beeinflußt, daß ihre Felder alle die gleiche Richtung einnehmen. Dadurch verlieren sie die ihnen bei der Aufnahme aufgeprägten unterschiedlichen Feldrichtungen. Eine Gleichfeldlöschung hat aber ein auf dem Band verbleibendes Rauschen zur Folge, so daß man nach einer besseren Lösung suchte. Sie wurde in der hochfrequenten Wechselfeldlöschung gefunden.

Auch dieser Vorgang beruht auf der Einwirkung eines äußeren magnetischen Felds auf die magnetische Schicht des Bands. Der speziell für diesen Zweck vorgesehene Magnetkopf heißt Löschkopf und ist ähnlich aufgebaut wie die Aufnahme- und Wiedergabeköpfe. Er unterscheidet sich von ihnen nur durch eine größere Windungszahl der Spule und einen breiteren Luftspalt. Die Spule des Löschkopfs ist an einen Hochfrequenzgenerator angeschlossen, der ein starkes Magnetfeld erzeugt und dessen Kraftlinien sich am breiten Luftspalt des Löschkopfs glockenförmig ausbilden. Dies ist in Bild 12.13 dargestellt.

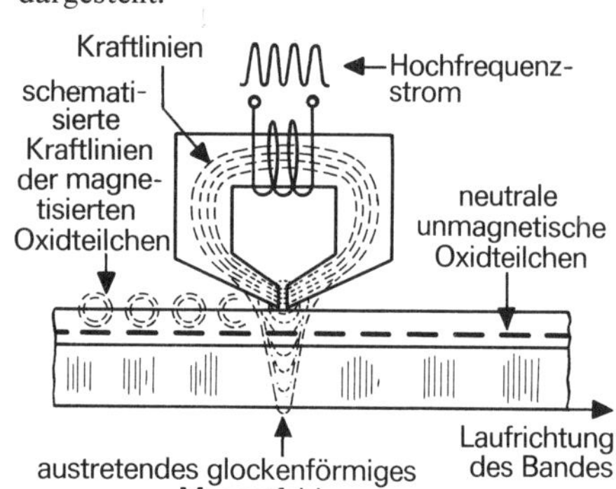

Bild 12.13 Funktionsprinzip des magnetischen Löschens

Vor dem Luftspalt ist die Feldstärke am größten, während sie nach den Seiten hin langsam abfällt. Das vorbeigeführte Band wird deshalb zunächst mit ansteigender und dann mit abfallender Intensität im Rhythmus der Hochfrequenz ständig ummagnetisiert. Da dies in einem starken Wechselfeld geschieht, sind alle Teilchen der Schicht den sich dauernd ändernden Magnetisierungsrichtungen ausgesetzt. Nach dem Durchlaufen des Maximums werden die Spitzenwerte der Magnetisierungsstärke immer kleiner, bis schließlich der Punkt Null erreicht und das Band entmagnetisiert ist.

In den beiden Kurvenzügen des Bilds 12.14 ist der Vorgang des Löschens grafisch erläutert. Beginnend im Punkt A wächst das Hochfrequenz-Wechselfeld ständig an und erreicht in den Punkten B und C sein Maximum. Danach fällt es wieder ab, um bei D den Punkt Null zu erreichen. Dieser ansteigenden und abfallenden Magnetisierungsstärke wird das Tonband beim Vorbeilaufen am Löschkopf ausgesetzt. Als Folge bleiben magnetisch neutrale Teilchen in der Schicht zurück. Damit ist das Tonband gelöscht, und von einer ursprünglich vorhandenen magnetischen Information ist nichts mehr übrig. Es kann jetzt neu bespielt werden.

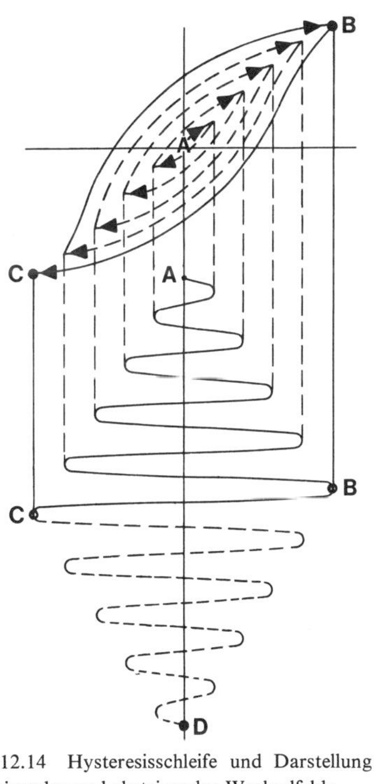

Bild 12.14 Hysteresisschleife und Darstellung des ansteigenden und absteigenden Wechselfelds

Die obere Figur in Bild 12.14 zeigt eine sogenannte »Hysteresis-Schleife«, die besonders deutlich das stets seine Richtung und Polarität ändernde Wechselfeld erkennen läßt. Statt Hysteresisschleife sagt man auch Hysteresiskurve.

Abschließend ist noch zu erwähnen, daß nicht unbedingt drei Magnetköpfe verwendet werden müssen. Aufnahme- und Wiedergabekopf lassen sich durch einen einzigen ersetzen, der beide Funktionen erfüllt. Die Spule des kombinierten Kopfs muß man lediglich auf Wiedergabe oder Aufnahme umschalten können, so daß ihr einmal ein Signal entnommen, das andere Mal ein Signal zugeführt werden kann. Fast alle für den Heimgebrauch bestimmten Tonbandgeräte haben heute diesen kombinierten Aufnahme- und Wiedergabekopf. Nur sehr hochwertige Spitzengeräte sind teilweise mit drei oder mehr Magnetköpfen ausgestattet (siehe auch Bild 12.9a).

12.7. Was heißt Vormagnetisierung?

Die in den letzten Abschnitten geschilderten Vorgänge sind stark vereinfacht dargestellt, besonders was die Aufnahme anbelangt. Aus bestimmten Gründen wären aber erhebliche Verzerrungen zu erwarten, wenn man eine Bandaufnahme ohne die bisher noch nicht erwähnte »Vormagnetisierung« machen würde. Sie wurde 1940 durch von Braunmühl und Weber erfunden. Die ohne Vormagnetisierung auftretenden Verzerrungen hängen mit der unlinearen Magnetisierungs- oder Hysteresiskurve zusammen (Bild 12.15). Es wurde in Abschnitt 12.3. bei der Beschreibung der Weißschen Bezirke bereits kurz erwähnt, daß bei einem genügend starken äußeren Magnetfeld ein Teil der Bezirke die aufgeprägte neue Feldrichtung beibehält. Bei einem zu schwachen Magnetfeld bleiben dagegen keine magnetisierten Zonen auf dem Band zurück.

Man kann diesen Vorgang an der Kurve in Bild 12.16 deutlich machen, die dem oberen rechten Teil in Bild 12.15 entspricht. Ist die Feldstärke des einwirkenden Magnetfelds noch klein (0–2) – die Größe H ist vom Mittelpunkt nach rechts aufgetragen –, so entsteht in der Bandschicht kein bleibender Magnetismus, d. h. keine Remanenz (B). Erst bei größeren Feldstärken (beginnend auf der Kurve 1 ab Punkt 2) bleibt im Band eine Magnetisierung zurück, die im Bild nach oben aufgetragen ist. Je stärker das Feld, desto mehr Weißsche Bezirke behalten die neue Magnetisierungsrichtung bei und kehren nach Abschalten des Aufnahmestroms nicht mehr in die alte Lage zurück. Die Kurven 2 bis 4 in Bild 12.16 zeigen dies Verhalten deutlich. Im Prinzip nimmt also die Magnetisierung des Bands mit der Stärke des äußeren Felds so lange zu, bis alle Bezirke ausgerichtet sind und damit das Band gesättigt ist.

Warum sich in einem solchen Fall starke Verzerrungen im aufgezeichneten Signal einstellen, macht Bild 12.17 klar.

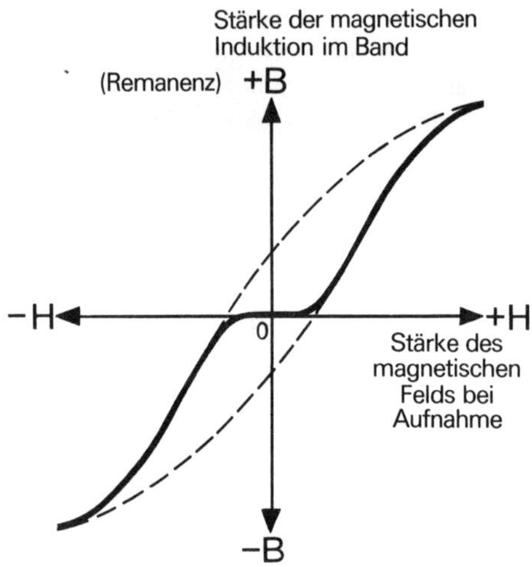

Bild 12.15 Vereinfachte Darstellung einer Hysteresis- oder Magnetisierungskurve

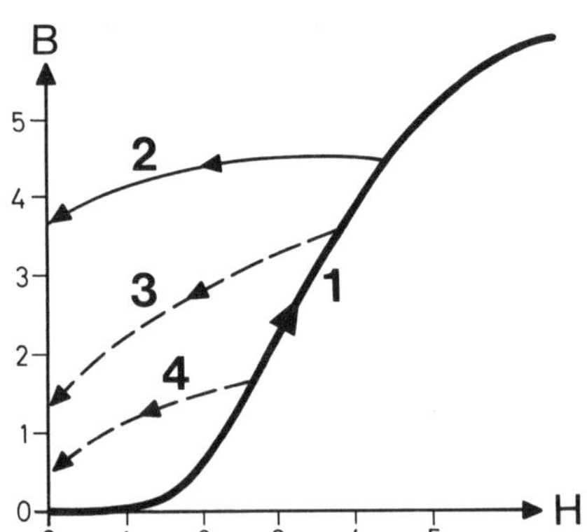

Bild 12.16 Hysteresiskurve mit den einzelnen Teilbereichen der Feldstärke (H) und dem im Band verbleibenden Magnetismus (B)

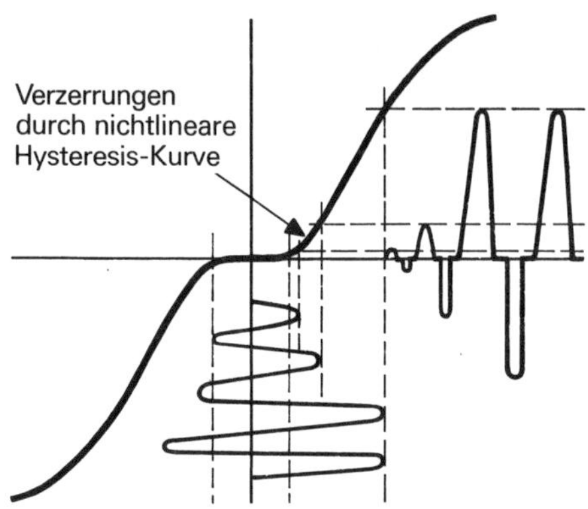

Bild 12.17 Im nichtlinearen Teil der Hysteresiskurve treten bei einem Magnetisierungsvorgang starke Verzerrungen auf. Die Schwingungen zur Vormagnetisierung werden normalerweise dem Aufsprechkopf zugeführt und beeinflussen von dort aus, zusammen mit dem Aufsprechstrom, das Magnetband. Durch diesen Vorgang wird der Arbeitspunkt, um den der Aufsprechstrom pendelt, in den linearen Teil der Magnetisierungskennlinie des Bands eingehoben. Man vermeidet damit die sogenannten nichtlinearen Verzerrungen (sie würden im »krummen« Teil der Kennlinie entstehen) und erweitert gleichzeitig den Aussteuerungsbereich des Magnetbands

Kleine und auch große elektrische Schwingungen werden erheblich verformt und sind dadurch praktisch unbrauchbar geworden. Wenn man jedoch dem Aufnahmekopf eine Wechselspannung hoher Frequenz und geeigneter Amplitude zuführt, kann der eben geschilderte Nachteil vermieden werden. Die Wechselspannung darf dabei aber nur den waagerechten Bereich der Hysteresiskurve ausfüllen (Bild 12.18), so daß keine bleibende Magnetisierung (Remanenz) im Band erzeugt wird.

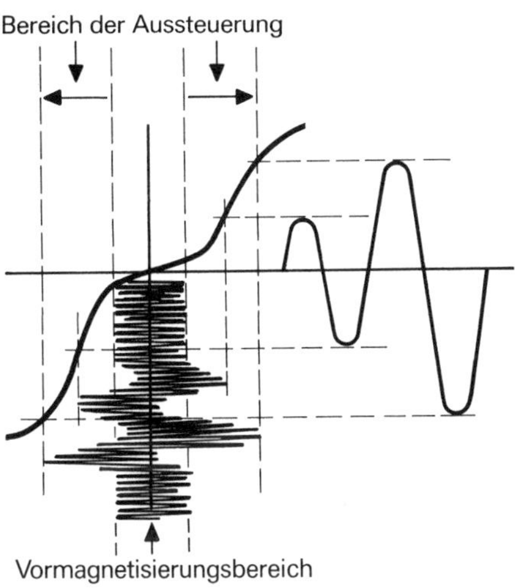

Bild 12.18 Mit Hilfe der hochfrequenten »Vormagnetisierung« werden die Schwingungen in den linearen Teil der Hysteresiskurve hineingehoben und dadurch Verzerrungen vermieden

Erst nachdem das aufzuzeichnende Signal hinzugefügt wird, ergibt sich ein remanenter Magnetismus. Es tritt eine Über lagerung der Hochfrequenz durch die Signalspannung ein, so daß deren positive und negative Halbwellen in die brauchbaren Bereiche der Hysteresiskurve hineingehoben werden. Wir erhalten dabei eine Magnetisierungskurve ohne Verzerrungen, weil die Hochfrequenz-Vormagnetisierung den Verzerrungsbereich aufgefüllt und damit unwirksam gemacht hat. Setzt man die brauchbaren Bereiche zusammen, so entpuppt sich die Hysteresiskurve als eine fast gerade Kennlinie (Bild 12.19).

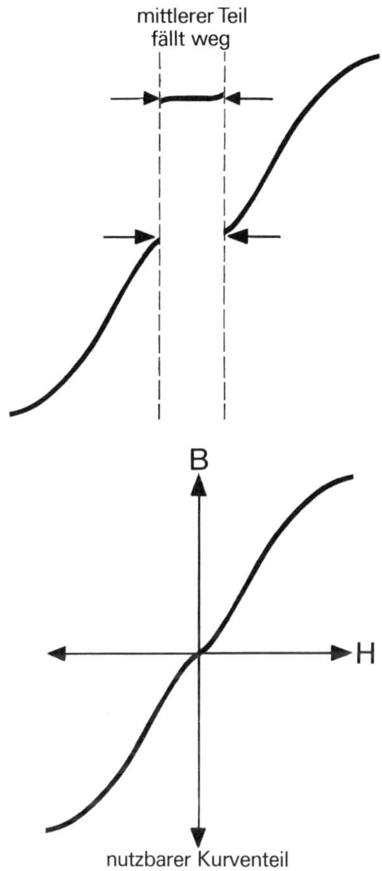

Bild 12.19 Denkt man sich den durch die HF-Vormagnetisierung überstrichenen mittleren Teil der Hysteresiskurve weg, so ergibt sich ein für die Aussteuerung relativ linearer Kurvenverlauf

Die Hochfrequenz braucht nicht erst gesondert erzeugt zu werden, sondern wird vom schon erwähnten Löschgenerator abgenommen und dem Aufnahmekopf über einen kleinen Kondensator zugeführt. Im allgemeinen arbeitet man mit Frequenzen, die etwa fünf- bis zehnmal höher als die höchsten Signalfrequenzen sind und z. B. zwischen 40 und 100 kHz liegen können.

12.8. Von der Vollspur- zur Vierspurtechnik

Zu Beginn der magnetischen Aufzeichnung von Tonsignalen kannte man nur das Einspur- oder – besser gesagt: – das Vollspurverfahren. Hierbei befindet sich auf dem 6,25 mm breiten Band nur eine einzige Magnetspur, die praktisch die ganze Breite ausfüllt. Dieses qualitativ hochwertige, aber teure Verfahren wird zum Beispiel beim Rundfunk angewendet. Es gibt unter anderem keine Schwierigkeiten beim Schneiden und Zusammenfügen des Tonbands zu Musikprogrammen oder Hörspielen.

Für das Heimtonbandgerät kam das Vollspurverfahren aus Kostengründen natürlich nicht in Frage. Man mußte andere Wege finden, um wirtschaftlich und trotzdem mit guter Qualität arbeiten zu können. Neben der Herabsetzung der Bandgeschwindigkeit bot sich hierbei die mehrfache Ausnutzung des Tonbands an. Durch Verringern der Spurbreite konnte man mehrere parallellaufende Magnetspuren auf dem Tonband unterbringen. Diese Überlegung führte zum Zweispurverfahren und später zum Vierspurverfahren. Wie weit man in dieser Hinsicht technisch fortgeschritten ist, zeigt das Beispiel der Compact-Cassette: Auf dem 3,81 mm breiten Tonband lassen sich vier Tonspuren unterbringen, deren Qualität bei entsprechenden Bändern in Chromdioxidausführung auch HiFi-Maßstäben genügt.

Der Entwicklungsgang ist in Bild 12.20 dargestellt. Die Beispiele stammen aus der Tonbandtechnik, d. h. es handelt sich um die zur Zeit benutzten Verfahren zur Aufzeichnung von Schallereignissen. Obere Reihe: Zweispurverfahren mit Mono- und Stereoaufzeichnungen. Mittlere Reihe: Vierspurverfahren (2 Spuren mit unterschiedlichen Informationen haben jeweils gleiche Aufzeichnungsrichtung; bei Stereo gehören diese beiden Spuren als Links- und Rechtskanal zusammen). Untere Reihe: Compact-Cassettenband mit Mono- und Stereospuren. Hier liegen beide Ste-

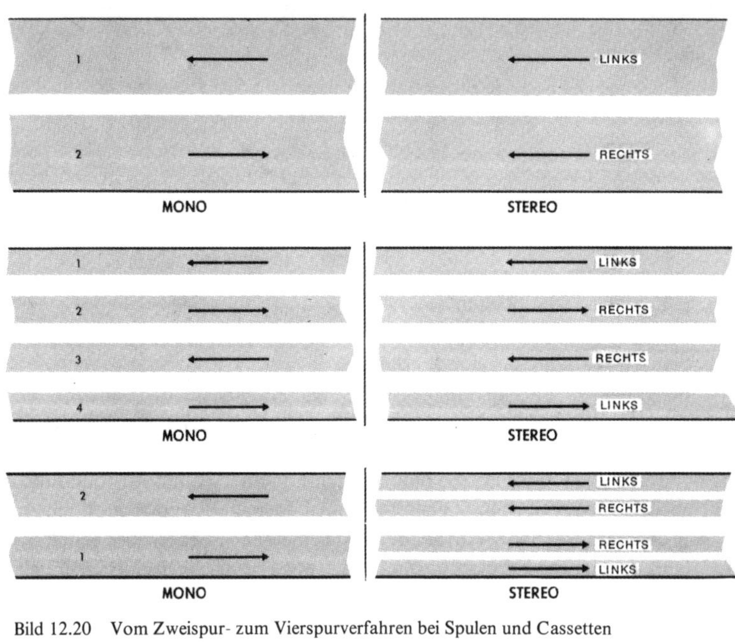

Bild 12.20 Vom Zweispur- zum Vierspurverfahren bei Spulen und Cassetten

reokanäle nebeneinander und können deshalb auch von einem Mono-Wiedergabekopf gemeinsam gelesen werden. Mono und Stereo sind beim Compact-Cassettensystem daher kompatibel, d. h. miteinander verträglich.

Die Tonspuren werden dabei ausschließlich in horizontaler Richtung auf dem Band aufgezeichnet. Bei magnetischen Aufzeichnungsgeräten für Videosignale werden aber auch abweichende Spurlagen verwendet, beispielsweise die vertikale, also quer zur Bandrichtung liegende, und die diagonale Aufzeichnungsrichtung.

12.9. Bandgeschwindigkeit und Frequenzumfang

Der Zusammenhang dieser beiden Begriffe, die in einem bestimmten Verhältnis zueinander stehen, wollen wir uns am Beispiel eines Heim-Tonbandgeräts verständlich machen; eine weitere Beschreibung folgt im nächsten Abschnitt.

Es ist heute möglich, mit einer Bandgeschwindigkeit von 19 cm/s Tonaufzeichnungen in Studioqualität herzustellen. Auch mit der halbierten Geschwindigkeit von 9,5 cm/s lassen sich noch hohe Ansprüche an die Qualität befriedigen. Selbst eine Bandgeschwindigkeit von 4,75 cm/s, wie sie in normalen Cassetten-Recordern verwendet wird, bringt noch ein erstaunlich gutes Klangbild. Bei geeigneten Bändern und entsprechend ausgelegten Spitzengeräten läßt sich durchaus HiFi-Qualität erzielen. Diese Klassifizierung deutet aber auch an, daß Frequenzumfang und Wiedergabequalität prinzipiell von der Bandgeschwindigkeit abhängig sind.

Bei hoher Bandgeschwindigkeit läuft innerhalb einer bestimmten Zeiteinheit ein längeres Stück Tonband am Magnetkopf vorbei als in der gleichen Zeiteinheit bei niedriger Bandgeschwindigkeit. Hieraus können wir folgern, daß eine schnelle Tonschwingung, d. h. ein hoher Ton, um so besser und eindeutiger magnetisch aufgezeichnet werden kann, je schneller das Band am Magnetkopf vorbeiläuft. Es steht dann für die einzelne Tonschwingung mehr Platz pro Zeiteinheit zur Verfügung als bei einer langsameren Bandgeschwindigkeit. Hierfür nachfolgend ein Beispiel.

Ein Ton von 10000 Hz schwingt in einer Sekunde 10000mal periodisch hin und her und wird mit wechselnden Magnetisierungsrichtungen der Tonbandschicht eingeprägt. Wenn nun infolge einer zu niedrigen Bandgeschwindigkeit der »Mindestplatzbedarf« zur Aufzeichnung einer Einzelschwingung unterschritten wird, dann kann sie aus physikalischen Gründen nicht mehr eindeutig aufgezeichnet werden. Wir können uns dies stark vereinfacht so vorstellen, daß bei zu niedriger Bandgeschwindigkeit einfach zu wenig Elementarmagnete am Luftspalt vorbeigeführt werden und so nur ein Teil der 10-kHz-Schwingung auf dem Band magnetisch erhalten bleibt. Die obere Frequenzgrenze verschiebt sich deshalb nach unten, und der Übertragungsbereich wird eingeengt (Bild 12.21). Diese Tatsache gilt für alle Aufzeichnungsgeräte.

Noch bedeutender aber ist die Breite des Luftspalts im Aufnahme-/Wiedergabekopf. Bei 10000 Hz verteilen sich 10000 Schwingungen bei einer Bandgeschwindigkeit von 4,75 cm/s auf 4,75 cm, was für eine Schwingung 0,00475 mm oder 4,75 μm

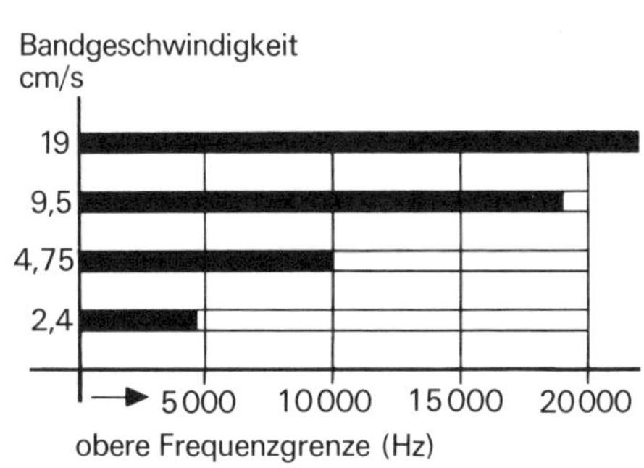

Bild 12.21 Zusammenhang zwischen Bandgeschwindigkeit und Frequenzumfang

auf dem Band ergibt. Diese Wellenlänge kann aber von einem Luftspalt gleicher Breite nicht mehr registriert werden, weil positive und negative Halbwelle sich aufheben und deshalb kein magnetischer Kraftfluß durch den Kopf stattfinden kann (Bild 12.22). Der Luftspalt des Magnetkopfs muß also stets kleiner sein als die kleinste noch wiederzugebende Wellenlänge und liegt im Minimum heute bei 1–2 μm.

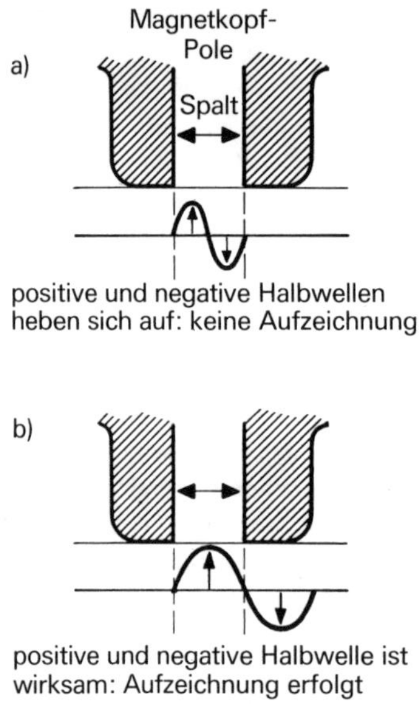

Bild 12.22 Schwingungen mit kürzerer Periode als die Breite des Luftspalts können nicht mehr verarbeitet werden, weil sich die positive und negative Halbwelle aufheben und daher keine Aufzeichnung stattfindet (Bild a). Das Signal muß mindestens mit einer Halbwelle am Magnetkopf-Luftspalt wirksam sein können (Bild b)

12.10. Einführung in die Fernsehbildaufzeichnung

Um die Mitte der 50er Jahre wurden die ersten Bildaufzeichnungsgeräte, man nennt sie auch Videorecorder, in den Studios der Fernsehgesellschaften installiert. Damit begann eine Entwicklung, die heute aus dem Sendebereich und aus vielen Bereichen der Wirtschaft, der Industrie, Werbung und Marktforschung, Ausbildung und Lehre sowie auch aus der Unterhaltungselektronik nicht mehr wegzudenken ist. Der Videorecorder ist zum großen Bruder des Tonbandgeräts geworden und speichert nach dem gleichen magnetischen Prinzip Ton- und Bildsignale auf Magnetband. Gegenüber anderen Verfahren zur Aufzeichnung von Bildern hat das magnetische Prinzip erhebliche Vorteile. Hierzu zählen in erster Linie die Möglichkeit des sofortigen Wiedergebens der über Fernsehgerät oder Kamera (Bild 12.23) aufgenommenen Bildfolgen sowie die weitere Möglichkeit, bespielte Bänder jederzeit wieder zu löschen und sie damit für neue Aufnahmen verwenden zu können.

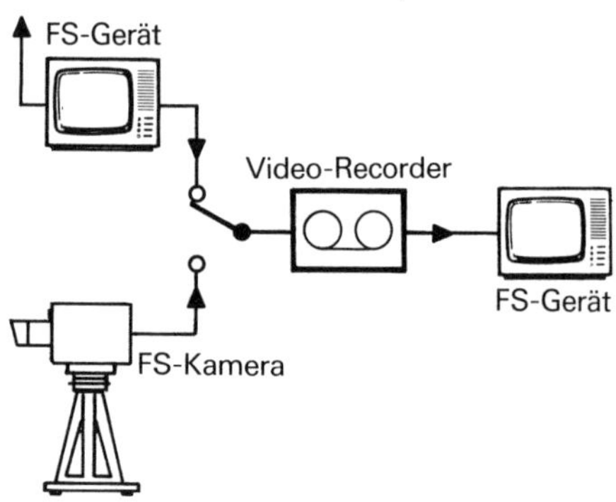

Bild 12.23 Blockbild einer Videoaufzeichnungsanlage

Wie zumeist überall in der technischen Entwicklung waren die ersten Aufzeichnungsgeräte sehr teuer, relativ groß und kompliziert zu bedienen. Sie kamen daher nur für Anwendungen in Fernsehstudios in Frage. Etwa zehn Jahre nach Einführung der ersten Geräte änderte sich diese Situation. Auf der Industrieausstellung 1964 in Berlin stellte Philips einen Videorecorder vor (Bild 12.24a), der im Gegensatz zu den bekannten Studiogeräten mit geringerem technischen Aufwand gebaut war und der auch gleichzeitig vom Preis her die Voraussetzung bot, die außerhalb des Studiobereichs liegenden und im vorhergehenden Absatz erwähnten Anwendungsgebiete (mit Ausnahme des Heimbereichs) zu erschließen.

Bild 12.24a Videorecorder für 1-Zoll-Band Jahrgang 1964

Nur fünf Jahre später, auf der Hannover-Messe 1969, hatte die technische Entwicklung wiederum eine große Hürde übersprungen. Philips präsentierte einen Videorecorder (Bild 12.24b), der in Qualität und

Bild 12.24b Videorecorder für 1/2-Zoll-Band Jahrgang 1969

Preis einen neuen, umfangreichen Anwendungsbereich erschloß: die magnetische Aufzeichnung von Schwarzweiß-Fernsehbildern im Haus des Zuschauers. Es standen somit erstmals Magnetbandgeräte zur Verfügung, die nicht nur von der technischen Seite her, sondern auch aus preislichen Gründen als Heimgeräte bezeichnet werden konnten. Das Magnetband war hier auf Spulen untergebracht.

Wenig später wurden diese Geräte durch das mit handlichen Bandcassetten arbeitende und von Philips entwickelte VCR-System abgelöst. VCR heißt Video-Cassette-Recording und ist ein Verfahren zur Aufzeichnung und Wiedergabe von Schwarzweiß- und Farbfernsehsendungen. Eine Cassette enthält das Magnetband für maximal drei Stunden Spieldauer (Bild 12.24c). Als neueste Entwicklung wurde auf der Funkausstellung 1979 von Philips und Grundig das System Video 2000 vorgestellt. Es arbeitet mit einer Cassette für maximal 2 × 4 Stunden Spieldauer, d. h., das Cassettenband wird — analog zur Audio-Cassette — bei einem Durchlauf nur halbseitig bespielt, so daß sich eine Verdoppelung der Spielzeit ergibt (Bild 12.24d).

In der Zwischenzeit sind auch andere Videorecordersysteme auf dem Markt erschienen, die ebenfalls mit Cassetten arbeiten (VHS- und Betamax-System). Es ist damit zu rechnen, daß die Geräte der 1. Cassettengeneration durch Weiterent-

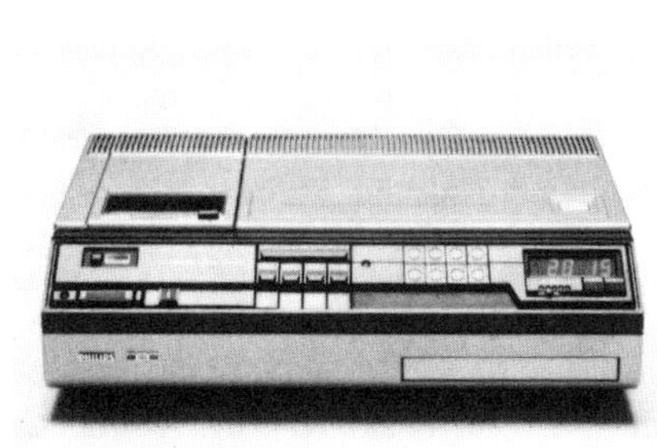

Bild 12.24c Video-Cassetten-Recorder N 1700 für 1/2-Zoll-Cassette

wicklungen ersetzt werden, die es unter anderem erlauben, eine größere Anzahl von Sendungen nacheinander zu beliebigen Zeiten auf einer Cassette aufzuzeichnen.

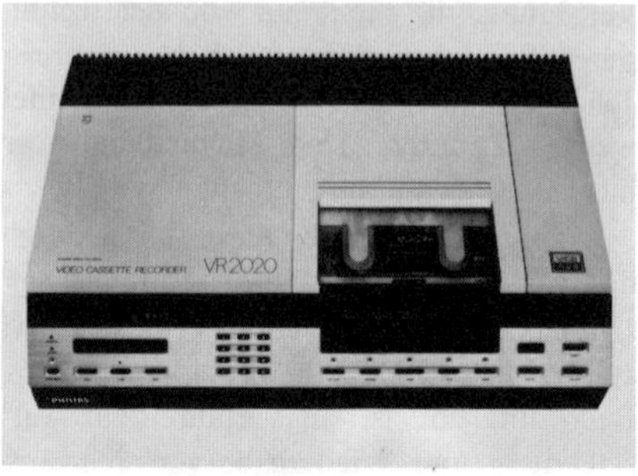

Bild 12.24d Beim ersten Philips Gerät des Video-2000-Systems mit der Typbezeichnung »VR 2020« werden die Gerätebedienung und die verschiedenen Funktionen mit Hilfe eines Mikroprozessors gesteuert. Fünf der insgesamt 26 speicherbaren Fernsehsender können in beliebiger Reihenfolge innerhalb von 16 Tagen programmiert werden. Die zum Video-2000-System gehörende, nur taschenbuchgroße »Video-Compact-Cassette (VCC) hat die Abmessungen 18,3 × 11,1 × 2,6 cm und ist, wie die weltweit standardisierte Audio-Compact-Cassette, umdrehbar, so daß sich eine doppelte Bandausnutzung ergibt

Videorecorder gehören zu den wichtigsten Geräten des AV-Bereichs, der »Audiovision«. Man kann mit ihnen Sendungen aus allen Interessengebieten aufnehmen und auf Wunsch später wiedergeben. Die Möglichkeit einer zeitlichen Verschiebung der Fernsehsendung ist ebenso wichtig wie die beliebige Wiederholungsmöglichkeit, die sich vor allem für den aktuellen Bereich sowie für informierende, unterhaltende und bildende Sendungen anbietet. Hinzu kommt das Archivieren von ausgewählten Sendungen, die man aus bestimmten Gründen langfristig speichern möchte. Da man beim Kauf eines Videorecorders eine Urheberrechts-Abgabe entrichtet (§ 53, Absatz 5, Urh.G), dürfen im Heim für private Zwecke alle ausgestrahlten Sendungen aufgenommen und wiedergegeben werden.

Die folgenden Ausführungen befassen sich mit grundsätzlichen Dingen der Videoaufzeichnung und schließen an die in den vorhergehenden Abschnitten erwähnten Themen über die Tonaufzeichnung an. Es können hier nur einige Grundelemente behandelt werden; eine nähere Funktionsbeschreibung ist im Band 2 der Philips-Lehrbriefe ebenso enthalten, wie eine Beschreibung der verschiedenen Video-Bildplattensysteme.

12.10.1. Von Kilohertz zu Megahertz

Wir haben im Kapitel 11 bereits einiges über den großen Frequenzbedarf bei der Übertragung von Fernsehbildern erfahren. Nachstehend zunächst eine kurze Zusammenfassung:

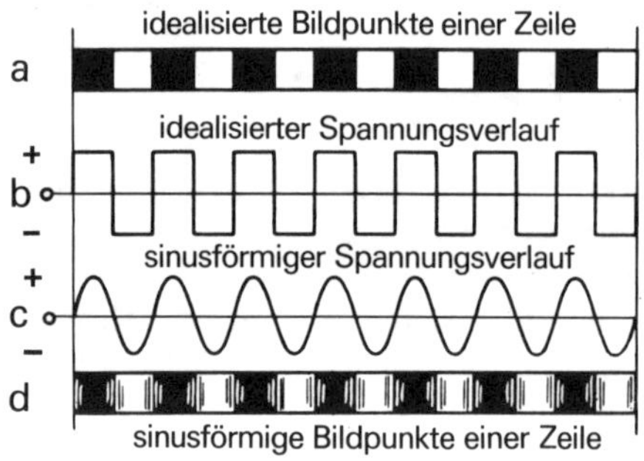

Bild 12.25 Zusammenhang zwischen Bildpunkten und höchster Übertragungsfrequenz

In Bild 12.25 ist eine Fernsehzeile schematisch in gleich große schwarze und weiße Felder unterteilt. Diese Felder sind so breit wie die Zeile hoch ist und stellen theoretisch die kleinsten wiederzugebenden Bildeinzelheiten in Form von Bildpunkten dar. Ein heller Bildpunkt wird dabei durch den vom Elektronenstrahl erzeugten Leuchtfleck auf dem Bildschirm gebildet, bei einem dunklen Bildpunkt ist der Elektronenstrahl abgeschaltet. Setzen wir zunächst einmal diese idealisierte quadratische Form der Bildpunkte voraus, so kommen beim Bildschirmformat 4:3 auf eine Zeile 833 Bildpunkte (625 Zeilen mal 4 geteilt durch 3). Ein 625-Zeilen-Bild hat demnach rund 520000 Bildpunkte. Da in einer Sekunde bekanntlich 25 Vollbilder (oder 50 Halbbilder) übertragen werden, ergibt eine weitere Multiplikation (520000 mal 25) rund 13 Millionen Bildpunkte, die in einer Sekunde auf dem Bildschirm entstehen können.

Aus Bild 12.25 sehen wir weiter, daß sich ein schwarzweißes Bildpunktpaar aus einem positiven und einem negativen Höchstwert zusammensetzt. Diese Höchstwerte bilden jeweils einen Schwingungszug, der Rechteck- oder auch Sinusform haben kann. Die errechneten 13 Millionen Bildpunkte bedeuten also eine Frequenz von 13 Millionen geteilt durch 2 = 6,5 Millionen Hz oder 6,5 MHz.

Aus praktischen Gründen schränkt man die obere Grenzfrequenz des Videosignals auf ungefähr 5 MHz ein (5 Millionen Schwingungen pro Sekunde), die beispielsweise von Studio-Videogeräten einwandfrei aufgezeichnet werden. Bei einem Heim-Videorecorder kann man auf viele Spezialeigenschaften der Studiomaschinen verzichten. So hat sich in der Praxis herausgestellt, daß bei Heim-Aufzeichnungsgeräten schon eine obere Grenzfrequenz von ca. 2,5 MHz ausreichend ist. Dies kann als ein vernünftiger Kompromiß zwischen technischem Aufwand, guter Bildqualität und akzeptablem Preis angesehen werden.

12.10.2. »Relative« Bandgeschwindigkeit und rotierende Videoköpfe

Selbst wenn man für preiswerte Heim-Aufzeichnungsgeräte nur eine bei ca. 2,5 MHz liegende obere Frequenzgrenze für das Videosignal zuläßt, müssen vom herkömmlichen Tonbandverfahren abweichende Methoden für die Speicherung angewendet werden. Wir dürfen nicht vergessen, daß die obere Frequenzgrenze von ca. 20 kHz auf 2,5 MHz, also um weit mehr als den Faktor 100, angehoben wird.

Da die erreichbare obere Frequenzgrenze grundsätzlich von zwei verschiedenen Werten abhängt, nämlich der Spaltbreite im Magnetkopf und der Bandgeschwindigkeit, kann nur auf diesen Wegen versucht werden, die Aufzeichnungsgrenze nach oben zu verschieben. Eine Verkleinerung des Kopfspalts unter die bei Tonbandgeräten üblichen Werte von 1 bis 2 μm ist aber wegen der Längenausdehnung des Magnetmaterials in der Bandschicht (ebenfalls ca. 1 μm) nicht möglich. Der Kopfspalt wäre dann kleiner als die Teilchen, und es träte ein magnetischer Kurzschluß auf, der die Aufzeichnung unmöglich machen würde. Die Lösung kann daher nur in der Erhöhung der Bandgeschwindigkeit liegen. Setzt man diese auf die erforderlichen Werte von mehreren Metern pro Sekunde herauf, so bringt das bei Geräten mit feststehenden Magnetköpfen (wie bei Tonbandgeräten) schwierige mechanische Probleme mit sich. Außerdem wird die Spieldauer wegen des großen Bandverbrauchs unzumutbar reduziert.

So kamen die Ingenieure zu der Überlegung, den Videokopf (so heißt der Magnetkopf bei Videogeräten) gegenüber dem Magnetband beweglich zu machen. Es gibt mehrere dafür geeignete Möglichkeiten, die alle darauf hinzielen, zusätzlich zum normalen Bandtransport (Bandlauf) eine weitere Bewegungskomponente zwischen Band und Videokopf zu gewinnen. Bei entsprechender Ausführung erhält man dann eine ausreichend hohe Aufzeichnungsgeschwindigkeit und braucht die eigentliche Bandgeschwindigkeit und damit den Bandantrieb nicht über die bei Tonbandgeräten üblichen Werte bzw. Verfahren hinaus zu verändern.

Zusätzlich zur effektiven Bandgeschwindigkeit von z. B. 19 cm/s spricht man daher bei Videorecordern von einer »relativen« Bandgeschwindigkeit und meint damit den zwischen dem beweglichen Videokopf und dem Magnetband bestehenden Geschwindigkeitsunterschied.

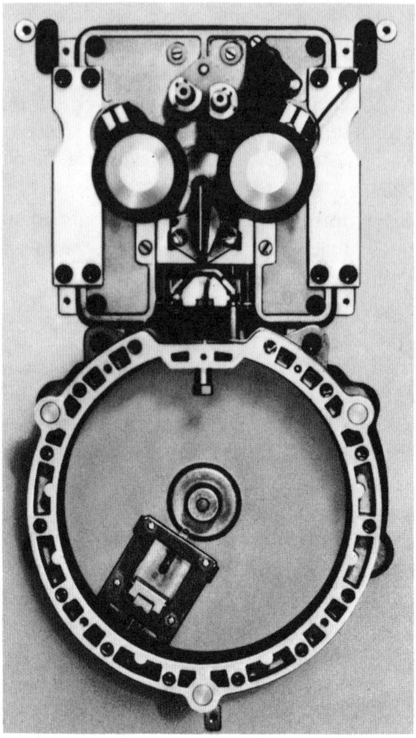

Bild 12.26 Der drehbare Videokopf ist in einer Trommel untergebracht, um die das Magnetband herumgeführt wird, oben: Trommel geöffnet, unten: Bandführung

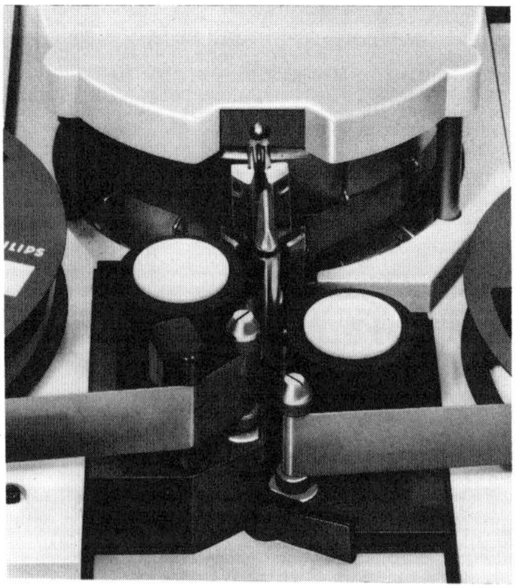

Eine verhältnismäßig einfache Konstruktion eines drehbaren Videokopfs ergibt sich beispielsweise nach Bild 12.26. Hier ist der Videokopf auf einer rotierenden Scheibe angeordnet, die in einer trommelförmigen Halterung läuft, um die das Magnetband herumgeführt wird. In der Wand der runden, feststehenden Trommel befindet sich ein Schlitz, durch den der Videokopf das außen anliegende Magnetband berührt.

Die Kopfscheibendrehzahl wird so gewählt, daß auf einer Spur ein vollständiges Halbbild gespeichert ist. Da nach der Fernsehnorm 50 Halbbilder pro Sekunde gesendet werden, muß sich die Kopfscheibe mit einem Videokopf (und bei voller Bandumschlingung der Trommel) ebenfalls 50mal pro Sekunde drehen. Das ergibt eine Kopfscheibendrehzahl von 3000 in der Minute.

Etwas anders sieht die Sache aus bei Heim-Videorecordern mit zwei Videoköpfen auf der Kopfscheibe und einem nur halb um die Trommel gelegten Magnetband (Bild 12.27). Jeder Videokopf schreibt wiederum ein vollständiges Halbbild, aber da zwei Köpfe vorhanden sind, kann man die Drehzahl um die Hälfte herabsetzen. Sie beträgt daher 1500 Umdrehungen in der Minute. 1500 mal 2 ergibt 3000, und damit erhalten wir wieder die für die Aufzeichnung der 3000 Halbbilder in der Minute notwendige Anzahl der »Kopf-Band-Berührungen«.

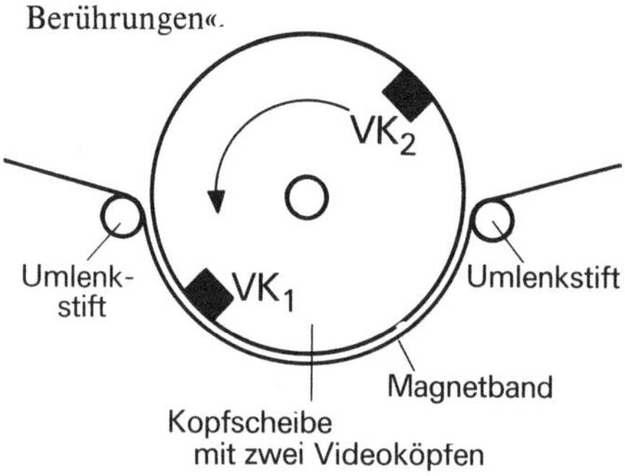

Bild 12.27 Prinzip der Bandführung um die Kopftrommel bei halber Umschlingung und zwei Videoköpfen

Bild 12.28 Schräg angeordnete Kopftrommel mit beweglichem Oberteil und festem Unterteil

12.10.3. Schräge Spuren nebeneinander

Im Abschnitt 12.8. wurde die Spurverteilung bei Tonbandaufnahmen erläutert. Angewendet wird dabei das Längsschriftverfahren, das durch parallel zur Bandkante laufende Spuren gekennzeichnet ist und mit feststehenden Magnetköpfen arbeitet. Bei Videoaufnahmen kann man dieses Verfahren nicht anwenden, weil ein rotierender Magnetkopf bei seiner hohen Drehgeschwindigkeit dann ja das Signal mehrfach übereinander auf das Band schreiben würde.

Ändert man aber den Winkel zwischen Kopfscheibe und Band, so daß der rotierende Videokopf schräg zur Bandlaufrichtung läuft, erhält man die sogenannte Schrägschriftaufzeichnung, mit der fast alle Heim-Videorecorder arbeiten (Bild 12.28 bis 12.30). Eine Ausnahme bilden nur die teuren Magnetbandmaschinen in den Fernsehstudios und bei Produktionsgesellschaften. Sie sind für Querschriftaufzeichnung eingerichtet und sollen nur der Vollständigkeit halber erwähnt werden.

Wie es zum Aufzeichnen von schrägen Spuren auf dem Magnetband kommt, wird aus den Bildern dieser Seite deutlich. Das Magnetband ist schraubenförmig um den halben Umfang der Trommel gelegt. Dabei ergibt sich eine Steigung, die der Breite des Bands entspricht. Mit anderen Worten: Man führt das Band schräg in einer halben Schleife um die Trommel herum, in der sich die rotierende Video-

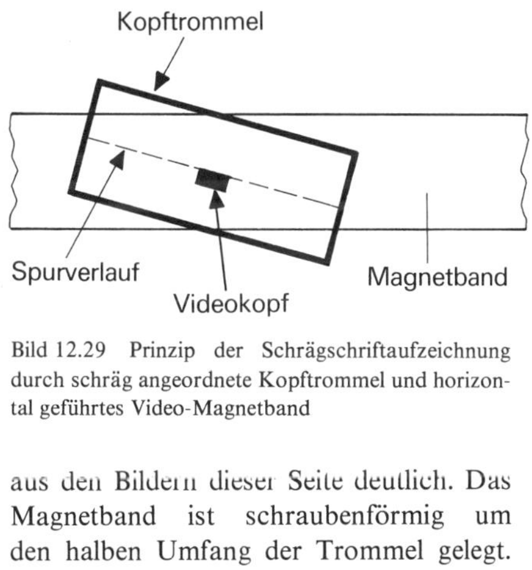

Bild 12.29 Prinzip der Schrägschriftaufzeichnung durch schräg angeordnete Kopftrommel und horizontal geführtes Video-Magnetband

Bild 12.30 Spurlagen bei Schrägschriftaufzeichnung

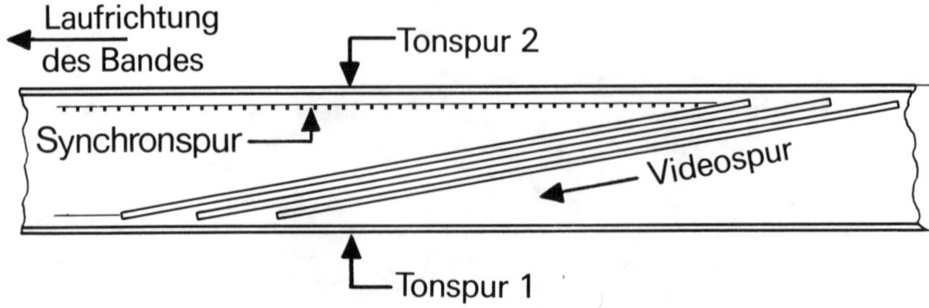

Bild 12.31 Spurverteilung auf dem Magnetband eines VCR-Geräts in nicht maßstäblicher Darstellung

kopfscheibe befindet. Infolge der beiden Bewegungsvorgänge (schleifenförmiger Bandlauf und horizontale Kopfbewegung) werden auf dem Band diagonal verlaufende Spuren geschrieben. Wegen des kontinuierlichen Bandvorschubs haben die Spuren einen genau definierten Abstand zueinander. Bild 12.30 zeigt die Spurlagen in nicht maßstäblicher Darstellung.

Wie schon erwähnt, sind bei den Philips-Video-Cassetten-Recordern nach dem VCR-System zwei Videoköpfe auf der rotierenden Scheibe vorhanden. Sie drehen sich mit einer Geschwindigkeit von 1500 Umdrehungen pro Minute und schreiben jeder für sich ein Halbbild aus 312,5 Zeilen auf eine Spur. Wenn der erste Kopf nach dem Schreiben des ersten Halbbilds das Band verläßt, fängt der zweite mit dem Schreiben des zweiten Halbbilds gerade an. Da beide Videoköpfe elektrisch in Reihe geschaltet sind, gehen beide Aufzeichnungen ineinander über und bilden zusammen den Inhalt eines kompletten Vollbilds mit 625 Zeilen.

Für die Speicherung des synchron zum Fernsehbild laufenden Tonereignisses wird bei Videorecordern normalerweise eine der beiden Randspuren benutzt. Beim VCR-System können im Prinzip auch beide Spuren mit einem Tonsignal belegt werden, sei es für Stereowiedergabe, zweisprachige Kommentierung oder spezielle Aufgaben im schulischen Bereich. Der Ton wird, wie vom Tonbandgerät bekannt, mit einem oder zwei feststehenden kombinierten Aufnahme-/Wiedergabeköpfen in Längsrichtung aufgezeichnet (Bild 12.31).

12.11. Wichtiges kurz gesagt

1. Für die Aufzeichnung von Tonfrequenzsignalen werden Magnetbänder verwendet, die aus einer Kunststoffträgerfolie mit einer aufgebrachten Schicht aus magnetisierbarem Material bestehen.
2. Die magnetisierbare Schicht besteht aus Eisenoxid- oder Chromdioxid-Teilchen von etwa 1 μm Länge und 0,1 bis 0,2 μm Breite, die mit einem Bindemittel auf die Trägerfolie aufgetragen sind.
3. Mit einem genügend starken äußeren Magnetfeld lassen sich bei den magnetisierbaren Teilchen die Feldrichtungen der sog. Weißschen Bezirke so verändern, daß sie die aufgeprägte Magnetisierungsrichtung beibehalten.
4. Wird die Feldstärke veränderbar gemacht, nimmt auch die Magnetisierungsrichtung dementsprechende Werte an. Mit einem Magnetkopf, der als kleiner Elektromagnet ausgebildet ist und von einem Wechselstrom geeigneter Größe durchflossen wird, läßt sich die Magnetschicht des Bands in gewünschter Weise beeinflussen.
5. Bei der magnetischen Aufnahme treten die im Luftspalt des Magnetkopfs vorhandenen Kraftlinien in das Band ein. Der

Aufnahmestrom wird von einem Verstärker geliefert. Im Band verbleibt »remanenter« Magnetismus, der ein Abbild der aufgenommenen Information ist.
6. Bei der magnetischen Wiedergabe beeinflußt die vorbeigeführte magnetisierte Bandschicht den Magnetkopf, und zwar wird dabei in dessen Spule eine Wechselspannung erzeugt. Sie ist abhängig von der unterschiedlich gerichteten und verschieden starken Magnetisierung des Bands und entspricht damit der aufgezeichneten Information.
7. Beim magnetischen Löschen wird das magnetisierte Band von einem starken äußeren Magnetfeld beeinflußt, das von einem Löschkopf stammt, der an einen Hochfrequenzgenerator (ca. 40—100 kHz) angeschlossen ist. Die glockenförmig austretenden Kraftlinien rufen ständige Ummagnetisierungen hervor, die langsam bis Null abklingen und das Band entmagnetiesieren.
8. An der Hysteresis-Schleife ist die Wirkung dieses Lösch-Wechselfelds gut zu verdeutlichen.
9. Aufnahme- und Wiedergabekopf werden häufig zu einem Kombikopf vereinigt, der dann auf die jeweilige Funktion umgeschaltet wird.
10. Die Vormagnetisierung verbessert die Aufnahmeeigenschaften des Bands und verhindert Verzerrungen im aufgezeichneten Signal. Die Vormagnetisierungsspannung wird vom Löschgenerator ab genommen und hebt das Signal gewissermaßen in den brauchbaren Teil der Hysteresiskurve hinein.
11. Bei der magnetischen Tonaufzeichnung kennt man das Vollspur-, das Zweispur- und das Vierspurverfahren. Die Informationen können in Mono- und Stereotechnik gespeichert werden.
12. Bei Spulen-Heimtonbandgeräten sind Bandgeschwindigkeiten von 19 cm/s, 9,5 cm/s und 4,75 cm/s gebräuchlich, bei Cassettenrecordern gibt es nur 4,75 cm/s, womit bei geeigneten Geräten sogar HiFi-Qualität erreicht wird.
13. Geräte für die Aufzeichnung von Fernsehsignalen nennt man Videorecorder. Sie arbeiten für den Hausgebrauch und für Schulungs- und Ausbildungszwecke überwiegend mit Bandcassetten.
14. Als bekanntester Gerätetyp haben sich Videorecorder nach dem Philips VCR-System durchgesetzt. Mit ihnen können Schwarzweiß- und Farbfernsehsendungen aufgezeichnet werden.
15. Im Gegensatz zur Tonaufzeichnung muß bei der Bildaufzeichnung ein wesentlich breiteres Frequenzspektrum verarbeitet werden. Es reicht bei Studiomaschinen bis 5 MHz und bei Heimrecordern bis ca. 3 MHz.
16. Um die nötige Aufzeichnungsgeschwindigkeit von mehreren Metern pro Sekunde zu erhalten, verwendet man rotierende Magnetköpfe, bei denen sich die »relative« Bandgeschwindigkeit auf schrägen, eng hintereinanderliegenden Spuren ergibt.
17. Einkopfgeräte haben eine Kopfdrehzahl von 3000 U/min, Zweikopfgeräte von 1500 U/min. Es wird auf jeder Spur ein Halbbild gespeichert.
18. Ton- und Synchronimpulse werden auf parallel zum Rand des Bands verlaufenden Spuren aufgezeichnet. Hierfür stehen besondere Magnetköpfe zur Verfügung.
19. Die Wiedergabe von Videoprogrammen erfolgt über den Fernsehbildschirm. VCR-Geräte werden über ein Kabel mit den Antennenbuchsen des Fernsehgeräts verbunden und geben die Aufzeichnungen hochfrequenzmäßig an das Sichtgerät weiter.
20. Das in VCR-Cassetten verwendete Magnetband entspricht im Prinzip dem für Tonaufzeichnungen verwendeten, es ist jedoch 12,7 mm breit (Halbzollband).

Bei der Herstellung von »MusiCassetten« (bespielte Compact-Cassetten) wird von dem bei der Aufnahme entstehenden Original-Magnetband eine Kopie gezogen, das sogenannte »Mutterband«. Es ist ein 12,7 mm breites Magnetband mit 4 Spuren und 19 cm/s Bandgeschwindigkeit. Zwei Spuren – je eine für den rechten und linken Stereo-Kanal – enthalten das Programm A und die beiden anderen das Programm B, da die »MusiCassette« wie die Schallplatte eine A- und eine B-Seite hat.

Um den Kopierprozeß zu beschleunigen, läuft das Mutterband auf der Gebermaschine mit 32facher Geschwindigkeit (32 · 19 cm/s = 6 m/s). Auf den angeschlossenen Sklavenmaschinen wird das Programm auf das in den »MusiCassetten« verwendete 3,8 mm breite Magnetband überspielt. Dieses Band läuft ebenfalls mit 32facher Normalgeschwindigkeit (32 · 4,75 cm/s = 1,5 m/s). Das auf große Vorratsspulen aufgespulte Band hat eine Länge von 1800 m und enthält 20 bis 30 mal das Programm, je nach dessen Zeitdauer.

Auf der Konfektioniermaschine wird das Programm von der Vorratsspule auf den Wickelkern umgespult. Damit die Maschine Anfang und Ende der Programme finden kann, ist auf dem entsprechenden Bandabschnitt ein Steuerton, der sogenannte »cue«, aufgesprochen. Es handelt sich dabei um einen Meßton, dessen Frequenz unterhalb des Hörbereichs liegt. Ein Wiedergabekopf spricht auf diesen Meßton an und stoppt das Band. Durch Betätigen zweier Handgriffe wird das Band zerschnitten und an das Ende des aufgespulten Programms ein Nachlaufband und an den Anfang des nächstfolgenden Programms ein Vorlaufband geklebt.

Die Montage der Cassetten erfolgt an einem Fließband. In die untere Cassettenhälfte werden konfektioniertes Band, Abschirmblech mit Andruckmittel, Umlenkrollen und Gleitfolien eingelegt. Dann wird die obere Hälfte aufgelegt. Am Ende des Fließbands steht das Ultraschall-Schweißgerät, das die Cassettenhälften miteinander verschweißt. Die Etikettierung beschließt den Fertigungsgang.

13. Etwas von Computern und logischen Funktionen

In den letzten Kapiteln haben wir die wichtigsten elektronischen Geräte des sogenannten Unterhaltungssektors kennengelernt und uns mit ihrer Arbeitsweise und ihren Anwendungsmöglichkeiten vertraut gemacht. Aber die Elektronik beschränkt sich natürlich nicht nur auf diesen Bereich. Sie beeinflußt vielmehr in sehr starkem Ausmaß unsere gesamte Umwelt. Zum vielleicht treffendsten Symbol dieses Elektronik-Zeitalters wurde der Computer (Bild 13.1).

13.1. Computer – der schnelle Rechner

Computer sind Anlagen zur elektronischen Datenverarbeitung (EDV), die man auch als programmgesteuerte elektronische Rechenmaschinen bezeichnen kann. Nur eines sind sie nicht: Elektronengehirne! So einprägsam dieser Ausdruck auch sein mag, er bleibt dennoch falsch. Elektronische Gehirne gibt es nicht, sondern lediglich elektronische Rechenanlagen. Sie nehmen den Menschen eine Vielzahl von Aufgaben ab, die vorher mühselig errechnet werden mußten oder gar nicht gelöst werden konnten, weil der Arbeitsumfang viel zu groß war.

Befreite also vor gut hundert Jahren die industrielle Revolution durch den Einsatz von Energiemaschinen den Menschen von Arbeiten, die schwere körperliche Anstrengungen erforderten, so entlastet heute die elektronische Revolution den Menschen durch den Einsatz von Rechenmaschinen von langwieriger Kopfarbeit. Sie müssen allerdings mit Programmen gefüttert werden, die auf die jeweilige Aufgabe ausgerichtet sind, d. h. sie erhalten dadurch die richtigen Anweisungen zur logischen Verknüpfung der eingegebenen Daten.

Sind nun Rechenmaschinen eine Erfindung unserer Zeit? Ein kleiner Rückblick mag erläutern, daß schon seit vielen Generationen findige Köpfe versuchten, das

Bild 13.1 Blick in einen EDV-Raum mit dem Philips Computer-System P 1000

Rechnen mit Hilfe von Maschinen zu automatisieren und zu vereinfachen. Bereits vor rund 350 Jahren erfand W. Schickard, ein schwäbischer Theologe und Mathematiker, eine Rechenmaschine, deren Arbeitsweise schon automatische Funktionen aufwies. Pascal und Leibniz konstruierten später ebenfalls Rechenwerke, mit denen man alle vier Grundrechenarten ausführen konnte und die mit Zahnradgetrieben arbeiteten.

Der eigentliche Vorläufer heutiger Rechenanlagen war jedoch die vor mehr als hundert Jahren von dem englischen Mathematiker Charles Babbage erdachte »analytische Maschine«. Sie sollte bereits mit Programmen über Lochkarten gesteuert werden und ein »Gedächtnis« von 200 Zahlen mit jeweils 25 Stellen besitzen. Die unzulängliche mechanische Technik der damaligen Zeit ließ die genialen Pläne aber scheitern.

Die ersten wirklich funktionierenden Computer, in denen sich auch die Ideen von Babbage wiederfinden, stellte man in den 40er Jahren unseres Jahrhunderts her. Howard Aiken war der geistige Vater jenes ersten vollautomatischen Rechners, der von einem Forscherteam an der Harvard-Universität gebaut wurde. Er arbeitete auf elektromechanischer Basis, d. h. mit Röhren und Relais, und wurde »Automatic Sequence Controlled Calculator« genannt, abgekürzt ASCC. Später erhielt er den Namen »Mark I«.

In Deutschland entwickelte Konrad Zuse eine Rechenmaschine, die ebenfalls mit Relais arbeitete und 1941 fertig wurde. Bei diesem Automaten wurden die bisher üblichen Dezimalstellen zum erstenmal in binäre Zahlenwerte umgesetzt.

Der erste wirklich elektronische Rechner der Welt wurde 1946 an der Universität Philadelphia in Betrieb genommen. Die Wissenschaftler P. Eckert und J. Mauchly nannten ihn »Electronic Numerical Integrator And Computer« oder abgekürzt ENIAC. Er enthielt insgesamt 18000 Elektronenröhren und war der erste Computer der sogenannten ersten Generation. Leider hatte er zwei große Nachteile: Die Röhrenbestückung erwies sich als sehr störungsanfällig und die Leistungsaufnahme als zu hoch, denn der Rechner verbrauchte rund 150 kW und erzeugte dadurch eine enorme Hitze.

Die zweite Generation der elektronischen Rechenanlagen begann etwa 1958 und ist gekennzeichnet durch die Verwendung von Halbleiterbauelementen. Transistoren und Dioden lösten die Elektronenröhren ab, gedruckte Schaltungen auf postkartengroßen Steckeinheiten ersetzten die handverdrahteten Chassis mit ihren umfangreichen Kabelbäumen. Etwa seit Mitte der 60er Jahre gibt es Computer der dritten Generation, bei denen die Miniaturisierung mit Hilfe von integrierten Schaltungen (ICs) die weitere Verkleinerung der äußeren Geräteabmessungen und noch höhere Rechengeschwindigkeiten ermöglichte.

Das heutige Angebot an elektronischen Rechenanlagen ist sehr vielfältig. Neben den Großanlagen mit umfangreichen Speichereinheiten gibt es zahlreiche kleinere Computer für die sogenannte mittlere Datentechnik (Bild 13.2), an die sich seit kur-

Bild 13.2 Bürocomputer aus der Philips Serie P 350

zem die Mini- und Mikrocomputersysteme anschließen, die mit einem sogenannten Mikroprozessor ausgerüstet sind.

13.1.1. Mikroprozessor

Die Entwicklung bei integrierten Schaltungen von der »Small Scale Integration« (SSI) über die »Medium«- und »Large Scale Integration« (MSI und LSI) bis hin zur jetzt schon beginnenden »Very Large Scale Integration« (VLSI) war die wichtigste Voraussetzung für das Entstehen eines neuen Typs von Halbleiterbauelementen, dem sogenannten Mikroprozessor (Bild 13.3), in Kurzform oft auch µP, MP oder MIP geschrieben. Bei ihm handelt es sich um die auf einem einzigen Halbleiterkristall von ca. 20 bis 30 mm^2 Fläche integrierte Zentraleinheit eines digitalen Datenverarbeitungssystems. Durch Hinzufügen von Speichern sowie Ein- und Ausgabe-Elementen entsteht ein komplettes Mikrocomputersystem.

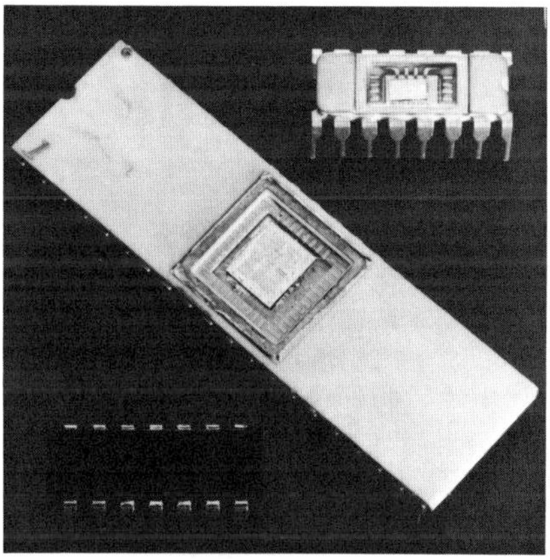

Bild 13.3 Mikroprozessor 2650 von Valvo-Signetics mit abgedecktem Kristall im Größenvergleich mit üblichen integrierten Schaltungen

Der entscheidende Vorteil des Mikroprozessors ist, daß er erst durch extern gespeicherte Befehle für seine jeweilige Aufgabe programmiert wird, und daß mit dieser Programmierung die Gesamtfunktion der Schaltung schnell verändert werden kann. Dadurch lassen sich Mikroprozessoren sehr wirtschaftlich für viele Arten der digitalen Informationsverarbeitung einsetzen und bieten den Anwendern entsprechende Möglichkeiten.

Durch den Mikroprozessor wird im Hardware-Bereich die Entwicklung von digitalen Schaltungen abgelöst durch die Software-Programmierung von Festwertspeichern. Gleichzeitig ersetzt der Mikroprozessor eine ganze Reihe von Standardbauelementen, denn an die Stelle von festverdrahteten Digitalschaltungen mit vielen konventionellen integrierten Schaltungen treten künftig ein Mikroprozessor und einige Speicherbausteine.

Der große Vorteil des Mikroprozessors liegt also in seiner Universalität, d. h. mit der programmierbaren (Standard)-Schaltung als Zentrale des betreffenden Systems kann man eine Rechenanlage oder eine elektronische Steuer- oder Regelschaltung bei Bedarf auf einen anderen Anwendungsfall einrichten. Nicht die Elektronik (Hardware) muß geändert werden, sondern nur das Programm (Software) ist den neuen Bedingungen anzupassen und dem Mikroprozessor einzugeben.

1971 stellte die Firma Intel in den USA den ersten echten Mikroprozessor vor. Weil jetzt die bislang auf mehrere ICs verteilten Funktionen für die Zentraleinheit mit Rechen- und Steuerwerk und für einige Arbeitsspeicher auf einem einzigen Siliziumkristall untergebracht waren, sprach man von diesem Zeitpunkt an auch vom »Ein-Chip-Computer«. Das ist im Grunde aber nicht ganz korrekt, denn ein Computer benötigt ja noch pheriphere Geräte. Es ist aber nicht auszuschließen, daß sich für bestimmte Anwendungen auch Mikrocomputer entwickeln lassen, bei denen alle erforderlichen Funktionen auf einem Chip integriert sind. Bild 13.4 zeigt das Kristallbild des zum Philips-Programm gehörenden Mikroprozessors 2650 von Valvo-Signetics.

Zusammenfassend kann man sagen: aus dem Großcomputer entwickelte sich durch den fortschreitenden Integrationsgrad der Minicomputer (MSI-Technologie) und schließlich der Mikrocomputer (LSI-Technologie), dessen »Ableger« Taschenrechner wohl jedem bekannt sein dürfte.

Bild 13.4 Kristallbild des Mikroprozessors 2650 von Valvo-Signetics

13.2. Analog und digital

Elektronische Rechenanlagen arbeiten nicht mit einer Zahlendarstellung nach dem dekadischen oder Dezimalsystem, sondern mit dem Dualsystem. Hierbei gibt es bekanntlich nur die Ziffern 1 und 0. Elektronisch umgesetzt bedeutet dies zwei Betriebszustände, nämlich »Strom fließt« und »Strom fließt nicht« bzw. »Spannung vorhanden« und »Spannung nicht vorhanden«.

Analoge Signale (wir haben sie in den vorangegangenen Kapiteln als Ton- und Bildsignale bzw. -frequenzen kennengelernt) lassen sich nicht ohne weiteres durch diese zwei Betriebszustände definieren. Sie nehmen vielmehr dem augenblicklichen Zeitpunkt »entsprechende« Werte ein, wie es sehr augenfällig in Bild 13.5 an der Sinuskurve und anderen Frequenzgemischen mit unterschiedlichen Amplituden erkennbar ist.

Bei elektronischen Geräten zur Verarbeitung analoger Signale treten also unzählige unterschiedliche Betriebszustände auf, die von den eingegebenen physikalischen Größen (Spannung, Strom) abhängig sind. Ähnlich arbeitet auch ein Rechenschieber, bei dem die betreffenden

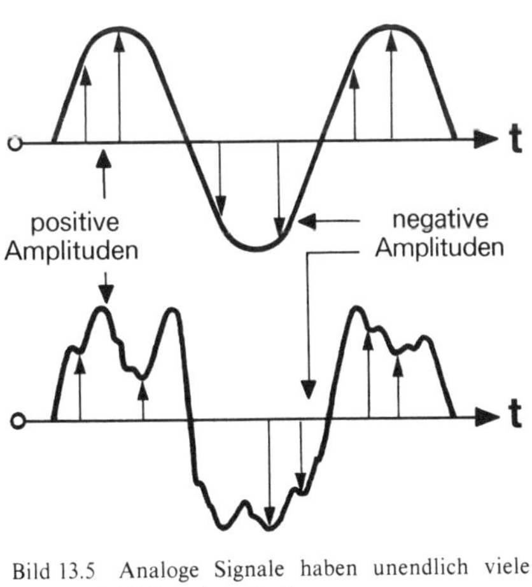

Bild 13.5 Analoge Signale haben unendlich viele »augenblickliche« Amplitudenwerte

Zahlenwerte durch Längen dargestellt sind oder ein Meßinstrument, bei dem der Zeiger den momentanen Wert der physikalischen Größe angibt (Bild 13.6a und 13.6b).

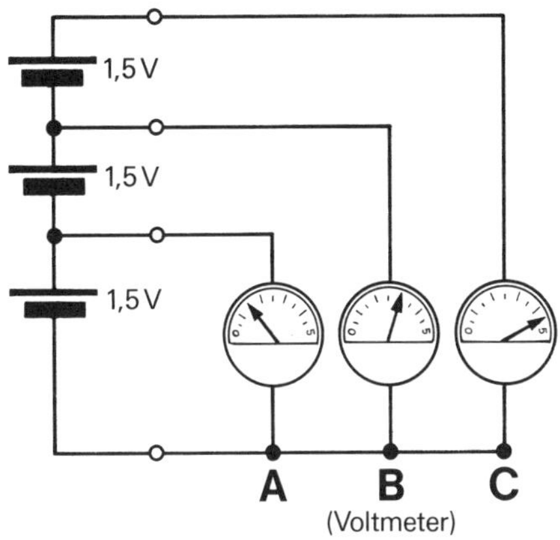

Bild 13.6a Beispiel für die analoge Angabe physikalischer Größen mit einem Zeigerinstrument: A = 1,5 V; B = 3,0 V; C = 4,5 V

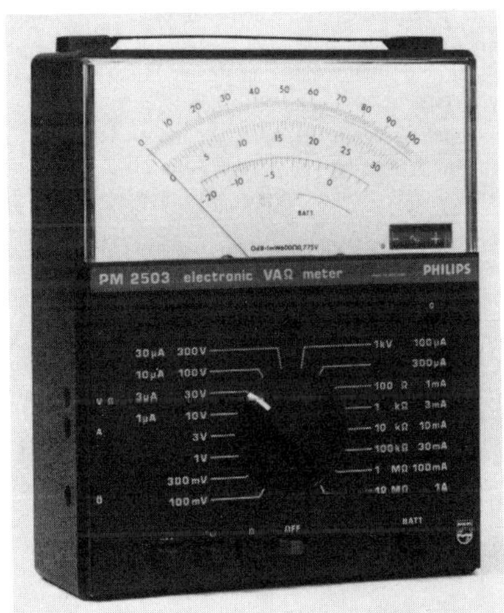

Bild 13.6b Analog anzeigendes Meßgerät

Digitale Signale sind das Gegenstück zu analogen Signalen und haben nur zwei definierte Spannungszustände (Bild 13.7a). Das Rechnen mit ihnen erfolgt gewissermaßen nach einem Schritt-für-Schritt-Verfahren, so wie es der Mensch mit dem Abzählen seiner Finger (lateinisch: digitus) seit jeher auch macht. Das digitale Maschinenrechnen benutzt allerdings keine Finger, sondern zählt elektrische Impulse. Diese werden auf zwei bestimmte Werte festgelegt, z. B. 0 V und + 10 V (Bild 13.7a). Es können natürlich auch andere Werte benutzt werden, wie etwa 0 V und — 10 V (abhängig vom Konzept). In Bild 13.7b sehen wir ein digital anzeigendes Meßgerät.

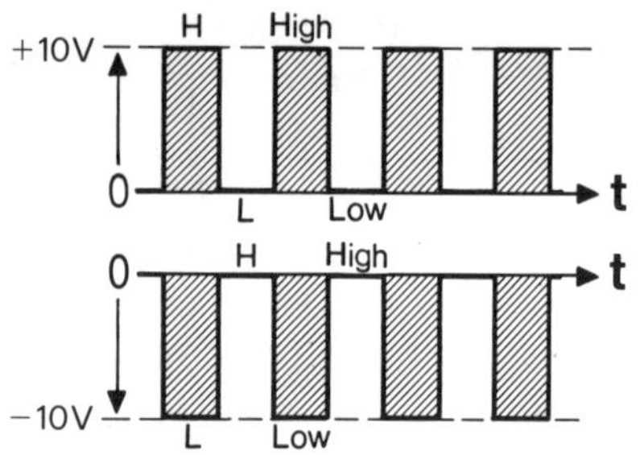

Bild 13.7a Digitale Signale haben nur zwei momentane Amplitudenwerte, z. B. 0 und + 10 V oder auch 0 und — 10 V. Die beiden möglichen Bereiche werden nach DIN 41 785 auch mit L (Low) und H (High) bezeichnet, wobei L der negative und H der positive Spannungswert eines digitalen Signals ist

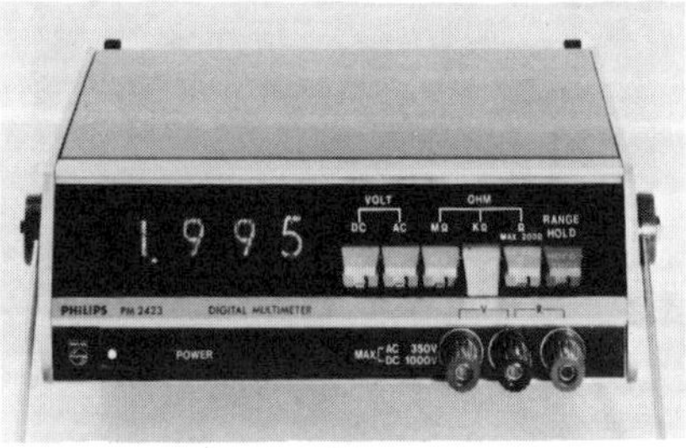

Bild 13.7b Digital anzeigendes Meßgerät

Programme für Datenverarbeitungsanlagen werden in besonders codierten Sprachen geschrieben. Sie haben teilweise recht fremdartig klingende Namen, wie Algol, Cobol oder Fortran, bei denen es sich um Kunstwörter handelt. Neben diesen und anderen bereits standardisierten Sprachen gibt es noch weitere Versionen, die je nach Art der Programme und Aufgabenstellungen verwendet werden. Mit speziellen Geräten lassen sich die Programmsprachen in die eigentliche Maschinensprache richtiggehend »übersetzen«, wie dies auch auf anderen Gebieten mit natürlichen Sprachen der Fall ist. Die Ausgabe der Lösungen geschieht in einer Rückübersetzung: aus der Maschinensprache entstehen wieder allgemein verständliche Wörter und Dezimalzahlen, die von mechanischen Schnelldruckern oder auf elektronischem Wege auf Bildschirmen geschrieben werden (Bild 13.8a).

Bild 13.8a Schnelldrucker aus dem Philips Programm

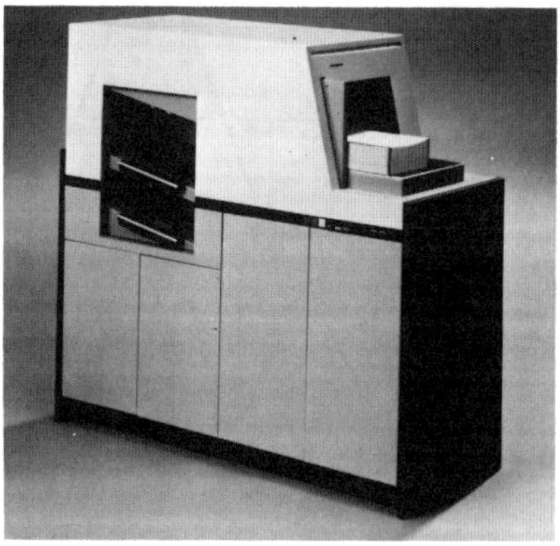

Bild 13.8b Magnet-Kontokartenleser aus dem Philips Programm

Die an den eigentlichen elektronischen Rechner angeschlossenen Apparaturen nennt man »periphere Geräte«. Zu ihnen gehören z. B. auch Lochkartenleser, von denen in Bild 13.8b eine Ausführung zum Verarbeiten von sogenannten Magnetkontokarten gezeigt ist.

13.3. Dezimal- und Dualsystem

Im Dezimalsystem erkennen wir am Stellenwert, mit welcher Potenz von 10 die betreffende Ziffer zu multiplizieren ist. Das heißt also:

10^0 gleich Einer
10^1 gleich Zehner
10^2 gleich Hunderter
10^3 gleich Tausender
10^4 gleich Zehntausender
usw.

Die Dezimalzahl 156 kann demnach ausführlich wie folgt dargestellt werden:

1 mal 10^2 = 100
5 mal 10^1 = 50
6 mal 10^0 = 6

Im Dualsystem ist es auch so; nur ist der Stellenwert der beiden Ziffern 1 und 0 eine Potenz von 2. Demnach sind also:

2^0 gleich Einer
2^1 gleich Zweier
2^2 gleich Vierer
2^3 gleich Achter
2^4 gleich Sechzehner usw.

Dies ergibt multipliziert eine Zahlenreihe von 1, 2, 4, 8, 16, 32, 64, 128, 256 und so fort. Die Dezimalzahl 156 setzt sich im Dualsystem daher aus

1 mal 128 (= 2^7)
0 mal 64 (= 2^6)
0 mal 32 (= 2^5)
1 mal 16 (= 2^4)
1 mal 8 (= 2^3)
1 mal 4 (= 2^2)
0 mal 2 (= 2^1)
und 0 mal 1 (= 2^0) zusammen.

d. h., die Dualzahl lautet:
10011100

Dezimalzahlen lassen sich nach folgender einfacher Methode in Dualzahlen umwandeln. Man dividiert die Dezimalzahl durch 2 und teilt auch die Ergebniszahl so oft es geht durch 2. Ist das Ergebnis eine ganze Zahl, schreibt man als Rest 0; ergibt sich eine gebrochene Zahl, schreibt man als Ergebnis die nächstniedrigere ganze Zahl plus Rest 1 hin. Die Reste ergeben die gesuchte Dualzahl (von **unten** nach **oben** gelesen). Für die Dezimalzahl 156 lautet der Rechengang dann

156 : 2 = 78 Rest 0
78 : 2 = 39 Rest 0
39 : 2 = 19 Rest 1
19 : 2 = 9 Rest 1
9 : 2 = 4 Rest 1
4 : 2 = 2 Rest 0
2 : 2 = 1 Rest 0
1 : 2 = 0 Rest 1

Von unten nach oben gelesen erhalten wir wieder die Dualzahl 10011100.

Stellt man eine Dezimalzahlenfolge einer Dualzahlenreihe gegenüber, ergibt sich die untenstehende Zusammenstellung.

Die großen Zifferngruppen des Dualsystems machen deutlich, daß es für den täglichen Gebrauch nicht geeignet ist. Für den elektronischen Rechner ist dies aber kein Hindernis, denn alle Zifferngruppen bestehen ja nur aus den zwei Zahlen 0 und 1, die sich als elektrische Werte ideal darstellen lassen.

Dezimal	0	1	2	3	4	5	6	7	8	9	10
Dual	0	1	10	11	100	101	110	111	1000	1001	1010

13.3.1. Binär, Bit und Byte

Das duale Zahlensystem gehört zur Gruppe der sogenannten binären Systeme, die alle aus zwei Einheiten (Werten, Ziffern, Buchstaben) bestehen (lat. bini = je zwei). Eine binäre, d. h. zweiwertige Aussage kann demnach zwei Werte annehmen, weshalb man dann auch von einer »binären Variablen« spricht.

Dual und binär sagen im Prinzip also beide aus, daß mit nur zwei Größen oder Werten gearbeitet wird. Dual bezieht sich korrekt aber stets auf das Zahlensystem, wogegen der Ausdruck binär u. a. im Bereich der digitalen Elektronik gebräuchlich ist.

Und damit kommen wir zum Bit. Ein Bit ist nichts anderes als die kleinste Informationseinheit, die es gibt. Und da ein Binärsystem praktisch nur mit den Aussagen Ja und Nein arbeitet (entsprechend 1 und 0 bzw. »Strom« und »kein Strom«), ist die Dezimalzahl 9 beispielsweise durch 4 bits in der Folge Ja, Nein, Nein, Ja codiert, entsprechend der Dualzahl 1001. Die Bezeichnung Bit stammt aus dem angelsächsischen Sprachraum und ist aus den Wörtern »binary digit« entstanden, was man frei mit binärer Schritt, Ziffer oder Stelle übersetzen kann.

Neben dem Bit (als Maßeinheit kleingeschrieben, z. B. die Zahl ist 4 bit groß) gibt es noch ein ähnliches Wort im Computerdialekt: es ist das Byte. Hiermit bezeichnet man eine Einheit von 8 bit Länge, die die kleinste innerhalb von Speichern adressierbare Einheit darstellt. Für Byte (gesprochen bait) wird auch der Ausdruck Oktade verwendet, beide definieren z. B. einen Buchstaben oder eine Ziffer. Darüber hinaus hat man noch das Kilobyte (KByte), wobei zu beachten ist, daß »Kilo« hier nicht $10^3 = 1000$, sondern $2^{10} = 1024$ bedeutet. Beispiel: 16 K (oder KByte) sind 16384 Byte.

13.4. Logische Verknüpfungen

Der englische Mathematiker George Boole (1815–1864) hat Mitte des vorigen Jahrhunderts eine nach ihm benannte Algebra entwickelt, die auf zweiwertigen Aussagen bzw. Variablen aufgebaut ist und als »Algebra der Logik« bezeichnet wird. Die hieraus entstandene, heute gebräuchliche Form wird Schaltalgebra oder logische Algebra genannt.

Man benutzt diese Algebra zur Berechnung von sogenannten logischen Verknüpfungsschaltungen, die in der elektronischen Technik zumeist aus den in Kapitel 8 beschriebenen integrierten Schaltungen aufgebaut werden. Sie können deshalb so vorteilhaft in Datenverarbeitungsanlagen verwendet werden, weil mit ihrer Arbeitsweise (2 Betriebszustände) die drei logischen Grundfunktionen UND – ODER – NICHT gut darstellbar sind.

Den Begriff »Verknüpfung« wollen wir uns an einem Beispiel klarmachen. In Bild 13.9 ist ein einfacher Stromkreis zu sehen, bestehend aus Batterie, Lampe und zwei in Reihe liegenden Schaltern. Die Lampe wird brennen, wenn zwei Voraussetzungen gegeben bzw. zwei Aussagen wahr sind: Schalter I **und** Schalter II müssen geschlossen sein. Wir erkennen, daß die Aussage »Lampe brennt« nur dann wahr sein kann, wenn die beiden anderen ebenfalls wahr sind (d. h. Schalter geschlossen). Alle drei »Variablen« sind deshalb miteinander verknüpft. Daher handelt es sich hier

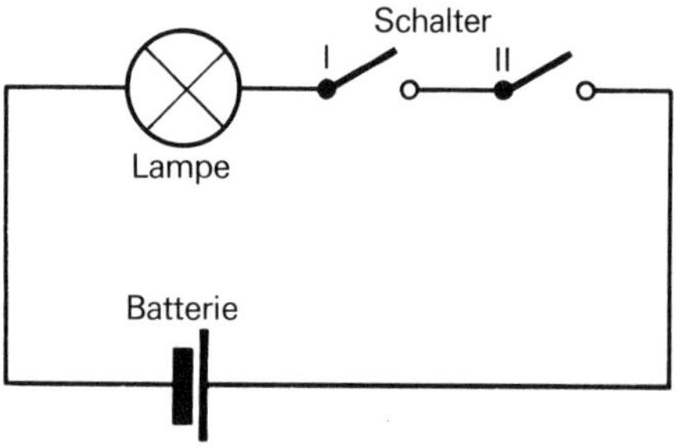

Bild 13.9 Schaltungsbeispiel für eine UND-Verknüpfung

um eine logische UND-Verknüpfung bzw. UND-Funktion. Das Schaltungssymbol für die UND-Funktion ist in Bild 13.10 dargestellt.

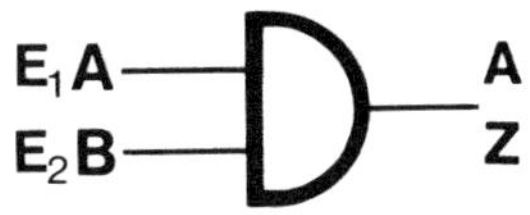

Bild 13.10 Schaltungssymbol einer UND-Logik bzw. UND-Funktion, auch Konjunktion genannt (engl. and-operation)

Wie in Bild 13.7a schon erwähnt, werden die beiden möglichen Bereiche eines digitalen Signals, d. h. seine beiden binären **elektrischen** Zustände, nach DIN 41785, Blatt 4, mit H (High) und L (Low) bezeichnet. Der Signalwert H entspricht dabei der bislang gebräuchlichen Größe 1 bzw. L, während der (neue) Signalwert L die Größe 0 ablöst. Die Bezeichnungen H und L beschreiben also das elektrische Potential der Eingangs- und Ausgangsvariablen einer logischen Verknüpfung. Die Variablen selbst sind in diesem Fall mit den Buchstaben E für Eingang und A für Ausgang gekennzeichnet.

Man kann die Verknüpfung der Variablen aber auch in einer anderen Form ausdrücken. Sie bezieht sich dann nicht auf die elektrischen Spannungspegel, sondern beschreibt ganz allgemein die logischen Zustände, für die man die Begriffe Ja/Nein, Wahr/Unwahr, Offen/Geschlossen usw. verwenden kann. Die **logischen** Zustände werden mit 1 und 0 bezeichnet, während man die Variablen in diesem Fall beispielsweise mit A, B, C ... (Eingang) und ... X, Y, Z (Ausgang) kennzeichnet.

Die genannten Zusammenhänge lassen sich in Tabellenform darstellen, und zwar sind die **elektrischen** Zustände in einer Arbeits- oder Schaltwerttabelle und die **logischen** Zustände in einer Funktions- oder Wahrheitstabelle zusammengefaßt. Dies ist für die Variablen aus Bild 13.9 (Schalter I und II sowie Lampe) in der folgenden Aufstellung geschehen.

UND-Arbeitstabelle			UND-Wahrheitstabelle		
E_1	E_2	A	A	B	Z
H	H	H	1	1	1
H	L	L	1	0	0
L	H	L	0	1	0
L	L	L	0	0	0

Wir entnehmen daraus: Soll der Ausgang z. B. den Logikwert 1 haben, so muß die Gleichung lauten: Z gleich A **und** B; dies ist auch die Leseart der Kurzform, die man $Z = A \wedge B$ schreibt.

Anhand von Bild 13.11 wollen wir uns mit der ODER-Funktion vertraut machen. Die Lampe wird brennen, wenn die parallel liegenden Schalter I **oder** Schalter II geschlossen sind. Auch hier sind die Aus-

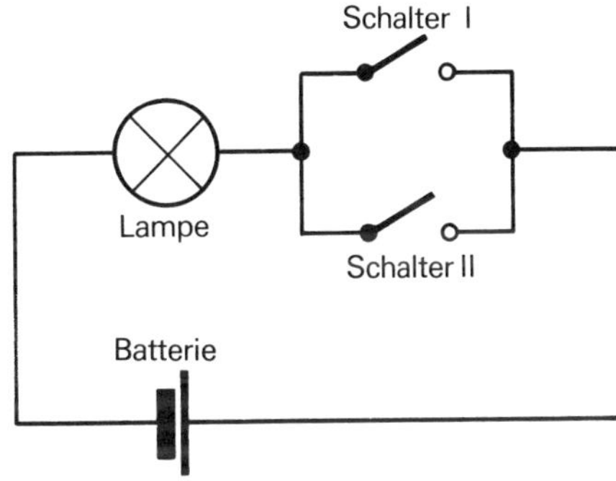

Bild 13.11 Schaltungsbeispiel für eine ODER-Verknüpfung

sagen wieder miteinander verknüpft, wobei die Aussage »Lampe brennt« bereits dann wahr ist, wenn nur die eine der beiden Aussagen »Schalter geschlossen« eingetreten ist. Daher die (logische) Bezeichnung ODER-Funktion für diesen Fall. Das

Bild 13.12 Schaltungssymbol einer ODER-Logik bzw. ODER-Funktion, auch Disjunktion genannt (engl. or-operation)

Schaltungssymbol für die ODER-Funktion zeigt Bild 13.12.

Die Tabellen sehen so aus:

ODER-Arbeitstabelle			ODER-Wahrheitstabelle		
E_1	E_2	A	A	B	Z
H	H	H	1	1	1
H	L	H	1	0	1
L	H	H	0	1	1
L	L	L	0	0	0

Wir entnehmen daraus: Soll der Ausgang z. B. den Logikwert 1 haben, so muß die Gleichung lauten: Z gleich A **oder** B; dies ist auch die Leseart der Kurzform, die man $Z = A \vee B$ schreibt.

Die dritte logische Grundfunktion ist die NICHT-Verknüpfung. Hier handelt es sich um eine Verneinung, Negation, Umkehrung oder Invertierung durch eine logische Schaltung. Wieder gibt uns die Lampenschaltung dafür ein Beispiel (Bild 13.13). Allerdings wird die Lampe in die-

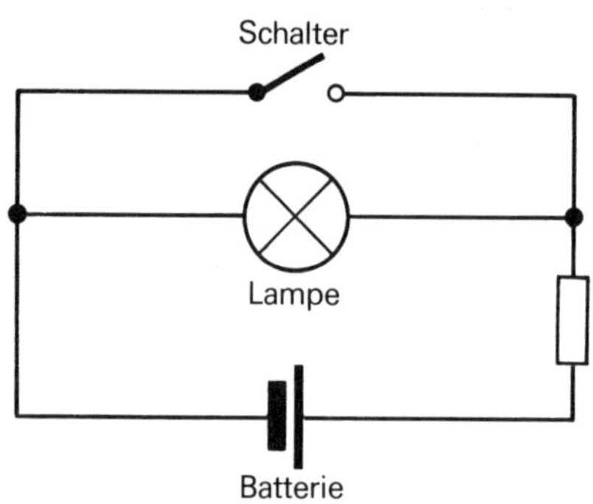

Bild 13.13 Schaltungsbeispiel für eine NICHT-Verknüpfung

sem Fall nur dann brennen, wenn der Schalter **nicht** geschlossen ist. Hieraus wird die Umkehrung des an sich logischen Zustands (Lampe brennt bei geschlossenem Schalter) deutlich. Man kann auch sagen, daß bei der NICHT-Funktion das Eingangssignal stets in umgekehrter Form am Ausgang erscheint und damit invertiert wird. Das Schaltungssymbol für die NICHT-Funktion bzw. den Inverter zeigt Bild 13.14.

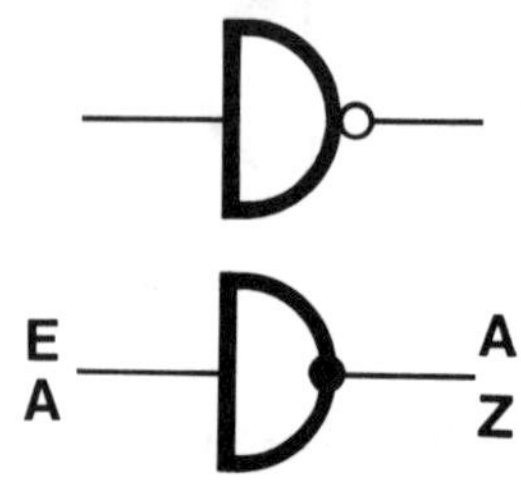

Bild 13.14 Schaltungssymbole einer NICHT-Logik bzw. NICHT-Funktion, auch Negation genannt (engl. not-operation)

Demnach liegt auch hier eine Verknüpfung der beiden Aussagen »Lampe brennt« und »Schalter nicht geschlossen« vor, die man in einer Tabelle zusammenfassen kann:

NICHT-Arbeitstabelle		NICHT-Wahrheitstabelle	
E	A	A	Z
H	L	1	0
L	H	0	1

Wir entnehmen daraus, daß z. B. der Logikwert 1 am Ausgang nur dann auftritt, wenn der Eingang den Wert 0 hat. Daher ist Z gleich **nicht** A; dies ist auch die Leseart der Kurzform, die durch einen Querstrich über dem A dargestellt wird, also $Z = \bar{A}$. Man benutzt für die Gleichung auch den Ausdruck »Z gleich A negiert« bzw. invertiert.

Im Schaltungssymbol der NICHT-Funktion wird die Inversion, d. h. die Umkehrung des eingegebenen Signals, durch einen Negationspunkt bzw. -kreis ausgedrückt, der den Signalweg unterbricht. Um hier Verwechselungen mit Verzweigungspunkten üblicher Art in Schaltbildern zu vermeiden und die Richtung des

Signalwegs eindeutig festzulegen, wird der Negationspunkt stets zusammen mit dem Logiksymbol verwendet.

Die NICHT-Funktion beschreibt übrigens immer den funktionellen Zusammenhang zwischen nur einer Eingangsgröße und der Ausgangsgröße. Der Ausgang A ist daher immer antivalent zum Eingang E. Bei der UND-Funktion ist die Ausgangsgröße dagegen immer von mehr als einer Eingangsgröße abhängig (n > 1), das gilt gleichermaßen für die ODER-Funktion.

13.5. Von UND-ODER-NICHT zu NAND und NOR

Die moderne Elektronik arbeitet heute in großem Maße mit Logik-Bausteinen, die aus den UND-, ODER- und NICHT-Funktionen weiterentwickelt wurden. Man kam dabei u. a. zu zwei besonderen Logik-Baustein-Ausführungen, die als NAND- und NOR-Schaltungen, -Elemente, -Glieder oder -Gatter bekannt sind. Ihre prinzipielle Arbeitsweise wird mit Hilfe der im vorigen Abschnitt erläuterten drei logischen Grundschaltungen deutlich, da es sich bei den NAND- und NOR-Gliedern jeweils um Schaltungen handelt, bei denen die Grundfunktionen in bestimmter Weise kombiniert sind.

Die Entstehung der NAND-Funktion geht aus Bild 13.15 hervor. Es sind dort ein UND- und ein NICHT-Element in Reihe geschaltet, so daß der Ausgang des UND-Elements vom NICHT-Element invertiert wird. Daraus ergibt sich, daß bei einer NAND-Funktion der Ausgang A

Bild 13.15 Die Reihenschaltung einer UND- mit einer NICHT-Logik ergibt eine NAND-Funktion. Die Ausgangsgröße A hat den Wert $\overline{E_1 \wedge E_2}$ (nicht E_1 und E_2), bzw. die Ausgangsgröße Z entspricht der Aussage $\overline{A \wedge B}$ (nicht A und B)

schon dann den Signalwert H aufweist, wenn an mindestens **einem** der vorhandenen Eingänge ($E_1 \ldots E_n$) ein L-Signal liegt. Soll der Ausgang dagegen den Signalwert L führen, müssen **alle** vorhandenen Eingänge an H-Signalen liegen. Faßt man dies in einer Tabelle zusammen, ergibt sich folgendes Bild:

NAND-Arbeitstabelle			**NAND-Wahrheitstabelle**		
E_1	E_2	A	A	B	Z
H	H	L	1	1	0
H	L	H	1	0	1
L	H	H	0	1	1
L	L	H	0	0	1

Beim NAND-Gatter handelt es sich also um die Kombination eines UND-Elements mit einem NICHT-Element, d. h. es ist eine invertierte UND-Schaltung. Das Schaltsymbol ist in Bild 13.16 angegeben. Den Begriff NAND kann man sich leicht merken, wenn man an die englischen Bezeichnungen »not« und »and« für die beiden Logikstufen denkt, aus denen sich das NAND-Gatter zusammensetzt. Für NAND ist auch das Zeichen $\overline{\wedge}$ (nicht und) gebräuchlich.

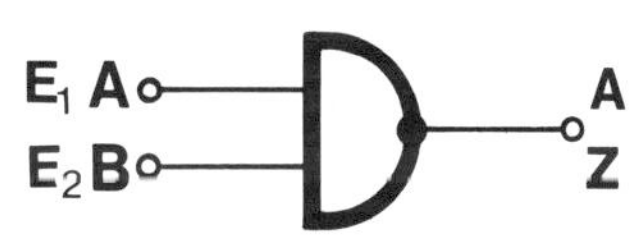

Bild 13.16 Schaltungssymbol eines NAND-Gatters, entstanden aus den beiden Elementen in Bild 13.15

Das NOR-Gatter besteht nach Bild 13.17 aus der Reihenschaltung eines ODER- und eines NICHT-Elements, so daß der Ausgang des ODER-Elements vom NICHT-Element invertiert wird. Daraus ist zu folgern, daß bei einer NOR-Funktion der Ausgang A nur dann den Signalwert H aufweist, wenn **alle** vorhandenen Eingänge ($E_1 \ldots E_n$) an L-Signalen

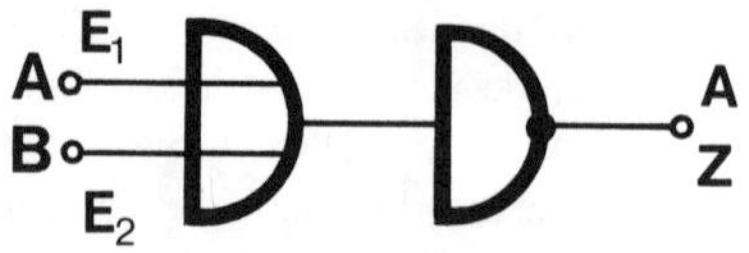

Bild 13.17 Die Reihenschaltung einer ODER- mit einer NICHT-Logik ergibt eine NOR-Funktion. Die Ausgangsgröße A hat den Wert $\overline{E_1 \vee E_2}$ (nicht E_1 oder E_2), bzw. die Ausgangsgröße Z entspricht der Aussage $\overline{A \vee B}$ (nicht A oder B)

liegen. Soll der Ausgang dagegen den Signalwert L führen, muß an mindestens **einem** der vorhandenen Eingänge ein H-Signal liegen. Faßt man dies in einer Tabelle zusammen, ergibt sich folgendes Bild:

NOR-Arbeitstabelle			**NOR-Wahrheitstabelle**		
E_1	E_2	A	A	B	Z
H	H	L	1	1	0
H	L	L	1	0	0
L	H	L	0	1	0
L	L	H	0	0	1

Beim NOR-Gatter handelt es sich also um die Kombination eines ODER-Elements mit einem NICHT-Element, d. h. es ist eine invertierte ODER-Schaltung. Das Schaltungssymbol ist in Bild 13.18 dargestellt. Das Wort NOR kommt eben-

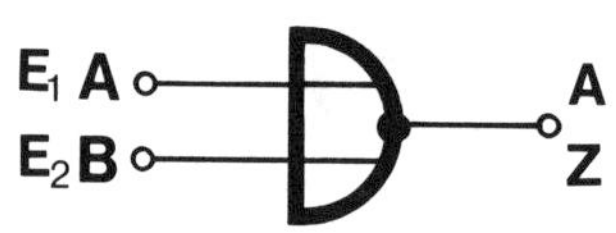

Bild 13.18 Schaltungssymbol eines NOR-Gatters, entstanden aus den beiden Elementen in Bild 13.17

falls aus dem englischen Fachwortbereich und ist eine Zusammenziehung der Bezeichnungen »not« und »or« für die beiden verwendeten Logikstufen, aus denen ein NOR-Gatter besteht. Für NOR wird auch das Zeichen $\overline{\vee}$ (nicht oder) verwendet.

In Bild 13.19 und 13.20 sind einige gebräuchliche NAND- und NOR-Gatter als Schaltungssymbole dargestellt, desgleichen eine Inverter-Ausführung als Sechsfach-NICHT-Schaltung.

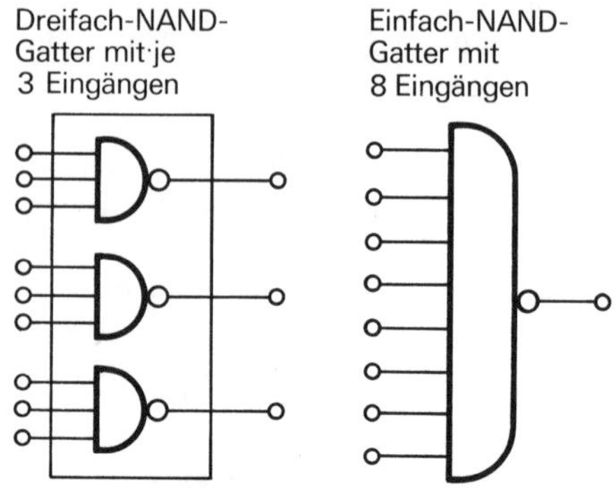

Bild 13.19 Beispiele für handelsübliche NAND-Gatter

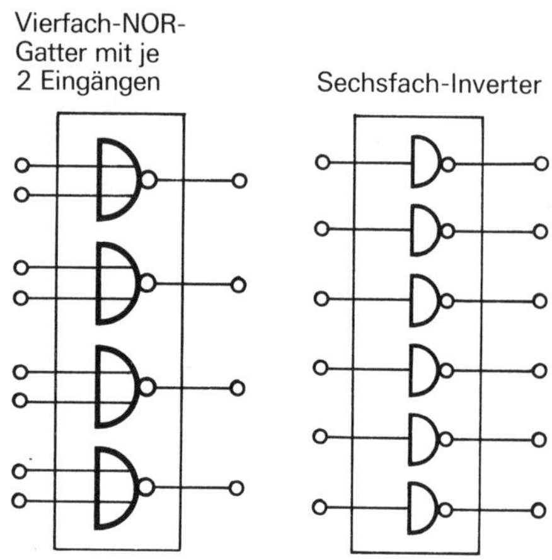

Bild 13.20 Beispiele für ein handelsübliches NOR-Gatter und einen Inverter

Wenn man zunächst über den Aufwand etwas verwundert ist, so gilt es doch zu bedenken, daß aufgrund ihrer Universalität für viele Schaltungen nur ein einziger Bausteintyp gebraucht wird, und daß sie heute alle als integrierte Schaltungen (ICs) hergestellt werden können. In derartigen ICs sind viele Schaltelemente untergebracht, die dann den erwünschten Logik-Baustein ergeben. Die Massenfertigung hat niedrige Preise zur Folge, so daß man derartige Gatter bzw. Schaltglieder in großer Zahl für alle Schaltungsvarianten einsetzen kann.

Neben den in den beiden vorstehenden Abschnitten verwendeten Schaltungssymbolen für binäre Verknüpfungsglieder werden in zunehmendem Maße auch die neuen Schaltungssymbole nach der geänderten Norm DIN 40 700, Teil 14 (Juli 1976) benutzt. Bild 13.21 zeigt die fünf wichtigsten Symbole.

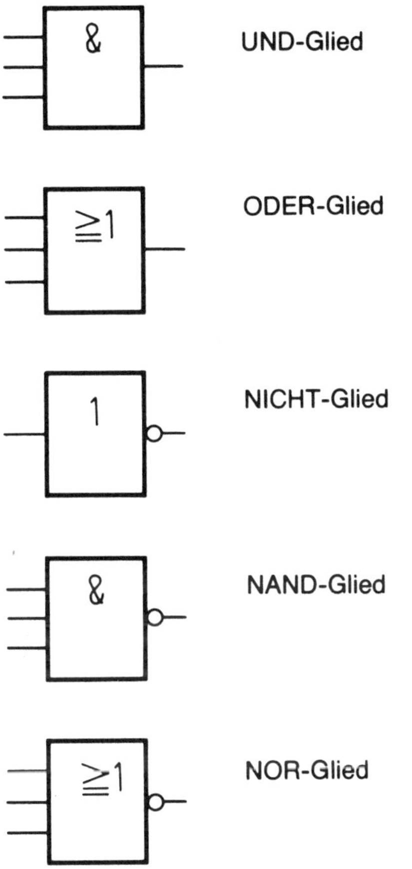

Bild 13.21 Schaltungssymbole für binäre Verknüpfungsglieder nach der neuen Norm

13.6. Ohne »Speicher« kein Gedächtnis

Wenn wir beispielsweise zwei mehrziffrige Dezimalzahlen untereinanderschreiben und addieren, so laufen die einzelnen Rechenschritte alle nach demselben Schema ab: es ergeben sich in jeder Spalte entweder ein- oder zweistellige Zahlen. Eine kleine Rechenaufgabe soll dies belegen:

$$\begin{array}{r} 388 \\ +\ 71 \\ \hline 459 \end{array}$$

Die beiden ersten Schritte lauten $8 + 1 = 9$ und $8 + 7 = 15$. Selbstverständlich schreiben wir die Zahl 15 nicht als Ganzes hin, sondern nur die 5 (nach dem Motto: 5 hin, 1 im Sinn). Man kann auch sagen, daß wir die 1 speichern, d. h. im Gedächtnis behalten und dann beim nächsten Rechenschritt wieder einbeziehen ($3 + 1 = 4$). Auf diese Weise speichern wir in unserem Gedächtnis kurzzeitig Zwischenergebnisse eines Rechenvorgangs.

Auch eine elektronische Rechenanlage muß über geeignete Speicher verfügen, um rechnen zu können. Je größer ihre »Speicherkapazität« ist, desto kompliziertere und umfangreichere Aufgaben kann sie lösen. Wir wollen zunächst einmal die gebräuchlichen Speichersysteme kennenlernen. Sie unterscheiden sich u. a. durch ihren Raumbedarf und ihre Zugriffszeit.

Während wir uns unter Raumbedarf die Größe eines Speichers vorstellen können, ist der Ausdruck Zugriffszeit wohl weniger bekannt. Man versteht hierunter die Zeitdauer, die zum Finden der gewünschten Information im Speicher nötig ist. Wir kennen so etwas beispielsweise von der Compact-Cassette, bei der man ein Musikstück am Ende des Bands erst hören kann, wenn dieses Band ganz durchgelaufen ist, was selbst bei schnellem Vorlauf rund eine Minute dauert. Diese lange Zugriffszeit ist natürlich für einen elektronischen Rechner völlig undiskutabel; bei ihm muß es in Sekunden oder noch besser in Bruchteilen von Sekunden gehen.

13.6.1. Magnetische Speicher

Moderne Speicher arbeiten fast alle auf magnetischer Basis, d. h. die Informationen werden entweder mit Schreib-, Lese- oder Löschköpfen auf Magnetbänder oder -platten aufgezeichnet, hiervon wieder abgenommen bzw. gelöscht oder man nützt die Magnetisierbarkeit bestimmter Ferritmaterialien aus und prägt ihnen auf diese Weise die Informationen auf, nimmt sie wieder ab oder löscht sie. Eine Ausnahme bilden die verschiedenen Arten der Halbleiterspeicher, die durch die Fortschritte der modernen Halbleitertechnologie relativ preisgünstig hergestellt werden können.

In allen Speicherausführungen werden ausschließlich Ja-Nein-Informationen verarbeitet, also eine Folge von Impulsen, die im Prinzip durch das Ein- und Ausschalten des Stroms erzeugt werden. Wir kennen diese beiden Betriebszustände bereits und wissen, daß man sie mit den Buchstaben H und L bezeichnet.

Speicher des erstgenannten Systems sind als Magnetbänder, Magnetplatten und Magnettrommeln bekannt. Die längste Zugriffszeit haben Magnetbänder (Bild 13.22). Das ist verständlich, wenn man an die drei-, vier- oder fünfhundert Meter Band denkt, die auf der Spule auf- und abgewickelt werden müssen, um Informationen am Anfang und am Ende des Bands aufzuzeichnen bzw. wiederzugeben. Obgleich die Bandgeschwindigkeit natürlich weit höher ist als bei einem Cassettenrecorder, dauert es u. U. viele Sekunden, bis man das gewünschte Ergebnis gefunden hat. Dafür haben Magnetbänder eine sehr hohe Speicherkapazität, die praktisch nur durch die endliche Bandlänge begrenzt wird.

Neben den Spulengeräten der großen EDV-Anlagen verwendet man in kleinen Anlagen auch schon Cassettengeräte mit speziellen Cassetten. Sie fassen z. B. 90 m Band und sind für manche Zwecke besser geeignet als große Bandspulen. Bild 13.23 zeigt eine Philips-Magnetband-Cassetteneinheit mit drei Laufwerken.

Bild 13.22 Magnetbandspeicher für große EDV-Anlagen

Bild 13.23 Magnetband-Cassettenspeicher für kleine EDV-Anlagen

In den Forschungsabteilungen der Elektronikindustrie befinden sich weitere Speichertypen in der Entwicklung. Hierzu gehören z. B. auch die sogenannten Magnetblasenspeicher, bei denen die magnetischen Strukturen bestimmter Materialien als Speicherplätze ausgenutzt werden. An optischen Speichern verschiedener Art wird ebenfalls gearbeitet, hier ist speziell die optische Speicherplatte zu nennen, die bei Philips entwickelt wurde und eine zehnfach höhere Speicherdichte als vergleichbare Systeme hat (Bild 13.24).

Bild 13.24 Die von Philips entwickelte optische Speicherplatte kann bis zu einer halben Million Textseiten vom Format DIN A 4 aufnehmen. Die Datenspeicherung erfolgt nach einem ähnlichen System wie bei der Video-Langspielplatte VLP (siehe Abschnitt 9.8)

Magnetplattenspeicher (Bild 13.25) kann man fast mit üblichen Schallplatten vergleichen. Statt der in Rillen gepreßten und mechanisch abtastbaren Musikinformationen haben Magnetplatten eine glatte Oberfläche, deren Schicht spiralförmig verlaufende Magnetspuren mit Ja-Nein-Informationen enthält. Der Tonabnehmer ist hier durch einen speziellen, an einem Schwenkarm befestigten Magnetkopf ersetzt, mit dem die Spuren abgetastet bzw. gelesen werden. Um die Kapazität eines Magnetplattenspeichers möglichst groß zu machen, stapelt man die Platten wie bei einem Phonowechsler übereinander. Die Zugriffszeit ist bei diesem System verständlicherweise wesentlich kürzer als bei Magnetbändern und kann bei Bruchteilen von Sekunden liegen.

Bild 13.25 Magnetplattenspeicher

Magnettrommeln tragen an ihrer Außenseite eine Magnetschicht, in der ringförmig verlaufende Spuren aufgezeichnet werden können. Um schnelle Zugriffszeiten zu erhalten, hat man jede Spur mit eigenen Magnetköpfen versehen. Da sich die Trommel 50mal in der Sekunde dreht, braucht man nur zwei Hundertstel Sekunden, um eine Spur abzutasten. Die Umschaltung von einer zur anderen Spur erfolgt elektronisch und ist daher entsprechend schnell. Das Fassungsvermögen (die Kapazität) der Magnettrommel liegt jedoch unter dem von Magnetplatten.

Allen drei Speichern ist gemeinsam, daß sie aufgrund ihrer relativ langen Zugriffszeiten mit den eigentlichen Recheneinheiten moderner Computer nicht direkt gekoppelt werden können. Sie dienen deshalb vornehmlich als Hilfsspeicher für Daten, die für das Rechenprogramm zwar nötig sind, aber nicht ständig in der Recheneinheit gebraucht werden.

Die Zweihundertstelsekunde (0,02 Sekunden oder 20 Millisekunden) des Trommelspeichers ist für unsere Vorstellungen zwar enorm schnell, für eine elektronische Rechenanlage aber noch rund tausendmal zu langsam! Deshalb stößt man in den Mikrosekundenbereich vor, d. h. es werden Zugriffszeiten benötigt, die nur millionstel Sekunden dauern. Diese unvorstellbar kurzen Zeitspannen lassen sich mit sogenannten Kernspeichern erreichen (Bild 13.26). Hierbei handelt es sich um ein System, das mit speziellen Ferrit-Ringkernen arbeitet, die zwei Betriebszustände einnehmen können, nämlich einen magnetisierten und einen unmagnetisierten. Die Ringkerne sind nur millimetergroß und werden nach einem bestimmten Muster aufgefädelt, von dem wir in Bild 13.27 die erste Stufe zeigen. Die Längs- und Querdrähte

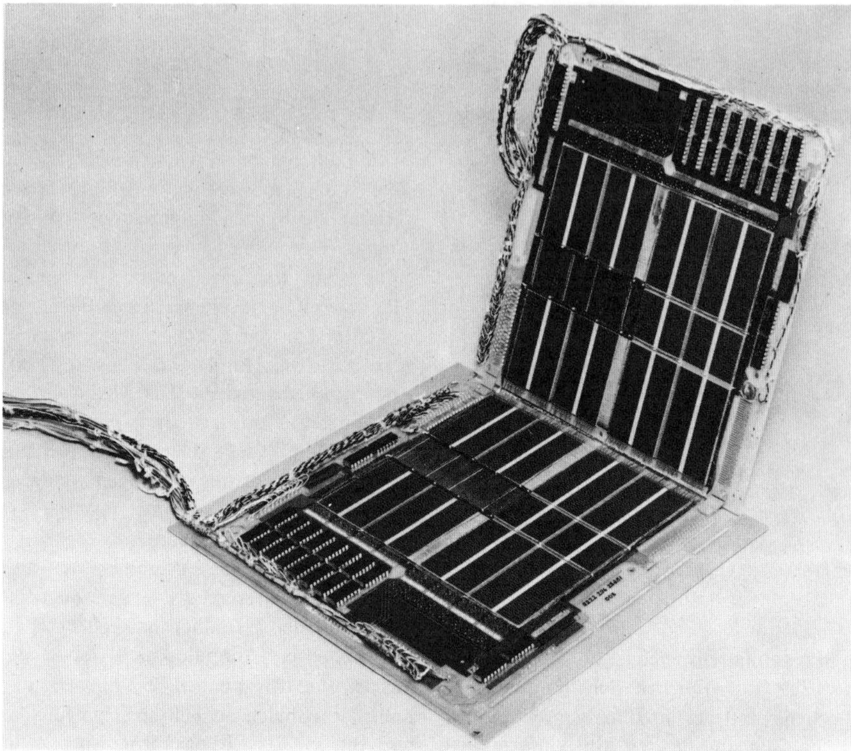

Bild 13.26 Beispiel für einen Magnetkernspeicher der Valvo GmbH in sehr flacher Bauform und mit hoher Kapazität

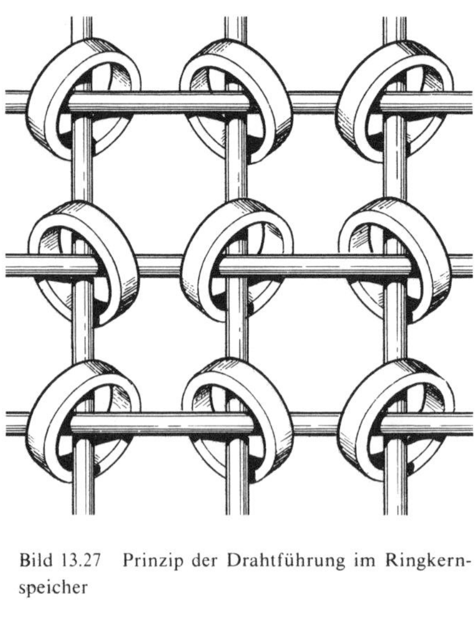

Bild 13.27 Prinzip der Drahtführung im Ringkernspeicher

einer solchen »Matrix« leiten den Magnetisierungsstrom zu den Ringkernen.

Daß die Kapazität eines derartigen Kernspeichers verhältnismäßig klein ist, wird durch die Tatsache deutlich, daß man jedem Ringkern nur einen Impuls – also ein Bit – aufmagnetisieren kann (den man natürlich auch lesen und löschen kann). Die überragende Schnelligkeit des Kernspeichers ist also durch einen hohen Aufwand erkauft, der diesen Speichertyp teuer macht (Bild 13.28).

Weil die Vorgänge des Speicherns, Lesens und Löschens von denen beim Magnetband etwas abweichen, soll das Grundschema kurz gestreift werden. In Bild 13.29 soll z. B. der Ringkern 6 vom unmagnetischen in den magnetischen Zustand versetzt werden. Schickt man einen

Bild 13.28 Blick in einen Magnetkernspeicher bei ca. 10facher Vergrößerung. Insgesamt befinden sich in diesem Speichertyp 230 400 Ferritkerne

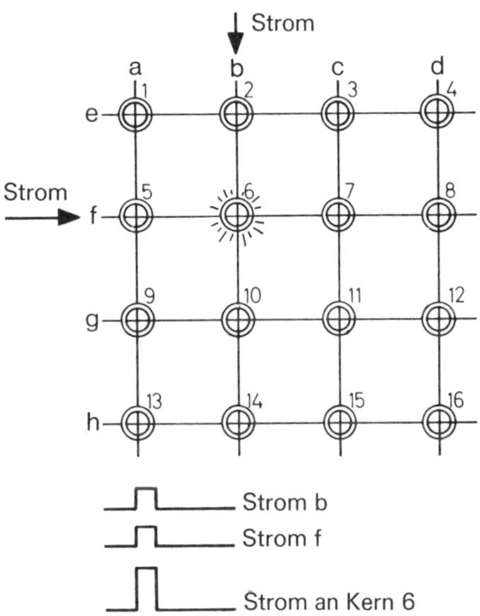

Bild 13.29 Funktionsprinzip des Einspeicherns bei einem Ringkernspeicher: Die »halbierten« Magnetisierungsströme ergeben am betreffenden Ringkern wieder den benötigten Gesamtimpuls

Magnetisierungsstrom durch die Leitungen b und f, so ist nicht auszuschließen, daß auch alle anderen Kerne auf diesen Leitungen magnetisiert werden. Nach dem Motto »Getrennt marschieren, vereint schlagen« gelingt es aber, diesen unerwünschten Zustand zu vermeiden.

Man teilt daher den impulsartigen Magnetisierungsstrom in zwei gleiche Hälften mit entsprechend kleinerer Amplitude auf und speist diese in die Leitungen b und f ein. Im Schnittpunkt der beiden Drähte, nämlich beim Ringkern 6, vereinigen sich die Teilströme wieder zu einem positiven Gesamtimpuls, der stark genug ist, den Kern durchzumagnetisieren. Nach Abklingen des Impulses verbleibt eine Remanenz im Kern, die der Information entspricht (s. auch Abschnitt 12.4.). Die Ringkerne sind übrigens so ausgebildet, daß sie nur von Strömen bestimmter Größe beeinflußt werden können.

Leider ist es nicht möglich, auf ebenso einfache Weise den gespeicherten Impuls wieder herauszubekommen, d. h. ihn zu lesen. Man muß den Speicher für diesen Zweck mit einem weiteren Draht versehen, der die Matrix diagonal durchzieht (Bild 13.30) und Lesedraht heißt. Wird jetzt an die beiden Leitungen b und f wieder je ein »halber« Impuls gelegt, diesmal aber mit umgekehrter – also negativer – Polarität, so treffen beide Impulse im Ringkern 6 zusammen und rufen dort eine Magnetisierung hervor, die der im Kern vorhandenen entgegengesetzt ist. Als Folge davon tritt eine Auslöschung des gespeicherten Impulses ein. Dies ist der erste Leseschritt.

Der zweite passiert im Lesedraht. Wie in Abschnitt 3.11. beschrieben, wird bei wechselnder Magnetisierungsrichtung in einem Draht eine Spannung induziert. Und genau dieser Vorgang spielt sich zwischen Ringkern und Lesedraht ab. Beim Entmagnetisieren wird im Lesedraht ein Impuls induziert, der mit dem gespeicherten des Ringkerns 6 identisch ist und den man am Ende des Lesedrahts abnehmen und weiterverarbeiten kann.

Damit der Speicher (in diesem Fall also Ringkern 6) nicht leer bleibt, muß man die zunächst gelöschte Information wieder speichern. Hierzu verwendet man einen Teil des Lesedrahtimpulses, den man verstärkt und anschließend mit positiver Polarität wieder in den Speicher einbringt. Der Ringkern 6 in Bild 13.30 bekommt diese Information über die Leitungen b und f und ist dann aufs neue mit der ursprünglichen Information versehen.

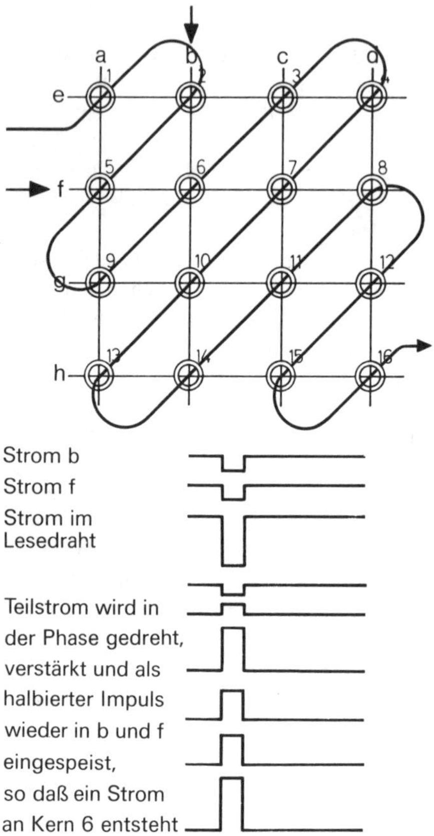

Bild 13.30 Funktionsprinzip des Lesens und Wiedereinspeicherns einer Information

13.6.2. Halbleiterspeicher

Die schon eingangs erwähnten Halbleiterspeicher bestehen im Prinzip aus den im Kapitel 8 erwähnten Elementen der integrierten Schaltkreise und werden auch nach gleichen Verfahren hergestellt. Als eigentliche »Speicherzellen« dienen Transistoren, die auf verschiedene Weise für eine Datenspeicherung ausgenutzt werden können. Halbleiterspeicher haben mit Werten im Nanosekundenbereich die kürzesten Zugriffszeiten aller Systeme. Der Typ GZQ 101 beispielsweise bringt es auf »nur« 100 ns, d. h. nach 0,1 μs (100 Milliardstel Sekunden) steht die angeforderte Information bereits am Speicherausgang zur Verfügung.

Diese unvorstellbar kurzen Zeiten sind natürlich nur möglich durch die mikroskopisch kleinen Abmessungen des Speichers, der gegenüber den Ringkernspeichern außerdem noch den Vorteil des niedrigen Preises hat. Kein Wunder also, daß dieser neue Speichertyp zunehmend auch dort verwendet wird, wo bisher aus Kostengründen keine Speicher eingesetzt werden konnten. Ein Beispiel sind die handlichen elektronischen Tisch- und Taschenrechner, deren Konstruktion und preisgünstige Fertigung erst durch ICs und die daraus entstandenen Halbleiterspeicher möglich wurde (Bild 13.31). Ein weiterer Anwendungsbereich sind die Mini- und Mikrocomputersysteme.

Bild 13.31 Modell eines elektronischen Tischrechners, der aus Valvo Bauelementen hergestellt wurde

Halbleiterspeicher lassen sich grob nach den verwendeten Schaltungstechniken unterscheiden. Wir finden hier neben den sogenannten Schieberegistern weitere Speichertypen mit so effektvollen Bezeichnungen wie RAM oder ROM und PROM.

Hinter diesen Abkürzungen verbergen sich Speicher mit wahlfreiem Zugriff (Random Access Memories = RAMs), Festwertspeicher (Reed Only Memories = ROMs) und programmierbare Festwertspeicher (Programmable Reed Only Memories = PROMs).

Die beiden letztgenannten Speicher können nur ausgelesen, nicht aber elektronisch stets neu programmiert werden. Das gewünschte Bitmuster der ROMs wird bereits bei der Herstellung unter Verwendung einer »Programmiermaske« für alle Zeiten fest gespeichert. Man macht hierbei die Transistoren entweder leitend oder sperrend und fragt später beim Auslesen den Transistorenzustand ab, der ein Spiegelbild der gespeicherten Information ist.

Bei den PROMs erfolgt keine (mechanische) Programmierung über eine Maske, sondern hier wird der Festwertspeicher nach dem Herstellungsprozeß elektrisch mit dem gewünschten Bitmuster versehen. Das kann z. B. durch ein Wegbrennen von bestimmten Verbindungen innerhalb der Halbleiterschaltung geschehen. Auch diese Programmierung kann nicht mehr rückgängig gemacht werden. Anders ist es bei der zweiten Programmiermöglichkeit. Man nutzt dabei die Kapazität der hochisolierten Gate-Elektroden aus, die in der Lage sind, eine einmal aufgebrachte elektrische Ladung garantiert zehn Jahre und vermutlich noch länger zu speichern (Bild 13.32). Vorteilhaft ist hierbei die Tatsache, daß sich die Gate-Kondensatoren nach kräftiger Bestrahlung mit UV-Licht entladen und durch nochmaliges Anlegen einer entsprechend hohen Spannung neu geladen, d. h. programmiert werden können.

RAMs haben dagegen nicht die Fähigkeit, gespeicherte Daten über lange Zeit zu behalten, können jedoch nach Belieben programmiert werden. Sie sind aus Transistoren in einer bestimmten Art (Flipflop) aufgebaut und lassen die eingegebene Information an ihrem Schaltzustand erkennen. Man nennt sie »statische Speicher« im Gegensatz zu den dynamischen Ausführungen, bei denen die eingegebene Information in regelmäßigen Abständen immer wieder »aufgefrischt« werden muß, weil sie nur kurzzeitig kapazitiv speicherbar ist. RAMs sind schematisch ähnlich aufgebaut wie Ringkernspeicher, d. h. über eine bestimmte Adresse kann ein und dieselbe Information immer wieder ausgelesen bzw. eine Information an einen gewünschten Ort im Speicher eingelesen werden (Bild 13.33). Aufgrund dieser Eigenschaft bezeichnet man sie als Speicher mit wahlfreiem Zugriff.

Der einfachste Typ des Halbleiterspeichers ist als Schieberegister oder

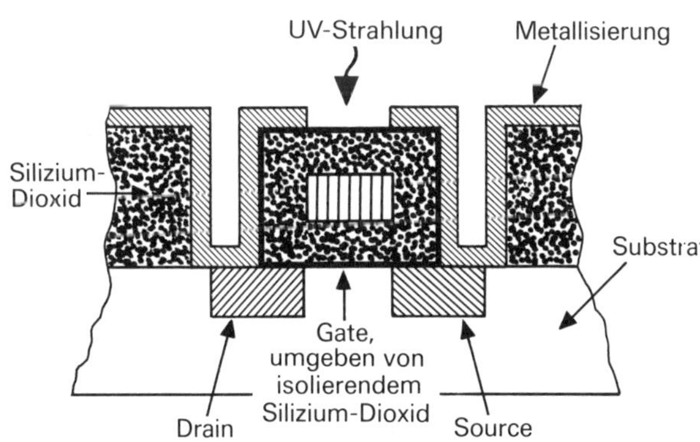

Bild 13.32 Vereinfachte schematische Darstellung eines speicherfähigen Gate-Kondensators

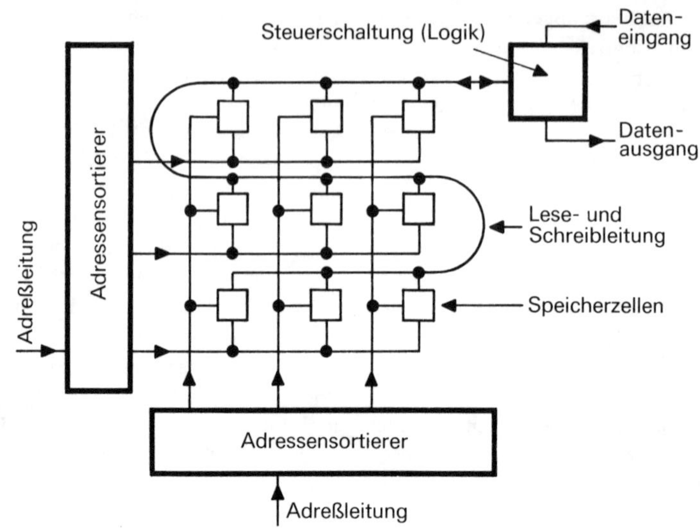

Bild 13.33 Aufbauprinzip eines Halbleiterspeichers mit wahlfreiem Zugriff

Serienspeicher bekannt (Bild 13.34). Sein Merkmal sind die hintereinandergeschalteten Speicherzellen, d. h. beim Einschreiben der Information werden die einzelnen Bits nacheinander in das Register geschoben und wandern so von Zelle zu Zelle weiter. Der ganze Vorgang wird von Steuer- oder Taktsignalen überwacht. Verbindet man beispielsweise den Registerausgang mit dem Eingang, so ergibt sich ein Umlaufspeicher, in dem die Bits zirkulieren. Ein wahlfreier Zugriff ist daher nicht möglich, man kann nur nach einem vollen Umlauf ein gewünschtes Bit ein- oder auslesen.

Schieberegister in statischer Ausführung sind ebenfalls als Flipflops aufgebaut, wogegen die dynamischen wiederum mit den

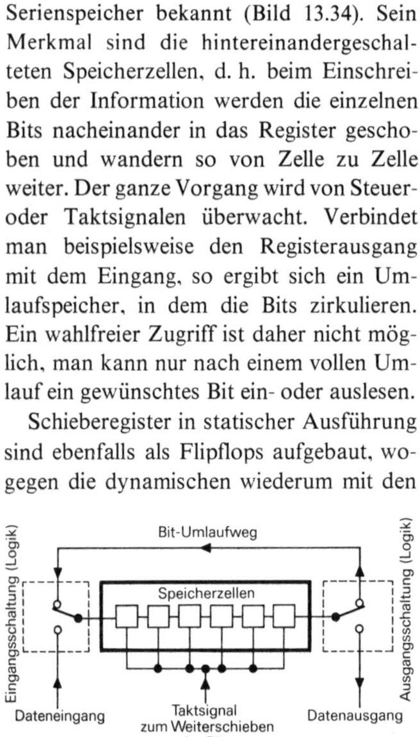

Bild 13.34 Funktionsprinzip eines Schieberegisters oder Serienspeichers

gespeicherten Ladungen der Transistor-Kapazitäten arbeiten. Da diese (genau wie die der RAMs) längst nicht so gut isoliert sind wie bei den eingangs erwähnten ROM- und PROM-Festspeichern, müssen die Informationen beim Übergang in die nächste Speicherzelle automatisch durch das Taktsignal wieder regeneriert werden.

Mit diesen Erläuterungen wird das Kapitel über die ersten Grundbegriffe der elektronischen Datenverarbeitung beendet. Es wird im Band 2 der Philips Lehrbriefe fortgesetzt.

13.7. Wichtiges kurz gesagt

1. Computer sind Anlagen oder Geräte zur elektronischen Datenverarbeitung, d. h. programmgesteuerte elektronische Rechenmaschinen.

2. Die erste Rechnergeneration war röhrenbestückt; ihre Betriebssicherheit und ihr Volumen entsprachen noch nicht den Bedürfnissen der Anwender.

3. Die zweite Generation wurde mit Transistoren und Dioden bestückt, gedruckte Schaltungen auf Steckkarten ersetzten das handverdrahtete Chassis.

4. Die dritte Generation erlangte ihre relativ kleinen Abmessungen durch die Verwendung von integrierten Schaltungen (ICs), die auch höhere Rechengeschwindigkeiten zulassen.
5. Elektronische Rechner arbeiten intern nicht mit dem Dezimalsystem, sondern überwiegend mit dem Binärsystem, bei dem es elektronisch nur zwei Schaltzustände gibt. Sie sind definiert durch: Strom fließt – Strom fließt nicht.
6. Derartige Schaltzustände lassen sich durch elektrische Signale ausdrücken, die zwei Spannungswerte aufweisen, z. B. 0 V und 10 V. Sie werden als digitale bzw. binäre H- und L-Spannungswerte bezeichnet.
7. Das Rechnen im Digitalverfahren erfolgt nach einem Schritt-für-Schritt-Prinzip, bei dem elektrische Impulse gezählt werden.
8. Nur relativ wenige Rechner arbeiten nach dem Analogverfahren, bei dem die entsprechenden physikalischen oder mathematischen Vorgänge in elektronische Analoggrößen umgewandelt werden.
9. Elektronische Rechner müssen mit Programmen gespeist werden, die in besonders codierten Sprachen geschrieben sind. Diese werden dann von speziellen Geräten automatisch in die binär-codierte Maschinensprache übersetzt.
10. Die Rückübersetzung aus der Maschinensprache geschieht auf umgekehrtem Weg; die Resultate werden von Schnelldruckern oder elektronisch auf Bildschirmen geschrieben.
11. Ein Bit ist die kleinste Informationseinheit und entspricht einem binären Schritt (Ja oder Nein). Ein Byte ist eine Einheit aus acht Bits und wird auch Oktade genannt.
12. Die Elektronik eines Rechners arbeitet u. a. mit »Logik-Schaltungen«, die z. B. als Verknüpfungsschaltungen, Schaltglieder, Gatter bezeichnet werden. Mit ihnen lassen sich die logischen Verknüpfungen bestimmter Aussagen darstellen.
13. Es gibt drei Grundfunktionen: UND-Funktion mit der Kurzform $Z = A \wedge B$; ODER-Funktion mit der Kurzform $Z = A \vee B$; NICHT-Funktion mit der Kurzform $Z = \bar{A}$.
14. Aus den drei Grundfunktionen UND, ODER und NICHT entwickelte man die beiden Funktionen NAND und NOR, mit denen sich aufgrund schaltalgebraischer Gesetzmäßigkeiten alle Grundfunktionen darstellen lassen. NAND ist eine invertierende UND-Logik, NOR eine invertierende ODER-Logik.
15. In elektronischen Rechenanlagen werden für die anfallenden Daten verschiedene Speicherarten verwendet: Magnetbänder, Magnetplatten, Magnettrommeln und Magnetkernspeicher, auch Ringkern- oder Kernspeicher genannt. Sie haben die schnellste Zugriffszeit von allen Ausführungen, die auf magnetischer Basis arbeiten.
16. Halbleiterspeicher sind extrem klein und werden nach einem Verfahren wie bei integrierten Schaltungen hergestellt. Es gibt verschiedene Ausführungen, die man vereinfacht in vorprogrammierte (Festwertspeicher) und jederzeit neu programmierbare (Speicher mit wahlfreiem Zugriff) unterteilen kann, zu denen noch die Schieberegister gehören, die aber nicht absolut wahlfrei zu programmieren bzw. zu lesen sind.
17. Halbleiterspeicher findet man u. a. in Tisch- und Taschenrechnern, deren Mini-Abmessungen und Rechenleistungen erst durch diese Speicherart möglich wurden.
18. Halbleiterspeicher haben im Prinzip noch kürzere Zugriffszeiten als Kernspeicher. Es gibt Ausführungen mit weniger als 100 Nanosekunden.
19. Mikroprozessoren sind universell einsetzbare Halbleiterbauelemente, die durch extern gespeicherte Befehle für den jeweiligen Anwendungszweck programmiert werden können. Durch Hinzufügen von Speichern sowie Ein- und Ausgabe-Elementen entsteht ein komplettes Mikrocomputersystem.

14. Licht und Beleuchtung

14.1. Was ist Licht?

Physikalisch gesehen ist Licht elektromagnetische Strahlung, die sich im Raum geradlinig ausbreitet. Der von den Augen wahrgenommene sichtbare Teil dieser Strahlung liegt im Bereich der elektromagnetischen Wellen zwischen Ultraviolett und Infrarot. Lichtwellen sind außerordentlich kurz; sie haben Wellenlängen zwischen 400 und 760 Nanometer. Das Nanometer (nm) ist eine Längenbezeichnung wie Meter, Zentimeter oder Millimeter, nur daß es zum Messen wesentlich kürzerer Strecken benutzt wird: es ist der tausendste Teil eines tausendstel Millimeters.

Lichtwellen sind also sehr viel kürzer als die zur Aussendung der 2. und 3. Fernsehprogramme benutzten Dezimeterwellen, die rund 30 Zentimeter lang sind. Auch die im 12-GHz-Fernsehbereich verwendeten Zentimeterwellen sind noch 50000mal länger als die Wellen im Spektrum der sichtbaren Lichtstrahlung. Rundfunk-, Fernseh- und Lichtwellen sind gleichermaßen elektromagnetische Schwingungen (siehe hierzu auch die Darstellung in Bild 10.6 auf Seite 212). In Bild 14.1 ist das ganze Wellenband angegeben. Das sichtbare Licht nimmt darin nur einen sehr kleinen Bereich ein. In der Tabelle sind neben den Wellenlängen auch die Schwingungszahlen pro Sekunde angegeben. Sie errechnen sich bekanntlich aus der Wellen-

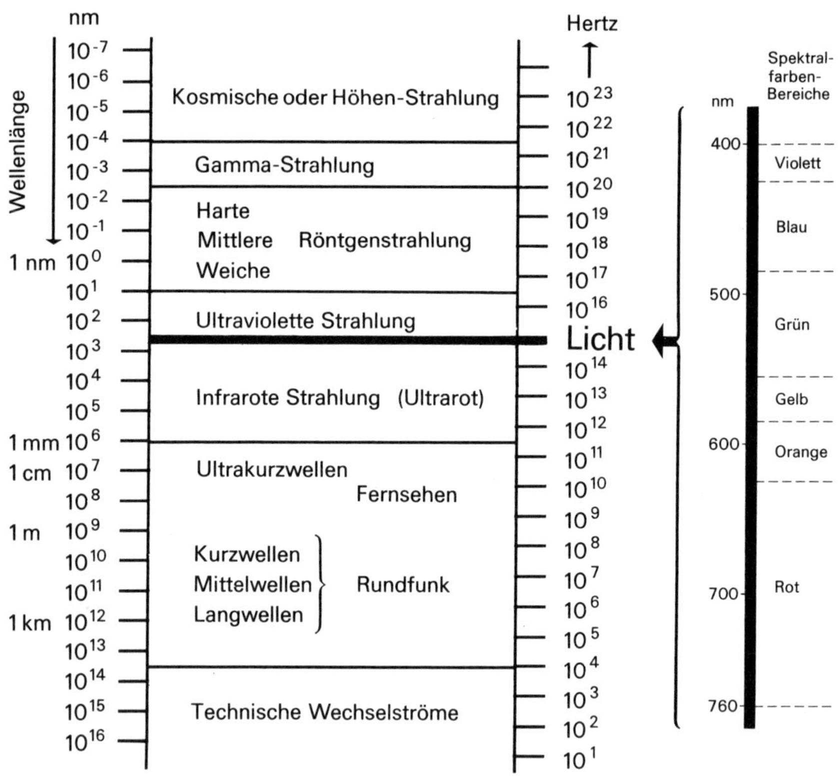

Bild 14.1 Bereich der elektromagnetischen Schwingungen

länge und der Fortpflanzungsgeschwindigkeit der elektromagnetischen Wellen, die 300000 Kilometer in der Sekunde beträgt.

Wenn elektromagnetische Schwingungen mit Wellenlängen von 400 bis 760 nm unsere Augen treffen, dann haben wir den Eindruck: »Licht«. Als Licht wird diejenige Strahlung bezeichnet, die im Auge eine sogenannte Hellempfindung auslöst. Dabei ist es egal, ob die von der Lichtquelle ausgehenden Wellen direkt oder indirekt auf die Sehnerven einwirken. Der erzeugte Licht- oder Helligkeitseindruck wird im allgemeinen durch reflektiertes Licht hervorgerufen. Die Umgebung des Beobachters wird beleuchtet (Bild 14.2). Wiesen, Felder, Wege, Straßen, Häuser, d. h. alle von Licht getroffenen Gegenstände werfen die auftreffenden Strahlen zurück, so daß man den Eindruck hat: es ist hell. Befänden wir uns im freien Weltraum, wäre es dunkel um uns, weil nichts da ist, was Licht reflektieren würde. Nur ferne Sterne, der Mond und der Erdball leuchten im Dunkel des Weltalls. Die Astronauten haben es auf ihren Reisen mit eigenen Augen sehen können und durch Aufnahmen belegt.

Bild 14.2 Das Sonnenlicht wird von allen uns umgebenden Dingen reflektiert, die deshalb auch in ihren typischen Farben erscheinen. In der Dämmerung oder bei Nacht kann man lediglich Grautöne wahrnehmen. Die Netzhaut des Auges enthält sogenannte Fotorezeptoren, die uns als Zapfen und Stäbchen bekannt sind. Die sieben Millionen Zapfen dienen zum Sehen bei Tag und zum Erkennen von Farben. Dagegen werden die 130 Millionen Stäbchen vornehmlich zum Sehen bei wenig Licht (und damit ohne Farben) gebraucht

Weißes Licht setzt sich aus allen Wellenlängen der sichtbaren Strahlung zusammen. Da jeder Farbe eine ganz bestimmte Wellenlänge zugeordnet ist, ruft das Zusammenwirken einzelner Wellen natürlich unterschiedliche Farbeindrücke hervor, weil dann ja eine Mischung dieser Wellen auftritt. Das Wellenband des sichtbaren Lichts wird durch Bild 14.3 veranschaulicht.

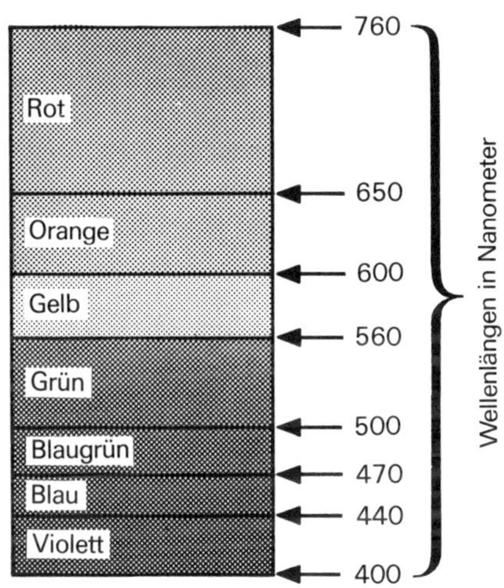

Bild 14.3 Das sichtbare Licht der Sonne ist nur ein kleiner Teil des Strahlenspektrums und reicht von Rot nach Violett, man nennt diesen Teil auch »Regenbogenfarben«. Die Wellenlänge wird in Nanometer angegeben (1 nm = 1/1000000 mm)

Langsamere Schwingungen, also Wellen mit einer größeren Länge als 760 Nanometer, werden vom menschlichen Auge nicht mehr aufgenommen, wohl aber vom Gefühlssinn: es sind die Wärmewellen. Man bezeichnet diesen über das sichtbare Rot hinausgehenden Wellenbereich als Infrarotgebiet (Infrarot abgekürzt IR). Die am entgegengesetzten Ende bei Violett mit kleineren Wellenlängen als 400 Nanometer anschließenden unsichtbaren Wellen des Ultraviolettgebiets (abgekürzt UV) rufen u. a. die Bräune der Haut hervor.

Farben lassen sich nur bei relativ hohem Helligkeitsgrad wahrnehmen. Überdies ist das Auge für verschiedene Farbwerte auch verschieden empfindlich, wie die grafische Darstellung in Bild 14.4 und (mit genaueren Werten) die Tabelle zeigt. Angegeben ist die Hellempfindlichkeit eines Normalbeobachters am Tage bei verschiedenen Wellenlängen. Die Werte wurden festgesetzt von der Internationalen Beleuchtungskommission anhand von Angaben vieler Versuchspersonen. Daher können die Empfindlichkeitskurven der einzelnen Menschen mehr oder weniger stark von dieser Normkurve abweichen. Bei Nachtsehen verschiebt sich das Maximum der spektralen Empfindlichkeit des Auges etwas zum kurzwelligen Bereich hin und liegt dann bei rund 505 Nanometern.

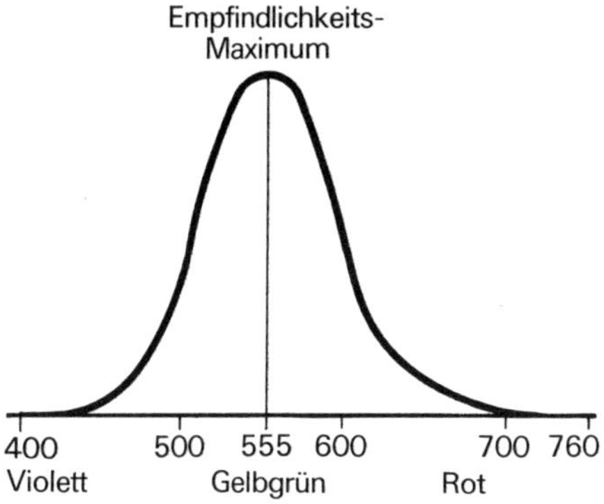

Bild 14.4 Das menschliche Auge ist nicht für alle Wellenlängen des sichtbaren Lichts gleich gut empfindlich. Diese Kurve gibt die »spektrale Hellempfindlichkeit« des Auges an, das Maximum liegt bei Gelbgrün im Bereich um 555 nm. Vor allem die Zapfen reagieren auf diesen Bereich des Spektrums. Die nur hellempfindlichen Stäbchen sind mehr im Wellenbereich um etwa 505 nm empfindlich. Zum Sehen und Wahrnehmen ist eine Mindest-Helligkeit erforderlich. Eine gute Beleuchtung bzw. gutes Licht macht es dem Auge leichter, seine Aufgaben zu erfüllen

Wellenlänge in nm	relative Empfindlichkeit
400	0,0004
410	0,0012
420	0,0040
430	0,0116
440	0,023
450	0,038
460	0,060
470	0,091
480	0,139
490	0,208
500	0,323
510	0,503
520	0,710
530	0,862
540	0,954
550	0,995
555	1,000
560	0,995
570	0,952
580	0,870
590	0,757
600	0,631
610	0,503
620	0,381
630	0,265
640	0,175
650	0,107
660	0,061
670	0,032
680	0,017
690	0,0082
700	0,0041
710	0,0021
720	0,00105
730	0,00052
740	0,00025
750	0,00012
760	0,00006

14.2. Spektrum des Lichts

Manchmal sieht man bei schönem Sonnenschein jene bunten Farbenspiele an der weißen Wand oder an der Decke, die man als Lichtspektrum bezeichnet. Dieses Phänomen erklärt sich aus der Lichtbrechung, die wir alle sicher schon einmal beobachtet haben. Gelangt nämlich ein Lichtstrahl beispielsweise aus der Luft ins Wasser, so wird er »gebrochen«. Das können wir gut an einem Stab beobachten, der in einem mit Wasser gefüllten Glas steht und deutlich einen scheinbaren Knick zeigt (Bild 14.5). Auch der durch eine Glasplatte fallende Lichtstrahl muß sich einen Knick gefallen lassen und wird von seinem ursprünglichen Weg abgebogen.

Machen wir einen kleinen Versuch mit einem gläsernen Prisma und lassen in einem dunklen Raum aus einer abgeblendeten Lichtquelle einen Lichtstrahl auf das Prisma fallen. Das weiße Licht wird farbenprächtig zerlegt, und wir sehen auf einem entsprechend aufgestellten Bogen Papier die ganze Farbenskala des Regenbogens. Sie beginnt violett, wird dunkelblau, grün, gelb, orange und wechselt schließlich in Rot über (Bild 14.6). Am stärksten gebrochen werden die violetten Strahlenanteile des weißen Lichts, also die kurzwelligsten, während die folgenden geringer und die rotwelligen Anteile des Lichtstrahls am wenigsten abgelenkt werden.

Über das Rot des Spektrums hinaus hat man keinen sichtbaren Lichteindruck mehr. Aber das Wellenband ist dort nicht einfach abgeschnitten, und die Wirkung der

Bild 14.5 Beugungserscheinungen treten auf, wenn das Licht durch Medien mit unterschiedlichem Brechungsvermögen geht, z. B. hier durch Luft, Glas und Wasser

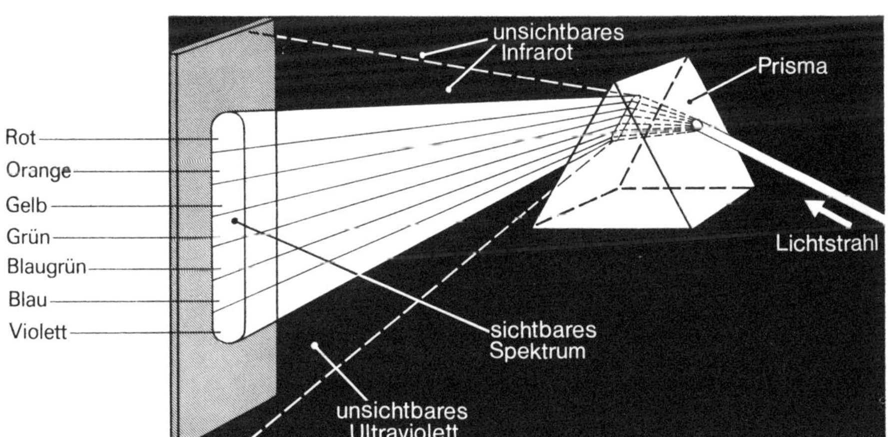

Bild 14.6 Mit einem Prisma kann das »weiße« Sonnenlicht in seine einzelnen farbigen Bestandteile zerlegt werden

sich an Rot anschließenden Strahlen könnte man mit einem entsprechend empfindlichen Thermometer auch nachweisen. Es würde hier nämlich die Wärmewellen des Infrarot-Bereichs durch einen Temperaturanstieg anzeigen (Bild 14.7).

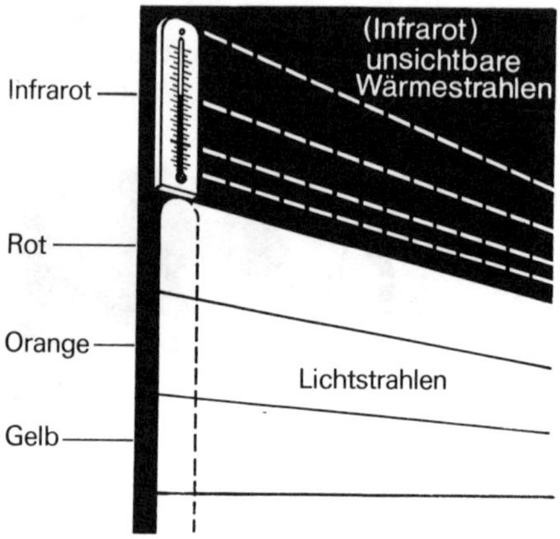

Bild 14.7 Die unsichtbaren Infrarotstrahlen rufen beim Eindringen in ein Medium einen Wärmeeffekt hervor

Die unsichtbaren, ultravioletten Strahlen liegen am anderen Ende des Spektrums, anschließend an das Violett. Verwendet man ein geeignetes Prisma zur Lichtbrechung, dann läßt sich die unsichtbare UV-Strahlung beispielsweise mit Hilfe eines Negativfilms oder Fotopapiers nachweisen (Bild 14.8). Nach dem Entwickeln zeigt sich an der unsichtbar bestrahlten Stelle (weit über den von sichtbarem Licht betroffenen Teil hinaus) eine Schwärzung. Man kann sogar beobachten, daß die Schwärzung im Bereich jenseits des sichtbaren Spektrums tiefer wird; ein Beweis für die starke Wirkung der kürzeren ultravioletten Strahlen. Der UV-Bereich und auch der IR-Bereich sind übrigens um ein Vielfaches größer als der des sichtbaren Lichts, was ja auch aus Bild 14.1 hervorgeht.

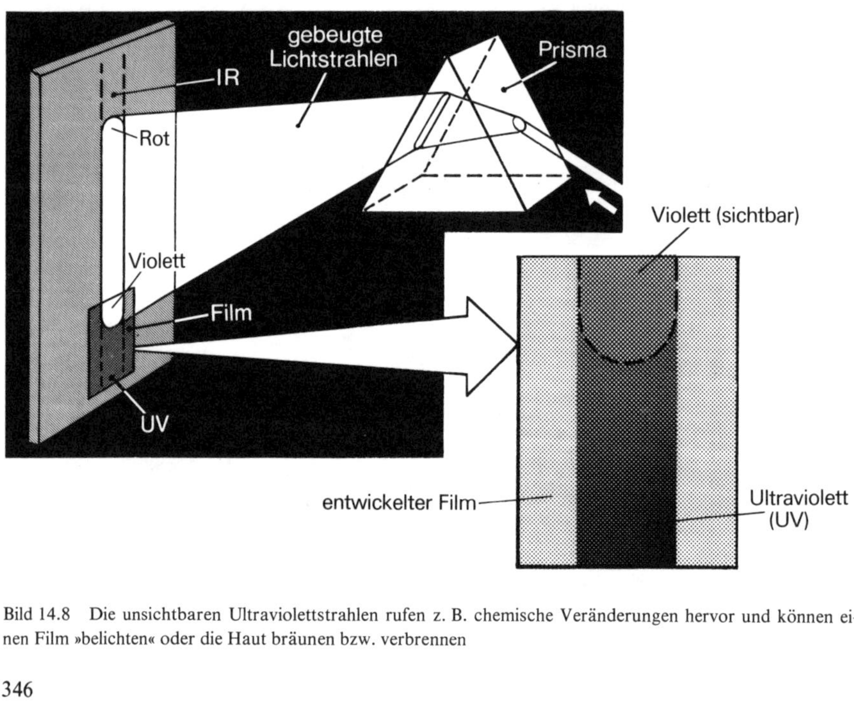

Bild 14.8 Die unsichtbaren Ultraviolettstrahlen rufen z. B. chemische Veränderungen hervor und können einen Film »belichten« oder die Haut bräunen bzw. verbrennen

14.3. Lichttechnische Grundgrößen

Ähnlich wie in anderen Bereichen der Elektrotechnik gibt es auch in der Lichttechnik bestimmte Grundgrößen. Wir müssen uns mit ihnen vertraut machen, wenn wir die Zusammenhänge im Lichtbereich verstehen wollen. Das lichttechnische Maßsystem basiert im wesentlichen auf vier Grundgrößen: Lichtstrom, Lichtstärke, Beleuchtungsstärke und Leuchtdichte. Diese Größen berücksichtigen die unterschiedliche Empfindlichkeit des Auges für verschiedene Wellenlängen des Lichts und gehen damit auf die spektrale Hellempfindlichkeit des Auges ein.

14.3.1. Lichtstrom

Der Lichtstrom ist die von einer Lichtquelle abgegebene und vom Auge bewertete Strahlungsleistung oder Lichtleistung. Die Einheit ist das Lumen (abgekürzt lm). Nun könnte der Ausdruck »Lichtstrom« dazu verführen, an den elektrischen Strom zu denken, der in einer Glühlampe Licht erzeugt. Aber der hier gemeinte Lichtstrom hat dem Sinn nach nichts mit dem elektrischen Strom zu tun. Er ist vielmehr ein Maß für das Licht, das eine Lampe in den sie umgebenden Raum »verströmt« (Bild 14.9).

Man drückt die sichtbare Strahlungs-

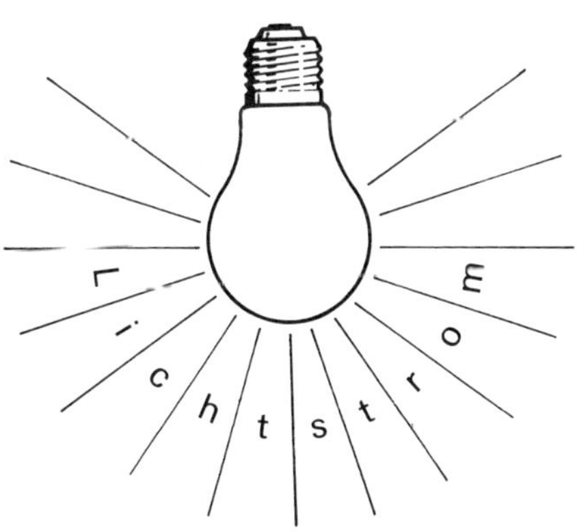

Bild 14.9 Der »Lichtstrom« ist das Maß für die Leistung einer Lichtquelle

> **Lichtstrom**
> ist Strahlungsleistung des Lichts
> Einheit: Lumen (lm)
> Kurzzeichen: Φ (Phi)

oder Lichtleistung einer Lichtquelle deshalb nicht in Watt aus (wie bei Leistungsangaben in der Elektrotechnik im allgemeinen üblich), sondern gibt ihr die Einheit Lumen, weil das Auge für die Strahlung verschiedener Wellenlängen nicht gleichmäßig, sondern verschieden stark empfindlich ist (siehe Bild 14.4). Einige Beispiele für Lichtströme unterschiedlicher Lichtquellen: 100-W-Glühlampe: 1 380 lm, 40-W-Leuchtstofflampe: 1 700 bis 3 200 lm (je nach Lichtfarbe), 2-kW-Halogen-Metalldampflampe: 190 000 lm, 20-kW-Xenon-Langbogenlampe: 500 000 lm.

Der Wert des Lichtstroms hängt bei Lampen von der zugeführten elektrischen Leistung ab und steigt mit dieser an, ähnlich wie der von einem Ventilator erzeugte Luftstrom stärker wird, wenn man die dem Antrieb zugeführte elektrische Leistung erhöht. Man erkennt aus den Angaben über verschiedene Lichtströme bei Lampen, daß sich der Lichtstrom keineswegs im gleichen Verhältnis wie die zugeführte elektrische Leistung verhält. Es müßte sonst beispielsweise der Lichtstrom einer Glühlampe bei 100 Watt aufgenommener elektrischer Leistung größer sein als bei der 40-W-Leuchtstofflampe. Die Wattangaben der Lampen sagen uns daher nichts Konkretes über ihre Lichtströme und damit über ihre Strahlungs- oder Lichtleistung aus. Fest steht jedoch, daß die abgegebene Lichtleistung im Verhältnis schneller zunimmt als die zugeführte elektrische Leistung.

14.3.2. Lichtstärke

Im allgemeinen strahlt eine Lichtquelle nicht gleichmäßig stark nach allen Seiten. Mit »Lichtstärke« bezeichnet man daher die Intensität der Lichtstrahlung in einer bestimmten Richtung. Es handelt sich dabei um den in einen kleinen Raumwinkel abgestrahlten Teil-Lichtstrom einer Lampe (Bild 14.10). Die Einheit der Lichtstärke ist das Candela (abgekürzt cd).

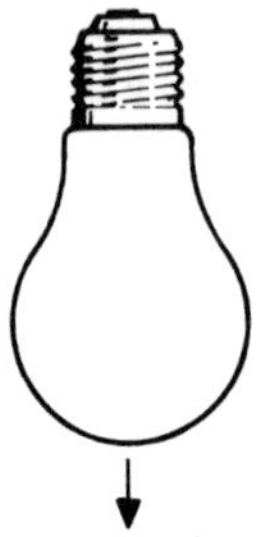

Bild 14.10 Die »Lichtstärke« ist das Maß für die Ausstrahlung von Licht in einer bestimmten Richtung

Lichtstärke ist Lichtstrom je Raumwinkeleinheit Einheit: Candela (cd) Kurzzeichen: I

Die Werte in der folgenden Aufzählung vermitteln einen Begriff von der Größenordnung der Lichtstärke in Candela. 100-W-Glühlampe (senkrecht zur Lampenachse): ca. 110 cd, 40-W-Leuchtstofflampe (senkrecht zur Lampenachse): 180 bis 330 cd (je nach Lichtfarbe), Tiefstrahler mit Spiegelreflektor: ca. 700 cd/1000 lm, Scheinwerfer: bis zu 1 000 000 cd/1000 lm in der Hauptstrahlrichtung.

Wie schon erwähnt, ist die Lichtstärke einer Lampe nicht in jeder Richtung gleich. Das Licht verteilt sich von der Lichtquelle ausgehend verschiedenartig im Raum. Um die Lichtverteilung für jede Leuchte oder Lampenart schnell ablesen zu können, bedient man sich der sogenannten Lichtverteilungskurven. Sie entstehen, wenn man sich die Lampe punktförmig in der Mitte eines Polardiagramms (Bild 14.11) angeordnet denkt und dann die Lichtstärken in den verschiedenen Richtungen der Ebene durch maßstabgerechte Pfeile darstellt, die strahlenförmig vom Mittelpunkt ausgehen.

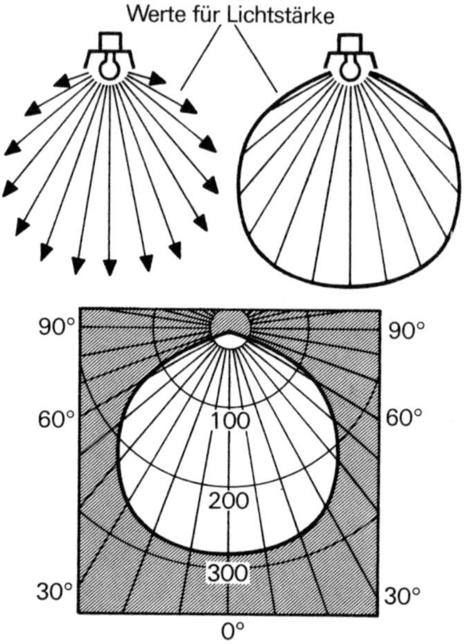

Bild 14.11 Beispiel für das Entstehen einer Lichtverteilungskurve (LVK)

Werden die Pfeilspitzen miteinander verbunden, ergibt sich die Lichtverteilungskurve, abgekürzt LVK genannt. Sie dient vor allem zur lichttechnischen Charakterisierung von Leuchten. Die in der Lichtverteilungskurve in gleichen Abständen gezeichneten konzentrischen Kreise gelten als Linien gleicher Lichtstärke. Man erkennt, daß die größte Lichtstärke in der Strahlrichtung senkrecht nach unten auftritt. Ein anderes Beispiel ist in Bild 14.12 gegeben. Wie man sieht, können lichtabschirmende Rund- oder Hohlspiegel oder ein umgebender Glaskörper die ursprüngliche Lichtverteilungskurve einer Lampe wesentlich ändern.

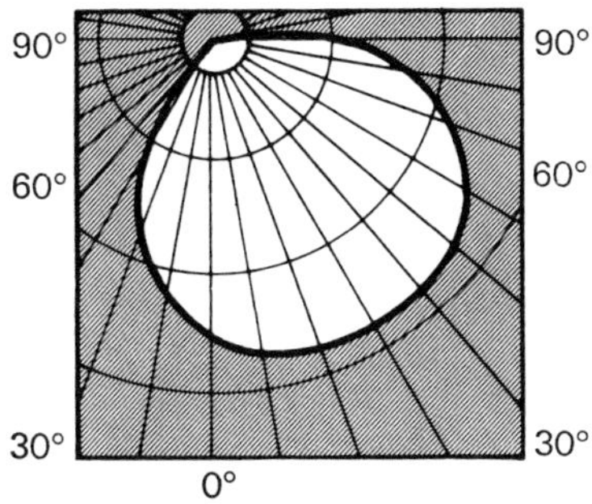

Bild 14.12 Lichtverteilungskurve einer schräg abstrahlenden Lichtquelle

14.3.3. Beleuchtungsstärke

Trifft der Lichtstrom einer Lampe auf eine Fläche, dann wird diese mehr oder weniger hell beleuchtet (Bild 14.13). Die Intensität,

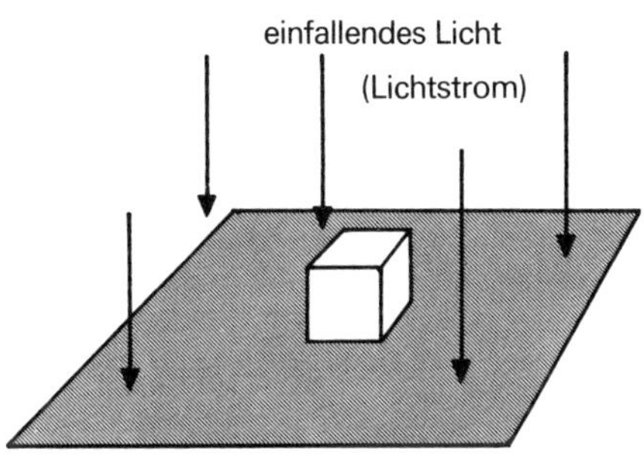

Bild 14.13 Die »Beleuchtungsstärke« ist das Maß für das auf eine Fläche auftreffende Licht. Helle und dunkle Flächen erhalten gleich viel Licht

mit der dies geschieht, bezeichnet man als »Beleuchtungsstärke«. Sie wird angegeben als das Verhältnis zwischen Lichtstrom und Fläche, da bei der Ermittlung der Beleuchtungsstärke der auf die Fläche auftreffende Lichtstrom durch die Größe der Fläche geteilt wird. Die Einheit ist das Lux (abgekürzt lx). Es ergibt sich die Formel:

$$\text{Lux} = \frac{\text{Lumen}}{\text{Quadratmeter}}$$

Die Beleuchtungsstärke 1 Lux ist gegeben, wenn eine Fläche von 1 m^2 mit einem Lichtstrom von 1 Lumen bestrahlt wird (Bild 14.14).

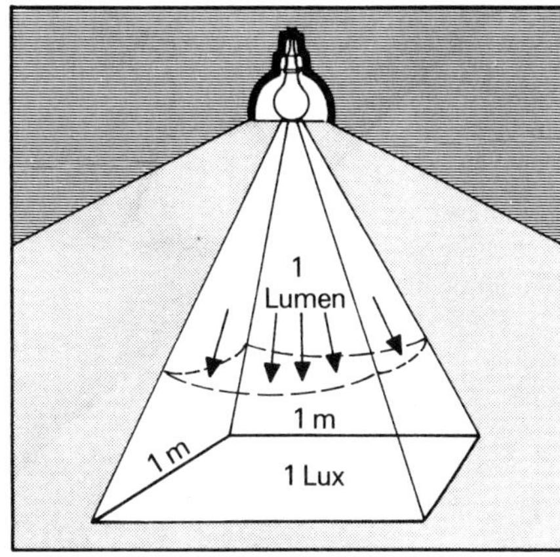

Bild 14.14 Der Lichtstrom pro Flächeneinheit, d. h. Lumen durch Quadratmeter, ist das Maß für die mittlere Beleuchtungsstärke einer Fläche und wird in Lux angegeben

Im allgemeinen kann man in der Praxis nicht immer mit einem so gleichmäßig über eine Fläche verteilten Lichtstrom rechnen, bei dem die Beleuchtungsstärke an allen Punkten der beleuchteten Fläche gleich ist. Es wird deshalb zumeist ein mittlerer Wert für die Beleuchtungsstärke angegeben, wobei in Sonderfällen, z. B. in Sportstadien, außer der üblichen horizontalen auch noch die vertikale Beleuchtungsstärke ermittelt werden muß (wichtig für Farbfernsehaufnahmen).

Beleuchtungsstärke
ist der auf eine Fläche
fallende Lichtstrom
Einheit: Lux (lx)
Kurzzeichen: E

Wenn der Abstand einer Lichtquelle (kleiner Ausdehnung) von einer beleuchteten Fläche vergrößert wird, dann nimmt die Beleuchtungsstärke schnell ab, und zwar im Quadrat der Entfernung. In der zweifachen Entfernung verteilt sich die gleiche Lichtmenge auf die vierfach vergrößerte Fläche, bei der dreifachen auf die neunfach vergrößerte Fläche usw. (Bild 14.15). Umgekehrt erhält man bei Halbierung des Abstands eine viermal so große Beleuchtungsstärke (fotometrisches Entfernungsgesetz). Dieses Gesetz gilt jedoch nicht für ausgedehnte Lichtquellen, z. B. Leuchtflächen und Lichtbänder.

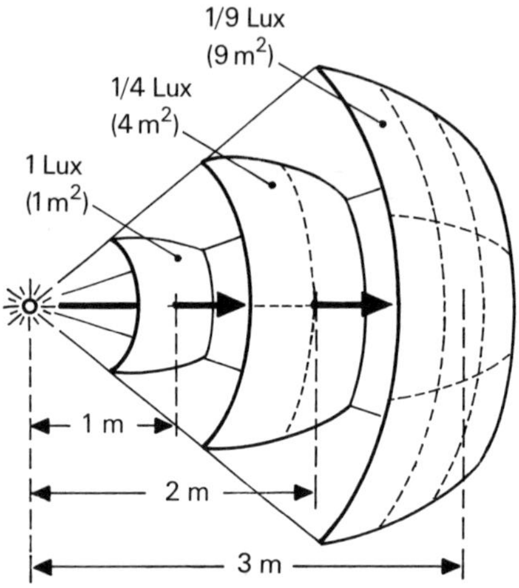

Bild 14.15 Schema des Zusammenhangs zwischen der Beleuchtungsstärke und der Entfernung zur Lichtquelle

Einige Beispiele für Beleuchtungsstärken: Mondlicht erzeugt bei Vollmond eine Beleuchtungsstärke von etwa 0,2 bis höchstens 0,5 Lux. Sonnenlicht ergibt auf unseren Breitengraden mittags im Hochsommer eine Beleuchtungsstärke von etwa 50000 bis 100000 Lux. In den Frühjahrs- und Herbstmonaten, also z. B. im März oder September, beträgt die Tagesbeleuchtungsstärke nachmittags um 3 Uhr durchschnittlich 13000 Lux, während im Dezember um die gleiche Tageszeit nur etwa 2000 Lux gemessen werden. Bild 14.16 gibt Hinweise auf die unterschiedlichen Beleuchtungsstärken an verschiedenen Plätzen gegen 12 Uhr mittags.

Bei künstlicher Beleuchtung soll die Beleuchtungsstärke bestimmte Werte haben. Diese Werte sind genormt und im DIN-Blatt 5035 für Innenraumbeleuchtung und 5044 für Straßenbeleuchtung festgelegt. Danach braucht man beispielsweise für eine gute Arbeitsplatzbeleuchtung im Innenraum etwa 1000 lx. Eine ausreichend helle Straßenbeleuchtung erhält man dagegen schon bei Beleuchtungsstärken zwischen 20 und 30 lx.

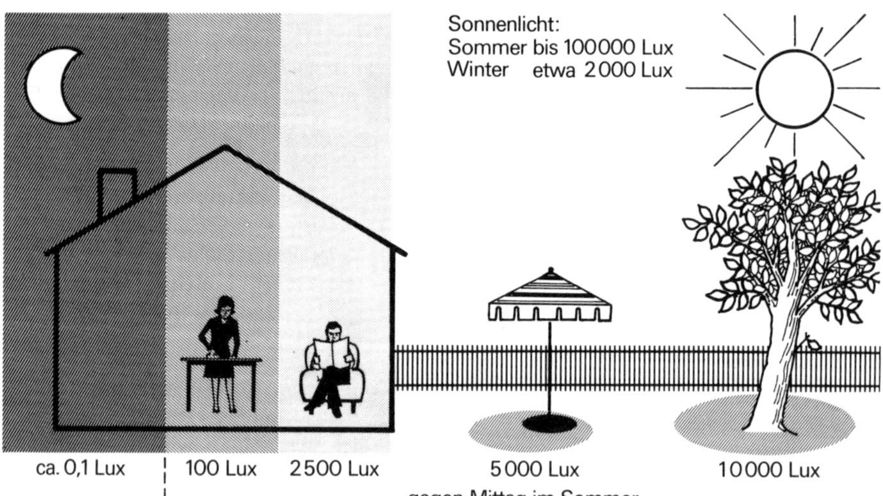

Bild 14.16 Die unterschiedlichen Beleuchtungsstärken an verschiedenen Plätzen gegen 12 Uhr mittags im Sommer

14.3.4. Leuchtdichte

Der Begriff »Leuchtdichte« bedarf kaum einer Erläuterung, denn das Wort läßt ohne weiteres den dahintersteckenden Sinn erkennen. Ein Beispiel: Wenn eine angenähert punktförmige Lichtquelle den gleichen Lichtstrom ausstrahlt wie eine größere Leuchtfläche, so ist natürlich im ersten Fall die Leuchtdichte größer.

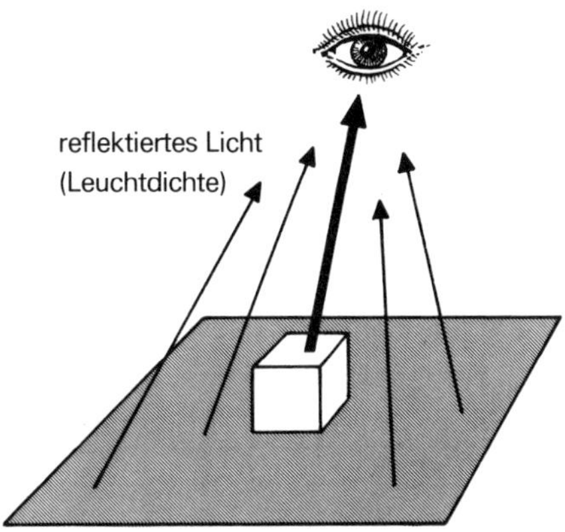

Bild 14.17 Die »Leuchtdichte« ist das Maß für den Helligkeitseindruck einer beleuchteten Fläche. Helle und dunkle Flächen reflektieren bei gleicher Beleuchtungsstärke verschieden stark

Die Leuchtdichte einer Lichtquelle oder einer beleuchteten Fläche ist für den im Auge entstehenden Lichtreiz und damit für den im Gehirn hervorgerufenen Helligkeitseindruck maßgebend. Sie kennzeichnet also die Helligkeit der betreffenden Fläche bzw. den Eindruck, den das Auge von der beleuchteten Fläche hat (Bild 14.17). Die Einheit ist cd/m^2 = Candela pro Quadratmeter.

Leuchtdichte
ist Helligkeitseindruck (Lichtstärke je Flächeneinheit)
Einheit: cd/m^2, Candela pro Quadratmeter
Kurzzeichen: L

Einige Beispiele für Leuchtdichten sind in der untenstehenden Tabelle aufgeführt.

Außer den vier lichttechnischen Grundgrößen gibt es noch einige andere Einheiten und Begriffe, die wichtig sind. Zwei

	cd/m^2
Sonne	bis $150\,000 \cdot 10^4$
Klarer Himmel	2 000 – 12 000
Bedeckter Himmel	1 000 – 6 000
Mond	2 500
Kerzenflamme	7 000
Glühlampe, klar	100 bis $2\,000 \cdot 10^4$
Glühlampe, mattiert	5 bis $50 \cdot 10^4$
Natriumdampf-Niederdrucklampen	7,5 bis $14 \cdot 10^4$
Quecksilberdampflampen, klar	190 bis $620 \cdot 10^4$
Xenon-Hochdrucklampen	15 000 bis $95\,000 \cdot 10^4$
Quecksilberdampf-Höchstdrucklampen	bis $170\,000 \cdot 10^4$
Leuchtstofflampen	3 000 bis 13 000
Schreibmaschinenpapier in gut beleuchteten Büros	250
Gut beleuchtete Straßen	2
Untere Grenze der Hellempfindung	0,00001

von ihnen lernen wir im nächsten Abschnitt kennen; die übrigen werden im laufenden Text des betreffenden Sachgebiets erläutert.

14.3.5. Lichtausbeute und Lichtmenge

Wenn das Verhältnis der Licht- oder Strahlungsleistung (Lichtstrom) einer elektrischen Lichtquelle zu der von ihr aufgenommenen elektrischen Leistung ausgedrückt werden soll, so benutzt man dafür das Maß der Lichtausbeute. Ähnlich wie der Goldgräber angibt: »Die Ausbeute beträgt 1 kg Gold je Tonne Sand« (was ein geradezu enormer Wert wäre), sagt der Lichttechniker z. B.: »Die Ausbeute beträgt 1 Lumen je Watt« und meint damit die Lichtausbeute einer bestimmten Lichtquelle.

> **Lichtausbeute**
> ist Lichtstrom pro Watt
> Einheit: lm/W

In Bild 14.18 sind die Lichtausbeuten einiger Lichtquellen aufgeführt. Es handelt sich nur um Richtwerte, da die jeweils möglichen Ausführungen und Leistungsstufen der Lampen gewisse Einflüsse auf die Lichtausbeute haben.

Selbst bei den besten Lampen wird nur ein Bruchteil der zugeführten elektrischen Leistung in Lichtstrom umgewandelt. Theoretisch liegt das Höchstmaß an Lichtstrom, das bei einem Watt elektrischer Leistung erreicht werden könnte, bei 680 Lumen (entsprechend einer Lichtausbeute von 680 lm/W). Das ist dann der Fall, wenn es gelingen sollte, alle zugeführte elektrische Leistung vollkommen in Licht der Wellenlänge 555 nm umzuwandeln. Zum Vergleich: Eine 100-W-Glühlampe hat eine Lichtausbeute von 13,8 lm/W. Bei ihr besteht ein großer Teil der Verluste aus gleichzeitig mit dem Licht abgestrahlter Wärme. Das ist natürlich eine unerwünschte, energieraubende Beigabe.

Fließt elektrischer Strom durch den Glühfaden einer Lampe, so setzt sich die zugeführte Energie zuerst nur in Wärme um. Mit zunehmender Temperatur wird der Faden dann weißglühend und strahlt Licht ab. Die Lichtabstrahlung wächst sogar schneller an als die Temperatur des Glühfadens. Eine Glühlampe ist daher um so wirtschaftlicher, je stärker der Glühfaden erhitzt wird. Aber natürliche Grenzen gestatten es dem Lichttechniker nicht, über eine gewisse Temperatur hinauszugehen.

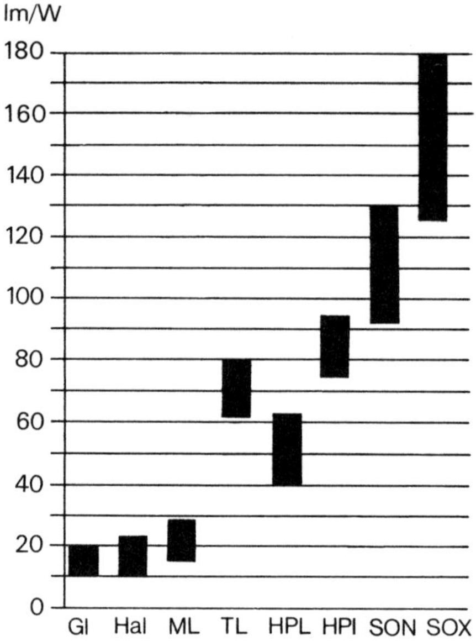

Bild 14.18 Die »Lichtausbeute« ist vom Typ der Lichtquelle abhängig: Gl = Glühlampen, Hal = Halogen-Glühlampen, ML = Mischlichtlampen, TL = Leuchtstofflampen, HPL = Quecksilberdampf-Hochdrucklampen, HPI = Halogen-Metalldampflampen, SON = Natriumdampf-Hochdrucklampen, SOX = Natriumdampf-Niederdrucklampen

So wie es eine Maßeinheit für die Leistung des Lichts gibt (Lumen), so gibt es auch eine Maßeinheit für die Lichtmenge oder Lichtarbeit. Die Lichtmenge ist das Produkt aus dem von einer Lichtquelle ausgehenden Lichtstrom und der Zeit, während der er ausgestrahlt wird. Die Einheit der Lichtmenge ist die Lumenstunde (abgekürzt lmh) oder Lumensekunde (abgekürzt lms).

Lichtmenge
ist Lichtstrom mal Zeit
(Lichtarbeit)
Einheit: Lumenstunde (lmh)
oder Lumensekunde (lms)
Kurzzeichen: Q

Die Angabe der Lichtmenge ist u. a. bei Lichtquellen für fotografische Zwecke von Bedeutung.

14.4. Elektrische Glühlampen

14.4.1. Historischer Rückblick

Der erste Vorschlag zur Herstellung einer Glühlampe stammt aus dem Jahre 1838 von Jobart. Als Widerstand benutzte er ein dünnes Kohlestäbchen, das in einem luftverdünnten Glaskolben untergebracht war. Andere Erfinder verwendeten später bereits Metalldrähte aus Platin oder Iridium, aber erst Heinrich Goebel gelang es 1854, ein brauchbares Modell zu entwikkeln. Er benutzte verkohlte Bambusfasern als »Glühfäden« in luftverdünnten Glaskolben (Bild 14.19a). Goebel, der von Deutschland nach New York ausgewandert war und dort ein Uhrmachergeschäft betrieb, beleuchtete mit diesen Lampen seine Schaufenster. Der Strom wurde von einer einfachen Batterie geliefert. Die Zeit war aber noch nicht reif für seine Erfindung. Das galt auch für eine mit einem Kohlefaden versehene Glühlampe, die der Engländer Joseph W. Swan im Jahr 1877 herstellte (Bild 14.19b).

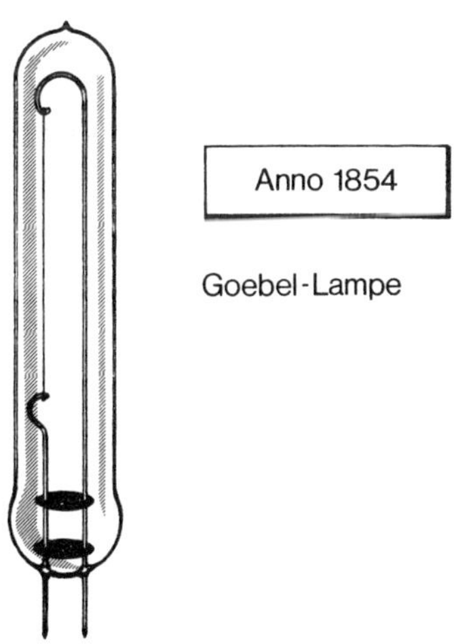

Bild 14.19a Skizze der Goebel-Lampe aus dem Jahr 1854

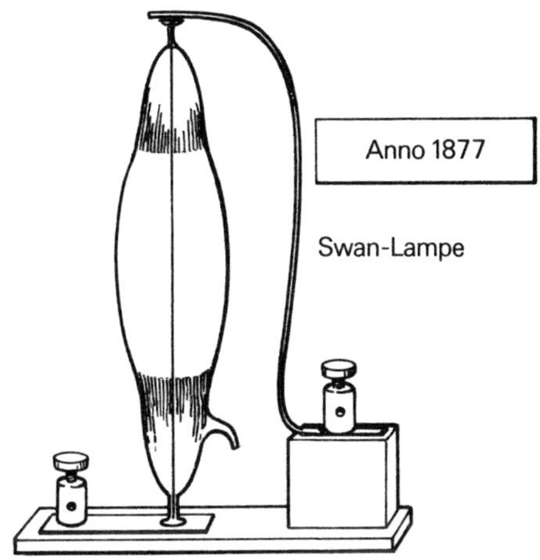

Bild 14.19b Skizze der Swan-Lampe aus dem Jahr 1877

1879 trat Thomas Alva Edison in Amerika mit seiner Glühlampe an die Öffentlichkeit. Er hatte seine Versuche auch mit Platindraht und Bambusfasern begonnen, ging aber schließlich zu Kohlefäden über und gab der Glühlampe eine brauchbare Form (Bild 14.20a). Er entwickelte auch die noch heute gebräuchliche (Edison)Fassung für Glühlampen, bei der die Verbindung mit dem Lichtnetz durch das Einschrauben der Lampe in ein Gewinde hergestellt wird (Bild 14.20b). Für Allgebrauchslampen bis 200 W wird der Sockel E 27 und ab 300 W die Ausführung E 40 benutzt. Lampen in Kerzen-, Tropfen- oder Kugelform bis etwa 40 W sind mit dem Sockel E 14 versehen. Die Zahl gibt den Sockeldurchmesser in Millimetern an. Bei

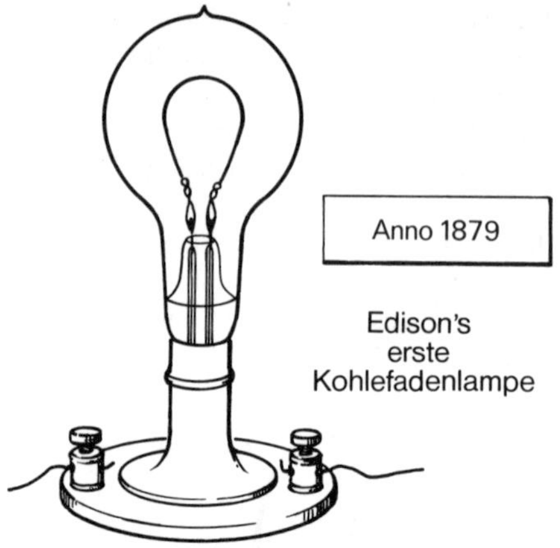

Bild 14.20a Skizze der ersten Kohlefadenlampe von Edison aus dem Jahr 1879

Bild 14.20b Edison- und Swan-Sockel

einigen Lampen ist auch der Swan-Sockel gebräuchlich (Bild 14.20b).

1885 fing der holländische Ingenieur Gerard Philips an, elektrische Glühlampen in seinem kleinen Laboratorium herzustellen. 1891, im Gründungsjahr der Philips-Unternehmen, begann die erste Glühlampenproduktion in Eindhoven. Etwa ab 1906 wurden gespritzte Wolframfäden und rund fünf Jahre später gezogene Wolframfäden allgemein eingeführt. Kurze Zeit darauf kamen die ersten gasgefüllten Lampen auf den Markt. Bild 14.21 zeigt drei Lampen aus dieser Zeit.

14.4.2. Aufbau und Funktion der Glühlampe

Die historischen Kohlefadenlampen leuchteten nur rötlich. Wegen der hohen Verdampfungsgeschwindigkeit des Kohlefadens bei hohen Temperaturen konnte eine Weißglut nicht erreicht werden; man durfte höchstens eine Fadentemperatur von 1 800 °C zulassen. Bei modernen Lampen mit Wolframfaden liegt sie dagegen

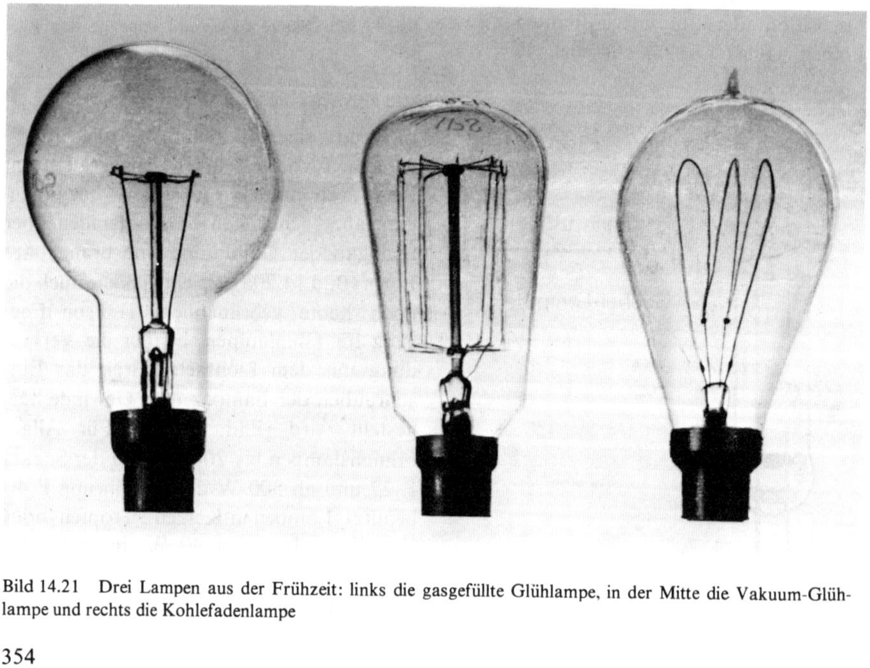

Bild 14.21 Drei Lampen aus der Frühzeit: links die gasgefüllte Glühlampe, in der Mitte die Vakuum-Glühlampe und rechts die Kohlefadenlampe

zwischen 2 300 und 3 000 °C (Bild 14.22), siehe auch S. 347. Das Metall Wolfram hat mit 3 350 °C einen hohen Schmelzpunkt, die Verdampfungsgeschwindigkeit des Materials ist gering und die mechanische Festigkeit ausreichend.

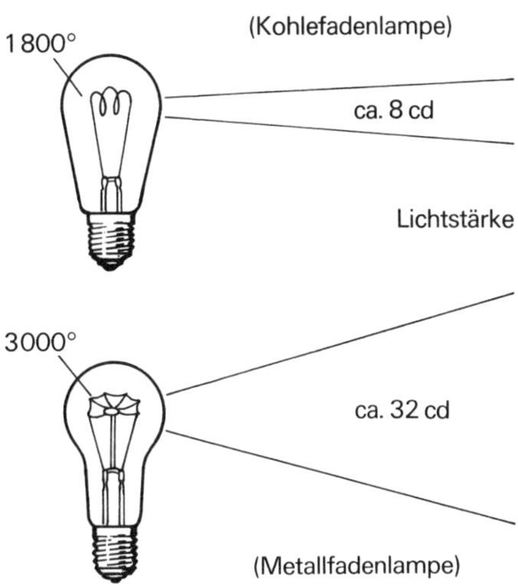

Bild 14.22 Vergleich der Lichtstärken zwischen Kohlefaden- und Metallfadenlampe

Bei der Herstellung wird Wolframpulver zunächst unter sehr hohem Druck zu Stäbchen gepreßt. Die noch sehr zerbrechlichen Stäbe werden dann mit einem starken elektrischen Strom bis zur Weißglut erhitzt und erhalten dadurch eine für die Weiterverarbeitung genügend große mechanische Festigkeit. Mit einem besonderen maschinellen Hämmerverfahren bringt man den Durchmesser der etwa bleistiftstarken Wolframstäbe zunächst auf einen Millimeter, wobei die ursprüngliche Kristallstruktur in eine Faserstruktur übergeht. Zieht man den Wolframdraht anschließend durch immer kleinere Bohrungen von Diamanten (Ziehsteine), so stellt sich der gewünschte Durchmesser ein (Bild 14.23a und 14.23b).

Der Drahtdurchmesser kann bis zu minimal 15 μm betragen (1 μm = 1/1 000 mm). Im Vergleich dazu hat ein Menschen-

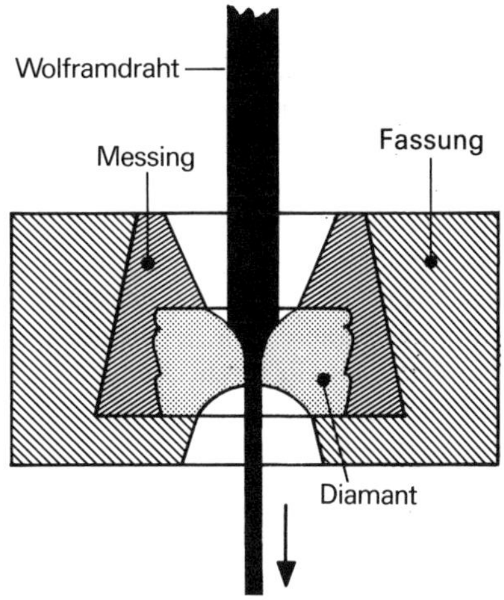

Bild 14.23a Prinzip der Herstellung von gezogenen Wolframdrähten

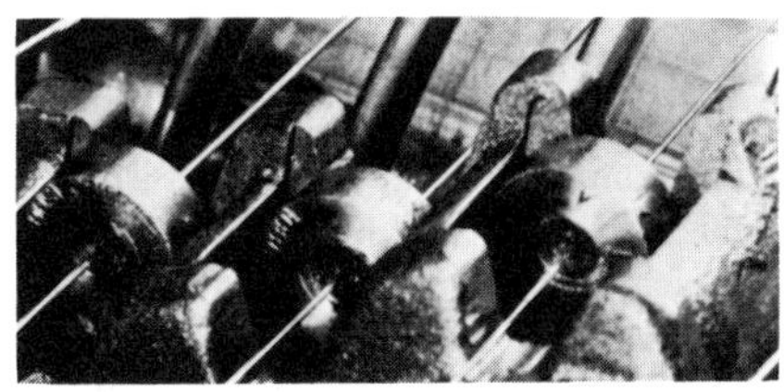

Bild 14.23b Diamantziehsteine in einer Drahtziehmaschine

haar einen Durchmesser von etwa 60 Mikrometern. Dicke und Länge des Wolframdrahts richten sich bei den einzelnen Lampen nach der aufgenommenen elektrischen Leistung. Zuerst stellte man Lampen her, bei denen ein gerader ausgespannter Draht zickzackförmig um eine Haltevorrichtung im Inneren des luftleer gepumpten Glaskolbens untergebracht war. Vorteilhafter ist es jedoch, den Glühdraht zu wendeln, da die Verluste durch Wärmeableitung wegen der Verkürzung des Leuchtkörpers geringer werden. Eine weitere Erhöhung der Lichtausbeute erreichte man durch die Doppelwendelung. Dabei wird die einfache Wendel wiederum schraubenartig gewickelt, so daß die Länge der Doppelwendel nur noch $^1/_{25}$ der Länge des geraden Drahts beträgt. Auch dreifache Wendelung ist möglich.

Man evakuiert das Innere des Glaskolbens, weil dann in dem praktisch sauerstofffreien Kolbenraum der glühende Wolframdraht nicht verbrennt. Außerdem stellte sich heraus, daß die Verdampfungsgeschwindigkeit durch eine Gasfüllung stark herabgesetzt wird, und man fügte deshalb ein Gas hinzu, das sich auch bei hohen Temperaturen nicht chemisch mit dem Metall des Glühdrahts verbindet. Zumeist wird heute Stickstoff oder Argon verwendet.

Das Verdampfen des Wolframs geht etwa so vor sich, wie wir es in Bild 14.24 schematisch angedeutet sehen: einzelne Wolfram-Moleküle lösen sich aus dem Gefüge und streben in den umgebenden Raum. Bei einer Gasfüllung stoßen die abfliegenden Wolfram-Moleküle auf Moleküle des Füllgases, werden dadurch abgebremst und gelangen so zum größten Teil wieder zum Glühdraht zurück. Es ist aber nicht zu vermeiden, daß sich im Lauf der Zeit verdampftes Glühdrahtmaterial auch bei gasgefüllten Lampen auf der Kolbeninnenwand niederschlägt, diese allmählich schwärzt und die Lichtausbeute herabsetzt.

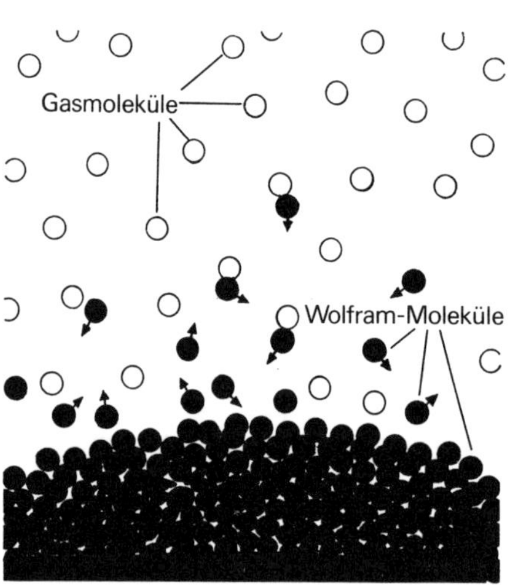

Bild 14.24 Schematische Darstellung der Molekülbewegungen in einer gasgefüllten Lampe

Neben sogenannten Allgebrauchslampen in Normalausführung, d. h. in Kugel-, Pilz-, Tropfen-, Kerzen-, Birnen- oder Röhrenform und klarem, mattiertem oder opalisiertem Glaskolben spielen Reflektorlampen heute eine große Rolle. Sie haben ebenfalls einen gewendelten Glühdraht und sind mit einem innenverspiegelten Glaskolben ausgerüstet, durch dessen Form das ausstrebende Licht mehr oder weniger stark gebündelt wird. Wir können den Ausstrahlungswinkel am Beispiel in Bild 14.25 gut erkennen.

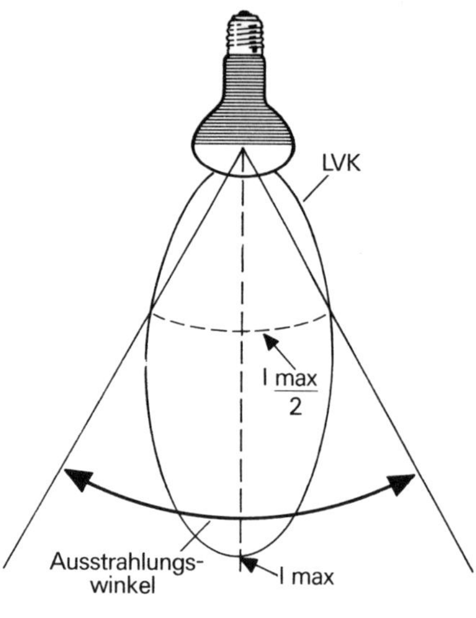

Bild 14.25 Der Ausstrahlungswinkel einer Lampe oder Leuchte ist gegeben durch die Richtungen der halben maximalen Lichtstärke

Von der Temperatur des Leuchtkörpers in der Glühlampe hängt außer dem Lichtstrom auch die Lichtfarbe ab. Diese Farbtemperatur wird in »Kelvin« angegeben, abgekürzt K, und geht auf den englischen Physiker Lord Kelvin zurück, der 1852 die »Absolute Temperaturskala« aufstellte. Ihr Nullpunkt (0K) liegt bei minus 273,15 °C, dem absoluten Nullpunkt. 1 K ist demnach −272,15 °C. Wollen wir auf Celsiusgrade umrechnen, brauchen wir von den Kelvinangaben nur 273 Einheiten abzuziehen, z. B. sind 2000 K $\approx$ 1 727 °C.

Die Lichtfarbe der Glühlampen ist normalerweise warmweiß und liegt in einem Farbtemperaturbereich von etwa 2800 K. Bei der Farbwiedergabe der hiermit beleuchteten Gegenstände können wir beobachten, daß rote und gelbe Gegenstandsfarben stärker betont werden, grüne und blaue dagegen zurücktreten. Das liegt in dem bei dieser Farbtemperatur relativ hohem Rotanteil im Lichtspektrum der Glühlampe begründet.

14.4.3. Glühlampen mit Halogen-Zusätzen

Im vorigen Abschnitt wurde erwähnt, daß von der glühenden Lampenwendel winzige Spuren des Wolframmaterials verdampfen und sich am Innenkolben der Lampe niederschlagen. Dies macht sich bei längerer Brenndauer als Schwärzung des Lampenglases bemerkbar. Wir können dies bei jeder länger betriebenen Glühlampe beobachten. Füllt man aber zusätzlich zur Gasfüllung eine bestimmte Menge von Halogenen, das sind chemische Elemente, die sich mit Metallen verbinden können, in die Lampen, so kann die Schwärzung verhindert werden.

In der Lampe spielt sich dann ein sogenannter regenerativer Kreisprozeß ab, der in Bild 14.26 schematisch dargestellt ist. Hierunter versteht man einen Vorgang, bei dem das von der Wendel verdampfte Wolfram wieder zur Wendel zurückgeführt wird. Der Kreisprozeß wird durch die Halogene Jod oder Brom möglich, die man der neutralen Gasfüllung der Lampe zusetzt. Das verdampfte Wolfram verbindet sich in der äußeren Zone des Glaskolbens mit dem Halogen und zirkuliert als Wolframjodid oder Wolframbromid in der Lampe.

Kommt es dabei jedoch in die Nähe der glühendheißen Wendel, so zerfällt es wieder in seine Bestandteile. Hierzu ist eine Temperatur von mehr als 1400 °C nötig. Um den Glühdraht herum bildet sich deshalb eine erhöhte Konzentration von Wolframatomen, die sich wieder auf der Wendel niederschlagen (regenerieren). Dadurch verlängert sich die Lebensdauer der Lampe, und es entfallen außerdem die Schwärzungen auf dem Lampenkolben, so daß die Lampe während ihrer gesamten Lebensdauer klar bleibt.

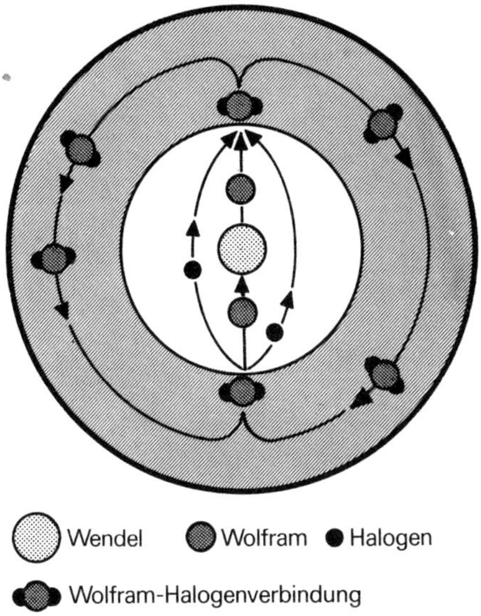

Bild 14.26 Prinzip des Kreislaufs in der Halogenlampe: Weiße Zone = über 1400 °C, graue Zone = unter 1400 °C

Allerdings sind alle Vermutungen unzutreffend, daß durch den Halogen-Kreisprozeß eine Art von »Ewiger Lampe« entstehen könnte, weil das verdampfte Wolfram ja immer wieder zur Wendel zurückkehrt. Da jedoch die Temperatur des Glühdrahts nicht überall exakt gleich ist, wirkt sich mit der Zeit die Verdampfung an der heißesten und damit dünnsten Stelle am stärksten aus, zumal sie dort durch den Wolframniederschlag nicht ganz kompensiert werden kann. An dieser Stelle brennt die Glühwendel dann eines Tages durch.

Zu erwähnen ist, daß man den Glaskolben einer Halogen-Glühlampe erheblich kleiner macht als bei normalen Glühlampen (Bild 14.27). Er muß mechanisch sehr stabil sein, damit er ohne Gefahr mit einem neutralen Schutzgas unter relativ hohem Druck gefüllt werden kann. Die Verdampfungsgeschwindigkeit des Wolframs wird hierdurch erheblich vermindert. Der Glaskolben einer Halogenlampe besteht wegen der auftretenden hohen Arbeitstemperatur aus einem speziellen Quarzglas.

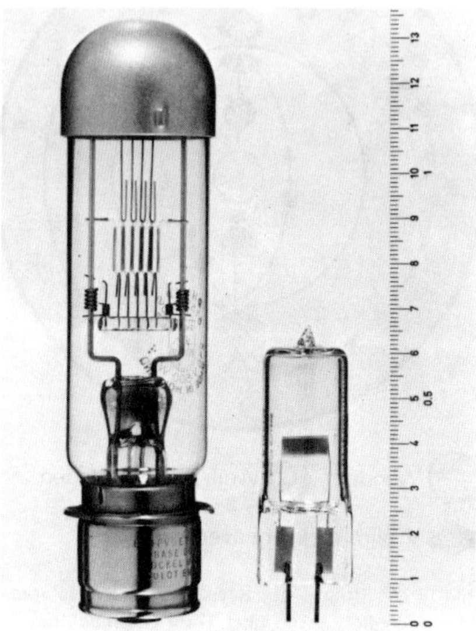

Bild 14.27 Halogenlampe (rechts) für die Diaprojektion im Vergleich mit einer Lampe herkömmlicher Art

Es gab eine ganze Reihe technologischer Probleme zu lösen, bevor Halogen-Glühlampen serienmäßig hergestellt werden konnten. Der beschriebene Kreisprozeß spielt sich keineswegs so reibungslos ab, wie man nach der gegebenen Beschreibung meinen könnte. Die in jeder Lampe auftretenden Verunreinigungen bremsen beispielsweise den Kreislauf, da sie nicht wie bei der Elektronenröhre durch ein Getter (s. auch Kap. 4) gebunden werden können. Außerdem ist z. B. das Halogen Jod recht aggressiv und macht bei der Fertigung erhebliche Schwierigkeiten. In den Philips-Forschungslaboratorien wurde schließlich eine Lösung all dieser Probleme gefunden.

Man verwendet heute überwiegend Halogenwasserstoffe. Das sind Verbindungen, die chemisch nicht sehr aggressiv sind und daher auch in relativ großen Mengen in die Lampe gegeben werden können. Bei hoher Temperatur zerfallen die Wasserstoffverbindungen, so daß die dadurch freiwerdenden Halogene die durch Verunreinigung verlorengegangenen Halogene wie aus einem Reservoir immer wieder ersetzen. Außerdem ist vorteilhaft, daß durch die Halogenwasserstoffe kein unerwünschter Abbau der kälteren Wendelteile auftritt, weil freie, aggressive Halogene nur in unmittelbarer Nähe der heißesten Stellen der Wendel gebildet werden, also dort, wo auch die Verdampfung am stärksten ist.

Halogen-Glühlampen haben heute zahlreiche Anwendungsmöglichkeiten gefunden, die jedoch auf Spezialbereichen liegen. So gibt es Foto- und Filmprojektionslampen auf Halogenbasis, Autolampen für die Fahrbahnbeleuchtung (H 1 bis H 4)

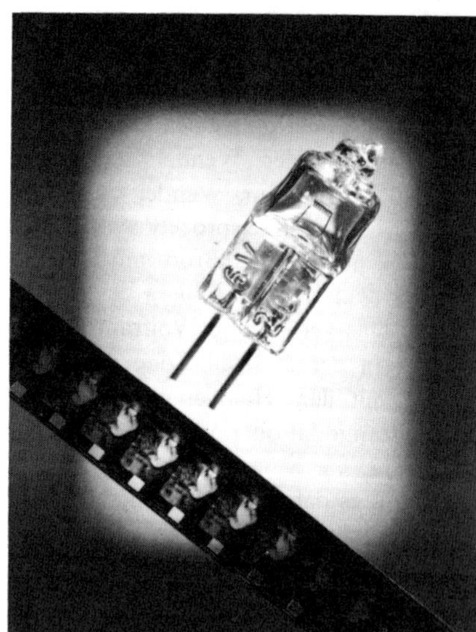

Bild 14.28 Philips Kleinsthalogenlampe für Dia- und Laufbildbetrachter

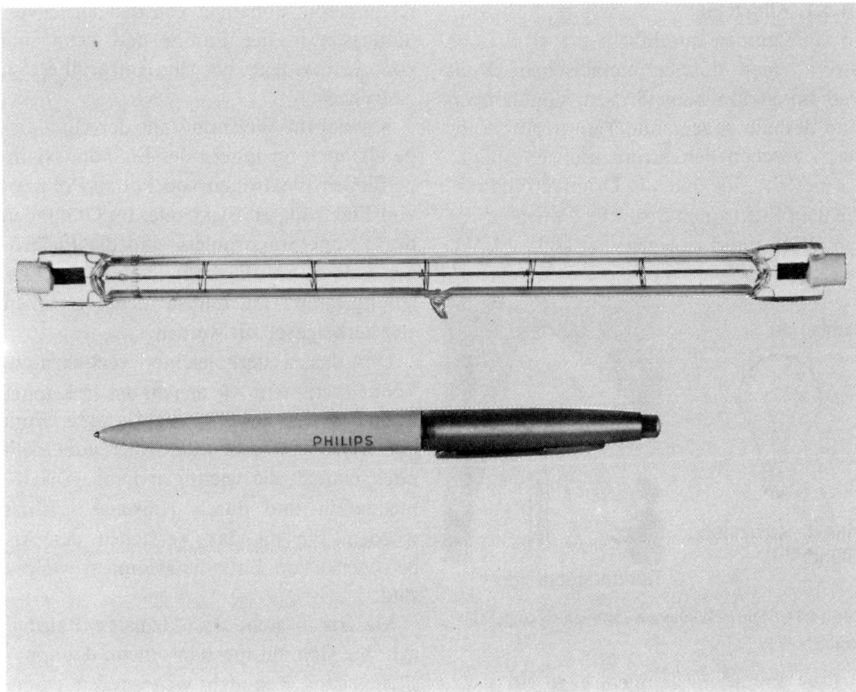

Bild 14.29 Philips Halogen-Glühlampe für Flutlicht und Außenanstrahlungen im Größenvergleich mit einem Kugelschreiber

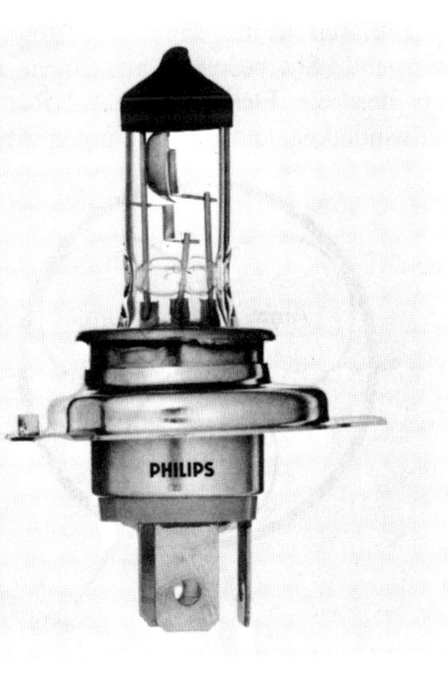

Bild 14.30 Zweifaden-Halogen-Autolampe

und eine ganze Reihe von Halogen-Flutlichtlampen mit Leistungen bis zu 2000 W. Einige Ausführungen sind in Bild 14.28 bis 14.30 zu sehen. Sie haben unbestreitbare Vorteile: lange Lebensdauer, hohe Lichtausbeute und keine Schwärzung während der gesamten Brennzeit.

14.5. Grundlagen der Entladungslampen

Für allgemeine Beleuchtungsaufgaben gibt es folgende Entladungslampen: Leuchtstofflampen, Quecksilberdampf-Hochdrucklampen, Halogen-Metalldampflampen, Mischlichtlampen, Natriumdampflampen in Hoch- und Niederdruckausführung, Xenonlampen.

14.5.1. Allgemeines

In Glühlampen durchfließt der elektrische Strom einen dünnen metallischen Draht und bringt ihn zum Glühen. Glühlampen sind deshalb sogenannte Temperaturstrahler. Zwischen den Stromzuführungspunkten besteht eine leitende Drahtverbindung, die dem Elektronen-Stromfluß einen gewissen Widerstand engegensetzt (Bild 14.31).

Bild 14.31 Die Glühlampe ist ein Temperaturstrahler

Den Entladungslampen liegt ein ganz anderes Prinzip zugrunde. Zwischen den Stromzuführungspunkten, die man hier Elektroden nennt, befindet sich ein zunächst nicht leitendes Medium, und zwar Gas oder Metalldämpfe. Dieses Medium muß erst durch eine elektrische Spannung leitend gemacht werden, damit der Stromdurchgang möglich wird (Bild 14.32). Es entsteht dabei eine Lumineszenzstrahlung, an deren Erzeugung wiederum Elektronen beteiligt sind. Die Strahlung ist unter anderem abhängig von den Druckverhältnissen in der Lampe und kann sich vom Ultraviolett- bis zum Infrarotbereich erstrecken.

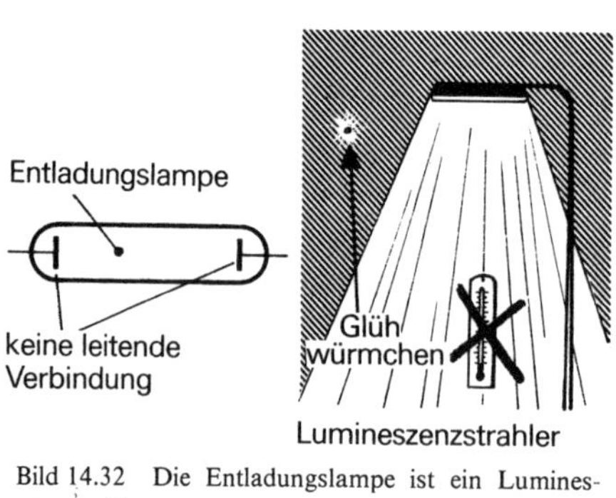

Bild 14.32 Die Entladungslampe ist ein Lumineszenzstrahler

Sowohl im Wolframdraht der Glühlampe als auch im Innern der Entladungslampe fließen Elektronen von Pol zu Pol bzw. von Elektrode zu Elektrode. Im Glühfaden des Temperaturstrahlers sind die Elektronen jedoch bereits vorhanden, in der Entladungslampe müssen sie gewissermaßen erst herbeigeschafft werden.

Um das weitere leichter verstehen zu können, erinnern wir uns an das in Kapitel 1 und 5 über Elektronen Gesagte. Zum besseren Verständnis sind hier außerdem noch einmal alle wichtigen Dinge zusammengefaßt und durch Hinweise ergänzt worden, die für das Verstehen der Arbeitsweise von Entladungslampen wichtig sind.

Materie besteht aus kleinsten Bausteinen, die sich auf mechanischem, d. h. physikalischem Weg nicht weiter teilen lassen. Es sind die Moleküle (molecula, lateinisch = kleine Masse, Bild 14.33). Moleküle lassen sich aber auf chemischem Weg zerlegen, da sie aus Atomen aufgebaut sind. Wir wissen heute, daß auch Atome teilbar sind. Sie bestehen aus einem Kern, um den die Elektronen mit hoher Geschwindigkeit und in bestimmten Abstän-

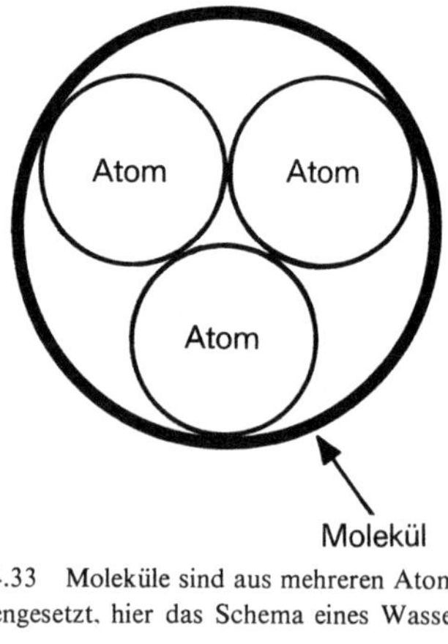

Bild 14.33 Moleküle sind aus mehreren Atomen zusammengesetzt, hier das Schema eines Wassermoleküls

den kreisen. Die Elektronen haben negative Ladung, während der Atomkern positives Potential hat (Bild 14.34). Beide Ladungen halten einander im Gleichgewicht, ähnlich wie zwei Kilogramm auf der einen Waagschale zwei Kilogramm auf der anderen die Waage halten.

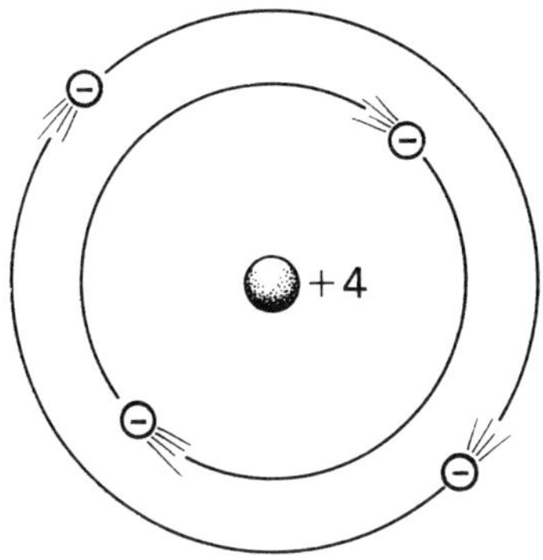

Bild 14.34 Modell eines Atoms mit 2 Schalen und vier umlaufenden Elektronen. Die positive Kernladung und die negative Elektronenladung halten sich die Waage und machen das Atom elektrisch neutral

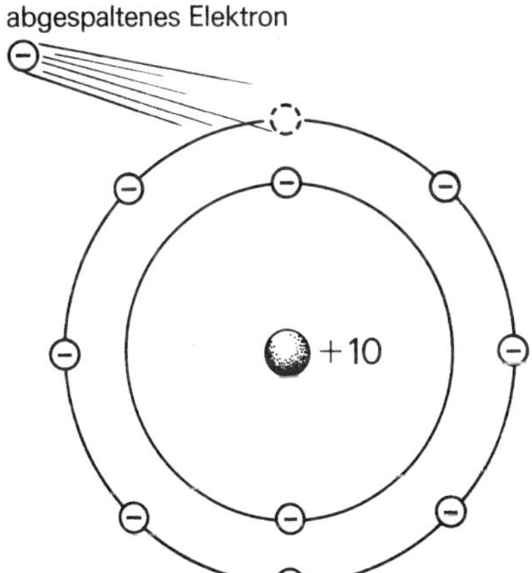

Bild 14.35 Verläßt ein Elektron das Atomgefüge, so ändert sich das elektrische Gleichgewicht. Aus dem Neon-Atom mit der Kernladung + 10 wird z. B. ein Neon-Ion, das nach außen nicht mehr neutral, sondern mit der Ladung + 1 wirkt

Das Atom selbst ist elektrisch neutral, da positive und negative Ladungen einander aufheben. Ist es allerdings auf irgendeine Weise gelungen, ein Elektron aus dem Atomverband abzuspalten, so verbleibt ein Atomrest, der elektrisch positiv geladen ist, weil jetzt die Ladung des Kerns überwiegt (Bild 14.35). Solche Atome nennt man Ionen. Dies gilt auch für Atome, die durch irgendeinen Umstand ein zusätzliches Elektron aufgenommen haben und dadurch elektrisch negativ wirken.

14.5.2. Wie zusätzliche Elektronen gewonnen werden

Im Prinzip besteht eine Entladungslampe aus einem luftdicht verschlossenen metalldampf- oder gasgefüllten Glasrohr, in das zwei Elektroden eingeführt sind (Bild 14.36). Zwischen den Stromzuführungspunkten besteht keine Verbindung im elektrischen Sinn, denn Gase gehören im allgemeinen zu den Nichtleitern, bei denen freie Elektronen nur in sehr geringer Menge vorhanden sind. Um einen kräftigen Stromfluß zustande zu bringen, müssen zusätzlich freie Elektronen gewonnen werden.

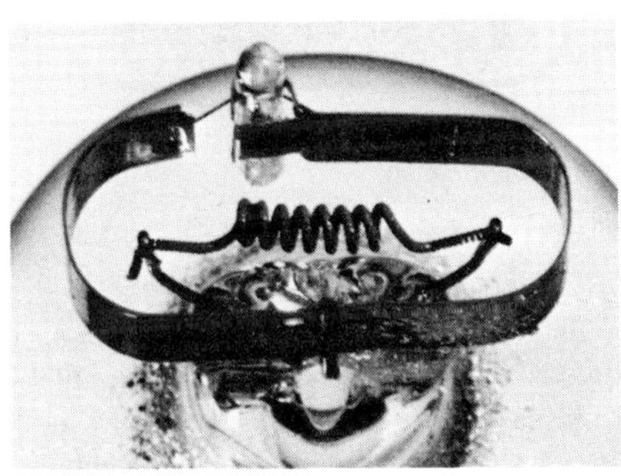

Bild 14.36 Elektrode einer TL-Leuchtstofflampe mit Abschirmring

Wenn Gleichspannung an die Elektroden gelegt wird, so werden die wenigen vorhandenen freien Elektronen von der positiven Elektrode angezogen. Es kommt also ein schwacher Strom zustande, und die im Glasrohr vorhandenen freien

Elektronen geraten in Bewegung (Bild 14.37a). Hierbei stoßen die Elektronen auf die sehr zahlreich vorhandenen Atome der Gas- oder Dampffüllung und werden dabei etwas von ihrer Bahn abgelenkt; sie streben aber im Endeffekt alle in Richtung der positiven Anode. Bei noch relativ geringer Elektronengeschwindigkeit versetzt das aufprallende Elektron das angestoßene Atom in Schwingung, wobei es Energie an das Atom abgibt. Die Schwingungen äußern sich als Wärmestrahlung, und als Folge beginnt sich das Gas im Innern der Entladungslampe zu erwärmen (Bild 14.37b).

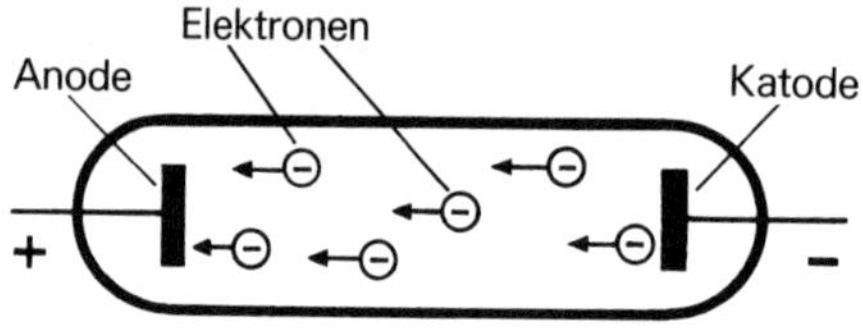

Bild 14.37a In einer gasgefüllten Lampe bewegen sich die freien Elektronen ebenfalls vom Minus- zum Pluspol der Spannungsquelle

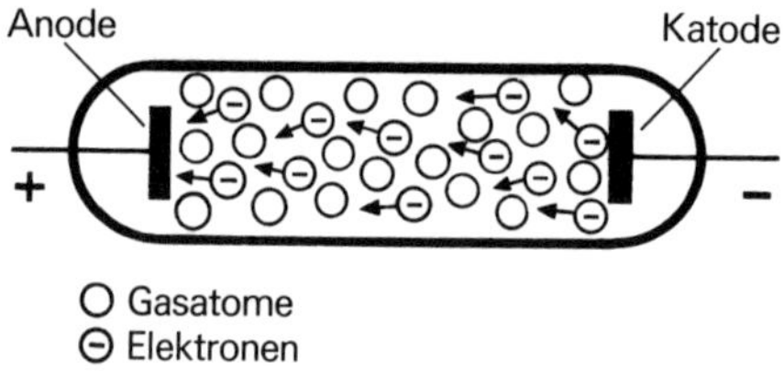

Bild 14.37b Schema einer gasgefüllten Lampe mit Gasatomen und freien Elektronen

Bei größerer Aufprallgeschwindigkeit ist das freie Elektron imstande, ein Elektron des getroffenen Gas- oder Dampfatoms kurzzeitig aus seiner Schalenbahn herauszuschlagen. Dabei wird seine Stoßenergie verbraucht. Das aus seiner Atombahn geworfene, »angeregte« Elektron kehrt in einer pendelnden Schwingbewegung um seine Normalbahn auf diese zurück und nimmt dann seine ursprüngliche Lage dort wieder ein (Bild 14.38). Da diese Schwingungen schneller und kürzer sind als die vorhin erwähnten Wärmeschwingungen, ist die dadurch freigesetzte Energie größer und macht sich als geringfügige Lichtstrahlung bemerkbar: das Gas beginnt schwach zu leuchten.

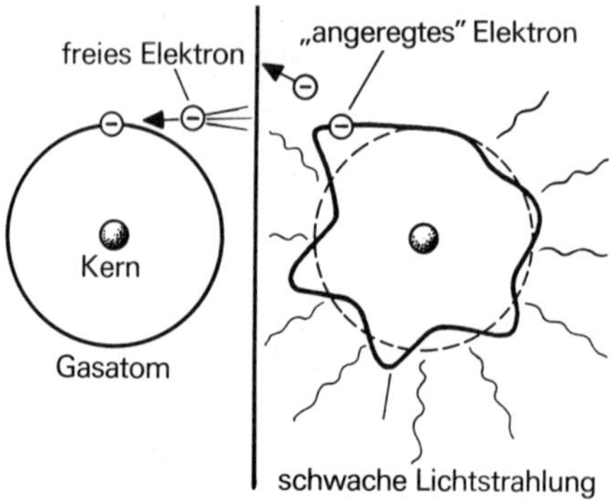

Bild 14.38 Prinzipdarstellung der Vorgänge beim Auftreffen eines freien Elektrons auf ein atomgebundenes Elektron

Ist die Auftreffgeschwindigkeit noch größer, gelingt es dem frei fliegenden Elektron schließlich, das atomgebundene Elektron völlig aus seinem Verband herauszuschleudern. Dadurch entsteht aus dem elektrisch neutralen Atom ein positiv geladener Atomrest, ein Ion. Einen solchen Vorgang, der sich bei der Vielzahl der Elektronen natürlich nicht auf ein Atom beschränkt, nennt man Ionisierung. In Bild 14.39 ist dies schematisch dargestellt. Der Vollständigkeit wegen wollen wir uns noch merken, daß ein positives Ion, wenn es von einem negativen Elektron getroffen wird, unter Energieabgabe wieder zu einem elektrisch neutralen Gasatom werden kann. Die freigewordene Energie äußert sich dabei ebenfalls in Form von Wärme oder Licht.

Die bei der Ionisierung freigewordenen Elektronen bewegen sich wie die übrigen zur Anode hin und treffen dabei auf andere Gasatome. Je nach ihrer momentanen Geschwindigkeit lockern sie beim Aufprall die Elektronen der getroffenen Atome oder werfen sie ganz aus dem Atomverband heraus, wie soeben beschrieben.

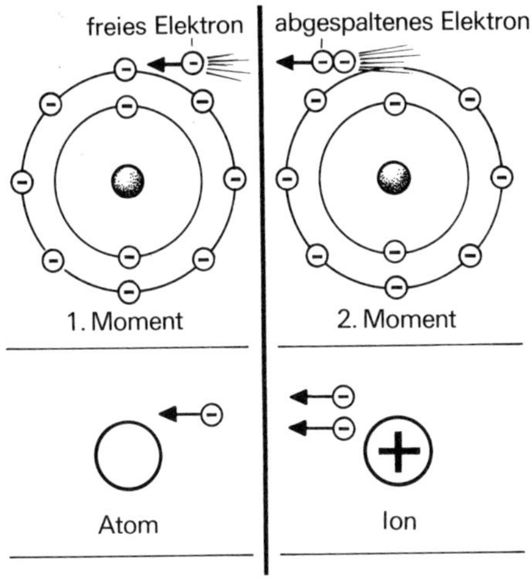

Bild 14.39 Prinzipdarstellung des Herausschlagens eines Elektrons aus dem Neon-Atomgefüge durch ein auftreffendes freies Elektron sowie des sich einstellenden Ladungswerts

Die zu Ionen mit positiver Ladung gewordenen Gasatome werden jetzt von der negativ geladenen Katode angezogen (Bild 14.40). Prallen die relativ schweren

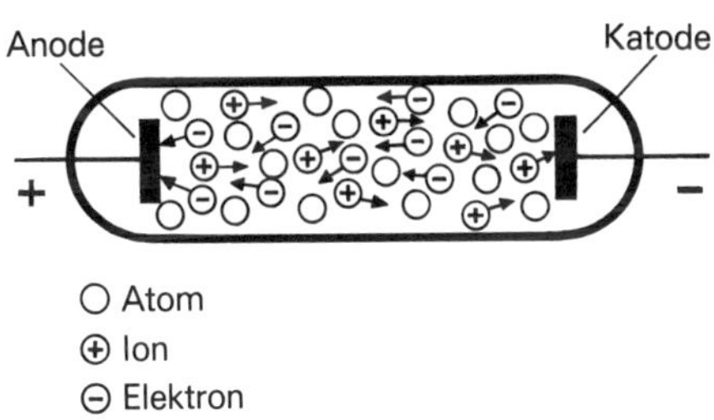

Bild 14.40 Schema einer gasgefüllten Lampe mit den Bewegungsrichtungen der Elektronen und Ionen

Ionen auf die Katode, so schlagen sie dabei neue Elektronen aus der Katode heraus, die sich sogleich an dem eben beschriebenen Prozeß beteiligen. Da die Katode bei der Bombardierung mit Ionen erhitzt wird (Bild 14.41), treten dadurch ebenfalls zusätzliche Elektronen aus der Katode heraus (es liegen hier ähnliche Verhältnisse wie in Rundfunkröhren vor, in denen die Katoden geheizt werden, damit sie möglichst viele Elektronen emittieren, d. h. aussenden).

War die Entladung zunächst nur auf verhältnismäßig wenige freie Elektronen zwischen den Gasatomen angewiesen, so ist sie jetzt unabhängig von ihnen, und die zunächst schwache Glimmentladung geht in die erwünschte starke Bogenentladung über. Das sind in großen Zügen und in vereinfachter Form die Vorgänge in der Entladungslampe.

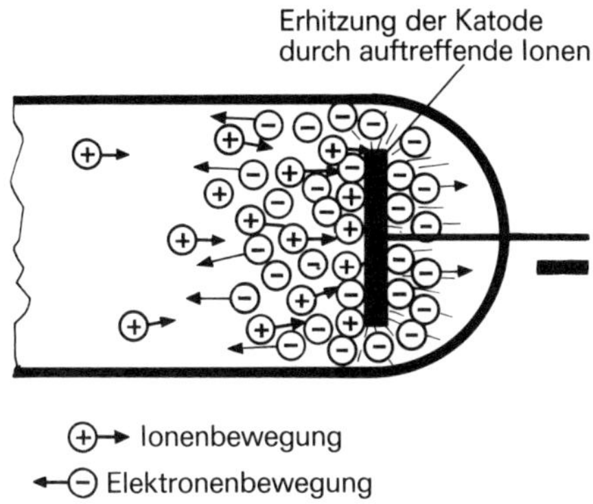

Bild 14.41 Die Katode der Gasentladungslampe wird durch die auftreffenden schweren Ionen erhitzt, wodurch weitere Elektronen freigesetzt werden

14.5.3. Zünden der Entladungslampe

Es wurde bisher einfach angenommen, daß die elektrische Spannung zwischen den beiden Elektroden von vornherein groß genug war, um die beschriebenen Erscheinungen bis zur Zündung hervorzurufen. Auf jeden Fall ist dafür eine Mindestspannung erforderlich, die man Zündspannung nennt. Sie muß groß genug sein, um den wenigen vorhandenen Elektronen die nötige Geschwindigkeit zu verleihen, damit sie die beschriebenen Vorgänge einleiten können.

Die Höhe der Zündspannung richtet sich nach verschiedenen Faktoren: so nach dem Abstand der Elektroden voneinander und nach dem Gasdruck in der Lampe. Das ist verständlich, da z. B. bei einer großen Gasfüllung auch der Abstand zwischen den Gasatomen geringer wird. Eine hohe Zündspannung sorgt in diesem Fall dafür, daß die bei den Zusammenstößen kleiner gewordene Elektronengeschwindigkeit wieder auf die erforderliche Höhe gebracht wird. Weitere Faktoren, von denen die Zündspannung abhängt, sind Gasart, Glaskolbendurchmesser, Form und Art der Elektroden (Bild 14.42). Die Zündung kann außerdem durch geheizte Elektroden, die mit elektronenabgebenden Stoffen präpariert sind, sehr erleichtert werden. Durch geeignete Wahl der verschiedenen Werte hat man es in der Hand, die Zündspannung z. B. auf den Netzspannungswert zu bringen.

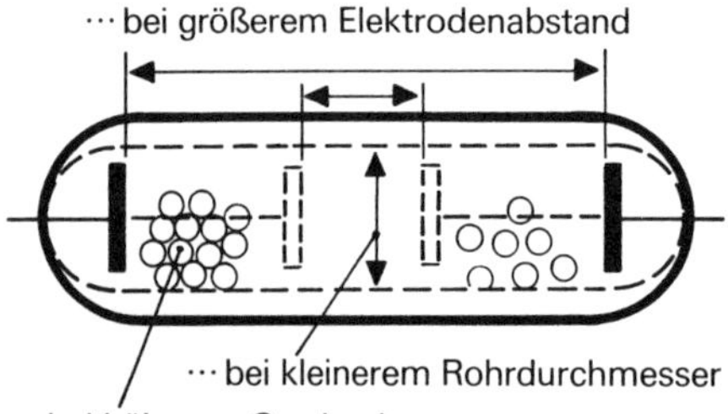

Bild 14.42 Darstellung der Zusammenhänge zwischen Zündspannung, Elektrodenabstand und Rohrdurchmesser einer Gasentladungslampe

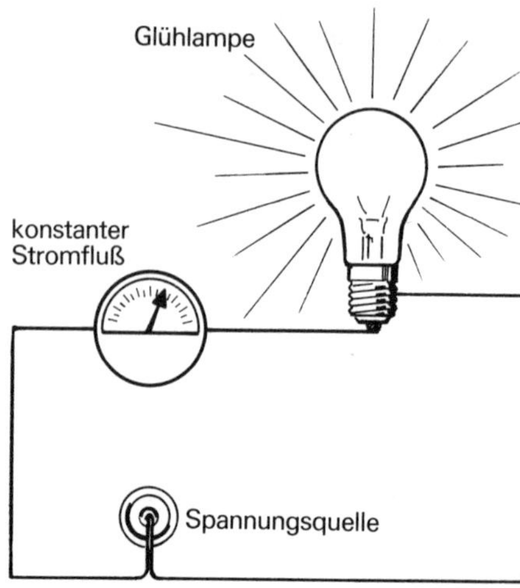

Bild 14.43a Der Stromfluß durch eine Glühlampe ist konstant

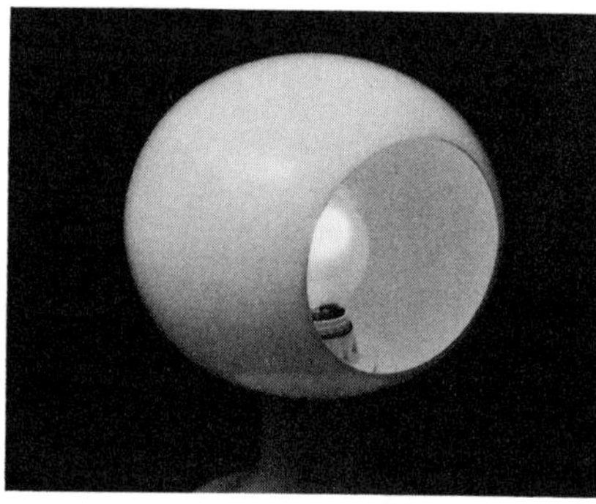

Bild 14.43b Glühlampen geben eine konstante Helligkeit

Wenn man an eine Glühlampe die für sie erforderliche Spannung legt, so fließt durch den Faden ein bestimmter Strom konstanter Größe. Wie wir wissen, wird er vom Widerstand des Fadenmaterials (nach dem Ohmschen Gesetz) begrenzt, d. h. bei gegebener Spannung und gegebenem Widerstand kann nur ein bestimmter Strom fließen (Bild 14.43a und 14.43b).

Ganz anders verhalten sich Entladungslampen. Bei konstanter Spannung kann der Strom der Bogenentladung sehr hohe Werte annehmen, weil die Leitfähigkeit des Gases ständig größer wird und der Widerstand mit zunehmender Ionisierung immer weiter abnimmt. Das hätte ein lawinenartiges Anwachsen des Stroms mit anschließender Zerstörung der Lampe zur Folge (Bild 14.44). Man muß daher unbedingt einen Strombegrenzer vorsehen. Wegen des sich einstellenden Effekts nennt man diese Maßnahme auch Stabilisierung.

Bei Gleichstrombetrieb wird der Lampe ein ohmscher Widerstand als Strombegrenzer vorgeschaltet (Bild 14.45). Allerdings muß dabei ein hoher Energieverlust in Kauf genommen werden.

Bisher haben wir nur die mit Gleichstrom arbeitende Entladungslampe kennengelernt. Sie kann aber genausogut mit Wechselstrom betrieben werden. Die ge-

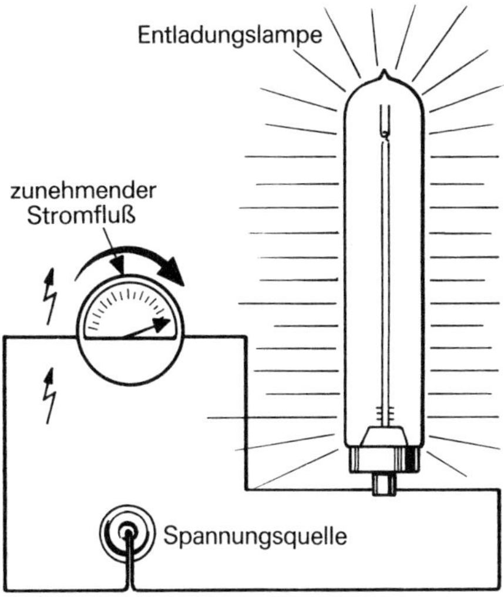

Bild 14.44 Der Stromfluß durch eine Gasentladungslampe würde ohne Begrenzer auf unzulässig hohe Werte ansteigen

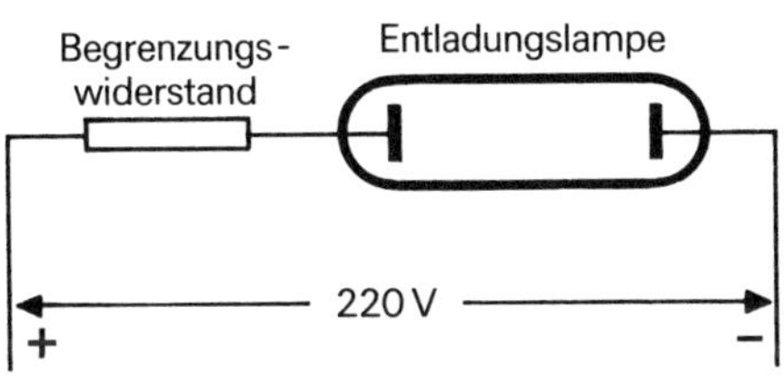

Bild 14.45 In einem Gleichstromkreis genügen ohmsche Widerstände als Begrenzer

schilderten Vorgänge zur Einleitung der Zündung spielen sich dann im wechselseitigen Rhythmus ab. Der Wechselstrombetrieb wird heute allgemein bevorzugt.

Bei Wechselstrom benutzt man zur Stabilisierung gern eine Drosselspule. Ihr Name besagt schon, daß sie den Strom zu drosseln vermag (aber nur Wechselstrom). Der Energieverlust ist bei Verwendung einer Drossel wesentlich geringer als bei einem ohmschen Widerstand, und man nennt diese Anordnung »induktives« Vorschaltgerät (Bild 14.46a). Vielfach verwendet man eine Kombination aus Drossel und Kondensator, die besonders günstige Verhältnisse bei der Netzbelastung schafft. Für gewisse Fälle gibt es auch »kapazitive« Vorschaltgeräte (Bild 14.46b).

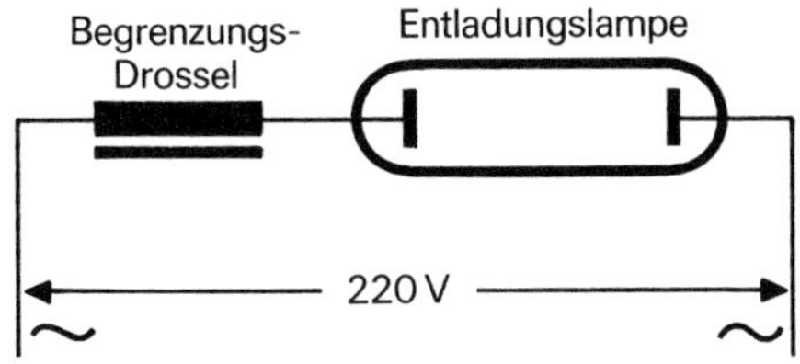

Bild 14.46a In einem Wechselstromkreis verwendet man vorwiegend induktive Widerstände zur Strombegrenzung

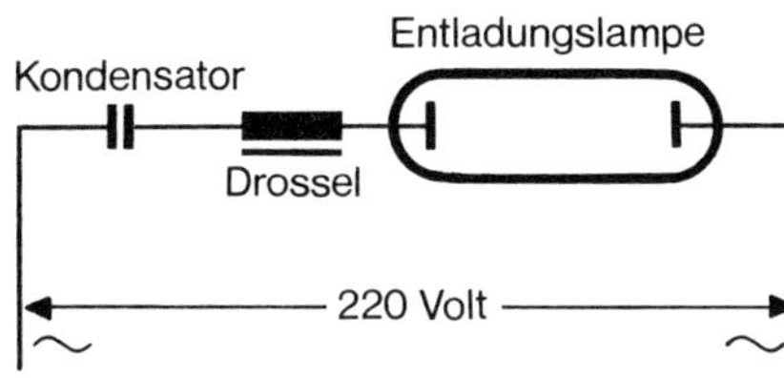

Bild 14.46b Schema eines kapazitiven Vorschaltgeräts, beispielsweise für Leuchtstofflampen

14.5.4. Leuchtstofflampen

Der Aufbau von Leuchtstofflampen ähnelt im Prinzip dem der vorher allgemein erläuterten Gasentladungslampen. Sie sollen stellvertretend für die anderen Ausführungen etwas eingehender beschrieben werden, zumal sie uns im täglichen Umgang auch am vertrautesten sind. Leuchtstofflampen werden häufig auch mit dem Zusatz TL versehen, was tube-line bedeutet und auf die Form der Lampe hinweist.

An den Enden eines langgestreckten Glasrohrs befinden sich zwei Glühelektroden, die über Kontaktstifte und Lampenfassungen mit der Speisespannung verbunden werden (Bild 14.47). Das Glasrohr ist innen mit Leuchtstoff beschlämmt und enthält eine Quecksilberdampffüllung sowie geringe Mengen Edelgas (z. B. Argon). Der Quecksilberdampf steht unter verhältnismäßig geringem Druck, so daß man hier auch von einer Niederdruck-Entladungslampe spricht.

Auch Leuchtstofflampen brauchen zum Betrieb eine Drossel, um das Anwachsen des Lampenstroms auf schädliche Werte zu vermeiden. Außerdem wird die Drossel zum Zünden benötigt. Sie liefert hierfür einen Spannungsstoß, der in Verbindung mit einem sogenannten Starter die Zündung einleitet. Der Edelgasanteil in der Leuchtstofflampe erleichtert den Zündvorgang.

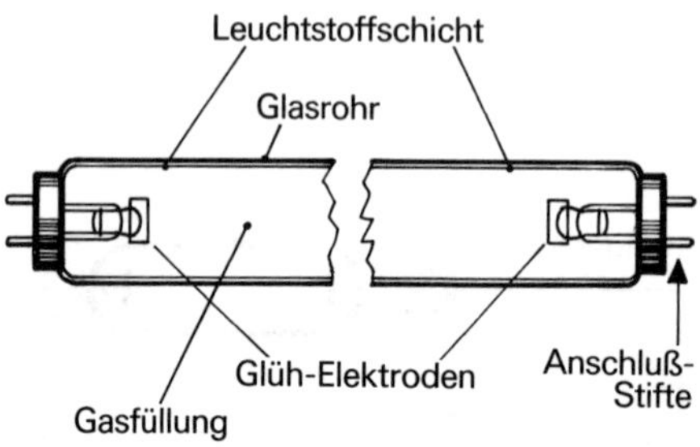

Bild 14.47 Aufbau einer TL-Leuchtstofflampe

Der Starter ist ein gasgefülltes Glasgefäß, in das die zwei Elektroden E_1 und E_2 hineinragen. Die Elektrode E_1 wird durch einen Bimetall-Streifen gebildet, während die Elektrode E_2 aus einem anderen geeigneten Material besteht (Bild 14.48a).

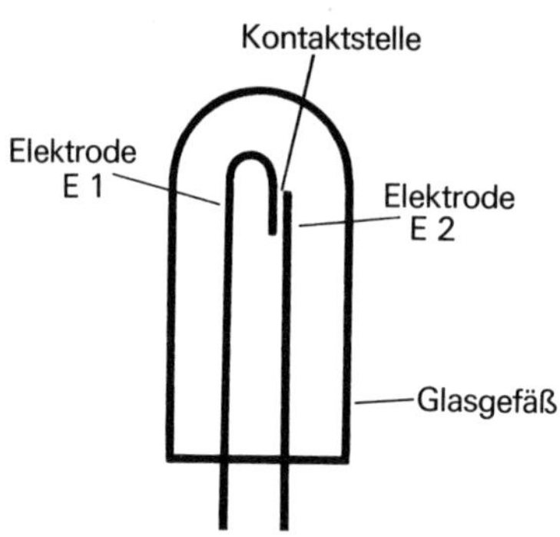

Bild 14.48a Schema eines Starters

Der kleine Bimetallstreifen ist in Bild 14.48b noch etwas deutlicher dargestellt. Er besteht aus zwei aufeinandergepreßten, fest miteinander verbundenen Metallplättchen verschiedenen Materials. Das eine dehnt sich bei Erwärmung stärker aus als das andere. Dadurch kommt eine Verbiegung zustande, die man zum Schließen oder Öffnen eines Kontakts ausnutzen kann. Bild 14.49 zeigt einen handelsüblichen Starter sowie zwei Fassungen für Starter und Leuchtstofflampen.

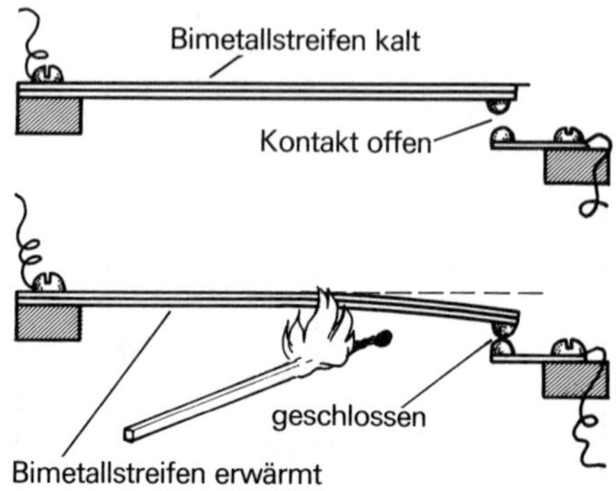

Bild 14.48b Arbeitsprinzip eines Bimetallstreifens

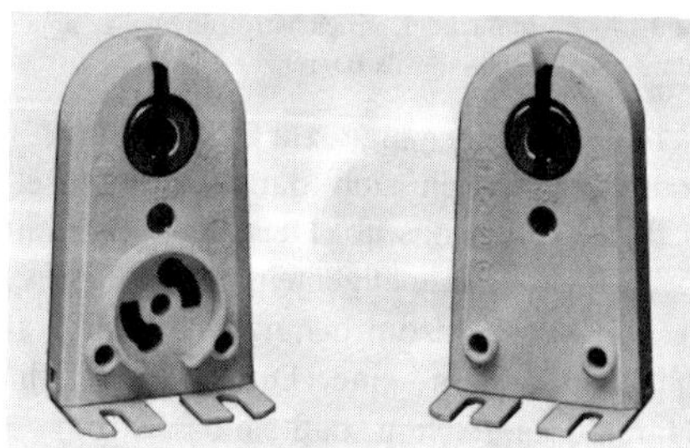

Bild 14.49 Starter und Fassung für Leuchtstofflampen

Wird die Netzspannung in Bild 14.50 über eine Drossel an die Lampe gelegt, so leuchtet diese noch nicht auf, weil sie eine höhere Zündspannung als die Netzspannung braucht. Die Netzspannung liegt aber gleichzeitig an den Elektroden des Starters und da der Elektrodenabstand im gasgefüllten Starter klein ist, findet hier eine

Glimmentladung statt, und Strom fließt von der einen Elektrode zur anderen: der Starter hat gezündet.

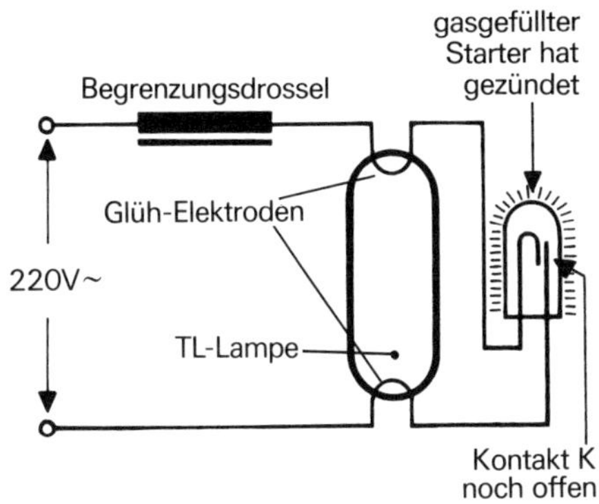

Bild 14.50 Erste Phase beim Zünden einer TL-Lampe

Die bei der Glimmentladung auftretende Wärme krümmt den Bimetallstreifen, der den Kontakt K schließt. Als Folge davon fließt der Netzstrom jetzt in ausreichender Stärke durch die Lampen-Glühelektroden und heizt sie auf. Die Glimmentladung im Starter erlischt im selben Augenblick, in dem der Kontakt K schließt. Dies ist in Bild 14.51 gezeigt.

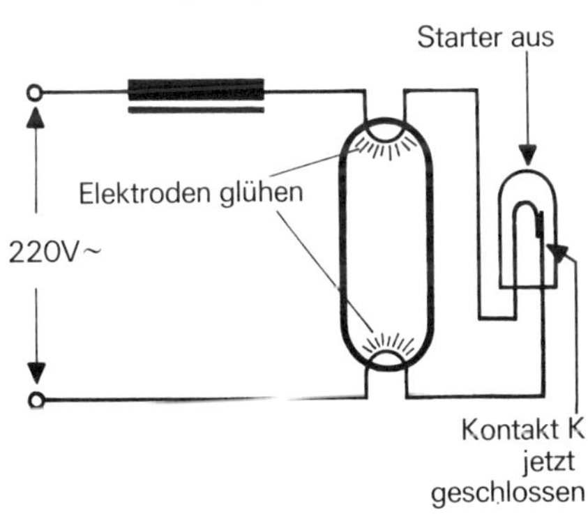

Bild 14.51 Zweite Phase beim Zünden einer TL-Lampe

Da die Wärme im Innern des Starters jetzt geringer wird, kühlt der Bimetallstreifen ab. Er nimmt bald darauf seine ursprüngliche Form wieder an und unterbricht dabei den Kontakt K. Dieser schaltet den durch die Drossel fließenden Strom schlagartig ab, was aufgrund der Selbstinduktion eine stoßartige Spannungsüberhöhung in der Drossel hervorruft. Sie reicht aus, um die Leuchtstofflampe zu zünden (Bild 14.52). Obwohl nach erfolgter Zündung der Bimetallschalter geöffnet bleibt und deshalb die Glühelektroden der Leuchtstofflampe nicht mehr geheizt werden, emittieren sie weiterhin Elektronen.

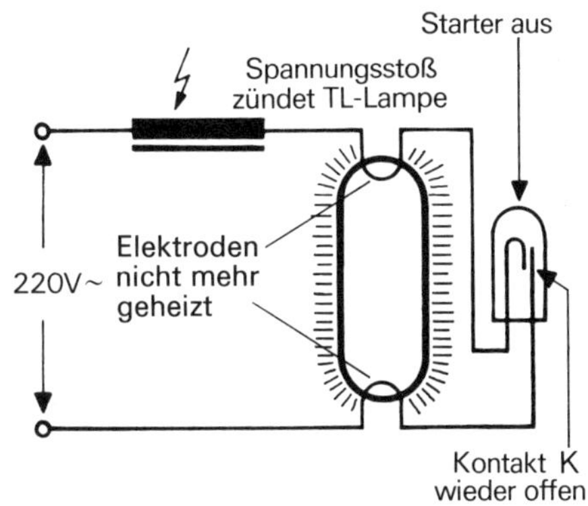

Bild 14.52 Dritte Phase beim Zünden einer TL-Lampe

Das ist deshalb möglich, weil die Elektroden jetzt durch den Aufprall von positiven Quecksilber-Ionen (sie entstehen bekanntlich beim Entladungsprozeß) weiterglühen und somit Elektronen aussenden können.

In der Leuchtstofflampe selbst spielen sich nach der Zündung nun folgende Vorgänge ab: Die von den Elektroden wechselweise ausgehenden freien Elektronen stoßen auf ihrem Weg durch das Rohr mit Wucht auf die Quecksilberatome der Gasfüllung (Bild 14.53). Beim Zusammenprall eines freifliegenden Elektrons mit einem Elektron der äußeren Schale des Quecksilberatoms wird dieses vorübergehend aus der Bahn geschleudert. Es federt aber wie an einen Gummifaden gespannt in seine normale Bahn zurück.

Die zum Herausschleudern des Elektrons aus seiner eigentlichen Bahn aufgewendete Energie geht nicht verloren, son-

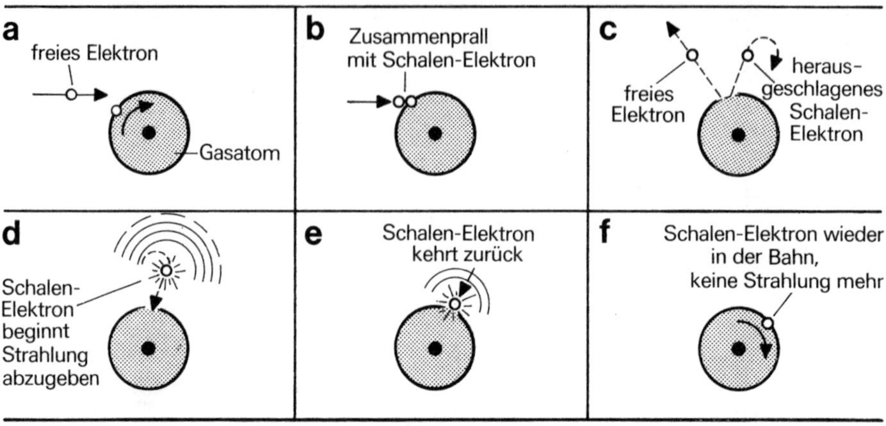

Bild 14.53 Vereinfachte Darstellung der Abläufe beim Entstehen von Strahlung an einem Quecksilberatom innerhalb der TL-Lampe

dern wird lediglich umgewandelt. Hier teilt sich die Stoßenergie dem getroffenen Elektron mit, das sie dann bei seiner Rückkehr in die Schalenbahn in Form von elektromagnetischer Strahlung wieder abgibt. Sobald das zum Quecksilberatom gehörende Elektron wieder auf seiner alten Bahn kreist, hört die Strahlung auf.

Da gleichzeitig und immer wieder aufs neue unzählige gebundene Elektronen von freien Elektronen getroffen werden, tritt die Strahlung innerhalb des ganzen Lampenrohrs auf. Die Hauptwellenlänge der erzeugten Strahlung liegt im unsichtbaren Ultraviolettbereich bei 254 nm (Nanometer). Ihr Anteil beträgt ca. 60 % der Gesamtstrahlung; einige weitere Prozent rufen ein schwach bläuliches Leuchten hervor, der Rest ist Wärmestrahlung. Der geringe Anteil an sichtbarem Licht ist prak-

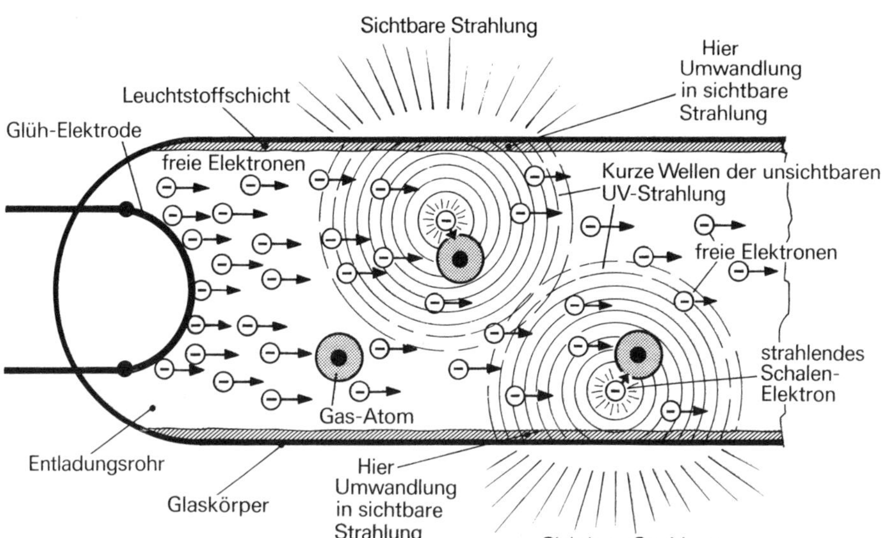

Bild 14.54 Zusammenfassung der für das Entstehen von sichtbarer Strahlung (d. h. Licht) erforderlichen Vorgänge innerhalb der TL-Lampe

tisch bedeutungslos. Die unsichtbare starke Ultraviolettstrahlung trifft auf der Innenseite der Glasröhre auf die Leuchtstoffschicht, wird von ihr absorbiert und mit hohem Wirkungsgrad in sichtbares Licht umgewandelt (Bild 14.54).

Je nach chemischer Zusammensetzung des Leuchtstoffs können Leuchtstofflampen mit verschiedenen Lichtfarben (Farbtemperaturwerten) hergestellt werden. Die auf dem Markt befindlichen Lichtfarben lassen sich in die drei Gruppen »tageslichtweiß« (tw), »neutralweiß« (nw) und »warmweiß« (ww) einteilen. Jede Gruppe enthält Lichtfarben höchster Lichtausbeute und solche bester Farbwiedergabe.

Die Lichtausbeute der Leuchtstofflampen ist selbst unter Berücksichtigung der Verluste im Vorschaltgerät etwa viermal so groß wie die von Glühlampen gleicher Leistung. Leuchtstofflampen zeichnen sich in jeder Hinsicht durch Stabilität aus: Sie sind sowohl widerstandsfähig gegen

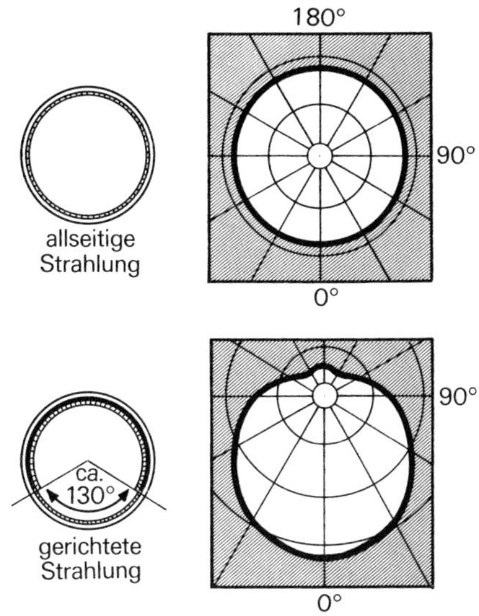

Bild 14.55a Leuchtstofflampen strahlen das Licht normalerweise kreisförmig zu ihrer Achse aus (oben), mit einer Innenreflexschicht kann das Licht aber auch in bestimmte Richtungen gelenkt werden

Bild 14.55b TL-Leuchtstofflampen in verschiedenen Ausführungen

mechanische Erschütterungen als auch unempfindlich gegen normale Spannungsschwankungen, die sich auf die Lichtabgabe praktisch nicht auswirken. Ihre geringe Wärmeentwicklung (sie werden während des Betriebs nur handwarm) macht sie für viele Anwendungsgebiete besonders geeignet. Die Brennlage der Leuchtstofflampen ist beliebig. Außerdem liegt ihre mittlere Lebensdauer um ein Mehrfaches über der von Glühlampen. Das breitflächige Licht der Leuchtstofflampen ist gleichmäßig, hell und schattenarm.

In Bild 14.55a sind abschließend zwei Lichtverteilungskurven dargestellt. Leuchtstofflampen haben normalerweise senkrecht zu ihrer Achse eine kreisförmige Lichtverteilung. Sind sie für Spezialfälle mit einem innenseitig aufgeschlämmten reflektierenden Belag versehen, so wird der Lichtstrom in eine bevorzugte Richtung gelenkt (untere Zeichnung). Neben der überwiegend verwendeten stabförmigen Ausführung (Bild 14.55b) sind auch U-, W- oder ringförmig gebogene Leuchtstofflampen erhältlich, die bei gleicher Leistung kleineren Platzbedarf haben.

14.6. Hochdruck-Entladungslampen

Im folgenden wollen wir uns mit den wichtigsten Ausführungen und Eigenschaften der anderen Entladungslampen vertraut machen, die zu Beginn von Abschnitt 14.5. bereits vorgestellt wurden.

Die Quecksilberdampf-Hochdrucklampen haben eine Strahlung, die größtenteils im sichtbaren Bereich liegt. Die Entladung erfolgt in einem kleinen Quarzbrenner, der nach Bild 14.56 innerhalb des Glaskolbens liegt. Da das Spektrum der reinen Quecksilberdampf-Entladung eine unbefriedigende Farbwiedergabe zur Folge hat, werden die fehlenden Spektralbereiche ergänzt durch den Zusatz von Leuchtstoffen auf der Innenseite des Glaskolbens. Sie wan-

Bild 14.56 Quecksilberdampf-Hochdrucklampe (oben) und ihr Aufbau mit induktiver Strombegrenzung (Drosselspulen)

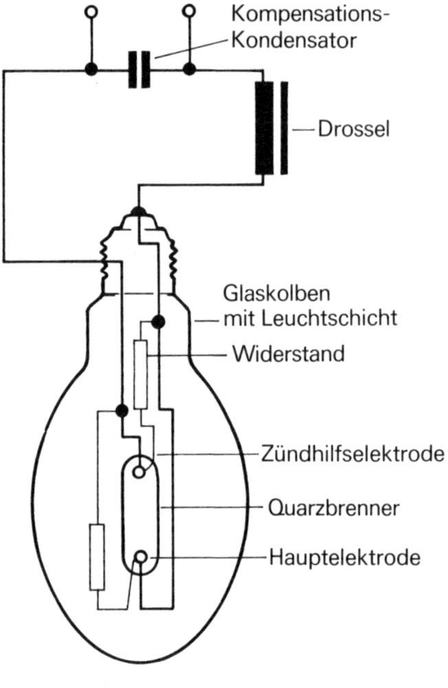

deln den UV-Anteil der Quecksilberdampf-Strahlung in Licht um. Es gibt Lampen ohne und mit Leuchtstoffbeschichtung (HP- und HPL-Typ).

Aus Bild 14.56 können wir entnehmen, daß die Lampe mit einem normalen E-Sockel ausgestattet ist und zur Strombegrenzung eine Drosselspule benötigt. Nach dem Zünden wird der volle Lichtstrom erst nach einigen Minuten Einbrennzeit erreicht; erneute Zündung ist ebenfalls erst nach einer Abkühlungszeit von mehreren Minuten möglich. Quecksilberdampf-Hochdrucklampen werden in Leistungseinheiten von 50 bis 2000 W hergestellt. Die Lichtfarbe ist bläulich-weiß bei Lampen ohne Leuchtstoff und weiß mit Leuchtstoff. In der Farbwiedergabe werden grüne und blaue Körperfarben stärker betont als die übrigen.

Halogen-Metalldampflampen enthalten zusätzlich zum Quecksilber noch Halogenverbindungen bestimmter Metalle. Dadurch verbessert sich das abgestrahlte Spektrum wesentlich, so daß Lichtausbeute und Farbwiedergabe günstigere Werte annehmen. Die Lichtfarbe ist tageslichtähnlich. Auch bei Lampen ohne Leuchtstoffbelag erzielt man gute Farbwiedergabe. Bei Lampen mit Leuchtstoff dient dieser in erster Linie zur Anpassung der Leuchtdichte und der Lichtverteilung an die entsprechenden Werte anderer Lampen, z. B. von Quecksilberdampf-Hochdrucklampen. Gebräuchliche Halogen-Metalldampflampen haben Leistungen von 400 bis 2000 W (HPI-Typ). In Bild 14.57 ist eine Lampe und in Bild 14.58 eine der möglichen Anwendungsarten gezeigt.

Mischlichtlampen sind eine Kombination von Glüh- und Quecksilberdampflampe in einem Glaskolben (Bild 14.59). Da die Glühlampenwendel als Stabilisator für die Quecksilberdampf-Entladung dient, benötigen Mischlichtlampen kein besonderes Vorschaltgerät mit Drosselspule. Sie können also anstelle von normalen Glühlampen eingesetzt werden. Lichtaus-

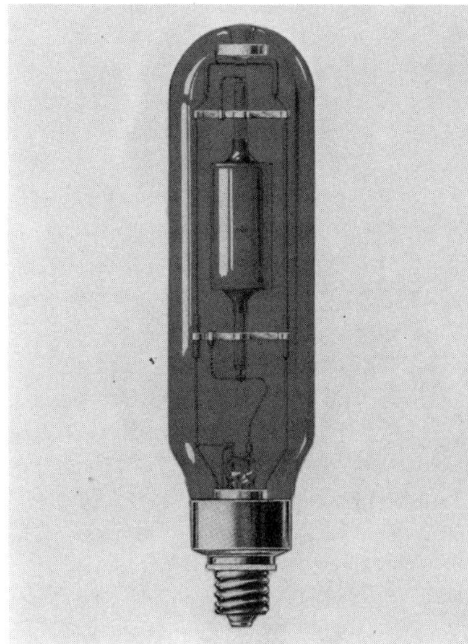

Bild 14.57 Halogen-Metalldampflampe HPI-T 2000 W

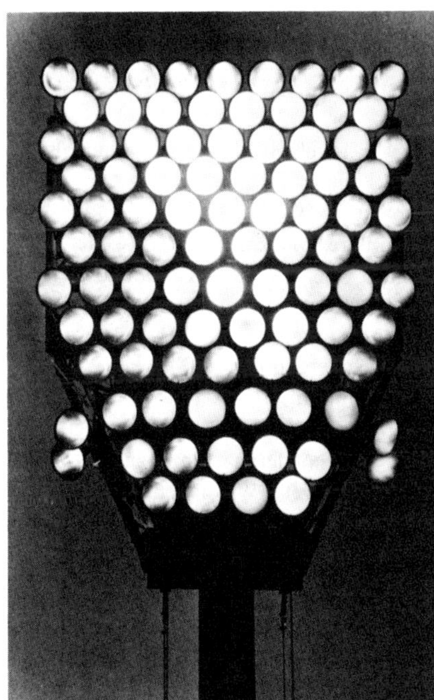

Bild 14.58 Scheinwerferbühne, ausgerüstet mit HPI-T-Halogen-Metalldampflampen

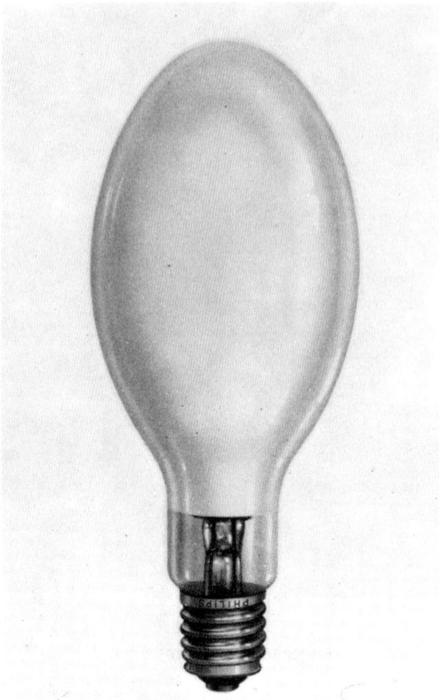

Bild 14.59 Mischlichtlampe. Sie enthält eine Glühlampenwendel als Stabilisator für die Quecksilberdampf-Entladung. Ihre Lichtfarbe ist weiß

beute und Lebensdauer sind höher als bei entsprechenden Glühlampen. Die Lichtfarbe ist weiß, die Farbwiedergabe gut. Der äußere Glaskolben ist entweder lichtstreuend oder mit einer Leuchtstoffschicht zur Erhöhung des Rotanteils versehen. Die Leistungsaufnahme der Mischlichtlampen liegt zwischen 160 und 1000 W.

Natriumdampflampen gibt es in Niederdruck- und Hochdruckausführung. Das Licht von Niederdrucklampen ist monochromatisch gelb. Wir haben diese typische Lichtfarbe bestimmt alle schon einmal gesehen, sie ist praktisch unverwechselbar. Wegen des gelben Lichts erscheinen alle Körperfarben in Graustufen. Die Lichtausbeute liegt erheblich höher als bei allen anderen Lichtquellen. Da die optimale Lichtausstrahlung an eine bestimmte Temperatur der Entladung gebunden ist, muß das Entladungsrohr durch ein Wärmeschutzglas mit wärmereflektierender Schicht auf günstigster Temperatur gehalten werden. Die Lampen haben eine Anlaufzeit von 5 bis 10 Minuten, zünden aber im allgemeinen sofort nach jedem Einschalten.

Natriumdampf-Niederdrucklampen des Typs SOX (Bild 14.60a) werden röhrenförmig hergestellt. Sie haben eine Leistungsaufnahme von 35 bis 200 W. Bild 14.60b zeigt schematisch den Aufbau die-

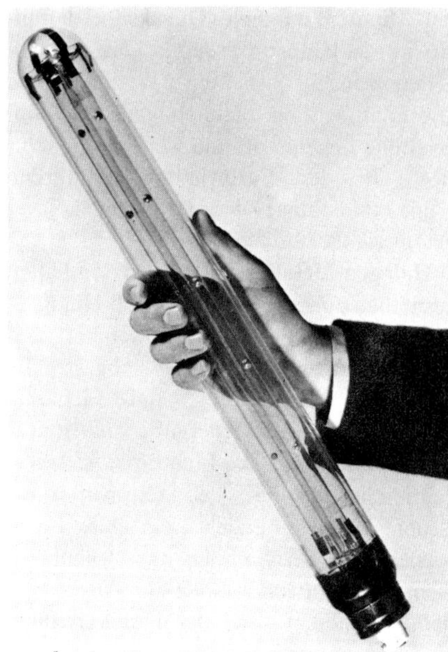

Bild 14.60a Natriumdampf-Niederdrucklampe vom Typ SOX

ser Entladungslampen. Natriumdampf-Hochdrucklampen (Typ SON) gibt es in Röhren- und Ellipsoidform (Bild 14.61a) und mit Leistungsaufnahmen von 150 bis 2000 W. Ihre Lichtfarbe ist angenehm warmweiß, da sie ein beträchtlich breiteres Spektrum haben als Natriumdampf-Niederdrucklampen. Alle Körperfarben werden wiedergegeben, gelbe dabei überbetont. Eine schematische Darstellung des Aufbaus einer Natriumdampf-Hochdrucklampe ist in Bild 14.61b zu sehen.

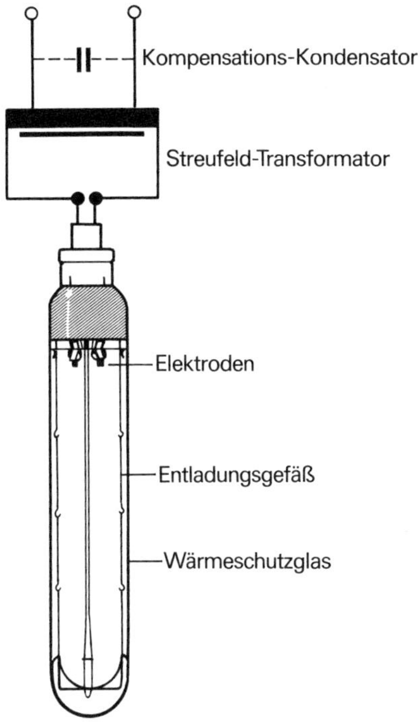

Bild 14.60b Aufbau einer Natriumdampf-Niederdrucklampe mit Speisung über einen Transformator

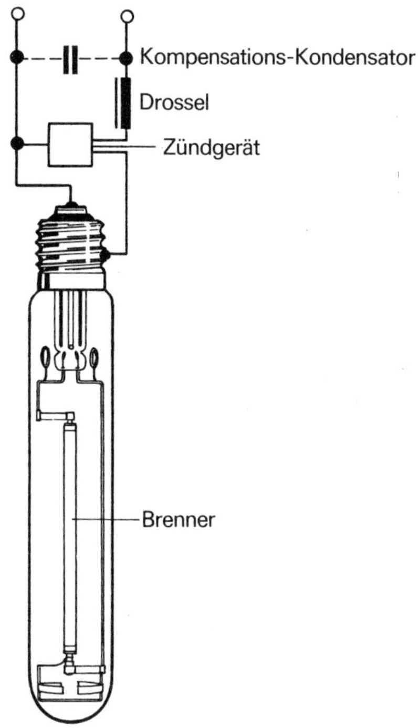

Bild 14.61b Aufbau einer Natriumdampf-Hochdrucklampe mit Zündgerät

Bild 14.61a Natriumdampf-Hochdrucklampen vom Typ SON

Für die Zündung braucht sie ein spezielles Zündgerät.

Xenonlampen strahlen ein Licht ab, das praktisch mit der spektralen Energieverteilung des mittleren Tageslichts übereinstimmt. Es ist weder von der Betriebsspannung noch von der Brenndauer der mit dem Edelgas Xenon gefüllten Lampe abhängig. Die Farbwiedergabe entspricht daher der des mittleren Tageslichts. Xenonlampen werden als Kurzbogenlampen mit kleinen Abmessungen und hoher Leuchtdichte und als Langbogenlampen in Röhrenform mit hoher Leistung (serienmäßig bis zu 20000 W) für besondere Zwecke hergestellt (Typ CSX und XOP). Auch sie benötigen zum Betrieb Vorschalt- und Zündgeräte.

14.7. Etwas über Leuchten

Wir haben uns bisher ausschließlich mit Lampen befaßt. Lampen sind zwar Lichtquellen, aber sie werden kaum jemals ohne dazuhörige Leuchten betrieben. Natürlich gibt es Ausnahme- und Sonderfälle, in denen die Lampe nur von einer Fassung gehalten wird. Im allgemeinen gehört zu einer Lampe aber immer eine Leuchte, deren Aufgaben in den nachfolgenden Punkten zusammengefaßt sind, wobei nach Schutzart und Schutzmaßnahmen (DIN und VDE) klassifiziert wird.

1. Leuchten dienen als Träger der Lampen und nehmen gegebenenfalls auch Vorschalt- und Zündgeräte auf.

2. Leuchten sollen den Lichtstrom der Lampen den Wünschen des Anwenders gemäß lenken und die Lichtstärkeverteilung dem jeweiligen Beleuchtungszweck anpassen.

3. Leuchten sollen gegen Blendung schützen, indem sie die Lampen in Blickrich-

DIN 40050 Sicherheitstechnische Einteilung für Leuchten VDE 0710

Kennbuchstabe	1. Ziffer	2. Ziffer	Schutzarten (mechanischer Schutz)	Kurzzeichen
P oder IP	2	–	Schutz gegen Berührung mit Finger	
P oder IP	3	–	Schutz gegen Fremdkörper > 1 mm	
P oder IP	4	–	staubgeschützt	
P oder IP	5	–	staubdicht	
P oder IP	–	0	kein Wasserschutz	
P oder IP	0	1	tropfwassergeschützt	
P oder IP	–	2	regengeschützt	
P oder IP	–	3	spritzwassergeschützt	
P oder IP	–	4	strahlwassergeschützt	
P oder IP	–	5	druckwassergeschützt	...atü
(P wird durch die neue Bezeichnung IP abgelöst)			»F«-Sicherheit: Leuchten für Entladungslampen zur direkten Montage auf oder an normal entflammbaren und leicht entflammbaren Baustoffen nach DIN 4102	F
				VDE 0170/171
			explosionsgeschützt	Ex
			schlagwettergeschützt	Sch
				VDE 0710
			Schutzklassen (elektrischer Schutz)	Kurzzeichen
			Klasse I, mit Schutzleiter	
			Klasse II, mit Schutzisolierung	
			Klasse III, für Kleinspannung	III

tung entweder total abschirmen oder deren Leuchtdichte durch lichtstreuende Mittel auf einen erträglichen Wert herabsetzen.

4. Leuchten sollen die Lampen gegen mechanische Beschädigung schützen, und sie sollen die elektrische Sicherheit gewährleisten.

Die Sicherheitsanforderungen sind in den VDE-Vorschriften festgelegt. Nach dem »Gesetz über technische Arbeitsmittel« (Maschinenschutzgesetz genannt) dürfen technische Arbeitsmittel, zu denen auch Leuchten zählen, nur in den Verkehr gebracht werden, wenn sie den Regeln der Technik und den Arbeitsschutz- und Unfallverhütungsvorschriften entsprechen. Die VDE-Bestimmungen sind im Sinne des Maschinenschutzgesetzes Regeln der Technik. Die VDE-Prüfstelle führt alle mechanischen und elektrischen Prüfungen durch und bestätigt das Einhalten der Vorschriften durch die Genehmigung zum Führen des VDE-Zeichens.

Die Einteilung der Leuchten in bezug auf ihre Sicherheit erfolgt nach Schutzarten und Schutzklassen. Sie sind in der Tabelle auf Seite 365 aufgeführt.

Leuchten werden nach ihrer Lichtstromverteilung in fünf verschiedene Gruppen eingeteilt, hierüber gibt es auch ein Normblatt DIN 5040. In Bild 14.62 ist die jeweilige Wirkung der verschiedenen Lichtstromverteilungen dargestellt.

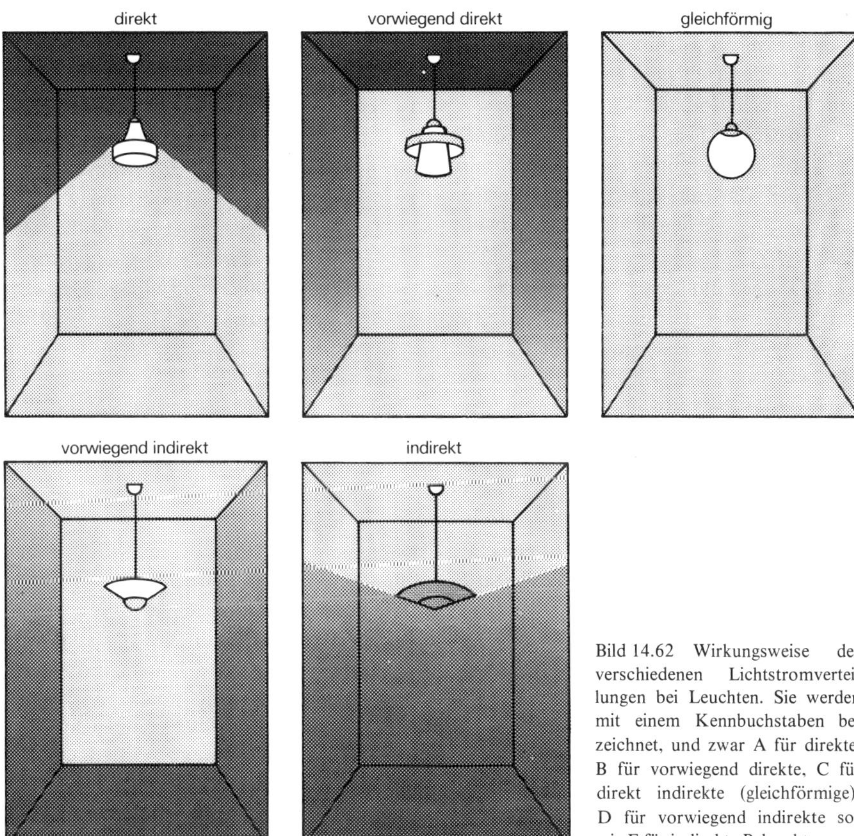

Bild 14.62 Wirkungsweise der verschiedenen Lichtstromverteilungen bei Leuchten. Sie werden mit einem Kennbuchstaben bezeichnet, und zwar A für direkte, B für vorwiegend direkte, C für direkt indirekte (gleichförmige), D für vorwiegend indirekte sowie E für indirekte Beleuchtung

14.8. Wichtiges kurz gesagt

1. Licht ist elektromagnetische Strahlung, die sich im Raum geradlinig ausbreitet.

2. Das Wellenband zwischen 400 und 760 nm (Nanometer) wird als sichtbare Strahlung empfunden. Es liegt zwischen Ultraviolett und Infrarot.

3. Im allgemeinen werden die aufgenommenen Helligkeitseindrücke durch reflektiertes Licht hervorgerufen: die Umgebung wird »beleuchtet«.

4. Weißes Licht setzt sich aus allen Wellenlängen der sichtbaren Strahlung zusammen.

5. Das Auge ist für Farben verschieden empfindlich: das Maximum liegt bei etwa 555 nm im Grünbereich. Farben lassen sich außerdem nur bei relativ hohem Helligkeitsgrad wahrnehmen und gehen bei abnehmender Helligkeit in Grautöne über (»Im Dunkeln sind alle Katzen grau«).

6. Lichtstrom ist die von einer Lichtquelle abgegebene Strahlungsleistung und wird in Lumen (lm) angegeben. Der Wert ist von der zugeführten elektrischen Leistung abhängig.

7. Als Lichtstärke bezeichnet man die Intensität der Lichtstrahlung in einer bestimmten Richtung. Sie wird mit Candela (cd) bezeichnet und ist abhängig von der jeweiligen Lichtverteilung einer Lampe oder Leuchte.

8. Beleuchtungsstärke ist das Verhältnis zwischen dem Lichtstrom und der Größe der beleuchteten Fläche. Als Einheit wird das Lux (lx) verwendet und zumeist als mittlerer Wert für die Beleuchtungsstärke angegeben.

9. Die Leuchtdichte kennzeichnet die Helligkeit auf einer beleuchteten Fläche, sie wird in Candela je Quadratmeter (cd/m^2) angegeben.

10. Mit Lichtausbeute wird das Verhältnis der Strahlungsleistung einer Lichtquelle zur aufgenommenen elektrischen Leistung ausgedrückt. Die Einheit ist das Lumen pro Watt (lm/W), höchsterreichbarer theoretischer Wert ist 680 lm/W.

11. Die Lichtmenge ist die Maßeinheit für das Produkt aus Lichtstrom mal Zeit und wird mit Lumenstunde (lmh) oder Lumensekunde (lms) angegeben.

12. Glühlampen mit Wolframwendel haben Betriebstemperaturen zwischen 2300 und 3000 °C. Die Verdampfung des Wolframs wird durch eine Stickstoff- oder Argonfüllung stark verlangsamt.

13. Die Farbtemperatur des eigentlichen Leuchtkörpers ist bestimmend für die Lichtfarbe, die man in K (Kelvin) angibt. Sie ist bei Glühlampen warmweiß und liegt bei ca. 2800 K.

14. Mit Halogenzusätzen kann in der Glühlampe ein Kreisprozeß aufrechterhalten werden, durch den eine Schwärzung des Kolbens vermieden und gleichmäßige Helligkeit während der Betriebsdauer erreicht wird.

15. Halogen-Glühlampen gibt es für Spezialanwendungen als Flutlicht-Scheinwerfer mit Leistungen bis zu 2000 W, als Projektionslampen, Autolampen usw.

16. Bei Entladungslampen besteht das Medium zwischen den Elektroden aus einer Gas- oder Metalldampffüllung. Es wird durch einen besonderen Vorgang »gezündet« und damit leitfähig gemacht: das Gas wird ionisiert.

17. Der durch die Entladungslampe fließende Strom muß mit Drosselspulen (bei Wechselstrombetrieb) oder Widerständen (bei Gleichstrombetrieb) begrenzt und stabilisiert werden.

18. Leuchtstofflampen sind Niederdruck-Entladungslampen und setzen in der Röhre eine überwiegend unsichtbare UV-Strahlung frei. Diese regt die auf der Lampeninnenseite angebrachte Leuchtstoffschicht an und wird dort mit hohem Wirkungsgrad in sichtbare Strahlung umgewandelt.

19. Die Lichtausbeute von Leuchtstofflampen ist rund viermal so hoch wie bei Glühlampen gleicher Leistung. Es lassen sich alle gebräuchlichen Lichtfarben er-

zeugen (tageslichtweiß, neutralweiß und warmweiß).
20. Bei Hochdruck-Entladungslampen findet die Entladung in einem kleinen Quarzbrenner statt. Als Füllung dienen u. a. Quecksilber- und Natriumdampf sowie Xenon-Edelgas.
21. Die Farbwiedergabe ist abhängig von der Füllung und kann durch Leuchtstoffe oder Halogenzusätze beeinflußt werden.
22. Leuchten nehmen die eigentliche Strahlungsquelle, nämlich die Lampe, auf. Sie können für alle gewünschten Anwendungen gefertigt werden.

In einem Außenbezirk Eindhovens befindet sich die großzügig angelegte Philips Versuchsstrecke für Straßenbeleuchtungen aller Art. Dieses Freiluftlaboratorium für Lichtanwendung besteht in seinem Hauptteil aus einer 250 m langen und 17 m breiten Straße, die an den Seiten von je fünf Masten flankiert ist. Mit einer Ausnahme sind alle 18 m hohen Masten beweglich; sie lassen sich auf Abstände von 24 bis 48 m zueinander einstellen.
Jeder Mast ist mit einer runden Leuchtbühne ausgestattet, die einen Durchmesser von sechs Metern hat und zwei Tonnen wiegt. Die Bühne enthält acht verstellbare Sektoren mit unterschiedlichen Lampen und Leuchten, die nach Bedarf an einem Ausleger ausgefahren werden können. Alle Bühnen lassen sich gleichzeitig oder getrennt schwenken und auf Höhen zwischen 2 und 16 m einstellen. Alle Vorgänge werden von einer Zentrale aus ferngesteuert, elektronische Sicherheitseinrichtungen kontrollieren die Gesamtanlage

15. Internationales Einheitensystem (SI-System)

Zahlreiche elektrotechnische Größen, wie Volt, Ampere, Ohm oder Watt, sind international gebräuchlich und in ihrer Bedeutung überall bekannt. Es gibt aber daneben eine Anzahl weiterer Größen (und nicht nur im elektrotechnischen Bereich), die nicht in jedem Land gebräuchlich sind oder unterschiedliche Bezeichnungen haben. Daher sind die Bemühungen um eine Vereinheitlichung der betreffenden Begriffe und Größenangaben verständlich. Sie führten zu einem System, das 1960 von der 11. Internationalen Generalkonferenz für Maß und Gewicht als »Système International d'Unités« bezeichnet und festgelegt wurde. Es wird abgekürzt SI-System genannt.

Viele Länder haben das neue Internationale Einheitensystem bereits eingeführt, in der Regel mit einer Übergangs- und Anpassungszeit von mehreren Jahren. Auch Großbritannien und die USA werden es übernehmen, und zwar soll dies im Rahmen der Umstellung auf das metrische System erfolgen. Für die Bundesrepublik trat das »Gesetz über Einheiten im Meßwesen« am 2. Juli 1970 in Kraft. Auch bei uns gab es entsprechende Übergangsfristen (zumeist bis Ende 1977), während der die alten Größen noch gebraucht werden durften. Es ist einleuchtend, daß ein international gültiges Maßsystem mit einheitlichen Begriffen und Formelzeichen sich gerade in den technischen und wissenschaftlichen Bereichen vorteilhaft auswirken wird.

Das SI-System ist im Grunde genommen eine Weiterentwicklung bisheriger Einheitensysteme und stellt keineswegs eine völlige Neuordnung dar. Wenn man sich anfangs manchmal auch scheut, mit einigen noch ungewohnten Maßeinheiten zu arbeiten, so wird man sich doch bald daran gewöhnen. Das Rechnen mit Einheiten aus einem einzigen System ist naturgemäß einfacher als das Rechnen mit Einheiten, die nur eine willkürliche Beziehung zueinander haben. So gibt es keine Umrechnungsfaktoren mehr, wenn man z. B. die Leistung eines Elektromotors mit der Leistung eines Verbrennungsmotors vergleichen will.

Wichtigstes Merkmal des SI-Systems sind die sogenannten Basiseinheiten, mit denen die betreffenden physikalischen Basisgrößen des Systems definiert werden. Es sind sechs Basiseinheiten festgelegt worden, und zwar:

1. Meter (m) für die »Länge«
2. Kilogramm (kg) für die »Masse«
3. Sekunde (s) für die »Zeit«
4. Ampere (A) für den »elektrischen Strom«
5. Kelvin (K) für die »Temperatur«
6. Candela (cd) für die »Lichtstärke«

Daneben gibt es noch drei atomphysikalische Basiseinheiten, und zwar Mol (mol) für »Stoffmenge«, Elektronvolt (eV) für »Energie« und die atomare Masseneinheit (u) für »Teilchenmasse«.

Aus den Basiseinheiten sind weitere Einheiten abgeleitet worden, mit denen wir größtenteils auch bisher schon gearbeitet haben, z. B. Farad, Hertz, Henry, Lux, Ohm, Volt, Watt u. a. m. Von diesen »abgeleiteten Einheiten« gibt es wiederum dezimale Vielfache und Teile, beispielsweise µF, kHz, mH, mlx, MΩ, µV, kW usw. Die Tabelle 15.1 gibt einen Überblick über den Aufbau des SI-Systems, das mit seinen Basis- und abgeleiteten Einheiten ein sogenanntes kohärentes System bildet. Kohärent heißt soviel wie zusammenhängend und deutet auf die Systemeigenschaft hin, daß Umrechnungen seiner Einheiten mit dem Zahlenfaktor 1 zu erfolgen haben.

Im folgenden Abschnitt sind die geläufigsten, abgeleiteten Einheiten für den elektrotechnischen Bereich aufgeführt und gegebenenfalls durch Beispiele erläutert.

Tabelle 15.1 Aufbau des SI-Systems

Gesetzliche Einheiten im Meßwesen

↓

1. SI-Basiseinheiten
Meter (m) für Länge
Kilogramm (kg) für Masse
Sekunde (s) für Zeit
Ampere (A) für elektrische Stromstärke
Kelvin (K) für thermodynamische Temperatur
Candela (cd) für Lichtstärke
Mol (mol) für Stoffmenge
Elektronvolt (eV) für Energie
atomare Masseneinheit (u) für Teilchenmasse

↓

2. Abgeleitete Einheiten aus 1.
z. B. Hertz (Hz), Henry (H), Lux (lx), Ohm (Ω), Volt (V), Watt (W) usw.

↓

3. Dezimale Vielfache und Teile der unter 1. und 2. aufgeführten Einheiten
z. B. µF, kHz, mH, mlx, MΩ, µV, kW oder 10^{-6} F, 10^3 Hz, 10^{-3} H, 10^6 Ω usw.

Vorsätze

Zehner-Potenz	Vorsatz	Vorsatzzeichen
10^{12}	Tera	T
10^{9}	Giga	G
10^{6}	Mega	M
10^{3}	Kilo	k
10^{2}	Hekto	h
10^{1}	Deka	da
10^{-1}	Dezi	d
10^{-2}	Zenti	c
10^{-3}	Milli	m
10^{-6}	Mikro	µ
10^{-9}	Nano	n
10^{-12}	Piko	p
10^{-15}	Femto	f
10^{-18}	Atto	a

15.1. Länge, Zeit, Temperatur

Bei den **Längeneinheiten** hat sich praktisch nichts geändert, wir messen also weiterhin in Meter (m) oder abgeleitet in km, dm, cm, mm und µm. Auch bei Flächen- und Raumgrößen bleibt es bei Quadrat- und Kubikangaben, die aber nur noch mit hochgestellter 2 oder 3 geschrieben werden dürfen, also z. B. m^2 und m^3 oder cm^2 und mm^3. Für den Kubikdezimeter ist außerdem der Liter (l) zulässig. Das Volumen einer Lautsprecherbox kann daher auch weiterhin in Litern angegeben werden (Bild 15.1).

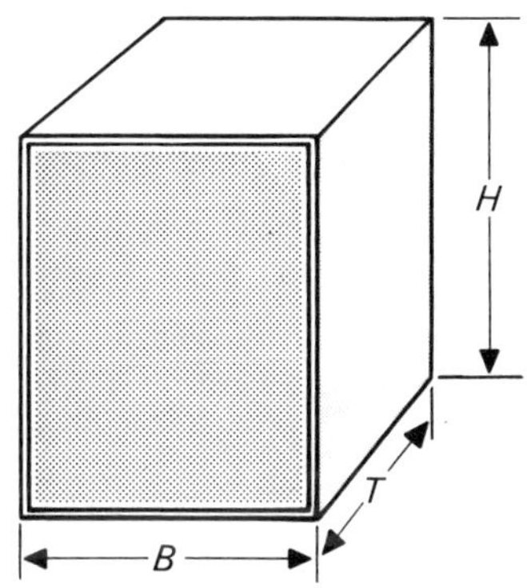

Bild 15.1 Für die Größenangabe von Lautsprecherboxen benutzt man auch weiterhin die Volumenangabe in Litern

Bis auf die Schreibweise gibt es bei den **Zeiteinheiten** ebenfalls keine Veränderungen. Die Basiseinheit Sekunde darf abgekürzt nur noch mit kleinem s angegeben werden, die abgeleiteten Einheiten Minute mit min, Stunde mit h und Tag mit d. Als Beispiel: 1 d = 24 h = 1440 min = 86 400 s. Lediglich bei gemischten Zeitangaben ist eine Hochstellung der Einheiten und eine andere Minutenschreibweise zulässig (3^h, 10^m, 30^s).

Im Zusammenhang hiermit ist auch auf eine geringfügige Änderung bei der Drehzahlangabe hinzuweisen. Sie wurde bisher als Umdrehung pro Minute (U/min) geschrieben und ist jetzt als 1 durch (oder pro) Minute bzw. Sekunde definiert (1/min bzw. 1/s). Somit wird z. B. aus der alten Angabe 45 U/min für die Drehzahl eines Plattentellers nach der neuen Vorschrift eine Drehzahl von 45 pro Minute, abgekürzt 45/min. Man verzichtet bei der neuen Schreibweise also lediglich auf das U (Bild 15.2).

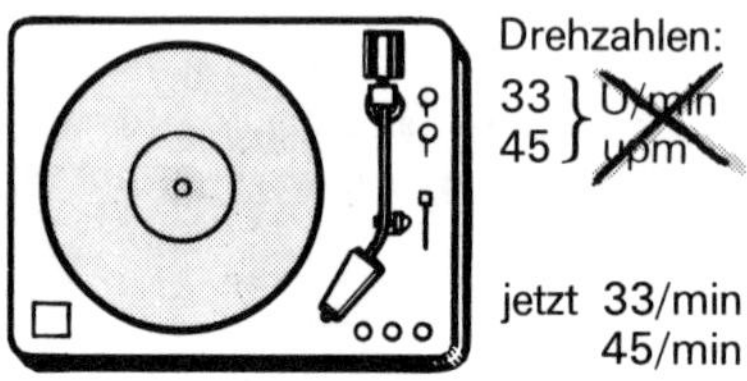

Bild 15.2 Drehzahlangaben erfolgen im Prinzip wie bisher, es wird lediglich auf das U verzichtet

Ähnlich ist es auch bei der **Frequenz**, wo der Vorgang einer Periodendauer nach wie vor als Hertz (Hz) bezeichnet wird. Die Einheit 1 Hz ist hier als 1/s definiert und entspricht damit dem Begriff Schwingung pro Sekunde (Bild 15.3).

Eine relativ kleine Neuerung gab es bei der Temperatur, wo zu den bekannten Celsiusgraden die Einheit **Kelvin** offiziell hin-

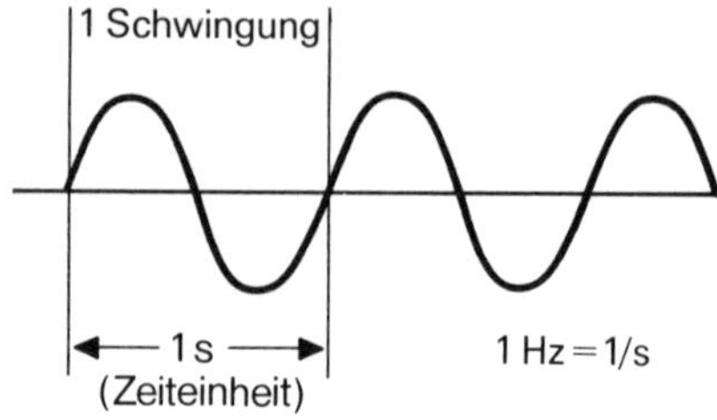

Bild 15.3 Frequenzangaben bleiben als Schwingungsangabe pro Sekunde unverändert (1 Hz = 1/s)

zugekommen ist, und zwar als Basiseinheit für die thermodynamische Temperatur, auch Kelvin-Temperatur genannt. Die Einheit Kelvin darf nicht mit dem Gradzeichen versehen werden (°K war nur bis zum Juli 1975 zulässig).

Kelvin ist nicht mehr als Skalenwert, sondern als physikalische Größe zu verstehen und geht vom absoluten Nullpunkt aus, d. h. minus 273,15 °C sind Null Kelvin (Bild 15.4). Demnach gibt es bei Kelvinangaben nur »Plusgrade«, die aber nicht extra durch ein entsprechendes Vorzeichen kenntlich gemacht werden. Der Celsius-Nullpunkt entspricht also rund 273 K, und kochendes Wasser hat 373 K. Eine Temperaturangabe in Kelvin ist demnach immer um die Zahl 273 höher als eine entsprechende Celsius-

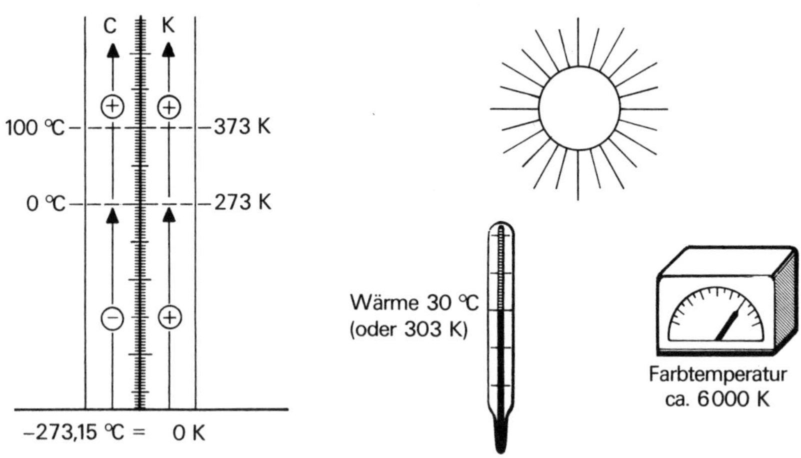

Bild 15.4 Zusammenhänge zwischen den Temperaturangaben in Kelvin (K) und Celsius (C)

angabe. Um eine eindeutige Bestimmung der Temperaturpunkte zu gewährleisten, sollte man der Kelvinangabe stets den betreffenden Wortbegriff zuordnen. Beispiele: 5000 K Farbtemperatur, 390 K Öltemperatur, 300 K Außentemperatur.

Das vertraute Celsius bleibt als Skalenwert für Celsius-Temperaturen in °C erhalten. Temperaturdifferenzen sind jedoch möglichst in Kelvin anzugeben, da hierfür die alte Bezeichnung Grad mit der Kurzform grd für Temperaturdifferenzen in C oder K nicht mehr zulässig ist. Es muß also beispielsweise heißen: abkühlen um 100 K (und nicht 100 grd).

15.2. Masse und Kraft

Wir kommen nun zu den auch im elektrotechnischen Bereich gebräuchlichen abgeleiteten SI-Einheiten und beginnen mit **Masse** und **Kraft**. Bereits vor etlichen Jahren versuchte man zwischen der Masse eines Körpers und seiner (Gewichts-)Kraft zu unterscheiden, indem man dem altgewohnten Kilogramm (kg) die entsprechende Einheit Kilopond (kp) zuordnete. Im SI-System hat man das Pond wieder aufgegeben und verwendet statt dessen die neue Einheit Newton (N). Sie wird »njuhtn« ausgesprochen und geht auf den englischen Physiker und Mathematiker Isaak Newton (1643–1727) zurück, der u. a. grundlegende Gesetze der Mechanik aufstellte.

Wir wollen uns den Unterschied zwischen Masse und Kraft am Beispiel des Tonabnehmersystems deutlich machen. Wird der Tonkopf auf eine Balkenwaage gelegt, so kann man die Waage ins Gleichgewicht bringen, wenn auf die andere Schale ein entsprechendes Wägestück gelegt wird. Durch diese vergleichende Wägung läßt sich die **Masse** des Tonkopfs ermitteln. Beträgt sie beispielsweise 10 Gramm (g), so kann man im landläufigen Sinn auch sagen: der Tonkopf wiegt 10 g (Bild 15.5). Er hätte diese Masse auch auf dem Mond, denn an seiner Substanz würde sich ja dort nichts ändern! Die Balkenwaage bliebe daher auch auf dem Mond mit dem 10-g-Wägestück exakt ausgependelt.

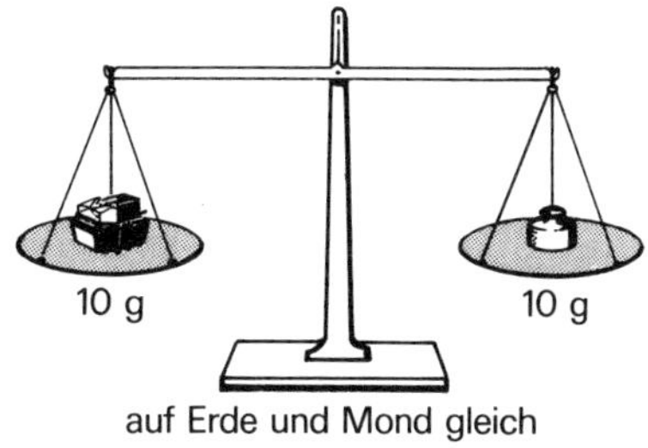

Bild 15.5 Die Masse (kg) eines Körpers ist überall gleich

Anders verhält es sich dagegen mit der **Kraft**, die ein Körper von bestimmter Masse ausübt bzw. die er erfährt. Das Anziehungsvermögen der Erde ist hierfür ein grundlegendes Beispiel, denn alle Körper auf der Erde sind auf diese Weise ständig einer Kraft ausgesetzt (Bild 15.6). Das gilt

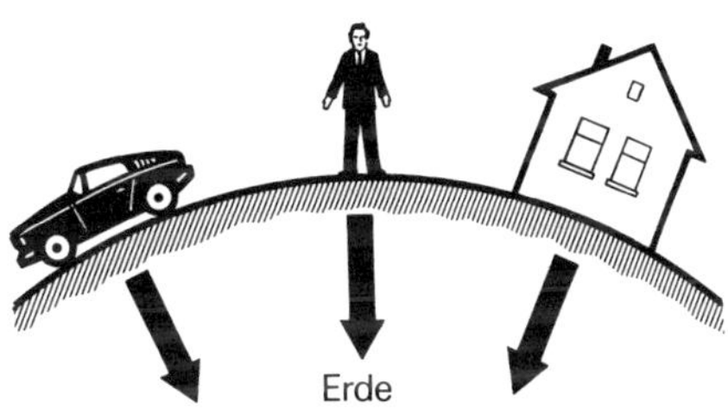

Bild 15.6 Die Kraft (N) eines Körpers ist abhängig vom Anziehungsvermögen z. B. der Erde

demnach auch für unseren Tonkopf von 10 g Masse, der – an einer Federwaage hängend – von der Erde angezogen wird. Der verlängerte Federweg ist ein Maß für die auftretende Kraft, die in diesem Fall etwa 0,1 N betragen würde. Auf dem Mond käme es allerdings zu einem wesentlich kleineren Federweg, da die Mondanziehungskraft ja nur ein Sechstel des Erdwerts beträgt (Bild 15.7).

Die von einem Tonabnehmersystem tatsächlich ausgeübte »Auflagekraft« ist natürlich geringer als 0,1 N oder 10 p, wie der

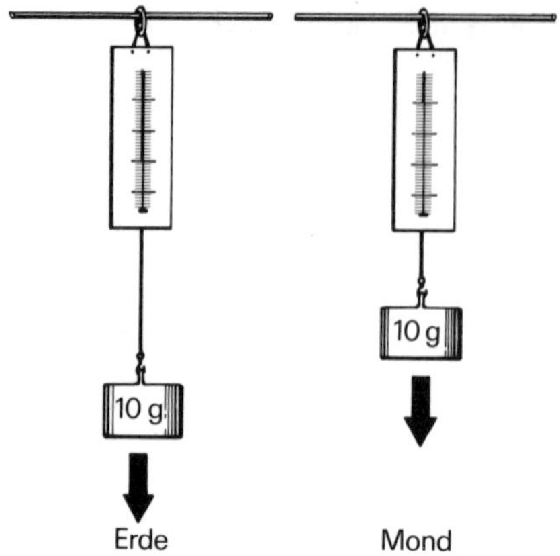

Bild 15.7 Massegleiche Körper haben auf Erde und Mond unterschiedliche Kraftwirkungen

entsprechende Wert bisher lautete. Weil jedoch der Tonarm mit Tonkopf und Gegengewicht eine Art Balkenwaage bildet, bleibt nur die Massen-Differenz als wirksame Kraft übrig. In Bild 15.8 ist dies schematisch angedeutet.

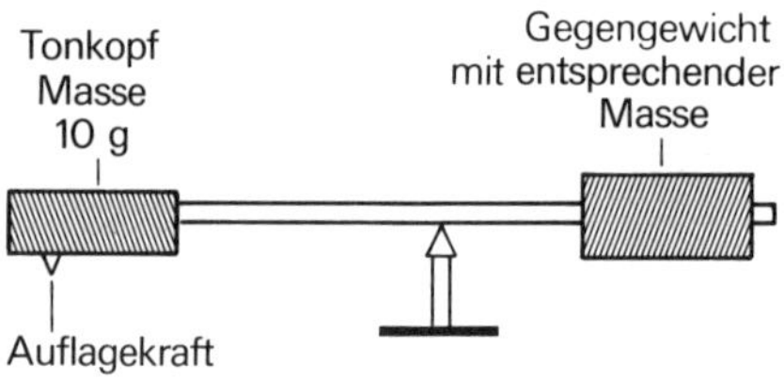

Bild 15.8 Schematische Darstellung der »Auflagekraft« eines Tonkopfs

Neben der erwähnten Anziehungs- oder Gewichtskraft gibt es noch andere Kraftarten, z. B. Magnetkraft, Muskelkraft oder Motorkraft. Allen Kräften ist gemeinsam, daß sie die Lage bzw. den Bewegungszustand eines Körpers ändern. Von dieser Tatsache ging man bei der Definition des Newtons aus, denn es heißt: 1 N ist die erforderliche Kraft, um eine Masse von 1 kg in 1 s aus dem Ruhezustand auf die Geschwindigkeit von 1 m/s zu beschleunigen bzw. ihr die Beschleunigung von 1 m/s² zu erteilen. Als Gleichung sieht das so aus:

$$1\ \mathrm{N} = \frac{1\ \mathrm{kg} \cdot 1\ \mathrm{m}}{\mathrm{s}^2} = \frac{1\ \mathrm{kgm}}{\mathrm{s}^2}$$

oder anders geschrieben:

$$1\ \mathrm{N} = 1\ \mathrm{kgms}^{-2}$$

Der Zusammenhang mit der alten Einheit Pond ist gegeben durch 1 kp = 9,8 N; also rund gerechnet entspricht 1 kp ≈ 10 N. (Das Zeichen ≈ bedeutet soviel wie »fast gleich«, wobei hier und bei noch folgenden Angaben der Fehler bei 2 Prozent liegt). Einige Beispiele für die Umrechnung alter und neuer Einheiten sind nachfolgend gegeben.

$1\,000\,000\ \mathrm{N} = 10^6\ \mathrm{N} = 1\ \mathrm{MN} \approx 100\,000\ \mathrm{kp}$ (100 000 kg)
$1000\ \mathrm{N} = 10^3\ \mathrm{N} = 1\ \mathrm{kN} \approx 100\ \mathrm{kp}$ (100 kg)
$10\ \mathrm{N} = 10^1\ \mathrm{N} = 0{,}01\ \mathrm{kN} \approx 1\ \mathrm{kp}$ (1 kg)
$1\ \mathrm{N} = 10^0\ \mathrm{N} = 1000\ \mathrm{mN} \approx 100\ \mathrm{p}$ (100 g)
$0{,}1\ \mathrm{N} = 10^{-1}\ \mathrm{N} = 100\ \mathrm{mN} \approx 10\ \mathrm{p}$ (10 g)
$0{,}01\ \mathrm{N} = 10^{-2}\ \mathrm{N} = 10\ \mathrm{mN} \approx 1\ \mathrm{p}$ (1 g)
$0{,}001\ \mathrm{N} = 10^{-3}\ \mathrm{N} = 1\ \mathrm{mN} \approx 0{,}1\ \mathrm{p}$ (0,1 g)

Mit der Kraft (N) steht auch das **Drehmoment** (z. B. von elektrischen Maschinen) in einer bestimmten Beziehung. Bislang definierte man das Drehmoment mit Meterkilogramm (mkg) oder Kilopondmeter (kpm), sie werden beide durch die neue abgeleitete SI-Einheit des Newtonmeters (Nm) abgelöst. Dieses gibt die Drehwirkung der Kraft 1 N an, die senkrecht zu einem Hebelarm 1 m wirkt. Der Zusammenhang mit den alten Größen ergibt sich daraus, daß 1 mkg oder kpm ≈ 10 Nm sind. (1 Nm ist hier nicht mit 1 J oder 1 Ws gleichzusetzen!)

15.3. Einheiten für Drücke

Eine einheitliche Bezeichnung erhielten auch die bisher sehr unterschiedlich benannten Größen für den **Druck** in Flüssigkeiten, Gasen und Dämpfen sowie für den Druck als mechanische Spannung. Die alten Bezeichnungen, wie etwa Atmosphäre (at = technische, atm = physikalische Atmosphäre) Torr, Millimeter-Wassersäule (mmWS) und Millimeter-Quecksilbersäule (mmHg), waren nur noch bis zum Ablauf der Übergangsfrist gültig und wurden durch die neue abgeleitete Einheit Pascal (Pa) ersetzt. Sie leitet sich vom französischen Physiker und Mathematiker Blaise Pascal (1623—1662) her, der u. a. das Gesetz der kommunizierenden Röhren und den Luftdruck entdeckte. Die Definition heißt: 1 Pa ist gleich dem Druck, bei dem senkrecht auf eine Fläche von 1 m^2 gleichmäßig die Kraft 1 N ausgeübt wird. Als Gleichung ergibt sich:

$$1\ \text{Pa} = \frac{1\ \text{N}}{\text{m}^2} = 1\frac{\text{N}}{\text{m}^2}$$

Bei einer Fläche von 1 cm^2 erhalten wir 10 kPa, bei einer Fläche von 1 mm^2 ergibt sich die Einheit 1 MPa (wobei im Zähler des Bruchs stets mit 1 N gerechnet wird). Die alten Einheiten stehen in folgendem Zusammenhang mit dem neuen Pascal:

1 at (techn. Atm.)	≈ 100 000 Pa	= 0,1 MPa
1 atm (phys. Atm.)	≈ 100 000 Pa	= 0,1 MPa
1 Torr (1 atm/760)	≈ 133 Pa	
1 mmHg	≈ 133 Pa	
1 mWS	≈ 10 000 Pa	= 10 kPa
1 mmWS	≈ 10 Pa	

Die Meter-Wassersäule (mWS) entspricht dem zehnten Teil der technischen Atmosphäre, die Millimeter-Wassersäule (mmWS) dem zehntausendsten Teil. Sie wurde bislang u. a. für die Angabe des Unterdrucks bei Staubsaugern benutzt (Bild 15.9).

Eine besondere Bezeichnung wurde für den zehnten Teil des Megapascals (MPa) festgesetzt, und zwar das Bar mit dem Einheitszeichen bar. 1 Bar ist also 100 000 Pa und damit etwa der technischen und physikalischen Atmosphäre vergleichbar. Der mittlere Luftdruck in Meereshöhe wurde früher mit 760 Millimeter-Quecksilbersäule (mmHg) oder 760 Torr angegeben, nach

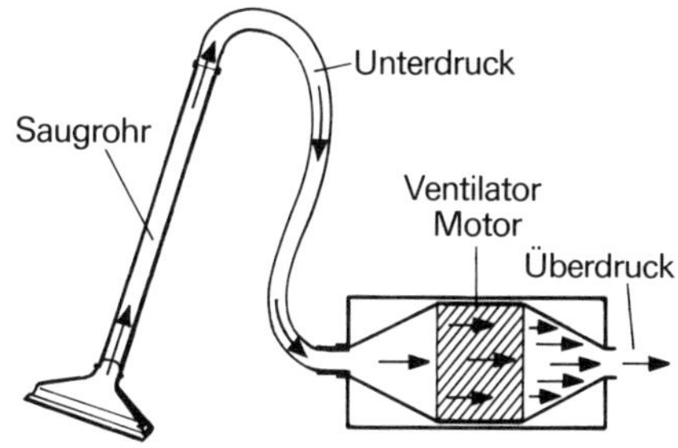

Bild 15.9 Drücke werden in Pascal (Pa) angegeben

dem neuen SI-System beträgt er 1,013 bar bzw. 1013 mbar, also rund 1 at (siehe auch folgende Aufstellung).

1 bar	= 1000 mbar	= 100 000 Pa
		≈ 1 at
0,1 bar	= 100 mbar	= 10 000 Pa
		≈ 1 mWS
0,01 bar	= 10 mbar	= 1000 Pa
		≈ 0,1 mWS
0,001 bar	= 1 mbar	= 100 Pa
		≈ 10 mmWS
100 μbar	= 0,1 mbar	= 10 Pa
		≈ 1 mmWS
10 μbar	= 0,01 mbar	= 1 Pa
		≈ 0,1 mmWS
	1,33 mbar	= 133 Pa
		≈ 1 Torr
	1,33 mbar	= 133 Pa
		≈ 1 mmHg

Doch nicht nur für den Luftdruck über Meereshöhe ist die Einheit bar wichtig, jeder auftretende Über- oder Unterdruck wird in dieser Einheit gemessen. Der auf der Schirmfläche einer 61-cm-Fernsehbildröhre lastende äußere Druck von 1 bar entspricht einer Kraft von etwa 15 000 N bzw. einem Gewicht von 1500 kg (Bild 15.10). Ein Autoreifen muß einen Luftdruck von etwa 2 bar aufweisen.

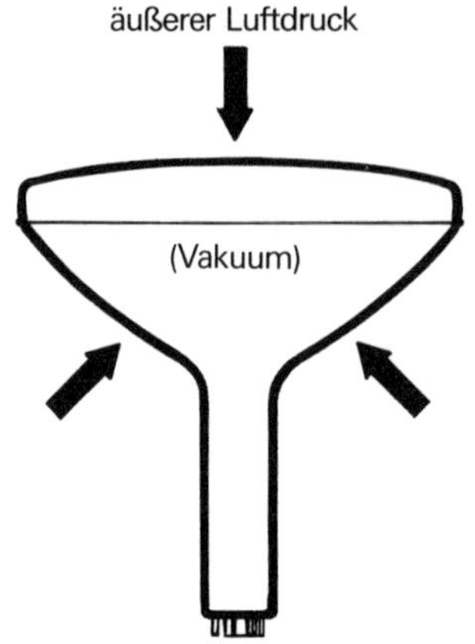

Bild 15.10 Mit etwa 15 000 N (1500 kg) ist der Bildschirm einer evakuierten Fernsehbildröhre belastet

15.4. Leistung und Arbeit

In der Elektrotechnik ist das Watt (W) als Einheit für die **Leistung** bekanntlich seit langem gebräuchlich. Nach dem neuen Gesetz muß es auch im Bereich der Mechanik benutzt werden (Bild 15.11), und es gibt ja auch keinen logischen Grund, z. B. die Leistung von Motoren gleich welcher Art nicht einheitlich in Watt auszudrücken.

Die (mechanische) Arbeit W ist definiert durch den Ausdruck »Kraft mal Weg«, teilen wir dieses Produkt durch die Zeiteinheit, so ergibt sich die vollbrachte Leistung $(P = W/t)$. Je schneller man daher eine bestimmte Arbeit ausführt, um so höher ist die vollbrachte Leistung. Es ergibt sich demnach folgender Ausdruck: Leistung (in Watt) = Kraft mal Weg (in Newton mal Meter) geteilt durch Zeit (in Sekunden), was als Gleichung so aussieht:

$$1\ \mathrm{W} = \frac{1\ \mathrm{N} \cdot 1\ \mathrm{m}}{\mathrm{s}} = 1\frac{\mathrm{N\ m}}{\mathrm{s}}$$

oder anders geschrieben:

$$1\ \mathrm{W} = 1\ \mathrm{Nms}^{-1}$$

Die alte Leistungseinheit PS steht mit dem Watt in folgender Beziehung: 1 PS = 736 W. Die bisher übliche Krafteinheit kp ergab die Leistungseinheit 1 kpm/s, entsprechend etwa 10 W. Alle Zusammenhänge können der anschließenden Übersicht entnommen werden.

$1\,000\,000\ \mathrm{W} = 10^6\ \mathrm{W} = 1\ \mathrm{MW}$
$1000\ \mathrm{W} = 10^3\ \mathrm{W} = 1\ \mathrm{kW} \approx 1{,}36\ \mathrm{PS}$
$736\ \mathrm{W} \approx 1\ \mathrm{PS}$
$10\ \mathrm{W} = 10^1\ \mathrm{W} = 0{,}01\ \mathrm{kW} \approx 1\ \mathrm{kpm/s}$
$1\ \mathrm{W} = 10^0\ \mathrm{W} = 1000\ \mathrm{mW} \approx 0{,}00136\ \mathrm{PS}$

Als neue abgeleitete SI-Einheit für **Arbeit, Energie** und **Wärmemenge** wurde das Joule (gesprochen djuhl) geschaffen (Bild 15.12). Die Bezeichnung geht zurück auf den englischen Physiker James Prescott Joule (1818–1889). Das Joule (J) steht in enger Beziehung zum Watt und zum Newton, wie wir zunächst am Beispiel der Arbeitseinheit J sehen werden.

Es wurde bereits gesagt, daß die mechanische Arbeit durch den Ausdruck Kraft mal Weg definiert ist, was J = N · m geschrieben wird. Im SI-Einheitengesetz heißt

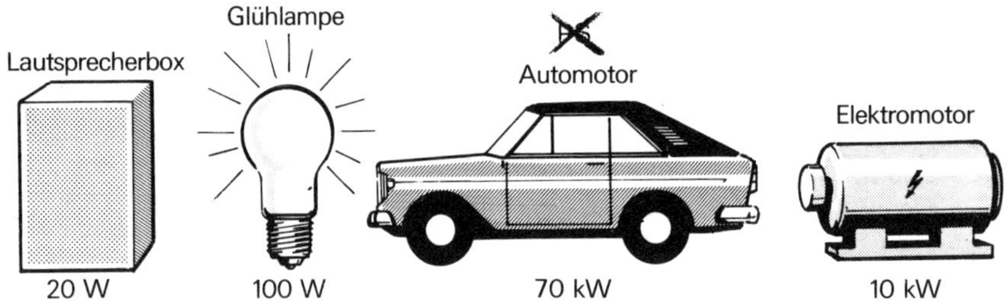

Bild 15.11 Leistungen werden einheitlich in Watt (W) ausgedrückt

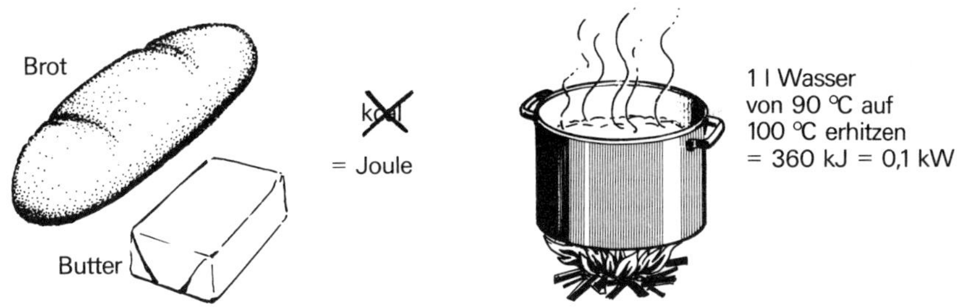

Bild 15.12 Arbeit, Energie und Wärmemenge werden in Joule (J) gemessen

es dazu: 1 J ist gleich der Arbeit, die verrichtet wird, wenn der Angriffspunkt der Kraft 1 N in Richtung der Kraft um 1 m verschoben wird. 1 J ist also gleich 1 Nm (gesprochen Newtonmeter). Als Gleichung geschrieben heißt es:

$$1\,\mathrm{J} = 1\,\mathrm{Nm}$$

Das Beispiel in Bild 15.13 erläutert den Vorgang: Der Gewichtheber verrichtet eine Arbeit von 500 J oder 500 Nm, wenn er die mit der Kraft 1000 N wirkende Hantel von 100 kg Masse um 0,5 m hebt (Arbeit ist Kraft mal Weg). Wird der Faktor Zeit hierbei berücksichtigt, erhält man die erbrachte Leistung. Schafft der Sportler die Arbeit in 0,5 s, so ist seine Leistung größer als wenn er 1 s Zeit gebraucht hätte. Mit anderen Worten: in 0,5 s leistet er 1000 W, in 1 s »nur« 500 W, was wir aus der schon erwähnten Gleichung 1 W = 1 Nm/s leicht errechnen können.

Stellt man die Gleichung 1 W = 1 Nm/s um, so ergibt sich 1 Nm = 1 W · s.

Auch elektrische Arbeit, z. B. die Abgabe von Wärme, wird in Joule gemessen. Eine Heizplatte mit 1000 W Leistung nimmt elektrische Energie auf und gibt sie als Wärme ab (Bild 15.14). 1000 W bedeuten nach der Gleichung 1 W = 1 J/s (die sich durch Umstellung der uns schon bekannten Gleichungen 1 W = 1 Nm/s und 1 J = 1 Nm ergibt), daß die Generatoren im E-Werk pro Sekunde 1000 J mechanische Arbeit verrichten müssen, um die von der Kochplatte aufgenommene elektrische Energie zu liefern, die dann pro Sekunde als 1000 J elektrische Arbeit in Wärme umgesetzt wird. Steht ein Topf mit Wasser z. B. sechs Minuten auf der eingeschalteten Kochplatte, so gibt diese 1000 W · 360 s =

Bild 15.13 Schematische Darstellung einer »Arbeit«

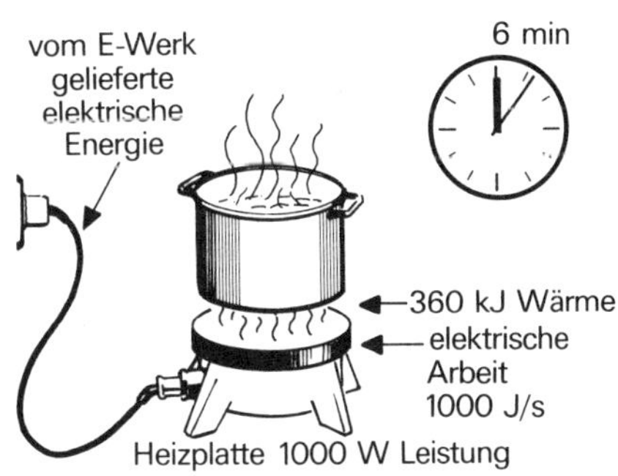

Bild 15.14 Zusammenhang zwischen elektrischer Energie und elektrische Arbeit

1000 J/s · 360 s = 360 000 J = 360 kJ oder 0,36 MJ Wärme an das Wasser ab.

Elektrische Arbeit muß dem E-Werk bezahlt werden, d. h. wir müssen einen Umrechnungsfaktor finden, um von der Wärmeeinheit J auf die üblichen Kilowattstunden (kWh) zu kommen, die eine Arbeits- oder Energieeinheit darstellen. Hier hilft die Gleichung 1 J = 1 Ws weiter, die sich durch Umstellung aus der Gleichung 1 W = 1 J/s ergibt. Wir setzen ein: 360 000 J geteilt durch 360 s und erhalten 1000 W; multipliziert mit der Zeit von 0,1 h ergeben sich 100 Wh oder 0,1 kWh.

Man kann natürlich auch aus der auf der Kochplatte vorhandenen Leistungsangabe von 1000 W die sich ergebende Arbeits- oder Energieeinheit errechnen, indem man die Leistungseinheit (1 kW) mit der Zeiteinheit (0,1 h) multipliziert.

Aus den Gleichungen 1 J = 1 Nm und 1 J = 1 Ws (Wattsekunde) ergeben sich die Beziehungen 1 J = 1 Nm = 1 Ws. Bei weiterer Umstellung erhält man dann als Definition der Kraft die Gleichung 1 N = 1 J/m und für die Leistung 1 W = 1 J/s. Zusammengefaßt ergeben sich folgende Gleichungen:

$$1\,\mathrm{J} = 1\,\mathrm{N} \cdot 1\,\mathrm{m} = 1\,\mathrm{Nm}$$
$$1\,\mathrm{J} = 1\,\mathrm{W} \cdot 1\,\mathrm{s} = 1\,\mathrm{Ws}$$

und daraus abgeleitet:

$$1\,\mathrm{N} = \frac{1\,\mathrm{J}}{1\,\mathrm{m}} = 1\frac{\mathrm{J}}{\mathrm{m}}$$
$$1\,\mathrm{W} = \frac{1\,\mathrm{J}}{1\,\mathrm{s}} = 1\frac{\mathrm{J}}{\mathrm{s}}$$

Ersetzen wir jetzt noch in der letzten Gleichung den Ausdruck 1 J durch 1 Nm, so entsteht wieder die bereits erwähnte Gleichung 1 W = 1 Nm/s, womit sich der Kreis schließt. Newton (N), Watt (W) und Joule (J) ersetzen also die alten Begriffe Kilopond, PS, Kilokalorie usw. Wie man sieht, kommt im neuen SI-System als Umrechnungsfaktor immer nur die 1 vor. Die Beziehungen zwischen den alten und neuen Einheiten für Arbeit, Energie und Wärmemenge werden aus folgender Aufstellung ersichtlich:

3 600 000 J = 1 kWh = 0,86 Mcal
1 000 000 J = 0,28 kWh = 0,24 Mcal
4200 J ≈ 1,18 Wh ≈ 1 kcal
1000 J = 0,28 Wh = 238 cal
10 J ≈ 1 kpm
4,2 J ≈ 1 cal
1 J = 1 Ws = 1 Nm = 0,238 cal

15.5. Tabellarische Zusammenstellung

Tabelle 15.2 SI-Basiseinheiten

Größe	SI-Einheit	Kurzzeichen	Formelzeichen
Länge	Meter	m	*l*
Masse	Kilogramm	kg	*m*
Zeit	Sekunde	s	*t*
elektr. Stromstärke	Ampere	A	*I*
Temperatur	Kelvin	K	*T*
Lichtstärke	Candela	cd	*I*

Tabelle 15.3 Abgeleitete SI-Einheiten

Größe	SI-Einheit	Kurz-zeichen	Formel-zeichen	Beziehungen
Kraft	Newton	N	*F*	1 N = 1 kg·1 m/s²
Druck	Pascal	Pa		1 Pa = 1 N/1 m²
Druck	Bar	bar		1 bar = 10^5 Pa
Arbeit	Joule	J	*W*	1 J = 1 N·1 m
Wärmemenge	Joule	J	*Q*	1 J = 1 W·1 s
Leistung	Watt	W	*P*	1 W = 1 J/1 s (1 V·1 A)
Elektrizitätsmenge	Coulomb	C	*Q*	1 C = 1 A·1 s
elektr. Spannung	Volt	V	*U*	1 V = 1 J/1 C (1 W/1 A)
elektr. Widerstand	Ohm	Ω	*R*	1 Ω = 1 V/1 A
elektr. Leitwert	Siemens	S	*G*	1 S = 1/1 Ω
elektr. Kapazität	Farad	F	*C*	1 F = 1 C/1 V
Induktivität	Henry	H	*L*	1 H = 1 Wb/1 A
magn. Feldstärke	Amp./Meter	A/m	*H*	1 A/m
elektr. Feldstärke	Volt/Meter	V/m	*E*	1 V/m
magn. Flußdichte	Tesla	T	*B*	1 T = 1 Wb/1 m²
magn. Fluß	Weber	Wb	*Φ*	1 Wb = 1 V·1 s
Frequenz	Hertz	Hz	*f*	1 Hz = 1/1 s
Leuchtdichte	Candela/m²	cd/m²	*L*	1 cd/1 m²
Lichtstrom	Lumen	lm	*Φ*	1 lm – 1 cd·1 sr
Beleuchtungsstärke	Lux	lx	*E*	1 lx = 1 lm/1 m²
Drehmoment	Newtonmeter	Nm	*M*	1 Nm = 1 N·1 m
Drehzahl	Umdr./Zeit	U/t	*u*	1/s
Geschwindigkeit	Meter/Sek.	m/s	*v*	1 m/1 s
Beschleunigung	Meter/s²	m/s²	*a*	1 m/1 s²

Abschließend einige Bemerkungen zu bisher nicht erwähnten »alten« Einheiten, die speziell im elektrotechnischen Bereich gebräuchlich waren. Es werden ersetzt: Die Längeneinheit Ångström (Å) durch das Nanometer (1 Å = 0,1 nm), das Gauß (Gs) als Größe für die magnetische Flußdichte (Induktion) durch das Tesla (1 T = 10^4 Gs), das Maxwell (Mx) als Größe für den magnetischen Fluß durch das Weber (1 Wb = 10^8 Mx), das Oerstedt (Oe) als Größe für die magnetische Feldstärke durch den Ausdruck Ampere/Meter (1 A/m = 0,012566 Oe).

16. Literaturhinweise

»Philips Lehrbriefe« sollen — wie auch im Vorwort dargelegt — dem an Elektrotechnik und Elektronik interessierten Leser erste Kenntnisse und Grundlagen vermitteln. Als Ergänzung gibt es eine große Anzahl Sach- und Fachbücher, die das Wissen abrunden bzw. den Leser in die betreffende Fachrichtung weiterführen. In der folgenden Aufstellung sind diesbezügliche Beispiele angegeben, die natürlich keinen Anspruch auf Vollständigkeit erheben, sondern nur als Anregung und Hinweis auf die vielfältigen Möglichkeiten dienen sollen.

H. BAHR: **Alles über Video,** Philips GmbH, Hamburg, 1979

A. C. J. BEERENS und A. W. N. KERKHOFS: **101 Versuche mit dem Oszilloskop,** Philips GmbH, Hamburg, 1977

H. CARTER: **Kleine Oszilloskoplehre,** Philips GmbH, Hamburg, 1977

Ing. F. DOKTER und Dipl.-Ing. J. STEINHAUER: **Digitale Elektronik in der Meßtechnik und Datenverarbeitung,** Band 1, Theoretische Grundlagen und Schaltungstechnik, Philips GmbH, Hamburg, 1975

GERHARD O. W. FISCHER: **Der große Heimelektroniker,** Verlagsgesellschaft Rudolf Müller, Köln, 1976

G. FONTAINE: **Dioden und Transistoren,** Band 1, Grundlagen, Philips GmbH, Hamburg, 1974

U. F. HERRMANN: **Handbuch der Elektroakustik,** Philips GmbH, Hamburg, 1978

Dipl.-Ing. W. A. HOLM: **Fernseh-Technik ohne Mathematik,** Philips GmbH, Hamburg, 1966

H. E. KADEN: **Das neue Transistorlehrbuch,** Philips GmbH, Hamburg, 1974

A. W. N. KERKHOFS: **Einführung in die Gleich- und Wechselstromtechnik,** Philips GmbH, Hamburg, 1966

J. KLEEMANN: **Digitale Elektronik für Anfänger,** Franzis-Verlag, München, 1977

W. KNOBLOCH: **Schlüssel zur HiFi,** Franzis-Verlag, München, 1978

H. KRIEBEL: **Elektronik-Baubuch für Praxis und Hobby,** Franzis-Verlag, München, 1976

K. LEUCHT: **Die elektronischen Grundlagen der Radio- und Fernsehtechnik,** Franzis-Verlag, München, 1974

O. LIMANN: **Funktechnik ohne Ballast** sowie **Fernsehtechnik ohne Ballast,** Franzis-Verlag, München, 1977/79

H. G. MENDE: **Daten- und Tabellensammlung für Radiopraktiker und Elektroniker,** Franzis-Verlag, München, 1977

C. G. NIJSEN: **Moderne Tonbandgeräte-Technik,** Philips GmbH, Hamburg, 1978

H. PELKA: **Was ist ein Mikroprozessor?** Franzis-Verlag, München, 1978

J. PÜTZ: **Einführung in die Elektronik** sowie **HiFi, Ultraschall und Lärm,** Verlagsgesellschaft Schulfernsehen, Köln, 1973

J. SCHAAP: **Kleine Kurzwellenamateur-Lehre,** Philips GmbH, Hamburg, 1964

J. VASTENHOUD: **Kurzwellen-Empfangspraxis,** Philips GmbH, Hamburg, 1979

Den Lesern, die sich über den in den Philips Lehrbriefen gebotenen Stoff hinaus auch mit der elektronischen Praxis beschäftigen möchten, sei das Philips Experimentierkästen-Programm empfohlen. Die Elektronik-Serie 2000 führt in logischer Folge von einfachen Aufgaben bis hin zum selbstgebauten Fernsehgerät. Für Fortgeschrittene bietet sich die Elektronik-Serie 2001 an, die in die Welt modernster Bauelemente und Techniken einführt, wie z. B. integrierte Technik, Digitaltechnik, Ultraschalltechnik und Optoelektronik. Auch für die Computertechnik, Physik und Chemie stehen interessante Experimentierkästen zur Verfügung. Den Selbstbau von HiFi-Verstärkern, Klangregeleinheiten, Mischpulten, UKW-Empfangsteilen und Lautsprecherboxen ermöglichen die Bausätze der Philips Hobby-Elektronik-Serie.

17. Bildnachweis

H. Bahr, Hamburg (28); Deutsche Bundespost (2); Deutsche Grammophon, Hannover (5); Granus (1); Hamburgische Electricitäts-Werke (2); Norddeutscher Rundfunk (2); Philips (135); Valvo (28).

18. Stichwortverzeichnis

Philips Fachbücher

H. Carter

Kleine Oszilloskoplehre

Grundlagen, Aufbau und Anwendungen

7., überarbeitete und verbesserte Auflage des Werks Carter/Schanz, „Kleine Oszillografenlehre"

DK 621.317.755

Oszilloskopie – Erklärung von Grundbegriffen • Oszilloskope • Elektronenstrahlröhre • Funktionseinheiten eines Oszilloskops • Hilfs- und Zusatzgeräte für Oszilloskope • Bedienung von Oszilloskopen • Messungen mit Oszilloskopen

IX, 145 Seiten, 100 Abb., davon 25 Fotos **Taschenbuch T 12**

„Elektronik": *„Gemeinhin kann und darf man das Oszilloskop als ‚das' Meßgerät des Elektronikers ansehen. Bei vielen Anwendern jedoch schlummern so manche Möglichkeiten, die dieses Instrument bietet, mehr im Verborgenen. Hier soll dieses handliche Buch Abhilfe schaffen: Nach Erläuterung der wichtigsten Grundbegriffe wird das Funktionsprinzip der Elektronenstrahlröhre erklärt, wobei neueste technische Entwicklungen berücksichtigt wurden; angesprochen werden auch die Speicherverfahren. Der anschließenden Beschreibung der einzelnen Oszilloskop-Funktionseinheiten liegt ein mit Transistoren und integrierten Schaltungen bestücktes Universal-Oszilloskop (Philips PM 3225) zugrunde – am konkreten Beispiel wird hier das Prinzipielle hervorgehoben. Gebührenden Raum findet auch das Erläutern der richtigen Bedienung und die Auseinandersetzung mit Hilfs- und Zusatzgeräten, deutlich gemacht durch Anwendungsbeispiele. Da von einer mathematischen Behandlung des Stoffes abgesehen wurde, eignet sich dieses Buch für einen umfangreichen Leserkreis – genauer gesagt, für jeden, der ein Oszilloskop richtig bedienen, verstehen und dessen Möglichkeiten voll ausnützen möchte."*

A. C. J. Beerens und A. W. N. Kerkhofs

101 Versuche mit dem Oszilloskop

jetzt mit 115 Versuchen

6., verbesserte und erweiterte Auflage des Werks „101 Versuche mit dem Elektronenstrahl-Oszillografen"

DK 621.317.755:62.001.4

Oszilloskop und Hilfsgeräte • Meßwertaufnehmer • 115 Versuche mit dem Oszilloskop, u. a.: Faradaysches Induktionsgesetz • Wellenlänge eines Schallsignals • Prüfung des Hörbereichs • Akustische Schwebungen • Dopplereffekt • Strom-Spannungs-Kennlinie eines Widerstands, eines spannungsabhängigen Widerstands (VDR), einer Vakuumdiode, einer Halbleiterdiode, einer Gasdiode und eines Diac • Bestimmung des Ausdehnungskoeffizienten von Metallen • Zerlegung einer Rechteckspannung • Lichtsteuerung mit einem Triac • Hystereseschleife von Transformatorblech und dielektrischem Material • Frequenzmessung mit Lissajousfiguren • Einfache integrierende Netzwerke • Frequenzhub und Demodulation eines FM-Signals • Anstiegszeit des Y-Verstärkers

IX, 144 Seiten, 127 Abb. **Taschenbuch T 10**

„radio mentor electronic": *„Warum eigentlich gerade 101 Versuche? Darauf antworten die Autoren: ‚Mit der Zahl 101 soll zum Ausdruck gebracht werden, daß die vorliegende Sammlung von Versuchen keinen Anspruch auf Vollständigkeit erhebt, sondern nur als Auswahl aus einer fast unbegrenzten Anzahl von Möglichkeiten gedacht ist.' Nun, damit ist klar, was die Autoren wollten und was man von dem Buch zu erwarten hat. Das fängt bei den Versuchen nach einer kurzen Einleitung über den Oszillografen – vielleicht zu kurz – und den Meßwertaufnehmer ganz schön von der Pike auf an, nämlich beim Kalibrieren des Y-Kanals in elektrischen Spannungswerten. Zu jedem Versuch gibt es ein einfaches Schaltschema mit der Darstellung des zu erwartenden Oszillogramms, eine einfache Versuchsanleitung und eine Erklärung des Effekts. So manches hiervon könnte man in Praktika der elektrischen Meßtechnik aufnehmen."*

Unentbehrlich für Ausbildung, Beruf und Hobby